2026 GUIDE

Craftsman Energy Management

에너지
관리기능사

- 시험안내
- 출제 비율
- 출제 기준
- 필기응시절차
- CBT 응시요령 안내

출제 비율

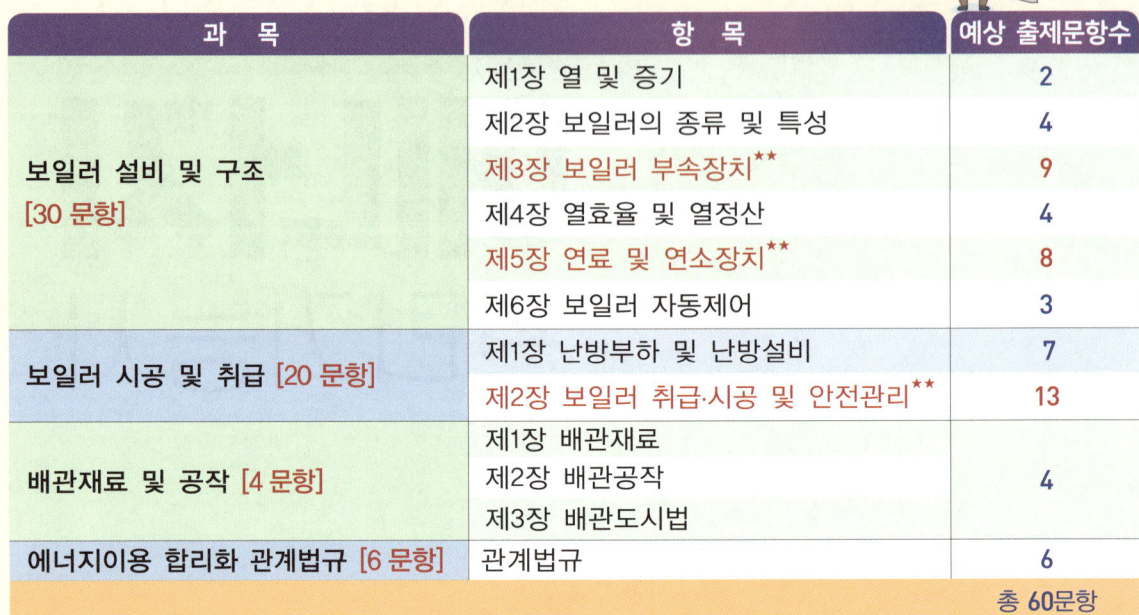

과 목	항 목	예상 출제문항수
보일러 설비 및 구조 [30 문항]	제1장 열 및 증기	2
	제2장 보일러의 종류 및 특성	4
	제3장 보일러 부속장치**	9
	제4장 열효율 및 열정산	4
	제5장 연료 및 연소장치**	8
	제6장 보일러 자동제어	3
보일러 시공 및 취급 [20 문항]	제1장 난방부하 및 난방설비	7
	제2장 보일러 취급·시공 및 안전관리**	13
배관재료 및 공작 [4 문항]	제1장 배관재료 제2장 배관공작 제3장 배관도시법	4
에너지이용 합리화 관계법규 [6 문항]	관계법규	6
		총 60문항

▶ 적용기간 : 2026. 1. 1. ~ 2028. 12. 31.
▶ 직무내용 : 에너지 관련 열설비에 대한 기기의 설치·배관·용접 등의 작업과 에너지 관련 설비를 정비,
  유지관리하는 직무
▶ 검정방법 : 전과목 혼합, 객관식 60문항(60분)
▶ 합격기준 : 100점 만점 60점 이상 합격
▶ 필기과목명 : 열설비설치, 운전 및 관리

주요항목	세부항목	세세항목
1. 보일러 설비 운영	1. 열의 기초	1. 온도 2. 압력 3. 열량 4. 비열 및 열용량 5. 현열과 잠열 6. 열전달의 종류
	2. 증기의 기초	1. 증기의 성질 2. 포화증기와 과열증기
	3. 보일러 관리	1. 보일러 종류 및 특성
2. 보일러 부대설비 설치 및 관리	1. 급수설비와 급탕설비 설치 및 관리	1. 급수탱크, 급수관 계통 및 급수내관 2. 급수펌프 및 응축수 탱크 3. 급탕 설비
	2. 증기설비와 온수설비 설치 및 관리	1. 기수분리기 및 비수방지관 2. 증기밸브, 증기관 및 감압밸브 3. 증기헤더 및 부속품 4. 온수 설비
	3. 압력용기 설치 및 관리	1. 압력용기 구조 및 특성
	4. 열교환장치 설치 및 관리	1. 과열기 및 재열기 2. 급수예열기(절탄기) 3. 공기예열기 4. 열교환기
3. 보일러 부속설비 설치 및 관리	1. 보일러 계측기기 설치 및 관리	1. 압력계 2. 온도계 3. 수면계, 수위계 4. 유량계, 가스미터
	2. 보일러 환경설비 설치	1. 집진장치의 종류와 특성 2. 매연 및 매연 측정장치
	3. 기타 부속장치	1. 분출장치 2. 슈트블로우 장치
4. 보일러 안전장치 정비	1. 보일러 안전장치 정비	1. 안전밸브 및 방출밸브 2. 방폭문 및 가용마개 3. 저수위 경보 및 차단장치 4. 화염검출기 및 스택스위치 5. 압력제한기 및 압력조절기 6. 배기가스 온도 상한 스위치 및 가스누설긴급 차단밸브 7. 추기장치 8. 기름 저장탱크 및 서비스 탱크 9. 기름가열기, 기름펌프 및 여과기 10. 증기 축열기 및 재증발 탱크

주요항목	세부항목	세세항목
5. 보일러 열효율 및 정산	1. 보일러 열효율	1. 보일러 열효율 향상기술 2. 증발계수(증발력) 및 증발배수 3. 전열면적 계산 및 전열면 증발율, 열부하 4. 보일러 부하율 및 보일러 효율 5. 연소실 열발생율
	2. 보일러 열정산	1. 열정산 기준 2. 입출열법에 의한 열정산 3. 열손실법에 의한 열정산
	3. 보일러 용량	1. 보일러 정격용량　　　2. 보일러 출력
6. 보일러 설비 설치	1. 연료의 종류와 특성	1. 고체연료의 종류와 특성 2. 액체연료의 종류와 특성 3. 기체연료의 종류와 특성
	2. 연료설비 설치	1. 연소의 조건 및 연소형태 2. 연료의 물성(착화온도, 인화점, 연소점) 3. 고체연료의 연소방법 및 연소장치 4. 액체연료의 연소방법 및 연소장치 5. 기체연료의 연소방법 및 연소장치
	3. 연소의 계산	1. 저위 및 고위 발열량 2. 이론산소량 3. 이론공기량 및 실제공기량 4. 공기비 5. 연소가스량
	4. 통풍장치와 송기장치 설치	1. 통풍의 종류와 특성 2. 연도, 연돌 및 댐퍼 3. 송풍기의 종류와 특성
	5. 부하의 계산	1. 난방 및 급탕부하의 종류 2. 난방 및 급탕부하의 계산 3. 보일러의 용량 결정
	6. 난방설비 설치 및 관리	1. 증기난방　　　　　2. 온수난방 3. 복사난방　　　　　4. 지역난방 5. 열매체난방　　　　6. 전기난방
	7. 난방기기 설치 및 관리	1. 방열기 2. 팬코일유니트 3. 콘백터 등
	8. 에너지절약장치 설치 및 관리	1. 에너지절약장치 종류 및 특성
7. 보일러 제어설비 설치	1. 제어의 개요	1. 자동제어의 종류 및 특성 2. 제어 동작 3. 자동제어 신호전달 방식
	2. 보일러 제어설비 설치	1. 수위제어　　　　　2. 증기압력제어 3. 온수온도제어　　　4. 연소제어 5. 인터록 장치 6. O_2 트리밍 시스템(공연비 제어장치)
	3. 보일러 원격제어장치 설치	1. 원격제어

주요항목	세부항목	세세항목
8. 보일러 배관설비 설치 및 관리	1. 배관도면 파악	1. 배관 도시기호 2. 방열기 도시 3. 관 계통도 및 관 장치도
	2. 배관재료 준비	1. 관 및 관 이음쇠의 종류 및 특징 2. 신축이음쇠의 종류 및 특징 3. 밸브 및 트랩의 종류 및 특징 4. 패킹재 및 도료
	3. 배관 설치 및 검사	1. 배관 공구 및 장비 2. 관의 절단, 접합, 성형 3. 배관지지 4. 난방 배관 시공 5. 연료 배관 시공
	4. 보온 및 단열재 시공 및 점검	1. 보온재의 종류와 특성 2. 보온효율 계산 3. 단열재의 종류와 특성 4. 보온재 및 단열재시공
9. 보일러 운전	1. 설비 파악	1. 증기 보일러의 운전 및 조작 2. 온수 보일러의 운전 및 조작
	2. 보일러가동 준비	1. 신설 보일러의 가동 전 준비 2. 사용중인 보일러의 가동 전 준비
	3. 보일러 운전	1. 기름 보일러의 점화 2. 가스 보일러의 점화 3. 증기발생시의 취급
	4. 보일러 가동후 점검하기	1. 정상 정지시의 취급 2. 보일러 청소 3. 보일러 보존법
	5. 보일러 고장시 조치하기	1. 비상 정지시의 취급
10. 보일러 수질 관리	1. 수처리설비 운영	1. 수처리 설비
	2. 보일러수 관리	1. 보일러 용수의 개요 2. 보일러 용수 측정 및 처리 3. 청관제 사용방법
11. 보일러 안전관리	1. 공사 안전관리	1. 안전일반 2. 작업 및 공구 취급 시의 안전 3. 화재 방호 4. 이상연소의 원인과 조치 5. 이상소화의 원인과 조치 6. 보일러 손상의 종류와 특징 7. 보일러 손상 방지대책 8. 보일러 사고의 종류와 특징 9. 보일러 사고 방지대책
12. 에너지 관계법규	1. 에너지법	1. 법, 시행령, 시행규칙
	2. 에너지이용 합리화법	1. 법, 시행령, 시행규칙
	3. 열사용기자재의 검사 및 검사면제에 관한 기준	1. 특정열사용기자재 2. 검사대상기기의 검사 등
	4. 보일러 설치시공 및 검사기준	1. 보일러 설치시공기준 2. 보일러 설치검사기준 3. 보일러 계속사용 검사기준 4. 보일러 개조검사기준 5. 보일러 설치장소변경 검사기준
	5. 기계 설비법	1. 법, 시행령, 시행규칙

출제 기준[실기]

▶ 적용기간 : 2023. 1. 1. ~ 2025. 12. 31.
▶ 검정방법 : 실기 : 작업형(3시간 정도)
▶ 합격기준 : 실기 100점 만점 60점 이상 합격
▶ 수행 준거 :

 1. 보일러설비, 증기설비, 난방설비, 급탕설비 등을 설치할 수 있다.
 2. 보일러 설비의 효율적인 운영을 위하여 유체를 이송하는 배관설비를 설계도서에 따라 적합하게 설치할 수 있다.
 3. 보일러 및 흡수식 냉온수기 등과 관련된 설비를 안전하고 효율적으로 운전할 수 있다.
 4. 열원을 이용한 급수, 급탕, 증기, 온수, 열교환장치, 압력용기, 펌프류 등을 효율적으로 운영할 수 있다.
 5. 보일러 및 관련 설비에 설치된 열회수장치, 계측기기 및 안전장치를 점검할 수 있다.
 6. 보일러 및 관련 설비의 효율적인 운영을 위하여 유체를 이송하는 배관설치 상태와 보온상태를 점검할 수 있다.
 7. 보일러 및 관련 설비 취급 시 발생할 수 있는 안전사고를 사전에 예방할 수 있다.

실기과목명	주요 항목	세부 항목	
열설비취급 실무	1. 보일러 설비설치	1. 급수설비 설치하기	2. 연료설비 설치하기
		3. 통풍장치 설치하기	4. 송기장치 설치하기
		5. 증기설비 설치하기	6. 난방설비 설치하기
		7. 급탕설비 설치하기	8. 에너지절약장치 설치하기
	2. 보일러 설비운영	1. 보일러 관리하기	2. 급탕탱크 관리하기
		3. 증기설비 관리하기	4. 부속장비 점검하기
		5. 보일러 가동전 점검하기	6. 보일러 가동중 점검하기
		7. 보일러 가동후 점검하기	8. 보일러 고장시 조치
	3. 보일러 배관설비 설치	1. 배관도면 파악하기	2. 배관재료 준비하기
		3. 배관 설치하기	4. 배관설치 검사하기
	4. 보일러 운전	1. 설비 파악하기	2. 보일러가동 준비하기
		3. 보일러 운전하기	4. 흡수식 냉온수기 운전
	5. 보일러 부대설비 관리	1. 급수설비 관리하기	2. 급탕설비 관리하기
		3. 증기설비 관리하기	4. 온수설비 관리하기
		5. 압력용기 관리하기	6. 열교환장치 관리하기
		7. 펌프류 관리하기	
	6. 보일러 부속장치 관리	1. 열회수장치 관리하기	2. 계측기기 관리하기
		3. 안전장치 관리하기	
	7. 보일러 배관설비 관리	1. 배관상태 점검하기	2. 보온상태 점검하기
		3. 배관설비 관리하기	
	8. 보일러 안전관리	1. 법정 안전검사하기	2. 보수공사 안전관리하기

시험일정 확인

한국산업인력공단 홈페이지 접속(q-net.or.kr)
원서접수기간, 필기시험일 등 시험일정 확인
※ 시험일정은 골든벨 카페나 홈페이지에서도 확인할 수 있습니다.

원서 접수 현황 보기

1. 큐넷 홈페이지(www.q-net.or.kr)에 접속하여 로그인 합니다.
   ※ 회원가입시 반명함판 크기의 사진을 반드시 등록 !!
2. 원서접수 클릭한 후 접수신청을 선택하여 최근 기간 시험일정 확인
3. 원서접수현황 클릭 해당 응시시험의 현황보기 클릭
4. 자격선택, 지역, 시/군/구, 응시유형 선택 후 조회 버튼 클릭하여
   해당 시험의 시행장소 응시정을 확인
※ 해당 시험의 원하는 장소, 일자, 시간에 응시정원이 초과될 경우 시험을
   응시할 수 없으며, 다른 장소, 다른 날짜에 접수!!

원서 접수

1. 원수접수신청 클릭. 접수할 수 있는 횟차가 있으면 접수하기 클릭
2. 응시종목명을 선택한 후 페이지 아래 수수료 환불 관련 사항에 체크
   다음 버튼 클릭
3. 자격선택 - 종목선택 - 응시유형 - 추가입력 - 장소선택 - 결제하기
   순서대로 본인에 맞게 선택한 후 접수 완료

자격선택 > 종목선택 > 응시유형 > 장소선택 > 결제하기 > 접수완료

필기시험 응시

1. 신분증은 반드시 지참해야 한다.(필기도구 지참은 선택 사항)
2. 시험장에 주차장 시설이 거의 없으므로 가급적 대중교통 이용
3. 시험 20분 전부터 입실 가능
4. CBT로(컴퓨터 시험)으로 시행
※ 미리 큐넷 홈페이지 자격검정 CBT웹체험 서비스에서 연습하고 가세요.

합격자 발표 & 실기시험 접수

1. 합격자 발표 : 합격 여부는 필기시험 후 인터넷 게시,
   ARS를 통한 확인(CBT시험은 인터넷 게시 공고)
2. 실기시험 접수 : 필기시험 합격자에 한해 Q-net 홈페이지에서 접수

유의사항

● 원서접수는 온라인(인터넷, 모바일앱)에서만 가능
● 접수 가능사진 : 6개월 이내 촬영한(3.5*4.5cm) 칼라사진, 상반신 정면, 무 배경
● 필기시험 시험일 수험표, 신분증, 필기구(흑색 싸인펜 등) 지참

※ 기타 자세한 사항은 큐넷 홈페이지(www.q-net.or.kr)를 접속하거나
Tel. 644-8000에 문의하세요.

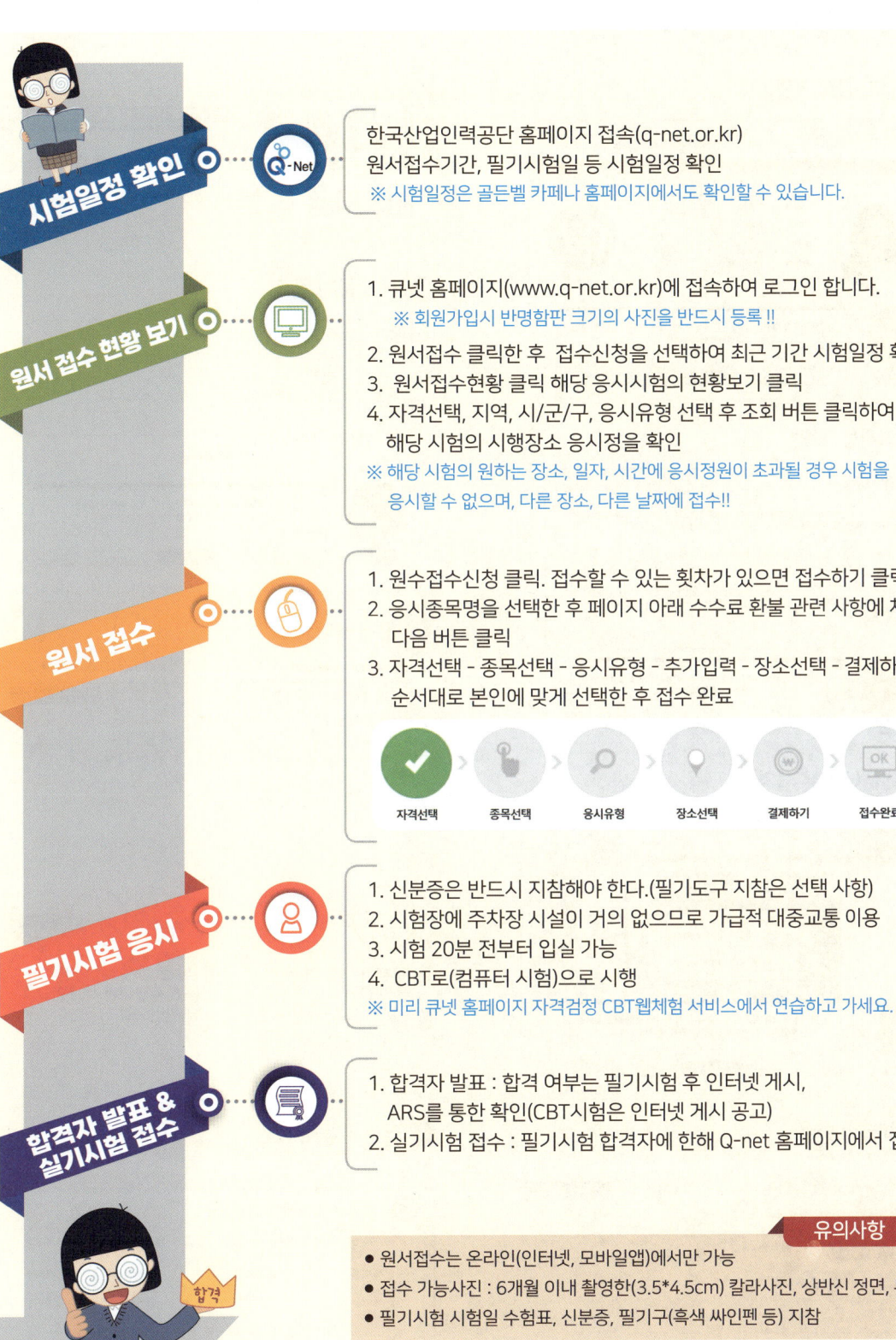

CBT 응시요령 안내

❶ 수험자 정보 확인

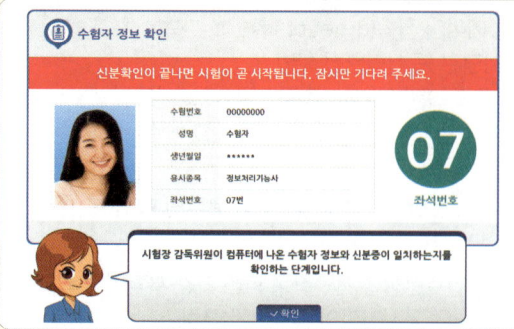

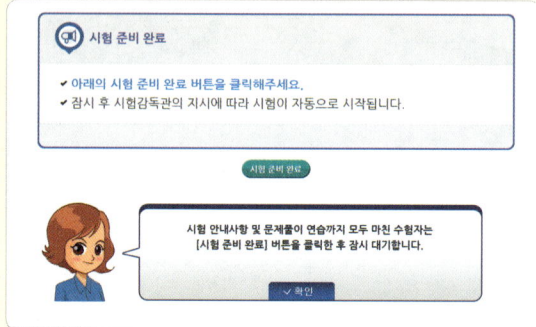

골든벨 CBT셀프 테스팅 바로가기

도서 구매 인증 시 시험장과 동일한 모의고사 1회를 CBT 셀프 테스트할 수 있습니다.

❷ 유의사항 확인

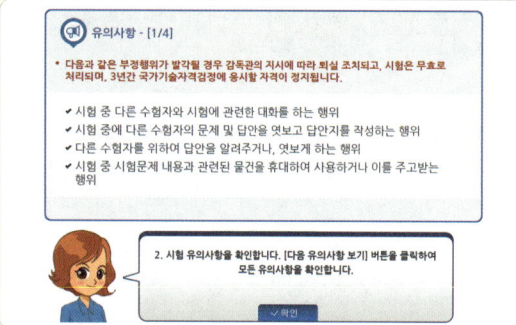

❺ 시험 준비 완료

❸ 문제풀이 메뉴 설명

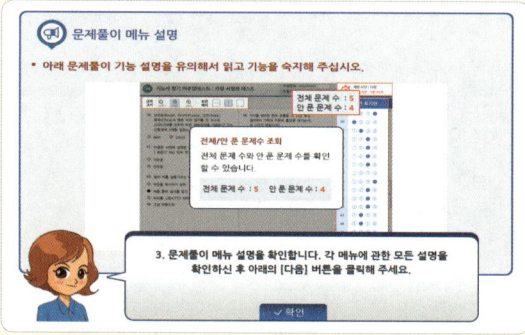

❻ 문제 풀이

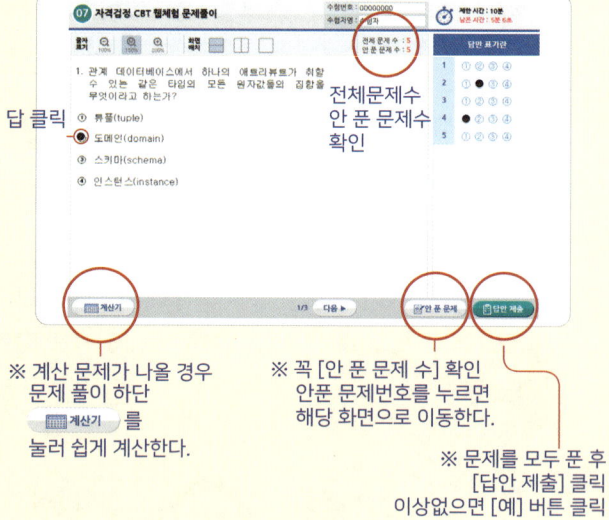

답 클릭

전체문제수
안 푼 문제수
확인

※ 계산 문제가 나올 경우 문제 풀이 하단
🖩계산기 를
눌러 쉽게 계산한다.

※ 꼭 [안 푼 문제 수] 확인 안푼 문제번호를 누르면 해당 화면으로 이동한다.

※ 문제를 모두 푼 후 [답안 제출] 클릭 이상없으면 [예] 버튼 클릭

❹ 문제풀이 연습

❼ 답안제출 및 확인

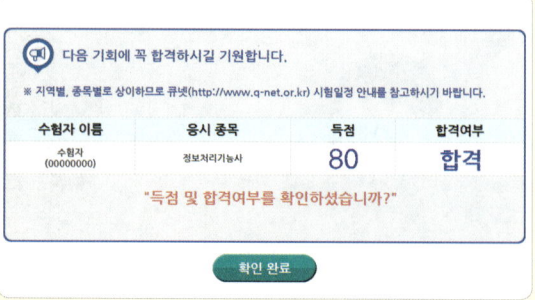

최부길의 **PASS**

에너지
관리기능사

핵심요약+기출+실기

GoldenBell
www.gbbook.co.kr

PREFACE

에너지(Energy)란 자연에서 물리력으로 일(work)할 수 있는 능력을 정량적으로 나타낼 수 있는 것으로 정의합니다.

에너지를 효율적으로 관리한다는 것은 자연 친화적으로 인간 생활환경에 최적화된 편의를 제공하는 기술인이지요.

이것은 산업사회가 고도화되면서 작금에는 '기계설비유지관리법'이 시행됨에 따라 '에너지관리기능사' 유자격자를 한층 요구되는 현실에 직면하고 있습니다.

이 문제집은 저자가 다년간 교육기관을 운영하면서, 수많은 합격자를 배출한 경험을 토대로 편성 방안은 다음과 같은 점에 역점을 두었습니다.

1. 시험에 자주 출제되는 기출문제를 통계화하여 그에 따른 핵심 내용과 엄선된 문제들로 구성하였습니다.
2. 수험생들이 기피하는 '계산문제'는 부록으로 첨부하였습니다.
3. 컬러로 표시한 내용은 출제 빈도가 높은 것으로서 과년도 문제 풀이를 통해서 마무리 하십시오.
4. 2014~'16년 4회까지의 문제들을 79개의 매핑으로 정리하였으므로 반드시 이론 내용을 숙지한 다음 과년도 문제로 마무리 한다면 CBT 시험에도 무난히 통과하리라 확신합니다.
5. 독학생에게는 저자 직강인 인터넷 동영상 'e-passkorea'를 추천합니다.

이 자격증을 취득하게 되면 취업의 기회는 건물관리 및 시설관리업체, 보일러 및 공조설비설치업체, 에너지관리진단기사, 대형 빌딩이 관리 및 운영 부서, 창업의 기회도 열려 있답니다.

여기에 경력이 쌓이면 에너지관리산업기사 및 기사, 기능장으로까지 진입할 수 있습니다.

끝으로 혼돈스런 시장에 뒤늦게 뛰어든 (주)골든벨에서 흔쾌히 출판에 응해주신 대표님과 편집진 여러분께 심심한 감사를 표합니다.

2026년을 맞이하며
최 부 길

CONTENTS

PART 1

보일러 설비 및 구조

CHAPTER
1

열 및 증기

예상출제문항수 2

01 압력

단위면적당 수직으로 작용하는 힘

1. 압력 = $\dfrac{F}{A}$(kg/cm²) [F: 힘. 하중, A: 면적]

1) 대기에 의해 누르는 압력을 대기압이라 한다.

0℃에서 수은주가 760mm 상승된 상태의 압력이라 한다.

2) 1atm이란

1.0332kg/cm² = 760mmHg = 10.332mH₂O = 14.7psi = 101325N/m² = 101325Pa

2. 공학기압(1at)

1) 공학적으로 사용하고 편리성을 도모한 압력

2) 1atm = 1kg/cm² = 735.6mmHg = 10mH₂O = 14.2psi = 98067N/m² = 98067Pa = 0.1MPa

3. 게이지압력(atg): 압력계에 나타난 압력, 대기압 이상을 측정하는 압력

4. 진공압력

1) 대기압보다 낮은 압력, 절대압력 0kg/cm² 지점에서 측정

2) 100% 진공도 = 절대압력 0kg/cm² 즉, 완전진공 상태

5. 절대압력(ata)

1) 절대압력 0kg/cm² 지점. 완전 진공을 기준으로 한 압력
2) 절대압력 = 게이지 압력 + 대기압 = 대기압 - 진공압

∴ 1. 고체시 밑면적이 작을수록 압력이 증가
   2. 액체시 유체의 압력은 유체의 높이에 비례
   3. 유체의 압력은 비중량 × 높이

∴ 압력의 표시
   1. 중량/면적 - kgf/mm², kgf/cm², kgf/m²
   2. 힘/면적 - N/m²
   3. 액체의 높이 - 수은주(mmHg, CmHg, mH₂O)

02 온도

물질의 뜨겁고 차가운 정도를 수치로 나타내는 척도

1. 섭씨 온도와 화씨 온도

1) 섭씨온도(℃): 순수한 물의 빙점을 0℃, 끓는점을 100℃로 하여 두 점 사이를 100등분 한 것이다.
2) 화씨온도(℉): 순수한 물의 빙점을 32℉, 끓는점을 212℉로 하여 두 점 사이를 180등분 한 것이다.
3) 켈빈온도(°K): -273℃를 0으로 하여 섭씨온도 눈금에 따라 표시한다.
4) 랭킨온도(°R): -460℉를 0으로 하여 화씨온도 눈금에 따라 표시한다.

2. 섭씨온도와 화씨온도와의 관계

① 섭씨온도(℃) = 5/9 ×(℉ - 32)
② 화씨온도(℉) = 9/5 × ℃ + 32
③ 캘빈온도(K) = t℃ + 273(섭씨온도의 절대온도)
④ 랭킨온도(R) = t℉ + 460(화씨온도의 절대온도)

3. 각 온도의 관계: 0℃ = 32℉ = 273K = 492R

03 열량

물질의 온도, 상태를 변화시킬 수 있는 요인, 즉 물질을 온도 $\triangle t$ 만큼 상승시키는데 필요한 열량

1. 단위

1) **1kcal:** 표준대기압(0℃, 1atm)에서 순수한 물 1kg을 **14.5℃에서 15.5℃**로 온도 1℃ 높이는데 필요한 열량

2) 1Btu: 표준대기압(0℃, 1atm) 상태에서 순수한 물 1lb(파운드)를 온도 1°F 상승시키는데 필요한 열량

3) 1Chu: 표준대기압(0℃, 1atm) 상태에서 순수한 물 1lb(파운드)를 온도 1°C 상승시키는데 필요한 열량

∴ 1kcal = 3.968BTU = 2.205CHU = 4.186kj

2. 구분

1) **현열**

① 물질의 상태변화 없이 온도변화에 필요한 열량

② 열량 = 질량 × 비열 × 온도차

2) **잠열**: 물질의 온도변화 없이 상태변화에 필요한 열량

① 융해잠열은 0℃의 얼음 1kg을 0℃의 물로 변화시키는데 필요한 열량으로 **80kcal/kg으로 표시**

② 증발잠열: 100℃의 포화수 1kg을 100℃의 건포화증기로 변화 시키는데 필요한 열량 **539kcal/kg**으로 표시

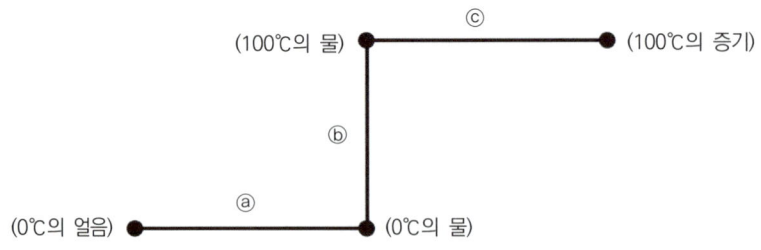

여기서, ⓐ 융해잠열 과정, ⓑ 현열 과정, ⓒ 증발잠열 과정

∴ 얼음의 융해잠열(물의 응고잠열): **80kcal/kg**

∴ 물의 증발잠열(증기의 응축잠열): **539kcal/kg**

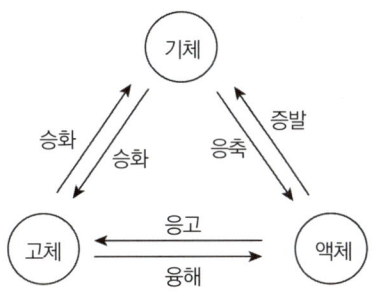

[물질의 상태]

3. 증기 엔탈피(전열량)

1) 0°C의 물1kg을 100°C의 건포화증기로 변화 시키는데 소요되는 총열량(kcal/kg)

2) **증기 엔탈피 =** 현열 + 잠열

   = 포화수 엔탈피 + 증발잠열(kcal/kg)

4. 비열과 열용량

1) **비열(specific heat)**

   ① 비열은 어떤 물질 1kg을 온도 1℃ 변화시키는데 필요한 열량.

   비열은 물질마다 차이가 있고 온도에 따라 변한다.(kcal/kg℃)

   ② 물질의 비열

물질	비열(kcal/kg℃)	물질	비열(kcal/kg℃)
물	1	공기	0.31
얼음	0.5	수은	0.033
증기	0.46	수소(H2)	3.39

2) 비열비(K)

   ① 정적비열(Cv): 일정 체적 상태에서의 비열

   ② 정압비열(Cp): 일정 압력 상태에서의 비열

   ③ **비열비(k):** 정적비열과 정압비열의 비

   ④ $k = \dfrac{Cp}{Cv} > 1$ 즉, Cp> Cv

3) 열용량(kcal/°C)

   ① 어떤 물질을 온도 1℃ 상승시키는데 필요한 열량

   ② **열용량 =** 질량 × 비열

4) 밀도, 중량, 비체적

① 밀도: 단위 부피당 질량, 밀도 = $\dfrac{질량}{부피}$

② 비중량: 단위 부피당 중량, 비중량 = $\dfrac{중량}{부피}$

③ 비체적: 단위 질량당 부피, 비체적 = $\dfrac{부피}{질량}$

④ 비중: 물이나 공기보다 무거운가 가벼운가 정도를 알 수 있는 것

$\therefore$ 기체의 비중 $= \dfrac{기체의\ 분자량}{29}$

04 증기

액체가 열을 흡수하여 기체 상태로 변화한 것

1. 구분

1) **포화증기**: 포화온도에서 발생한 증기

  ① 습포화증기: 증기가 발생하는 과정, 증기와 액체가 공존하는 상태

    ㉠ 건조도: 0 < 건조도 < 1 범위의 증기

    ㉡ 보일러에서 발생하는 증기는 대부분 습포화증기이다.

  ② 건포화증기: 수분이 포함되지 않은 증기, 액체가 모두 증기가 된 상태

    ㉠ **건포화증기: 건조도 = 1인 상태의 증기**

    ㉡ 건조도: 습증기 전 질량 중 증기가 차지하는 질량비

2) **과열증기**

  ① 발생포화증기의 압력변화 없이 온도만 높인 증기

  ② 과열도: 과열증기온도와 포화증기 온도와의 차

2. 임계점

  ① **가열하면 증발현상이 없이 곧바로 액체에서 기체로 변하는 상태**

  ② **물의 임계압력**: $226kg/cm^2$

  ③ **물의 임계온도**: 374°C

  ④ 증발잠열: 0kcal/kg

3. 엔탈피(h)

① 어떤 상태의 유체가 단위중량당(1kg) 보유하는 총열량(kcal/kg)

② 습포화증기 엔탈피: 포화수 엔탈피 + 증발열 × 건조도

③ 건포화증기 엔탈피: 포화수 엔탈피 + 증발열

대기압(0.1MPa) 상태에서

- 포화수 엔탈피: 100kcal/kg
- 물의 증발잠열: **539kcal/kg**
- 포화증기 엔탈피: 639kcal/kg

05 기체의 성질

1. 보일의 법칙

① 온도가 일정할 때, 기체의 부피는 압력에 반비례한다.

② T = 일정, $PV = P_1V_1$ 여기서 T: 절대온도, P: 압력, V: 부피

2. 샤를의 법칙

① 압력이 일정할 때, 기체의 부피는 절대온도에 비례한다.

② P = 일정, $\dfrac{V}{T} = \dfrac{V_1}{T_1}$

3. 보일·샤를의 법칙

① 기체의 부피는 압력에 반비례 하고, 절대온도에 비례한다.

② $\dfrac{PV}{T} = \dfrac{P_1V_1}{T_1}$

4. 아보가드로의 법칙

① 모든 기체 1kmol은 표준상태에서(0℃, 1atm) 22.4m³의 체적을 가진다.

② 모든 기체는 온도와 압력이 같은 상태에서 같은 체적 속에 같은 수의 분자를 포함하고 있다.

5. 이상기체 상태 방정식

$$PV = nRT = GRT = \frac{W}{M}RT$$

∴ 이상 기체의 조건

1. 분자는 완전 탄성일 것
2. 분자자신의 체적은 무시
3. 분자간의 인력은 무시
4. 주울의 법칙을 만족
5. 보일-샤를법칙 만족
6. 돌턴의 분압법칙 만족
7. 일반기체는 온도가 높고 압력이 낮을수록 완전가스에 가까워진다.

---

06 열역학 법칙

1. 열역학 제 0법칙 – 열평형법칙

① 각기 다른 온도를 지닌 두 물체가 열평형이 된 상태를 나타낸 법칙
② 열은 고온에서 저온으로 서로 평형상태가 될 때까지 열 이동이 계속된다.

2. 열역학 제 1법칙 – 에너지 보존의 법칙

① 열과 일은 에너지의 한 형태이며 열은 일로, 일은 열로 변환시킬 수 있다.
② 열 → 일: 열의 일당량: 1kcal = 427kg · m
③ 일 → 열: 일의 열당량: $1kg \cdot m = \frac{1}{427} kcal$

동력(power)
- 1 kWH = 102kgf · m/sec = 860kcal
- 1 PS = 75kgf · m/sec = 632kcal/h

3. 열역학 제2법칙 – 엔트로피 증가의 법칙

① 일은 열로 전환이 용이하지만, 열은 일로 전환에 손실열이 발생
② 저온체의 열은 외부 도움 없이 고온체로 열 이동을 할 수 없다.

4. 열역학 제3법칙

① 어떤 계 내에서 물체의 상태변화 없이 절대온도 0도에 이르게 할 수 없다.

07 열전달(전도, 대류, 복사)

물질과 물질의 온도차로 인하여 열이 이동하는 현상으로 전도, 대류, 복사 등으로 분류된다.

1. 전도 - 고체에서 고체로 열이 전달

① 물질을 통해 열이 전달되는 현상

② 퓨리에 법칙: 두면 사이를 흐르는 열량(Q)은 단면적(F)과 두면간의 온도차(t_1 - t_2) 및 시간에 비례하고, 두면 사이의 거리(두께): 1(m)에 반비례한다.

$$Q = \frac{\lambda \times F \times (T_1 - T_2)}{l} (kcal/h)$$

$$\therefore \ 전도율 = \frac{열전도율 \times 면적 \times (고온의 온도 - 저온의 온도)}{두께}$$

2. 대류 - 유체의 대류 현상에 의해 전달

① 밀도(비중량)차에 의한 열의 이동

② 뉴턴의 냉각법칙: 고온벽이 온도가 다른 유체와 접촉하고 있을 때 유체의 유동이 생기면서 열이 이동하는 현상을 말한다.

$$\therefore \ 대류의 \ 열의 \ 이동 = 열전달율 \times 면적 \times (고온의 \ 온도 - 벽에 \ 접하는 \ 유체의 \ 온도)$$

3. 복사

① 물질 매체가 없는 상태에서 열이 전달되는 현상

㉠ 열전도가 큰 순서: **고체 > 액체 > 기체**

㉡ 보온재: 독립기포의 다공질성으로 가볍고, 열전도율이 적은 재질을 말한다.

㉢ 보온재의 열전도율이 증가되는 원인
- 표면온도가 높아질 때
- 보온재의 비중이 증가할 때
- 흡습성 및 흡수성이 클 때

② 스테판 볼츠만의 법칙: 완전흑체의 단위 표면적에서 단위시간에 복사되는 에너지는 절대온도(T)의 4승에 비례,

$$Q = 4.88 \cdot \epsilon \cdot A\left(\left(\frac{T_1}{100}\right)^4 - \left(\frac{T_2}{100}\right)^4\right)$$

CHAPTER

2

보일러의 종류 및 특성

예상출제문항수 **4**

01 보일러의 개요 및 분류

밀폐된 용기에 물을 공급하여 연료의 연소열(고온의 연소가스)로 가열하여 대기압 이상의 증기 또는 온수를 발생하는 장치

1. 보일러의 분류

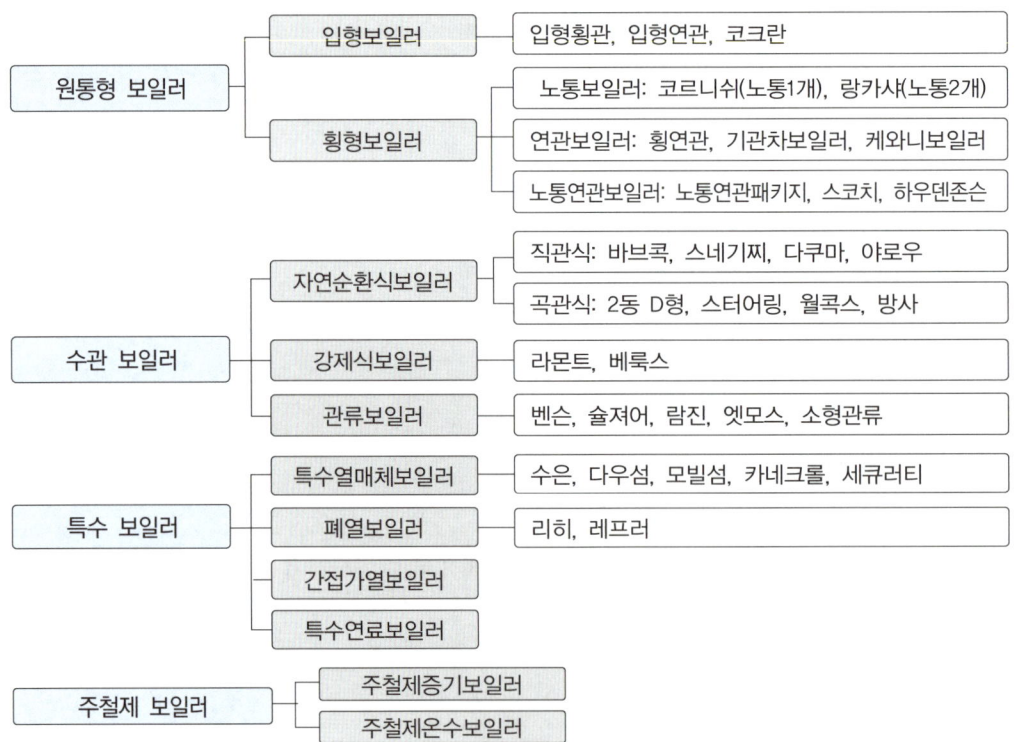

- 원통형 보일러
  - 입형보일러 — 입형횡관, 입형연관, 코크란
  - 횡형보일러
    - 노통보일러: 코르니쉬(노통1개), 랑카샤(노통2개)
    - 연관보일러: 횡연관, 기관차보일러, 케와니보일러
    - 노통연관보일러: 노통연관패키지, 스코치, 하우덴존슨
- 수관 보일러
  - 자연순환식보일러
    - 직관식: 바브콕, 스네기찌, 다쿠마, 야로우
    - 곡관식: 2동 D형, 스터어링, 월콕스, 방사
  - 강제식보일러 — 라몬트, 베룩스
  - 관류보일러 — 벤슨, 슐져어, 람진, 엣모스, 소형관류
- 특수 보일러
  - 특수열매체보일러 — 수은, 다우섬, 모빌섬, 카네크롤, 세큐러티
  - 폐열보일러 — 리히, 레프러
  - 간접가열보일러
  - 특수연료보일러
- 주철제 보일러
  - 주철제증기보일러
  - 주철제온수보일러

2. 보일러 용량 및 효율

1) 표시방법

　① 증기 보일러: 시간당 증발량(kg/h)

　② 온수 보일러: 시간당 발생열량(kcal/h)

2) 증기 보일러의 용량

　① 증기 보일러의 용량은 정격부하 상태에서의 단위 시간당 증발량(kg/h)으로 표시한다. 이때의 증발량을 **상당증발량**이라 한다.

　즉, 100℃의 포화수를 100℃의 건포화증기로 발생한 증기를 말한다.

　② **상당증발량** $= \dfrac{실제증발량 \times (증기엔탈피 - 급수엔탈피)}{539}$

3) 보일러의 효율

　① **보일러의 효율은** 연소실에서 공급된 연료가 완전연소 할 때 발생한 열량과 드럼 내의 물이 흡수하여 증기를 발생할 때 이용된 열량과의 비이다.

　② 보일러 효율$(\eta) = \dfrac{유효열}{입열(공급열)} \times 100(\%)$

　∴ **보일러효율** $= \dfrac{실제증발량 \times (증기엔탈피 - 급수엔탈피)}{시간당연료사용량 \times 저위발열량}$

　③ 보일러 효율을 높이는 방법

　　㉠ 증발량을 많게 한다.

　　㉡ 열손실을 작게 한다.

　　㉢ 물 순환을 빠르게 하다.

　　㉣ 보일러의 전열면적을 넓게 한다.

　　㉤ 연소에 작은 과잉공기를 사용한다.

　　㉥ 스케일, 그을음 등을 제거하여 전열을 좋게 한다.

📖✏️ 알고가기

✤ 보일러 중요 용어정리
- **전열면적**: 한쪽면에 연소가스가 반대쪽면에 물이 닿는 부위의 면적(전열면적이 크면 열효율은 커진다)
- **최고사용압력**: 보일러 구조상 사용 가능한 최고압력
- **안전저수면**: 보일러 운전 중 유지하지 않으면 안 되는 최저수면
- **상용수위**: 보일러 운전 중 유지하는 수면(수면계 중심의 1/2)

02 보일러의 구성요소

보일러의 구성은 기관본체, 연소장치, 부속장치로 구성

1. 기관본체

① 기관을 형성하는 본체로서 물을 저장하여 증기로 발생하는 드럼 또는 수관군을 말하며 구조에 따라 원통형 보일러와 수관식 보일러로 구분된다.

② 원통형 보일러: 설치된 드럼이 크고 전열면적이 작아 구조상 고압, 대용량 보일러로는 부적당

③ **수관식 보일러**: 드럼이 작고 여러 개의 수관으로 구성되고 전열면적이 넓어 구조상 고압, 대용량에 적합

2. 연소장치

① 기관본체에 열을 공급하기 위해 연료를 연소시키기 위한 장치로서 버너, 연소실, 연도, 연돌 등으로 구성된다.

② 연소실: 연료를 연소시키는 위치에 따라 내분식 보일러, 외분식 보일러로 구분

내분식 보일러	외분식 보일러
• 연소실이 동체 내부에 설치 • 노내 복사열의 흡수가 크다. • 연소실의 크기에 제한을 받는다. • 역화의 위험이 크다. • 연소실 내의 온도가 낮다.	• 연소장치가 본체 외부에 설치 • 수관보일러 연관보일러가 속한다. • 연소실의 크기에 제한을 받지 않는다. • 역화의 위험이 작다. • 연소실이 동체 외부에 설치 • 노내 복사열의 흡수가 적다. • 연료의 선택범위가 넓다. • 연소실 내의 온도가 높다. • 연소실의 설계 및 개조가 용이하다.

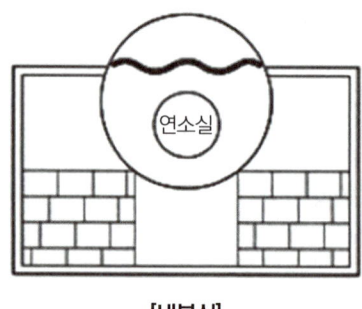

[내분식]

[외분식]

3. 부속장치

부속장치보일러를 안전하고, 효율적으로 운전 관리하기 위한 장치로 다음의 장치들로 구성된다.

1) **안전장치**

   ① 보일러의 사고를 방지하고 안전운전을 위한 장치

   ② 종류: 안전밸브, 증기압력제한기, 저수위경보기, 가용전, 화염검출기, 방폭 문

2) **계측장치**

   ① 보일러의 연료사용량, 증기사용량 및 압력, 온도, 수위 등을 시각적으로 측정하기 위한 장치

   ② 종류: 압력계, 수면계(액면계), 온도계, 유량계, 가스분석기 등

3) 급수장치

   ① 보일러에 급수를 하기 위한 일련의 부속장치

   ② 종류: 보충수 탱크, 경수연화장치, 급수탱크, 급수펌프, 급수량계, 인젝터, 체크밸브, 급수정지 밸브, 급수내관 등

4) **급유장치**

   ① 보일러 연료인 기름(중유)을 공급하기 위한 부속장치

   ② 종류: 메인탱크, 이송펌프, 서비스탱크, 오일프리히터, 여과기, 급유량계, 급유펌프, 전자밸브 등

5) **송기장치**

   ① 보일러에서 발생된 증기를 열사용처까지 안전하고 효율적으로 공급하기 위한 장치

   ② 종류: 기수분리기, 주증기밸브, 감압밸브, 증기헤드, 증기트랩, 신축이음 등

6) 분출장치

   ① 농축된 관수를 배출하여 내부부식을 방지하기 위한 장치

   ② 종류: 수면분출장치, 수저분출장치 등

7) **폐열회수장치**

   ① 연돌로 배출되는 배기가스의 폐열을 회수하는 장치

   ② 종류: 과열기, 재열기, 절탄기, 공기예열기 등

8) 기타 장치

   ① **매연제거장치(슈트블로워):** 스팀쇼킹법, 워터쇼킹법, 워싱법 등

   ② 통풍 및 집진장치: 자연통풍, 강제통풍 및 건식집진장치, 습식집 진장치, 전기식 집진장치 등

   ③ 자동제어장치: 피드백 제어, 시퀀스 제어, 인터록 제어 등

03 원통형 보일러의 구조 및 특성

원통형 보일러 본체가 큰 동으로 구성되어 있고 구조가 간단하고, 동체 내 부의 2/3~4/5 정도 물이 차지하는 수부이고, 나머지는 증기부로 되어 있다. 원통형 보일러의 종류는 입형 보일러, 노통 보일러, 연관 보일러, 노통·연관식 보일러 등이 있다.

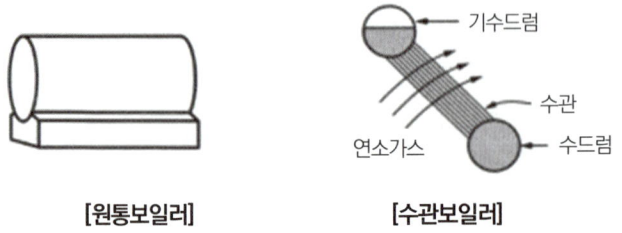

[원통보일러]   [수관보일러]

1) 특징
① 보유수량이 많아 부하변동에 따른 압력변동이 적으나, 파열사고시 재해가 크고 급수요에 적응이 곤란하다.
② 구조가 간단하여 청소 및 점검이 용이하며 수질에 대한 영향이 적다.
③ 동체가 크기 때문에 구조상 고압, 대용량에 부적당하다.
④ 내분식 보일러로서 복사열의 흡수가 좋다.

2) 맨홀
① 동 내부에 사람이 출입하여 청소 및 점검을 하기 위한 구멍으로 타원형과 원형으로 설치한다.
② 타원형
  • 장축: **375mm** 이상
  • 단축: **275mm** 이상
  • 원형: 지름 **375mm** 이상
  • 타원형 맨홀을 설치할 경우 장축은 동의 원주방향으로, 단축은 동의 길이방향으로 설치한다.
  • 설치이유: 원주방향의 응력과 길이방향의 응력은 2 : 1로 응력(강도)이 원주방향이 2배 크기 때문이다.

3) 버팀(stay, 보강재)
① 보일러의 평·경판과 같이 압력에 약한 부분을 보강하여 변형을 방지하기 위한 재질을 보강재라 한다.

② 종류: 가제트 버팀, 나사 버팀, 관 버팀, 막대 버팀, 행거 버팀, 도그 버팀 등이 있다.

③ 가젯트 버팀: 경판과 동판을 연결하여 경판을 보강하는 보강재

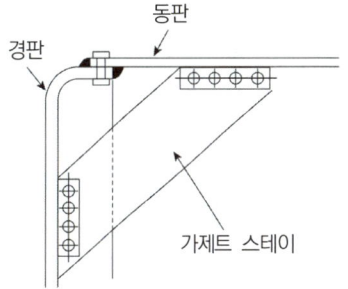

4) **입형 보일러**

① 기관본체를 수직으로 설치한 소용량 보일러로 입형횡관식, 입형연관, 코크란 등이 있다.

② 특징

ㄱ 전열면적이 적다.

ㄴ 내부청소가 까다롭다.

ㄷ 습증기 발생이 심하다.

ㄹ 소형으로 이동이 쉽다.

ㅁ 구조가 간단하고, 취급이 용이하다.

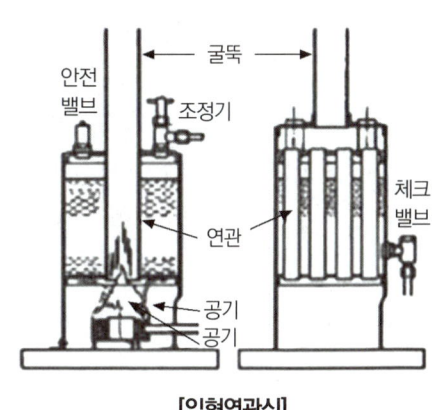

[입형연관식]

③ 횡관(겔로웨이관)의 설치이점

ㄱ 관수의 순환을 좋게 한다.

ㄴ 전열면적이 증가된다.

ㄷ 화실벽을 보강한다.

∴ 입형 보일러의 효율순서: 코크란 〉 입형연관 〉 입형횡관

5) 횡형 보일러

① 노통 보일러

ㄱ 종류

• 노통 1개: **코르니시 보일러** • 노통 2개: **랭커셔 보일러**

ㄴ 특징

• 보유수량이 많다. • 구조가 간단하다.

• 동체가 크다. • 내분식 보일러이다.

• 노통의 부착 방법: 관수의 순환을 좋게 하기 위해 편심 부착한다.

ㄷ 노통의 종류 및 비교

평형노통	파형노통
- 제작이 용이하다. - 청소가 쉽다. - 통풍저항이 적다.	- 열에 대한 신축조절이 용이하다. - 전열면적이 넓다. - 외압에 대한 강조가 높다.

    ⓔ **안전 저수면**: 노통 상부에서 100mm 높이

    ⓜ **브리징 스페이스**: 경판에 강도를 높이기 위한 버팀과 노통 사이의 간 격, 탄성 공간으로 **약 230mm**

    ⓗ **아담슨 죠인트**: 평형 노통에 신축을 조절하기 위한 이음

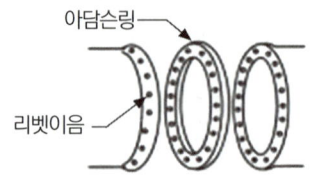

[아담슨 이음]

② **연관 보일러**

  노통 대신 여러 개의 연관을 설치하여 전열면적을 넓게 하고, 열효율을 높인 보일러

  ㉠ 종류: 횡연관식, 기관차, 케와니 등

    • 횡연관식 보일러: 외분식 보일러로 연소실 열부하가 높고, 노내온도가 높다. 동저부가 국부과열에 의해 팽출이 발생할 우려가 있다.

    • 기관차 보일러: 내분식 보일러로 기관차를 움직이는 이동형 보일러 **2-pass**형 보일러로 열 효율이 노통 보일러에 비해 높다.

    • 케와니 보일러: 기관차 모양의 보일러로 육지에 설치한 보일러이다.

    • 연관의 고정방법: 연관 끝을 경판에 확관시켜 접속하는 방법으로 연관과 버팀의 역할을 동시에 할 수 있도록 고정한다.

③ **노통 연관식 보일러**

  ㉠ 특징

    • 노통보일러와 연관 보일러의 장점을 조합한 혼식 보일러이며, 내분식 보일러이다.

    • 중앙하부에 파형노통을 설치하고, 상부와 좌, 우측면에 연관군이 길이방향으로 설치된 **3-pass**형으로 전열면적이 넓고, 소형 고효율화의 콤팩트한 구조로 되어 제작과 취급이 용이하다.

  ㉡ 종류: 스코치, 하우덴 존슨, 노통연관 팩케이지형 보일러

  ㉢ 장점

    • 형체에 비해 전열면적이 넓고 열효율이 높다. **(80~90%)**

    • 증발량이 많고 증기 발생에 소요시간이 짧다.

    • 보유수량이 많아 부하변동에 따른 압력 변화가 적다.

    • 내분식으로 복사열의 흡수가 좋다.

  ㉣ 단점

    • 구조상 고압, 대용량으로 부적당하다.

    • 구조가 복잡하여 청소나 점검이 어렵다.

    • 역화의 위험성이 크고 파열시 재해가 크다.

    • 내분식으로 연소실의 크기가 제한을 받는다.

ⓜ 구조설명
- **연관**: 관 내부에는 연소가스가, 관 외부에는 물을 가열하는 관
- 파형 노통: 주름이 형성된 노통(연소실)으로, 열에 대한 신축조절이 용이하고, 전열면적이 넓고, 외압에 대한 강도가 높으나, 통풍저항이 크다.

ⓗ 스코치 보일러: 선박용 보일러로 동체의 크기에 따라 연소실(노통)을 1~4개 정도 설치하여 많은 동력을 얻어내는 형식으로 물순환이 불안정하고, 청소가 어렵다.

ⓢ 하우덴 존슨 보일러: 스코치 보일러를 개량한 형식으로 구조가 간단하고 물의 순환이 양호 하다.
- 사용압력: **20kg/cm^2**
- **400℃** 정도의 과열증기를 발생

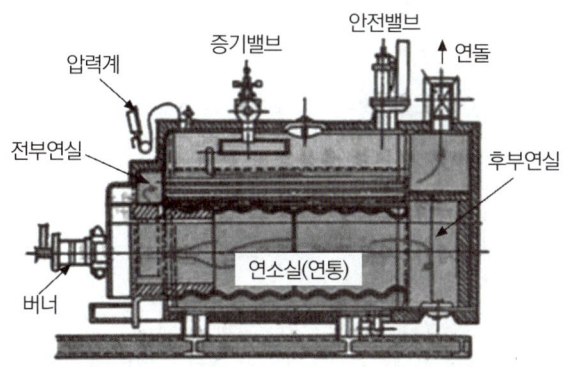
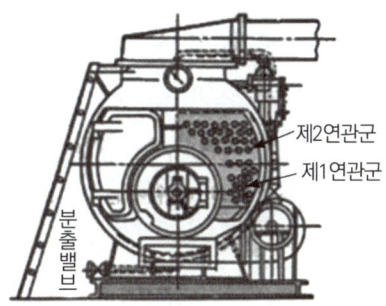

[노동 연관식 보일러]

---

04 수관식 보일러의 구조 및 특성

다수의 수관과 작은 드럼으로 구성되어 고압, 대용량 보일러에 적합하고, 드럼의 유무에 따라 드럼 보일러와 관류 보일러로 구별

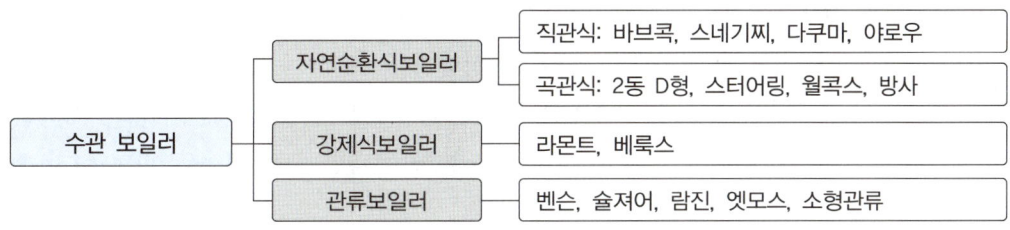

1) **장점 및 단점**
   ① 장점
      ㉠ 보유수량에 비해 전열면적이 크고 증발이 빠르며 효율이 높다.
      ㉡ 가동시간이 짧아 급·수요에 적응이 쉽다.
      ㉢ 증발량이 많아 대용량 보일러에 적합하다.
      ㉣ 보유수량이 적어 파열 사고시 피해가 적다.
      ㉤ 작은 드럼과 다수의 관으로 구성되어 구조상 고압 보일러로 사용된다.
      ㉥ 연소실을 자유로이 크게 할 수 있어 연소상태가 좋고 연료에 따라 연소방식을 채택할 수 있다.
   ② 단점
      ㉠ 제작비가 비싸다.
      ㉡ 구조가 복잡하여 청소, 점검이 어렵다.
      ㉢ 스케일에 의한 장애가 크므로 양질의 급수를 필요로 한다.
      ㉣ 보유수량이 적어 부하변동에 따른 압력 및 수위변화가 심하다.
      ㉤ 보유수량에 비해 증발이 심하며 기수공발(캐리오버) 현상이 발생되기 쉽다.

2) 자연 순환 보일러

   보일러수의 순환을 순환펌프 없이 물과 기수 혼합물의 비중량 차에 의한 방법으로 충분한 순환력을 얻기 위해서는 비중량차를 크게 해야 한다. 종류로는 경사관식(직관식), 2동 D형 수관식, 야로우 등이 있다.

   ① **경사관식 보일러**
      ㉠ 바브코크 보일러: 경사각도 15°인 단동형 관모음식 보일러
      ㉡ 쓰네기찌 보일러: 경사각도 30°인 2동형 보일러
      ㉢ 다쿠마 보일러: 경사각도 45°인 2동형 보일러로 이중 강수관, 집수기 등이 설치되어 있다.
   ② 2동 D형 수관식 보일러: 2개의 드럼과 다수의 수관을 D자형으로 배열된 자연순환식 수관 보일러이다.
      ㉠ 구성: 기수드럼, 물드럼, 강수관, 상승관(승수관), 수냉로벽 등
      ㉡ 수냉로벽: 수관보일러에서 연소실의 벽, 바닥, 천정의 표면에 많은 수관을 울타리 모양으로 배치하여 기수드럼과 물드럼에 접속한 수관 군을 말하며 설치 시 다음과 같은 이점이 있다.
         • 연소실 내의 복사열을 흡수하여 열효율을 높인다.
         • 전열면적이 증가되어 증발량이 많아진다.

• 내화벽을 보호하고 보일러의 전체 하중이 감소한다.

③ **자연 순환 보일러에서 관수의 순환력을 증가시키기 위한 방법**

  ㉠ 관경을 크게 하여 마찰저항을 적게 한다.

  ㉡ 강수관을 연소가스에 직접 닿지 않게 하여 비중량 차이를 크게 한다.

  ㉢ 보일러의 높이를 높게 하여 같은 비중량 차이에서도 강수관과 상승관에 의한 압력차를 크게 한다.

  ㉣ 관을 가능한 한 직선 또는 경사지게 배관하여 유동저항을 감소시킨다.

3) 강제 순환 보일러

보일러 압력이 높아지면 포화수와 포화증기의 비중량차가 작아져서 기포 정체현상을 일으켜 자연순환만으로는 관수의 순환을 충분히 행할 수가 없다. 또한 고온의 연소가스에 의해 과열이나 철과 증기에 직접 접촉에 의한 증기부식이 발생되기 쉬우므로 순환펌프를 설치하여 강제적으로 순환시켜 주는 형식의 보일러이다.

① 특징

  ㉠ 형상이나 배관의 설치가 자유롭다.

  ㉡ 기동시간이 짧다.

  ㉢ 수관의 관경을 적게, 두께를 엷게 할 수 있어 전열에 좋다.

  ㉣ 설비비 및 유지비가 많이 든다.

② 종류: 베록스 보일러, 라몬트 보일러 등

4) 관류 보일러

드럼 없이 초임계하의 증기를 발생시키는 수관으로만 구성된 고압 대용량의 강제순환식 보일러, 관을 1회 통과할 동안 절탄기를 거쳐 예열된 후, 증발, 과열의 순서로 과열되어 관 출구에서 필요한 과열증기가 발생하는 보일러이다.

① **종류:** 벤슨, 슐져, 람진, 엣모스, 소형 관류 보일러 등

② **특징**

  ㉠ 드럼이 없어 초고압 보일러에 적합하다.

  ㉡ 드럼이 없어 순환비가 1이다.

  ㉢ 수관의 배치가 자유롭다.

  ㉣ 증발이 빠르다.

  ㉤ 자동연소제어가 필요하다.

  ㉥ 수질의 영향을 많이 받는다.

  ㉦ 부하변동에 따른 압력 및 수위변화가 크다.

③ **관류보일러의 급수처리:** 순환비가 1이고, 전열면의 열부하가 높아 급수처리를 철저히 해야한다.

05 주철제 보일러의 구조 및 특성

1) **주철제 보일러**의 개요

① 용도: 난방용, 저압 보일러

② 종류

㉠ 증기보일러: 최고사용압력 **1kg/cm² (0.1MPa)** 이하에 사용한다.

㉡ 온수보일러: 온수온도 1~55℃ 이하에 사용한다.

③ 장점

㉠ 조립식 보일러로서 운반·반입이 용이하고, 용량조절이 쉽다.

㉡ 사고시 피해가 적다.

㉢ 내식성과 내열성이 우수하다.

④ 단점

㉠ 고압, 대용량에 부적당하다.

㉡ 주물제로 청소가 곤란하다.

㉢ 열팽창에 의한 부동팽창으로 균열이 발생한다.

㉣ 취성이 크고, 충격에 약하다.

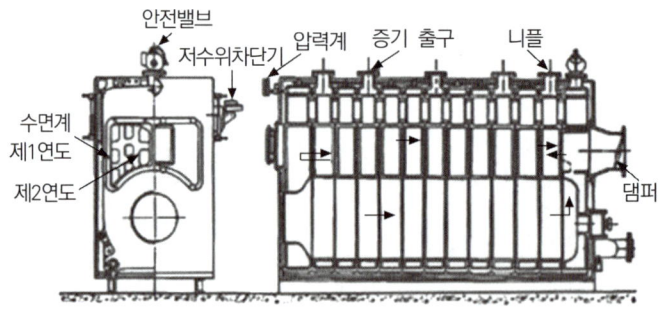

[주철제 보일러]

2) 방열기의 설치

① 방열량

㉠ 증기 방열기: 방열량은 **650kcal/m²h**

㉡ 온수 방열기: 방열량은 **450kcal/m²h**

② 종류: 주형, 벽걸이형, 길드형, 관형, 대류형

③ 설치위치: 외기와 접한 창문 아래
(벽과의 간격 50~60mm)

④ 난방부하(kcal/h):
난방에 필요한 열량 **난방부하**
= 방열량(kcal/m²h) × 방열기 면적(m²)

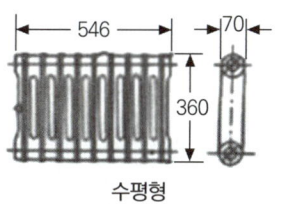
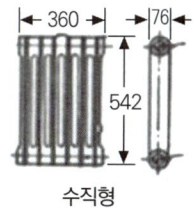

수평형　　　　　　수직형

[벽걸이형 방열기]

---

06 특수 보일러의 구조 및 특성

물대신 수은, 다우섬, 모빌섬, 카네크롤, 세큐러티 등의 특수 열매체를 사용하여 증기를 발생하는 보일러

1) **특수열매체(유체) 보일러**

① 물 대신 특수한 유체를 가열하여 낮은 압력에서도 고온의 포화증기 또는 고온의 액을 얻을 수 있는 보일러이다.

② 인화성 증기를 분출하기 때문에 밀폐식 구조의 안전밸브를 부착한다.

③ **유체(열매체)의 종류:** 다우삼, 수은(Hg), 카네크롤, 모빌썸, 세큐러티

2) 폐열 보일러

① 가열로, 용해로, 소성 공장, 디젤 기관 등에서 배출되는 고온의 배기가스를 이용하여 증기를 발생시키는 보일러이다.

② 종류: 하이네 보일러, 리히 보일러

3) 특수연료 보일러

① 일반적인 연료 이외의 폐품성 물질을 연료로 사용하는 보일러를 말한다.

② 종류: 바크 보일러, 버개스 보일러

4) 간접가열 보일러

① 1차 증발 장치에는 완벽하게 급수 처리된 물을 공급하여 과열증기를 만든 후, 2차 증발 장치로 보내 급수 처리되지 않은 물과 열 교환시켜 증기를 발생시키고, 과열 증기는 응축되어 다시 1차 증발 장치로 되돌려지는 구조의 보일러를 말한다.

② 종류: 슈미트 보일러, 레후러 보일러

07 온수 보일러의 구조 및 특성

1) 소형 온수보일러

전열면적 $14m^2$ 이하, 최고사용압력 0.35MPa 이하인 보일러, 온수보일러의 수압 시험은 최고사용압력, 시간당 연료사용량 17kg(도시가스의 경우 200,000kcal/h) 이하의 가스용 보일러는 제외한다.

2) 가열방식에 따른 분류

① 1회로식: 직접 가열식

② 2회로식: 간접 가열식

3) 온수 보일러의 부착 부속품(증기 보일러와 비교)

① 방출밸브(온수온도 120℃ 이하시)

② 안전밸브(온수온도 120℃ 초과시)

③ 팽창탱크

④ 온도계

⑤ 수고계

⑥ 팽창관

⑦ 순환 펌프

⑧ 수위계(증기보일러의 압력계 역할)

4) 온수 보일러의 버너

① 압력분무식: 연료 또는 공기 등을 가압하고 노즐로 분무하여 연소시키는 형식, 건형과 저압공기분무식이 있다.

② 증발식(=포트식): 연료를 포트 등에서 증발시켜 연소시키는 형식

③ 회전무화식: 연료를 회전체의 원심력으로 비산하여 무화연소, 회전식 버너와 웰플레임 버너

④ 기화식: 연료를 예열하여 기화시켜 노즐로 분무하여 연소시키는 형식

⑤ 낙차식: 낙차에 따라 고정된 심지에 연료를 보내어 연소시키는 형식

CHAPTER 3

보일러 부속장치

예상출제문항수 9

01 안전장치 및 부속품

① 보일러 운전 중 이상 저수위, 압력초과, 프리퍼지 부족으로 미연가스에 의한 노내 폭발 등 안전사고를 미연에 방지하기 위해 사용되는 장치

② **종류**
  ㉠ 압력초과 방지를 위한 안전장치: 안전밸브, 증기압력 제한기
  ㉡ 저수위 사고를 방지하기 위한 안전장치: 저수위 경보기, 가용전
  ㉢ 노내 폭발을 방지하기 위한 안전장치: 화염 검출기, 방폭문

1. 안전밸브

1) 설치목적
   보일러 가동 중 사용압력이 제한압력을 초과할 경우 증기를 분출시켜 압력 초과를 방지하기 위해 설치한다.

2) 설치방법
   보일러 증기부에 검사가 용이한 곳에 수직으로 직접 부착한다.

3) 설치개수
   ① **2개 이상**을 부착한다.(단, 보일러 전열면적 **50m² 이하의 경우 1개**를 부착)
   ② 증기 분출압력의 조정: 안전밸브를 2개 설치한 경우 1개는 최고사용압력 이하에서, 분출하도록 조정하고, 나머지 1개는 최고사용압력의 1.03배 초과 이내에서 증기를 분출하도록 조정한다.

4) 관경: **안전밸브의 관경은 25mm 이상**으로 한다.

  다음의 경우엔 관경을 20mm 이상으로 할 수 있다.

  ① 최고사용압력 0.1MPa 이하의 보일러

  ② 최고사용압력 0.5MPa 이하로서 동체의 안지름 500mm 이하, 동체의 길이 1000mm이하의 것

  ③ 최고시용압력 0.5MPa 이하로서 전열면적 $2m^2$ 이하의 것

  ④ 최대 증발량 5T/h 이하의 관류 보일러

  ⑤ 소용량 보일러

5) 종류: 스프링식, 지렛대식, 추식, 복합식 등이 있다.

 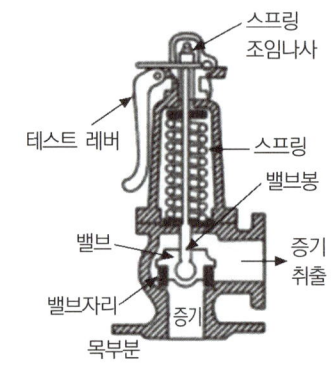

[스프링식 안전밸브]

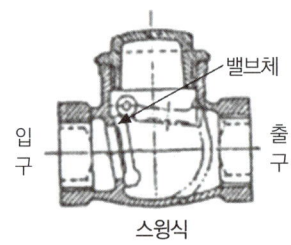 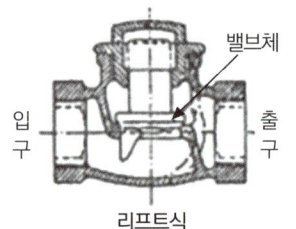

[역지 밸브]

6) 안전밸브의 분출시험

  ① 안전밸브는 밸브와 밸브시트의 고착을 방지하기 위해 수동레버에 정도 실시한다.

  ② **분출 시험압력: 분출압력의 75% 이상**일 때 실시한다.

7) **안전밸브의 증기누설 원인**

  ① 밸브 시트의 가공 불량

  ② 밸브 시트에 이물질이 부착된 경우

  ③ 스프링의 장력이 약해졌을 경우

8) 방출밸브

① 온수 보일러의 안전장치이다. 온수온도가 상승하면 온수의 팽창에 따른 팽창 압력을 방출하여 보일러 파열사고를 방지하기 위한 장치로서, 방출밸브와 방출관이 있다.

② 온수온도 120℃(393K)
- 초과: 안전밸브 부착에 의한 분출 시험을 1년 2회
- 이하: 방출밸브 부착

③ 방출밸브 및 안전밸브의 관경: 20mm 이상으로 한다.

④ 온수보일러의 방출관은 보일러 전열면적에 따라 관경이 결정된다.

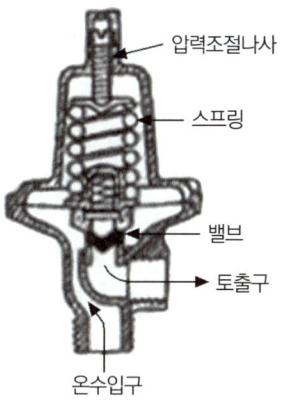

[방출밸브]

전열면적(m²)	방출관의 안지름(mm)
10 미만	25 이상
10 ~ 15	30 이상
15 ~ 20	40 이상
20 이상	50 이상

2. 증기압력제한기

① 보일러 가동 중 연료공급을 차단하여 보일러 사용압력이 제한압력을 초과하는 것을 방지하기 위한 장치

② 작동 압력설정: 안전밸브 분출압력보다 약간 낮게 조정한다.

3. 저수위경보기

① 보일러 운전 중 이상 저수위가 되었을 때 경보 및 연료공급을 차단하여 보일러 사고를 방지하기 위한 장치

② 설치기준: 최고사용압력 0.1 MPa을 초과하는 증기 보일러에는 다음의 저수위 안전장치를 설치하여야 한다.
  ㉠ 보일러를 안전하게 시용할 수 있는 최저수위까지 내려가지 직전에 자동적으로 경보가 울리는 장치
  ㉡ 보일러 수위가 안전 저수위까지 내려가는 즉시 연소실내에 연료를 자동적으로 차단하는 장치

③ 경보가 발한 후 50~100초가 경과되면 자동으로 연료가 차단되는 구조이어야 한다.

④ 종류: 플로트식(맥도널식), 전극봉식, 열팽창식, 차압식

4. 가용전

① 노통 상부에 설치하여, 보일러 운전중 이상 저수위가 되었을 때 플러그가 녹아 가스를 방출하여 전열면이 과열되는 것을 방지하기 위한 장치

② 성분 및 용융온도: **납 + 주석(용융온도: 200℃)**

5. 화염검출기

보일러 운전 중 불착화나 실화가 되었을 경우 연료공급을 차단하여 노내에 연료 유입으로 인한 미연가스 폭발사고를 방지하기 위한 안전장치

1) 종류

① **플레임아이**

ㄱ 화염의 발광체를 이용하며, 화염에서 방사되는 빛을 광전관이 흡수하여 화염의 유무를 검출 한다.(광학적 성질)

ㄴ 설치위치: 버너 주위(윈드박스 상단에 설치)

ㄷ 플레임아이 주위온도는 60℃ 이상이 되어서는 안된다.

② **플레임로드**

ㄱ 화염의 이온화를 이용하며, 화염 중에 흐르는 전극(이온)을 측정하여 화염의 유무를 검출한다.(전기적 성질)

ㄴ 설치위치: 버너에 직접 부착한다.(가스점화에 주로 시용한다)

ㄷ 전극봉이 화염에 직접 접촉되므로 손상되기 쉽다.(3개월 주기로 점검)

③ **스택스위치**

ㄱ 연도에 감열장치인 바이메탈을 설치하여 배기가스의 온도를 측정하여 화염의 유무를 검출한다.(발열체: 열적 성질)

ㄴ 설치위치: 연도

ㄷ 동작이 느려 고압, 대용량 보일러에 부적당하다.

6. 방폭문

보일러 운전 중 연소실의 미연가스로 인한 노내 폭발이 발생하였을 때 폭발 압력을 연소실 밖의 안전한 곳으로 배출하기 위한 안전장치

① 설치위치: 연소실의 후부

② 종류: 스윙식, 스프링식

[연소실 후부의 방폭문]

③ **노내 폭발의 방지조치:** 프리퍼지 또는 포스트 퍼지를 충분히 한다.

    ㉠ 프리퍼지: 점화전 통풍

    ㉡ 포스트퍼지: 소화 후 통풍

02 계측장치

보일러에서 발생하는 증기의 압력, 온도와 급수량, 연료 공급량 그리고 액 면의 높이, 배기가스의 성분 분석 등을 측정하는 압력계, 온도계, 유량계, 수면계, 가스 분석계 등의 부속장치

1. 압력계

1) 보일러에서 발생하는 증기압력을 측정하는 장치로 탄성식 압력계를 설치. 보일러에는 탄성식 압력계 중 브로돈관식 압력계를 부착한다.

2) **탄성식 압력계의 종류:** 브로돈관식, 벨로우즈식, 다이어프램식

3) 설치: 2개 이상을 사이폰관을 통해 부착한다.

4) 지시범위: 보일러 최고사용압력의 3배 이하로 하되, 1.5배 이하가 되어서 안됨

5) 크기: 바깥지름 **100mm** 이상으로 한다.

[부르돈관식 압력계]

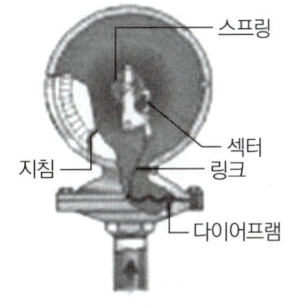

[다이어프램식]

📖 **알고가기**

❖ **다음의 경우엔 60mm 이상으로 할 수 있다.**

① 소용량 보일러

② 최대증발량 5 이하의 관류 보일러

③ 최고사용압력 0.5MPa 이하로서 전열면적 $2m^2$ 이하의 것

④ 최고사용압력 0.5MPa 이하로서 동체 안지름 500mm 이하, 동체의 길이 1000mm 이하의 것

6) 압력계 점검방법

① 계속 시용 중인 보일러일 때: 삼방코크를 이용, 압력계 지시가 "0"이 되는가를 확인하는 검사

② 정지중인 보일러일 때: 분동식 표준 압력계와 비교검사

7) 사이폰관

관내에 응결수가 채워 있는 구조의 관으로 고온의 증기가 브로돈관 내에 직접 침입하지 못하게 함으로써 압력계를 보호하기 위해 설치하며, 관경은 6.5mm 이상이어야 한다.

① 종류: 증기온도 **210℃**

- **210℃이상:** 지름 12.7mm 이상의 강관을 사용
- **210℃이하:** 지름 6.5mm 이상의 동관 또는 황동관을 사용

② 브로돈관 압력계는 사이폰관을 통하여 부착을 하고, 연락관에 설치된 코크는 핸들이 관의 방향과 동일할 때 열려있는 구조이어야 한다.

2. 수면계

드럼내부의 수위를 외부로 연장하여 측정하기 위한 부속장치.

1) 설치방법

① 보일러 안전저수면과 수면계 유리판 하단부를 일치되게 하여 수주에 통해 부착한다.

보일러 종류	안전 저수면
입형횡관 보일러	화실 천장판 최고부위 75mm
직립형연관 보일러	화실 관판 최고부위 연관길이 1/3
횡연관식	최상단 연관 최고부위 75mm
노통 보일러	**노통 최고부위 100mm**
노통 연관식	- 연관이 높은 경우 최상단 부위 75mm - 노통이 높을 경우 노통 최상단부 100mm

② **상용수위:** 수면계의 중심선(1/2)를 뜻한다.

2) 설치개수

① 증기 보일러에는 2개(소형관류보일러, 소용량 보일러는 1개)이상의 유리수면계를 부착한다.(단, 최고사용압력 1MPa 이하로, 동체 안지름 750mm미만의 경우 수면계 1개와 수면측정장치를 설치한다. 또한 2개 이상의 원격지시 수면계를 설치한 경우 수면계를 1개로 할 수 있다.)

② 단관식 관류보일러: 수면계를 부착하지 않는다.

3) 종류

　① 유리관식: 압력 **10kg/cm²** 이하에 사용

　② 평형반사식: 압력 **25kg/cm²** 이하에 사용

　③ 평형투시식: 압력 **25~75kg/cm²**에 사용

　④ 멀티포트식: 압력 **210kg/cm²** 이하에 사용

4) 수면계의 점검시기

　① 보일러를 가동하기 직전

　② 두개의 수면계 수위가 서로 다를 경우

　③ 프라이밍 또는 포밍이 할 때

　④ 수면계의 수위가 의심스러울 때

　⑤ 수면계 교체 할 때

5) 수면계의 점검방법

　① 물콕과 증기콕을 닫는다.

　② 드레인콕을 열어 수면계 내부의 물을 배출한다.

　③ 물콕을 열고 확인 후 닫는다.

　④ 증기콕을 열고 확인 후 드레인콕을 닫는다.

　⑤ 물콕을 서서히 연다.

　　㉠ 수면계 파손시: 물콕을 먼저 닫는다.

　　㉡ 증기 및 물 연락관, 드레인 관의 관경: **20mm** 이상

6) 수주수면계는 보일러에 직접 연결하지 않고 수면계를 보호하기 위해 수주에 부착한다.

　① 기능

　　㉠ 수면계 연락관의 막힘을 방지

　　㉡ 수면계의 기능이 저하 되지 않도록 함

　　㉢ 수면계의 보수, 점검, 교체 등을 쉽게 하기 위해 설치

　② 재질: 보일러 최고사용압력 **1.6 MPa**

　　㉠ **1.6 MPa** 이하: 주철제

　　㉡ **1.6 MPa** 이상: 주강제

　③ 연락관의 관경: **20mm** 이상

　④ 연락관의 연결방법

　　㉠ 물측 연락관은 보일러 안전저수면 보다 낮게 연결한다.

　　㉡ 증기측 연락관은 수면계의 최고수면 보다 높게 연결한다.

03 급수장치

보일러에 필요한 물을 공급하는 장치로 운전 중 부하변화에 따른 수위 및 증기압력을 일정하게 유지하기 위해 연속적으로 급수를 하는 장치

> **급수순서**
> ① 보충수 탱크 ② 경수연화 장치 ③ 급수탱크(응축수탱크) ④ 급수펌프 ⑤ 급수량계
> ⑥ 인젝터 ⑦ 급수온도계 ⑧ 청관제 주입장치 ⑨ 급수 정지 밸브 ⑩ 급수내관

1. 보충수 탱크

1) 보일러에 공급하는 급수 중 부족한 물을 보충하기 위한 물을 저장하는 탱크로 지하수나 하천수, 공업용수 등을 보충수로 사용하고 있다.

2) **수중의 불순물 및 장애**

① 현탁질 고형물: 관수의 농축으로 프라이밍, 포밍 발생 원인

② 경도 성분(Ca, Mg 등): 스케일 생성으로 전열면의 과열 및 열효율 저하

③ 용존 가스체(O_2, CO_2 등): 점식(부식)

④ 유지분: 프라이밍, 포밍 발생

2. 경수연화장치

보충수에 청관제를 투입하여 경수를 연수로 하기 위한 1차 급수처리 방법

1) **수중의 불순물 및 1차 처리방법**(관외처리)

① 현탁질 고형물 처리: 여과법, 침전법, 응집법

② 경도성분 처리: 석회소다법, 이온교환법, 증류법

③ 용존가스체(O_2, CO_2 등) 처리: 탈기법, 기폭법

ㄱ 유지분 처리: 소다 끓이기

ㄴ 이온교환법: 급수 내에 포함되어있는 경도성분인 칼슘이온(Ca^{2+}) 또는 마그네슘 이온(Mg^{2+})성분을 연화하여 슬러지 및 스케일 생성을 방지하는 기능

ㄷ 처리공정: 역세 – 통약(소금물) – 압출 – 세정 – 채수

2) **2차 처리(관내처리):** 보일러 내에 청관제를 투입하여 관수 중 경도성분(등)을 제거하여 내부 부식, 스케일 생성, 캐리오버 등을 방지하기 위한 처리방법

① 청관제의 종류: 탄산소다, 가성소다, 인산소다, 암모니아, 히드라진 등

② 청관제: 수중의 용해고형물(경도성분)을 분리 침전시켜 보일러 수 분출시 제거할 수 있도록 하고, 스케일의 생성을 억제시키는 약품으로, 경수를 연수화시키는 데 효과가 있다.

  ㉠ pH 조정제: 가성소다, 탄산소다 인산소다, 암모니아 등

  ㉡ 관수연화제: 관수 중 경도성분을 슬러지화 하여 경질 스케일의 부착을 방지하기 위해 사용되며 약제로 가성소다, 탄산소다, 인산소다 등이 있다.

  ㉢ 슬러지 조정제: 슬러지가 전열면에 부착되어 스케일이 생성되는 것을 방지하고, 분출에 의해 슬러지를 배출하기 위해 사용하는 것으로 탄닌, 리그린, 전분 등이 있다.

  ㉣ 탈산소제: 아황산소다, 히드라진, 탄닌 등이 사용

   • 아황산소다는 취급이 용이하고 가격이 저렴

   • 히드라진은 $N_2H_4 + O_2 \rightarrow N_2 + 2H_2O$ 로 반응되어 고형물의 농도를 증가시키지 않아 고압보일러에 적합하다.

  ㉤ 가성취화 억제제: 가성취화 현상을 방지하기 위한 약품으로 질산나트륨, 인산나트륨, 탄닌, 리그린 등이 사용된다.

3) 수질의 단위

  ① **p.p.m**(중량의 100만분의 1단위): 물 $1l$ 중에 불순물이 1mg 함유 되었을 때

  ② **p.p.b**(중량의 10억분의 1단위): 물 $1m^3$ 중에 불순물이 1mg 함유 되었을 때

4) pH(수소이온농도지수)

  물의 성질이 산성, 중성, 알칼리성 등을 수치로 나타내는 척도 (pH 0~14)

  ① **pH 7**: 중성

  ② **pH 7** 이하: 산성

  ③ **pH 7** 이상: 알칼리성

   ㉠ 보일러 급수: pH 8~9(약 알칼리),

   ㉡ 관수: pH 10.5-11.8

   ㉢ 가성취화: 수산화나트륨의 과다로 알칼리도가 높아져(pH 12 이상) 물과 접촉부인 보일러 동 판에 미세한 균열(헤어크랙)이 발생하는 현상

5) **경도: 수중의 Ca량을 수치로 나타내는 척도**

  ① $CaCO_3$ 경도: 물 $1l$중에 $CaCO_3$ 1mg 함유시 탄산칼슘 경도 1p.p.m이라 한다. (100만 분의 1단위)

  ② CaO 경도: 물 100 중에 CaO 1mg 함유시 산화칼슘 경도 1도라 한다.(10만 분의 1단위)

   ㉠ CaO 경도 10도 이상: 경도(경도가 높아 보일러 수로 사용이 곤란)

ⓛ CaO 경도 10도 이하: 연수(경도가 낮아 보일러수로 사용이 가능)

6) 스케일 및 슬러지

① **스케일 생성원인**

스케일은 급수 중에 함유되어 있는 용해고형물(경도성분) 성분이 보일러 수의 온도상승에 따른 용해도가 감소되어 석출되는 것과, 보일러수의 농축, 관수의 물리적, 화학적 작용을 받아서 보일러 내면에 결정을 석출하여 존재하게 된다.

② 칼슘염 스케일

ⓐ 황산염 스케일(주성분: 황산칼슘)

ⓛ 규산염 스케일(주성분: 규산칼슘)

ⓒ 탄산염 스케일(주성분: 탄산칼슘)

③ 구분

ⓐ 슬러지: 보일러 수 중의 용해 고형물이 부착되지 않고 드럼, 헤더 등의 밑바닥에 침전되어 있는 연질의 침전물

ⓛ **스케일**: 보일러수 중의 용해고용물(경도성분)로부터 생성되어 관벽, 드럼, 기타 전열면에 부착해서 굳어진 것

ⓒ **스케일의 장애**

- 열전달이 나빠진다.
- 전열면이 과열된다.
- 수관 내에 부착되어 물 순환이 나빠진다.
- 연료사용량 및 열손실이 증가하여 열효율이 저하된다.

3. 급수탱크(응축수 탱크)

① 보일러에 공급하기 위한 급수를 저장하는 탱크

② 급수: 응축수 + 보충수

ⓐ 보충수: 지하수, 하천수, 공업용수, 상수도수 등으로 각종 불순물이 포함되어 있는 물

ⓛ 응축수: 사용증기가 응축되어 회수된 물로 불순물이 없어 급수로 사용할 경우 다음의 이점이 있다.

- 증발이 빠르고 연료소비량이 감소된다.
- 열효율이 향상된다.
- 급수처리가 필요 없다.
- 보일러용수가 절감된다.

4. 급수펌프

보일러에는 항상 단독으로 상용압력에서 보일러의 증발량을 발생하는데 필요한 급수를 할 수 있는 2세트 이상의 급수펌프(인젝터를 포함)를 갖추어야 한다.

📝 알고가기

❖ **급수펌프 1세트 이상만 설치할 수 있는 경우**
① 전열면적 12m^2 이하의 증기 보일러
② 전열면적 14m^2 이하의 가스용 온수보일러
③ 전열면적 100m^2 이하의 관류보일러

1) 펌프의 구비조건

① 작동이 확실하고 보수가 양호할 것
② 저부하에도 효율이 좋고 부하변동에 대응할 수 있을 것
③ 회전식은 고속회전에 안전하고 고온 고압에 견딜 것
④ 병렬운전에 지장이 없을 것 보일러 부속장치

2) 펌프의 종류

① 원심펌프: 터빈 펌프, 볼류트 펌프
② 왕복식 펌프: 워싱턴, 웨어, 플런저
③ 인젝터: 증기압을 이용한 비동력 급수장치
④ 환원기: 응축수 저장탱크를 보일러 보다 1m 이상 높게 설치하여 증기의 압력과 중력에 의한 수두압을 이용하여 보일러에 급수하는 장치로 소용량 보일러에 사용된다.

3) 펌프의 특징

① **볼류트 펌프**
   ㉠ 20m 이하의 저양정, 단단식 펌프로 임펠러 외측에 가이드 베인(안내 깃)이 없고, 시동 시 펌프 내에 프라이밍이 필요하다.
   ㉡ 임펠러를 회전, 원심력에 의해 양수한다.

② **터빈 펌프**
   ㉠ 20m 이상의 고양정, 다단식 펌프로 센트리퓨걸 펌프의 임펠러 외축에 안내날개가 부착되어 있고, 가동 전에 프라이밍이 필요하다.
   ㉡ 다단식으로 6단까지 가능하며 1단의 수압은 0.2MPa 정도이다.

③ 워싱턴 펌프

증기기관이 펌프에 직접 연결되어 있어 고압 보일러에 사용하는 장치로서 물실린더 내의
피스톤의 왕복운동에 의해 급수하는 증기압을 이용한 비동력 급수펌프이다.

$$\therefore \ \text{토출압력} = 증기압력 \times \frac{증기\ 실린더\ 단면적(\text{cm}^2)}{물실린더\ 단면적(\text{cm}^2)}(\text{kg})$$

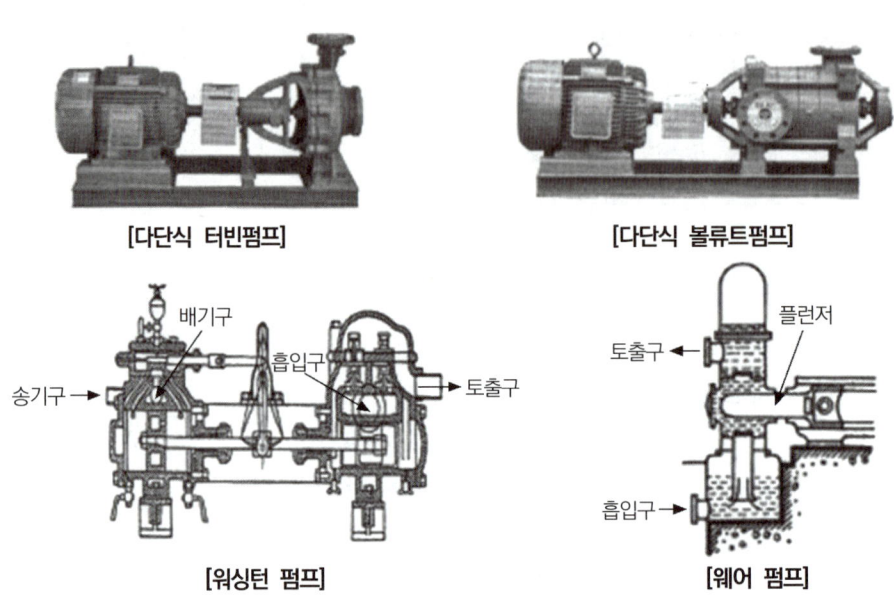

[다단식 터빈펌프]   [다단식 볼류트펌프]

[워싱턴 펌프]   [웨어 펌프]

4) 펌프의 전양정

펌프가 압력손실 없이 시동되었을 때의 양수되는 물의 높이(H: m)

① 전양정(H) = 흡입양정(m) + 토출양정(m) + 관내 마찰손실수두(m)

   ㉠ 흡입양정: 흡입수면에서 펌프 중심까지의 높이(mH_2O)

   ㉡ 토출양정: 펌프 중심에서 토출 수면까지의 높이(mH_2O)

   ㉢ 관내 마찰손실수두: 관내의 유체에서 발생하는 마찰에 의한 압력손실 값(mH_2O)

     • 마찰손실수두 $= \lambda \times \dfrac{l}{D} \times \dfrac{V^2}{2g}(\text{mH}_2\text{O})$

       λ: 마찰계수,   D: 관경(m), l: 관의 길이(m)

       g: 중력가속도($9.8/\text{sec}^2$),   V: 유체의 유속(m/sec)

     $\therefore$ 마찰손실수두 $= 마찰계수 \times \dfrac{관의\ 길이}{관경} \times \dfrac{유속^2}{2 \times 중력가속도}(\text{mH}_2\text{O})$

     $\therefore$ 전양정(H) = 흡입양정 + 토출양정 + 관내 마찰손실수두

② 급수펌프의 소요동력

     • PS $= \dfrac{\gamma \times Q \times H}{75 \times \Pi}(마력)$

- KW $= \dfrac{\gamma \times Q \times H}{102 \times \Pi}$ (출력)

　　　γ: 유체의 비중량(kg/m³), Q: 양수량(m³/sec)　H: 전양정(m), η: 펌프의 효율(%)

∴ 소요동력(PS) $= \dfrac{\text{비중량} \times \text{양수량} \times \text{전양정}}{75 \times \text{펌프효율}}$ (마력)

∴ 소요동력(KW) $= \dfrac{\text{비중량} \times \text{양수량} \times \text{전양정}}{102 \times \text{펌프효율}}$ (출력)

③ 캐비테이션(공동현상): 관내 마찰저항이 크거나, 공기 누입시 또는 압력저하로 인한 증발로 유체 내에 기포가 발생하면 임펠러가 침식이 된다. 또한 양수능력이 낮아지고, 소음, 진동을 발생하는 현상

　㉠ 캐비테이션의 발생원인
- 흡입양정이 높은 경우
- 관로 내의 온도가 상승 되었을 때
- 유속이 빠른 경우
- 흡입관의 마찰저항이 클 때

　㉡ 캐비테이션의 방지방법
- 펌프의 설치위치를 낮춘다.
- 흡입양정을 짧게 한다.
- 흡입관의 관경을 굵게, 굽힘은 적게 한다.
- 펌프의 회전수를 낮추어 유속을 느리게 한다.

5. 인젝터

증기압력을 이용한 비동력 급수장치로서, 인젝터 내부의 노즐을 통과하는 증기의 속도 에너지를 압력에너지로 전환하여 보일러에 급수를 하는 예비용 급수장치이다.

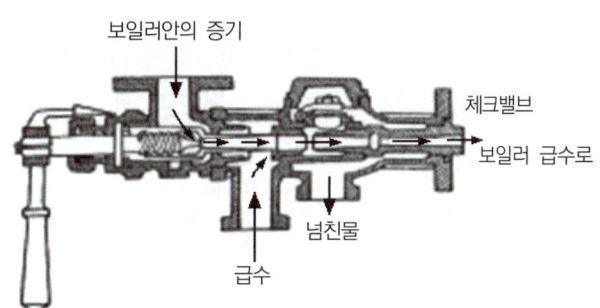

[인젝터]

1) 구조: 증기노즐, 혼합노즐, 토출노즐

2) 인젝터의 작동순서, 정지순서
　① 작동순서: 토출 밸브 → 급수밸브 → 증기밸브 → 인젝터 핸들
　② 정지순서: 인젝터 핸들 → 증기밸브 → 급수밸브 → 토출 밸브

3) 장점

    ① 설치에 장소를 필요로 하지 않는다.

    ② 증기와 혼합되어 급수가 예열된다.

    ③ 구조가 간단하고 취급이 용이하다.

    ④ 소형이며 비동력 장치이다.

4) 단점

    ① 양수효율이 낮다.

    ② 급수량 조절이 어렵고, 흡입양정이 낮다.

5) 급수 불량 원인

    ① 증기압력이 낮은 경우**(0.2 MPa이하)**

    ② 급수온도가 높은 경우(50℃ 이상)

    ③ 흡입변에 공기가 누입 되었을 경우

    ④ 인젝터 자체가 과열되었을 경우

6. 급수량계

    ① 형식: 용적식 유량계(오벌 기어식 유량계)

    ② 단위: l, m^3

    ③ 설치상 주의

        ㉠ 바이패스 배관을 하여 설치한다.

        ㉡ 입구에 여과기를 설치한다.

7. 급수정지밸브 및 체크밸브

보일러 급수관에는 보일러에 인접하여 급수밸브를, 다음에 체크밸브를 설치한다. 다만, 최고 사용압력 0.1MPa 미만의 보일러에는 체크밸브를 생략할 수 있다.

1) 급수(정지)밸브

보일러의 급수량을 조절하는 밸브로 앵글밸브, 글로브 밸브 등이 사용된다.

    ① 형식

        ㉠ 앵글밸브: 유체의 흐름을 90° 전환시키기 위해 사용한다.

        ㉡ 글로브 밸브: 유량조절용으로 사용한다.

② 급수밸브의 크기

　　㉠ 보일러 전열면적 $10m^2$ 초과: 호칭지름 20 이상

　　㉡ 보일러 전열면적 $10m^2$ 이하: 호칭지름 15 이상

2) 체크밸브

보일러수의 역류를 방지하기 위하여 사용되는 밸브로서 일명 역지밸브라 하며 종류로 스윙식과 리프트식이 있다.

① 스윙식: 수평, 수직배관에 사용

② 리프트식: 수평배관에 사용

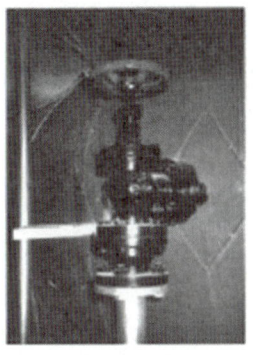

[앵글 밸브]

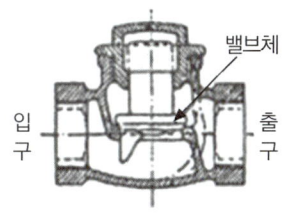

[체크밸브]

8. 급수내관

보일러 드럼 내부에 설치한 급수를 하기 위한 부속장치로 긴 단관 하부에 여러 개의 소구경을 뚫어 급수를 살포시켜 보일러수와의 혼합을 좋게 하기 위해 설치한다.

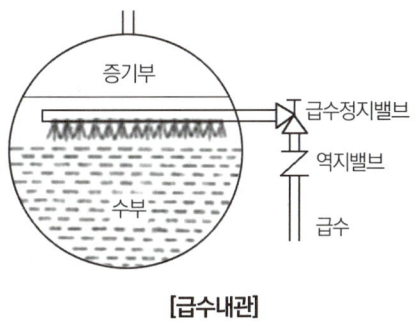

[급수내관]

1) 설치목적

① 동판의 열응력을 적게 하여 부동팽창을 방지한다.

② 급수가 예열되는 효과가 있다.

2) 설치위치

보일러 안전저수면 보다 **50mm 정도** 낮게 설치한다.

① 너무 높으면: 캐리오버 또는 수격작용의 원인이 된다.

② 너무 낮으면: 동저부의 냉각 및 보일러수의 순환이 나빠진다.

04 송기장치

보일러에서 발생된 증기를 열손실 없이 효과적으로 공급처까지 공급하기 위한 부속 장치로
다음과 같이 구성된다.

① 비수방지관 – ② 주증기밸브 – ③ 감압밸브 – ④ 증기헤드 – ⑤ 증기트랩 – ⑥ 신축이음

1. 이상증발시 동반현상

1) 프라이밍, 포밍

① **프라이밍:** 관수의 농축, 급격한 증발 등에 의해 동 수면에서 물방울이 튀어 오르는 현상

② **포밍:** 관수의 농축, 유지분 등에 의해 동 수면에 기포가 덮여 있는 거품 현상

  □ **발생원인**

  ㉠ 관수가 농축되었을 때

  ㉡ 수중에 유지분 및 부유물이 포함되었을 때

  ㉢ 보일러가 과부하일 때

  ㉣ 보일러수가 고수위일 때

  ㉤ 조치방법: 증기밸브를 닫고 저연소로 전환하면서 수위를 안정시킨다.

2) 캐리오버

① 발생증기 중 물방울이 포함되어 송기되는 현상으로 일명 기수공발이라고도 한다. 기계적
캐리오버와 선택적 캐리오버로 구분된다.

② **발생원인**

  ㉠ 주증기 밸브를 급히 개방 하였을 경우

  ㉡ 보일러수가 농축되었을 때

  ㉢ 프라이밍, 포밍이 발생하였을 때

  ㉣ 보일러가 과부하 또는 고수위일 때

3) 수격작용(워터해머)

① 관내의 응축수가 증기의 압력 및 유속증가로 인해 관의 곡관부 등을 강하게 타격하는
현상으로 증기트랩 설치 및 증기관 보온, 또는 경사지게 설치함으로서 방지할 수 있다.

② **발생원인**

  ㉠ 증기관내에 응결수가 고여 있는 경우

  ㉡ 캐리오버(기수공발)에 의해

ⓒ 급수내관의 설치위치가 높을 경우

ⓔ 주증기 밸브를 급개한 경우

2. 증기내관

발생증기 중에 포함된 수분을 분리하여 건증기를 얻기 위해 설치하는 부속 장치로 **비수방지관, 기수분리기**가 있다.

1) 종류

① 비수방지관

ⓐ 프라이밍을 방지하여 건증기를 얻기 위한 장치로 원통형 보일러에 설치한다.

ⓑ 관 위쪽에 설치된 적은 구경의 총면적은 주증기관의 면적보다 1.5배 이상이어야 한다.

② 기수분리기

ⓐ 발생증기 중에 포함된 수분을 분리하여 건증기를 얻기 위한 장치로 수 관식 보일러나 증기배관 등에 설치한다.

ⓑ 종류

- 사이크론식: 원심력을 이용
- 건조 스크린식: 금속망을 이용
- 배폴식: 방향전환을 이용
- 장애판식: 설치된 다수강판을 이용

2) 설치이점

① 관내의 수격작용(워터해머)을 방지한다.

② 관내의 부식을 방지한다.

③ 관내의 마찰저항이 감소한다.

④ 한냉 시 동결을 방지한다.

⑤ 증기의 열손실을 방지한다.

3. 주증기밸브

보일러의 **발생증기를 공급 및 차단시키기 위한 밸브**로 일명 **스톱밸브**라고도 한다.

스톱밸브의 호칭압력은 보일러의 최고사용압력 이상이어야 하며 적어도 **0.7MPa(7kgf/cm²)** 이상이어야 한다.

1) 형식: 앵글밸브

2) 재질

① 최고시용압력 **1.6 MPa** 미만: 주철제를 사용한다.

② 최고사용압력 **1.6 MPa** 초과: 주강제를 사용한다.

3) 관경: **65mm** 이상의 바깥 나사형 구조

4) 밸브의 작동방법: 캐리오버 또는 수격작용을 방지하기 위해 **서서히 연다.**

4. 감압밸브

증기관의 통로를 교축하면 증기의 유량은 일정하고, 증기의 유속 변화로 인한 증기의 압력을 감압한다.

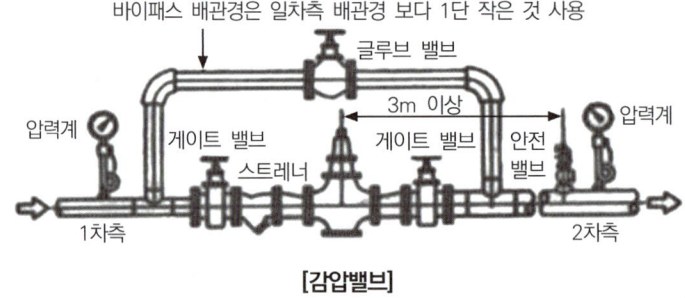

[감압밸브]

1) 설치목적

고압의 증기를 저압으로 낮추어 저압측의 압력을 일정하게 유지하기 위해 설치함

2) 종류

① 스프링식   ② 다이어프램식   ③ 추식

3) 설치이점

① 에너지의 절감 효과

② 배관비용의 절감

③ 증기의 건조도 향상

④ 온도조절 및 생산성 향상

4) 설치상 주의

① 바이패스 배관으로 시공한다.

② 입구측에 여과기를 부착한다.

③ 전·후에 압력계를 부착한다.

④ 출구 측에 안전밸브를 부착한다.

5. 증기헤드

보일러에서 발생한 증기의 손실을 최소화하고 각 사용처로 균일하게 공급하기 위한 관 모음 장치

[증기헤더]

1) 설치 이점

① 보일러의 증기 발생량을 조절할 수 있다.

② 증기의 공급과 정지가 용이하다.

③ 증기의 손실을 방지할 수 있다.

2) 크기: 가장 굵은 증기관의 2배 이상 크게 한다.

3) 종류

① 증기와 응축수의 **비중량차**를 이용(기계식 트랩): 플로트식, 버켓식

② 증기와 응축수의 **온도차**를 이용(온도조절식 트랩): 바이메탈식, 벨로즈식

③ 증기의 **열역학적 성질**을 이용(열역학적 트랩): 디스크식, 오리피스식

4) 증기트랩의 특성

① 플로트식

㉠ 응축수를 연속적으로 다량 배출이 가능하다.

㉡ 공기배출이 용이하다.

㉢ 수격작용에 약하고, 동결의 위험이 있다.

㉣ 종류로 레버형과 프리형이 있다.

② 버켓식

㉠ 종류로 상향식과 하향식이 있다.

㉡ 증기주관의 관말트랩으로 많이 사용된다.

③ 바이메탈식

㉠ 동결의 우려가 없고, 배기능력이 우수하다.

㉡ 응축수의 현열을 이용할 수 있다.

㉢ 과열증기에 부적합하다.

㉣ 부하변화에 따른 적응이 어렵다.

④ 벨로즈식

㉠ 방열기에 주로 사용되며 열동식 트랩이라고도 한다.

㉡ 소형으로 다량의 응축수 배출이 가능하다.

ⓒ 공기빼기 능력이 우수하다.

ⓓ 부식성 물질이나 수격작용에 약하다.

⑤ 디스크식

　ⓐ 소형으로 구조가 간단하다.　　ⓑ 수격작용 및 동파에 강하다.

　ⓒ 과열증기 사용이 가능하다.　　ⓓ 배압의 허용도가 50% 이하이다.

⑥ 오리피스식

　ⓐ 과열증기 사용이 가능하다.　　ⓑ 증기누설의 우려가 있다.

　ⓒ 배압의 허용도가 30% 정도이다.

5) 고장원인

① 트랩이 차가워지는 경우

　ⓐ 배압이 낮다.　ⓑ 여과기가 막혔다.　ⓒ 밸브의 고장

② 트랩이 뜨거워지는 경우

　ⓐ 배압이 높다.　ⓑ 밸브에 이물질 혼입

6) 트랩의 고장 판정방법

① 점검용 청진기를 이용

② 작동음의 판단

③ 냉각, 가열상태에 의해

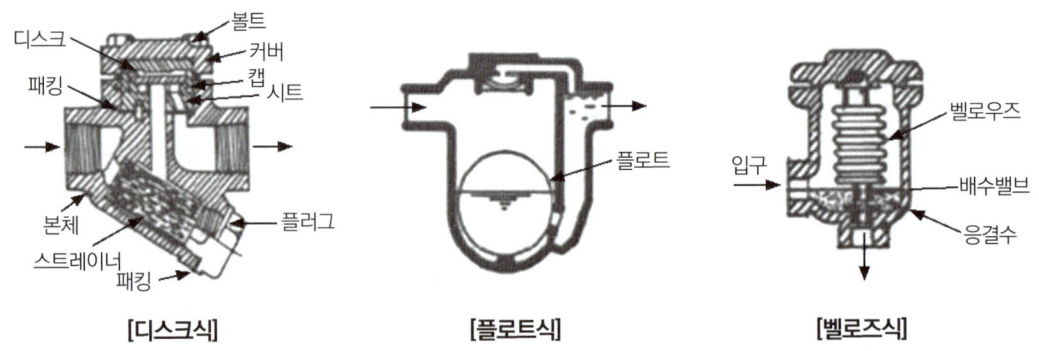

[디스크식]　　　　　　[플로트식]　　　　　　[벨로즈식]

7. 신축이음

고온의 증기배관에 발생하는 신축을 조절하여 관의 손상을 방지하기 위해 설치한다.

1) 종류 및 특징

① 루프형(굽은관 조인트)

　ⓐ 옥외의 고압 증기배관에 적합하다.

ⓛ 신축흡수량이 크고, 응력이 발생한다.

ⓒ 곡률 반경은 관 지름의 6배 정도이다

② **슬리브형(미끄럼형)**

㉠ 설치장소를 적게 차지하고 응력발생이 없고, 과열증기에 부적당하다.

ⓛ 패킹의 마모로 누설의 우려가 있다.

ⓒ 온수나 저압배관에 사용된다.

ⓔ 단식과 복식형이 있다.

③ **벨로우즈형(팩레스 신축이음)**

㉠ 설치에 장소를 많이 차지하지 않고, 응력이 생기지 않는다.

ⓛ 고압에 부적당하고 누설의 우려가 없다.

ⓒ 신축흡수량은 슬리브형 보다 적다.

④ **스위블형(스윙식)**

㉠ 증기 및 온수방열기에서 배관을 수직 분기할 때 2~4개 정도의 엘보를 연결하여 신축을 조절하여 관의 손상을 방지하기 위한 이음방법이다.

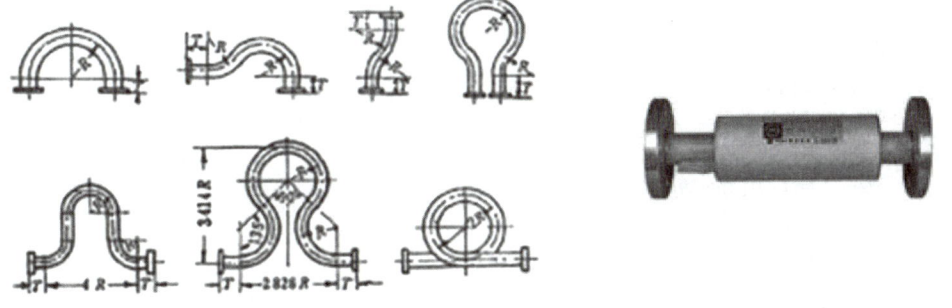

[루프형 신축이음] [벨로우즈형 신축이음]

ⓛ 스위블 이음은 엘보우를 이용하므로 압력강하가 크고, 신축량이 클 경우 이음부가 헐거워져 누수의 원인이 된다.

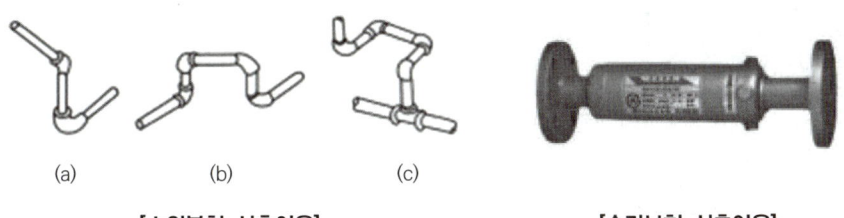

(a) (b) (c)

[스위블형 신축이음] [슬리브형 신축이음]

8. 증기축열기(어큐무레이터)

보일러가 저부하일 때 잉여증기를 저장하여 최대부하 일 때 증기를 방출시켜 증기의 과부족이 없도록 공급하기 위한 장치

① 종류

ⓐ 변압식: 증기계통에 설치하여 잉여증기를 응축 저장하여 저압증기를 짧은 시간에 다량 발생시켜 공급하는 형식으로. 증기압력이 일정하지 않다.

ⓑ 정압식: 급수계통에 설치하여 잉여증기로 예열시킨 고압수로 일정 압력하에 연소량 변화 없이 고압증기를 발생 공급하는 형식.

② 저장매체: 물

05 급유장치(연소보조장치)

중유연소에서 연료 저장탱크에서 버너까지 **중유를 공급하기 위한 장치**로 이송펌프와 급유펌프, 서비스탱크, 오일프리히터, 급유량계, 전자밸브 등으로 구성되어 있다.

1) 이송펌프

① 메인탱크와 서비스 탱크 사이에 설치하여 기름을 메인탱크에서 서비스탱크로 운반하기 위해 설치한 펌프

② 종류: 기어펌프, 플런져 펌프, 스크류 펌프

2) 서비스탱크

① 소량의 중유를 저장하여 연료교체를 쉽게 하고, 버너에 공급을 쉽게 하기 위한 보조 연료저장 탱크

② 설치위치

ⓐ 보일러 외측에서 **2m** 이상 거리에 설치한다.

ⓑ 버너 중심에서 **1.5m** 이상 높게 설치한다.

③ 예열온도: 유동성을 좋게 하기 위해 **60~70℃**로 예열한다.

3) 급유펌프서비스

탱크의 기름을 버너에 공급하기 위한 중유 공급펌프

① 형식: 기어펌프

② 용량: 버너용량의 **1.2~1.5**배 정도

4) 오일프리히터

① 중유를 예열하여 점도를 낮추어 무화상태를 좋게 하고 연소 효율을 높이기 위한 장치

② 형식: 전기식

③ 예열온도: 80~90℃

    ㉠ 예열온도가 낮으면

- 무화상태의 불량
- 불완전연소
- 카본이 생성된다.
- 매연이 발생

    ㉡ 예열온도가 높으면

- 기름의 분해
- 분사각도가 흐트러진다.
- 맥동연소의 원인이 된다.

④ 용량 (kWH)

- 용량 $= \dfrac{\text{연료사용량} \times \text{비열} \times (\text{예열기출구온도} - \text{예열기입구온도})}{860 \times \text{효율}}$

5) 급유량계

① 용량 1t/h 이상인 보일러에 대해서는 유량계를 설치한다.

② 형식: 오벌기어식

③ 설치방법: 바이패스 배관으로 시공하고 입구에 여과기를 설치한다.

    ㉠ 여과기: 관내에 흐르는 기름 중에 포함된 이물질을 제거하여 유량계를 보호하기 위해 설치한다. 여과기는 압력의 1.5배 이상의 압력에 견딜 수 있어야 한다.

    ㉡ 여과망의 크기

- 송유펌프 입구: 40mesh
- 공급펌프 입구: 60mesh
- 버너 입구: 80mesh
- 종류: Y형, U형, V형

6) 전자밸브(솔레노이드 밸브)

① 보일러 운전중 이상이 발생하였을 경우 연료공급을 차단하여 사고를 방지하기 위해 설치한다.

② 운전 중 이상 현상

    ㉠ 이상 저수위
    ㉡ 압력초과
    ㉢ 점화 중 소화(불착화)
    ㉣ 점화전 프리퍼지 불량

③ 전자밸브의 연계장치(신호전송장치)

    ㉠ 저수위경보기: 보일러운전 중 저수위일 경우

    ㉡ 증기압력 제한기: 사용압력이 제한압력을 초과할 경우

    ㉢ 화염검출기: 보일러 점화 중 소화가 되었을 때

06 가스연료 공급장치

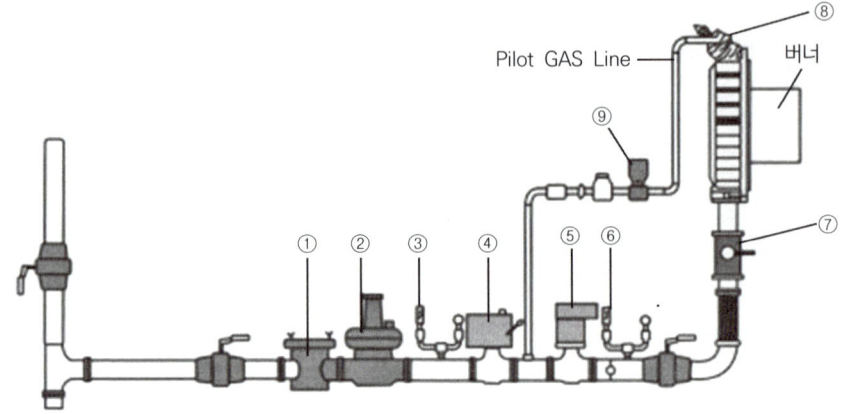

Pilot GAS Line
버너

① 여과기 ② 가스압력 조정기 ③ 가스압력 스위치 ④ 가스차단밸브 ⑤ 연료조절밸브 ⑥ 가스압력 스위치
⑦ 가스조절밸브 ⑧ 착화버너 ⑨ 전자밸브

[가스연료 공급장치의 구성]

1) 여과기

   가스압력 조정기 입구에 설치하여 가스중 이물질을 제거하여 가스압력조정기, 가스차단밸브
   등을 보호하기 위해 설치한다.

2) 가스압력 조정기

   가스공급압력을 낮추어 버너 연소압력에 맞도록 일정하게 유지하여 연소상태를 좋게 하기
   위한 장치

3) 가스압력 스위치(저압)

   가스공급 압력이 소정의 압력 이하로 낮아지면 버너의 가동을 중지시키는 장치

4) **가스차단 밸브**

   ① 보일러 운전 중 이상이 발생하였을 때 가스공급을 자동으로 차단하여 보일러 사고를
      방지하기 위한 장치

   ② 연결장치: 증기압력제한기, 저수위경보기, 화염검출기

5) 가스조절 밸브

   가스유량을 조절하는 장치로 초기점화 및 전체 가스유량을 조절한다.

6) 가스압력 스위치(고압)

   역화 등의 이유로 노내압이 소정의 압력 이상으로 상승 될 경우 버너의 가동을 중지시키는
   장치

7) 가스조절 밸브(비례제어 밸브)

가스 공급량과 연소용 공기를 일정 비율로 조절하는 장치

8) **착화버너**

① 일명 파이럿 버너라고도 하며 **5000~7000V**의 전압을 이용하여 주버너에 점화를 하기 위한 보조버너

② 파이럿 버너 종류: 내부혼합식으로 적화식 버너, 분젠식 버너, 세미분젠식 버너 등이 있다.

9) **파이롯트 전자밸브**

파이롯트 배관의 점화 중 불착화시 가스 공급을 자동으로 차단하는 장치

07 분출장치

사용 중인 보일러는 계속된 증발로 인해 관수가 농축이 된다. 관수의 농축을 방지하여 불순물에 의해 발생하는 장애를 방지하기 위해 관수를 방출하는 장치로 연속분출과 단속분출이 있다.

1. 종류

1) **수면분출장치**

① 동수면에 떠 있는 부유물, 유지분 등을 제거하여 관수의 농축을 방지하기 위해 설치한다. (연속 취출장치)

② 관수의 농도가 일정하게 유지되며, 배출열의 회수가 가능하다.

2) **수저분출장치**

① 동저부의 침전물, 슬러지 등을 분출 제거하여 관수의 농축을 방지하기 위해 설치한다.(단속 취출 또는 간헐 취출)

② 짧은 시간에 많은 양을 배출할 수 있다.

2. 분출밸브의 크기와 강도

1) **분출관의 크기:** 관경 25mm 이상, 65mm 이하(단, 보일러 전열면적 **10m²** 이하의 경우 **20mm** 이상으로 한다.)

2) 강도: 분출관에는 보일러 가까이에 코크를, 다음에 밸브로 직렬로 설치한다. 이 경우 저압보일러라 할지라도 최소 **0.7MPa** 이상에 견딜 수 있어야 한다.

3) 분출 작업시 주의사항

① 분출 작업할 때: 코크를 먼저 열고, 다음에 밸브를 연다.

② 분출을 정지할 때: 밸브를 먼저 닫고, 다음에 코크를 닫는다.

③ 분출은 밸브 시트에 이물질이 부착되는 것을 방지하기 위해 신속하게 하여야 한다.

④ 2대의 보일러를 동시에 분출하여서는 안되고, 분출 작업시 다른 작업을 겸해서는 안된다.

⑤ 분출시 2인 1조로 작업을 하며 1인은 수면계를 감시하여 저수위가 되지 않도록 한다.

3. 분출의 목적

① 관수의 농축을 방지하기 위해 　② 슬러지분의 배출·제거하기 위해

③ 프라이밍, 포밍을 방지하기 위해 　④ 가성취하를 방지하기 위해

⑤ 관수의 조정 　　　　　　　　　⑥ 고수위 방지

4. 분출의 시기

① 다음날 아침 보일러를 가동하기 전

② 보일러 부하가 가장 가벼울 때(보일러 증발량이 가장 적을 때)

③ 프라이밍, 포밍이 발생하는 경우

④ 고수위인 경우

⑤ 관수가 농축되었을 경우

5. 분출량 계산

• 분출량 $= \dfrac{1일\,급수량(kg) \times 급수중\,허용농도(ppm)}{관수중\,허용농도(ppm) - 급수중\,허용농도(ppm)} (kg/day)$

08 폐열회수장치

① 보일러 연돌에서 배출되는 배기가스의 손실열을 회수하여 열손실을 적게 하고, 연료 절감 및 열효율을 높이기 위한 장치로 일명 여열장치라고도 한다.

② 종류: 과열기, 재열기, 절탄기, 공기예열기 등이 있다.

1. 과열기

보일러에서 발생된 포화증기를 가열하여 압력은 변함없이 온도만 높인 증기, 즉 과열 증기를 얻기 위한 장치

1) 종류
    ① 전열방식에 따른 분류
        ㉠ 복사형 과열기: 연소실에 설치하여 화염의 복사열을 이용하여 과열증기를 발생하는 형식으로 보일러 부하가 증가 할수록 과열온도가 저하된다.
        ㉡ 대류형 과열기: 연도에 설치에 배기가스의 대류열을 이용하여 과열증기를 발생하는 형식으로 보일러 부하가 증가할수록 과열온도가 증가한다.
        ㉢ 복사·대류형 과열기: 연소실과 연도의 중간에 설치하여 화염의 복사열과 배기가스의 대류 열을 동시에 이용하는 형식으로 보일러 부하변동에 대해 과열증기의 온도 변화는 비교적 균일하다.
    ② 연소가스의 흐름에 따라
        ㉠ 병류형: 연소가스와 증기의 흐름이 동일 방향으로 접촉되는 형식
        ㉡ 향류형: 연소가스와 증기의 흐름이 반대 방향으로 접촉되는 형식 전열효율은 좋으나 침식이 빠르다.
        ㉢ 혼류형: 병류형과 향류형이 혼용된 형식 침식을 적게 하고 전열을 좋게 한 형식

2) 과열증기의 사용시 장점
    ① 온도가 높아 쉽게 응축되지 않는다.
    ② 단위중량당 열량이 많고 적은 양으로 많은 일을 할 수 있다.
    ③ 증기 열기관의 열효율이 증가한다.
    ④ 수격작용 및 관내 부식을 방지할 수 있다.
    ⑤ 관내 마찰저항을 감소시킬 수 있다.

3) 과열증기 사용시 단점
    ① 온도가 높아 온도조절이 곤란하다.
    ② 화상의 위험이 있다.
    ③ 열팽창에 의한 열응력이 발생한다.
    ④ 전열 및 방열손실이 많다

4) 과열증기의 온도조절 방법
    ① 댐퍼를 이용하여 연소가스량을 조절하는 방법
    ② 과열 저감기를 사용하는 방법
    ③ 연소가스를 재순환시키는 방법
    ④ 연소실의 화염의 위치를 바꾸는 방법
    ⑤ 전용 화실을 사용하는 방법

2. 재열기

과열증기가 고압터빈 등에서 열을 방출한 후 온도가 저하하여 팽창된 후 포화온도가 하강한 과열증기를 고온의 열 가스나 과열 증기로 재차 가열시켜 저온의 과열증기로 만든 후 저압 터빈 등에서 다시 이용하는 장치

3. 절탄기(이코너마이저)

보일러 연도 입구에 설치하여 연돌로 배출되는 배기가스의 손실열을 이용하여 급수를 예열하기 위한 장치로 주철관형과 강관형이 있다.

1) 설치이점

① 연료절감 및 열효율이 높아진다.(5~15% 정도)

② 보일러수와 급수와 온도차가 적어져 동판의 열응력이 감소된다.

③ 급수중 불순물의 일부가 제거된다.

④ 급수의 예열로 증발이 빨라진다.

2) 단점

① 청소가 어려워진다.

② 설치비가 많이 든다.

③ 저온부식이 발생한다.

④ 통풍저항의 증가한다.

3) 종류

① 주철관형: 저압용으로 내식, 내마모성아 좋으며 $20kg/cm^2$ 이하에 사용한다.

② 핀형: 관에 원형 핀을 부착한 것으로 $40kg/cm^2$ 이하에 시용하며 통풍저항이 크다.

③ 강관형: 고압용으로 전열이 좋고, 철저한 급수처리로 스케일 부착이 적다.

4) 취급상 주의

① 절탄기 출구의 배기가스 온도는 170℃이상 유지한다.(저온부식 방지 효과)

② 연도에 연소가스를 보낼 때는 절탄기내의 물의 유무를 먼저 확인한다.

③ 바이패스연도가 있는 경우 절탄기에 물을 공급한 후 댐퍼를 교환하여 절탄기로 연소가스를 보낸다.

④ 절탄기가 과열, 부식되지 않도록 유의한다.

4. 공기예열기

보일러의 연도에 설치하여 연돌로 배출되는 배기가스의 손실열을 이용하여 연소용 공기를 예열하기 위한 장치

1) 설치이점

① 노내온도가 높고 연료의 점화가 용이하다.

② 적은 과잉공기로 완전연소가 가능하다.

③ 연소효율, 열효율이 향상된다.(5~10%)

④ 수분이 많은 저질탄 연소에 적합하다.

　㉠ 1차 공기: 무화용 공기(버너로 유입)

　㉡ 2차 공기: 연소용 공기(윈드박스로 유입)

2) 단점

① 저온부식이 발생한다.

② 청소가 어려워진다.

③ 통풍저항의 증가한다.

④ 설치비가 많이 든다.

3) 종류

① 전열식: 금속 전열면을 통해서 배기가스가 보유하는 열을 공기에 전달 예열시키는 형식으로 관형 공기예열기, 판형 공기예열기 등이 있다.

② 재생식(축열식): 조합된 다수의 금속판에 연소가스와 공기를 교대로 금속판에 접촉시켜 공기를 예열하는 형식으로 회전식, 고정식, 이동식 등이 있으며 주로 회전식으로 융그스트롬식 공기예열기가 널리 사용되고 있다.

③ 히트 파이프식: 내부에 물, 알코올 등의 유체를 놓고 진공상태로 밀봉한 파이프(히트 파이프)를 경사지게 설치하여 중간지점에 설치한 격벽을 경계로 한쪽으로 배기가스를, 다른 한쪽으로 공기를 공급하여 공기를 예열하는 형식

4) 취급상 주의

저온 부식을 방지할 수 있도록 공기예열기 출구의 배기 가스온도를 황산가스의 노점(150℃) 이상을 유지해야 한다.

09 통풍장치

연소실내의 연료가 공기와 연소할 때 발생하는 연소 생성물을 연속적으로 배출하여 안정된 연소를 유지하기 위한 연소가스의 흐름을 통풍이라 한다.

① 통풍력 단위: mmH$_2$O (mmAq, kg/m^2)

② 압력 = 비중량 × 높이

1. 구분

1) 자연통풍

① 연돌에 의한 통풍으로 연돌 내에서 발생하는 대류현상에 의해 이루어지는 통풍으로 연돌의 높이, 배기가스의 온도, 외기온도, 습도 등에 영향을 많이 받고 노내압이 부압을 형성한다.

② 배기가스의 속도: 3~4m/sec

③ 통풍력: 15~20mmH$_2$O

2) 강제통풍: 송풍기에 의한 인위적 통풍방법으로 송풍기의 설치위치에 따라 압입 통풍, 흡입통풍, 평형통풍 등으로 분류된다.

① 압입통풍: 연소실 입구에 송풍기를 설치하여 연소실 내에 연소용 공기를 압입하는 방식이다.

- 노내압: 정(+)압 유지
- 배기가스속도: 6~8m/sec

② 흡입통풍: 연도에 송풍기를 설치하여 연소실내의 연소가스를 강제로 흡인하여 연돌을 통해 배출하는 방식이다.

- 노내압: 부(-)압 유지
- 배기가스속도: 8~10m/sec

③ 평형통풍: 압입통풍과 흡입통풍을 겸한 방법으로 연소실내의 압력조절이 용이하고 열손실이 적다. 설비비가 많이 들고 대용량 보일러에 적용한다.

- 노내압: 대기압 유지
- 배기가스 속도: 10m/sec 이상

2. 자연통풍

연돌에 의한 통풍으로 대류현상을 이용하므로 배기가스온도에 의해 발생하는 비중량 차와 연돌의 높이에 의해 통풍력을 구할 수 있으며, 통풍력이 크면 통풍과 연소상태는 좋으나 연소율의 증가로 연료소비가 많고 배기가스에 의한 열손실이 많아져 열효율은 저하된다.

1) 통풍력(Z)

∴ **통풍력 = (공기의 비중량 − 배기가스 비중량) × 연돌의 높이**(mmH$_2$O)

2) **통풍력을 증가되는 조건**

① 연돌의 높이를 높게 한다.

② 배기가스의 온도를 높게 한다.

③ 연돌의 단면적을 넓게 한다.

④ 연도의 길이는 짧게 한다.

⑤ 외기의 온도가 낮거나, 공기의 습도가 적을 경우

3) **통풍량 조절방법**

① 연도댐퍼의 개도를 조절하는 방법

② 섹션베인의 각도를 조절하는 방법

③ 모터의 회전수를 증감하는 방법

4) 통풍력(Z) 계산식

① 통풍력(Z) $= H\left(\dfrac{\gamma_a}{273+t_a} - \dfrac{\gamma_g}{273+t_g}\right)$(mmH$_2$O)

∴ **통풍력** $=$ 연돌의 높이$\left(\dfrac{\text{공기의 비중량}}{273+\text{공기의 온도}} - \dfrac{\text{배기가스 비중량}}{273+\text{배기가스의 온도}}\right)$(mmH$_2$O)

5) 실제 통풍력

보일러의 실제 통풍력은 연소실, 연도 등의 통풍저항을 받으므로 이론 통풍력의 80% 정도에 해당된다.

6) 통풍손실: 연소장치의 통풍손실은 설비의 구조에 따라 다르며 보일러의 경우 다음의 사항이 주요 원인이 된다.

① 연소실, 연도 등에 설치된 장치의 마찰손실(mmH$_2$O)

② 유로의 방향전환에 의한 손실(mmH$_2$O)

③ 유로의 단면적 변화에 의한 손실(mmH$_2$O)

④ 연도의 상하위치의 변화에 따른 압력차(mmH$_2$O)

⑤ 가스속도에 의한 연도의 마찰손실(mmH$_2$O)

7) **통풍계**

① 연돌 내의 통풍력을 측정하기 위해 주로 액주식 압력계를 사용한다.

② 종류: U 자관식, 경사관식, 링밸런스식

3. 송풍기

팬은 임펠러의 회전운동에 의하여 압송되며 토출압력 1mmH₂O 미만의 송풍기이며, 블로어 (Blower)는 임펠러와 로터의 회전 운동에 의하여 기체를 압송하는 것으로 토출압력 1mmH₂O ~ 0.1MPa의 송풍기로 구분되며 종류로는 원심식과 축류식이 있다.

1) 종류

① **축류식**: 프로펠러식 송풍기, 배기용, 환기용 등에 시용된다.

② **원심식**

  ㉠ 터보형 송풍기

- 압입통풍에 사용한다.
- 구조가 간단하고 효율이 좋다(55~75%)
- 풍압이 높고 대용량에 적합하다.
- 풍량에 비해 소비동력이 적다.
- 8~24개의 후향 날개로 구성되어 있고 풍압이 15~500mmH₂O 정도로 비교적 높다.

  ㉡ 플레이트형 송풍기

- 흡입통풍에 사용한다.
- 곧은 플레이트를 6~12개 부착한 방사형 날개로 구성되어 있고 풍압은 50~200mmH₂O 정도이다.
- 마모 및 부식에 강하다.
- 구조가 견고하고 플레이트의 교체가 쉽다.
- 소요동력은 풍량의 증가에 따라 직선적으로 증가한다.
- 효율이 50~60%이다.

  ㉢ 다익형 송풍기

- 흡입통풍에 사용한다.
- 임펠러가 취약하여 고속운전에 부적합하다.
- 실로코형이라고도 하며 소형이고 경량이다.
- 짧고 많은 전향 날개로 구성되어 있고 풍압은 50~200mmH₂O 정도로 비교적 낮다.
- 풍압이 낮고 효율이 50% 정도이다.

2) 송풍기의 용량

송풍기의 용량은 동력(출력)과 마력으로 표시되며 다음 계산식에서 구한다.

- 동력(kW) = $\dfrac{P \times V}{102 \times 60 \times \eta}$
- 마력(PS) = $\dfrac{P \times V}{75 \times 60 \times \eta}$

P: 풍압(mmH₂O), V: 송풍량(m³/min), η: 송풍기의 효율

$$\therefore \text{송풍기 동력(KW)} = \frac{\text{풍압} \times \text{송풍량}}{102 \times 60 \times \text{효율}}$$

$$\therefore \text{송풍기 마력(PS)} = \frac{\text{풍압} \times \text{송풍량}}{76 \times 60 \times \text{효율}}$$

3) 송풍기의 보정원심형 송풍기는 그 회전수가 증가함에 따라 송풍량(m³/min)은 **1승**에 비례하고, 풍압(mmH₂O)은 **2승**에 비례하고, 마력 및 출력은 **3승**에 비례한다.

① 송풍량(m³/min) $= V_1 \times \left(\dfrac{R'}{R}\right)^1 = \text{송풍량} \times \left(\dfrac{\text{변화후 모터 회전수}}{\text{변화전 모터 회전수}}\right)^1$

② 풍 압(mmH₂O) $= P_1 \times \left(\dfrac{R'}{R}\right)^2 = \text{풍압} \times \left(\dfrac{\text{변화후 모터 회전수}}{\text{변화전 모터 회전수}}\right)^2$

③ 마력(P.S) 또는 출력(kW) $= P.S(kW_1) \times \left(\dfrac{R'}{R}\right)^3 = \text{마력} \times \left(\dfrac{\text{변화후 모터 회전수}}{\text{변화전 모터 회전수}}\right)^3$

4. 댐퍼

1) 설치목적

① 공기량을 조절한다.   ② 배기가스량을 조절한다.
③ 통풍력을 조절한다.   ④ 연도를 교체한다.

2) 종류

① **공기댐퍼**

㉠ **1차 공기댐퍼**

• 버너에 설치

• 연료를 무화시키는데 필요한 공기를 조절하기 위해 설치한다.

㉡ **2차 공기댐퍼**

• 닥트출구(윈드박스 입구)에 설치

• 무화된 연료를 연소시키는데 필요한 공기를 조절하기 위해 설치한다.

② **연도댐퍼**

㉠ 설치목적

• 배기가스량을 가감하여 통풍력을 조절한다.

• 연도의 교체를 위해(주연도와 부연도)

• 가스흐름을 차단한다.

㉡ 형상에 따른 종류: 다익형, 버터플라이형, 스필리티형 등이 있다.

5. 연도

① 연소가스 또는 배기가스가 통과하는 보일러와 연돌을 연결하는 통로로 가스의 누출, 지하수의 침입이 방지되는 구조이어야 한다.

② **설치방법**

ㄱ 길이는 짧게, 굴곡부는 적게 하여 통풍저항을 적게 한다.

ㄴ 배기가스의 분석을 위한 가스 채취구멍을 설치한다.

ㄷ 보일러 전열면 최종출구에는 배기가스 온도계를 설치한다.

ㄹ 배기가스량을 조절할 수 있는 댐퍼를 설치하고 내부청소 및 검사가 용이하도록 맨홀 또는 청소구를 설치한다.

ㅁ 보일러 본체 출구(연도 입구) 1m 이내의 위치에 배기가스온도 상한스위치를 설치하여 배기가스 온도가 설정온도 이상이 되면 연료공급을 차단하도록 한다.

6. 연돌

연돌의 크기는 상부단면적에 따라 결정한다. 단면적이 너무 작으면 마찰저항이 증가하고, 너무 크면 연돌 내에 찬 공기의 침입으로 통풍력이 저하되므로 배기가스 의 유속 및 온도 또는 연료사용량에 따라 적당 한 크기의 연돌을 설치하여야 한다.

- 상부 단면적(F) $= \dfrac{G \times (1 + 0.0037 \times t_g)}{3600 \times V}(m^2)$

$$\therefore \; 상부단면적 = \dfrac{배기가스량 \times (1 + 0.0037 \times 배기가스의온도)}{3600 \times 배기가스의속도}(m^2)$$

10 매연분출 및 집진장치

1. 매연 측정장치

① 연료가 연소할 때 공급되는 공기가 부족하면 불완전연소가 되고 배기가스 중 일산화탄소(CO), 아황산가스(SO_2), 질산화물(NO_x), 그을음, 분진 등의 매연이 발생한다.

② **매연발생 원인**

ㄱ 공급 공기량이 부족할 때

ㄴ 무리한 연소를 할 때

ㄷ 연료와 공기의 혼합이 불량일 때

ㄹ 취급자의 기술이 미숙할 경우

ⓜ 연소실의 온도가 낮거나, 용적이 작을 때

1) **링겔만 매연 농도표**

① 링겔만 매연 농도표는 격자모양**(가로, 세로 10mm)**의 흑선이 매연농도에 따라 굵어지며, 이 굵기의 면적을 연기색과 비교하여 매연농도를 측정한다.

② **설치목적**

연돌로 배출되는 연기의 색을 측정하여 공기량을 조절하고 연소상태를 좋게 하기 위해 매연농도를 측정한다.

③ 종류: **NO.0 ~ NO. 5번호(6가지)**

[매연의 농도 연기의 색]

번호	농도	연기색	번호	농도	연기색
0	0%	무색	3	60%	엷은 흑색
1	20%	엷은 회색	4	80%	흑색
2	40%	회색	5	100%	암흑색

④ 배기가스의 색과 공기량 및 연소상태

노내의 화염색	내용	공기량	배기가스량	농도표
오랜지색(등색)	화염이 안정되고 양호하다.	적정량	회백색	NO.1
휘백색	노내가 밝고 구석 부분이 잘 보인다.	과잉	백색 or 무색	NO.0
암적색	노내가 어둡다.	부 족	흑색 or 암흑색	NO.4~5

⑤ **매연농도 측정방법**

측정자와 연돌과 30~40m 떨어진 거리를 두고 그 사이 16m 거리에 매연 농도표를 설치하여 연돌 상단 30~45cm 높이의 배출 가스의 농도를 관측하여 농도표와 비교하여 매연농도를 측정한다. 이 때 측정자는 태양을 등지고 측정하여야 한다.

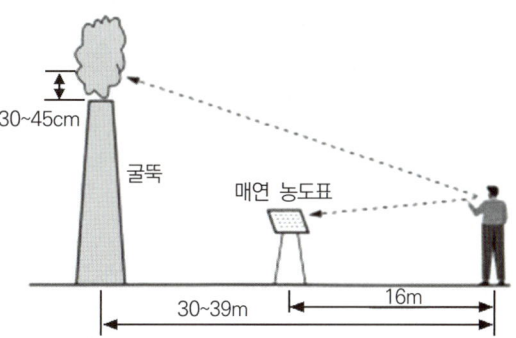

⑥ 매연 농도율 계산

• 매연 농도율 = $\dfrac{20 \times 총\,매연농도값}{측정시간(분)}(\%)$

⑦ 적정 매연농도

보일러 운전 중 적정 매연농도는 링겔만 매연농도 NO.1 이하를 기준 한다. NO.1일 때의 연기색은 엷은 회색으로 매연 농도율 20%, 화염색은 오렌지색을 유지한다. 또한 정상운전 상태에서 매연 농도는 NO.2 이하로 유지하여야 한다.

2) 바스카라치 스모그 테스터

연도에서 배기가스를 여과지에 흡입하여 포집된 흑도에 의해 매연농도를 측정하는 방법으로, 매연 농도는 농도 번호가 10종으로 구분되며 정상 운전 중인 보일러의 경우 스케일 번호 4 이하가 되어야 한다.

2. 슈트 블로워(매연 분출장치)

1) 설치목적

고압의 증기 또는 공기를 분사하여 수관식 보일러의 전열면(수관외면)에 부착된 그을음 등을 제거하여 전열효율을 좋게 하고 연료절감 및 열효율을 높이기 위해 설치

2) 매연 취출시기

① 연료소비량이 증가할 때
② 배기가스 온도가 상승한 경우
③ 통풍력이 저하될 때
④ 연소관리 상황이 현저하게 차이가 있을 때

3) 매연 취출 후 효과

① 연료소비량 감소
② 배기가스온도 저하로 열손실 감소
③ 전열효율 및 열효율 향상
④ 통풍력의 증가

열효율 및 열정산

01 보일러 열정산

1. 열정산의 목적 및 기준

1) **열정산의 목적**

보일러 운전 조건을 개선할 목적으로 보일러 내의 열 흐름을 측정하여 입열과 출열 등 각 항목의 열의 분포를 정산하는 것으로 열손실을 줄이고, 열효율을 향상시키고, 열관리를 위한 자료를 수집한다.

① 열의 분포상태와 열손실을 파악
② 열설비의 성능을 파악
③ 조업방법을 개선하기 위해
④ 열설비 구축자료로 활용

2) **열정산의 기준**

① 기준온도는 외기온도로 한다.
② 정상조업상태에 있어서 2시간 이상의 운전결과에 따른다.(측정시간은 매 10분마다 시행한다)
③ 시험부하는 정격부하로 하고 필요에 따라 3/4, 1/2, 1/4 등으로 시행한다.
④ 시험용 보일러는 다른 보일러와 무관한 상태에서 시행한다.
⑤ 연료의 발열량은 고위 발열량으로 한다.
⑥ 연료의 단위는 고체 및 액체연료는 1kg으로, 기체연료는 $1Nm^3$으로 표시한다.
⑦ 증기의 건도는 실측치로 하되 그러하지 않는 경우 강철제 보일러는 98%, 주철제 보일러는

97%로 한다.

⑧ 압력 변동은 7% 이내로 한다.

2. 측정방법

1) 연료사용량 및 연료온도 측정

① 연료사용량 측정

㉠ 액체연료: 체적식 유량계로 측정하고 유량계의 오차는 **1.0% 범위**내 이어야 한다. 측정값은 비중을 곱하여 중량으로 환산한다.

㉡ 기체연료: 체적식 또는 오리피스 유량계로 측정하고 오차는 **1.6%범위** 내 이어야 한다. 측정 값은 표준상태(0℃, lata)의 용량 m^3으로 환산한다.

② 연료온도: 유량계 입구에서 측정한 온도로 한다.

2) 급수량 및 급수온도 측정

① 급수량 측정: 중량탱크식 또는 용적탱크식으로 측정하거나 체적식 유량계로 측정한다. 유량계의 오차는 1.0% 범위 내 이어야 한다.

㉠ 급수량(kg/h) $= \dfrac{실측\ 급수량}{측정온도에서\ 급수의\ 비체적(l/kg)} \times 100$

㉡ 급수온도는 급수예열기 입구에서 측정하며 급수예열기가 없는 경우 보일러 몸체의 입구에서 측정한다.

② 급수온도: 보일러 입구에서 측정한다. 절탄기가 있는 경우 절탄기 전에서 측정한다. 만약 인젝터를 사용하고 있다면 입구에서 측정한다.

3) 공기량 및 공기온도 측정

① 공기량 측정: 연료 및 연소가스의 조성으로 산출하는 것을 원칙으로 한다.

② 공기온도: 공기예열기 전, 후에서 측정한다.

4) 발생증기량 및 증기압력, 증기온도 측정

① 발생증기량 측정: 발생 증기량은 급수량으로 산정한다. 단, 발생증기의 일부를 연료가열, 공기예열기에 사용하는 경우 또는 보일러수를 분출한 경우 그 양을 측정하여 급수량에서 뺀다.

② 증기압력: 포화증기의 압력은 보일러 출구의 압력으로 브로돈관식 압력계로 한다.

㉠ 관류 보일러는 기수분리기 최종출구에서 측정한다.

㉡ 증기보일러의 시험압력은 최고사용압력의 **80%** 이상을 원칙으로 한다.

③ 증기온도: 과열기가 있는 경우 과열기 출구에서의 증기온도로 한다.

5) 배기가스의 온도 측정

① 보일러 전열면 최종 출구에서 측정한다. 공기예열기가 있는 경우 공기예열기 출구에서 측정한다.

② 배기가스의 압력은 보일러 전열면 최종 출구에서 측정한다.

③ 배기가스 시료채취는 급수예열기 또는 공기예열기가 있는 경우 그 출구에서 채취한다.

6) 보일러의 소음

① 보일러 측면 **1.5m** 떨어진 곳의 **1.2m** 높이에서의 측정값으로 **95dB**이하이어야 한다.

② **송풍기의 소음**은 정면에서 **1.5m** 떨어진 곳에서 측정값으로 **95dB**이하이어야 한다.

02 보일러 열효율

보일러 내의 열 흐름(입열 및 출열)보일러에는 외부로부터 설비내로 들어오는 열(입열)과 설비내에서 외부로 나가는 열(출열)로 구분

입열 = 출열(유효열 + 손실열)

1) 입열과 출열

① **입열**

  ㉠ 연료의 발열량　　　　　　　㉡ 연료의 현열

  ㉢ 공기의 현열　　　　　　　　㉣ 노내 분입 증기열(자기 순환열)

② **출열**

  ㉠ 유효열: 발생증기의 보유열

  ㉡ 손실열

  · 배기가스에 의한 손실열　　　· 불완전연소에 의한 손실열

  · 미연소분에 의한 손실열　　　· 전열 및 방열에 의한 손실열

2) 입열 계산

① 연료의 발열량: 연료 1kg 또는 $1Nm^3$이 완전연소시 발생하는 총열량으로 입열 중 가장 크다.

  ㉠ $H_h = 8100C + 34000(H - \dfrac{O}{8}) + 2500S$ kcal/kg

  ㉡ $H_l = Hh - 600 \times (9H + W)$kcal/kg

  여기서, H_h: 고위발열량(kcal/kg), H_l: 저위발열량(kcal/kg)

  C: 탄소(%), H: 수소(%), S: 황(%), W: 수분(%)

$$\therefore \text{고위발열량} = 8100\text{C} + 34000(\text{H} - \frac{O}{8}) + 2500\text{S}$$

$$\therefore \text{저위발열량} = \text{고위발열량} - 600 \times (9\text{H} + \text{W})$$

② 연료의 현열

    ㉠ 연료 1kg(1Nm^3)이 보유하는 열량

    ㉡ **연료의 현열 =** 사용연료 × 연료의 비열 × (예열온도 - 외기온도)

③ 공기의 현열

    ㉠ 연소용 공기가 외부의 열원에 의해 외기온도 이상으로 가열된 경우 연소용 공기가 보유하는 열량

    ㉡ **공기의 현열 =** 사용연료 × 연료의 비열 × (예열온도 - 외기온도)

④ 노내분입 증기열

    ㉠ 외부 열원에 의해 연소 시 노내로 분입되는 증기가 보유하는 열량

    ㉡ **노내 분입 증기 열**

       = 연소시 분입 증기량 × (분입증기의 엔탈피 - 외기온도엔탈피)

3) 출열 계산

① 발생증기 보유열

    ㉠ 보일러 내의 물이 증기발생에 흡수된 열

    ㉡ **발생증기 보유열 =** 증기 발생량 × (증기엔탈피 - 급수엔탈피)

② 배기가스의 열손실

    ㉠ 연돌로 배출되는 배기가스가 보유하는 열량으로 보일러 열손실 중 가장 크다.

    ㉡ **배기가스의 열손실** = 배기가스 가스량 × 비열 × (배기가스의 비열 - 배기가스 온도)

③ 불완전연소에 의한 열손실

    ㉠ 불완전연소에 의한 배기가스 중 CO 1Nm^3 당 열손실

    ㉡ **불완전연소에 의한 열손실 = G′ × CO(%) × 3035kcal/kg**

       여기서, G′: 연료 1kg 연소시 건 배기가스량(Nm^3/kg)

$$CO + \frac{1}{2}O_2 \rightarrow CO_2 + 3035\text{kcal/Nm}^3$$

④ 미 연분에 의한 열손실

    ㉠ 연료 1kg 연소시 미 연탄재 중 미 연소분에 의한 열손실

    ㉡ **미연분에 의한 열손실** $= 8100 \times \dfrac{\text{화분} \times \text{탄소}}{1 - \text{미연탄소분}} \text{kcal/kg}$

03 보일러 성능계산

1) 보일러 효율

① 입출열법

$$입출열효율 = \frac{실제증발량 \times (증기엔탈피 - 급수엔탈피)}{연료사용량 \times 고위발열량} \times 100$$

② 손실효율

$$열효율 = \frac{입열 - 손실열}{입열} \times 100\,(\%) = \left(1 - \frac{손실열}{입열}\right) \times 100\,(\%)$$

2) 연소효율 $= \dfrac{연소열}{공급열} \times 100\,(\%)$

3) 전열효율 $= \dfrac{유효열}{연소열} \times 100\,(\%)$

4) 보일러 부하율 $= \dfrac{실제증발량}{최대연속증발량} \times 100\,(\%)$

5) 증발 배수 $= \dfrac{실제증발량}{연료사용량} \times 100\,(\%)$

6) 상당증발량 $= \dfrac{실제증발량 \times (증기엔탈피 - 급수엔탈피)}{539}$

7) 보일러 마력

① 보일러 마력: 매 시간당 상당증발량을 15.65kg을 발생하는 보일러 능력

② 1보일러 마력: 상당증발량을 15.65kg/h 발생, 열량으로 환산하면 **8435kcal/h**

$$\therefore 보일러 \ 마력 = \frac{상당증발량}{15.65} = \frac{G_a \times (h_1 - h_2)}{539 \times 15.65}$$

8) 전열면

① 전열면의 증발율 $= \dfrac{실제증발량\,(\mathrm{kg/h})}{전열면적\,(\mathrm{m}^2)}\ (\mathrm{kg/m^2h})$

② 전열면의 상당증발율 $= \dfrac{상당증발량\,(\mathrm{kg/h})}{전열면적\,(\mathrm{m}^2)}\ (\mathrm{kg/m^2h})$

③ 전열면의 열부하율 $= \dfrac{상당증발량\,(\mathrm{kg/h}) \times (h_1 - h_2)}{전열면적\,(\mathrm{m}^2)}\ (\mathrm{kg/m^2h})$

9) 연소실 열발생률

$$연소실 \ 열발생률 = \frac{연소사용량\,(\mathrm{kg/h}) \times 연료의 발열량\,(\mathrm{kcal/kg})}{연소실의 용적\,(\mathrm{m}^3)}\ (\mathrm{kcal/m^3h})$$

$$= \frac{연소사용량\,(\mathrm{kg/h}) \times 입열합계\,(\mathrm{kcal/kg})}{연소실의 용적\,(\mathrm{m}^3)}\ (\mathrm{kcal/m^3h})$$

CHAPTER

5

연료 및 연소장치

예상출제문항수 8

01 연료의 종류와 연소장치 특징

공기 중에서 용이하게 연소하고 발생한 연소열을 경제적으로 이용할 수 있는 물질을 연료라 하고, 고체연료, 액체연료, 기체연료 등으로 구분한다.

1. 연료의 구비조건

① 공기 중에서 연소가 잘되고 발열량이 클 것
② 구입이 용이하고 가격이 저렴할 것
③ 운반, 저장, 취급이 용이할 것
④ 사용에 위험성이 적을 것
⑤ 연소 시 유해성분이 적고 대기오염이 적을 것

2. 연료의 조성 및 영향

1) 연료의 성분: C(탄소), H(수소), S(황), O(산소), N(질소), A(회분), W(수분) 등
   ① 주성분: C(탄소), H(수소), O(산소)
   ② 가연성분: C(탄소), H(수소), S(황)

2) 연료에 미치는 영향
   ① 탄소(C): 연료의 주성분으로 연소시 발열량을 높게 하고 연료의 판정 기준이 된다.
   ② 수소(H): 연료의 주성분으로 연소시 발열량이 높고 고위발열량과 저위발열량을 구분하는 성분이다.

③ **황(S):** 연료 중 가연성분으로 중유에 소량(1~4%)이 되어 보일러의 저온 부식 및 대기오염의 원인이 되는 성분이다.

④ 산소(O): 함유량은 적으나 연료 중 탄소나 수소와 반응하여 발열량을 저하시킨다.

⑤ **질소(N):** 연소시 암모니아화 되어 흡열반응으로 발열량이 감소된다.

⑥ 회분(A): 고체연료에 많으며 무희성분으로 발열량을 저하시킨다.

⑦ **수분(W):** 연료의 점화를 방해하고 증발잠열로 인한 열손실이 크고 고위 발열량과 저위발열량을 구분하는 성분

3) **연료의 분석**

① 공업분석

㉠ 고체연료의 성분을 분석하는 방법으로 수분, 회분, 휘발분 등은 직접 그 양을 정량하고 고정탄소는 산술적으로 그 양을 항습 베이스로 분석하는 방법분이다.

㉡ 고정탄소 = **100 - [수분(%) + 회분(%) + 휘발분(%)]**

② 원소분석

㉠ 연료의 성분을 화학적 원소로 분석하는 방법으로 각 성분을 중량비로 표시하여 무수 베이스로 분석하는 방법

㉡ 분석성분: C(탄소), H(수소), S(황), O(산소), N(질소), P(인) 등 6개 성분

4) **연료의 분류**

① 고체연료

㉠ 천연연료: 석탄, 목재

㉡ 인공연료: 코크스, 목탄

② 액체연료

㉠ 천연연료: 원유

㉡ 인공연료: 휘발유, 등유, 경유, 중유

③ 기체연료

㉠ 천연연료

㉡ 석유계: 유전가스

㉢ 석탄계: 탄전가스

㉣ 인공가스

㉤ 석유계: 액화석유가스, 오일가스

㉥ 석탄계: 석탄가스, 수성가스, 발생로가스, 고로가스

02 연소방법 및 연소장치

1. 고체연료

고체연료는 석탄, 목재 등 1차 연료(천연연료)와 미분탄, 코크스, 목탄 등 2차 연료(가공연료)로 구분된다.

1) 장점
   ① 저장 시 노천야적이 가능하다.
   ② 연소 시 인화폭발의 위험성이 적다.
   ③ 가격이 저렴하고 구입이 용이하다.

2) 단점
   ① 점화, 소화가 곤란하고 연소조절이 어렵다.
   ② 연소 시 매연발생이 많고, 대기오염이 심하다
   ③ 연소에 많은 공기가 필요하다.
   ④ 재처리가 곤란하다.

3) 석탄의 분류
   석탄은 지상의 식물이 지하에 매몰되어 지압, 지열 등의 작용으로 열분해를 일으켜 탄화된 연료로 연료비, 점결성, 탄화도, 입도, 발열량, 산지별 등에 의해 분류된다.

   ① 연료비
      ㉠ 고정탄소와 휘발분과의 비로서 연료의 구분의 기준이 된다.
      ㉡ 연료비 $= \dfrac{\text{고정탄소}}{\text{휘발분}}$
      ㉢ 고정탄소: 연소 시 발열량이 높게 하고, 파란 단염을 형성한다.
      ㉣ 휘발분: 연소 시 점화를 쉽게 하고 붉은 장염을 형성하며 매연발생이 심하다.

   ② 점결성(= 코크스화성) 석탄을 가열하면 휘발분이 방출되고 300~400℃에서 용해, 연화되어 500~600℃ 부근에서 굳어지는 성질을 점결성, 코크스화성이라 한다.

   ③ 탄화도
      ㉠ 지하에 매몰된 식물의 탄소화 작용이 활발하게 진행되어 탄소량이 증가하는 석탄화의 진행 정도를 의미한다.
      ㉡ 탄화도가 높으면
         • 고정탄소가 증가하여 발열량이 증가한다.
         • 연료비가 증가하고, 착화온도가 높아진다.

- 수분과 휘발분이 저하되고, 점결성이 감소한다.
④ 입도
- ㉠ 석탄의 입자를 크기 정도로 표시한다.
- ㉡ **석탄의 입도**
  - 괴탄(**50mm** 이상)
  - 중괴탄(**25~50mm**)
  - 분탄(**25mm** 이하)
  - 미분탄(**3mm** 이하)
⑤ 석탄의 저장방법 종류별로 노천야적을 한다.(저장높이 **2~4m** 정도, 저장기간 **30일** 이내)
- ㉠ 탄층내의 온도를 60℃ 이하로 유지한다.
- ㉡ 풍화 및 자연발화를 방지한다.
⑥ **풍화현상:** 석탄이 공기 중 산소와 산화반응을 일으켜 변질되는 현상
- ㉠ 분탄이 되기 쉽고
- ㉡ 휘발분과 점결성이 감소되고,
- ㉢ 발열량이 저하된다.
- ㉣ **발생원인**
  - 수분이 많을수록
  - 신탄일수록
  - 입자가 적을수록
  - 휘발분이 많을수록
  - 외기온도가 높을수록
⑦ 연료의 인수: 석탄 중 습분, 공업분석 성분, 발열량, 입도 등을 측정하여 확인 후 인수한다.

2. **미분탄**

석탄을 150mesh 이하로 분쇄하여 미립자화한 고체연료
① 장점
- ㉠ 버너연소로 적은 과잉공기로 완전연소가 가능하다.
- ㉡ 연소조절이 자유롭고, 자동제어가 용이하다.
- ㉢ 연료의 점화 및 소화가 용이하다.
- ㉣ 연료의 선택 범위가 넓다.
- ㉤ 화력발전소 등 대규모 설비에 적합하다.
② 단점
- ㉠ 노내 온도가 높고 내화재의 손상이 발생한다.
- ㉡ 비산회의 발생으로 대기오염의 원인이 된다.
- ㉢ 대기오염 방지를 위한 집진장치가 필요하다.
- ㉣ 설비비 및 유지비가 많이 든다.

③ 분쇄기의 종류: 원심력식(롤밀), 중력식(볼밀), 충격식(해머밀), 스프링식(로드셀밀) 등

3. 액체 연료

액체연료는 석유계와 석탄계로 구분되며 액체연료의 대부분은 석유계로 원유를 증류 과정을 통해 비점에 따라 순수한 각 성분의 휘발유, 등유, 경유, 중유 순으로 분류시켜 순수 연료를 얻어내며. 보일러 연료로 경유나 중유가 주로 시용된다.

1) 액체 연료의 분류
① 경질유: 휘발유, 등유, 경유
② 중질유: 중유

2) 액체연료의 특성
① 경유
   ㉠ 원유를 증류 과정에서 비점 350℃이내에서 분리, 추출되는 석유계탄화수소 물질이다.
   ㉡ 경유는 점도가 낮고 유황함유량이 적어 예열이 필요 없고 저온부식 및 매연발생이 적다. 중·대형보일러의 점화용이나, 소용량 보일러의 연료로 사용된다.
   - 비점: 200 ~ 350℃
   - 인화점: 50 ~ 70℃
   - 착화점: 257℃
   - 비중: 0.82~0.84
   - 발열량: 10300~11000 kcal/kg
② 중유
   ㉠ 원유를 증류 과정에서 비점 350℃ 이상에서 분리, 추출되는 석유계 탄화수소 물질로 점도가 높고 보일러용 연료로 사용한다.
   ㉡ 중유는 점도가 높아 유동성 및 무화상태가 나빠 관수송이 곤란하고, 불완전 연소가 되기 쉽다. 그래서 중유는 예열을 하여 점도를 낮추어 사용한다.
   - 비점: 300~350℃
   - 인화점: 60~120℃
   - 착화점: 530~580°C
   - 비중: 0.86~1이하
   - 발열량: 9750~10300kcal/kg
③ 중유의 조성: 탄소(C): 83~87%, 수소(H): 10~20%, 황(S): 1~4%, 산소(O): 1~2%
④ 중유의 분류
   ㉠ 점도에 따른 분류는 A급, B급, C급의 3등급으로 구분한다.
   ㉡ 정제과정에 따른 분류는 직류중유(A급 중유)와 분해중유(B, C급 중유)
   ㉢ 황분의 함유량에 따른 분류는 A급 중유(1, 2호), B급 중유, C급 중유(1, 2, 3, 4호)의 7종으로 구분된다.

⑤ **중유의 첨가제**

　㉠ 연소 촉진제: 분무를 순조롭게 한다.

　㉡ 슬러지 분산제: 슬러지 생성을 방지한다.

　㉢ 회분 개질제: 회분의 융점을 높여 고온부식을 방지한다.

　㉣ 탈수제: 중유 중 수분을 분리 제거한다.

　㉤ 유동점강하제: 유동점을 낮추어 유동성을 좋게 한다.

⑥ **중유의 무화**

　㉠ 중유는 무화 연소방식으로 무화입경이 적을수록 연소가 양호해진다. 양호한 무화상태를 유지하기 위해 중유는 **80~90℃의 예열온도**가 필요하다.

　㉡ **중유의 무화 목적**

　　• 중유의 단위중량당 표면적을 넓게 하기 위해

　　• 공기와의 혼합을 좋게 하기 위해 제이장 보일러 설비 및 구조

　　• 적은 과잉공기로 완전연소를 하기 위해

　　• 연소효율 및 열효율을 높이기 위해

⑦ 중유연소에 미치는 영향

　㉠ **저온부식: 연료 중의 황(S)성분이 원인**으로 황산가스의 노점**(150℃) 이하**에서 발생하는 부식으로 대부분 연도에서 발생한다.

　　$S + O_2 = SO_2$**(아황산가스)**

　　$SO_2 + \dfrac{1}{2}O_2 = SO_3$**(무수황산)**

　　$SO_3 + H_2O = H_2SO_4$**(황산가스)**

　㉡ **저온부식 방지책**

　　• 연료 중 황분을 제거한다.

　　• 연소에 적정공기를 공급한다.(과잉공기를 적게)

　　• 배기가스온도를 황산가스의 노점보다 높게 한다.(170℃ 이상)

　　• 첨가제를 사용하여 황산가스의 노점을 낮게 한다.

　　• 저온 전열면에 보호피막 및 내식성 재료를 사용한다.

　㉢ **고온부식:** 중유 중에 포함되어 있는 회분 중 **바나듐(v) 성분이 원인**이 되어 고온**(600℃ 이상)**에서 발생하는 부식

　㉣ **고온부식 방지책**

　　• 연료 중 바나듐을 제거한다.

　　• 바나듐의 융점을 올리기 위해 융점 강화제를 사용한다.

- 전열면 온도를 높지 않게 한다.(600t 이상)
- 고온 전열면에 보호피막 및 내식재료를 시용한다.

3) **액체연료의 장·단점**

① 장점

ㄱ 품질이 일정하고 단위중량당 발열량이 높다.

ㄴ 연소효율 및 전열효율이 높아 고온이 유지된다.

ㄷ 운반, 저장, 취급 및 사용이 편리하며 변질이 적다.

ㄹ 연소조절 및 연료의 점화, 소화가 용이하다.

ㅁ 회분, 분진이 적다.

② 단점

ㄱ 고온연소에 의한 국부과열을 일으키기 쉽다.

ㄴ 버너연소로 연소 중에 소음발생이 심하다.

ㄷ 화재 및 역화의 위험성이 크다.

ㄹ 황분에 의한 대기오염 및 저온부식이 발생한다.

4) 액체연료의 비중

① **비중**: 석유제품의 비중은 **15℃**기름과 **4℃**의 같은 용적의 물과의 중량비로 중유의 비중은 **0.92~0.96** 정도이며 일반적으로 **API**도와 보메도로 표시한다.

② **비중이 증가시**

ㄱ 점도가 증가한다.

ㄴ 탄화수소비(C/H)가 커진다.

ㄷ 발열량이 감소한다.

ㄹ 인화점 및 착화점이 높아진다.

ㅁ 화염의 방사율(휘도)이 커진다.

ㅂ 화염의 전열이 좋아진다.

③ 온도변화에 따른 중유의 비중 및 체적변화는 온도가 높아지면 체적이 증가하고, 비중은 감소한다.

ㄱ 중유의 비중감소: 중유의 비중은 기준온도 15℃에서 온도 1℃ 상승함에 따라 0.0007만큼씩 감소한다.

ㄴ 중유의 체적팽창: 중유의 체적은 기준온도 15℃에서 온도 1℃ 상승함에 따라 0.0007만큼씩 팽창한다.

5) **탄화수소비($\frac{C}{H}$)**: 액체연료의 원소성분 중 수소에 대한 탄소량의 비

　① **탄화수소비가 큰 순서**: 중유 〉 경유 〉 등유 〉 휘발유

　② **탄화수소비가 증가할수록**

　　㉠ 이론공기 비가 증가한다.　　　㉡ 발열량이 저하된다.

　　㉢ 화염의 방사율이 증가한다.

　　㉣ 화염의 열전도율이 증가한다.

　　㉤ 비중과 점도가 증가한다.

　　㉥ 착화점과 인화점이 높이진다.

6) **착화점과 인화점**

　① **착화점**

　　㉠ 가연물이 주위의 점화원(불씨)없이 그 산화열로 인해 스스로 불이 붙는 최저온도로 발화점이라고도 한다.

　　㉡ **착화온도의 영향:** 착화온도는 다음의 조건일 때 낮아진다.

　　　• 발열량이 높을수록　　　• 분자구조가 복잡할수록

　　　• 산소농도가 짙을수록　　　• 압력이 높을수록

　② **인화점**

　　㉠ 가연물이 점화원에 의해 불이 붙는 최저온도로 비중과 점도가 클수록 높아진다.

　　㉡ **인화점 측정방법**

　　　• 펜스키 마텐스법: 밀폐식으로 인화점 50℃ 이상의 석유제품의 인화점을 측정한다.

　　　• 아벨 펜스키법: 밀폐식으로 인화점 50℃ 이하의 석유제품의 인화점을 측정한다.

　　　• 크레브 랜드식: 개방식으로 인화점 80℃ 이상의 석유제품의 인화점을 측정한다.

　　　• 타그식: 겸용으로 인화점 80°C 이하의 석유제품의 인화점을 측정한다.

7) **점도**: 점성을 나타내는 정도로서 중유의 수송 및 연소상태에 영향을 미치는 중요한 성상으로 점도가 높아지면 비중이 커지고 유동성 및 무화상태가 불량해지므로 적정온도로 예열하여 점도를 낮추어 주어야 한다.

　① **절대점도(Poise)** $= \dfrac{질량(g)}{길이(cm) \times 시간(\sec)}$ $(g/cm \cdot \sec)$

　② **동점도(st): 절대점도를 그 온도의 밀도로 나눈 값**

　　동점도(St) $= \dfrac{길이(cm)^2}{시간(\sec)}(cm^2/\sec)$

　③ **1센티 스토크스(cst) = 스토크스(St)의 1/100**

8) **액체연료의 발열량 측정방법**

① 열량계(봄브식)에 의한 방법

② 공업분석에 의한 방법

③ 원소분석에 의한 방법

4. 기체연료

기체연료는 액체연료에 비해 연소가스의 공해물질인 황, 회분 등의 함유량이 없어 최근에는 중소형 보일러에 많이 사용되고 있다. 종류로는 천연가스, LPG, 도시가스 등이 있으며 **적은 공기로도 완전연소가 되므로 열손실이 적고, 고부하 연소가 가능하며 연소실의 용적을 적게 할 수 있다.**

1) **특징**

① 장점

㉠ 적은 과잉공기로 완전연소가 가능하고 연소효율이 높다.

㉡ 청정연료로 회분 및 매연 발생이 없다.

㉢ 연소조절이 용이하다.

② 단점

㉠ 수송 및 저장이 곤란하다.

㉡ 연료비가 비싸다.

㉢ 누출되기 쉽고 폭발, 화재의 위험이 크다.

2) 종류

① **천연가스**: 천연에서 산출되는 탄화수소를 주성분으로 하는 가연가스로 유전가스와 탄전가스 등이 있고 성상에 따라 건성가스와 습성가스로 구분된다.

㉠ 건성가스

- **주성분이 대부분 메탄(CH_4)로** 액체성분을 생성하지 않는 가스
- 발열량: $9000 \sim 9300 \ kcal/Nm^3$

㉡ 습성가스

- 주성분이 프로판(C_3H_8)로 상온, 상압에서 액체성분을 생성하는 가스
- 발열량: $10000 \sim 12000 \ kcal/Nm^3$

㉢ 용도

- 화학공업의 원료, 도시가스, 화력 발전용 원료 등
- **LNG(Liquefied Natural Gas)** - 액화천연가스: 메탄(CH_4)이 주성분인 천연가스를

초저온(-162℃)으로 냉각하여 무색, 투명하게 액화시킨 연료로 0℃, 0.1MPa에서 1kgf의 가스가 약 1.4m³의 체적이 0.1MPa 에서 -162℃까지 냉각시키면 약 2.4l로 체 적이 1/600 정도로 감소되어 대량수송 및 탱크저장이 용이하다.

② 특징

- 청정연료로 대기 환경오염을 방지할 수 있다.
- 공기보다 가벼워 누출될 경우 대기 중으로 쉽게 확산되어 안정성이 높다.
- 발열량이 비교적 높고(10500~11000kcal/Nm³) 화염의 조절이 용이하다.
- 적은 과잉공기로 완전연소 가능하고 연소조절이 쉽다.
- 배관수송이 능하므로 별도의 저장 시설이 필요 없다.
- 주성분: 메탄(CH_4) 90% + 에탄(C_2H_6) 9%

② **LPG(Liquefied Petroleum Gas):** 액화석유가스석유 중에 포함되어 있는 비교적 액화하기 쉬운 프로판, 부탄, 프로필렌, 부틸렌 등과 같은 탄화수소 가스로서 무색, 투명하고 무취이므로 누설 시 쉽게 알 수 있도록 에틸메갑탄, 테트라하이드로 등의 안정되고 내산화성이 우수한 향료를 첨가시킨 액화가스이다.

㉠ **특징**

- 상온, 상압(0.6~0.7MPa)에서 쉽게 액화된다.
- 수송이나 저장이 편리하고 발열량이 높다(일정압력으로 공급이 가능하고, 공급배관설비가 필요 없다).
- 황분이 적고 유독성분이 적다.
- 증발잠열이 크므로(90~100kcal/kg) 냉각제로도 이용이 가능하다.
- 공기보다 무거워 누설 시 인화폭발의 위험성이 크다.
- 연소에 많은 공기를 필요로 하고 연소속도가 비교적 느리다.

㉡ 성상

- 비중: 1.52~2.0
- 고위발열량: 22450kcal/Nm³
- 이론공기량: 28.8Nm³/Nm³
- 폭발한계: 2.0~9.5%
- 물보다 가벼워 드레인관을 하부에 설치한다.

㉢ 성분

- **프로판(C3H8) : 60~70%**
- **부탄(C4H10) : 20~30%**
- 프로필렌(C_3H_8), 부틸렌(C_4H_8): 10% 정도

④ **LPG용기 설치 시 주의사항**
- 가능한 한 용기는 옥외에 설치할 것
- 용기주위 2m이내에는 화기를 두지 말 것, 설치장소는 통풍이 양호하고 직사광선을 받지 않을 것
- 충전용기는 40℃이하의 온도를 유지할 것 연료, 연소 및 연소장치
- 습기가 없는 곳에 설치하고 녹슬지 않게 받침대 위에 고정시킬 것
- 옥외설비로서 금속관과 고무관의 접속부는 호스밴드로 꼭 조일 것
- 용기 교환 시 화기가 없는 상태에서 밸브 및 코크를 잠그고 행할 것
- 용기 교환 후 비눗물 등으로 누설검사를 실시할 것

③ **도시가스**

배관을 통하여 다수의 수요자에게 일정압력으로 도시의 일정지역에 공급하는 가스로 원료로 석탄 가스, 나프타(NapHtha)분해가스, LPG(액화석유가스), LNG(액화천연가스) 등이 있다.

㉠ 도시가스의 원료
- LNG를 도시가스로 공급하는 방법
  - LNG를 기화시켜 도시가스 원료로 사용하는 방법으로 천연가스와 동일하다.
  - 청정연료로서 정제설비가 필요없다.
  - 초저온(-162℃) 액체로 냉열이용이 가능하다.
  - 공기보다 가벼워 안정성이 있다.
  - 저온 저장설비의 선택 및 취급에 주의가 필요하다.
- LNG에 공기를 희석하여 공급하는 방법
  - LNG에 공기를 희석시켜 발열량 15000kcal/Nm^3 정도로 사용하는 도시가스

㉡ **도시가스 공급시설**

공급량을 조절하고 가스 품질 및 압력을 일정하게 유지시키기 위해 저 장하는 탱크를 **가스 홀더(Gas Holder)**라 하고 저압가스 홀더에는 유수식과 무수식으로 고압가스 홀더에는 원통형과 구형으로 구분된다.
- 유수식: 물탱크와 가스 탱크로 구분되어 있으며 단층식과 다층식이 있다. 가스량에 따라 용 적이 변하며 300mmAQ 이하로 저장한다.
- 무수식: 고정된 원통형탱크 내부에 설치된 상하로 이동하는 피스톤 하부에 가스를 저장하고 저장가스량의 증감에 따라 피스톤이 상하로 움직이는 형식으로 최고 600mmAQ 정도로 저장한다.
- 고압식: 구형홀더로 도시가스를 압축 저장하여 가스 공급 시 압송설비를 필요로

하지 않으며 설치면적을 적게 차지한다. 저장량은 가스압력에 따라 증감한다.

④ **석탄계 기체연료**

  ㉠ 석탄가스: 석탄을 고온(1000℃)에서 건류시켜 코크스를 제조할 때 얻어지는 기체연료
  - 성분: H_2(51%), CH_4(32%), CO(8%)
  - 발열량: 5000 kcal/m^3

  ㉡ 발생로가스: 석탄, 목재 등을 공기 중에 적열상태로 가열하여 불완전 연소시켜 얻어진 기체 연료
  - 성분: CO(25.5%), H_2(13.2%), N_2(55.3%)
  - 발열량: 1000~1500 kcal/m^3

  ㉢ 수성가스: 무연탄을 고온으로 가열하여 수증기에 작용시켜 얻어진 기체연료
  - 성분: H_2(52%), CO_2(38%), N_2(5.3%)
  - 발열량: 2300~2500 kcal/m^3

⑤ 부생가스: 철을 제조할 때 부산물로 생성되는 가스로 고로가스, 전로가스, 전기로가스, 코크스로가스 등이 있다.

3) **기체연료의 발열량**: 측정기체 연료의 발열량 측정방법에는 윤커스식 열량계와 시그마 열량계가 있다.

4) 기체연료 시험방법기체연료는 많은 성분으로 구성되어 있으며 각 성분을 분석하는 가스분석기 장치에는 화학적 성질을 이용하는 가스분석방법과 물리적 성질을 이용하는 가스분석방법이 있다.

① **연소가스의 분석 목적**: 공기량을 조절하여 연소상태를 좋게 하고 열정산의 자료를 수집하기 위해 가스분석을 실시한다.

② 여과기의 재료

  ㉠ 1차 여과기: 연도 출구에 설치하며 내열성이 좋은 아란담, 카보란담 등을 사용한다.
  ㉡ 2차 여과기: 분석기 입구에 설치하며 제진성이 좋은 석면, 면, 유리솜 등을 사용한다.

③ **흡수액 및 분석가스**

  ㉠ 수산화 칼륨(KOH) 30% 수용액: CO_2 흡수액
  ㉡ 알칼리성 피롤카롤 용액: O_2 흡수액
  ㉢ 암모니아성 염화 제1동 용액: CO 흡수액

④ 각 성분의 계산

  ㉠ $CO_2 = \dfrac{KOH\,30\%\,수용액\,흡수량}{시료\,배기가스량} \times 100(\%)$

$\text{ⓛ } O_2 = \dfrac{\text{알카리성 피롤카롤의 흡수량}}{\text{시료 배기가스량}} \times 100(\%)$

$\text{ⓒ } CO = \dfrac{\text{암모니아성 염화 제1동 용액의 흡수량}}{\text{시료 배기가스량}} \times 100(\%)$

$\text{ⓔ } N_2 = 100 - [CO_2(\%) + O_2(\%) + CO(\%)] \%$

⑤ **오르자트 가스 분석법:** 오르자트 가스분석장치는 주로 연소가스의 성분을 분석하는 장치로 흡수액을 이용하여 각 성분을 화학적 가스분석 방법이다.

오르자트 가스분석 순서 및 흡수제

CO_2	• KOH 30% 수용액
O_2	• 알칼리성 피로카롤용액
CO	• 암모니아성 염화 제1동 용액

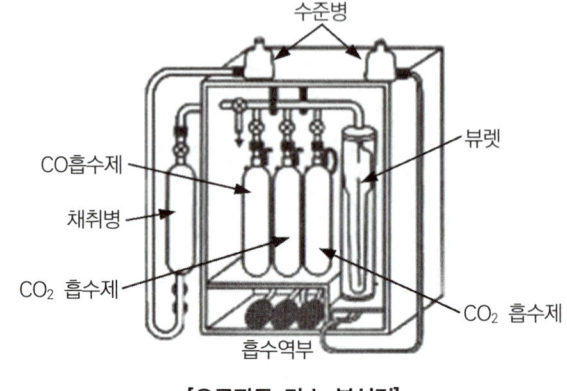

[오르자트 가스 분석기]

---

03 연소계산

① **연소란** 가연성 물질이 공기 중의 산소와 산화반응에 의해 빛과 열을 수반하는 현상으로 연소반응은 산화반응이면서 발열반응이어야 한다.

② **연소의 3대조건**

　㉠ 가연성분: 연료성분 중 가연성분은 C, H, S 으로 산소와 화합할 때 발열량이 크고 열전도율이 적어야 하며 활성화 에너지가 적을 것

　㉡ 산소공급원: 가연성분을 산화시키기 위한 산화제 또는 조연제로서 공기를 뜻한다.

　㉢ 점화원: 가연물과 산소의 반응에 필요한 활성화 에너지로서 일반적인 화기를 뜻한다.

1. 연소반응

$C + O_2 \rightarrow CO_2 + 97200\text{Kcal/Kmol}$

$H + O_2 - H_2O + 68400\text{Kcal/Kmol}$

$S + O_2 - SO_2 + 80000\text{Kcal/Kmol}$

2. 완전연소의 조건

① 연소에 적정공기를 공급한다.

② 충분한 연소실용적을 갖춘다.

③ 노내 온도를 고온으로 유지한다.

④ 연료나 공기를 예열한다.

⑤ 연료와 공기의 혼합을 촉진한다.

3. 연소의 종류

① **표면연소**: 연료의 표면이 파란 단염을 발생하면서 연소하는 현상으로 휘발분에 없는 고체연료 연 소(숯, 코크스 등)

② **분해연소**: 연료의 연소시 붉고 긴 화염을 발생하는 현상으로 휘발분이 있는 고체연료 연소 (석탄, 목재 등)

③ **증발연소**: 액체연료의 액면에서 증발하는 가연성 가스가 공기와 혼합하면서 연소되는 현상 (등유, 경유 등 경질유)

④ **확산연소**: 가연성가스를 공기 중에 확산시켜 연소시키는 방식으로 가연성 가스와 공기가 별도로 공급되어 연소되는 현상(기체연료)

4. 연소온도

연료의 연소시 가연 물질이 완전연소 되어 노벽에 의한 방사 열손실이 없다고 가정 할 때의 연소실내 화염온도를 이론연소온도라 하며 공기 및 연료의 현열 등을 고려한 경우의 화염온도를 실제연소온도로 구분된다.

1) 연료의 저위발열량

저위발열량(Hl) = 연소가스량(G_w) × 연소가스비열(C_g) × [연소온도(t_r) − 외기온도(t_a)]

① 이론 연소온도(t_0) $= \dfrac{\eta \times Hl}{G_w \times C_g} + t_a$

② 실제 연소온도(t_r) $= \dfrac{\eta \times Hl + Q_a + Q_f}{G_w \times C_g} + t_a$

여기서, η: 연소효율, Q_a: 공기의 현열(kcal/kg), Q_f: 연료의 현열(kcal/kg)

∴ 이론 연소온도(t_0) $= \dfrac{연소효율 \times 저위발열량}{연소가스량 \times 가스비열} + 외기온도$

∴ 실제 연소온도(t_r)

$= \dfrac{연소효율 \times 저위발열량 + 공기의현열 + 연료의현열}{연소가스량 \times 가스비열} + 외기온도$

2) **연소온도를 높이려면**

① 발열량이 높은 연료를 사용할 것

② 연료와 공기를 예열하여 공급할 것

③ 연소에 과잉공기를 적게 사용할 것

④ 방사 열손실을 방지할 것

⑤ 연료를 완전연소 시킬 것

3) **연소온도에 영향을 미치는 요소**: 발열량. 공기비. 산소의 농도, 공급공기의 온도

5. 발열량 계산

1) 발열량

① 단위

㉠ 고체 및 액체의 경우: kcal/kg

㉡ 기체의 경우: kcal/Nm^3

② **총발열량(고위발열량)**

연료를 완전연소한 후 생성되는 수증기가 응축될 때 방출하는 증발열(응축 열)을 포함한 발열량으로 열량계로 실측이 가능하다.

③ **진발열량(저위발열량)**

연료가 완전연소한 후 연소과정에서 생성되는 수증기 응축잠열을 회수하지 않고 배출하였을 때의 발열량

④ 발열량의 관계

∴ **저위발열량 = 고위발열량−수분의 증발열 (kcal/kg 또는 kcal/Nm^3)**

㉠ **고체, 액체의 경우(H)**

$$H_l = H_h - 600(9H + W)\,\mathrm{kcal/kg}$$

$$H_h = 8100\,C + 34200\left(H - \frac{0}{8}\right) + 2500\,S\,(\mathrm{kcal/kg})$$

$$H_l = 8100\,C + 28800\left(H - \frac{0}{8}\right) + 2500\,S - 600\,(W)\,(\mathrm{kcal/kg})$$

㉡ 기체연료의 경우(Hl)

$$H_l = H_h - 400 \times 수분량\,(\mathrm{kcal/Nm^3})$$

$$H_h = 3500\mathrm{CO} + 3050\mathrm{H}_2 + 9530\mathrm{CH}_4 + 15280\mathrm{C}_2\mathrm{H}_4 \\ + 24730\mathrm{C}_3\mathrm{H}_8 + 29610\mathrm{C}_4\mathrm{H}_{10}\,(\mathrm{kcal/Nm^3})$$

$$Hl \equiv Hh - 480(H_2 + 2CH_4 + 4C_3H_8 + \cdots\cdots)(\mathrm{kcal/Nm^3})$$

⑤ 발열량 구하는 법

ㄱ 원소분석에 의한 방법

- 고체 및 액체연료: $H_h = 8100C + 34200\left(H - \dfrac{0}{8}\right) + 2500S(\text{kcal/kg})$

- 기체연료: $H_h = 3500\text{CO} + 3050\text{H}_2 + 9530\text{CH}_4 + 15280\text{C}_2\text{H}_4$
$+ 24730\text{C}_3\text{H}_8 + 29610\text{C}_4\text{H}_{10}\,(\text{kcal/Nm}^3)$

ㄴ 공업분석에 의한 방법

$H_h = 97\left[81F + (96 - aW)(V + W)\right]\text{kcal/kg}$

여기서, F: 고정탄소(kg), W: 수분(kg), V: 휘발분(kg),
a: 수분량에 따른 계수 - W < 5% 일 때, a = 650W k5% 일 때, a = 500

6. 연소계산

연소계산은 화학방정식에 의하여 계산할 수 있으며 연소에 필요한 산소량, 공기량 및 연소가스량 등을 알기 위한 계산이다.

1) 연소계산에 필요한 각 원소의 분자량

원소명	원소기호	원자량	분자식	분자량
수소	H	1	H_2	2
탄소	C	12	C	12
질소	N	14	N_2	28
산소	O	16	O2	32
황	S	32	S	32
탄산가스	CO_2		CO_2	44
아황산가스	SO_2		SO_2	64
물	H_2O		H_2O	18
일산화탄소	CO		CO	28
메탄	CH_4		CH_4	16
에탄	C_2H_6		C_2H_6	30
프로판	C_3H_8		C_3H_8	44
부탄	C_4H_{10}		C_4H_{10}	58
공기				29

2) 고체 및 액체 연료의 연소반응식

① 탄소의 연소반응식

C + O₂ = CO₂ + 97,200(kcal/kmol)
12   32   44

② 수소의 연소반응식

$$H_2 \ + \ \frac{1}{2}O_2 \ = \ H_2O \ + \ 68,400(\text{kcal/kmol})$$

$$\ \ 2 \qquad\quad 16 \qquad\ 18$$

③ 황의 연소 반응식

$$S \quad + \quad O_2 \ = \ SO_2 \ + \ 80,000(\text{kcal/kmol})$$

$$32 \qquad\quad 32 \qquad\quad 64$$

3) 기체 연료의 연소반응식

기체연료의 경우 고체 및 액체연료와는 달리 분자량에 대한 체적에 대하여 계산으로 단위중량 당(1kg), 단위체적당(1Nm^3)

① 수소(H_2)의 연소반응식

$$H_2 \ + \ \frac{1}{2}O_2 \ = \ H_2O \ + \ 57,600(\text{kcal/kmol})$$

② 일산화탄소(CO)의 연소반응식

$$CO \ + \ \frac{1}{2}O_2 \ = \ CO_2 \ + \ 68,000(\text{kcal/kmol})$$

③ 메탄(CH_4)의 연소 반응식

$$CH_4 \ + \ 2O_2 \ = \ CO_2 \ + \ 2H_2O$$

④ 프로판(C_3H_8)의 연소 반응식

$$C_3H_8 \ + \ 5O_2 \ = \ 3CO_2 \ + \ 4H_2O$$

4) 공기량 계산

연소시 가연성분에 공기를 충분히 공급하여 접촉하면 완전연소가 되지만, 부족하면 불완전연소가 되어 매연발생 및 열손실 증가로 보일러 효율이 저하된다.

① **이론산소량** : 연료 단위량(1kg)당 완전연소 시키는데 필요한 산소량으로 계산에 의해 이론적으로 얻어진 값

$\quad$ ㉠ $O_2 = 2.667C + 8\left(H - \dfrac{O}{8}\right) + 1S(\text{kg/kg})$

$\quad$ ㉡ $O_2 = 1.867C + 5.6\left(H - \dfrac{O}{8}\right) + 0.7S(\text{Nm}^3/\text{kg})$

② **이론공기량(Ao)**: 연료 단위 중량(1kg)을 완전연소 시키기 위한 최소 공기량으로 이론적 계산에 의해 얻어진 값

$\quad$ ㉠ 이론공기량 $A_0 = \dfrac{1}{0.232} \times \left[2.667C + 8\left(H - \dfrac{O}{8}\right) + 1S\right](\text{kg/kg})$

$$= 11.49C + 34.5\left(H - \dfrac{O}{8}\right) + 4.31S(\text{kg/kg})$$

ⓛ 이론공기량 $A_0 = \dfrac{1}{0.21} \times \left[1.867C + 5.6\left(H - \dfrac{O}{8}\right) + 0.7S \right]$ (Nm³/kg)

$$= 8.89C + 26.67\left(H - \dfrac{O}{8}\right) + 3.33S \,(\mathrm{Nm^3/kg})$$

③ 과잉공기량: 이론공기량 보다 과잉 공급된 공기로 적을수록 좋다.

④ 실제공기량(A): 실제로 연료를 완전 연소시키는 데 필요한 공기, 이론공기량으로만 실제 연소할 경우 완전연소가 곤란

실제공기량(A) = 과잉공기량(Nm³/kg) − 이론공기량(A₀) = 공기비(m) × 이론공기량 (A₀)(Nm³/kg)

5) **공기비(과잉 공기계수: m)**

이론공기량에 대한 실제공기량의 비를 공기비 또는 공기비 또는 과잉공기계수라 하며 연소에 미치는 영향이 크다.

① **공기비(m)** $= \dfrac{\text{실제공기량}(A)}{\text{이론공기량}(A_0)}$

공기비(m)는 항상 1보다 커야하며 1보다 작을 경우 공기 부족, 불완전연소

ⓐ 과잉공기량 = 실제공기량(A) - 이론공기량(A₀) = (m - 1)A₀(Nm³/kg)

ⓛ 과잉공기량 = (m-1) × 100%

② 완전 연소시 공기비

$$m = \dfrac{21}{21 - O_2} = \dfrac{N_2}{N_2 - 3.76\,O_2}$$

③ **탄산가스 최대치(CO₂ max)**

탄산가스 최대치는 연료가 이론공기량에 의해 완전연소 되었을 때(CO₂)는 최대량이 된다. 이를 건배기가스에 대한 백분율로 표시한 것을 CO₂max라고 한다.

공기비(m) $= \dfrac{CO_2\mathrm{max}}{CO_2} = \dfrac{N_2}{N_2 - 3.76\,O_2} = \dfrac{N_2}{N_2 - 3.76(O_2 - 0.5\,CO)}$

ⓐ 완전연소일 때

$$\mathbf{CO_2\ max} = \dfrac{21 \cdot CO_2}{21 - O_2}(\%) = \dfrac{21}{21 - O_2} \times CO_2(\%) = m \cdot CO_2(\%)$$

ⓛ 불완전연소일 때

$$\mathbf{CO_2\ max} = \dfrac{21 \cdot (CO_2 + CO)}{21 - O_2 + 0.395\,CO}(\%)$$

⑤ 연료의 공기비(m)

ⓐ 석탄: 1.5이상

      ⓛ 미분탄: 1.2~1.4

      ⓒ 액체연료: 1.2~1.4

      ⓔ 기체연료: 1.1~1.3

⑥ **공기비가 클 때(과잉공기 과다)**

      ㉠ 연소온도가 낮아진다.

      ㉡ 연료소비량이 증가하여 열효율이 감소한다.

      ㉢ 배기가스량이 증가하여 열손실이 증가한다.

      ㉣ 휘백색 화염이 발생하고 매연발생이 없다.

      ㉤ 배기가스 중 O_2량이 증가하여 저온부식이 촉진된다.

⑦ 공기비가 작을 때(m<1)

      ㉠ 불완전연소에 의한 매연증가

      ㉡ 미연소 연료에 의한 연료손실 증가

      ㉢ 미연소에 의한 열손실 증가 및 연소효율 감소

      ㉣ 미연가스에 의한 폭발사고의 위험성 증가

6) 연료가스량 계산

연소가스량은 이론공기량에 의해 완전연소되어 발생하는 이론 연소 가스량과 실제 공기량에 의해 완전연소 되었을 때 발생하는 실제 연소 가스량으로 구분된다.

연소가스는 연료 단위의 중량당 체적량(Nm^3/kg)의 연소가스로 사용하므로 체적당(Nm^3) 연소가스량을 구하는 방법으로 계산한다.

① 이론 습연소가스량(G_{OW}): 연료를 이론공기량에 의해 완전연소시 발생되는 배기가스량을 이론 연소가스량이라 한다.(배기가스중 수분을 포함한 연소가스량)

② **이론 건연소가스량(G_{Od}):** 수분이 포함되지 않은 연소가스를 건연소가스량(이론 습연소가스량에서 수분량을 뺀 값)

    • $G_{od} = (1-0.21)A_0 + 1.867C + 0.7S + 3.33S + 0.89N(Nm^3/kg)$

③ **실제 습연소가스량(G_W):** 연료가 실제 공기량에 의해 완전 연소되는 연소 가스량(이론 연소가스량에 과잉공기를 합한 값)

    • $G_w = (m - 0.21)A_0 + 1.867C + 11.2H + 0.7S + 0.8N(Nm^3/kg_{fuel})$

④ **실제 건연소가스량(G_d):** 연료의 단위 중량(1kg)을 완전연소 할 때 발생되는 실제 습연소가스량에서 수분을 뺀 값으로 계산

    • $G_d = (m-0.21)A_0 + 1.867C + 0.7S + 0.8N(Nm^3/kg_{fuel})$

보일러 자동제어

예상출제문항수 3

01 자동제어의 개요

자동제어란 어떤 목적에 맞도록 대상으로 되어 있는 것에 필요한 조작을 가하여 목적에 일치되도록 하는 조작이며 방법에 따라 시퀀스 제어와 피드백 제어로 구분된다.

1. 자동 제어의 목적

① 보일러를 보다 안전하고 효율적으로 운전하기 위해
② 제품의 균일화, 품질의 향상을 위해
③ 조업조건의 개선으로 작업능률의 향상을 위해
④ 연료비 및 인건비가 절약된다.

2. 구분

① 시퀀스 제어
  • 각 제어단계가 미리 정해진 순서에 따라 제어를 진행하는 제어 연소제어: 점화, 소화 순서 등
② 피드백제어
  • 결과(입력)에 따라 원인(출력)을 가감하여 결과에 맞도록 수정을 반복하는 제어
  • 급수제어, 온도 제어, 노내압 제어 등

02 보일러 자동제어

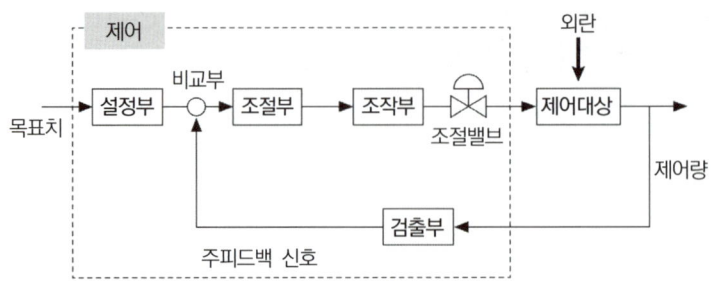

1) 자동제어의 **3대 구성요소**: 검출부, 조절부, 조작부

① 검출부: 압력, 온도, 유량 등의 제어량을 검출하여 이 값을 공기압, 전기 등의 신호로 변환시켜 비교부에 전송한다.

② 조절부: 동작신호를 바탕으로 제어에 필요한 조작신호를 만들어 내어 조 작부에 보내는 부분

③ **조작부**: 조절부로부터의 신호를 조작량으로 바꾸어 제어대상에 작용하는 부분

2) 자동제어의 동작순서

검출 → 비교 → 조절 → 조작

3) **자동제어의 신호전달방법**

① **공기압식**: 전송거리 100m 정도이다.

㉠ 장점: 배관이 용이하고 위험성이 없다.

㉡ 관로의 저항으로 인해 전송이 지연될 수 있다

② **유압식**: 전송거 리 300m이다.

㉠ 장점: 전송지연이 적고 응답이 빠르다. 조작력이 크고 조작속도가 빠르다.

㉡ 단점: 인화의 위험이 있고 유압원이 있다.

③ **전기식: 전송거리 수 km까지** 가능하다.

㉠ 장점: 전송거리가 길고 전송 지연시간이 적다. 복잡한 신호에 적합하다.

㉡ 단점: 취급에 기술을 요하고 방폭시설이 필요하다. 습도 등 보수에 주의를 요한다.

4) **피드백 제어의 블록선도**

① 목표치: 제어계에서 제어량의 목표가 되는 값으로 외부에서 주어지는 설정 값을 말한다.

② 기준입력: 목표치가 설정부에 의하여 변화된 입력요소를 말하는데 목표치는 주 피드백 신호와 비교하기 위해서 주피드백 신호와 같은 종류의 신호로 변환한다.

③ 비교부: 검출부에서 검출된 제어량과 목표치를 비교하는 부분으로 그 오차를 제어편차라

한다.

④ **피드백 량:** 기준입력과 비교하기 위해서 제어량과 일정한 관계가 있는 양을 피드백 시켜 주는 데 이 양을 피드백 양이라 한다.

⑤ 제어량: 제어되는 양으로서 측정하여 피드백시켜 기준입력과 비교된다.

⑥ **동작신호:** 기준입력과 피드백 양을 비교하여 생기는 제어 편차량의 신호를 말한다.

⑦ 외란: 제어계의 상태에 영향을 주는 외적 작용(조작량 이외의 양이다)
- 탱크 주위의 온도, 가스 유출량, 가스 공급압, 가스공급온도 등

5) 자동제어의 동작

① **연속동작**

㉠ 비례동작(P 동작): 조작량의 출력변화가 편차에 비례하는 동작으로 동작 신호에 의해 조작량이 정해지므로 잔류편차(off-set)가 발생하며 외란이 큰 제어계에는 부적당하고 부하변화가 적은 프로세스의 제어에 이용된다.

㉡ 적분동작(I 동작): 조작량이 동작신호의 적분값에 비례하는 동작으로 오프셋(off-set, 잔류편차)가 제거된다. 일반적으로 진동하는 경향이 있고 제어의 안정성이 떨어진다.

㉢ 미분동작(D 동작): 제어편차가 검출될 때 편차가 변화하는 속도에 비례해서 조작량을 가감하는 조절(정정)동작이다. 진동에 제거되어 빨리 안정되고 출력이 제어 편차의 시간변화에 비례한다.

② **불연속 동작:** 제어동작이 불연속적으로 일어나는 동작으로 2위치동작, 다위치동작 등이 있다.

㉠ **On –ff 동작(2위치 동작):** 불연속 동작 중 가장 간단한 동작으로 조작량에 제어편차에 의해서 두 개의 값이 어느 편인가를 선택하는 동작으로 어느 목표값을 경계로 그 출력이 만족하여 나오는 동작.

㉡ **다위치동작:** 동작신호의 크기에 따라서 제어장치의 조작량이 3개 이상의 정해진 값 중 하나를 취하는 제어동작으로 2위치동작보다 세분된 제어라 할 수 있다.

6) 자동제어의 종류목표값에 따른 분류

① **정치제어:** 목표값이 시간적으로 변화하지 않고 일정하게 유지하는 경우의 제어

② **추치제어:** 목표값이 시간적으로 변화하는 경우의 제어로 측정제어라고도 한다.

㉠ 추종제어: 목표치가 시간에 따라 임의로 변화할 때의 제어

㉡ 프로그램제어: 목표값의 변화방법이 미리 정해진 순서에 의해 변화되는 제어

㉢ 비율제어: 2개 이상의 링 사이에 일정비율관계로 변화 조절되는 제어-유량비 제어

③ **캐스케이드제어: 2개의 제어계를 조합**하여 1차 제어장치가 제어량을 측정하여 제어 명령을 발하고, 2차 제어장치가 이 명령을 바탕으로 제어량을 조절하는 제어방식

5. 보일러 자동제어

보일러자동제어(A.B.C)	제어량	조작량
자동연소제어(A.C.C)	증기압력	연료량, 공기량
	노내압력	연소가스량
급수제어(F.W.C)	드럼수위	급수량
증기온도제어(S.T.C)	과열증기온도	전열량

① 열팽창식 자동수위제어장치 코프스식: 계속 사용 중인 보일러에 부하변화가 발생하면 드럼 내부의 수위가 변하므로 급수량을 조절하여 일정수위를 유지하고 안전하고 효율적인 운전을 하기 위한 제어장치로 기울어진 금속관(바이메탈)의 열팽창을 이용한 방법으로, 단요소식, 2요소식, 3요소식 등이 있다.

  ㉠ 단요소식: 수위를 검출하여 급수량을 조절하는 방식으로 수위제어방식 중 가장 간단한 방법으로 부하변화가 적은 중·소형보일러에 사용되며 취급 및 보수가 용이하다.

  ㉡ 2요소식: 수위와 증기유량을 검출하여 급수량을 조절하는 방식으로 부하변동에 의한 수위변화가 심한 수관식 보일러에 사용되며 조작에 따른 잔류편차를 줄이는 방식이다.

  ㉢ 3요소식: 수위와 증기유량 및 급수유량을 검출하여 급수량을 조절하는 방식으로 부하변동이 심한 고온, 고압, 대용량 수관식 보일러에 사용되며 구조가 복잡하다.

6. 인터록 제어

① 어떤 조건이 충족될 때까지 다음 동작을 멈추게 하는 동작으로 보일러에서는 보일러 운전 중 어떤 조건이 충족되지 않으면 연료공급을 차단시키는 전자밸브(솔레노이드밸브: Solenoid Valve)의 동작을 말한다.

② 종류

  ㉠ 압력초과 인터록: 증기압력이 제한압력을 초과할 경우 전자밸브를 작동, 연료를 차단한다.

  ㉡ 저수위 인터록: 보일러 수위가 이상감수(저수위)가 될 경우 전자 밸브를 작동, 연료를 차단한다.

  ㉢ 불착화 인터록: 보일러 운전 중 실화가 될 경우 전자밸브를 작동, 노 내에 연료 공급을 차단한다.

  ㉣ 저연소 인터록: 운전 중 연소상태가 불량으로 유량조절밸브를 조절하여 저연소 상태로 조절되지 않으면 전자밸브를 작동, 연료공급을 차단하여 연소가 중단 된다.

  ㉤ 프리퍼지 인터록: 점화전 송풍기가 작동되지 않으면 전자밸브가 작동, 연료 공급을 차단하여 점화가 되지 않는다.

PART 2

보일러 시공 및 취급

CHAPTER

1

난방부하 및 난방설비

난방이란 동절기에 건축물의 실내를 적정온도로 유지시켜 심신을 편안하게 하고 쾌적감을 높게 하기 위해 알맞은 열량이 공급하여 인체 활동에 적정온도로 유지하기 위한 것으로 난방시설이나 규모에 따라 개별식 난방, 중앙집중식난방, 지역난방 등으로 구분이 되고 난방방식에 따라 직접난방, 간접난방, 복사난방으로 구분하고, 열매체에 따라 증기난방과 온수난방으로 구분한다. 현재 우리나라의 난방방법에는 개별식난방, 중앙집중식난방, 지역난방 등 3가지 난방형식이 공존하고 있다.

01 난방의 분류

1. 난방의 분류

1) **개별난방**: 난방이 필요한 한 장소를 난방하기 위해 보일러, 난로, 전기스토브 등을 실내에 설치하여 난방하는 방식이다. 소규모 난방에 적합하고 설치비가 적으나 열손실이 크다.

2) **중앙난방**: 건물의 지하실 등 특정장소에 설치한 보일러를 열원으로 하여 건물전체, 또는 각 동의 실내를 증기, 온수, 온풍 등의 열매를 이용하여 난방하는 방식이다. 직접난방, 간접난방, 복사난방으로 구분된다.

3) **지역난방**

① 대규모 난방설비를 설치하여 일정지역 내의 다수 건축물을 난방 하는 방식으로 열효율이 높다. 열 매체로 고압증기 또는 고온수를 이용한다.

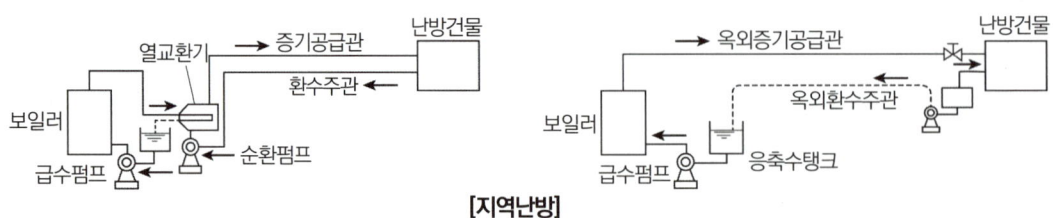

[지역난방]

② 분류

분류			
1. 중앙집중난방	1) 직접난방	방열기에 의한 난방	① **증기난방**
			② **온수난방**
	2) 간접난방		
	3) **복사난방**		
2. 개별식난방			
3. 지역난방			

02 중앙 집중난방

아파트, 빌딩 등과 같이 일정장소에 보일러를 설치하여 증기, 온수 등을 이용하여 건물 전체를 난방하는 대규모 난방방식

1. 증기난방

1) 증기난방 방열기 내에 공급된 증기가 응축되어 방출되는 증발잠열을 이용하여 실내를 난방하는 형식으로 1000m² 이상의 건물 난방에 적합하다.

① 증기난방의 분류

  ㉠ 증기압력

  • 증기압력증기압력 1kg/cm² 이상: 고압 증기난방

  • 증기압력 1kg/cm² 미만: 저압 증기난방(보통 0.15∼0.35kg/cm² 정도)

  ㉡ 배관방식

  • 단관식: 송수관과 환수관을 동일배관으로 시공

  • 복관식: 송수관과 환수관을 분리배관으로 시공단관식일 경우 동일관내에 증기와 응축수가 역방향으로 흐르기 때문에 난방효과가 떨어지고 수격작용이 발생하기 쉽다. 충분한 난방효과를 얻기 위해 공기빼기밸브를 부착한다.

  ㉢ 증기공급방식

  • 상향공급식: 증기를 위로 공급하면서 각 층에 난방

  • 하향공급식: 증기를 아래로 공급 하면서 각 층에 난방 증기관보일러

  ㉣ **응축수 환수방식**

  • 중력환수식: 응축수의 중력에 의한 자연환수방법으로 소규모난방에 적합하다.

  • 기계환수식: 순환펌프에 의한 환수방법으로 공기방출기를 설치한다.

- 진공환수식: 진공펌프에 의한 환수방법으로 공기방출기가 필요 없고 대규모 난방에 적합하다.
  - ⑫ 환수관의 배관방식
    - 건식환수관법: 환수관을 보일러 기준 수위보다 높게 접속한 형식
    - 습식환수관법: 환수관을 보일러 기준 수위보다 낮게 접속한 형식
      배관방식에서는 환수관내에 응축수가 체류하기 쉬운 장소에
    - 건식환수관: 증기 트랩을 설치한다.
    - 습식환수관: 드레인 밸브를 설치한다.
- ② **증기난방의 특징**
  - ㉠ 대규모 난방에 적합하다.
  - ㉡ 난방에 소요되는 시간이 짧다.
  - ㉢ 방열량이 크므로 방열면적이 작다(관경이 작다).
  - ㉣ 수격작용 발생하고 연료소비량이 많다.
- ③ **응축수 환수방법 시공방법**
  - ㉠ 중력환수식
    배관 내의 응중력작용에 의해 보일러에 환수되는 자연 환수 방식으로 소규모 난방, 저압보일러에 사용된다.
    - 단관식: 방열기내의
    - 복관식: 응축수와 증기가 각기 다른 배관에 흐르는 방식
  - ㉡ 기계환수식
    - 배관내의 탱크내의 응축수를 보일러에 강제 환수시키는 방식
    - 응축수 펌프는 저양정 센추리퓨걸 펌프를 사용하며, 별도의 공기빼기 밸브를 설치한다.
  - ㉢ 진공환수식
    - 환수관 내의 응축수와 공기를 환수관말단 보일러 입구에 설치한 진공펌프로 흡입하여 증기의 순환을 빠르게 하는 난방방식이다.
    - 진공환수식의 특징
      - 증기의 회전이 빠르기 때문에 난방효과가 높고, 대규모 난방에 적합하다.
      - 진공펌프를 사용하여 별도의 공기빼기밸브가 필요 없다.
      - 방열기밸브를 팩레스밸브를 Ah용하여 방열기의 방열량을 광범위하게 조절할 수 있다.
      - 환수관의 관경을 작게 할 수 있고, 배관내의 진공도가 100~250mmHg 정도이다.

④ 증기난방의 배관 시공

　㉠ **리프트 피팅**

　　• 저압증기의 환수주관이 진공펌프의
　　흡입구보다 낮은 위치에 있을 때 배관
　　이음방법으로 환수관내의 응축수를
　　이음부 전후에서 형성 되는 작은 압력
　　차를 이용하여 끌어 올릴 수 있도록
　　한 배관방법

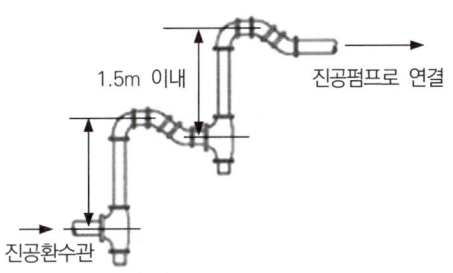

1.5m 이내　　진공펌프로 연결

진공환수관

[리프트 피팅]

　　• 리프트관은 주관보다 1~2 정도 작은
　　치수를 사용한다.

　　• 리프트 피팅의 1단 높이: 1.5m 이내로 한다.

　㉡ **하트포드 배관법**

　　• 저압 증기난방 장치에서 환수주관을 보일러에 직접 연결하지 않고 증기관과 환수관
　　사이에 설치한 균형관에 접속하는 배관방법

　　• 목적: 환수관 파손시 보일러수의 역류와 환수중 이물질의 유입을 방지하기 위해
　　설치한다.

　　• 접속위치: 보일러 표준수위보다 50mm 낮게 접속하며 보일러 안전저수면보다 약간
　　높게 한다.

　㉢ 증기트랩 배관

　　• 증기주관내의 응축수를 배출하기 위해서 증기주관 끝에 동일 지름으로 100mm
　　이상 내려 세워서 열동식 트랩을 설치하고 그 하부를 150mm 이상 연장해서 흙탕
　　고임부를 만들어 이물질을 제거 한 응축수만 건식 환수관으로 보내게 한다.

　　• 증기관내의 증기를 완전히 응축시키기 위해 증기관과 트랩사이에 1.5m이상 보온피복
　　을 하지 않는 나관(裸管)으로 배관한 냉각 레그를 설치한다.

　　• 고압증기의 경우 환수관이 높은 곳에 있는 경우 증기트랩 출구쪽에 역지밸브를
　　설치하여 환수를 배출한다.

　㉣ 감압밸브 주위 배관

　　감압밸브 저압측의 압력을 감압밸브의 본체(벨로우즈 또는 다이어프램)에 전하는 검출
　　부를 감압 밸브로부터 저압측에 3m 이상 떨어진 곳에 설치하고 도중에 코크를 설치한다.

2. 온수난방

온수의 현열을 이용한 방식으로 소규모 건축물의 난방에 적합한 난방방식이다.

① 온수난방의 분류

ㄱ 온수온도

- 온수온도 100℃ 이상: 고온수 난방(밀폐식 팽창탱크 설치)
- 온수온도 100℃ 이하: 저온수 난방(개방식 팽창탱크 설치)

ㄴ 배관방식

- 단관식: 송수관과 환수관을 동일배관으로 시공
- 복관식: 송수관과 환수관을 분리배관으로 시공

ㄷ 온수순환방법

- 중력 순환식: 온수의 비중량차에 의한 자연순환 방법
- 강제 순환식: 순환펌프에 의한 강제순환 방법

ㄹ 온수공급방법

- 상향 공급식: 방열관이 보일러보다 높은 경우
- 하향 공급식: 방열관이 보일러보다 낮은 경우

② 온수난방의 특징

ㄱ 난방부하의 변동에 따른 온도조절이 쉽다.

ㄴ 예열시간이 길지만 식는 시간도 길다.

ㄷ 방열기 표면온도가 낮아 화상의 위험이 작다.

ㄹ 한냉시 동결의 위험이 작다.

ㅁ 방열량이 적어 방열면적이 넓다.

ㅂ 취급이 용이하고 연료비가 적게 든다.

③ 온수난방 시공방법

ㄱ 중력환수식 온수난방

중력환수식은 온수의 대류현상(온수의 밀도차를 이용한 이동현상)에 의한 자연순환방식으로 배관시공에 많은 제약(관경, 관길이, 엘보우, 관부 속 품의 설치수, 유속 등)이 따르므로 순환압력이 낮다. 방열기의 설치 위치는 보일러 보다 높은 위치에 설치하는 방식으로 장치가 간단하고 취급이 용이하여 주택 등 소규모 난방에 적합하다.

- 단관식 중력순환식: 각 방열기의 송수와 환수가 동일 주관에 연결한 방식으로 순환압력이 낮고 온수온도가 낮아 방열량이 저하되므로 앞으로 갈수록 방열면적이 넓어져야 한다.

- 복관식 중력환수식: 각 방열기의 송수와 환수가 각각 다른 관으로 공급되는 방식으로 온도 저하로 인한 방열량 저하가 적고 밸브조절에 의해 방열량을 가감 할 수 있다.

ⓒ 강제순환식 온수난방

방열관내의 온수를 순환펌프를 이용하여 강제로 순환시키는 난방방식으로 배관작업이 용이하여 관 길이를 길게 하거나 관경을 적게 할 수 있다. 또한 온수의 순환속도를 빠르게 할 수 있어 난방효과가 높고 대규모 난방에 적합하다. 이 경우 방열기높이에 제약을 받지 않는다.

- 동층 온수난방법방열기를 보일러와 동일한 바닥면에 설치하고 순환펌프 없이 온수를 순환시키는 방법으로 소규모 난방에 적합하다. 이 방식에서 지붕 밑에 설치한 송수주관은 실내 난방과 무관하다.

3. 간접난방

공기가 열기 또는 페네스 등에 의해서 온풍을 만들고 이것을 실내에 송풍하여 난방하는 형식

① 온풍난방
- 직접식 - 열풍로
- 간접식 ① 유니트히터 - 증기 및 온수가열식
　　　　② 공기가열코일 - 증기 및 온수가열식

② 특징
- 열효율이 높고 연료비가 절약된다.
- 직접난방에 비해 설비비가 싸다.
- 설치가 간단하고, 보수 - 관리가 용이하다.
- 환기가 병용되며 공기청정 및 가습이 가능하다.

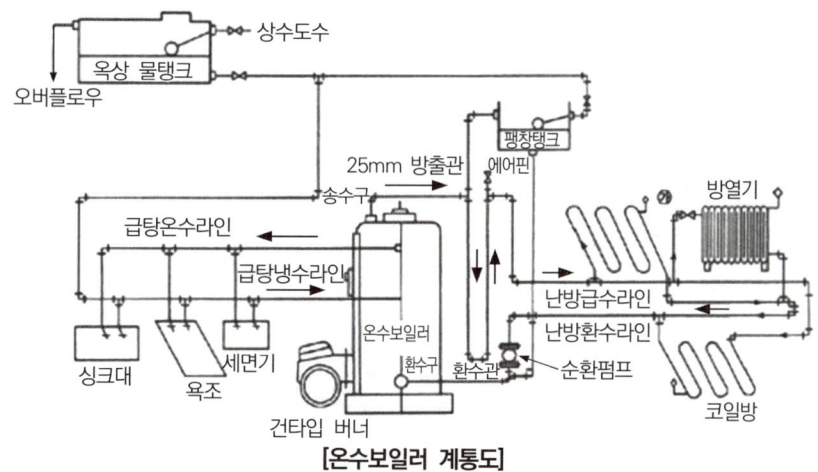

[온수보일러 계통도]

4. 복사 난방설비(패널히팅)

천장, 벽, 바닥 등에 방열관을 묻고 바닥면을 가열면으로 하여 **비교적 저온으로 예열하고 가열 표면에서의 복사열에 의해 실내를 난방하는 형식**

① 종류
- 패널의 위치에 따라: 바닥패널, 벽패널, 천장패널
- 열매에 따라: 전기식, 증기식, 온수식
- 방열관의 배열방식: 그리드식, 밴드코일식, 달팽이관식

② 특징
- 실내온도 분포가 균등하여 쾌감도가 높다.
- 환기에 의한 열손실이 적다.
- 방열기가 필요하지 않으므로 바닥면의 이용도가 넓다.
- 동일 방열량의 경우 열손실이 비교적 작다.
- 단열층이 필요하며 설비비가 비싸다.
- 매입배관이므로 고장발견이 어렵고, 수리가 불편하다.
- 외기 변화에 대한 온도 조절이 늦다(어렵다).

③ 온수온돌의 시공층
- 방열관: 온돌 속에 온수를 순환시켜 열을 얻기 위하여 매립하는 관으로 관의 1/4이 묻히도록 시멘트 모르타르를 바른다.
- 자갈층(축열층): 공기층을 형성하여 방열관으로부터 방출되는 열을 축적시키기 위해 방열관 주위에 골재 등을 충진시키는 층으로 난방효과를 높인다.
- 단열층: 방열관으로부터 방출되는 열이 하향으로 손실되는 것을 방지하기 위하여 자갈층 밑을 단열 처리한 층으로 30mm 이상의 보온단 열재를 사용한다.

④ 시공 순서
배관 기초공사 → 방수처리 → 단 열·보온처리 → 받침재 처리 → 배관관업 → 공기 방출기설치 → 온수보일러설치 → 팽창탱크설치 → 수압시험 → 온수순환시험 및 경사조정 → 골재 충진 작업 → 시멘트 몰 타르 바르기 → 양생 → 건조작업

03 개별식 난방

① 난방 개소마다 개별적으로 보일러, 난로 등을 설치하여 난방하는 소규모 난방 방법
② 설비비가 싸고 취급이 간단하고 관로저항이 적고 열손실이 많다.

04 지역 난방

고압의 증기(1~15kg/cm^2) 또는 고온수(100~150℃) 등을 이용하여 일정 지역의 다수 건물에 공급하여 난방하는 방식(신도시 등에 적용)

1) 특징

　① 각 건물에 보일러가 필요없어 건물 내의 유효면적이 넓어진다.

　② 연료비가 절감되고, 매연 등에 의한 대기오염이 감소된다.

　③ 합리적 인 난방운전으로 열의 낭비를 감소시킬 수 있다.

　④ 일정지역의 난방설비를 한 곳에 설치하므로 대규모 설비가 필요하다.

2) 열매로 온수를 사용할 경우

　① 지형의 고·저에 따른 영향이 적다.

　② 난방부하에 따른 온도조절이 용이하다.

　③ 배관구배의 영향이 적다.

　④ 예열부하에 대한 손실이 크다

　⑤ 관로저항이 크므로 넓은 지역의 난방에 부적당하다.

　⑥ 배관 설비비가 비싸다.

05 방열기

증기, 온수 등의 열매를 이용하여 실내공기로 열을 방출하는 난방기기로서 주로 대류 난방에 사용되는 직접 난방 방법이다.

1) 종류

　주형 방열기, 벽걸이형 방열기, 길드형 방열기, 대류형 방열기, 관형 방열기 등

2) 호칭 및 도시방법

　① 주형 방열기: 2주형(Ⅱ), 3주형(Ⅲ), 3세주형(3), 5세주형(5)

　② 벽걸이형(W): 가로형(W-H), 세로형(W-V)

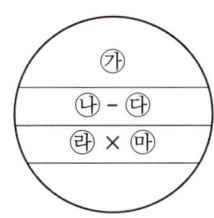

종별	표시
2주형	Ⅱ
3주형	Ⅲ
3세주형	3C
5세주형	5C
벽걸이(횡형)	W-H
벽걸이(종형)	W-V

③ 도시방법 시 종별

    ㉮ 방열기 쪽수　　　　　㉯ 방열기의 종류(형식)

    ㉰ 방열기의 높이(mm)　　㉱ 입구관경

    ㉲ 출구관경(mm)

④ 호칭(종별(형식))

    ㉮ 높이(형) × 쪽수 - 주형: II-650 × 18(2주형 - 높이 650mm × 18쪽)

    ㉯ 벽걸이형: **W -V × 3**(벽걸이 - 세로형 × 3쪽)

3) 설치위치

① 외기와 접한 창문 아래에 설치한다.

② 벽과의 간격: **50~65mm** 정도

4) 방열기 주위의 배관

① 열팽창에 의한 배관의 신축이 방열기에 미치지 않도록 엘보우를 이용한 스위블 이음을 한다.

② 방열기 상단에 공기빼기코크를 설치하여 방열기내의 공기를 배출하도록 하여 방열작용을 원활하게 하여 난방효과를 높게 한다.

③ 방열기내의 응축수를 원활하게 배출하고 증기의 손실을 없게 하게 위해 방열기 출구에 열동식 트랩을 설치한다.

④ 방열기에 공급되는 중기 또는 온수의 양을 조절하기 위해 방열기밸브(팩렉스 밸브)를 설치하여 방열기 방열량의 조절을 원활하게 한다.

5) 방열량

∴ **방열량($kcal/m^2h$) = 방열계수 × (열매온도 - 실내온도)**

① **증기방열량: $650kcal/m^2h$**

    • 방열계수: $7.78kcal/m^2h℃$　　　• 열매온도: 102℃

    • 실내온도: 18.51℃　　　　　　　• 표준온도차: 83.5℃

    ∴ **방열량(Hr) = 7.78 × (102-18.5) = 649.63 = $650kcal/m^2h$**

② **온수발열량: $450kcal/m^2h$**

    • 방열계수: $7.2kcal/m^2h℃$　　　• 열매온도: 80℃

    • 실내온도: 18℃　　　　　　　　• 표준온도차: 62℃

    ∴ **방열량(Hr) = 7.2 × (80-18) = 446.4 = $450kcal/m^2h$**

6) 소요방열면적

$$\text{소요방열면적} = \frac{\text{난방부하}(kcal/h)}{\text{방열기 방열량}(kcal/m^2h)}(m^2)$$

7) 방열기

$$\text{소요수} = \frac{\text{방열면적}}{\text{방열기 1쪽당 방열면적}} = \frac{\text{난방부하}(kcal/h)}{\text{방열량} \times \text{방열기 1쪽당 방열면적}}$$

8) 방열기내의 응축수량

$$\text{응축수량} = \frac{\text{방열기 방열량}(kcal/h)}{\text{증발잠열}(kcal/h)}(kg/m^3/h)$$

06 난방부하의 계산

난방부하는 주택의 실내 공간에 대해 난방부하를 정확하게 실측하는 것은 불가능하므로 주택의 보온과 외기조건에 따른 손실열량과 온수에 의해 공급되는 열량이 균형을 이루도록 해야 한다. 따라서 다음과 같은 여러 가지 여건을 검토하여 적정수준의 난방에 필요한 열량을 선정해 주어야 한다.

① 건물의 위치: 건물의 방위에 따른 일사량과 열손실의 관계

② 천장높이: 바닥에서 천장까지의 간격으로 호흡선의 기준점

③ 건축구조: 벽, 지붕, 천장, 바닥, 칸막이 벽 등의 두께 및 보온단열상태

④ 주위환경조건: 벽, 지붕 등의 색상, 주위의 열 발생원 존재여부

⑤ 유리창 및 문: 크기, 위치 및 재료와 사용빈도

⑥ 마루 등의 공간: 바닥온도 적정여부

1) 난방부하 계산의 적용

온수보일러에서의 용량은 정격출력(정격부하)으로 나타내며, 정격 출력은 난방 및 급탕에 필요한 열량과 배관으로부터 손실열, 그리고 보일러나 배관을 시용온도까지 예열에 소비된 열량 등을 합한 값이다.

단위는 **kcal/h**로 표시한다.

- 상용출력(부하kcal/h) = 난방부하 + 급탕부하 + 배관부하
- 정격출력(Hm: kcal/h) = 난방부하 + 급탕부하 + 배관부하 + 예열부하

1) **난방부하**: 난방에 필요한 열량으로 kcal/h로 표시한다.

① 방열기 방열량을 이용한 난방부하

∴ **난방부하 = 방열량 × 방열면적(kcal/h)**

- 방열기 방열량
    - ㉠ 증기방열량: $650kcal/m^2h$
    - ㉡ 온수방열량: $450kcal/m^2h$
- 방열기 계산
    - ∴ **방열량($kcal/m^2h$) = 방열계수 × (방열기내의 열매 온도 - 실내온도)**
- 방열기 내의 열매온도(평균온도)
    - ∴ **평균온도 =** $\dfrac{\text{방열기 입구온도} + \text{방열기 출구온도}}{2}$(℃)

② 현열식을 이용한 난방부하

∴ **난방부하 =** 난방수량 × 비열 × (송수온도 - 환수온도(℃))

③ 간이식에 의한 난방부하

∴ 난방부하 = 열손실지수 × 난방면적(kcal/h)

열손실지수는 난방면적 $1m^2$ 당 손실열로 90kcal/h

④ 벽체를 통한 손실열을 이용한 난방부하

- 난방부하

난방부하(kcal/h) = 열관류율 × 벽체의 면적 × 실내온도와 외기온도의 차 × 방위에 따른 계수

$$\dfrac{1}{\dfrac{1}{\text{실내 열전달율}(\alpha1)} + \dfrac{\text{벽체의 두께}(l)}{\text{벽체의 열전도율}(\lambda)} + \dfrac{1}{\text{실내 열전달율}(\alpha2)}}(kcal/m^2h℃)$$

2) 급탕부하

급탕 및 취사에 필요한 열량으로 kcal/h로 표시하며 현열 계산식으로 계산한다.

∴ 급탕부하 = 시간당 급탕량 × 비열 × (급탕온도 - 급수온도)

3) 배관부하

난방 및 급탕을 목적으로 온수를 배관을 통하여 공급할 경우 배관으로부터 방열손실이 발생되고 이 배관의 열손실을 배관부하라하고 적을수록 열효율이 높다.

∴ 배관부하 = 난방부하 + 급탕부하 × 0.2~0.3(kcal/h)

4) 예열 부하

냉각된 상태의 보일러 배관 등을 사용온도까지 가열하는데 필요한 열량과 장치 내에 보유하는 물을 가열하는데 필요한 열량과의 합을 말한다.

∴ 예열부하 = 상용부하 × 0.25~0.45

CHAPTER 2

보일러 취급 · 시공 및 안전관리

예상출제문항수 13

01 보일러 취급관리

1. 보일러 취급관리의 기본사항

① 보일러 운전 중 발생하는 압력초과, 저수위, 노내 가스폭발 등의 사고를 방지하기 위해 올바른 운전기준을 설정하여야 한다.

② 효율적으로 증기를 발생·공급하여 보일러 성능을 극대화시켜 에너지 절감을 도모한다.

③ 연료를 완전연소시켜 연료를 절감하고, 매연발생을 적게 하여 대기환경오염을 방지할 수 있도록 철저한 연소 관리에 노력한다.

④ 올바른 보일러 운전을 위한 표준값을 정하여 보일러 용량, 사용조건 등에 맞도록 운전·관리함으로서 보일러 수명 연장을 위해 노력한다.

2. 사용중인 보일러의 점화전 준비사항

① **수면계 수위를 확인한다.**

  ㉠ 수면계의 수위 가수면계의 1/2 위치(상용수위)에 있는지 확인한다.

  ㉡ 2개의 수면계 수위가 일치하는지 확인한다.

  ㉢ 수면계와 수주연락관 차단밸브의 개폐 여부를 확인한다.

  ② 압력계의 점검 압력계의 지침을 점검하고 압력이 없을 때 압력계의 지침이 0을 지시하는지 확인한다.

③ 공기방출기는 증기가 발생하기 전까지 열어 놓는다.

④ 분출밸브 및 코크는 기능이 정상인지 점검하고 누수유무를 확인한다.

⑤ 연소실 및 연도의 점검 연소실 내의 잔류가스를 배출하기 위해 연도의 댐퍼를 만개하여

충분히 환기시킨다. 댐퍼는 연돌에서 가까운 것부터 차례로 연다.

⑥ 연료배관 및 급수배관을 점검한다.

    ㉠ 유류연소인 경우 탱크내의 기름량을 점검하고 가스연료의 경우 가스압력을 확인한다.

    ㉡ 오일프리 히터의 예열온도는 적정온도를 유지하고 연료차단밸브의 개폐상태를 확인한다.

    ㉢ 급수탱크의 저수량을 확인하고 급수는 상용수위를 유지한다.

    ㉣ 급수온도는 보일러온도의 ±30℃를 유지한다.

    ㉤ 급수시에는 보일러 상부드럼 및 과열기의 공기밸브는 열어둔다.

    ㉥ 절탄기 설치시 내부의 공기를 제거하고 물을 가득 채운다.

3. 점화 조작시 주의사항

① 점화순서에 유의하여야 한다. 점화순서가 잘못된 경우 노내 폭발 및 역화 등의 사고로 이어질 수 있다. 고체연료의 경우 프리퍼지를 충분히 실시한 후 점화를 한다.

② 프리퍼지의 시간(1분~3분)이 너무 길면 연소실이 냉각 되고 너무 짧으면 역화의 위험이 있다.

③ 점화시간이 지연되면 노내 폭발 및 역화를 초래한다.

④ 연료가스의 유출속도가 너무 빠르면 실화의 원인이 되고 너무 늦으면 역화가 발생한다.

⑤ 연소실 내의 온도가 낮으면 연료의 확산 불량으로 점화가 잘 이루어지지 않는다.

⑥ 연료의 예열 온도가 낮으면 무화불량, 불완전연소, 그을음 발생, 화염의 편류, 탄화물 생성 등의 현상이 발생한다.

⑦ 연료의 예열 온도가 높으면 기름의 분해, 분무상태 불량, 탄화물 생성 등의 원인이 된다.

⑧ 유압이 낮으면 점화 및 분사불량 상태가 되고 높으면 그을음이 축적된다.

4. 자동 점화방법

① 보일러 자동점화는 시원스자동제어에 적용되는 점화순서 이다.

    ㉠ 기동 스위치 작동 → ㉡ 송풍기 가동 → ㉢ 연료펌프 가동 → ㉣ 프리퍼지다 → ㉤ 점화용 버너 점화 → ㉥ 주버너 점화 → ㉦ 저연소 → ㉧ 고연소

② 정상점화가 되지 않았을 경우 불착화 경보가 울리고 연료공급이 정지된다.

③ 포스트 퍼지를 실시한 후 불착화의 원인을 규명한 다음 재 점화를 시도한다.

④ 기름 보일러의 수동점화

    ㉠ 송풍기를 가동하여 통풍력을 조절한다.

    ㉡ 버너를 가동 시킨다.

    ㉢ 점화봉을 버너선단 10cm 이내 놓는다.

    ② 연료밸브를 열어 착화 시킨다.

    ⑩ 5초 이내에 착화되지 않으면 즉시 연료밸브를 닫는다.

    ⓑ 포스트 퍼지를 실시한 후 재점화를 시도한다.

⑤ 가스보일러의 점화

    ㉠ 점화전 가스 누설 유무를 비눗물 등을 시용 점검한다.

    ㉡ 가스압력의 적정도, 안정도 등을 점검한다.

    ㉢ 점화전 연소실 용적의 4배 이상의 공기를 불어넣어 충분한 환기를 한다. 점화용 불씨는 화력이 큰 것을 사용하여 점화한다.

    ㉣ 점화 후 연소가 불안정 할 경우 즉시 연료공급을 차단한다.

5. 증기 발생시의 취급

1) 보일러 점화 후 연소량을 급격히 증가하지 않는다.

    ① 전열면의 부동팽창, 벽돌 이음부의 균열 등의 손상이 발생한다.

    ② 절탄기 설치 시 절탄기내의 물의 움직임을 확인한다.

2) 증기 압력은 서서히 상승시킨다.

    ① 동체의 국부 과열, 부동팽창, 균열 등의 사고를 방지하기 위해 충분한 시간(1~2시간)을 두고 서서히 가열하여 압력을 상승시킨다.

    ② 압력이 오르기 시작할 때 공기 빼기 밸브를 닫는다.

3) 증기 공급시 유의사항

    ① 증기를 공급하기 전 증기관의 응축수를 배출한다.

    ② 소량의 증기를 공급하여 증기관을 예열한다.

    ③ 주증기 밸브 서서히 만개하여 캐리오버 및 수격작용이 일어나지 않도록 한다.

    ④ 주증기 밸브를 약간 되돌린다.

4) 증기 사용 중 유의사항

    ① 수면계 수위에 변동이 나타나므로 상용수위가 되도록 수위를 감시한다.

    ② 일정압력을 유지할 수 있도록 연소량을 가감한다.

    ③ 수면계, 압력계, 연소상태 등을 수시로 감시한다.

    ④ 프라이밍, 포밍, 캐리오버 등에 유의하여야 한다.

6. 보일러 운전 중 취급사항

1) 정상 운전의 기본사항

① 보일러의 수위는 상용수위를 유지한다.

② 보일러 압력을 일정하게 유지한다.

③ 연소조절에 유의한다.

2) 연소조절의 유의점

① 무리한 연소를 피한다.

② 연소량을 증가시킬 때 공기량을 먼저, 줄일 때는 연료량을 먼저 감소시킨다.

③ 연소용 공기량을 조절하여 노내온도가 저하되는 것을 방지한다.

④ 적정 통풍압을 유지하고 배기가스온도 및 CO_2(%) 등을 측정, 조절한다.

- 연료공급 차단
- 공기 공급차단
- 급수한 후 압력을 저하, 급수펌프 정지
- 주증기 밸브를 닫고. 드레인 밸브 연다.
- 댐퍼 닫는다.

7. 보일러 정지 시 주의사항

- 비상 정지
- 연료공급 차단
- 공기공급 차단
- 버너모터를 정지한다.
- 다른 보일러와 연락을 차단
- 자연냉각 및 사고원인 점검
- 변형유무 확인 후 급수를 한다.

  ① 보일러를 정지할 경우 작업종료 시까지 필요한 증기를 남기고 운전을 정지시킨다.

  ② 보일러 압력, 노내의 온도는 급하게 내리지 않는다.

  ③ 보일러는 상용수위보다 약간 높게 급수한 후 급수밸브와 주증기 밸브를 닫고 주증기관과 증기헤드에 설치된 드레인 밸브를 연다.

  ④ 연결 보일러가 있는 경우 그 연결 밸브를 닫는다.

  ⑤ 노내의 환기를 충분히 실시한 후 댐퍼를 닫는다.

  ⑥ 버너팁을 청소한다.

  ⑦ 작업일지에 연소관리 상황을 기록, 보존한다.

8. 보일러 운전 중 고장과 원인

1) 수면계의 수면이 불안정할 때의 원인
① 프라이밍(Priming)을 일으키고 있다.   ② 증기사용량이 많다.
③ 관수가 농축되었을 때   ④ 보일러가 과부하일 때

2) 미연가스에 의한 노내 폭발의 원인
① 프리퍼지 및 포스트 퍼지가 부족한 경우
② 실화시 노내로 연료가 누입되었을 경우
③ 착화시간이 늦을 경우
④ 지나치게 저부하로 운전 되었을 경우
⑤ 연료 내에 수분 또는 공기가 포함할 경우

3) 연소 불안정의 원인
① 연소용 공기가 부족된 경우   ② 기름내에 수분이 포함한 경우
③ 연료의 공급상태가 불안정 할 경우   ④ 분무 컵에 탄화물이 많이 부착 할 경우
⑤ 기름의 온도가 적정하지 못한 경우   ⑥ 기름의 점도가 클 경우

4) 점호 불량의 원인
① 기름이 분산되지 않을 경우
② 오일배관에 물이나 슬러지 등이 들어갈 경우
③ 기름의 온도가 너무 높거나 낮을 경우
④ 유압이 낮을 경우
⑤ 1차 공기압력이 과대 할 경우

5) 버너입구에 카본이 축적되는 원인
① 기름의 점도가 과대할 경우   ② 기름 분사가 불량할 경우
③ 유압이 과대할 경우   ④ 기름온도가 너무 높을 경우
⑤ 기름공급이 불안정할 경우   ⑥ 공기의 공급이 부족할 경우
⑦ 분무가 불균일한 경우

6) 노벽에 카본이 축적되는 원인
① 노벽으로 직접 분무가 될 경우   ② 기름의 점도가 과대할 경우
③ 유압이 너무 높을 경우   ④ 노내 온도가 낮을 경우
⑤ 공기의 공급이 부족할 경우   ⑥ 불완전 연소가 될 경우
⑦ 버너팁의 모양 및 위치가 나쁠 경우

7) 맥동연소의 원인

   ① 기름의 예열온도가 높은 경우

   ② 기름 중 슬러지, 수분 등이 혼입한 경우

   ③ 1차 공기압력이 과대한 경우

   ④ 공기, 기름의 압력 불안정한 경우

9. 매연발생의 원인

① 연소실 온도가 낮은 경우

② 무리한 연소로 연료 공급량이 과다한 경우

③ 연소에 공기량이 부족한 경우

④ 연소실의 협소하여 화염이 노벽이나 관군에 부딪히는 경우

10. 보일러 사고

보일러의 사고는 제작상 원인과 취급상 원인으로 구분된다.

1) **제작상 원인**

   ① 라미네이션: 강 판 내부의 기포가 팽창되어 2장의 층으로 분리되는 현상으로 강도저하, 균열, 열전도 저하 등을 초래한다.

   ② 브리스터: 강판 내부의 기포가 팽창되어 표면이 부분적으로 부풀어 오르는 현상

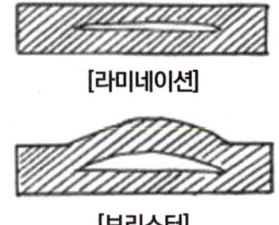

[라미네이션]

[브리스터]

2) **취급상 원인**: 압력초과 , 저수위, 미연가스 폭발, 과열, 부식, 역화, 급수처리불량 등

   ① 압력초과

      ㉠ 보일러 사용압력이 최고사용압력을 초과한 경우로 보일러 파열사고를 초래한다.

      ㉡ 원인

      ㉢ 안전밸브의 밸브가 밸브시트에 고착된 경우

      ㉢ 안전밸브 스프링 탄성이 너무 과대한 경우

      ㉢ 안전밸브의 분출용량이 과대한 경우

      ㉣ 안전밸브의 조정이 불확실한 경우

   ② 과열

      ㉠ 연소가스의 열이 보일러수의 비점상승 또는 전열저하로 인해 전열면에 축적되는 현상으로 압궤 및 팽출이 발생한다.

ⓛ 원인
- 보일러가 저수위 일 때
- 관수의 농축 및 순환이 불량일 때

- 관내에 스케일이 부착되었을 때
- 보일러가 과부하일 때

ⓒ **사고발생**
- 압궤: 외압에 의해 안으로 오그라드는 현상으로 대부분 노통에서 발생한다.
- 팽출: 내부 압력에 의해 밖으로 부풀어 오르는 현상으로 수관 또는 횡연관 보일러의 동저부에서 발생한다.

ⓓ **미연가스의 폭발 원인**
- 연소실내에 연소가스가 있을 때
- 연소실내에 연료가 누입될 때

- 점화전에 통풍이 부족한 경우
- 착화가 늦어졌을 경우

④ **역화**
ⓐ 연소실내에서 폭발 등에 의해 화염이 연도로 나가지 못하고 연소실 입구로 분출되는 현상
ⓛ 발생원인
- 미연가스에 의한 노내 폭발이 발생하였을 때
- 착화가 늦어졌을 때
- 공기보다 연료를 먼저 공급했을 경우
- 연료의 인화점이 낮을 때
- 압입통풍이 지나치게 강할 때
- 흡입통풍이 지나치게 약할 때

02 보일러 용수관리 및 보존

보일러에 사용하는 급수의 수질은 보일러의 안전운전과 효율적인 관리에 대단히 중요하므로 수질을 적정하게 개선 조절해야 한다. 수질이 불량하면 보일러 동체 및 관 계통에 스케일(관석)이 발생 하고, 부식 또는 증기의질이 불순하게 되는 등의 현상으로 보일러 수명과 열효율에 영향을 주고, 각종 장애와 사고를 초래하게 되므로 급수처리에 신중한 주의를 해야 한다. 특히 고온, 고압에 시용되는 수관 보일러나 관류 보일러는 급수처리를 하지 않으면 관의 손상이 심하게 발생한다. 일반적으로 천연수는 광물질의 다소에 따라 경수와 연수로 구분되며 경수는 광물질이 많이 포함된 물로 지하수에 많고, 연수는 함유 광물질이 적은 것으로 표면수에 많다.

1. 보일러 용수관리

1) 보일러 용수의 종류

① 지하수: 경도 성분이 다량 함유된 물

② 하천수(지표수): 광물질의 용해량은 적지만 기체 유기물과 협잡물의 함유량이 많다.

③ 상수도수: 하천수를 침전, 여과, 살균처리한 것으로 함유 불순물이 적어 저압 보일러에 사용되고 있으나, 살균 처리한 유리염소가 많아 사용전 처리를 행하는 것이 좋다.

④ 공업용수: 하천수나 지표수를 부유물과 탁도 등을 일부 처리한 물로서 사용 전처리가 필요하다.

⑤ 응축수: 증기가 응축된 복수를 말하며 불순물이 거의 없어 보일러 급수로 가장 좋으며 열을 가지고 있기 때문에 사용시 연료의 절약 및 열효율 향상 효과가 있다.

2) 보일러 수중의 불순물

① Ca, Mg 등 경도성분: 탄산염, 인산염, 황산염, 규산염 등 스케일의 원인

② 유지분: 과열, 프라이밍 또는 포밍 등의 원인

③ 알칼리분: 급수계통의 구리(동)제품의 부식, 알칼리 부식의 원인

④ 용존 가스분: CO_2, O_2, N_2 등으로 점식의 원인

⑤ 산분: pH의 저하로 전면부식

⑥ 미세토 등의 현탁질 고형분: 관수의 농축, 프라이밍 또는 포밍 등 발생

3) 불순물에 의한 장애

① 스케일(관석)

급수 중에 용해되어 있는 칼슘염, 마그네슘염 및 규산(실리카) 등이 농축되면 단독으로 또는 다른 성분과 결합하여 스케일이 생성된다.

㉠ 스케일의 장애

㉡ 열전도율(0.2kcal/m ht)이 낮아 전열을 감소시킨다.

㉢ 연료 소비량이 증가하여 열효율이 저하된다.

㉣ 수관 내에 부착하여 관수의 순환을 나쁘게 한다.

㉤ 전열면의 과열현상이 발생한다.

㉡ 스케일의 생성원인

• 기온에 의해 용해도가 낮은 형태로 변화하여 석출되는 경우탄산칼슘($CaCO_3$) 이나 탄산마그네슘($MgCO_3$)은 물에 대한 용해도 가매우 낮아 스케일(Scale)이 되기 쉬운데 이들은 원수 중에서 용해도가 높은 중탄산염의 형태로 존재하고 있다 가열을 받게 되면 분해하여 탄산가스(CO_2)를 방출, 용해도가 낮은 탄산염 형태로 석출하여 스케일

(Scale)이 된다.

- 온도상승에 따라 용해도가 저하하여 석출되는 경우 물의 불순물 중에는 수온에 따라 용해도가 증가하는 물질이 많으나 탄산칼슘($CaCO_3$)이나 황산칼슘($CaSO_4$) 등은 이와 반대로 용해도가 저하하여 전열면에 석출 부착한다.
- 농축에 의하여 포화상태로부터 석출되는 경우 수온의 상승에 따라 용해도가 증가하는 물질이라도 그 한계를 넘어서 과포화상태가 되면 그 잉여분은 고형물로 석출하여 전열면 등에 부착, 스케일(Scale)이 된다.
- 알칼리성 용액에서 용해도가 저하하여 석출되는 경우 급수의 불순물 중 철분은 높은 알칼리성 용액에서는 용해도가 낮기 때문에 알칼리성인 보일러수(pH 10.5∼11.8)에서 석출, 전열면에 스케일(Scale)이 부착한다.
- 이온화경향이 낮은 물질이 보일러에 유입, 석출되는 경우 급수, 복수계통에서 동(銅)이 온이 보일러에 유입하면 보일러 구성재료인 철과 이온반응을 일으켜 철을 부식 시키고 전열면에 석출, 부착한다.
- 물에 불용성의 물질이 보일러에 유입하는 경우 급수중에 불순물인 규산(SiO_2) 및 유지분 등은 물에 용해되지 않아 보일러에 유입하면 전열면에 석출, 부착한다.

ⓒ 스케일의 종류
- 탄산칼슘($CaCO_3$)을 주성분으로 하는 스케일 가장 일반적인 케일로서 중탄산칼슘이 열분해하여 용해도가 적은 탄산칼슘을 생성하여 연질스케일로 드럼 내에 부착한다. 탄산칼슘의 용해는 온도가 높아질수록 증가하기 때문에 온도가 낮은 부분에서 석출된다.
- 황산칼슘($CaSO_4$)를 주성분으로 하는 스케일 온도가 상승 할수록 용해도가 감소되어 대부분 높은 온도에서 석출된다. 보일러증발관에서 내처리가 불충분 할 경우 생성되기 쉽다.
- 규산칼슘($CaSiO_2$)를 주성분으로 하는 스케일 실리카(SiO_2)는 급수 중 칼슘성분과 결합하여 규산칼슘을 생성한다. 실리카 성분이 많은 스케일은 경질 스케일이기 때문에 일반적인 화학처리 방법으로 제거하기 어렵다.

ⓓ 스케일의 생성방지

보일러내의 스케일 부착을 방지하기 위해서는 급수에 청관제를 투입하여 스케일성분을 슬러지로 침전시켜 **블로우다운(Blowdown)**에 의해 보일러 밖으로 배출시킨다.

② 유지: 프라이밍, 포밍의 발생 원인이 되고, 부유물이나 탄소와 결합하여 슬러지 및 스케일을 생성한다.

③ **부식**

 ㉠ 급수에 의한 부식: 급수계통에 발생하는 급수의 낮은 pH(pH 7미만) 및 용존산소에 의해 발생하는 부식

 ㉡ 보일러의 부식: 운전 중 보일러수의 온도 및 농도가 높아져 보일러본체에 부식이 쉽게 발생한다.

 ㉢ 염화마그네슘에 의한 부식: 염화마그네슘은 고온 전열면에 가수분해 되어 전면부식의 원인이 된다.

$$MgCl_2 + 2H_2O - Mg(OH)_2 + 2HCl$$

 ㉣ 알칼리에 의한 부식: 보일러수 중에 수산화나트륨(NaOH)이 증가하면 알칼리도가 높아져 보일러 강판에 미세한 균열이 발생하게 된다.

 ㉤ 산세척에 의한 부식: 보일러 내부를 무기산 등으로 세척할 때는 HCl과 같은 강산이 보일러 내부에 유입 되므로 산액의 조성, 조작온도 등이 적절치 못할 때 발생하는 부식

④ **캐리오버(Carry Over)**

보일러에서 증기가 발생 할 때 수중의 불순물과 수분이 증기와 함께 증발하는 현상으로 기계적 캐리오버와 선택적 캐리오버로 구분할 수 있다.

 ㉠ 구분

  • **기계적 캐리오버**: 프라이밍(Priming), 포밍(foaming) 등에 의해 발생되는 캐리오버
  • **선택적 캐리오버**: 증기 중에 실리카와 같이 용해성분이 포함되어 증발하는 현상

 ㉡ **프라이밍, 포밍의 발생원인**

  • 고수위 일 때 발생한다.
  • 관수의 농축에 의해 발생한다.
  • 관수 중의 유지분에 의해 발생한다.
  • 보일러 부하가 과부하일 때 발생한다.

 ㉢ 캐리오버에 의한 장애

  • 증기관내에 수격작용의 원인이 된다.
  • 증기관내의 부식 및 마찰저항의 증가 등의 원인이 된다.
  • 수면계의 수위가 심하게 요동하여 수위측정이 곤란해진다.
  • 증기관, 수위제어장치, 증기밸브 등에 석출물이 부착되어 작동불량의 원인이 된다.

 ㉣ **캐리오버의 방지**

  • 기수분리기를 설치한다.

- 드럼내의 수위를 높지 않게 한다.
- 보일러 부하의 급격한 증가를 방지한다.
- 보일러 수 중에 염소이온을 낮게 하고, 유지분의 혼입을 방지한다.

2. 급수처리

보일러의 급수 처리는 위치에 따라 관외 처리와 관내 처리로 구분하고 방법에 따라 기계적 처리, 화학적 처리, 전기적 처리 등으로도 구분한다.

1) 관외처리(1차 처리)

보일러 외부, 급수탱크(응축수 탱크)입구에서 보충수 중의 불순물을 처리하는 방법

① 고형 협잡물처리

㉠ 침강법: 물보다 비중이 크고 입경이 큰(0.01mm 이상) 협잡물을 아래로 침강시켜 자연 분리시키는 방법

㉡ 여과법: 모래, 자갈입성활성탄 등의 여과재를 사용한 여과기로 물을 통과시켜 협잡물을 처리하는 방법으로 침강 분리가 어려울 때 사용된다.

㉢ 응집법: 침강법이나 여과법으로 분리하기 어려운 미세한 입자나 콜로이드상의 물질을 황산알루미늄 등의 흡착으로 흡착 결합시켜 침강분리 또는 여과 분리하는 방법

② 용해 고형물(경도성분)처리

㉠ 증류법: 급수를 가열하여 발생하는 증기를 응축시켜 양호한 수질을 얻을 수 있으나 비경제적이다.

㉡ 이온교환법: 경수 연화에 가장 많이 사용하는 방법으로 이온교환체의 특정 이온과 급수의 이온을 교환하여 처리하는 방법

㉢ 약품 첨가법(경수 연화법): 보충수에 청관제를 투입하여 경도성분을 분 리, 침전시켜 경수를 연수화시키는 방법으로 경도가 높은 경우 효과가 있다.

③ 용존가스체 처리: 탈기법, 기폭법

㉠ **탈기법:** 용존 산소(O_2)를 분리 제거하는 장치로, 진공 탈기법과 가열 탈기법으로 구분된다.

㉡ **기폭법:** 수중의 탄산가스(CO_2)및 철분(Fe), 망간(Mn) 등 금속성분을 제거하는 장치

2) 관내처리(2차 처리)

보일러 내부 급수 중에 청관제를 투입하여 보일러수 중의 불순물을 처리하여 내부 부식, 스케일 생성, 캐리오버 등을 방지하기 위한 방법

① 청관제의 종류: 탄산소다, 인산소다, 가성소다, 암모니아, 히드라진 등 보일러 안전관리

② 청관제의 시용용도에 따른 분류

　　㉠ pH 조정제

　　　　• 부식을 방지하고, 보일러수 중의 경도성분을 불용성으로 만들어 스케일 부착을 방지하기 위해 보일러수 중의 pH를 조절하기 위한 약품

　　　　• 종류: 탄산소다(Na_2CO_3), 가성소다(NaOH), 제3인산소다(Na_3PO_4) 암모니아(NH_3), 인산(H_3PO_4) 등

　　㉡ 관수의 연화제

　　　　• 보일러수 중의 경도성분을 슬러지화 하여 스케일의 부착을 방지하기 위한 약품

　　　　• 종류: 탄산소다(Na_2CO_3), 인산소다($NaPO_4$), 가성소다(NaOH) 등

　　㉢ 탈산소제

　　　　• 보일러수 중의 용존산소를 환원시키는 성질이 강한 약품

　　　　• 종류: 탄닌, 아황산소다(Na_2SO_3), 히드라진(N_2H_4) 등

　　㉣ 슬러지 조정제

　　　　• 슬러지가 전열면에 부착하여 스케일이 생성되는 것을 억제하고, 보일러분출 시 쉽게 분출 할 수 있도록 하기 위한 약품

　　　　• 종류: 탄닌, 리그린, 전분, 덱스트린 등

　　㉤ 가성취화 방지제

　　　　• 알칼리도를 낮추어 가성취화 현상을 방지하기 위한 약품

　　　　• 종류: 질산소다, 인산소다 등

　　㉥ 포밍 방지제

　　　　• 저압 보일러에 사용되면 기포의 파괴하여 거품의 생성을 방지하는 약품

　　　　• 종류: 폴리아미드, 프탈산아미드 등

③ 청관제 선정시 주의사항

　　㉠ 수질을 정확히 분석한다.

　　㉡ 청관제 주요성분 정확히 분석한다.

　　㉢ 가열 후 슬러지의 생성을 관찰한다.

　　㉣ 수중의 pH변화 및 인산염의 농도를 측정한다.

3) 급수처리의 목적

① 보일러 내면부식을 방지한다.

② 스케일 생성 및 고착을 방지한다.

③ 프라이밍과 포밍의 발생을 방지한다.

④ 관수의 농축방지 및 가성취화의 발생을 방지한다.

3. 보일러 부식

보일러 부식에는 드럼내부 또는 관내의 물과 접촉부분에 발생하는 내부부식과 드럼외부 또는 관 외부에 연소가스 또는 습기 등이 접촉에 의해 발생하는 외부부식으로 구분된다.

1) 외부부식
   ① 발생원인
      ㉠ 지면의 습기 및 빗물의 침입 등에 의해
      ㉡ 이음부나 뚜껑장치로부터의 증기나 보일러수의 누설에 의해
      ㉢ 연료성분에 의해(황 분 또는 바나듐 등)
   ② **저온부식**
      ㉠ 발생원인: 연료성분 중 S(황)에 의해 150°C(황산가스의 노점)에서 발생한다.
         • $S + O_2 = SO_2$
         • $SO2 + \frac{1}{2}O_2 = SO_3$
         • $SO_3 + H_2O = H_2SO_4$
      ㉡ 방지방법
         • 중유를 전처리하여 S(황)을 제거할 것
         • 과잉 공기를 적게 하여 SO_2(아황산가스)의 산화를 방지한다.
         • 중유에 첨가제를 사용하여 황산가스의 노점을 강하 시킨다.
         • 배기 가스온도를 노점 이상 유지할 것(170t 이상 유지할 것)
         • 저온 전열면에 내식 재료나 보호피막을 사용할 것
         • 발생위치: 연도에 설치되어 있는 절탄기, 공기예열기 등 저온 전열면에 발생한다.
   ③ **고온부식**
      ㉠ 발생원인: 연료성분 중 회분(V: 바나듐)이 산화하여 V_2O_5(오산화바나듐)이 되어 고온 전열면에 융착(용융점 550~650°C) 되어 발생하는 부식
      ㉡ 방지방법
         • 연료를 전처리하여 V(바나듐)을 제거할 것
         • 연료에 첨가제를 사용하여 바나듐의 융점을 상승 시킬 것
         • 전열면의 표면온도 융점 이하로 유지한다.
         • 고온 전열면에 내식재료나 보호피막을 사용할 것
         • 발생위치: 연소실의 수관, 과열기 등 고온 전열면에 발생한다.

④ 산화부식: 금속이 고온의 연소가스에 의해 산화되어 표면에 산화피막이 형성되는 현상

2) **내부부식**

급수처리 불량, 급수중 불순물 등에 의해 드럼 또는 관 내부 물과 접촉되는 발생되는 부식

① **내부부식의 발생원인**

  ㉠ 보일러수에 불순물(유지류, 산류, 탄산가스, 산소 등)이 많은 경우

  ㉡ 보일러수 중에 용존가스체가 포함된 경우

  ㉢ 보일러수의 pH가 낮은 경우

  ㉣ 보일러수의 화학처리가 올바르지 못 한 경우

  ㉤ 보일러 휴지 중 보존이 잘못 되었을 때

② 내부부식의 종류

  ㉠ **점식(공식, 점형부식):** 보일러수와 접촉부에 발생하는 부식으로 수중의 용존가스(O_2, CO_2등)에 의한 국부전지 작용에 의해 쌀알 크기의 점모양 부식이다.

  • 산소의 농담전지에 의한 부식: 침전물 내의 물은 산소농도가 낮아 이상형태의 산소농담 전지를 형성하게 되어 양극을 형성하는 강재에 부식을 일으킨다. 이런 형태의 부식을 산소 농담전지에 의한 점식이다.

  • 점식은 보일러수의 유속이 늦은 경우, 증발이 왕성한 곳, 화염의 접촉으로 인해 고열이 되기 쉬운 곳의 수면부근 등에 발생한다.

  • 급수를 예열 또는 급수에 탈산제를 시용하면 점식을 방지하는 효과가 있다.

  ㉡ **전면부식**

  • 수중의 염화마그네슘($MgCl_2$) 가 용해되어 180℃ 이상에서 가수분해 되어 철을 부식시킨다.

  $MgCl_2 + 2H_2O \ Mg(OH)_2 + 2HCl$

  $Fe + 2HCl \ FeCl_2 + H_2$

  • 화염이 심하게 닿는 곳에 많이 발생하며 점식이 진행되어 서로 연결되면서 전면부식이 형성되는 경우도 있다.

  ㉢ **알칼리 부식** 보일러수에 수산화나트륨(NaOH) 의 농도가 높아져 알칼리 성분이 농축(pH12: 이상)되고, 이때 생성된 수산화 1철($Fe(OH)_2$)가 Na_2FeO_2(유리알칼리)로 변하여 알칼리 부식이 발생한다.

  ㉣ **그루빙(grooving: 구식)**

  • 보일러 강제에 화학적 작용에 의해, 또는 점식 및 전면부식의 연속적인 작용에 의해 균열이 발생한다. 이 부분에 집중적으로 응력이 작용하여 팽창과 수축이 반복되어

구상(도랑 모양 V: 형, U형)형태의 균열이 부식과 함께 발생하게 된다.

- 그루빙이 발생하기 쉬운 곳
  - 응력이 집중되는 보일러수와 접촉하는 곳
  - 노통의 플랜지 만곡부
  - 가제트 버팀의 구석 부분
  - 접시형 경판의 구석 만곡부
  - 경판에 뚫린 급수구멍
  ㉤ **가성취화**: 보일러 동판의 리벳 연결부 등이 농축 알칼리 용액의 작용에 의해 취약화 되어 미세한 균열이 발생하는 일종의 부식 형태
③ **내부부식의 방지방법**
  ㉠ 보일러수의 pH를 조절한다.
  ㉡ 보일러 수중의 용존 가스체를 제거한다.
  ㉢ 급수처리를 하여 관수의 농축을 방지한다.

4. 보일러 청소

보일러의 사용에 따라 물과 접촉되는 드럼 또는 관의 내면에는 스케일이 생성 부착되고, 연소가스 가 접촉되는 관의 외면에는 재나 그을음이 부착한다. 이러한 현상은 전열면의 오손 및 과열을 유발시키고 보일러의 효율 저하와 수명을 단축하는 결과를 가져온다. 이를 방지하기 위해 주기적 으로 청소 관리를 하여야 한다.

1) **보일러 내부에 들어갈 경우의 주의사항**
  ① 맨홀의 뚜껑을 여는 경우 내부압력이 있거나, 진공이 될 경우가 있으므로 특별한 주의가 필요하다.
  ② 동체 내부에는 충분한 환기를 시키고, 필요시에는 강제통풍을 시켜 산소공급을 해야 한다.
  ③ 다른 보일러와 연결된 경우 증기나 물의 역류를 방지하기 위해 연결을 차단한다.
  ④ 조명에 사용하는 전등은 안전가드가 붙은 것을 사용하고, 이동용 캡타이어 케이블을 사용하 며, 손전등을 사용함이 절대로 안전하다.

2) 연도내에 들어갈 경우의 주의사항
  ① 노 또는 연도내의 환기를 위해 댐퍼를 적정하게 열어 놓아야 한다.
  ② 보일러의 연도가 다른 보일러와 연결되어 있는 경우는 댐퍼를 닫고 연소가스의 역류를 방지한다.
  ③ 연도 내에는 가스중독의 위험이 많으므로 외부에 **감시인을 세워** 내부에 사람이 있다는

표시를 해둔다.

3) **청소의 목적**
① 연료의 절감 및 열효율을 향상시키기 위해
② 사고를 방지하고 사용수명의 연장을 위해
③ 통풍 저항을 방지하기 위해
④ 보일러 부식을 방지하기 위해
⑤ 스케일등의 장애를 방지하기 위해

4) 청소의 구분
① 외부청소
전열면에 부착된 그을음 등을 제거하여 부식을 방지하고 연도 등의 매연을 제거하여 통풍 저항을 방지하고 청결하게 유지하기 위해 주기적으로 실시한다.

㉠ **외부 청소의 방법: 스팀쇼킹법, 워터쇼킹법, 워싱법(pH 8~9의 물), 샌드 불로우법 등**
㉡ **외부 청소의 목적**
　　• 그을음에 의한 전열저하를 방지한다.
　　• 연도내의 매연제거로 통풍저하 방지한다.
　　• 연료절검 및 보일러 열효율 향상시킨다.
　　• 보일러의 수명 연장을 위해
㉢ 외부 청소의 시기
　　• 동일부하 상태에서 연료량이 증가할 경우
　　• 배기가스의 온도가 높아졌을 때
　　• 통풍력이 저하된 경우
㉣ 연소관리 상황이 현저하게 차이가 있을 때
　　• 외부 청소시 주의사항
　　• 연소실과 연도를 충분히 환기하여 노내를 완전 냉각 후 청소한다.
　　• 슈트 블로우를 사용할 경우 댐퍼를 완전히 열고 연소실에서 연돌방향으로 작업을 진행한다.
　　• 슈트 블로우는 사용전 분출기내의 응축수를 제거한다.
　　• 연관 내면의 그을음 제거는 와이어브러시, 튜브 클리너 등을 이용 제거한다.
　　• 청소가 끝난 후 공기 댐퍼를 만개하여 통풍을 강하게 한다.
② **내부 청소**
급수처리 불량 등으로 드럼 내부의 스케일 부착, 내면부식 등을 방지하고 보일러를 안전하고

효율적으로 관리, 운전하기 위해 기계적인 방법 또는 화학적인 방법 등으로 처리하는 방법

㉠ 기계적 방법

와이어 브러시, 스케일해머, 튜브클리너, 스크레이퍼 등을 이용하는 방법으로 소규모 세관작업에 많이 사용한다.

• 연결 보일러가 있는 경우 증기밸브를 닫고 연락을 차단한다.

• 보일러를 서서히 냉각시킨 후 분출밸브를 열어 내부의 물을 완전 배수시킨다.

• 개방하여 공기의 유통을 좋게 하고 유독가스를 충분히 환기시킨다.

• 공구를 사용하여 스케일을 제거할 때 강판이나 강관 등에 상처가 나지 않도록 주의한다.

• 청소가 끝난 후 물로 세척을 하고 공구가 남지 않았는지 확인 한다.

㉡ 화학적 방법

전처리 후 보일러 가동시간이 6개월 이상 되었거나 스케일의 두께가 1∼1.5mm 이상 되었을 때 보일러수에 화학약품을 첨가한 세정액을 순환시켜 관내에 부착된 스케일을 효과적으로 분리 제거하는 방법

• 무기산세관: 일반적인 산세관 방법으로 관수를 강산성화하여 스케일을 제거하는 방법으로 부식억제제 선정에 주의하여야 한다.

  - 약품의 종류: 염산, 황산, 인산, 질산 등을 사용한다.

  - 물의 온도: 60±5℃를 유지한다.

  - 처리시간: 최소 4 ∼ 6시간 이상 실시한다.

  - 염산의 농도: 5∼10% 정도 유지한다.

• 유기산세관: 유기산은 약산으로 중성에 가까워 부식억제제를 사용하지 않는다.

  - 약품의 종류: 구연산, 옥살산, 설파민산 등을 사용한다.

  - 물의 온도: 90 ± 5t를 유지한다.

  - 처리시간: 최소 4∼6시간 이상 실시한다.

  - 약품의 농도: 2∼5% 정도 유지한다.

• 알칼리세관: 암모니아 세관, 소다 세관으로 관수를 강알칼리화하여 유지 및 규산염 스케일 제거에 사용한다.

  - 약품의 종류: 암모니아, 탄산소다, 인산소다, 가성소다 등을 사용한다.

  - 물의 온도: 70T3 정도 유지한다.

  - 약품의 농 도: 0.1∼0.5% 정도 유지한다.

• 무기산세관의 공정: 보일러 내부의 스케일과 부식생성물 등을 산액으로 용해, 분리시

켜 제거하는 산액처리와 중화, 방청처리를 중심으로 하는 일련의 처리공정을 조합시킨 화학 세정이며, 다음의 공정에 의해 처리한다.

- 산세관공정: 전처리 – 수세 산액처리 수세 중화, 방청처리
- 전처리: 황산염, 규산염이 주성분인 경질스케일은 염산이나 황산으로 처리하는 산액 처리만으로는 쉽게 용해되지 않으므로 가성소다와 불화수소산을 첨가하여 제거하는 과정
- 수세: 온수를 사용하여 세척하고 폐수가 pH9 이하가 될 때까지 계속한다.
- 산액처리: 염산, 황산, 인산 등을 사용하여 신설 또는 가동 중인 보일러에 부착된 스케일을 제거하는 과정
- 수세: 산액 처리작업이 끝난 후 폐수가 PH5 이상으로 될 때까지 계속한다. 이때 보일러 내에 공기가 들어가지 않도록 주의한다.
- 중화, 방청처리: 남아있는 산 성분에 의해 부식이 될 수 있으므로 청관제로 중화, 방청을 실시하여 금속표면에 보호피막을 형성시키는 과정
- 중화, 방청제: 탄산소다, 가성소다, 인산소다, 암모니아 히드라진 등
- 물의 온도: 80~100℃(24시간 순환 시킨다.)
- pH 유지: pH 9~10

• 화학세관의 장점
- 부식 억제제를 사용하므로 보일러 강판이나 강관의 손상이 적다.
- 세관시간이 짧다.
- 복잡한 구조도 효과적으로 세관할 수 있다.
- 스케일의 성분 분석으로 세관상황을 정확하게 알 수 있다.

• 세관작업에 염산을 사용하는 이유
- 가격이 저렴하고 취급이 용이하다.
- 스케일의 용해능력이 크다.
- 물에 대한 용해도가 크고 세척이 용이하다.
- 부식억제제의 종류가 다양하다.

• **내부 청소의 목적**
- 스케일로 인한 전열면의 부식 및 전열저하를 방지한다.
- 전열을 좋게 하여 전열면의 과열을 방지한다.
- 연료 절감 및 보일러의 열효율을 높인다.
- 보일러수의 순환을 좋게 하여 증발을 빠르게 한다.

5. 보일러의 보존

보일러 가동을 일정기간 사용을 중지하여 휴지 중일 때 관리를 잘못하면 오히려 보일러를 가동중일 때 보다 내, 외면에 부식이 쉽게 발생하여 보일러의 수명을 현저하게 단축시킨다. 또한 재가동하여 사용 할 경우 부식 등에 의해 운전 중 이상 현상이나 운전장애 현상이 나타날 수 있으므로 휴지기간 동안 보일러 보존에 특별한 주의를 해야 한다.

1) 보일러 보존 중 주의사항

① 보일러 보존은 보일러의 종류, 보존기간, 설치장소, 보존시 계절 등을 고려하여 올바른 보존방법을 선택한다.

② 부식은 산화현상이 주원인이므로 드럼 내에 물을 가득 채우거나, 물이 전혀 없게 하여 공기와 물의 접촉을 피하도록 조치한다.

③ 보일러 보존은 휴지기간이 2~3 개월 정도 짧은 경우 단기 보존법으로 3~6 개월 이상일 경우에는 장기보존법으로 선택 보존한다.

④ 보존하기 전에 보일러수에 청관제를 충분히 사용하여 경도 성분을 제거함으로서 스케일의 고착을 방지하는 조치를 취한 후 보존한다.

⑤ 부착되어 있는 부속장치에 대해서는 분해 청소를 하여 보존 후 사용에지장이 없도록 해야 한다.

⑥ 보존 중 보일러의 연도는 습기를 방지할 수 있는 조치가 필요하다.

2) 만수 보존법

건조보존이 어려운 경우, 보일러 내부를 충분히 청소한 후 보일러수를 드럼 내부에 충만 시켜 밀폐, 보존하는 단기 보존방법

① 보통 **만수 보존법**(단기 보존법)

양질의 급수(pH 10~11)을 드럼 내에 충만시켜 가성소다(pH 상승제)나 아황산소다(방식제) 등을 첨가하지 않고 밀폐, 보존하는 방법으로 단기 보존 방법으로 분류하며 불시 사용이 곤란하다.

② 소다 만수 보존법(장기 보존법)

만수 보존법으로 보일러수에 약제를 첨가하여 드럼 내부에 충만시켜 밀폐, 보존하는 방법이다. 장기 보존방법 분류하며 불시에 보일러 시용이 가능

㉠ 첨가약제 :가성소다, 탄산소다, 아황산소다, 히드라진, 암모니아 등을 사용한다.

• pH 상승제: 가성소다를 사용한다.

• 방식제: 저압 보일러일 경우 아황산소다를, 고압 보일러의 경우 히드라진을 시용한다.

ⓛ pH 유지: **pH 11 정도**

③ **만수보존법**

단기기간(2~3개월) 휴지할 경우나 휴지 중 불시에 사용을 대비한 보존 방법으로 겨울에는 동결의 위험이 있으므로 채택하여서는 안된다.

㉠ 보일러를 냉각하고 내, 외면을 청소한다.

㉡ 양질의 물에 가성소다 300ppm, 아황산소다 100ppm의 상태가 되도록 하여 가득 채워 밀폐하고 약간 예열하여 보존한다.

㉢ 보존 중 습윤한 기후가 계속될 때에는 외면에 결로(結露) 되기 잘 건조시켜야 한다.

㉣ 보존 후 보일러를 시용하게 될 때에는 보일러수를 배출하고 수세 후 내부를 점검하고 부식 발생 유무를 점검한다.

3) **건조보존법**

드럼 내의 관수를 전량배출 후 완전건조 시킨 보일러 내부에 흡습제 또는 질소가스를 넣고 밀폐, 보존하는 장기 보존방법

① 가열 건조법(단기 보존법)

석회 밀폐 보존법과 같이 완전 건조시킨 보일러 내부에 숯불을 몇 군데 나누어 설치하고 맨홀을 닫아 밀폐 보존하는 방법은 동일하지만 흡습제를 넣지 않고 보존하는 관계로 단기 보존법으로 분류한다.

② 장기 보존법

㉠ 석회 밀폐 보존법

• 완전 건조시킨 보일러 내부에 흡습제 및 숯불을 몇 군데 나누어 설치하고 맨홀을 닫아 밀폐 보존하는 방법이다.

• 흡습제의 종류: 생석회, 염화칼슘, 실리카겔, 활성알루미나 등을 사용한다.

㉡ **질소가스 봉입 보존법**

고압, 대용량 보일러에 사용되는 건조보존 방법으로 보일러 내부에 질소가스(순도: 99.5%)를 0.06MPa 정도로 가압, 봉입하여 공기와 치환하여 보존하는 방법이다.

㉢ 기화성 부식억제제(V.C.I) 봉입법

완전 건조시킨 보일러 내부에 백색분말의 V.C.I(기화성 부식 억제제)을 넣고 밀폐 보존하는 방법으로 밀봉된 V.C.I(기화성 부식 억제제)는 보일 내에 기화, 확산하여 보일러 강재의 방식효과를 얻을 수 있다.

③ 건조 보존법

㉠ 휴지기간이 길거나(3~6 개월 이상) 겨울에 동결의 위험이 있을 때 보존하는 방법이다.

ⓛ 보존방법
- 정지한 보일러를 서서히 냉각시킨 후 보일러수를 전부 배출한 후 청소한다.
- 보일러 내부에 스케일 등이 부착된 상태로 보존하게 되면 보존 후 재사용할 때 장애가 발생하므로 스케일을 미리 제거해야 한다.
- 연결 보일러가 있는 경우 연결을 차단하고 보일러 내 외부에 불을 피워 내부를 완전히 건조시킨다.
- 보일러 내에 증기나 물이 새어 들어가지 않도록 증기관, 급수관은 확실하게 외부와 연락을 차단하고 밀폐시킨다.
- 흡습제를 동 내부, 여러 곳에 배치한다.
- 본체 외면은 와이어브러시로 청소한 후 그리스 또는 방청도장을 한다.

6. 부속장치의 취급

1) 안전밸브 취급

① 안전밸브는 매년 1회 계속사용 안전검사 때 분해, 정비한다.

② 설정압력에 도달하여도 분출하지 않으면 분해 정비할 필요가 있으나 두들겨서 밸브 시트를 상하게 해서는 안된다.

③ 열매체 보일러의 안전밸브는 밀폐식 구조로 하고 배기관 또는 도피관은열매의 팽창탱크, 또는 저장탱크 등에 연결되어 외기로 취출되지 않도록 해야 한다. 한냉시 동결 방지를 위해 보온한다.

④ 온수보일러의 방출관은 외기에 노출된 부분에는 보온을 실시하고 동결방지에 주의해야 한다. 오버 블로우관의 선단은 물에 잠기지 않고 보이도록 한다.

⑤ 2개 이상의 안전밸브가 있는 경우 조정 분출압력을 단계적으로 분출하도록 한다.

⑥ 수동에 의해 분출시험을 행할 경우에는 분출압력의 75% 이상의 압력에서 시험레버를 작동시켜 시험하고, 다음에 레버를 놓고 자동적으로 급, 폐지시킨다.

⑦ 안전밸브의 고장
  ㉠ 증기누설 원인
    - 밸브 시트의 가공 불량
    - 밸브 시트에 이물질 부착
    - 스프링의 장력 불균형 등에 의해 발생한다.
  ㉡ 작동불량 원인
    - 밸브의 고착
    - 스프링의 장력이 강한 경우

- 열팽창으로 밸브 각의 밀착, 안전밸브의 분출 용량부족 등에 의해 발생한다.

2) 수면계의 취급

① 수면계는 수위를 비교 측정하여 이상 유무를 판별하기 위해 **2개 이상 설치**한다.

② 수면계의 연락관에 설치된 코크는 6개월 주기로 분해 정비한다.

③ **기능시험**

  ㉠ 보일러 가동하기 전

  ㉡ 프라이밍 포밍 발생시

  ㉢ 2개의 수면계 수위가 서로 다를 때

  ㉣ 수위가 의심스러울 때

  ㉤ 수면계 보수 및 교체를 한 경우

④ 수위 조절

  ㉠ **수위는** 수면계의 중간 위치(상용수위)를 기준으로 하여 일정하게 유지하는 것이 좋다. 보일러 운전 중 수위 저하는 가장 큰 사고의 원인이 된다.

  ㉡ **수면계의 시험은 매일 1~2 회 실시**해야 하며 그 요령은 다음과 같다

  - 증기밸브 및 수측의 밸브를 닫는다.
  - 드레인 밸브를 열어 수면계내의 물을 취출한 후 수측의 밸브를 열어 통로를 청소한다.
  - 수측의 밸브를 닫고, 증기측 밸브를 열어 증기 통로로 증기를 보내어 청소한다.
  - 끝으로 드레인 밸브를 닫고 수측의 밸브를 서서히 연다.

⑤ 수면계는 항상 2조를 완전한 상태로 정비하여 사용하고 양측의 수위가 일치하는 것을 관찰 한다,

⑥ 수면계를 수주관에 장치할 경우는 수주관의 하부에 취출관을 설치하고 수면계의 드레인관은 바닥까지 장치하여 시험하기 쉽게 한다.

⑦ 수면계의 상하코크의 중심이 일치하지 않거나 상하부착에 무리하게 힘을 가하면 파손되기 쉬우므로 주의를 요한다.

⑧ 수면계와 보일러 연락관은 이물질이 끼어 막히는 경우가 있어 사고의 위험이 높다. 따라서 연락관은 청결하게 관리 하도록 하고 부착된 밸브의 개폐작동도 항상 점검해야 한다.

3) 압력계의 취급

① **압력계의 시험**

  ㉠ 매년 계속 사용 안전검사를 받을 때**(1년 1회)**

  ㉡ 브로돈관에 직접 증기가 들어갔을 때

  ㉢ 프라이밍, 포밍이 심하게 생겼을 때

   ② 압력계의 정도가 의심스러울 때

② 사이폰관은 장기간 휴지시에는 사이폰관과 압력계를 떼내어 보관한다.

③ 사이폰관은 관내에 물을 가득 채워 장착한다.

④ 압력계의 앞면을 손끝으로 가볍게 때려 지침의 작동에 이상이 없는가를 확 인한다. 압력이 "0"일 때 지침이 정확하게 돌아오지 않고 잔침이 있는 것은 교체한다.

⑤ 최고 사용압력과 상용압력을 적색과 녹색으로 색별 표시를 하여 사용하는 것이 편리하다.

⑥ 압력계의 위치와 보일러의 부착부와 높이 차이가 있을 때는 수두압에 의한 오차를 수정하여야 한다.

⑦ 증기압력의 감시 보일러의 운전 중 압력계의 지시압력에 주의하고, 일정압력이 유지되도록 적당한 연소조절이 필요 하다. 압력에 대한 **안전장치는 압력계와 안전밸브**이므로 기능이 정확한가 주의해야 한다.

   ㉠ 압력계 지침의 움직임에 이상이 있을 때는 예비품으로 바꾸어 압력의 정도를 비교, 교체하여야 한다.

   ㉡ 안전밸브가 작동할 때에는 즉시 압력계의 지침을 보고 설정압력에서 작동하는지 확인한다.

4) **수위 검출기의 취급**

수위제어계의 자동 급수조절기 및 저수위 차단기와 경보장치의 수위 검출기는 스케일이나 이물질에 의해 오염되기 쉽고 또 느슨해짐이나, 손모 등에 의해 고장나기 쉬우므로 1일 1회 이상 적당한 시간적 간격으로 수위를 낮추어 작동시험을 행할 필요가 있다. 또한 수위 검출기의 연락관이 새는 것은 수위검출에 오차가 생기기 쉬우므로 새는 것을 발견하면 즉시 보수하여 완전한 상태로 유지해야 한다.

① **플로트식(부자식)**은 6개월마다 수은 스위치의 상태를 점검하고 접속 상황이 양호한가를 확인 한다. 또 1년에 1회씩 플로트실을 개방하여 청소하고 플로트 및 링크 기구의 작동 여부를 점검한다.

② **전극식은** 3개월마다 전극봉을 샌드페이퍼로 깨끗이 청소한다.

5) **화염 검출기의 취급**

① 화염 검출기의 위치는 불꽃에서의 직사광이 들어오도록 장착하고 주위 온도는 60℃ 이상으로 해서는 안된다.

② 유리렌즈는 매주 1회 이상 청소하고, 6개월마다 광전관 전류를 측정하여 감도유지에 힘쓴다.

③ 검출봉(플레임로드)의 엘리멘트는 직접 불꽃에 접하여 오손이 생기기 쉬우므로 1주에

1~2회 점검한다.

6) 분출장치

보일러에 약제를 주입하여 수처리를 하는 경우 간헐 블로우를 1일 1회 이상 실시하여 침전물을 배출 시켜야 하며 그 요령은 다음과 같다.

① 분출은 2기의 보일러를 동시에 하지 않으며, 분출작업이 끝날 때까지 자리를 떠나지 말아야 한다.

② 분출은 1일 1회 이상 실시하며, 1일 중 증기 발생량이 가장 적은 때를 택해서 시행한다.

③ 분출의 시기는 침전물이 침전되어 있을 때(야간이나 휴지 보일러)는 아침 조업직전에, 연속 가동중인 경우 부하가 가장 가벼울 때 시행하도록 한다.

④ 분출관에는 분출 밸브와 코크를 직렬로 설치하고 분출 할 때는 코크를 먼저 열어 분출밸브로 조절작용을 하면서 만개시키며, 정지할 경우에는 분출밸브를 먼저 닫고 코크를 나중에 닫는다.

⑤ 분출 밸브와 코크는 보일러 정비시 반드시 분해 정비하고 밸브 시트를 연마하여 사용하고, 누출시는 빨리 교체하여야 한다.

⑥ 분출 장치는 매일 1회 취출하여 고착을 방지한다. 보일러수의 취출이 필요하지 않은 경우도 매일 조작하여 기능 확인 및 고착을 방지한다.

⑦ 분출 밸브는 2개 이상 직렬로 장치하고 보일러 가까운 위치에 코크, 다음에 밸브를 부착한다.

⑧ 분출관의 선단은 위험이 없는 지하피드나 홈 속에 이끌어 보이는 곳에 두는 것이 좋다.

7) 슈트 블로워의 취급

슈트블로워 장치를 갖고 있는 보일러에서는 전열면 외부에 부착된 그을음 제거의 목적으로 행하며 증기나 압축공기를 시용하며 와이어브러시를 사용하는 경우도 있다.

① 볼로워 작업전에 관내에 응축수(드레인)를 충분히 배제 시킨다.

② 슈트브로워를 하는 시기는 부하가 가벼울 때 시행하며 소화한 직후의 고온 노내에서 해서는 안된다.

③ 연소실과 연도의 통풍력을 증가시키고, 자동연소 제어장치가 부착된 보일러는 수동으로 바꾼다.

④ 슈트 블로워는 한곳에 너무 오랫동안 하면 좋지 않다.

8) 급수장치 취급

① 급수탱크 및 급수배관

　㉠ 급수탱크는 탱크내의 저수량을 확인해야 하며 정기적으로 청소하고 급 수중에 유해한 불순물이나 진흙, 모래 등이 혼입되지 않도록 한다.

    ⓛ 응축수 탱크 내의 급수온도가 너무 높지 않도록 한다.

    ⓒ 급수정지밸브는 디스크와 밸브 시트 사이에 이물질이 부착하거나 마모된 경우 고장이 많으므로 분해 정비해야 한다.

    ⓔ 급수펌프의 전후에는 압력계를 부착하여 급수압력을 점검함에 따라 급수관계의 이상을 발견할 수 있다(특히, 소형 관류보일러와 같이 보유수량이 적은 보일러에서는 급수압력의 관리가 중요하다)

② **급수내관**

    ㉠ 보일러는 보일러 급수관으로 직접 급수되면 국부적으로 냉각하게 되어 좋지 못하므로 급수내관을 통해 적절한 위치에서 분산 급수하여야 한다.

    ⓛ 급수내관의 부착 위치는 보일러 수위가 안전 저수면까지 내려가도 수면상에 나타나지 않도록 안전 저수면보다 약간 아래의 위치에 놓고, 급수내관의 구멍은 수면 밑으로 향하게 한다.

    ⓒ 급수내관의 구멍은 스케일의 부착으로 막히기 쉬우므로 보일러를 정비하는 경우에는 반드시 떼어 밖에서 청소를 한다.

③ 급수펌프의 취급

    ㉠ 흡입측의 축 글랜드로부터 공기가 유입되면 펌프의 기능이 떨어진다. 또한 패킹을 단단히 조이면 탈 염려가 있으므로 축의 패킹은 겨우 물방울이 떨어지는 정도로 조여 놓는 것이 좋다.

    ⓛ 베어링이 마모되지 않게 충분히 주유한다.

    ⓒ 시동시에는 물받이를 사용하여 펌프내의 공기를 완전히 제거해야 한다.

    ⓔ 풀로트 밸브를 가진 경우는 흡입관을 닫은 채로 펌프로 주수하여 공기를 제거한다.

    ⓜ 시동시에는 흡입밸브를 전개하고 모터를 가동시켜 펌프의 회전과 수압을 정상으로 되면 토출밸브를 서서히 연다. 이때 이상이 없는 것을 확인해야 하며, 토출밸브를 닫은 채 오랫동안 운전하면 펌프내의 물 온도가 상승하여 과열을 일으킨다.

    ⓗ 정지시에는 토출밸브를 서서히 조여 밀폐하고 모터를 정지시킨다.

④ 인젝터 가동시에는 인젝터의 토출밸브, 급수관의 급수밸브, 증기관의 증기 밸브, 인젝터의 핸들 순으로 동작시키고 정지시에는 역순으로 한다. 처음에는 일수구로부터 물이 유출되지만 곧 증기가 공급이 되면 점점 혼합노즐의 진공도가 높아져 급수가 시작되어 일수구로부터 유출이 정지되면서 급수가 된다.

    ㉠ **인젝터의 작동이 불량해지는 원인**

       • 흡입관에 공기가 유입되는 경우

       • 증기압력이 낮을 때(0.2MPa 이하일 때)

- 급수온도가 높을 때(55℃ 이상일 때)
- 내부노즐에 이물질이 부착되었을 때

⑤ 급수처리장치 취급

  ㉠ 이온교환에 의한 급수처리장치는 그 용량에 적합한 사이클로 재생을 확실히 실시하지 않으면 안되며, 재생조작이 늦어지지 않도록 유의한다.

  ㉡ 원수의 탁도에 주의하고 이온교환수지층에 막힘이나 처리능력이 저하되지 않도록 주의한다.

  ㉢ 수지는 정기적으로 세척하여 매년 1회 수지의 보충(5~10 %)의 필요 여부를 결정한다. 급수 탱크에는 항상 충분한 물을 저장하도록 한다. 내부에 먼지나 이물질이 들어가지 않도록 뚜껑을 덮어둔다. 매년 1회 정기적으로 청소를 실시하여 부식을 방지하여야 한다.

9) 자동제어장치취급

① 전기회로

  ㉠ 전기회로는 단선, 접점의 헐거워짐, 오손 등에 의해 불통이 되는 일이 있으므로 주의해야 된다.

  ㉡ 배선을 분리 정비한 후 조립 시 결선이 틀리지 않도록 주의한다.

  ㉢ 작동용 공기 또는 기름배관에는 작은 관이 사용되므로 관이 찌그러지든가 이물질에 의해 폐쇄, 접속부의 누출유무를 점검해야 한다.

  ㉣ 전기신호 또는 기계적신호를 서로 변환하고 증폭하여 조절하는 부분 및 작동빈도가 높은 조작부는 오손에 의해 기능이 저하하고 부정확하게 되기 쉬우므로 정기적인 점검 및 보수, 조정을 요한다.

② 자동점화장치의 보수

  ㉠ 점화선은 전극 및 절연유리에 그을음, 미연카본이 부착하기 쉬우므로 1주에 1~2 점검, 청소한다.

  ㉡ 점화용 버너는 주버너와의 관계 위치, 점화용 연료와 공기와의 혼합비율, 공급압력 등에 주의하고 1주에 1~2회 점검, 청소한다.

10) 연소의 조절

완전연소를 위해서는 연료 공급량과 공기량의 비, 즉 공연비를 정확히 조절해야 하며 이를 위해서는 통풍력의 조절이 매우 중요하다. 공기량은 연료 공급량에 따라 적정 비율로 조절하며 공기량이 과다하면 열손실이 증가하고, 공기량이부족하면 불완전연소를 초래한다.

① 역화를 방지하기 위해 연소량을 늘릴 경우 먼저 공기량을 증가 시킨 후 연료공급량을

늘려야 한다.

② 부동팽창 및 벽돌 이음부의 균열 발생을 방지하기 위해 급격한 연소를 피한다.

③ 연소초 절탄기 내의 물의 움직임을 확인한다.

11) 유류 연소장치 취급

① 기름탱크 및 배관계통에 새는 곳의 유무에 주의하고, **기름 펌프는 매년 1 회 분해 점검**해야 한다.

② 기름 가열기는 온도계 및 자동조절온도계를 장치하도록 한다.

③ 기름가열기에서 증기 또는 온수로 가열하는 것은 부식발생의 염려가 있으므로 매년 점검해야 하며 가열관의 부식은 조기에 보수해야 한다.

④ 스트레이너(여과기)는 병렬로 설치하여 교대로 분해 청소하여야 한다.

⑤ 버너는 정기적으로 분해 청소하여 항상 양호한 상태로 유지하여야 한다. 또 연소장치 정지시에는 기름누출에 주의해야 한다.

⑥ 버너팁의 형상이나 디저의 상태는 연소에 미치는 영향이 크므로 항상 보수점검한다.

03 온수보일러 설치 시공기준

1. 적용범위

이 기준은 최고사용압력 **3.5kg/cm²** 이하로서 전열면적 **14m²** 이하의 온수보일러에 대하여 규정한다. 다만, 시간당 연료사용량 **17kg**(도시가스의 경우 **200,000kcal/h**) 이하의 가스용 보일러 및 구멍탄용 보일러는 포함하지 아니한다.

2. 용어의 이해

① 상향순환식: 송수주관을 상향구배로 하고 방열면을 보일러 설치기준면보다 높게 하여 온수를 순환 시키는 배관방식을 말한다.

② 하향순환식: 송수주관을 하향구배로 하고 온수를 순환시키는 배관방식을 말한다.

③ 송수주관: 보일러에서 발생된 온수를 방열관 또는 온수탱크에 공급하는 관을 말한다.

④ 환수주관: 방열관 등을 통과하여 냉각된 온수를 회수하는 관을 말한다.

⑤ 팽창탱크: 온수의 온도변화에 따른 체적팽창 또는 이상팽창에 의한 압력을 흡수하고 보일러의 부족 수를 보충할 수 있는 물을 보유하고 있는 탱크를 말한다.

⑥ 급수탱크: 팽창탱크에 물이 부족할 때 공급할 수 있는 물을 보유하고 있는 탱크를 말한다.

⑦ 공기방출기: 순환수 중에 함유된 공기를 외부로 방출하기 위한 장치를 말한다.

⑧ 팽창관: 보일러 본체 또는 환수주관과 팽창탱크를 연결시켜주는 관을 말한다.

3. 보일러의 설치

① 보일러는 수평으로 설치하여야 한다.

② 보일러는 보일러실 바닥보다 높게 설치하여야 하며 주위에 적당한 공간을 두어 조작, 및 청소가 용이하여야 한다.

③ 수도관 및 1kg/m^2 이상의 수두압이 발생하는 급수관은 보일러에 직접 연결하여서는 안된다.

4. 유류용 보일러의 연소방식 종류

① 연소방식압력분무식: 연료 또는 공기 등을 가압하여 노즐로부터 분무 연소시키는 것

② 증발식: 연료를 포트 등에서 증발하여 연소시키는 방식의 것

③ 회전무화식: 연료를 회전체의 원심력에서 비산시켜 무화하여 연소시키는 것

④ 기화식: 연료를 예열하여 기화시켜 노즐로 분무하여 연소시키는 방식의 것

⑤ 낙차식: 낙차에 따라 고정한 심지에 연료를 보내어 연소시키는 방식으로 연료의 흐르는 부피를 변화시켜 화력을 조절하는 것

5. 배관작업

1) 배관형식

① 직렬식

㉠ 배관비용이 저렴하다.

㉡ 관이음쇠가 적게 든다.

㉢ 설비가 간단하다.

㉣ 소규모 난방(10m^2 이하)에 적합하다.

② 병렬식

㉠ 배관의 관로저항이 비교적 적다.

㉡ 배관비용이 합리적이다.

㉢ 방열관 1갈래 길이를 15m 이내로 할 수 있다.

㉣ 분리주관식과 인접주관식으로 구분된다.

③ 사다리꼴

㉠ 대량생산이 가능하다.

㉡ 배관의 관로저항이 적다.

        ⓒ 경사조정이 용이하다.

        ⓔ 용접이음에 적합하다.

    ⑤ 복잡한 구조에 적합하다.

6. 순환펌프

① 순환펌프는 보일러 본체, 연도 등에 의한 방열에 의해 영향을 받을 우려가 없을 곳에 설치하여야 한다.

② 순환펌프에는 바이패스 회로를 설치하여야 한다.

③ 순환펌프와 전원콘센트간의 거리는 가능한 한 최소로 하고 누전 등의 위험이 없어야 한다.

④ 순환펌프의 흡입측에는 여과기를 설치하여야 하며 펌프의 양측에는 밸브를 설치하여야 한다.

⑤ 순환펌프는 방출관 및 팽창관의 작용을 폐쇄하거나 차단하여서는 안되며 환수주관에 설치함을 원 칙으로 한다.

⑥ 순환펌프의 모터부분은 수평으로 설치함을 원칙으로 한다.

7. 온수탱크

① 내식성 재료를 사용하거나 내식 처리된 온수탱크를 설치하여야 한다.

② KSF2803(보온·보냉공사 시공표준)에 정하는 방법에 따라 보온을 하여야 한다.

③ 100℃의 온수에도 충분히 견딜 수 있는 재료를 사용하여야 한다.

④ 탱크 밑부분에는 물빼기 관 또는 물빼기 밸브가 있어야 한다.

⑤ 밀폐식 온수 탱크의 경우에는 팽창흡수장치 또는 방출밸브를 설치하여야 한다.

8. 공기방출기 설치

1) 설치목적

방열관내에 공기가 있을 경우 관수의 순환을 저해하고 관의 부식원인이 된다. 이를 방지하기 위해 관내의 공기를 방출시키기 위해 설치한다. 배관중에 공기 방출기를 설치할 경우 배관의 굴곡부에 설치한다.

2) 종류: 개방식과 밀폐식이 있다.

3) 설치위치

① 상향식의 경우 환수주관 끝부분, 방열관 중 높은 곳에 설치한다.(개방식의 경우 팽창탱크 수면보 다 50cm 이상 높게 한다.)

② 하향식의 경우 팽창탱크와 공기방출기를 겸해서 보일러 바로 위에 설치한다.

③ 밀폐식 공기방출기의 경우 설치위치는 높이에 제한을 받지 않는다.

4) 관경: 공기방출기의 관경은 호칭지름 **15A** 이상이어야 한다.

9. 팽창탱크의 설치

1) **설치 목적**

① 온수온도상승에 따른 이상팽창압력을 흡수한다.

② 부족수를 보충 급수한다.

③ 장치 내를 운전중 소정의 압력으로 유지하고 온수온도를 유지한다.

2) **종류**

① 개방식: 저온수 난방에 설치한다.

② 밀폐식: 고온수 난방에 설치한다.

3) 설치위치(개방식의 경우)

① 상향식의 경우: 온수의 역류를 방지하기 위해 환수주관하단에 U자형으로 하향시켜 배관한다.(최고 소방열관보다 1m 이상 높게 한다)

② 하향식의 경우: 공기방출기와 팽창탱크를 겸한 구조로 하여 보일러 바로 위에 설치한다. (이 경우 팽창탱크의 용량은 10% 큰 것이 필요하다.)

4) **구비조건**

① **100℃**이상의 온도에 견디는 재질일 것

② 탱크 내의 수위는 탱크 높이의 **1/3** 정도로 한다.

③ 원칙적으로 자동급수가 가능할 것

④ 동결을 방지할 수 있는 조치가 되어있을 것

⑤ 탱크 내의 팽창관 돌출부는 바닥면보다 **25mm** 이상 높게 한다.

⑥ 밀폐식의 경우 배관계통 내의 압력이 제한압력 이상으로 되면 자동적으로 과잉수를 배출시킬 수 있도록 방출밸브를 설치하여야 한다.

⑦ 팽창탱크에는 물이 팽창 등에 대비하여 인체, 보일러 및 관련부품에 위해가 발생되지 않도록 일수관(오버플로우관)을 설치하여야 한다.

⑧ 팽창관 및 방출관에는 물 또는 발생증기의 흐름을 차단하는 장치가 있어서는 안된다.

⑨ 팽창관은 가능한 한 굽힘이 없고 어는 것을 방지할 수 있는 조치가 되어 있어야 한다.

10. 연료배관

1) 구분

① 단관식: 버너의 오인펌프 위치보다 연료탱크가 높은 곳에 있을 때의 배관 방식

② 복관식: 버너의 오인펌프 위치보다 연료탱크가 높거나 낮은 곳에 있을 때의 배관방식

2) 설치상 주의

① 보일러와 연료탱크 사이의 배관에는 기름과 물을 분리할 수 있는 유수분리기가 있어야 하며 유수 분리기에는 물빼기 밸브가 있어야 한다.

② 연료탱크와 버너 사이의 배관에는 여과기가 있어야 한다.

11. 연돌시공

1) 높이: 후방 와류에 의한 역류를 방지하기 위해 지붕면보다 1m 이상 높게 설치한다.

2) 개자리 설치: 외기의 방향전환에 의한 순간적인 역류를 방지하기 위해 굴뚝지름의 2배 길이로 연돌 하단부에 설치한다.

3) 연도 시공

① 굴곡부는 3개소 이내로 하고 1/10 상향기울기(5° 경사)로 설치한다.

② 연도 및 굴뚝의 규격은 보일러 배기가스출구와 접속되는 부분의 유효단면적 이상이어야 한다.

4) 통풍력(Z)

① 통풍력 $= 355 \times \left(\dfrac{1}{273 + 외기온도} - \dfrac{1}{273 + 배기가스온도} \right) \times 연돌높이$

② 이론 통풍력 $= \left(\dfrac{273 \times 대기의 비중량}{273 + 대기온도} - \dfrac{273 \times 연소가스비중량}{273 + 연소가스온도} \right) \times 연돌높이$

12. 온수보일러의 자동제어

1) 프로텍터 릴레이(Protect relay) – 버너에 부착

① 오일버너의 점화장치로서 난방, 급탕 등의 전용회로에 이용된다.

② 종류

㉠ 경유점화방식: **10,000~15,000V**의 전압으로 주버너에 점화하는 방식

㉡ 가스점화방식: **5,000~7,000V**의 전압으로 주버너에 점화하는 방식

2) 아쿠아스타트(Aquastat)

① 자동온도조절기로서 고온차단, 저온차단 및 순환펌프 가동용으로 사용된다.

② 종류

㉠ 자연순환식 배관용: 2개 단자식 - 고온차단용

㉡ 강제순환식 배관용: 3개 단자식 - 고온차단 및 순환펌프용

③ 구조: 감온부, 도압부, 감압부

3) 콤비네이션 릴레이(Combination relay) - 보일러 본체에 부착

콤비네이션 릴레이는 프로텍터 릴레이와 아쿠아 스타트의 기능을 합한 장치로서 최저온도(Lo 온도) 이상일 때 순환펌프가 작동되고 최고온도(Hi 온도) 이하에서 버너 작동되어 보일러를 운전하여 온수를 발생한다.

4) 스택 릴레이(Stack relay) - 연도에 부착

① 보일러의 연도 300mm 상단에 설치하며 배기가스의 열에 의해 작동되는 장치이다.

② 바이메탈의 휘어지는 특성을 이용하는 장치로 배기가스 온도가 높으면(280℃ 이상) 사용이 곤란하고 연료사용량 100l/h 이하에 상용된다.

5) 실내온도조절기(Room thermostat)

① 종류: 바이메탈 스위치식, 바이메탈머큐리 스위치식, 다이어프램 팽창식

② 설치상 주의점

㉠ 방열기 상단이나 현관 등을 피할 것

㉡ 바닥에서 1.5m 높이에 수직으로 설치할 것

㉢ 직사광선을 피할 것

㉣ 실내온도를 표준으로 유지할 수 있는 곳에 설치할 것

6) 배기가스온도 과열방지기

배기가스온도가 규정온도를 초과할 경우 연료공급을 차단하여 보일러 가동을 정지시켜주는 장치

04 보일러 설치 검사기준 및 계속사용검사 기준

1. 용어의 이해

① 보일러: 고온의 연소가스에 의하여 증기, 온수 또는 고온의 열매를 발생시키는 장치

   ㉠ 소용량 강철제 보일러: 강철제 보일러 중 전열면적이 $5m^2$ 이하이고 최고 사용압력이 0.35M Pa[$3.5kgf/cm^2$] 이하인 것

   ㉡ 1종 관류보일러: 강철제 보일러 중 헤더의 안지름이 150mm이하이고 전열면적이 $5m^2$ 초과, $10m^2$ 이하이며 최고사용압력이 lM Pa[$10kgf/cm^2$] 이하인 관류보일러. 다만, 그 중 기수분리기를 장치한 것은 기수분리기의 안지름이 300mm 이하이고 그 내용적이 $0.07m^3$ 이하인 것에 한한다.

   ㉢ 소용량 주철제 보일러: 주철제 보일러 중 전열면적이 $5m^2$ 이하이고 최고 사용압력이 0.1M Pa[$lkgf/cm^2$] 이하인 것

② 보일러 압력(게이지압력): 대기압 이상의 압력. 즉, 압력계에 지시되는 압력

③ 설계 압력: 보일러 및 그 부속품 등의 강도계산에 사용되는 압력으로서 사용압력 및 사용온도와 관련하여 가장 가혹한 조건에서 결정한 압력

④ 사용압력: 보일러를 실제로 사용할 때의 압력으로서 보통의 상태에 있어서는 보일러의 동체(관류 보일러에서는 출구)에서의 압력

⑤ 설계온도(최고사용온도): 설계압력을 정할 때 설계압력에 대응하여 사용 조건으로부터 정해지는 온도

⑥ 계산두께: 계산식에 의하여 산정되는 두께로 부식여유를 포함하지 않은 두께이다.

⑦ 최소두께: 계산식에 의하여 산정되는 두께이며, 부식여유를 포함한다.

⑧ 실제두께: 실제로 측정한 두께. 다만, 상거래상 이용되는 공칭 두께로부터 한국산업표준에 정해진 두께에 대한 음의 허용차 및 가공여유를 뺀 두께로 대체할 수 있다.

⑨ 전열면적: 한쪽면이 연소가스에 접촉하고 다른 면이 물(기수혼합물을 포함한다)에 접촉하는 부분의 면을 연소가스 쪽에서 측정한 면적. 특별히 지정하지 않을 때는 과열기 및 절탄기의 전열면을 제외한다.

   # 설계온도는 재료의 두께방향으로 계산한 평균온도 이상의 온도로 한다. 다만, 어떠한 경우에도 재료의 표면온도는 그 재료에 대한 사용 제한 온도 또는 허용응력표에 정해진 온도 범위를 초과해서는 안된다.

2. 보일러 설치장소

1) 옥내설치

① 보일러는 불연성물질의 격벽으로 구분된 장소에 설치하여야 한다. 다만, 소형 보일러는 반격벽으로 한다.

② 보일러 동체 최상부로부터 천정, 배관 등 보일러 상부에 있는 구조물까지의 거리는 1.2m 이상이어야 한다. 다만, 소형 보일러 및 주철제 보일러의 경우에는 0.6m 이상으로 할 수 있다.

③ 보일러 동체에서 벽, 배관, 기타 보일러 측부에 있는 구조물까지 거리는 0.45m 이상이어야 한다. 다만, 소형보일러는 0.3m 이상으로 할 수 있다.

④ 금속제의 굴뚝 또는 연도의 외측으로부터 0.3m 이내에 있는 가연성 물체에 대하여는 금속 이외의 불연성 재료로 피복하여야 한다.

⑤ 연료를 저장할 때에는 보일러 외측으로부터 2m 이상 거리를 두거나 방화격벽을 설치하여야 한다. 다만, 소형보일러의 경우에는 1m 이상 거리를 두거나 반격벽으로 할 수 있다.

⑥ 보일러에 설치된 계기들을 육안으로 관찰하는데 지장이 없도록 충분한 조명시설이 있어야 한다.

⑦ 보일러실의 급기구는 보일러 배기가스 닥트의 유효단면적 이상이어야 하고 도시가스를 시공하는 경우에는 환기구를 가능한 한 높이 설치한다.

⑧ 보일러의 연도는 내식성의 재질을 사용하거나, 배가스 중 응축수의 체류를 방지하기 위하여 물빼기가 가능한 구조이거나 장치를 설치하여야 한다.

2) 옥외설치

① 보일러에 빗물이 스며들지 않도록 케이싱 등의 적절한 방지설비를 하여야 한다.
② 노출된 절연재 또는 래깅 등에는 방수처리(금속커버 또는 페인트 포함)를 하여야 한다.
③ 보일러 외부에 있는 증기관 및 급수관 등이 얼지 않도록 적절한 보호조치를 하여야 한다.
④ 강제 통풍팬의 입구에는 빗물방지 보호판을 설치하여야 한다.

3) 보일러의 설치

① 기초가 약하여 내려앉거나 갈라지지 않아야 한다.
② 강구조물은 접지되어야 하고 빗물이나 증기에 의하여 부식이 되지 않도록 적절한 보호조치를 하여야 한다.
③ 수관식 보일러의 경우 전열면을 청소할 수 있는 구멍이 있어야 한다. 다만, 전열면의 청소가 용이한 구조인 경우에는 예외로 한다.
④ 보일러에 설치된 폭발구의 위치가 보일러 기사의 작업장소에서 2m이내에 있을 때에는

당해 보일러의 폭 발 가스를 안전한 방향으로 분산시키는 장치를 설치하여야 한다.

⑤ 보일러의 사용압력이 어떠한 경우에도 최고사용압력을 초과할 수 없도록 설치하여야 한다.

⑥ 보일러는 바닥 지지물에 반드시 고정되어야 한다. 소형보일러의 경우는 앵커 등을 설치하여 가동 중 보일러의 움직임이 없도록 설치하여야 한다.

4) 보일러의 구조

① 완충폭(브레이징 스페이스): 노통 보일러에 가세트 스테이를 부착할 경우 경판과의 부착부 하단과 노통 상부 사이에는 다음 표와 같은 완충폭(브레이징 스페이스)이 있어야 한다.

경판의 두께	완충폭 (브레이징스페이스)	경판의 두께	완충폭 (브레이징 스페이스)
13 이하	230 이상	19 이하	300 이상
15 이하	260 이상		
17 이하	280 이상	1 9초과	320 이상

② 각부의 최고사용압력

㉠ 보일러의 최고사용압력 이상으로 한다. 다만, 강제 순환보일러 및 관류보일러에서는 순환 또는 관류를 위하여 각 부에 가해지는 최대 수두압을 보일러의 최고사용압력에 가산한 것 이상으로 한다.

㉡ 어떠한 경우에도 보일러에서는 0.2MPa[2kgf/cm^2] 이상으로 한다. 또, 증기관, 급수관 및 분출관에서는 0.7MPa[7kgf/cm^2] 이상으로 한다.

③ 상용수위 노통연관 보일러 및 수평노통 보일러의 상용수위는 동체심선에서 부터 동체 반지름 65% 이하이어야 한다. 이때 상용수위는 수면계 중심선을 말한다.

④ 주증기관

주 증기관에는 적당한 신축장치를 설치하고, 또한 이것을 적당한 위치에 고정하여 보일러의 신축에 의한 응력이 걸리지 않도록 하여야 한다. 또, 증기의 맥동 때문에 보일러에 진동을 일으킬 우려가 있을 경우에는 증기리시버를 설치해야 한다.

3. 가스용 보일러의 연료배관

1) 배관의 설치

① 배관은 외부에 노출하여 시공하여야 한다. 동관, 스테인리스강 관, 이음매 없는 내식관은 매몰하여 설치할 수 있다.

② 배관의 이음부와 전기계량기 및 전기개폐기와의 거리는 60cm 이상, 굴뚝, 전기 점멸기 및 전기 접속기와의 거리는 30cm 이상, 절연전선과의 거리는 10cm 이상, 절연조치를

하지 아니한 전선과의 거리는 30cm 이상의 거리를 유지하여야 한다.

2) 배관의 고정

① 관경이 13mm 미만의 경우: **1m마다 고정**한다.

② 관경이 13mm 이상 33mm 미만의 경우: **2m마다 고정**한다.

③ 관경이 33mm 이상의 경우: **3m마다 고정**한다.

3) 배관의 접합

배관을 나사접합으로 하는 경우 관용 테이퍼나사로 한다. 배관의 이음쇠가 주조품인 경우에는 가단 주철제이거나 주강 제품을 사용하여야 한다.

4) 배관의 표시

① 배관은 그 외부에 사용가스명. 최고사용압력 및 가스 흐름방향을 표시하여야 한다.

② 지상배관은 부식방지 도장 후 표면색상을 황색으로 도색한다.

4. 보일러 안전관리 및 시공

1) 운전상태

보일러는 운전상태(정격부하상태를 원칙으로 한다)에서 이상진동과 이상소음이 없고 각종 부분품의 작동이 원활하여야 한다.

① 다음의 압력계들의 작동이 정확하고 이상이 없어야 한다.

　㉠ 증기드럼 압력계(관류보일러에서는 절탄기입구 압력계)

　㉡ 과열기 출구 압력계(과열기를 사용하는 경우)

　㉢ 급수 압력계

　㉣ 노내압계

② 다음의 계기들의 작동이 정확하고 이상이 없어야 한다.

　㉠ 급수량계

　㉡ 급유량계

　㉢ 유리수면계 또는 수면 측정장치

　㉣ 수위계 또는 압력계

　㉤ 온도계

③ 급수 펌프는 다음 사항에 이상이 없고 성능에 지장이 없어야 한다.

　㉠ 펌프 송출구에서의 송출압력상태

　㉡ 급수펌프의 누설 유무

2) 배기가스 온도

① 유류용 및 가스용 보일러 출구에서의 배기가스 온도는 주위온도와의 차이가 정격용량에 따라 같아야 한다.

② 배기가스온도의 측정위치는 보일러 전열면의 최종출구로 하며 열회수장치가 있는 보일러는 그 출구로 한다.

③ 주위 온도는 보일러에 최초로 투입되는 연소용 공기 투입위치의 주위 온도로 하며 투입위치가 실내일 경우는 실내 온도, 실외일 경우는 외기온도로 한다.

④ 열매체 보일러의 배기가스 온도는 출구열매 온도와의 차이가 **150K[℃] 이하** 이어야 한다.

3) 외벽의 온도

보일러의 외벽 온도는 주위 온도보다 30℃를 초과하여서는 안된다.

4) 저수위 안전장치

① 저수위 안전장치는 연료차단 전에 경보가 울려야 하며 **경보음은 70dB 이상**이어야 한다.

② 온수 발생보일러(액상식 열매체 보일러 포함)의 온도·연소제어장치는 최고사용온도 이내에서 연료가 차단되어야 한다.

5. 수압시험 방법

1) **수압 시험압력**

① 강철제 보일러

㉠ 보일러의 최고시용압력이 0.43M Pa[4.3kgf/cm²] 이하 - 최고사용압력 × 2배 다만, 그 시험압력이 0.2MPa[2kgf/cm²] 미만인 경우에는 0.2MPa[2kgf/cm²]로 한다.

㉡ 보일러의 최고사용압력이 0.43MPa[4.3kgf/cm²] 초과 1.5MPa [15kgf/cm²]이하 - 최고사용 압력 × **1.3배** + 0.3MPa[3kgf/cm²]

㉢ 보일러의 최고사용압력이 1.5MPa[15kgf/cm2]를 초과 - 최고시용압력 × **1.5배**

② 주철제 보일러

㉠ 보일러의 최고사용압력이 0.43MPa[4.3kgf/cm²] 이하- 최고사용압력 × **2배** 다만, 시험압력이 0.2MPa[2kgf/cm²]미만인 경우에는 0.2MPa[2kgf/cm²]로 한다.

㉡ 보일러의 최고사용압력이 0.43MPa[4.3kgf/cm²] 를 초과- 최고사용압력 × **1.3배** + 0.3MPa [3kgf/cm²]

2) **수압 시험방법**

① 공기를 빼고 물을 채운 후 천천히 압력을 가하여 규정된 시험수압에 도달된 후 **30분이 경과 된 뒤에 검사를** 실시하여 검사가 끝날 때까지 그 상태를 유지한다.

② 시험수압은 규정된 압력의 6% 이상을 초과하지 않도록 모든 경우에 대한 적절한 제어를 마련하여야 한다.

③ 수압시험에는 2개 이상의 압력계를 사용하여야 하고, 수압시험 중 또는 시험 후에도 물이 얼지 않도록 하여야 한다.

3) **판정기준**

수압 및 가스누설시험결과 누설, 갈라짐 또는 압력의 변동 등 이상이 없어야 한다. 가스누설검사기의 경우에 있어서는 가스농도가 0.2 % 이하에서 작동하는 것을 사용하여 당해 검사기가 작동되지 않아야 한다.

PART **3**

배관재료 및 공작

CHAPTER 1 배관재료

CHAPTER 2 배관공작

CHAPTER 3 배관도시법

CHAPTER 1 배관재료

01 관의 재질별 분류

1. 관의 이해

관각종 유체에 가장 많이 사용되는 배관으로 관의 호칭을 mm(A) 또는 inch(B)로 표시한다.

① 종류

   ㉠ 아연(Zn) 도금 상태에 따라: 백관, 흑관

   ㉡ 재질에 따라: 탄소강관, 합금강관, 스테인레스강관

   ㉢ 재조 방법에 따라: 전기저항 용접관, 단접관, 이음매 없는 관

② 특징

   ㉠ 인장강도가 크다.

   ㉡ 내충격성이 크고 굽힘이 용이하다.

   ㉢ 접합 작업이 용이하다.

   ㉣ 가격이 저렴하다.

   ㉤ 부식에 약하다.

③ **스케줄 번호(SCH.No)**: 관의 두께를 표시한다.

$$\text{SCH.No} = 10 \times \frac{P}{S}$$

   여기서 P: 사용압력(kg/cm^2), S: 허용응력(kg/mm^2)

④ 표시방법: 백관은 녹색, 흑관은 백색으로 표시한다.

2. 관의 종류

1) 스테인레스강의 특징

　① 내식성, 내열성이 크다.(염소성분에 강하다)

　② 관내 마찰 손실이 작다.

　③ 강도가 크고 굽힘 작업이 어렵다.

　④ 열전도율이 낮다.

　⑤ 배관 작업 시간이 단축된다.

2) **주철관**

　① 특징

　　㉠ 내식성, 내마모성이 우수하다.

　　㉡ 인장강도 및 충격에 약하다.

　　㉢ 압축강도가 크다.

　　㉣ **10kg/cm²** 이하의 저압에 사용된다.

　② 용도: 배수관, 오수관, 광산용 양수관, 통기관, 급수관

　③ 종류: 수도용 수직형 주철관, 수도용 원심력 금형 주철관, 수도용 원심력 사형 주철관, 수도용 원심력 턱타일 주철관, 배수용 주철관

3) **동관**

　① 특징

　　㉠ 열전도율이 좋다.

　　㉡ 마찰 저항이 적다.

　　㉢ 전연성이 풍부하여 가공이 쉽다.

　　㉣ 동파에 강하다.

　　㉤ 가볍고 외부 충격에 약하다.

　　㉥ 가격이 비싸다.

　　㉦ 알칼리성에 강하나 산성에는 심하게 침식된다.

　② 용도: 열교환기용관, 급수, 급탕용관, 화학 및 냉매용관

　③ 종류

　　㉠ 사용용도에 따라

　　　• 타프피치동관(TCuP): 정련구리, 전기전도성이 좋으나 용접성이 나쁘다.

　　　• 인탈산동관(DCuP): 탈산구리(산소 **0.01%** 이하), 전기 전도성이 적고, 용접성이 좋다.

　　　• 무산소동(TCuO): 순도 99.96%로 전자제품용으로 사용된다. 전기 전도성과 용접성이

좋다.

    ⓒ 재질에 따라

      • 연질(O): 가장 연하다.

      • 반연질(OL): 약간 약하다(연질에 강도성 부여)

      • 반경질(1/2H): 약간 강하다(경질에 연성이 부여)

      • 경질(H): 가장 강하다.

    ⓒ 두께에 따라

      • K: 가장 두껍다.

      • L: 두껍다.

      • M: 보통 두껍다.

4) 염화비닐관(P.V.C)의 특징

① 내식성, 내산성, 내알칼리성이 크다.

② 가볍고 관내 마찰 저항이 적다.

③ 가격이 저렴하고 시공이 용이하다.

④ 고온 및 저온에서 강도가 저하된다.

⑤ 외상에 의해 강도가 저하된다.

⑥ 열전도율이 나쁘다.

02 관이음 재료

1. 배관의 재료

1) 관이음 부속품의 종류

① 동일 직경의 관을 직선 이음할 때: 니플, 소켓, 유니온, 플랜지

② 직경이 다른 관을 직선 이음할 때(관경의 축소): 레듀셔, 부싱

③ 배관의 방향을 전환할 때: 엘보, 밴드

④ 관을 도중에서 분기할 때: 티, 크로스, 가지관(Y티)

⑤ 관 끝을 막을 때: 플러그, 캡

2) 밸브의 종류

① 글로브 밸브(Globe Valve: 스톱 밸브)

    ㉠ 유체의 흐름이 꺾이므로 관로 저항이 크다.

ⓛ 유량 조절용으로 적합하다.

ⓒ 밸브의 개폐가 빠르다.

② 슬루스 밸브(Sluice Value: 게이트 밸브)

　ⓐ 특징

　　• 유체의 흐름이 꺾이지 않아 관내 마찰 저항이 적다.

　　• 관로 개폐(차단)용으로 적합하다.

　　• 밸브의 개폐에 소요 시간이 길다.

　ⓑ 종류: 웨지 게이트 밸브, 패럴렐 슬라이드 밸브, 더블 디스크 게이트밸브

③ 체크 밸브

　ⓐ 유체의 흐름을 한쪽 방향으로만 흐르게 하여 역류를 방지하기 위해 사용된다.

　ⓑ 종류

　　• 스윙식: 유체에 대한 마찰 저항이 적고 수평, 수직 배관에 사용한다.

　　• 리프트식: 유체에 대한 마찰 저항이 크고 수평 배관에 사용한다.

④ 앵글 밸브(Angle Valve): 글로브 밸브와 기능은 같으나 유체의 흐르는 방향을 직각으로 전환할 때 사용한다. 관내 마찰 손실 수두가 크고 개폐 시간이 짧고, 유체의 누설을 방지할 수 있다.

⑤ 볼 밸브: 구멍이 뚫린 공 모양의 밸브가 있으며, 이것을 회전시킴에 의해 구멍을 막거나 열어, 밸브를 개폐시키는 형식

　ⓐ 특징

　　• 90° 회전으로 유로의 급속한 전개, 전폐가 가능하다.

　　• 유체의 저항이 적다.

　　• 기밀도가 높다.

⑥ 버터플라이 밸브: 록레버식, 윙기어식, 전동식, 공기조작식 등으로 원판이 중심선을 축으로 원판이 회전함에 따라 개폐가 이루어지는 밸브

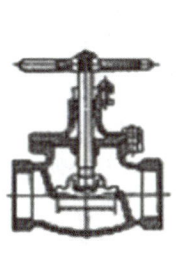

[글로브 밸브]

[슬루스 밸브]

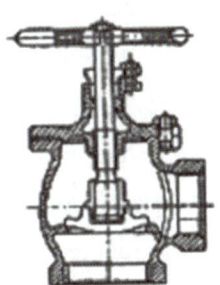

[앵글 밸브]

ㄱ 특징
- 개폐 작용이 간편하다.
- 밸브의 작동이 빠르다.
- 유체의 완전한 기밀 유지가 어렵다.

3) 배관 지지 재료

① **행거(Hanger)**: 배관 하중을 위에서 매달아 지지하는 장치
  ㄱ 리지드 행거(rigid hanger): 비임에 터언 버클을 연결하여 관을 지지하는 장치로, 수직방향 변위가 없는 곳에 사용한다.
  ㄴ 스프링 행거(Spring hanger): 배관의 진동을 방지하기 위해 스프링을 이용하여 관을 지지하는 장치로 변위가 적은 곳에 사용한다.
  ㄷ 콘스탄트 행거(Constant hanger): 배관의 상, 하 이동을 허용하면서 관을 지지하는 장치로 중주식과 스프링식이 있으며 변위가 큰 곳에 사용한다.

② 서포트(Support): 배관 하중을 아래에서 위로 받쳐서 지지하는 장치
  ㄱ 리지드 서포트(Rigid Support): 강성이 큰 비임을 이용한 배관 지지에 사용한다.
  ㄴ 스프링 서포트(Spring Support): 스프링의 작용으로 관의 상, 하 이동을 다소 허용한 배관 지지에 사용한다.
  ㄷ 롤러 서포트(Roller Support): 관의 축 방향을 자유로이 하기 위해 롤러를 이용한 배관 지지에 사용한다.
  ㄹ 파이프 슈(Pipe Sheo): 관에 직접 접속하여 지지하는 것으로 수평부, 곡관부를 지지하는 데 사용한다.

③ **리스트레인트(Restraint)**: 열팽창에 의한 배관의 좌우상하 이동을 구속하고 제한하는 관 지지 기구이다.
  ㄱ 앵커(anchor): 배관의 이동 및 회전을 방지하기 위해 지지점 위치에서 완전히 고정하는 장치로 주관에서 분기되어 진동이 심한 곳에 사용한다.
  ㄴ 스토퍼(stopper): 배관의 일정방향 이동 및 회전을 구속하고 다른 방향은 자유로이 이동하는 지지 기구로 배관에 응력 발생을 방지하기 위해 사용한다.
  ㄷ 가이드(guide): 배관의 축방향의 이동은 허용하고 관의 회전이나 축과 직각 방향을 구속하는데 사용한다.

④ **브레이스(brace)**: 압축기, 펌프 등에서 발생하는 배관계의 진동을 억제하는데 사용한다.
  ㄱ 방진기: 진동 방지
  ㄴ 완충기: 분출 반력에 의한 충격 완화

⑤ 배관에 직접 용접하여 관을 지지하는 기구

 ㉠ 이어, 슈우즈, 러그, 서커트 등

 ㉡ 이어(ears): 보온재 보호용으로 수평 배관에 사용한다.

4) 패킹 재료

① 나사용 패킹

 ㉠ 페인트: 광명단을 혼합하여 고온의 오일 배관을 제외하고 모든 배관에 사용한다.

 ㉡ 일산화연: 페인트에 소량의 일산화연을 혼합하여 사용하며 냉매 배관에 적합하다.

 ㉢ 액상 합성수지: 화학약품에 강하고 내유성이 크며 내열 범위는 -30℃~130℃이다.

② 플랜지 패킹

 ㉠ 고무 패킹

  • 천연고무: 탄성이 우수하고 산, 알칼리에 강하나 열과 기름에 약하다.

  • 네오프렌: 합성고무로서 내열 범위가 -46~121℃이며 공기, 기름, 냉매 배관 등에 사용한다.

 ㉡ 합성수지(테프론) 패킹: 기름에 침식되지 않으며 내열 범위가 -260~ 260℃로 탄성이 부족하다.

 ㉢ 오일시일 패킹: 한지를 일정한 두께로 겹쳐 내유 가공한 것으로 내열 도는 낮으나 펌프, 기어 박스 등에 사용한다.

 ㉣ 석면(아스베스트) 패킹: 450℃ 정도의 고온에 사용되는 광물질 패킹제로 증기나 오일 배관 등에 적합하다.

 ㉤ 금속 패킹: 구리, 납 등 연한 금속이 많이 사용되며 탄성이 적어 관의 팽창, 수축, 진동 등으로 누설되는 경우가 있다.

③ 글랜드 패킹

 ㉠ 석면각형 패킹: 석면사를 각형으로 짜서 윤활유를 혼합한 것으로 내열, 내산성이 좋다. 대형 밸브에 사용한다.

 ㉡ 석면 야안 패킹: 석면사를 꼬와서 만든 것으로 소형 밸브, 수면계의 코크 등에 사용한다.

 ㉢ 아마존 패킹: 면포와 내열 고무 콤파운드를 가공 성형한 것으로 압축기의 글랜드용으로 사용한다.

 ㉣ 모올드 패킹: 석면, 흑연, 수지 등을 배합 성형한 것으로 밸브, 펌프 등 글랜드에 사용한다.

5) 페인트(paint) - 도료

① 광명단 도료: 연단을 아마인유와 혼합한 것으로 밀착력이 강하고 풍화에 견디며, 녹의 방지를 위한 페인트 밑칠용에 시용한다.

② 합성수지 도료0 프탈산: 상온에서 자연건조성 재료로 사용한다.
  ㉠ 요소 멜라민: 내열, 내유, 내수성이 좋고, 베이킹 도료로 사용한다.
  ㉡ 염화비닐계: 내약품성, 내유 및 내산성이 우수하여 금속의 방식 재료에 적합하다.
③ 산화철 도료: 산화제2철을 보일유나 아마인유에 혼합한 것으로 방청효과는 낮으나, 도막이 부드럽고 값이 싸다.
④ **알루미늄 도료: 알루미늄 분말에 유성바니스를 혼합한 도료이며, 은분**이라 고도 한다. 내열성이 좋고(400~500℃), 열을 잘 반사시켜 방열기 등에 사용한다.
⑤ 타르 및 아스팔트: 관의 벽면과 내식성 도막을 만들어 물과 접촉을 방지하기 위해 사용되며 노출시 온도 변화에 따른 균열의 우려가 있다.

6) 보온재료
  ① **보온재의 구비조건**
    ㉠ 비중이 작을 것
    ㉡ 흡수성이 적을 것
    ㉢ 열전도율이 작을 것
    ㉣ 독립기포의 다공질성 일 것
    ㉤ 어느 정도 기계적강도가 있을 것
    ㉥ 장시간 사용시 변질되지 않을 것
  ② 내화재, 단열재, 보온재
    ㉠ 내화재: 안전사용온도 이상에서 견딜 수 있는 무기재료
    ㉡ 내화단열재: 안전사용온도 1300[℃] 이상에서 내화 단열효과가 있는 것
    ㉢ 단열재: 안전사용온도 800~1200[℃]에서 단열효과가 있는 것 보일러 배관
    ㉣ 무기질보온재: 안전사용온도 200~800[℃]에서 보온효과가 있는 것
    ㉤ 유기질보온재: 100~200[℃]에서 보온효과가 있는 것
    ㉥ 보냉재: 100[℃] 이하에서 보냉효과가 있는 것

$$\frac{나관손실 - 보온후손실}{나관손실} \times 100$$

CHAPTER
2

배관공작

01 배관의 공구 및 장비

1. 배관 공구 및 기계

1) 강관용 공구 및 기계

① 파이프 절단용 공구 및 기계

㉠ 핵 소잉 머신(hack sawing machine): 일명 기계톱이라 하고 환봉이나 관을 동력에 의해 톱날이 상하 왕복 운동에 의해 관을 절단하는 기계로서 단단한 재료는 왕복 행정수를 적게, 연한 재료는 왕복 행정수를 많게 한다.

㉡ 고속 숫돌 절단기(커팅 휘일 절단기): 두께 0.5~3mm 정도의 원판숫돌을 고속으로 회전시켜 금속 및 비금속 파이프 절단에 사용된다.

㉢ 파이프 가스 절단기: 80A 이상 대구경 파이프의 절단에 사용되며, 동력을 이용하여 관을 롤러로 회전시켜 절단 토치로 절단하는 기계로 수동식과 자동식이 있다.

㉣ 파이프 커터: 수동 파이프 절단 공구

㉤ 1매날: 1개의 날과 2개의 롤러로 되어 있고, 6A~75A에 주로 사용한다.

㉥ 3매날: 3개의 날로 되어 있고, 15A~150A의 대구경관에 사용한다.

㉦ 링크형: 주철관 절단용으로 사용한다.

㉧ 쇠톱: 관의 절단용 공구로 톱날 끼우는 구멍(피팅홀)의 간격에 따라 200mm, 250mm, 300mm의 3종류가 있다.

② 바이스

㉠ 파이프 바이스: 파이프를 고정시켜 절단, 나사절삭, 조립 및 해체 등 배관 작업에 사용된다.

㉡ 크기: 물릴 수 있는 관경의 최대 크기

ⓒ 종류: 고정식과 가반식(현장용)이 있다.

- 공작물을 고정시켜 열간 및 냉간 가공을 쉽게 하기 위해 사용된다.
- 크기: 죠우의 너비로 표시한다.

③ 파이프 리이머: 관의 절단 후 배관 안쪽에 생기는 거스러미를 제거하기 위해 사용한다.

④ 파이프 렌치: 관 접속부의 이음쇠, 밸브 등을 조이고 분해하는데 사용된다.

ⓐ 크기: 죠우를 최대로 벌렸을 때의 전길이

ⓑ 종류: 조정파이프 렌치, 옵셋 파이프렌치, 스트랩(벨트) 파이프렌치, 체인 파이프렌치

ⓒ 체인식 파이프 렌치: 200A 이상의 대형관에 사용

⑤ 파이프 나사 절삭기

ⓐ 수동나사 절삭기: 관 끝에 나사를 절삭하는 공구로서 오스터형, 리드형, 베이비리드형 등이 있다.

ⓑ 오스터형: 4개의 절삭날이 1조로 되어 있고 3개의 조우로 파이프 중심을 조절한다. 15-20A는 14산, 25~150A는 11산으로 한다.

ⓒ 리드형: 2의 절삭날(체이스)이 1조로 되어 있고, 4개의 조우로 파이프 중심을 조절한다.

ⓓ 동력용 파이프 나사 절삭기 자동 파이프 나사 절삭기로서 오스터형, 호브형, 다이헤드형 등이 있다.

- 오스터형: 동력으로 관을 저속 회전시켜 유효 길이만큼 나사를 절삭한다.
- 호브형: 나사 절삭의 전용기계로서 호브를 100~180rev/min의 저속 회전시켜 어미 나사와 척을 연결, 1회전 1피치씩 이동한다.
- 다이헤드형: 관용 나사의 체이서(절삭날) 4개가 1조로 되어 있는 다이헤드를 이용한 나사 절삭 전용 기계로 관의 절단, 거스러미 제거 등을 연속 작업할 수 있고, 현장용으로 많이 사용된다.

⑥ 파이프 밴딩 머신

ⓐ 램식(유압식)

- 유압 펌프, 전동기, 램 실린더 등으로 구성된 밴딩기계로서 현장 밴딩용으로 주로 사용된다.
- 종류
  - 동력식: 100A 이하에 사용
  - 수동식: 50A 이하에 사용

ⓑ 로터리식: 굽힘 가공면이 깨끗하며 공장에서 동일 모양을 대량 생산할 때 적합하고, 두께에 관계없이 강관, 스테인레스관, 동관 등을 쉽게 밴딩할 수 있다. 로터리식은 파이프에 모래를 넣는 대신 심봉을 넣고 밴딩을 하며, 곡률 반경은 관경의 2.5배 이상

이어야 한다.

2) **동관용 공구**

① **플레어 툴 셋**: 동관을 나팔관 모양으로 확관하여 압축 이음(플레어 이음)에 시용한다. 보수 점검 등을 쉽게 하기 위해 관의 분해 및 조립이 요구되는 곳에 시용한다.

② **익스팬더(확관기)**: 동관을 소켓 형식의 필요한 크기로 확관하기 위해 사용한다.

③ **사이징 툴**: 동관의 끝부분을 원형으로 정형하기 위해 시용한다.

④ **튜브 벤더**: 동관을 필요한 각도로 구부리는데 사용한다.

⑤ **튜브 캇터**: 동관을 절단하는데 사용한다.

⑥ **리이머**: 동관의 절단 후 관 내에 발생하는 거스러미를 제거하는데 사용한다.

⑦ **토오치 램프**: 동관을 가열하여 납땜 이음, 벤딩 가공 등을 하기 위해 사용한다.

3) **연관용 공구**

① **봄볼**: 분기관 접합을 하기 위해 주관에 구멍을 뚫을 때 사용한다.

② **연관용 톱**: 연관을 절단할 때 사용한다.

③ **드레서**: 연관 표면의 산화물을 제거하는데 사용한다.

④ **벤드벤**: 연관을 구부리거나 굽은 관을 펼 때 사용한다.

⑤ **터어핀**: 접합하려는 관 끝을 넓히는데 시용한다.

⑥ **마아레트**: 접합부 주위를 오므리거나 터언핀을 때려 박을 때 사용되는 나무망치이다.

4) 측정 공구

① 자(rule): 배관 작업 중 직선 길이 측정에 가장 간편하게 많이 사용한다. 종류로는 강철제 곧은자, 접기자, 3~5m 정도의 줄자(콘백스 롤) 등이 있다.

② 수준기: 배관 배열의 수평, 경사 등을 알기 위해 사용한다.

③ 디바이더(divider): 제도에서 선을 등분하거나 두 점 간의 거리 측정, 원호, 원그리기 등에 사용한다.

④ 버니어 캘리퍼스(vernier calipers): 직선자와 캘리퍼스를 조합한 것으로 길이 측정 이외에 두께, 내경, 외경 등을 측정할 수 있다.

⑤ 마이크로미터(micrometer): 나사의 피치를 응용하여 측정물의 외경, 내경, 두께 등을 정확하게 측정하는 측정기로 0.01mm까지 측정이 가능하다.

⑥ 조합자(combination set): 조합각자에 분도기를 조합한 것으로 0~180° 또는 0~90°까지의 각도를 측정하는데 사용한다.

1) 강관 이음

강관 이음에는 나사 이음, 플랜지 이음, 용접 이음 등으로 구분된다.

① **나사 이음**: 50mm 이하의 관이음에 사용되며, 관용 테이퍼 나사로 1/16, 나사산 55°로 절삭한다.

　㉠ 이음쇠의 종류: 가단주철제관 이음, 강관제 이음, 배수관 이음

　㉡ 주의사항

- 파이프 절단 후 리이머로 거스러미를 제거한다.
- 파이프 절삭시 2~3회 나누어 절삭한다.
- 광명단, 시일 테이프, 삼 등 사용하여 나사를 조이면 기밀성이 높아진다.
- 관 이음쇠의 결합 후 1~2산 정도 남겨놓는다. @ 관 길이 산출
- 직선 길이 산출

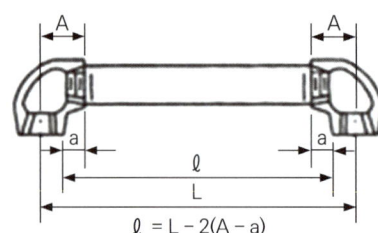

- A: 부속의 중심에서 단면 중심까지의 길이
- a: 관의 삽입 길이
- ℓ : 관의 실제 길이
- L : 관의 전체 길이

$$\ell = L - 2(A - a)$$

[관 지름에 따른 나사가 물리는 최소 길이]

관 지름(A)	15	20	25	32	40	50	65	80	100	125
나사가 물리는 최소길이(a)	11	13	15	17	18	20	23	25	28	30

- A: 부속의 중심에서 단면 중심까지의 길이
- a: 관의 삽입 길이
- C: 관의 실제 길이
- L: 관의 전체 길이 = L-2(A-a)관 지름에 따른 나사가 물리는 최소 길이

　㉢ **굽힘 길이의 산출**

$$\text{곡관부 길이}(l) = \text{원둘레} \times \frac{\text{회전각}(\theta)}{360}(\text{mm})$$

$$= 2\pi R \times \frac{\theta}{360}(\text{mm})$$

② 굽힘 작업: 강관의 굽힘 작업에는 수동 굽힘 작업과 기계적 굽힘 작업으로 구분되며 굽힘 수는 가능한 한 적게 사용한다.
  - 수동 굽힘
    - 냉간 벤딩: 수동 롤러 벤더를 이용하여 구부린다.
    - 열간 벤딩: 건조한 모래를 채운 후 토치램프로 800~900℃ 가열하여 주름이 생기지 않도록 서서히 구부린다. 굽힘 반경 R은 유체의 저항을 적게 하기 위해 관경(D)의 6배 이상으로 한다.
  - 기계적 굽힘: 로터리식 벤더와 유압식(램식) 벤더에 의한 방법으로 굽힘 각도는 스프링 백을 고려하여 조절한다.

② **용접 이음**
  ㉠ 열원에 따라
    - 가스 용접: 지름이 적고 두께가 엷은 관에 사용되며 용접속도가 비교적 느리고 관의 변형이 발생한다.
    - 전기 용접: 지름이 크고 두꺼운 관에 사용되며 용접 속도가 빠르고 관의 변형이 적게 발생 한다. 관의 맞대기, 플랜지, 슬리브 용접에 사용한다.
  ㉡ 용접 방법에 따라
    - 맞대기 용접: 관 끝을 직각 30° 경사지게 깎아서 보조물 없이 관과 관을 맞붙여 용접한다.
    - 슬리브 용접
    - 관 외부에 슬리브를 끼워 용접하는 것
  ㉢ **용접 이음의 특징**
    - 접합부의 감도가 크고, 중량이 가볍다.
    - 누설의 우려가 없고 유체의 저항 손실이 적다.
    - 시설·유지비가 절감된다.
    - 보온, 피복 시공이 용이하다.
  ㉣ **용접부의 결함과 원인**
    - 용입 불량: 용접 속도가 빠를 때, 용접 전류가 낮을 때
    - 언더 컷: 용접 속도가 빠르거나, 전류가 높을 때, 아크 길이가 길 때
    - 오버랩: 용접 전류가 낮거나 봉의 유지 각도가 불량일 때
    - 균열: 모재의 C, Mn, S 등 함량이 많을 때, 전류가 높고 속도가 빠를 때
    - 슬래그 혼입: 슬래그 유동성이 좋고 냉각이 용이하거나 제거가 불충분 할 때, 또는 봉의 유지 각도가 부적당하거나 운봉 속도가 늦을 때

- 기공: 용접속도가 빠르거나 전류가 높을 때, 용접시 수소, 일산화탄소가 과잉일 때 또는 가재에 기름, 페인트, 녹 등이 부착되어 있을 때

③ **플랜지 이음**: 65mm 이상 대형관에 사용되며 고압 배관이나 밸브, 펌프, 열교환기 등 각종 기기를 접속시킬 때 또는 교환이나 분해가 필요한 곳에 적용된다.

  ㉠ 종류: 나사식, 반피스톤식, 용접식 등

  ㉡ 플랜지의 선택 조건: 플랜지의 재료, 사용압력, 시용온도와 사용유체의 성질 및 가스킷의 종류에 따라 선택한다.

2) 주철관 이음

주철관은 용접이 어렵고 연장강도가 낮기 때문에 기계적 이음, 플랜지 이음, 소켓이음 등으로 이음한다.

① 기계식 이음(메커니컬 조인트: Mechanical joint)

  나사를 사용하지 않고 관을 그대로 삽입하여 패킹, 링, 고무 등을 끼워 접합하는 방법으로 150mm 정도의 수도관에 많이 사용되고 있으며, 부식에 강하고 지진 등 지반의 침하나 다소 굴곡에도 누수하지 않는다. 또한 작업이 간단하며 수중 작업도 용이하다.

② 소켓 이음(Socket joint)

  한쪽의 삽입구(spigot)를 다른 쪽의 수구(socket)에 끼워 맞춘 다음 안을 넣고 납을 부어 접합하는 방법이다.

③ 플랜지 이음(Flange joint)

  플랜지로 제조된 주철관을 서로 맞대어 그 틈새에 패킹 재료인 고무, 석면, 마, 납 등을 끼우고 볼트, 너트로 조이는 방법이다.

  ㉠ 플랜지는 볼트를 균등하게 조이기 위해 대각선으로 조인다.

  ㉡ 패킹의 양면에 그리스를 발라 두면 관을 떼어낼 때 용이하다.

④ 빅토릭 이음(Victoric joint)

  가스 배관용으로 고무링과 금속제 칼라로 접합하는 방식으로 압력이 증가할 때마다 고무링이 밀착되어 누수를 방지하는 장점이 있다.

⑤ 타이튼 이음(tyton joint)

  고무링 하나만으로 이음 한 형식으로 관의 설치가 간편하고 신속하며 온도 변화에 따른 신축이 자유롭다.

3) 동관 이음 나팔관(동관)

① 플레어 이음(Flare joint)

20mm 이하의 동관을 나팔관 모양으로 넓혀 보수 점검 등 분해, 조립이 필요한 곳에 사용한다. 슬리브 너트와 체결 너트를 견고하게 조이는 압축이음 방법이다.

② 납땜 이음

수 파이프(Male pipe)를 익스팬더로 소켓용으로 넓힌 암 파이프에 끼워 접합부의 간격을 0.1mm 정도로 하고 접합부 길이는 관경의 1.5배 정도로 하여 납땜이나 와이어 폴라스턴을 사용하여 접합한다.

㉠ 연납 용접: 모세관 현상을 이용한 방법으로 200~300℃로 용접하며 강도가 약하다.

㉡ 경납 용접: 인동납, 은납 등을 이용하여 동관끼리 산소·아세틸렌 용접이나 산소·수소 용접으로 700~850℃ 접합한다. 강도가 강한 반면 손상의 우려가 있다.

㉢ 플랜지 이음: 플랜지를 경납램으로 이음하는 것으로 플랜지 맞춤에 유의해야 한다.

㉣ 용접 이음: 동관을 수소 용접하여 복사 난방의 방열관 이음에 사용하는 방법으로 건물의 진동 충격 등에 의한 이음부를 보호한다.

CHAPTER 3 배관도시법

01 치수 기입법

1) 치수 표시

치수 표시는 숫자만으로 기입하고 **단위는 mm**로 표시한다.

2) 높이 표시

① **EL(Elevaion)**

⊙ 배관의 높이를 관의 중심을 기준으로 표시한 것

ⓛ 지상에서 200~500mm의 높이를 기준 수평면으로 한 것

② **BOP(Bottom of Pipe)**

관외경의 아랫면까지의 높이를 기준으로 표시한 것

③ **TOP(Top of Pipe)**

관외경의 윗면을 기준하여 표시한 것

④ **FL(Floor Line)**

층의 바닥면을 기준으로 하여 높이를 표시한 것

⑤ **GL(Ground Line)**

지(地)표면을 기준으로 하여 높이를 표시한 것 관의 윗면이 기준면보다 600mm 낮은 장소에 있다. 관의 밑면이 기준면보다 600mm 낮은 장소에 있다.

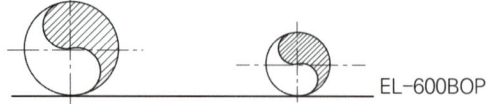

관의 밑면이 기준면보다 600mm 낮은 장소에 있다.

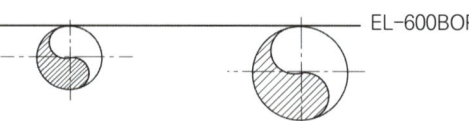

관의 윗면이 기준면보다 600mm 낮은 장소에 있다.

3) 배관 도면

배관은 하나의 실선으로 표시하며, 동일 도면에서 다른 관을 표시할 때는 같은 굵기로 표시한다.

① 유체의 종류, 상태, 목적, 표시 기호: 관내에 흐르는 유체의 종류, 상태, 목적을 표시할 때는 연 출선을 긋고, 그 위에 문자 기호로 도시하는 것을 원칙으로 한다.

공기 – A, 가스 – G, 유류 – O, 수증기 – S, 물 – W

유체의 종류	공기	가스	유류	수증기	물
문자 기호	A	G	O	S	W

② 유체의 흐름 방향: 유체의 흐름 방향을 표시할 때는 화살표로서 나타낸다.

③ 관의 굵기 및 종류

　㉠ 관의 굵기 또는 종류를 표시할 때는 관의 굵기나 종류를 표시하는 문자 또는 기호를 관을 표시하는 선 위에 표시하는 것을 원칙으로 한다.

　㉡ 관의 굵기와 종류를 동시에 표시할 때는 관의 굵기를 표시하는 문자 다음에 관의 종류, 재질을 표시하는 문자 또는 기호를 기입한다.

　㉢ 복잡한 도면의 경우에는 정확성을 위해 지시선을 이용 표시한다.

④ 압력계, 온도계의 표시

명칭	기호	명칭	기호	명칭	기호
계기일반	○	압력계	Ⓟ	온도계	Ⓣ

⑤ 관의 입체적 표시구분

접속 상태	실제 모양	도시 기호	굽은 상태	실제 모양	도시 기호
접속하지 않을 때			파이프 A가 앞쪽으로 수직하게 구부러질 때		
접속하지 있을 때			파이프 B가 뒤쪽으로 수직하게 구부러질 때		
분기하고 있을 때			파이프 C가 뒤쪽으로 구부러져서 D에 접속될 때		

⑥ 관결 합 방식의 기호

결합 방식	그림 기호
일반	
용접식	
플랜지식	
접수구방식	
유니온식	

02 배관도의 표시법

명칭	기호	명칭	기호
체크 앵글 밸브 (Check Angle Valve)		슬루스 앵글 밸브(수직) (Sluice Angle Valve)	
슬루스 앵글 밸브(수평)		글로브 앵글 밸브(수직) (Glove Angle Valve)	
글로브 앵글 밸브(수평)		체크 밸브 (Check Valve)	
콕(Cock)		다이어프램 밸브	
플로트 밸브 (Float Valve)		슬루스 밸브	
전동 슬루스 밸브 (Motor Operated Sluice Valve)		글로브 밸브 (Glove Valve)	
전동 글로브 밸브		봉합 밸브	
안전 밸브		감압 밸브	
안전 밸브 (스프링식)		안전 밸브(추식)	

명칭	기호	명칭	기호
일반 콕		삼방 콕	
일반 조작 밸브		전자 밸브	
토출 밸브		공기 빼기 밸브	
닫혀 있는 일반 밸브		닫혀있는 일반 콕	
온도계		압력계	
글로브 밸브		슬루스 밸브	
리프트형 체크 밸브		스윙형 체크 밸브	
콕		삼방 콕	
안전 밸브		배압 밸브	
감압 밸브		온도 조절 밸브	
압력계		연성 압력계	
공기빼기 밸브			

PART 4

에너지이용합리화 관계법규

CHAPTER 1 에너지이용합리화 관계법규

CHAPTER 1 에너지이용합리화 관계법규

예상출제문항수 6

01 에너지이용합리화법의 목적이 아닌 것은?

① 에너지의 수급안정을 기함
② 에너지의 합리적이고 비효율적인 이용을 증진함
③ 에너지소비로 인한 환경피해를 줄임
④ 지구온난화의 최소화에 이바지함

• 에너지이용 합리화법은 에너지의 합리적이고 효율적인 이용을 증진하는데 있다.

02 에너지이용 합리화법의 목적과 거리가 먼 것은?

① 에너지 소비로 인한 환경 피해 감소
② 에너지의 수급 안정
③ 에너지의 소비 촉진
④ 에너지의 효율적인 이용증진

• 에너지 이용합리화법은 에너지 소비를 촉진하기 위한 것과는 거리가 멀다.

03 에너지이용 합리화법의 목적이 아닌 것은?

① 에너지의 수급 안정
② 에너지의 합리적이고 효율적인 이용증진
③ 에너지소비로 인한 환경 피해를 줄임
④ 에너지 소비촉진 및 자원개발

에너지이용합리화법의 목적
• 에너지 수급안정
• 에너지 소비로 인한 환경피해를 줄임
• 에너지의 합리적이고 효율적인 이용 증진
• 국민경제의 건전한 발전 및 국민복지의 증진과 지구온난화의 최소화에 이바지

04 에너지이용합리화법상 국민의 책무는?

① 에너지절약형 기기 생산을 위해 노력
② 대체에너지 개발을 위해 노력
③ 에너지의 합리적인 이용을 위해 노력
④ 에너지의 생산을 위해 노력

• 모든 국민은 일상생활에서 에너지효율 합리적으로 이용하여 온실가스의 배출을 줄이도록 노력하여야 한다.

05 에너지이용 합리화법 상 에너지 사용자와 에너지 공급자의 책무로 맞는 것은?

① 에너지의 생산·이용 등에서의 그 효율을 극소화
② 온실가스배출을 줄이기 위한 노력
③ 기자재의 에너지효율을 높이기 위한 기술개발
④ 지역경제발전을 위한시책 강구

에너지사용자와 에너지공급자의 책무 : 국가나 지방자치단체의 에너지 시책에 적극 참여하고 협력하여야 하며, 에너지의 생산, 전환, 수송, 저장, 이용 등에서 그 효율을 극대화하고 온실가스의 배출을 줄이도록 노력해야 한다.

 정답 01.② 02.③ 03.④ 04.③ 05.②

06 다음 에너지이용 합리화법의 목적에 관한 내용이다. ( )안의 A, B에 각각 들어갈 용어로 옳은 것은?

에너지이용 합리화법은 에너지의 수급을 안정시키고 에너지의 합리적이고 효율적인 이용을 증진하며 에너지 소비로 인한 (A)을 줄임으로써 국민 경제 의 건전한 발전 및 국민복지의 증진과 (B)의 최소화에 이바지함을 목적으로 한다.

① A = 환경파괴, B = 온실가스
② A = 자연파괴, B = 환경피해
③ A = 환경피해, B = 지구온난화
④ A = 온실가스배출, B = 환경파괴

에너지이용 합리화법의 목적
- 에너지소비로 인한 환경피해를 줄임
- 에너지의 합리적이고 효율적인 이용의 증진
- 국민복지의 증진과 지구온난화의 최대화에 이바지
- 에너지의 수급을 안정시키고 에 너지의 합리적이고 효율적인 이용을 증진하여 에너지소비로 인한 환경피해를 줄임으로써 국민경제의 건전한 발전 및 국민 복지의 증진과 지구온난화의 최소화에 이바지함을 목적으로 한다.

07 에너지법에서 사용하는 "에너지"의 정의를 가장 올바르게 나타낸 것은?

① "에너지" 라 함은 석유·가스 등 열을 발생하는 열원을 말한다.
② "에너지" 라 함은 제품의 원료로 사용되는 것을 말한다.
③ "에너지" 라 함은 태양, 조파, 수력과 같이 일을 만들어 낼 수 있는 힘이나 능력을 말한다.
④ "에너지" 라함은 연료·열 및 전기를 말한다.

- 에너지는 연료, 열 및 전기를 말하며 핵연료는 제외 대상이다.

08 에너지 수급안정을 위하여 산업통상자원부 장관이 필요한 조치를 취할 수 있는 사항이 아닌 것은?

① 에너지의 배급
② 산업별 · 주요 공급자별 에너지 할당
③ 에너지의 비축과 저장
④ 에너지의 양도·양수의 제한 또는 금지

에너지 수급안정을 위해 산자부 장관은 에너지사용자, 에너자공급자 또는 에너지 사용 기자재의 소유자와 관리자에게 다음 각 호의 사항에 관한 조정·명령, 그 밖에 필요한 조치를 할 수 있다.
- 에너지의 배급
- 에너지의 비축과 저장
- 에너지공급설비의 가동 및 조업
- 지역별·주요 수급자별 에너지 할당
- 에너지의 도입·수출입 및 위탁가공
- 에너지의 양도·양수의 제한 또는 금지
- 에너지의 유통시설과 그 사용 및 유통경로
- 에너지공급자상호 간의 에너지의 교환 또는 분배 사용
- 에너지사용의 시기·방법 및 에너지사용기자재의 사용 제한 또는 금지 등

09 에너지법상 지역에너지계획에 포함되어야 할 사항이 아닌 것은?

① 에너지수입설비
③ 에너지 수송설비
② 에너지 전환설비
④ 에너지 생산설비

에너지법상 지역에너지계획에 포함 되어야할 사항
- 에너지 수급의 추이와 전망에 관한 사항
- 에너지의 안정적 공급을 위한 대책에 관한 사항
- 신·재생에너지 등 환경 친화적 에너지 사용을 위한 대책에 관한 사항
- 에너지 사용의 합리화와 이를 통한 온실가스의 배출감소를 위한 대책에 관한 사항
- 미활용 에너지원의 개발·사용을 위한 대책에 관한 사항

10 에너지기본법상 에너지 공급설비에 포함되지 않는 것은?

① 에너지 판매시설
② 에너지 전환설비
③ 에너지 수송설비
④ 에너지 생산설비

- 에너지 공급설비에는 생산, 전환, 수송, 저장하기 위하여 설치하는 설비가 포함된다.

★ 08/1

11 에너지이용합리화법 시행령에서 산업통상자원부장관은 에너지 이용합리화 기본계획을 몇 년마다 수립하는가?

① 1년　　　② 2년
③ 3년　　　④ 5년

- 에너지이용 기본계획은 5년마다 계획을 수립해야 한다.

12 에너지이용합리화법에 의한 에너지이용합리화 기본계획에 포함 되어야 할 사항은?

① 비상시 에너지소비절감을 위한 대책
② 지역별 에너지수급의 합리화를 위한 대책
③ 에너지의 합리적 이용을 통한 온실가스 배출을 줄이기 위한 대책
④ 에너지 공급자 상호간의 에너지의 교환 또는 분배사용대책

에너지이용합리화기본계획
- 에너지의 대체 계획
- 에너지이용 효율의 증대
- 열사용기자재의 안전관리
- 에너지 경제구조로의 전환
- 에너지이용합리화를 위한 기술개발
- 에너지이용 합리화를 위한 가격 예시제의 시행
- 에너지의 합리적인 이용을 통한 온실가스의 배출을 줄이기 위한 대책

13 에너지이용합리화법에 따라 에너지이용 합리화 기본계획에 포함될 사항으로 거리가 먼 것은?

① 에너지절약형 경제구조로의 전환
② 에너지이용 효율의 증대
③ 에너지이용 합리화를 위한 홍보 및 교육
④ 열시용기자재의 품질관리

14 에너지용 합리화법에서 정한 국가에너지절약추진위원회의 위원장은?

① 산업통상자원부장관
② 국토교통부장관
③ 국무총리
④ 대통령

15 에너지이용합리화법시행령에서 정한 국가에너지 절약추진위원회의 위원장이 위촉하는 위원의 임기는 몇 년인가?

① 3년
② 1년
③ 4년
④ 2년

16 에너지이용합리화법 시행령상 국가 에너지절약 추진 위원회에서 심의하는 사항이 아닌 것은?

① 기본계획의 수립에 관한사항
② 실시계획의 종합·조정 및 추진사항 점검
③ 에너지사용계획 협의사항의 사전심의
④ 에너지절약에 관한 법령 및 제도의 정비

정답　 10.①　11.④　12.③　13.④　14.①　15.①　16.③

17 에너지이용합리화법상 국가에너지절약추진위원회의 구성과 운영 등에 관한 사항은 ( ) 령으로 정한다. ( )에 들어갈 자(者)는 누구인가?

① 대통령
② 산업통상자원부장관
③ 한국에너지공단 이사장
④ 고용노동부장관

18 에너지이용 합리화법 시행령에서 국가·지방자치단체 등이 에너지를 효율적으로 이용하고 온실가스의 배출을 줄이기 위하여 추진하여야 하는 조치의 구체적인 내용이 아닌 것은?

① 지역별·주요 수급자별 에너지 할당
② 에너지절약 추진 체계의 구축
③ 에너지 절약을 위한제도 및 시책의 정비
④ 건물 및 수송 부문의 에너지이용 합리화

에너지 효율적 이용과 온실가스 배출을 줄이기 위한 조치
• 에너지의 절약 및 온실가스배출 감축 관련 홍보 및 교육
• 건물 및 수송 부문의 에너지이용 합리화 및 온실가스배출 감축
• 에너지절약 및 온획가스배출 감축을 위한 제도, 시책의 마련 및 정비

19 에너지절약전문기업의 등록은 누구에게 하는가?

① 대통령
② 한국열관리시공협회장
③ 산업통상자원부장관
④ 한국에너지공단이사장

20 에너지이용 합리화법상 효율관리기자재에 해당하지 않는 것은?

① 전기냉장고   ② 전기냉방기
③ 자동차   ④ 범용선반

21 에너지절약 전문기업의 등록은 누구에게 하도록 위탁되어 있는가?

① 산업통상자원부장관
② 한국에너지공단이사장
③ 시공업자단체의 장
④ 시·도지사

22 에너지이용합리화법상 효율관리 기자재가 아닌 것은?

① 삼상유도전동기 ② 선박
③ 조명기기   ④ 전기 냉장고

23 효율관리기자재가 최저소비효율기준에 미달하거나 최대 사용량 기준을 초과하는 경우 제조·수입·판매업지에게 어떠한 조치를 명할 수 있는가?

① 생산 또는 판매금지
② 제조 또는 설치금지
③ 생산 또는 세관금지
④ 제조 또는 시공금지

24 효율관리기자재 운용규정에 따라 가정용가스보일러에서 시험성적서 기재 항목에 포함되지 않는 것은?

① 난방열효율   ② 가스소비량
③ 부하손실   ④ 대기전력

25 에너지이용합리화법에 따라 효율관리기자재 중 하나인 가정용 가스보일러의 제조업자 또는 수입업자는 소비효율 또는 소비효율등급을 라벨에 표시하여 나타내야 하는데 이때 표시해야 하는 항목에 해당하지 않는 것은?

① 난방출력
② 표시난방열효율
③ 1시간사용 시 CO_2 배출량
④ 소비효율등급

 정답   17.①   18.①   19.④   20.④   21.②   22.②   23.①   24.③   25.③

26 에너지이용 합리화법에 따라 고시한 효율관리기자재 운용 규정에 따라 가정용 가스보일러의 최저소비효율기준은 몇 % 인가?

① 630%　　② 68%
③ 76%　　④ 86%

27 에너지이용 합리화법상 효율관리기자재의 에너지소비효율 등급 또는 에너지소비효율을 효율관리시험기관에서 측정받아 해당효율관리기자재에 표시하여야 하는 자는?

① 효율관리 기자재의 제조업자 또는 시공업자
② 효율관리 기자재의 제조업자 또는 수입업자
③ 효율관리 기자재의 시공업자 또는 판매업자
④ 효율관리기자재의 시공업자 또는 수입업자

• 효율관리 기자재의 제조업자 또는 수입업자는 에너지소비효율 효율 관리시험기관에서 측정받아 표시하여야 한다.

28 에너지이용 합리화법에 따라 산업통상자원부령으로 정하는 광고매체를 이용하여 효율관리기자재의 광고를 하는 경우에는 그 광고 내용에 에너지소비효율, 에너지소비효율등급을 포함시켜야 할 의무가 있는 자가 아닌 것은?

① 효율관리기자재의 제조업자
② 효율관리기자재의 광고업자
③ 효율관리기자재의 수입업자
④ 효율관리기자재의 판매업자

• **효율기자재종류** : 전기냉장고, 전기냉방기, 전기세탁기, 자동차, 조명기기
• 제조업자, 수입업자, 판매업자는 산업통상자원부장관이 지정하는 시험기관에서 소비효율, 사용량 등급을 측정해야 함

29 에너지이용 합리화법상 평균에너지소비효율에 대하여 총량적인 에너지효율의 개선이 특히 필요하다고 인정되는 기자재는?

① 승용자동차
② 강철제보일러
③ 1종압력용기
④ 축열식전기보일러

• 승용자동차는 평균 에너지소비효율에 대하여 총량적인 에너지효율의 개선이 필요하며 이것을 "평균효율관리기자재"라고 한다.

30 에너지이용 합리화법상 에너지소비효율 등급 또는 에너지 소비효율을 해당 효율관리기자재에 표시할 수 있도록 효율관리 기자재의 에너지 사용량을 측정하는 기관은?

① 효율관리진단기관
② 효율관리 전문기관
③ 효율관리표준기관
④ 효율관리시험기관

• 효율관리 기자재의 제조업자 또는 수입업자는 산업통상자원부장관이 지정하는 시험기관에서 해당 효율관리기자재의 에너지 사용량을 측정받아 에너지소비 효율 등급 또는 에너지소비효율을 해당 효율관리기자재에 표시하여야 한다.

31 효율관리기자재에 대한 에너지소비효율, 소비효율등급 등을 측정하는 효율관리시험기관은 누가 지정하는가?

① 대통령
② 시·도지사
③ 산업통상자원부장관
④ 한국에너지공단이사장

정답　26.③　27.②　28.②　29.①　30.④　31.③

32 에너지이용합리화법상 평균효율관리기자재를 제조 하거나 수입하여 판매하는 자는 에너지소비효율 산정에 필요 하다고 인정되는 판매에 관한 자료와 효율측정에 관한 자료를 누구에게 제출하여야 하는가?

① 국토교통부장관
② 시·도지사
③ 한국에너지공단이사장
④ 산업통상자원부장관

33 에너지용 합리화법에 따라 고효율 에너지 인증대상 기자재에 포함되지 않는 것은?

① 펌프
② 전력용변압기
③ LED 조명기기
④ 산업건물용보일러

고효율에너지 인증제외 항목
- 전력용변압기는 2012년 7월 1일부터 고효율에너지인증 대상 기자재에서 제외한다.
- 고기밀성 단열창호는 2012년 7월 1일부터 고효율 에너지 인증 대상기자재에서 제외한다.

34 대기전력저감대상 제품의 제조업자 또는 수입업자가 대기전력저감 대상제품이 대기전력저감기준에 미달하는 경우 그 시정명령을 이행하지 아니하였을 때 그 사실을 공표할 수 있는 자는 누구인가?

① 산업통상자원부장관
② 국무총리
③ 대통령
④ 환경부장관

35 에너지이용 합리화법상의 연료 단위인 티·오·이(TOE)란?

① 석탄환산톤   ② 전력량
③ 중유환산톤   ④ 석유환산톤

36 에너지이용합리화법상 에너지의 효율적인 수행과 특정 열사용기자재의 안전관리를 위하여 교육을 받아야 하는 대상이 아닌 자는?

① 에너지관리자
② 시공업의 기술인력
③ 검사대상기기 조종자
④ 효율관리기자재 제조자

37 다음 중 대통령령으로 정하는 에너지공급자가 수립 시 행해야 하는 계획으로 맞는 것은?

① 지역에너지계획
② 에너지이용합리화실시계획
③ 에너지기술개발계획
④ 연차별 수요관리투자계획

38 에너지이용 합리화법 시행령에서 에너지다소비사업자라 함은 연료·열 및 전력의 연간 사용량 합계가 얼마 이상인 경우인가?

① 5백 티오이
② 1천티오이
③ 1천5백 티오이
④ 2천티오이

- 티오이(TOE)(석유환산톤)는 연료, 열, 전기 에너지를 석유발열량으로 환산하여 계산한 양
- 에너지다소비업자는 전년도 에너지관리상황을 매년 1월 31일까지 시·도지사에게 신고

39 에너지이용합리화법에 따라 연료·열 및 전력의 연간 사 용량의 합계가 몇 티오이 이상인 자를 "에너지다소비사업자"라 하는가?

① 5백   ② 1천
③ 1천5백   ④ 2천

- 에너지다소비사업자는 연료 및 열과 전력의 연간사용량의 합계가 2천 티·오·이 이상인자이다.

정답   32.④   33.②   34.①   35.④   36.④   37.④   38.④   39.④

40 에너지이용합리화법 상 에너지다소비사업자는 에너지사용기자재의 현황을 산업통상자원부령이 정하는 바에 따 라 매년 1월 31일까지 그 에너지사용시설이 있는 지역을 관할하는 누구에게 신고하여야 하는가?

① 군수, 면장
② 도지사, 구청장
③ 시장, 군수
④ 시·도지사

41 에너지다소비사업자는 산업통상자원부령이 정하는 바에 따라 전년도의 분기별 에너지사용량·제품생산량을 그 에너지사용 시설이 있는 지역을 관할하는 시·도지사에게 매년 언제까지 신고해야 하는가?

① 1월 31일까지
② 3월 31일까지
③ 5월 31 일까지
④ 9월 30일까지

42 에너지 사용자의 에너지 사용량이 대통령령이 정하는 기준량 이상인 자는(이하 에너지 다소비 업자라 한다) 산업 통상자원부령이 정하는 바에 따라 전년도 에너지 사용량 등을 매년 언제까지 신고해야 하는가?

① 1월 31일   ② 3월 31일
③ 7월 31일   ④ 12월 31일

• 에너지사용량이 대통령령으로 정하는 기준량 이상인 자는 다음 각 호의 사항을 산업통상자원부령으로 정하는 바에 따라 매년 1월 31일까지 그 에너지사용시설이 있는 지역올 관할하는 시·도지사에게 신고하여야 한다.

43 에너지이용 합리화법에 따라 에너지다소비업자가 산업 통상자원부령으로 정하는 바에 따라 매년 1월 31일까지 시·도지사에게 신고해야 하는 사항과 관련이 없는 것은?

① 전년도의 에너지사용량·제품생산량
② 전년도의 에너지이용합리화 실적 및 해당 연도의 계획
③ 에너지사용기자재의 현황
④ 향후 5년간의 에너지사용예정량·제품생산 예정량

★ 13/2
44 에너지이용합리화법에 따라 에너지다 소비사업자에게 개선명령을 하는 경우는 에너지관리지도 결과 몇 % 이상의 에너지 효율 개선이 기대되고 효율개선을 위한 투자의 경제성이 인정되는 경우인가?

① 5%
② 10%
③ 15%
④ 20%

• 산업통상자원부 장관이 에너지다소비사업자에게 개선명령을 할 수 있는 경우는 에너지관리지도 결과 10% 이상의 에너지효율 개선이 기대되고 효율 개선을 위한 투자의 경제성이 있다고 인정되는 경우로 한다.
• 에너지다소비사업자는 제 1 항에 따른 개선명령을 받은 경우에는 개선 명령일부터 60일 이내에 개선계획을 수립하여 산업통상자원부장관 에게 제출하여야 하며, 그 결과를 개선 기간 만료일부터 15일 이내에 산업통상자원부장관에게 통보하여야 한다.

정답　40.④　41.①　42.①　43.④　44.②

45 에너지진단결과 에너지다소비사업자가 에너지관리기준을 지키고 있지 아니한 경우 에너지관리기준의 이행을 위한 에너지관리지도를 실시하는 기관은?

① 한국에너지기술연구원
② 한국폐기물협회
③ 한국에너지공단
④ 한국환경공단

46 에너지다소비사업자에 대하여 에너지관리지도 결과 에너지손실 요인이 많은 경우 산업통상자원부장관은 어떤 조치를 할 수 있는가?

① 벌금을 부과할 수 있다.
② 에너지 손실요인의 개선을 명할 수 있다.
③ 에너지 손실 요인에 대한 배상을 요청할 수 있다.
④ 에너지 사용정지를 명할 수 있다.

• 에너지사용자가 에너지관리기준을 준지 않을 경우 에너지 관리지도를 할 수 있으며, 에너지손실요인의 개선명령을 할 수 있다.

47 에너지이용합리화법상 에너지 진단기관의 지정기준은 누구의 령으로 정하는가?

① 대통령
② 시·도지사
③ 시공업자단체장
④ 산업통산자원부장관

48 에너지사용계획의 검토기준, 검토방법, 그 밖에 필요한 사항을 정하는 령으로 맞는 것은?

① 산업통상자원부령
② 대통령령
③ 환경부령
④ 국무총리령

49 에너지이용 합리화법에 따라 에너지 진단을 면제 또는 에너지 진단주기를 연장 받으려는 자가 제출해야 하는 첨부 서류에 해당하지 않는 것은?

① 보유한 효율관리기자재 자료
② 중소기업임을 확인할 수 있는 서류
③ 에너지절약 유공자 표창 사본
④ 친에너지형 설비 설치를 확인할 수 있는 서류

에너지 진단을 면제 또는 에너지진단 주기를 연장 받으려는 자가 면제 (연장)신청서에 첨부 할 서류
• 에너지절약유공자표창사본
• 중소기업임을 확인할 수 있는 서류
• 친에너지형 설비 설치를 확인할 수 있는 서류
• 자발적 협약 우수사업장임을 확인할 수 있는 서류
• 에너지진단결과를 반영한 에너지절약 투자 및 개선실적을 확인할 수 있는 서류

50 에너지사용계획에 포함되지 않는 사항은?

① 에너지 수요예측 및 공급계획
② 에너지 수급에 미치게 될 영향분석
③ 에너지이용 효율 향상 방안
④ 열사용기자재의 판매계획

51 에너지이용 합리화법에 따라 에너지사용계획을 수립하여 산업통상자원부장관에게 제출하여야 하는 민간사업 주관자의 시설규모로 맞는 것은?

① 연간 2500 티·오·이 이상의 연료 및 열을 사용하는 시설
② 연간 5000 티·오·이 이상의 연료 및 열을 사용하는 시설
③ 연간 1 천만 킬로와트 이상의 전력을 사용하는 시설
④ 연간 500만 킬로와트 이상의 전력을 사용하는 시설

52 에너지이용합리화법 시행규칙에서 에너지 사용자가 수립 하여야 하는 자발적 협약의 이행계획에 포함되어야 할 사항이 아닌 것은?

① 온실가스 배출증가 현황 및 투자방법
② 협약 체결 전년도의 에너지소비현황
③ 효율향상목표 등의 이행을 위한투자계획
④ 에너지관리체제 및 관리방법

• 온실가스 배출은 감소시켜야 한다.

53 공공사업주관자에게 산업통상 자원부장관이 에너지사용 계획에 대한 검토결과를 조치 요청하면 해당 공공사업주 관자는 이행계획을 작성하여 제출하여야 하는데 이행계획에 포함되지 않는 사항은?

① 이행 주체
② 이행장소와 사유
③ 이행 방법
④ 이행 시기

54 에너지이용합리화법 시행령상 산업통상자원부장관은 에너지수급 안정을 위한 조치를 하고자 할 때에는 그 사유, 기간 및 대상자 등을 정하여 그 조치 예정일 몇일 이전에 예고하여야 하는가?

① 14일   ② 10일
③ 7일   ④ 5일

• 1일 : 검사대상기기조종자, 시공업기술요원 교육기간
• 7일 : 에너지 공급제한 조치 공고는 7일전에 예고 다만, 긴급제한은 제한전일까지
• 10일전 : 계속사용검사신청–만료일 10일전 까지
• 15일 : 검사대상기기 폐기처분신고(이사장)
  검사대상기기 사용중지신고 (이사장)
  검사대상기기 설치자 변경신고(이사장)
• 20일 : 에너지 사용계획 협의 요청시 산업통상자원부장관은 20일 이내 협의결과 통보

55 에너지이용합리화법 시행령에서 에너지사용의 제한 또는 금지 등 대통령령이 정하는 사항 중 틀린 것은?

① 위생접객업소 기타 에너지사용시설의 에너지시용의 제한
② 에너지사용의 시기 및 방법의 제한
③ 차량 등 에너지사용기자재의 사용제한
④ 특정지역에 대한 에너지개발의 제한

• 에너지개발의 제한이 아니라 특정 지역에 대한 에너지 사용의 제한이다.

56 열사용기자재관리 규칙상 열사용기자재인 소형온수보일의 적용범위는?

① 전열면적 12m² 이하이며, 최고사용압력 0.35MPa 이하의 온수를 발생하는 것
② 전열면적 14m² 이하이며, 최고사용압력 0.25MPa 이하의 온수를 발생하는 것
③ 전열면적 12m² 이하이며, 최고사용압력 0.45MPa 이하의 온수를 발생하는 것
④ 전열면적 14m² 이하이며, 최고사용압력 0.35MPa 이하의 온수를 발생하는 것

• 소형온수보일러는 전열면적 14m² 이하 , 최고사용압력 0.35MPa(3.5kg/cm²) 이하인 보일러

★★ 16/4, 14/2
57 에너지이용 합리화법상 열사용기자재가 아닌 것은?

① 강철제보일러
② 구명탄용 온수보일러
③ 전기순간온수기
④ 2종 압력용기

열사용 기자재
• 보일러 : 강철제보일러, 주철제보일러, 소형온수보일러, 구명탄용 온수보일러, 축열식전기보일러
• 태양열집열기
• 압력용기 : 1종 압력용기, 2종 압력용기
• 요로: 요업요로, 금속요로

정답 52.① 53.② 54.③ 55.④ 56.④ 57.③

58 에너지이용 합리화법에 따른 열사용기자재 중 소형온수 보일러의 적용 범위로 옳은 것은?

① 전열면적 24m² 이하이며, 최고시용압력이 0.5 MPa 이 하의 온수를 발생하는 보일러

② 전열면적 14m² 이하이며, 최고사용압력이 0.35 MPa 이하의 온수를 발생하는 보일러

③ 전열면적 20m² 이하인 온수보일러

④ 최고사용압력 0.8MPa 이하의 온수를 발생하는 보일러

• 소형온수보일러는 전열면적 14m² 이하, 최고사용압력 0.35MPa 이하인 보일러

★ 11/5

59 열사용기자재인 축열식전기보일러는 정격소비전력은 몇 kW이하이며, 최고사용압력은 몇 MPa 이하인 것인가?

① 30kW, 0.35MPa

② 40kW, 0.5MPa

③ 50kW, 0.75MPa

④ 100kW, 0.1MPa

• 열사용기자재관리규칙에 의하면, 축열식전기보일러는, 심야전력을 사용하여 온수를 발생시켜 축열조에 저장한 후 난방에 이용하는 것으로서 정격소비전력이 30kW 이하이며, 최고사용압력이 0.35MP 이하인 것

60 에너지이용합리화법의 열사용기자재관리규칙에서 정한 특정 열사용 기자재의 품명이 아닌 것은?

① 축열식 전기보일러

② 태양열 조리기

③ 강철제 보일러

④ 구멍탄용 온수보일

61 제 3종 난방시공업자가 시공할 수 있는 열사용기자재 품목은?

① 강철제 보일러

② 주철제보일러

③ 2종 압력용기

④ 금속요로

• **1종** – 보일러 (강철제, 주철제, 온수, 구멍탄용, 축열식 전기), 태양열 집 열기, 1,2 종 압력용기 설치

• **2종** – 태양열집열기, 용량 5만 kcal/h 이하의 온수보일러, 구멍탄용 온수 보일러

• **3종** – 요업요로, 금속요로

62 특정열사용기자재 및 설치·시공범위에서 기관에 속하지 않는 것은?

① 축열식 전기보일러

② 온수보일러

③ 태양열집열기

④ 철금속가열로

특정열사용기재의 기관

• 강철제보일러, 주철제보일러, 온수보일러, 구멍탄용온수 보일러, 태양열집열기, 축열식전기보일러

63 건설산업기본법 시행령에서의 2종 압력용기를 시공할 수 있는 난방시공업종은?

① 제 1종   ② 제 2종

③ 제 3종   ④ 제 4종

64 검사대상기기의 검사의 종류 중 계속시용검사의 종류에 해당되지 않는 것은?

① 설치검사

② 안전검사

③ 운전성능검사

④ 재사용검사

보일러 검사

• 설치검사는 보일러를 최초 설치시 실시하는 검사이다.

• 계속사용검사는 안전검사, 운전성능검사, 재사용검사 등이 있다.

정답 58.② 59.① 60.② 61.④ 62.④ 63.① 64.①

65 열 사용기자재 관리 규칙에서 정한 검사 대상기기에 해당되는 열사용 기자재는?

① 최고사용압력이 0.08MPa이고, 전열 면적 4m²인 강철 제 보일러
② 흡수식 냉온수기
③ 가스사용량이 20kg/h인 가스사용 소 형온수보일러
④ 정격용량이 0.4MW인 철금속가열로

검사대상기기에 해당되는 열사용기자재
- 강철제, 주철제 보일러, 단, 다음의 것은 제외
  - 2종 관류보일러
  - 온수발생보일러로서 대기 개방형
  - 최고 사용압력이 0.1MPa 이하, 동체 안지름이 300 mm이하, 길이 600mm 이하 인 강철제, 주철제 보일러
  - 최고사용압력이 0.1 MPa 이하, 전열면적, 5m² 이하인 강철제 주 철제 보일러
- 소형온수보일러 : 가스를 사용하며 , 가스사용량 17kg/h (도시가스 837MJ)을 초과하는 것
- 정격용량 0.58MW를 초과한 철금속 가열로
- 1종, 2종 압력용기

66 열사용기자재 관리규칙에서 용접검사가 면 제될 수 있는 보일러의 대상 범위로 틀린 것은?

① 강철제 보일러 중 전열면적이 5m² 이 하이고, 최고사 용압력이 0.35MPa 이 하인 것
② 주철제 보일러
③ 제 2종 관류보일러
④ 온수보일러 중 전열면적이 18m² 이하 이고, 최고사용압력이 0.35MPa 이하 인 것

용접검사의 면제
- 강철제 보일러 중 전열면적이 5m² 이하이고, 최고사용압 력이 0.35MPa 이하인 것
- 주철제보일러
- 1종 관류보일러
- 온수보일러 중 전열면적이 18m² 이하이고, 최고사용 압력이 0.35MPa 이하인 것

67 에너지이용합리화법에 따라 주철제 보일러 에서 설치검사를 면제 받을 수 있는 기준으 로 옳은 것은?

① 전열면적 30제곱미터 이하의 유류용 주철제 증기보일러
② 전열면적 40제곱미터 이하의 유류용 주철제 증기보일러
③ 전열면적 50제곱미터 이하의 유류용 주철제 증기보일러
④ 전열면적 60제곱미터 이하의 유류용 주철제 증기보일러

68 열사용기자재 관리규칙에서의 검사대상기 기에 포함되지 않는 특정열사용 기자재는?

① 강철제 보일러
② 태양열 집열기
③ 주철제보일러
④ 2종 압력용기

69 열사용 기자재 관리 규칙에 의한 검사대상 기기중 소형 온수보일러의 검사 대상기기 적용범위에 해당하는 가스 사용량은 몇 kg/h를 초과하는 것부터인가?

① 15kg/h   ② 17kg/h
③ 20kg/h   ④ 25kg/h

- 가스용 온수보일러로서 가스사용량 17kg/h 초과하는 것 은 검사대상 기기임.

70 특정열사용기자재 중 산업통상자원부령으 로 정하는 검사대상기기의 계속사용검사 신청서는 검사유효기간 만료 며칠 전까지 제출해야 하는가?

① 10일전까지   ② 15일전까지
③ 20일전까지   ④ 30일전까지

- 계속사용검사신청서를 만료일 10일전까지 한국에너지 공단이사장에게 제출한다.

정답 65.③ 66.③ 67.① 68.② 69.② 70.①

71 열사용기자재관리규칙상 검사대상기기의 검사 종류 중 유효기간이 없는 것은?

① 구조검사
② 계속사용검사
③ 설치검사
④ 설치장소변경검사

72 열사용기자재관리규칙에서 정한 검사대상 기기의 계속 사용 검사신청서는 유효기간 만료 며칠 전까지 제출해야 하는가?

① 7일　　　② 10일
③ 15일　　　④ 30일

• 계속사용검사 신청은 만료일 10일전까지 제출해야 한다.

73 특정열사용기자재 중 산업통상자원부령으로 정하는 검사대상기기를 폐기한 경우에는 폐기한 날부터 며칠 이내 에 폐기신고서를 제출해야 하는가?

① 7일 이내에　　② 10일 이내에
③ 15일 이내에　　④ 30일 이내에

15일 이내에 신고 해야 하는 사항
• 검사대상기기 폐기 처분신고
• 검사대상기기 사용 중지 신고
• 검사대상기기 설치자 변경신고

74 에니지이용 합리화법상 목표에너지원 단위란?

① 에너지를 사용하여 만드는 제품의 종류별 연간 에너지 사용목표량
② 에너지를 사용하여 만드는 제품의 단위당 에너지사용 목표량
③ 건축물의 총 면적당 에너지 사용 목표량
④ 자동차 등의 단위연료 당 목표 주행거리

• 목표에너지원 단위는 에너지를 사용하여 만드는 제품의 단위당 에너지사용 목표량이다.

75 에너지이용합리화법에 따라 보일러의 개조 검사의 경우 검사 유효기간으로 옳은 것은?

① 6개월　　　② 1년
③ 2년　　　④ 5년

76 에너지이용 합리화법규상 냉난방온도제한 건물에 냉난방 제한온도를 적용할 때의 기준으로 옳은 것은? (단, 판매시설 및 공항의 경우는 제외한다.)

① 냉방 : 240℃ 이상, 난방 : 180℃ 이하
② 냉방 : 24℃ 이상, 난방 : 20℃ 이하
③ 냉방 : 260℃ 이상, 난방 : 180℃ 이하
④ 냉방 : 26℃ 이상, 난방 : 20℃ 이하

77 에너지이용 합리화법상 대기전력경고표지를 하지 아니한 자에 대한 벌칙은?

① 2년 이하의 징역 또는 2천만원 이하의 벌금
② 1년 이하의 징역 또는 1천만원 이하의 벌금
③ 5백만원 이하의 벌금
④ 1천만원 이하의 벌금

500만원 이하의 벌금
• 대기전력경고표지를 하지 아니한 자
• 대기전력 저감 우수제품임을 표시하거나 거짓 표시를 한 자
• 대기전력경고표지 대상제품에 대한 측정결과를 신고하지 아니한 자
• 효율관리기자재에 대한 에너지사용량의 측정결과를 신고하지 아니한 자
• 고효율에너지인증을 받지 않고 고효율에너지기자재의 인증 표시를 한 자
• 대기전력저감기준에 미달한 제조업자 수입업자에 대한 시정명령 을 정당한 사유 없이 이행하지 아니한 자

정답　71.①　72.②　73.③　74.②　75.②　76.④　77.③

78 에너지이용 합리화법시행령 상 산업 통상자원부장관 또는 시·도지사의 업무 중 한국에너지공단에 위탁된 업무가 아닌 것은?

① 효율관리기자재의 측정결과 신고의 접수
② 검사대상기기 검사
③ 검사대상기기의 검사기준 제정
④ 검사대상기기조종자 선임 및 해임신고 접수

79 산업통상자원부장관 또는 시·도지사로부터 한국에너지공단 이사장에게 위탁된 업무가 아닌 것은?

① 에너지절약전문기업의 등록
② 온실가스배출 감축실적의 등록 및 관리
③ 검사대상기기 조종자의 선임·해임 신고의 접수
④ 에너지이용 합리화 기본계획 수립

• 에너지이용합리화 기본계획은 산업통상자원부 장관이 5년마다 수립 해야 한다.

80 에너지이용 합리화법상 법을 위반하여 검사대상기기조종자를 선임하지 아니한 자에 대한 벌칙기준으로 옳은 것은?

① 2년 이하의 징역 또는 2천만원 이하의 벌금
② 2천만원 이하의 벌금
③ 1천만원 이하의 벌금
④ 500만원 이하의 벌금

1000만원 이하의 벌금
• 검사대상기기 조종자 채용 위반
• 검사를 거부·방해 또는 기피한 자

★ 15/2
81 에너지이용 합리화법상 검사대상기기 설치자가 검사대 상기기의 조종자를 선임하지 않았을 때의 벌칙은?

① 1년 이하의 징역 또는 2천만원 이하의 벌금
② 1년 이하의 직영 또는 5백만원 이하의 벌금
③ 1천만원 이하의 벌금
④ 5백만원 이하의 벌금

• 검사대상기기 조종자를 선임하지 아니한 자는 1천 만원 이하의 벌금이다.

82 에너지이용합리화법상 검사대상기기에 대하여 받아야 할 검사를 받지 않은 자에 대한 벌칙은?

① 2년 이하의 지역 또는 2천만원 이하의 벌금
② 1년 이하의 징역 또는 1천만원 이하의 벌금
③ 2천만원 이하의 벌금
④ 500 만원 이하의 벌금

1년 이하의 징역 또는 1천만원 이하의 벌금
• 검사대상기기 검사를 받지 아니한 자
• 검사대상기기 사용정지 명령에 위반한자

83 에너지법에서 사용하는 "에너지 사용자" 란 용어의 정의로 맞는 것은 ?

① 에너지를 사용하는 공장 사업장의 시설자
② 에너지를 생산 수입하는 사업자
③ 에너지 사용시설의 소유자 또는 관리자
④ 에너지를 저장판매하는 자

정답   **78.**② **79.**④ **80.**③ **81.**③ **82.**② **83.**③

84 에너지기본법상 국가에너지기본계획은 어디의 심의를 거쳐 확정 되는가?

① 국회   ② 국무회의
③ 국가에너지위원회   ④ 경제장관회의

85 에너지기본법상 정부의 에너지정책을 효율적이고 체계적으로 촉진하기 위하여 20년을 계획기간으로 5년마다 수립·시행하는 것은?

① 국가온실가스배출저감 종합대책
② 에너지이용합리화 실시계획
③ 기후변화협약대응 종합계획
④ 국가에너지기본계획

• 국가에너지기본계획은 산업통상자원부장관이 5년마다 수립해야 한다.

86 에너지법에 따라 에너지기술개발 사업비의 사업에 대한 지원항목에 해당되지 않는 것은?

① 에너지기술의 연구·개발에 관한 사항
② 에너지기술에 관한 국내협력에 관한 사항
③ 에너지기술의 수요조사에 관한 사항
④ 에너지에 관한 연구인력 양성에 관한 사항

에너지기술개발사업비의 사업에 대한 지원 항목
• 에너지기술의 수요 조사에 관한 사항
• 에너지기술의 연구·개발에 관한 사항
• 에너지기술에 관한 국제협력에 관한 사항
• 에너지에 관한 연구인력 양성에 관한 사항
• 에너지기술 개발 성과의 보급 및 홍보에 관한 사항
• 온실가스 배출을 줄이기 위한 기술개발에 관한 사항
• 한국에너지기술평가원의 에너지기술개발사업 관리에 관한사항
• 에너지 사용에 따른 대기오염을 줄이기 위한 기술개발에 관한사항
• 에너지사용기자재와 에너지공급설비 및 그 부품에 관한 기술개발에 관한 사항
• 에너지기술에 관한 정보의 수집·분석 및 제공과 이와 관련된 학술활동에 관한 사항

87 에너지법상 지역에너지계획은 몇 년 마다 몇 년 이상을 계획기간으로 수립·시행하는가?

① 2년 마다 2년 이상
② 5년 마다 5년 이상
③ 7년 마다 7년 이상
④ 10년 마다 10년 이상

88 에너지법에 의거 지역 에너지계획을 수립한 시·도지사는 이를 누구에게 제출하여야 하는가?

① 대통령
② 산업통상자원부장관
③ 국토교통부장관
④ 한국에너지공단 이사장

• 지역에너지 계획 수립은 시·도지사가 산업통상부장관에게 보고 해야 한다.

89 에너지기본법상 에너지기술개발계획에 포함되어야 할 사항이 아닌 것은?

① 에너지의 효율적 시용을 위한 기술개발에 관한 사항
② 온실가스 배출을 줄이기 위한 기술개발에 관한 사항
③ 개발된 에너지기술의 실용화의 촉진에 관한 사항
④ 에너지수급의 추이와 전망에 관한 사항

에너지기술개발계획
• 전력산업 연구개발사업
• 온실가스처리 기술개발사업
• 신·재생에너지 기술개발사업
• 에너지효율 향상 기술개발 사업
• 자원기술개발사업(석유, 가스탐사 및 개발포함)

90 에너지법에서 정한 에너지기술개발사업비로 사용될 수 없는 사항은 ?

① 에너지에 관한 연구인력 양성
② 온실가스 배출을 늘이기 위한 기술개발
③ 에너지사용에 따른 대기오염 저감을 위한 기술개발
④ 에너지기술개발 성과의 보급 및 홍보

91 다음 ( )에 알맞은 것은

> 보기
>
> 에너지법령상 에너지 총 조사는 (A)마다 실시하되, (B)이 필요하다고 인정할 때에는 간이조사를 실시할 수 있다.

① A : 2년, B : 행정자치부장관
② A : 2년, B : 교육부장관
③ A : 3년, B : 산업통상자원부장관
④ A : 3년, B : 고용노동부장관

92 에너지법 시행령에서 산업통상자원부장관이 에너지기술 개발을 위한 사업에 투자 또는 출연할 것을 권고할 수 있는 에너지 관련 사업자가 아닌 것은?

① 에너지 공급자
② 대규모 에너지 사용자
③ 에너지사용기자재의 제조업자
④ 공공기관 중 에너지와 관련된 공공기관

93 신·재생에너지 설비 중 태양의 열에너지를 변환시켜 전기를 생산하거나 에너지원으로 이용하는 설비로 맞은 것은?

① 태양열설비
② 태양광설비
③ 바이오에너지 설비
④ 풍력 설비

94 신에너지 및 재생에너지 개발·이용·보급 촉진법에서 규정 하는 신·재생에너지 설비 중 "지열에너지 설비" 의 설명으로 옳은 것은?

① 바람의 에너지를 변환시켜 전기를 생산하는 설비
② 물의 유동에너지를 변환시켜 전기를 생산하는 설비
③ 폐기물을 변환시켜 연료 및 에너지를 생산하는 설비
④ 물, 지하수 및 지하의 열 등의 온도차를 변환시켜 에너지를 생산하는 설비

95 신에너지 및 재생에너지 개발·이용·보급 촉진법에 따라 신·재생에너지의 기술개발 및 이용 보급을 촉진하기 위한 기본계획은 누가 수립 하는가?

① 교육과학기술부장관
② 환경부장관
③ 국토해양부장관
④ 지식경제부장관

96 신에너지 및 재생에너지 개발·이용·보급 촉진법에서 규정하는 신에너지 또는 재생에너지에 해당하지 않는 것은?

① 태양에너지   ② 풍력
③ 수소에너지   ④ 원자력에너지

신에너지 또는 재생에너지

• 생물자원을 변환시켜 이용하는 바이오에너지로서 대통령령으로 정하는 기준 및 범위에 해당하는 에너지
 – 태양에너지, 풍력, 수력, 연료전지
• 석탄을 액화·가스화한 에너지 및 중질잔사유(重質殘渣油)를 가스화한 에너지로서 대통령령으로 정하는 기준 및 범위에 해당되는 에너지는 해양에너지
• 대통령령으로 정하는 기준 및 범위에 해당하는 폐기물에너지
 – 지열에너지, 수소에너지
• 원자력 에너지는 신에너지 또는 재생에너지에서 제외 된다.

97 신·재생에너지 설비의 인증을 위한 심사기준 항목으로 거리가 먼 것은?

① 국제 또는 국내의 성능 및 규격에의 적합성
② 설비의 효율성
③ 설비의 우수성
④ 설비의 내구성

98 신·재생에너지 정책심의 위원의 구성으로 올바른 것은?

① 위원장 1명을 포함한 10명 이내의 위원
② 위원장 1명을 포함한 20명 이내의 위원
③ 위원장 2명을 포함한 10명 이내의 위원
④ 위원장 2명을 포함한 20명 이내의 위원

신·재생에너지 정책심의회의 위원은 위원장 1명 포함 20명 이내로 구성
• 위원장은 산업통상자원부 소속 에너지 분야의 업무를 담당하는 고위공무원 단에 속하는 일반직공무원 중에서 산업통산자원부장 관이 지명하는 사람
• 위원
 – 기획재정부, 미래창조과학부, 농림축산식품부, 산업통상자원부, 환경부, 국토교통부, 해양수산부의 3급 공무원 또는 고위공무원 단에 속하는 일반직공무원 중 해당 기관의 장이 지명하는 사람 각 1명
 – 신·재생에너지 분야에 관한 학식과 경험이 풍부한사람 중 산업통상자원부장관이 위촉하는 사람

99 신에너지 및 재생에너지 개발·이용·보급 촉진법에 따라 건축물 인증기관으로부터 건축물인증을 받지 아니하고 건축물인증의 표시 또는 이와 유사한 표시를 하거나 건축물인증을 받은 것으로 홍보한 자에 대해 부과하는 과태료 기준으로 맞는 것은?

① 5백만원 이하의 과태료 부과
② 1천만원 이하의 과태료 부과
③ 2천만원 이하의 과태료 부과
④ 3천만원 이하의 과태료 부과

건축물 인증에 대한 과태료
• 1회 위반 시 1천만원 과태료
• 2회 위반 시 1천만원 과태료

100 검사대상기기 관리범위 용량이 10t/h 이하인 보일러의 관리자 자격이 아닌 것은?

① 에너지관리기사
② 에너지관리기능장
③ 에너지관리기능사
④ 인정검사대상기기관리자 교육이수자

관리범위	관리자의 자격
용량이 30t/h를 초과하는 보일러	에너지관리기능장 또는 에너지관리기사
용량이 10t/h를 초과하고 30t/h 이하인 보일러	에너지기능장, 에너지관리기사 에너지관리산업기사
용량이 10t/h 이하인 보일러	에너지기능장, 에너지관리기사 에너지관리산업기사, 에너지관리기능사
※ 증기보일러로서 최고사용압력이 1MPa이하이고, 전열면적이 $10m^2$ 이하인 것 ※ 온수 발생 또는 열매체를 가열하는 보일러로서 출력이 581.5 kw이하인 것 ※ 압력용기	에너지기능장, 에너지관리기사 에너지관리산업기사, 에너지관리기능사 또는 인정 검사대상기기 관리자의 교육을 이수한자

정답 **97.**③ **98.**② **99.**② **100.**④

PART **5**

과년도 기출문제

2016년 시행

2015년 시행

2014년 시행

01 유류연소 버너에서 기름의 예열온도가 너무 높은 경우에 나타나는 주요 현상으로 옳은 것은?

① 버너 화구의 탄화물축적
② 버너용 모터의 마모
③ 진동, 소음의 발생
④ 점화 불량

해설

중유의 예열온도
• 중유 예열온도가 너무 높으면 유증기 발생, 기름 분해 (유증기와 함께 분사되므로) 분무상태 불량, 역화 위험(기름분해) 탄화물 생성
• 중유 예열온도가 낮으면 점도가 높아서 무화되지 않음.

02 대형보일러인 경우에 송풍기가 작동하지 않으면 전자밸브가 열리지 않고, 점화를 저지하는 인터록은?

① 프리퍼지인터록
② 불착화인터록
③ 압력초과 인터록
④ 저수위 인터록

해설

전자밸브는 연료배관에 버너 직전에 설치하며 비상상황에 연료를 차단하며, 전자밸브에 신호를 보내어 작동하는 제어를 인터록 제어라 한다.
• **불착화 인터록**: 화염검출기와 연결, 실화, 불착화 감시
• **압력초과인터록** : 증기압력제한기와 연결, 설정압력 초과시 연료 차단
• **저수위인터록** : 고저수위경보기와 연결, 안전저수위 이하 감수시 연료 차단

03 가압수식을 이용한 집진장치가 아닌 것은?

① 제트 스크러버
② 충격식 스크러버
③ 벤튜리 스크러버
④ 사이클론 스크러버

해설

집진장치의 종류
• 여과식의 종류는 백 필터, 원통식, 평판식, 역기류 분사형 등.
• 가압수식 집진장치의 종류 : 사이크론 스크레버, 벤튜리 스크레버, 제트 스크레버, 충진탑
• 세정식(습식)집진장치 : 유수식, 회전식, 가압수식 집진장치의 원리
• 여과식 : 함진가스를 여과재에 통과시켜 매진을 분리
• 원심력식 : 함진가스를 선회 운동시켜 매진의원심력을 이용하여 분리
• 중력식 : 집진실내에 함진가스를 도입하고 매진자체의 중력에 의해 자연 침강시켜 분리하는 형식
• 관성력식 : 분진가스를 방해판 등에 충돌시키거나 급격한 방향전환에 의해 매연을 분리 포집하는 집진장치

04 절탄기에 대한 설명으로 옳은 것은?

① 절탄기의 설치방식은 혼합식과분배식이 있다.
② 절탄기의 급수예열 온도는 포화온도 이상으로 한다.
③ 연료의 절약과 증발량의 감소 및 열효율을 감소시킨다.
④ 급수와 보일러수의 온도차 감소로 열응력을 줄여준다.

해설

절탄기(이코너마이저)
보일러 연도 입구에 설치하여 연돌로 배출되는 배기가스의 손실열을 이용하여 급수를 예열하기 위한 장치로 주철관형과 강관형이 있다.

 정답 **01.①** **02.①** **03.②** **04.④**

① 설치이점
- 연료절감 및 열효율이 높아진다.(5~15% 정도)
- 보일러수와 급수와 온도차가 적어져 동판의 열응력이 감소된다.
- 급수중 불순물의 일부가 제거된다.
- 급수의 예열로 증발이 빨라진다.
② 단점
- 청소가 어려워진다.
- 설치비가 많이 든다.
- 저온부식이 발생한다.
- 통풍저항의 증가한다.

05 분진가스를 집진기내에 충돌시키거나 열가스의 흐름을 반전시켜 급격한 기류의 방향전환에 의해 분진을 포집하는 집진장치는?

① 중력식 집진장치
② 관성력식 집진장치
③ 사이클론식 집진장치
④ 프리퍼지인터록

해설

건식 집진장치의 종류
- 관성력식 : 분진가스를 방해판 등에 충돌시키거나 급격한 방향전환에 의해 매연을 분리 포집하는 집진장치
- 원심력식 : 함진가스를 선회 운동시켜 매진의원심력을 이용하여 분리
- 여과식 : 함진가스를 여과재에 통과시켜 매진을 분리
- 중력식 : 집진실내에 함진가스를 도입하고 매진자체의 중력에 의해 자연 침강시켜 분리하는 형식

06 습증기의 엔탈피 hx를 구하는 식으로 옳은 것은? (단, h: 포화수의 엔탈피, x: 건조도, r : 증발잠열(숨은열), V: 포화 수의 비체적)

① hx = h + x
② hx = h + r
③ hx = h + xr
④ hx = v + h + xr

해설

습증기 엔탈피 = 포화수 엔탈피 + 증발잠열 × 건조도

07 비열이 0.6kcal/kg℃인 어떤 연료 30kg을 150℃에서 35℃까지 예열하고자 할 때 필요한 열량은 몇 kcal 인가?

① 180   ② 360
③ 450   ④ 600

해설

열량 = 연료의 양 × 비열 × 온도차
= 30 × 0.6 × (35-15) = 360Kcal

08 보일러의 자동제어에서 제어량에 따른 조작량의 대상으로 옳은 것은?

① 증기온도: 연소가스량
② 증기압력: 연료량
③ 보일러수위 : 공기량
④ 노내압력 : 급수량

해설

- 보일러 자동제어의 제어량(최종 목표)과 조작량은 보일러 자동제어

보일러 자동제어	제어량	조작량
급수제어(F.W.C)	수위	급수량
증기온도(S.T.C)	증기온도	전열량
자동연소제어 (A.C.C)	증기압력 온수온도	연료량, 공기량
	노내압력	연소가스량

09 화염 검출기의 종류 중 화염의 이온화 현상에 따른 전기 전도성을 이용하여 화염의 유무를 검출하는 것은?

① 플래임로드   ② 플래임아이
③ 스택스위치   ④ 광전관

해설

화염검출기
운전중 불착화나 실화시 전자밸브에 의해 연료공급을 차단하는 안전장치
- 플레임 아이 : 화염의 발광이용 - 유류보일러용
- 플레임 로드 : 화염의 이온화이용 - 가스보일러용
- 스택스위치 : 화염의 발열이용 - 소형보일러, 연도

10 원심형 송풍기에 해당하지 않는 것은?

① 터보형
② 다익형
③ 플레이트형
④ 프로펠러형

송풍기의 종류
- 원심식 송풍기 종류 : 다익형(흡입형), 플레이트형(흡입형), 터보형(압입형)
- 축류형 송풍기 종류 : 프로펠러형(배기, 환기용), 디스크형(배기, 환기용)

11 석탄의 함유 성분이 많을수록 연소에 미치는 영향에 대한 설명으로 틀린 것은?

① 수분 : 착화성이 저하된다.
② 회분 : 연소 효율이 증가한다.
③ 고정탄소 : 발열량이 증가한다.
④ 휘발분 : 검은 매연이 발생하기 쉽다.

석탄성분의 연소에 미치는 영향
- 수분은 착화성이 저하된다.
- 고정탄소는 발열량이 증가한다.
- 휘발분은 검은 매연이 발생하기 쉽다.
- 회분은 연소 후 재가 되는 성분으로 연소효율이 저하한다.

12 보일러 수위제어 검출방식에 해당되지 않는 것은?

① 유속식   ② 전극식
③ 차압식   ④ 열팽창식

보일러 수위를 검출하는 방식은 전극식, 차압식, 열팽창식, 플로우트식 등이 있다.

13 다음 중 보일러의 손실열 중 가장 큰 것은?

① 연료의 불완전연소에 의한 손실열
② 노내 분입증기에 의한 손실열
③ 과잉 공기에 의한 손실열
④ 배기가스에 의한 손실열

보일러 열손실
- 열손실이 가장 큰 것은 배기가스에 의한 열손실이며, 입열 중 가장 큰 것은 연료의 발열량이다.
- 배기가스의 열손실 = 배기가스량×비열×(배기가스 온도−외기온도) kcal/kg

14 증기의 압력에너지를 이용하여 피스톤을 작동시켜 급수를 행하는 펌프는?

① 워싱턴펌프
② 기어펌프
③ 볼류트펌프
④ 디퓨져펌프

급수용 펌프
증기 힘을 이용한 급수장치는 워싱턴, 웨어, 플런져 펌프 등이 있다.
① 펌프의 종류
- 원심펌프 : 터빈 펌프, 볼류트 펌프
- 왕복식 펌프 : 워싱턴, 웨어, 플런저
- 인젝터 : 증기압을 이용한 비동력 급수장치
- 환원기 : 응축수 저장탱크를 보일러 보다 1m 이상 높게 설치하여 증기의 압력과 중력에 의한 수두압을 이용하여 보일러에 급수하는 장치로 소용량 보일러에 사용된다.
② 펌프의 특징
- 볼류트 펌프
- 20m 이하의 저양정, 단단식 펌프로 임펠러 외측에 가이드 베인(안내 깃)이 없고, 시동시 펌프 내에 프라이밍이 필요하다.
- 임펠러를 회전, 원심력에 의해 양수한다.
- 터빈 펌프
- 20m 이상의 고양정, 다단식 펌프로 센트리퓨걸 펌프의 임펠러 외측에 안내날개가 부착되어 있고, 가동 전에 프라이밍이 필요하다.
- 다단식으로 6단까지 가능하며 1단의 수압은 0.2MPa 정도이다.
- 워싱턴펌프
  증기기관이 펌프에 직접 연결되어 있어 고압 보일러에 시용하는 장치로서 물실린더 내의 피스톤의 왕복운동에 의해 급수하는 증기압을 이용한 비동 력 급수펌프이다.
- ∴ 토출압력

$$= 증기압력 \times \frac{증기\ 실린더\ 단면적(cm^2)}{물실린더\ 단면적(cm^2)}(kg)$$

15 다음 중 보일러 수 분출의 목적이 아닌 것은?

① 보일러수의 농축을 방지한다.
② 프라이밍, 포밍을 방지한다.
③ 관수의 순환을 좋게 한다.
④ 포화증기를 과열증기로 증기의 온도를 상승시킨다.

해설

보일러 분출
- 관수의 농축을 방지하여 프라이밍, 포밍을 방지한다.
- 분출(Blow Down) 보일러의 운전시간이 길어지면 보일러수가 농축이 되고 보일러 동저부에 슬러지가 퇴적되어 캐리오버, 내부부식 및 스케일 생성 등의 원인이 되므로 분출(Blow Down)을 실시하여 장애를 방지한다.

16 화염 검출기에서 검출되어 프로텍터 릴레이로 전달된 신호는 버너 및 어떤 장치로 다시 전달되는가?

① 압력제한 스위치
② 저수위 경보장치
③ 연료차단 밸브
④ 안전밸브

해설

- 프로텍터 릴레이는 버너에 설치하여 사용하며 오일버너 주안전 제어 장치로 난방, 급탕 등의 전용회로에 이용한다. 화염의 실화 및 불착화 시 전자차단 밸브에 의해 연료를 차단하여 보일러를 정지 시킨다.

17 기체 연료의 특징으로 틀린 것은?

① 연소조절 및 점화나 소화가 용이하다.
② 시설비가 적게 들며 저장이나 취급이 편리하다.
③ 회분이나 매연발생이 없어서 연소 후 청결하다.
④ 연료 및 연소용 공기도 예열되어 고온을 얻을 수 있다.

해설

- 연료의 운반, 저장, 취급에 특별한 장치, 용기가 필요하며 시설비가 많이 들고 연료비가 비싸다. 기체연료는 액체연료에 비해 연소가스의 공해물질인

황, 회분 등의 함유량이 없어 최근에는 중소형 보일러에 많이 사용되고 있다. 종류로는 천연가스, LPG, 도시가스 등이 있으며 적은공기로도 완전연소가 되므로 열손실이 적고, 고부하 연소가 가능하며 연소실의 용적을 적게 할 수 있다.

① 장점
- 적은 과잉공기로 완전연소가 가능하고 연소효율이 높다.
- 청정연료로 회분 및 매연 발생이 없다.
- 연소조절이 용이하다.

② 단점
- 수송 및 저장이 곤란하다.
- 연료비가 비싸다.
- 누출되기 쉽고 폭발, 화재의 위험이 크다.

18 다음 중 수관식 보일러의 종류가 아닌 것은?

① 다쿠마 보일러
② 갸르베 보일러
③ 야로우 보일러
④ 하우덴존슨 보일러

해설

보일러의 분류
- 수관식 보일러 : 바브콕, 쓰네기찌, 다쿠마, 야로우 등
- 원통형 보일러 : 코크란, 코르니시, 랑카샤. 기관차, 케와니, 스코치, 하우덴 죤슨 등

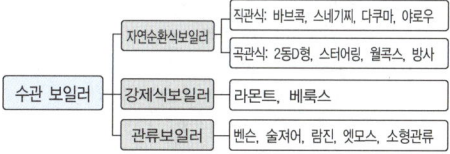

19 보일러 1마력을 열량으로 환산하면 약 몇 kcal/h인가?

① 15.65
③ 1078
② 539
④ 8435

해설

- **1 보일러 마력** : 시간당 15.65kg의 상당증발량을 발생하는 보일러 능력
- **상당증발량** : 100℃의 포화수를 100℃의 건포화증기로 증발시키는 것을 기준으로 하여 환산한 것
- **열량** : 8435 kcal/h

20 연관보일러에서 연관에 대한 설명으로 옳은 것은?

① 관의 내부로 연소가스가 지나가는 관
② 관의 외부로 연소가스가 지나가는 관
③ 관의 내부로 증기가 지나가는 관
④ 관의 내부로 물이 지나가는 관

21 90℃의 물 1000kg이 15℃의 물 2000kg을 혼합시키면 온도는 몇 ℃가 되는가?

① 40℃
② 30℃
③ 20℃
④ 10℃

22 유류 보일러 시스템에서 중유를 사용할 때 흡입측의 여과망 눈 크기로 적합한 것은?

① 1~10 mesh
② 20~60 mesh
③ 100~150 mesh
④ 300~500 mesh

23 보일러 효율 시험방법에 관한 설명으로 틀린 것은?

① 급수온도는 절탄기가 있는 것은 절탄기 입구에서 측정한다.
② 배기가스의 온도는 전열면의 최종출구에서 측정한다.
③ 포화증기의 압력은 보일러 출구의 압력으로 부르돈관식 압력계로 측정한다.
④ 증기온도의 경우 과열기가 있을 때는 과열기 입구에서 측정한다.

24 비교적 많은 동력이 필요하나 강한 통풍력을 얻을 수 있어 통풍저항이 큰 대형 보일러나 고성능 보일러에 널리 사용되고 있는 통풍방식은?

① 자연통풍 방식
② 평형통풍 방식
③ 직접흡입 통풍 방식
④ 간접흡입 통풍 방식

정답 **20.**① **21.**① **22.**② **23.**④ **24.**②

- 압입통풍 : 연소실 입구에 송풍기를 설치하여 연소실 내에 연소용 공기를 압입하는 방식 가압통풍이라고도 한다.
  - 노내압 : 정(+)압 유지
  - 배기가스속도 : 6~8m/sec
- 흡입통풍 : 연도에 송풍기를 설치하여 연소실내의 연소가스를 강제로 흡인하여 연돌을 통해 배출하는 방식이다.
  - 노내압 : 부(-)압 유지
  - 배기가스속도 : 8~10 m/sec
- 평형통풍 : 압입통풍과 흡입통풍을 겸한 방법으로 연소실 내의 압력조절이 용이하고 열손실이 적다. 설비비가 많이 들고 대용량 보일러에 적용한다.
  - 노내압 : 대기압 유지
  - 배기가스 속도 : 10 m/sec 이상

25 고체연료에 대한 연료비를 가장 잘 설명한 것은?

① 고정탄소와 휘발분의 비
② 회분과 휘발분의 비
③ 수분과 회분의 비
④ 탄소와 수소의 비

해설

연료비는 휘발분에 대한 고정탄소의 비율을 말하며, 높을수록 고정탄소 성분이 많은 것을 의미하며 연료로서 가치가 높은 것을 의미한다.

$$연료비 = \frac{고정탄소}{휘발분}$$

26 보일러의 최고사용압력이 0.1MPa 이하일 경우 설치가 능한 과압방지 안전장치의 크기는?

① 호칭지름 5mm
② 호칭지름 10mm
③ 호칭지름 15mm
④ 호칭 지름 20mm

해설

과압방지 안전장치는 주로 안전밸브 및 압력릴리프장치를 말한다. 호칭지름 25mm 이상으로 하여야 한다.
∴ 다음의 경우는 호칭지름 20mm 이상으로 할 수 있다.
- 최대증발량이 5t/h 이하인 관류보일러
- 최고사용압력이 0.1 MPa 이하인 보일러
- 소용량 강철제보일러, 소용량 주철제보일러
- 최고사용압력이 0.5Mpa 이하이며, 전열면적 2m² 이하인 보일러

- 최고사용압력이 0.5MPa 이하이며, 동체 안지름 500mm 이하, 동체 길이가 1000mm 이하인 보일러

27 보일러 부속장치에서 연소가스의 저온부식과 가장 관계 가있는 것은?

① 공기예열기
② 과열기
③ 재생기
④ 재열기

해설

① 저온부식 : 연료 중의 황(S)성분이 원인으로 황산가스의 노점(150℃) 이하에서 발생하는 부식으로 대부분 연도에서 발생하며 절탄기, 공기예열기 등에서 발생한다.

$S + O_2 = SO_2$ (아황산가스)

$SO_2 + \frac{1}{2}O_2 = SO_3$ (무수황산)

$SO_3 + H_2O = H_2SO_4$ (황산가스)

② 저온부식 방지책
- 연료 중 황분을 제거한다.
- 연소에 적정공기를 공급한다.(과잉공기를 적게)
- 첨가제를 사용하여 황산가스의 노점을 낮게 한다.
- 배기가스온도를 황산가스의 노점보다 높게 한다. (170℃ 이상)

28 비점이 낮은 물질인 수은, 다우섬 등을 사용하여 저압에 서도 고온을 얻을 수 있는 보일러는 ?

① 관류식 보일러
② 열매체식 보일러
③ 노통연관식 보일러
④ 자연순환수관식 보일러

해설

열매체 보일러
① 물 대신 특수한 유체를 가열하여 낮은 압력에서도 고온의 포화증기 또는 고온의 액을 얻을 수 있는 보일러이다.
② 인화성 증기를 분출하기 때문에 밀폐식 구조의 안전밸브를 부착한다.
③ 유체(열매체)의 종류 : 다우삼, 수은(Hg), 카네크롤, 모빌썸, 세큐리티

29 어떤 보일러의 연소효율이 92%, 전열면 효율이 85%이면 보일러 효율은?

① 73.2%
② 74.8%
③ 78.2%
④ 82.8%

보일러효율 = 연소효율 × 전열효율
= 0.92 × 0.85 × 100
= 78.2%

30 온수온돌의 방수처리에 대한 설명으로 적절하지 않은 것은?

① 다층건물에 있어서도 전층의 온수온돌에 방수처리를 하는 것이 좋다.
② 방수처리는 내식성이 있는 루핑, 비닐, 방수몰탈로 하며, 습기가 스며들지 않도록 완전히 밀봉한다.
③ 벽면으로 습기가 올라오는 것을 대비하여 온돌바닥보 다 약 10cm 이상 위까지 방수처리를 하는 것이 좋다.
④ 방수처리를 함으로써 열손실을 감소시킬 수 있다.

방수처리는 온수온돌에 방수처리하는 것이 아니라 콘크리트 기초에 하는 것이 좋다.

31 압력배관용 탄소강관의 KS 규격기호는?

① SPPS
② SPLT
③ SPP
④ SPPH

탄소강관의 종류
• SPP : 배관용탄소강 강관
• SPPS : 압력배관용 탄소강 강관
• SPLT : 저온배관용탄소강 강관
• SPPH : 고압배관용탄소강 강관

32 중력환수식 온수난방법의 설명으로 틀린 것은?

① 온수의 밀도차에 의해 온수가 순환한다.
② 소규모주택에 이용된다.
③ 보일러는 최하위 방열기보다 더 낮은 곳에 설치한다.
④ 자연순환이므로 관경을 작게 하여도 된다.

응축수 환수방식
• 중력환수식 : 음축수의 중력에 의한 자연환수방법으로 소규모난방에 적합하고 자연 순환이므로 순환력이 약해 관경을 크게 해야 한다.
• 기계환수식 : 순환펌프에 의한 환수방법으로 공기방출기를 설치한다.
• 진공환수식 : 진공펌프에 의한 환수방법으로 공기방출기가 필요없고 배관 내의 진공도가 100~250 mmHg 정도이며 증기의 순환이 빠르고, 방열량 조절이 광범위하고 대규모 난방에 적합하다. 대규모 난방에 적합하다.

33 전열면적 12m²인 보일러의 급수밸브의 크기는 호칭 몇 A 이상이어야 하는가?

① 15
② 20
③ 25
④ 32

급수밸브 및 체크밸브의 크기는 전열면적 10m² 이하의 보일러에서는 호칭 15A이상, 전열면적 10m²을 초과하는 보일러에서는 호칭 20A 이상 이어야 한다.

34 보온재의 열전도율과 온도와의 관계를 맞게 설명한 것은?

① 온도가 낮아질수록 열전도율은 커진다.
② 온도가 높아질수록 열전도율은 작아진다.
③ 온도가 높아질수록 열전도율은 커진다.
④ 온도에 관계없이 열전도율은 일정하다.

35 글랜드 패킹의 종류에 해당하지 않는 것은?

① 편조 패킹
② 액상 합성수지 패킹
③ 플라스틱패킹
④ 메탈패킹

해설
글랜드 패킹의 종류
- 편조 패킹
- 플라스틱 패킹
- 메탈 패킹액상
∴ 액상합성수지 패킹은 나사용 패킹에 해당된다.

36 배관 중간이나 밸브, 펌프, 열교환기 등의 접속을 위해 사용되는 이음쇠로서 분해, 조립이 필요한 경우에 사용되는 것은?

① 벤드   ② 리듀서
③ 플랜지   ④ 슬리브

해설
배관의 수리 및 보수를 위해 사용되는 배관 부속은 플랜지와 유니온이다.
- 밴드 : 유체의 흐름 방향을 전환
- 리듀셔 : 관 줄이개
- 슬리브 : 신축이음

37 난방설비 배관이나 방열기에서 높은 위치에 설치해야 하는 밸브는?

① 공기빼기밸브   ② 안전밸브
③ 전자밸브   ④ 플로트밸브

해설
방열기는 출구 상단에 공기 방출기를 설치하고 입구에 방열기 밸브를 설치하고 방열기 입구 반대쪽에는 공기빼기 밸브를 설치한다.

38 급수 중 불순물에 의한 장해나 처리방법에 대한 설명으로 틀린 것은?

① 현탁고형물의 처리방법에는 침강분리, 여과, 응집침 전등이 있다.
② 경도성분은 이온 교환으로 연화시킨다.
③ 유지류는 거품의 원인이 되나, 이온교환수지의 능력을 향상시킨다.
④ 용존산소는 급수계통 및 보일러 본체의 수관을 산화 부식시킨다.

해설
프라이밍(거품현상), 포밍(비수현상)의 발생원인
- 고수위 일 때 발생한다.
- 관수의 농축에 의해 발생한다.
- 관수 중의 유지분에 의해 발생한다.
- 보일러 부하 가 과부하일 때 발생한다.

39 기름 보일러에서 연소 중 화염이 점멸 하는 등 연소 불안정이 발생하는 경우가 있다. 그 원인으로 가장 거리가 먼 것은?

① 기름의 점도가 높을 때
② 기름 속에 수분이 혼입되었을 때
③ 연료의 공급상태가 불안정한 때
④ 노내 가부압(潰壓)인 상태에서 연소했을 때

해설
노내가 부압인 경우 연소실 밖으로부터 공기유입이 원활하고 역화가 발생하지 않고 화염이 안정적이다.

40 배관의 관 끝을 막을 때 사용하는 부품은?

① 엘보
② 소켓
③ 티
④ 캡

해설
- 배관의 관 끝을 막을 때 캡을 사용
- 엘보, 티 등의 부품을 막을 때 플러그 사용

정답 35.② 36.③ 37.① 38.③ 39.④ 40.④

41 어떤 강철제 증기보일러의 최고사용압력이 0.35MPa 이면 수압시험 압력은?

① 0.35MPa ② 0.5MPa
③ 0.7MPa ④ 0.95MPa

수압시험 방법
최고사용압력 0.43MPa 이하인 경우
최고사용압력 × 2배,
0.35 × 2 = 0.7MPa

① 강철제 보일러
• 보일러의 최고사용압력이 0.43M Pa[4.3kgf/cm²] 이하
 − 최고사용압력 × 2배
  다만, 그 시험압력이 0.2MPa[2kgf/cm²] 미만인 경우에는 0.2MPa[2kgf/cm²]로 한다.
• 보일러의 최고사용압력이 0.43MPa[4.3kgf/cm²] 초과 1.5[15kgf/cm²]이하
 − 최고사용 압력 × 1.3배 + 0.3MPa[3kgf/cm²]
• 보일러의 최고사용압력이 1.5MPa[15kgf/cm²]를 초과 − 최고사용압력 × 1.5배

② 주철제 보일러
• 보일러의 최고사용압력이 0.43MPa[4.3kgf/cm²] 이하
 − 최고사용압력 × 2배
  다만, 시험압력이 0.2MPa[2kgf/cm²] 미만인 경우에는 0.2MPa[2kgf/cm²]로 한다.
• 보일러의 최고사용압력이 0.43MPa[4.3kgf/cm²] 를 초과
 − 최고사용압력 × 1.3배 + 0.3MPa [3kgf/cm²]

42 온수난방 설비의 밀폐식 팽창탱크에 설치되지 않는 것은?

① 수위계
② 압력계
③ 배기관
④ 안전밸브

• 밀폐식 팽창탱크에 설치되는 장치 : 압력계, 안전밸브, 수위계, 급수관, 배수관, 팽창관, 공기공급관(콤프레셔)
• 개방식 팽창탱크에 설치되는 것 : 통기관(배기관), 오버풀로우관, 배수관, 팽창관, 급수관

43 다른 보온재에 비하여 단열 효과가 낮으며, 500℃이하의 파이프, 탱크, 노벽 등에 사용하는 보온재는?

① 규조토 ② 암면
③ 기포성수지 ④ 탄산마그네슘

① 규조토 : 다른 보온재에 비해서 단열효과가 낮으며 약간 두껍게 시공하는 보온재로 500℃ 이하의 파이프, 탱크, 노벽 등에 사용된다.
② 암면 : 안산암, 현무암, 석회석 등을 원료로 하여 용융, 압축, 가공한 것으로 400 ~ 500℃ 이하의 닥트, 탱크 등에 사용되는 보온재이다.
③ 보온재 안전사용온도
 • 규조토(500℃ 이하)
 • 암면(600℃ 이하)
 • 기포성수지(100℃ 이하)
 • 탄산마그네슘 (250℃ 이하)

44 진공환수식 증기난방 배관시공에 관한 설명으로 틀린 것은?

① 증기주관은 흐름방향에 1/200~1/300의 앞내림 기울기로 하고 도중에 수직상향부가 필요한 때 트랩장치를 한다.
② 방열기 분기관등에서 앞단에 트랩장치가 없을 때에는 1/50~1/100의 앞올림 기울기로 하여 응축수를 주관에 역류시킨다.
③ 환수관에 수직 상향부가 필요한 때에는 리프트 피팅을 써서 응축수가 위쪽으로 배출되게 한다.
④ 리프트 피팅은 될 수 있으면 사용개소를 많게 하고 1단을 2.5m 이내로 한다.

리프트 피팅
• 환수관보다 진공펌프를 높게 설치하여 적은 힘으로 응축수를 흡상시키기 위한 이음방법이며, 1단 높이 1.5m 이내이다.

45 보일러의 내부 부식에 속하지 않는 것은?

① 점식 ② 구식
③ 알칼리부식 ④ 고온부식

해설

내부부식

급수처리 불량, 급수중 불순물 등에 의해 드럼 또는 관 내부 물 과 접촉되는 발생되는 부식

① 내부부식의 발생원인
  ㉠ 보일러수에 불순물(유지류, 산류, 탄산가스, 산소 등)이 많은 경우
  ㉡ 보일러수 중에 용존가스체가 포함된 경우
  ㉢ 보일러수의 pH가 낮은 경우
  ㉣ 보일러수의 화학처리가 올바르지 못 한 경우
  ㉤ 보일러 휴지 중 보존이 잘못 되었을 때

② 내부부식의 종류
  ㉠ 점식(공식, 점형부식) : 보일러수와 접촉부에 발생하는 부식으로 수중의 용존가스(O_2, CO_2 등)에 의한 국부전지 작용에 의해 쌀알 크기의 점모양 부식이다.
  ㉡ 전면부식
   • 수중의 염화마그네슘($MgCl_2$)가 용해되어 180℃ 이상에서 가수분해 되어 철을 부식 시킨다 .
   $MgCb$ + $2H_2O$ $Mg(OH)_2$ + $2HCl$
   Fe + $2HCl$ $FeCl_2$ + H_2
  ㉢ 알칼리 부식
   • 보일러수에 수산화나트륨 (NaOH)의 농도가 높아져 알칼리 성분이 농축(pH$_{12}$: 이상)되고, 이때 생성된 수산화 1철($Fe(OH)_2$)가 Na_2FeO_2(유리알카리)로 변하여 알칼리 부식이 발생 한다.
  ㉣ 그루빙(grooving : 구식)
   보일러 강제에 화학적 작용에 의해, 또는 점식 및 전면부식의 연속적인 작용에 의해 균열이 발생한다. 이 부분에 집중적으로 응력이 작용하여 팽창과 수축이 반복되어 구상형태의 균열이 부식과 함께 발생하게 된다.

46 보일러 사고의 원인 중 보일러 취급상의 사고원인이 아닌 것은?

① 재료 및 설계불량
② 사용압력초과 운전
③ 저수위운전
④ 급수처리불량

해설

보일러 사고 원인
• 제작상 원인 : 재료불량, 강도 부족, 구조 및 설계 불량, 용접불량, 부속 장치 미비 등
• 취급상 원인 : 압력초과, 저수위, 미연가스 폭발, 과열, 부식, 역화, 급수처리 불량 등

47 보일러성능시험에서 강철제 증기보일러의 증기건도는 몇 % 이상이어야 하는가?

① 89
② 93
③ 95
④ 98

해설

보일러성능시험에서 증기건도
• 강철제 보일러는 0.98 (98%)
• 주철제 보일러는 0.97 (97%)

48 실내의 천장 높이가 12m인 극장에 대한 증기난방 설비를 설계 하고자 한다. 이때의 난방부하 계산을 위한 실내방열기 분기관 등에서 앞단에 트랩 평균온도는?(단, 호흡선 1.5m에서의 실내온도는 18t이다.)

① 23.5℃
② 26.1℃
③ 29.8℃
④ 32.7℃

해설

트랩의 평균온도 = 실내온도 + 0.05 × 실내온도 × (천장높이 - 3)
천정높이가 일반적으로 3m 이상인 경우 실내평균온도 는
tm = t + 0.051 (h - 3)
  tm : 실내평균온도(t)
  t : 호흡선(바닥 1.5m)에서의 실내온도℃
  h : 실의 천장높이(m)
∴ tm = 18 + 0.05 × 18 × (12-3) = 26.11℃

49 보일러 강관의 가성취화 현상의 특징에 관한 설명으로 틀린 것은?

① 고압보일러에서 보일러수의 알칼리 농도가 높은 경우에 발생한다.
② 발생하는 장소로는 수면상부의 리벳과 리벳 사이에 발생하기 쉽다.
③ 발생하는 장소로는 관구멍 등 응력이 집중하는 곳의 틈이 많은 곳이다.
④ 외견상 부식성이 없고, 극히 미세한 불규칙적인 방사상 형태를 하고 있다.

가성취화
- 보일러수의 알칼리도가 높은 경우에 리벳 이음판의 중첩부의 틈새 사이나 리벳 머리의 아래쪽에 보일러수가 침입하여 알칼리 성분이 가열에 의해 농축되고, 이 알칼리와 이음부등의 반복 응력의 영향으로 재료의 결정입계에 따라 균열이 생기는 열화현상이다. 가성취하는 보일러 수가 강알칼리일 때 수면과 접촉한 수면 하단부에서 발생함.
- 방지약품은 인산나트륨, 질산나트륨, 탄닌, 리그린 등이다.

50 보일러에서 발생한 증기를 송기할 때의 주의사항으로 틀린 것은?

① 주증기관 내의 응축수를 배출시킨다.
② 주증기 밸브를 서서히 연다.
③ 송기한 후에 압력계의 증기압 변동에 주의한다.
④ 송기한 후에 밸브의 개폐상태에 대한 이상 유무를 점검하고 드레인 밸브를 열어 놓는다.

해설

송기 후 취급
- 밸브의 개폐상태 확인
- 송기 후 압력강하로 인한 압력조절
- 수면계수위 감시
- 제어부 점검

51 증기트랩을 기계식, 온도조절식, 열역학적 트랩으로 구분할 때 온도조절 트랩에 해당하는 것은?

① 버킷트랩
② 플로트트랩
③ 열등식 트랩
④ 디스크형 트랩

해설

증기트랩
① 보일러에서 발생한 증기를 손실을 최소화하고 각 사용처로 균일하게 공급하기 위한 관 모음 장치
② 증기트랩의 종류
- 기계식 : 풀로트식, 버켓식
- 열역학 성질 : 디스크식, 오리피스식
- 온도조절식 : 바이메탈식, 벨로스식(열동식)

52 보일러 전열면의 과열 방지대책으로 틀린 것은?

① 보일러내의 스케일을 제거한다.
② 다량의 불순물로 인해 보일러수가 농축되지 않게 한다.
③ 보일러의 수위가 안전 저수면 이하가 되지 않도록 한다.
④ 화염을 국부적으로 집중 가열한다.

해설

보일러 전열면의 과열 방지대책
- 보일러내의 스케일을 제거한다.
- 과열방지용 온도퓨즈는 373K 미만에서 확실히 작동하여야 한다.
- 다량의 불순물로 인해 보일러수가 농축되지 않게 한다.
- 보일러의 수위가 안전 저수면 이하가 되지 않도록 한다.
- 과열방지용 온도퓨즈는 봉인을 하고 사용자가 변경할 수 없는 구조로 한다.

53 난방부하가 2250kcal/h인 경우 온수방열기의 방열면적은?

① $3.5m^2$
② $4.5m^2$
③ $5.0m^2$
④ $8.3m^2$

해설

- 난방부하 = 방열면적 × 방열량
- 방열면적 = $\dfrac{난방부하}{방열량}$
- 온수방열기의 표준방열량은 450[kcal/m^2h]
  $= \dfrac{2250}{450} = 5m^2$

54 증기난방에서 환수관의 수평 배관에서 관경이 가늘어 지는 경우 편심 리듀서를 사용하는 이유로 적합한 것은?

① 응축수의 순환을 억제하기 위해
② 관의 열팽창을 방지하기 위해
③ 동심 리듀서보다 시공을 단축하기 위해
④ 응축수의 체류를 방지하기 위해

리듀서는 관경이 작아질 때 사용하는 부속품으로 부속품 중심이 양쪽이 같은 동심형 리듀서와 중심이 다른 편심형 리듀서가 있다. 편심형 리듀서는 수평관의 구배를 위해 사용하며 응축수의 체류를 방지하는 역할을 한다.

55 에너지이용 합리화법상 시공업자단체의 설립, 정관의 기재 사항과 감독에 관하여 필요한 사항은 누구의 영으로 정하는가?

① 대통령령
② 산업통상자원부장관
③ 고용노동부령
④ 환경부령

56 에너지이용 합리화법상 열사용기자재가 아닌 것은?

① 강철제보일러
② 구멍탄용 온수보일러
③ 전기순간온수기
④ 2종 압력용기

열사용 기자재의 종류
- 보일러 : 강철제보일러, 주철제보일러, 소형온수보일러, 구멍탄용 온수보일러, 축열식 전기보일러
- 태양열집열기
- 압력용기 : 1종압력용기, 2종압력용기
- 요로 : 요업요로, 금속요로

57 에너지용 합리화법에 따라 고효율 에너지 인증대상 기자재에 포함되지 않는 것은?

① 펌프
② 전력용변압기
③ LED 조명기기
④ 산업 건물용 보일러

고효율에너지 인증대상 기자재 : 2012년 7월 1일 현재 41개 품목에 달하며, 다음을 참조하여 기억할 것.
- 전력용변압기는 2012년 7월 1 일부터 고효율 에너지인증 대상기자재에서 제외
- 고기밀성 단열창호는 2012년 7월 1일부터 고효율 에너지인증 대상 기자재에서 제외

58 다음 에너지이용 합리화법의 목적에 관한 내용이다. ( )안의 A, B에 각각 들어갈 용어로 옳은 것은?

> **보기**
>
> 에너지이용 합리화법은 에너지의 수급을 안정시키고 에너지의 합리적이고 효율적인 이용을 증진하며 에너지소비로 인한 (A)을(를) 줄임으로써 국민 경제의 건전한 발전 및 국민복지의 증진과 (B)의 최소화에 이바지함을 목적으로 한다.

① A = 환경파괴   B = 온실가스
② A = 자연파괴   B = 환경피해
③ A = 환경피해   B = 지구온난화
④ A = 온실가스배출 B = 환경파괴

- **에너지이용합리화법의 목적** : 에너지의 수급(需給)을 안정시키고 에너지의 합리적이고 효율적인 이용을 증진하며 에너지소비로 인한 환경피해를 줄임으로써 국민경제의 건전한 발전 및 국민복지의 증진과 지구온난화의 최소화에 이바지함을 목적으로 한다.
- "에너지이용합리화법" 제 14조4 항 : 에너지기술개발사업비는 다음 각 호의 사업 지원을 위하여 사용하여야 한다.
  1. 에너지기술의 수요조사에 관한사항
  2. 에너지기술의 연구·개발에 관한 사항
  3. 에너지기술에 관한 국제협력에 관한사항
  4. 에너지에 관한 연구인력 양성에 관한사항
  5. 에너지기술 개발 성과의 보급 및 홍보에 관한 사항
  6. 온실가스 배출을 줄이기 위한 기술개발에 관한 사항
  7. 에너지 사용에 따른 대기오염을 줄이기 위한 기술개발에 관한사항
  8. 에너지시용기자재와 에너지공급설비 및 그 부품에 관한 기술개발에 관한 사항
  9. 에너지기술에 관한 정보의 수집·분석 및 제공과 이와 관련된 학술 활동에 관한 사항

정답   55.①   56.③   57.②   58.③

59 에너지법에 따라 에너지기술개발 사업비의 사업에 대한 지원항목에 해당되지 않는 것은?

① 에너지기술의 연구 개발에 관한 사항
② 에너지기술에 관한 국내협력에 관한 사항
③ 에너지기술의 수요조사에 관한 사항
④ 에너지에 관한 연구인력 양성에 관한 사항

해설

에너지기술개발사업비의 사업에 대한 지원항목
• 에너지기술의 수요 조사에 관한 사항
• 에너지기술의 연구·개발에 관한 사항
• 에너지기술에 관한 국제협력에 관한 사항
• 에너지에 관한 연구인력 양성에 관한 사항
• 에너지기술 개발 성과의 보급 및 홍보에 관한 사항
• 온실가스 배출을 줄이기 위한 기술개발에 관한 사항
• 한국에너지기술평가원의 에너지기술개발사업 관리에 관한사항
• 에너지 사용에 따른 대기오염을 줄이기 위한 기술개발에 관한사항
• 에너지사용기자재와 에너지공급설비 및 그 부품에 관한 기술개발에 관한 사항
• 에너지기술에 관한 정보의 수집·분석 및 제공과 이와 관련된 학술활동에 관한 사항

60 에너지용 합리화법에 따라 검사에 합격되지 아니한 검사 대상기기를 사용한 자에 대한 벌칙은?

① 6개월 이하의 징역 또는 5백만원 이하의 벌금
② 1년 이하의 징역 또는 1천만원 이하의 벌금
③ 2년 이하의 징역 또는 2천만원 이하의 벌금
④ 3년 이하의 징역 도는 3천만원 이하의 벌금

해설

1년 이하의 징역 또는 1천만원 이하의 벌금
• 불합격한 검사대상기기를 사용한 자
• 검사대상기기의 검사를 받지 아니한 자
• 검사를 받지 않고 검사대상기기를 수입한 자

01 압력에 대한 설명으로 옳은 것은?
① 단위 면적당 작용하는 힘이다.
② 단위 부피당 작용하는 힘이다.
③ 물체의 무게를 비중량으로 나눈 값이다.
④ 물체의 무게에 비중량을 곱한 값이다.

해설

압력이란 단위면적당 수직으로 작용하는 힘

$$= \frac{중량(kg)}{면적(m^2)}$$

① 대기에 의해 누르는 압력을 대기압이라 한다.
  0℃에서 수은주가 760mm 상승된 상태의 압력이라 한다.
② 1atm이란

$$1.0332kg/cm^2 = 760mmHg = 10.332mH_2O$$
$$= 14.7psi$$
$$= 101325N/m^2$$
$$= 101325Pa$$

02 증기 보일러의 효율 계산식을 바르게 나타 낸 것은?

① 효율(%)
$$= \frac{상당증발량 \times 539}{연료소비량 \times 연료발열량} \times 100$$

② 효율(%)
$$= \frac{증기소비량 \times 539}{연료소비량 \times 연료의 비중} \times 100$$

③ 효율(%)
$$= \frac{급수량 \times 539}{연료소비량 \times 연료발열량} \times 100$$

④ 효율(%) $= \dfrac{급수사용량}{증기발열량} \times 100$

해설

상당증발량 $= \dfrac{상당증발량 \times 539}{연료소비량 \times 연료발열량} \times 100$

상당증발량
$$= \frac{실제증발량 \times (증기엔탈피 - 급수엔탈피)}{539}$$

03 유류버너의 종류 중 기압(MPa)의 분무매체 를 이용하여 연료를 분무하는 방식의 버너 로서 2유체 버너라고도하는 것은?
① 고압기류식 버너
② 유압식 버너
③ 회전식 버너
④ 환류식 버너

해설

유체 분무식 버너는 공기 또는 증기압을 이용하여 중유 를 무화시키는 기류분무식 버너이다.

04 보일러 열효율 정산방법에서 열정산을 위 한 액체 연료량을 측정할 때 측정의 허용오 차는 일반적으로 몇 %로 하여야 하는가?
① ± 1.0%
③ ± 1.6%
② ± 1.5%
④ ± 2.0%

해설

연료사용량 측정허용 오차
• 액체연료 : ± 1.0%
• 기체연료 : ± 1.6%
• 급수량 측정허용오차 : ± 1.0%

05 중유 예열기의 가열하는 열원의 종류에 따 른 분류가 아닌 것은?
① 전기식   ② 가스식
③ 온수식   ④ 증기식

해설

오일프리히터
① 중유를 예열하여 점도를 낮추어 무화상태를 좋게 하 고 연소 효율을 높이기 위한 장치
② 종류 : 전기식, 증기식, 온수식

 정답   01.①   02.①   03.①   04.①   05.②

06 공기비를 m, 이론 공기량을 Ao라고 할 때, 실제 공기량 A를 구하는 식은?

① A = m·Ao
② A = m/Ao
③ A = 1/(m· A^o)
④ A = Ao − m

해설

$$공기비(m) = \frac{실제공기량(A)}{이론공기량(A_0)}$$

실제공기량 = 공기비(m) × 이론공기량(Ao)
= 과잉공기량 − 이론공기량

07 보일러 급수장치의 일종인 인젝터 사용 시 장점에 관한 설명으로 틀린 것은?

① 급수 예열 효과가 있다.
② 구조가 간단하고 소형이다.
③ 설치에 넓은 장소를 요하지 않는다.
④ 급수량 조절이 양호하고 급수의 효율이 높다.

해설

인젝터
증기압력을 이용한 비동력 급수장치로서, 인젝터 내부의 노즐을 통과하는 증기의 속도 에너지를 압력에너지로 전환하여 보일러에 급수를 하는 예비용 급수장치이다
① 구조 : 증기노즐, 혼합노즐, 토출노즐
② 인젝터의 작동순서, 정지순서
  • 작동순서 : 토출 밸브 → 급수밸브 → 증기밸브 → 인젝터 핸들
  • 정지순서 : 인젝터 핸들 → 증기밸브 → 급수밸브 → 토출 밸브
③ 장점
  • 설치에 장소를 필요로 하지 않는다.
  • 증기와 혼합되어 급수가 예열된다.
  • 구조가 간단하고 취급이 용이하다.
  • 소형이며 비동력 장치이다.
④ 단점
  • 양수효율이 낮다.
  • 급수량 조절이 어렵고, 흡입양정이 낮다.

08 다음 중 슈미트 보일러는 보일러 분류에서 어디에 속하는가?

① 관류식   ② 간접가열식
③ 자연순환식   ④ 강제순환식

해설
간접가열 보일러는 슈미트 보일러와 레플러 보일러는 간접가열 보일러이다.

09 보일러의 안전장치에 해당되지 않는 것은?

① 방폭문   ② 수위계
③ 화염검출기   ④ 가용마개

해설

안전장치
① 보일러 운전 중 이상 저수위, 압력초과, 프리퍼지 부족으로 미연가스에 의한 노내 폭발 등 안전사고를 미연에 방지하기 위해 사용되는 장치
② 종류
  • 압력초과 방지를 위한 안전장치 : 안전밸브, 증기 압력 제한기
  • 저수위 사고를 방지하기 위한 안전장치 : 저수위 경보기, 가용전
  • 노내 폭발을 방지하기 위한 안전장치 : 화염 검출기, 방폭문
③ 수위계는 계측(지시)장치로 액면 측정장치에 해당된다.

10 보일러의 시간당 증발량 1100 kg/h, 증기엔탈피 650kcal/kg, 급수온도 30℃일 때, 상당증발량은?

① 1050 kg/h
② 1265 kg/h
③ 1415 kg/h
④ 1733 kg/h

해설

상당증발량
$$= \frac{실제증발량 \times (증기엔탈피 - 급수엔탈피)}{539}$$
$$= \frac{1100 \times (650 - 30)}{539} = 1265.3 kg/h$$

11 보일러의 자동연소제어와 관련이 없는 것은?

① 증기압력제어
② 온수온도제어
③ 노내압 제어
④ 수위제어

수위제어는 급수제어이다.

보일러자동제어 (A,B,C)	제 어 량	조 작 량
자동연소제어 (A,C,C)	증기압력	연료량, 공기량
	노내압력	연소가스량
급수제어(F,W,C)	드럼수위	급수량
증기온도제어 (S,T,C)	과열증기온도	전열량

12 보일러의 과열방지장치에 대한 설명으로 틀린 것은?

① 과열방지용 온도퓨즈는 373K 미만에서 확실히 작동하여야 한다.
② 과열방지용 온도퓨즈가 작동한 경우 일정시간 후 재점화 되는 구조로 한다.
③ 과열방지용 온도퓨즈는 봉인을 하고 사용자가 변경할 수 없는 구조로 한다.
④ 일반적으로 용해전은 369~371K에 용해되는 것을 사용한다.

과열방지장치가 작동한 경우에는 과열 원인 제거 후 프리퍼지드를 하고 재점화 되는 구조이다.

13 보일러 부속장치에 관한 설명으로 틀린 것은?

① 기수분리기 : 증기 중에 혼입된 수분을 분리 하는 장치
② 슈트 블로워 : 보일러 동 저면의 스케일, 침전물 등을 밖으로 배출하는 장치
③ 오일 스트레이너 : 연료속의 불순물 방지 및 유량계, 펌프 등의 고장을 방지 하는 장치
④ 스팀 트랩 : 응축수를 자동으로 배출하는 장치

슈트 블로워(매연 분출장치)
• 설치목적
고압의 증기 또는 공기를 분사하여 수관식 보일러의 전열면(수관외면)에 부착된 그을음 등을 제거하여 전열효율을 좋게 하고 연료절감 및 열효율을 높이기 위해 설치

• 매연 취출시기
  ㉠ 연료소비량이 증가할 때
  ㉡ 배기가스온도가 상승한 경우
  ㉢ 통풍력이 저하될 때
  ㉣ 연소관리 상황이 현저하게 차이가 있을 때
• 매연 취출 후 효과
  ㉠ 연료소비량 감소
  ㉡ 배기가스온도 저하로 열손실 감소
  ㉢ 전열효율 및 열효율 향상
  ㉣ 통풍력의 증가

14 보일러 급수처리의 목적으로 볼 수 없는 것은?

① 부식의 방지
② 보일러수의 농축방지
③ 스케일의 생성 방지
④ 역화 방지

• 분출목적은 보일러수 농축방지, pH 조절, 포밍·플라이밍 방지, 스케일 생성 방지하기 위한 것이다.
• 역화란 노내 폭발이나 착화가 늦어졌을 때 연료의 인화점이 낮을 때 발생하는 현상이다.

15 배기가스 중에 함유되어 있는 CO_2, O_2, CO의 3가지 성분을 순서대로 측정하는 가스 분석계는?

① 전기식 CO_2 계
② 행펠식 가스분석계
③ 오르자트 가스분석계
④ 가스 크로마트 그래픽 가스분석계

오르자트 가스분석계는 흡수액을 이용하여 배기가스 성분 중 $CO_2 \rightarrow O_2 \rightarrow CO$를 순서에 의해 분석하여 공기량을 조절하는 장치

16 일반적으로 보일러 판넬 내부온도는 몇 ℃를 넘지 않도록 하는 것이 좋은가?

① 60℃   ③ 80℃
② 70℃   ④ 90℃

정답 12.② 13.② 14.④ 15.③ 16.①

17 함진 배기가스를 액방울이나 액막에 충돌시켜 분진 입자를 포집 분리하는 집진장치는?

① 중력식 집진장치
② 관성력식 집진장치
③ 원심력식 집진장치
④ 세정식 집진장치

세정식(습식)집진장치는 분진입자가 포함된 배기가스를 액방울이나 액막에 충돌시켜 분진 입자를 포집하는 집진장치이다.

18 보일러 인터록과 관련이 없는 것은?

① 압력초과 인터록
② 저수위 인터록
③ 불착화 인터록
④ 급수장치 인터록

인터록
① 어떤 조건이 충족될 때까지 다음 동작을 멈추게 하는 동작으로 보일러에서는 보일러 운전 중 어떤 조건이 충족되지 않으면 연료공급을 차단시키는 전자밸브(솔레노이드밸브: Solenoid Valve)의 동작을 말한다.
② 종류
• 압력초과 인터록 : 증기압력이 제한압력을 초과할 경우 전자밸브를 작동, 연료를 차단한다.
• 저수위 인터록 : 보일러 수위가 이상감수(저수위)가 될 경우 전자 밸브를 작동, 연료를 차단한다.
• 불착화 인터록 : 보일러 운전 중 실화가 될 경우 전자밸브를 작동, 노내에 연료 공급을 차단한다.
• 저연소 인터록 : 운전 중 연소상태가 불량으로 유량조절밸브를 조절하여 저연소상태로 조절되지 않으면 전자밸브를 작동, 연료공급을 차단하여 연소가 중단된다.
• 프리퍼지 인터록 : 점화전 송풍기가 작동되지 않으면 전자밸브가 작동, 연료 공급을 차단하여 점화가 되지 않는다.
③ 시퀀스제어 : 정해진 순서에 따라 차례로 동작이 진행
④ 피드백제어 : 제어량과 목표치를 비교하여 동작이 진행

19 상태변화 없이 물체의 온도변화에만 소요되는 열량은?

① 고체열
② 현열
③ 액체열
④ 잠열

① 현열
• 물질의 상태변화 없이 온도변화에 필요한 열량
• $Q = G \cdot C \cdot \triangle T(kcal)$
  [G : 질량(kg), C : 비열(kcal/kg℃),
   $\triangle T$: 온도차(℃ : $t_1 - t_2$)]
∴ 열량 = 질량 × 비열 × 온도차
② 잠열 : 물질의 온도변화 없이 상태변화에 필요한 열량
• 융해잠열이 : 0℃의 얼음 1kg을 0℃의 물로 변화시키는데 필요한 열량(80 kcal/kg)
• 증발잠열 : 100℃의 포화수 1kg을 100℃의 건포화증기로 변화 시키는데 필요한 열량(539 kcal/kg)

20 보일러용 오일 연료에서 성분분석 결과 수소 12.0%, 수분 0.3%라면, 저위 발열량은? (단, 연료의 고위발열량은 10600kcal/kg이다.)

① 6500 kcal/kg
② 7600 kcal/kg
③ 8950 kcal/kg
④ 9950 kcal/kg

저위발열량 = 고위발열량−수분의 증발열
$Hl = Hh - 600(9H + W)$
$= 10600 - 600 \times (9 \times 0.12 + 0.003)$
$= 9950.2 kcal/kg$

21 보일러에서 보염장치의 설치목적에 대한 설명으로 틀린 것은?

① 화염의 전기전도성을 이용한 검출을 실시한다.
② 연소용 공기의 흐름을 조절하여 준다.
③ 화염의 형상을 조절 한다.
④ 확실한 착화가 되도록 한다.

화염검출기는 운전 중 불착화나 실화시 가스폭발을 방지하기 위해 연료공급을 차단하는 장치이다.

① 화염검출기란 운전중 불착화나 실화시 전자밸브에 의해 연료공급을 차단하는 안전장치
  - 플레임 로드 : 이온화 이용(전기적 성질)
  - 플레임 아이 : 발광체 이용(광학적 성질)
  - 스택스위치 : 발열체 이용(열적 성질)
② 스택스위치는 연도에 설치하여 화염의 발열체를 이용한 검출기로 동작이 느려 대용량 보일러에 부적당하다.

22 증기사용압력이 같거나 또는 다른 여러 개의 증기사용 설비의 드레인 관을 하나로 묶어 한 개의 트랩으로 설치한 것을 무엇이라고 하는가?

① 플로트트랩   ② 버킷트랩핑
③ 디스크트랩   ④ 그룹트랩핑

해설
그룹트랩핑은 증기사용설비의 온도저하로 증기 손실이 크다.

23 보일러 윈드박스 주위에 설치되는 장치 또는 부품과 가장 거리가 먼 것은?

① 공기예열기   ② 화염검출기
③ 착화버너   ④ 투시구

해설
윈드박스의 주위 설치장치는 점화버너, 화염검출기, 투시구 등이다.

24 보일러 운전 중 정전이나 실화로 인하여 연료의 누설이 발생하여 갑자기 점화되었을 때 가스폭발방지를 위해 연료공급을 차단하는 안전장치는?

① 폭발문   ② 수위검출기
③ 화염검출기   ④ 안전밸브

해설
화염검출기는 운전 중 불착화나 실화시 가스폭발을 방지하기 위해 연료공급을 차단하는 장치이다.
① 화염검출기란 운전중 불착화나 실화시 전자밸브에 의해 연료공급을 차단하는 안전장치
  - 플레임 로드 : 이온화 이용(전기적 성질)
  - 플레임 아이 : 발광체 이용(광학적 성질)
  - 스택스위치 : 발열체 이용(열적 성질)
② 스택스위치는 연도에 설치하여 화염의 발광체를 이용한 검출기로 동작이 느려 대용량 보일러에 부

적당하다.

25 다음 중 보일러에서 연소가스의 배기가 잘 되는 경우는?

① 연도의 단면적이 작을 때
② 배기가스 온도가 높을 때
③ 연도에 굴곡이 있을 때
④ 연도에 공기가 많이 침입 될 때

해설
연돌의 통풍력이 증가되는 경우
  - 연돌의 높이를 높게
  - 연도에 굴곡이 적을 때
  - 연도의 단면적이 클 때
  - 배기가스 온도가 높을 때

26 전열면적이 40m²인 수직보일러를 2시간 연소시킨 결과 4000kg의 증기가 발생하였다. 이 보일러의 증발율은?

① 40 kg/m²h
② 30 kg/m²h
③ 60 kg/m²h
④ 50 kg/m²h

해설
$$전열면의\ 증발율 = \frac{실제증발량(kg/h)}{전열면적(m^2)}\ (kg/m^2 h)$$
$$= \frac{4000}{40 \times 2} = 50 kg/m^2 h$$

27 다음 중 보일러 스테이(stay)의 종류로 가장 거리가 먼 것은?

① 거싯(gusset) 스테이
② 바(bar) 스테이
③ 튜브(tube) 스테이
④ 너트(nut) 스테이

해설
  - 스테이는 압력에 약한 경판 등을 보강하기 위한 보강재이다.
  - 스테이(stay)는 압력에 대한의 종류는 거싯, 바, 튜브, 볼트, 행거, 도그 버팀 등이 있다.
  - 기관본체에 열을 공급하기 위해 연료를 연소시키기 위한 장치로서 버너, 연소실, 연도, 연돌, 화격자 등으로 구성된다.

28 과열기의 종류 중 열가스 흐름에 의한 구분 방식에 속하지 않는 것은?

① 병류식　　② 접촉식
③ 향류식　　④ 혼류식

해설

과열기

보일러에서 발생된 포화증기를 가열하여 압력은 변함 없이 온도만 높인 증기, 즉 과열 증기를 얻기 위한 장치

• 종 류

① 전열방식에 따른 분류

　㉠ 복사형 과열기 : 연소실에 설치하여 화염의 복사 열을 이용하여 과열증기를 발생하는 형식으로 보일러 부하가 증가할수록 과열온도가 저하된다.

　㉡ 대류형 과열기 : 연도에 설치에 배기가스의 대류 열을 이용하여 과열증기를 발생하는 형식으로 보일러 부하가 증가할수록 과열온도가 증가한다.

　㉢ 복사 대류형 과열기 : 연소실과 연도의 중간에 설치하여 화염의 복사열과 배기가스의 대류 열을 동시에 이용하는 형식으로 보일러 부하변동에 대해 과열증기의 온도 변화는 비교적 균일하다.

② 연소가스의 흐름에 따라

　㉠ 병류형 : 연소가스와 증기의 흐름이 동일 방향으로 접촉되는 형식

　㉡ 향류형 : 연소가스와 증기의 흐름이 반대 방향으로 접촉되는 형식
　　전열효율은 좋으나 침식이 빠르다.

　㉢ 혼류형 : 병류형과 향류형이 혼용된 형식 침식을 적게 하고 전열을 좋게 한 형식

29 상용 보일러의 점화전 준비 사항에 관한 설명으로 틀린 것은?

① 수저분출밸브 및 분출 콕의 기능을 확인하고, 조금씩 분출되도록 약간 개방하여 둔다.

② 수면계에 의하여 수위가 적정한지 확인한다.

③ 급수배관의 밸브가 열려있는지, 급수 펌프의 기능은 정상인지 확인한다.

④ 공기빼기 밸브는 증기가 발생하기 전까지 열어 놓는다.

해설

수저분출밸브 및 분출 콕은 빠르게 분출을 하고 만개한다.

30 고체연료의 고위발열량으로부터 저위발열량을 산출 할 때 연료속의 수분과 다른 한 성분의 함유율을 가지고 계산하여 산출할 수 있는데 이 성분은 무엇인가?

① 산소　　② 수소
③ 유황　　④ 탄소

해설

저위발열량 = 고위발열량-수분의 증발열
$Hl = Hh - 600(9H + W)$에서 H는 수소 함량, W는 수분의 함량을 의미한다.

31 도시가스 배관의 설치에서 배관의 이음부(용접이음매 제외)의 전기점멸기 및 전기접속기와의 거리는 최소 얼마 이상유지해야 하는가?

① 10 cm^2　　② 70 m^2
③ 30 cm^2　　④ 50 m^2

해설

배관의 이음부와의 거리

• 절연전선과 거리 : 10cm 이상
• 전기개량기 및 전기개폐기와 거리 : 60cm 이상
• 굴뚝, 전기점멸기 및 전기접속기와 거리 : 30cm 이상

32 증기보일러에는 2개 이상의 안전밸브를 설치하여야 하지만 전열면적 몇 m^2 이하인 경우에는 1개 이상으로 해도 되는가?

① 80 m^2　　② 70 m^2
③ 60 m^2　　④ 50 m^2

해설

안전밸브

① 설치목적
　보일러 가동 중 사용압력이 제한압력을 초과할 경우 증기를 분출시켜 압력 초과를 방지하기 위해 설치한다.

② 설치방법
　보일러 증기부에 검사가 용이한 곳에 수직으로 직접 부착한다.

③ 설치개수

• 2개 이상을 부착한다.(단, 보일러 전열면적 50m^2 이하의 경우 1개를 부착)

• 증기 분출압력의 조정 : 안전밸브를 2개 설치한 경우 1개는 최고사용압력 이하에서, 분출하도록

조정하고, 나머지 1개는 최고사용압력의 1.03배 초과 이내에서 증기를 분출하도록 조정한다.

33 배관 보온재의 선정 시 고려해야 할 사항으로 가장 거리가 먼 것은?

① 안전사용 온도 범위
② 보온재의 가격
③ 해체의 편리성
④ 공사현장의 작업성

보온재의 선정시 구비조건
- 비중이 작을 것
- 흡수성이 적을 것
- 독립기포의 다공질성 일 것
- 불연성이며 사용 수명이 길 것
- 어느 정도 기계적 강도가 있을 것
- 열전도율이 적고 안전사용 범위에 적합할 것
- 물리적·화학적으로 안정되고 가격이 저렴할 것

34 증기주관의 관말트랩 배관의 드레인 포켓과 냉각관 시공 요령이다. 다음 (   )안에 적절한 것은?

> **보기**
>
> 증기주관에서 응축수를 건식환수관에 배출하려면 주관과 동경으로 (ⓐ)mm 이상 내리고 하부로 (ⓑ)mm 이상 연장하여 (ⓒ)을(를) 만들어준다. 냉각관은 (ⓓ) 앞에서 1.5m 이상 나관으로 배관한다.

① ⓐ 150 ⓑ 100 ⓒ 트랩
   ⓓ 드레인 포켓
② ⓐ 100 ⓑ 150 ⓒ 드레인 포켓
   ⓓ 트랩
③ ⓐ 150 ⓑ 100 ⓒ 드레인 포켓
   ⓓ 드레인 포켓
④ ⓐ 100 ⓑ 150 ⓒ 드레 인 밸브
   ⓓ 드레 인포켓

- 건식환수관에서 응축수를 배출하기 위해 하부에 150 mm 연장하여 레인 포켓을 설치한다.
- 냉각관은 트랩 앞에서 1.5m 이상 나관으로 배관한다.

35 파이프와 파이프를 홈 조인트로 체결하기 위하여 파이프 끝을 가공하는 기계는?

① 띠톱 기계
② 파이프 벤딩기
③ 동력파이프 나사절삭기
④ 그루빙 조인트 머신

36 보일러 보존 시 동결사고가 예상될 때 실시하는 밀폐식 보존법은?

① 건조 보존법
② 만수 보존법
③ 화학적 보존법
④ 습식 보존법

건조 보존법
① 휴지기간이 길거나(3~6 개월 이상) 겨울에 동결의 위험이 있을 때 보존하는 방법이다.
② 보존방법
- 정지한 보일러를 서서히 냉각시킨 후 보일러수를 전부 배출한 후 청소한다.
- 보일러 내부에 스케일 등이 부착된 상태로 보존하게 되면 보존 후 재 사용할 때 장애가 발생하므로 스케일을 미리 제거해야 한다.
- 연결 보일러가 있는 경우 연결을 차단하고 보일러 내 외부에 불을 피워 내부를 완전히 건조 시킨다.
- 보일러 내에 증기나 물이 새어 들어가지 않도록 증기관, 급수관은 확실하게 외부와 연락을 차단하고 밀폐시킨다.
- 흡습제를 동내부, 여러 곳에 배치한다.
- 본체 외면은 와이어브러시로 청소한 후 그리스 또는 방청도장을 한다.

37 온수난방 배관 시공시 이상적인 기울기는 얼마인가?

① 1/100 이상   ② 1/150 이상
③ 1/200 이상   ④ 1/250 이상

배관의 기울기
- 증기난방의 기울기 : 1/200
- 온수난방의 기울기 : 1/250

정답 33.③ 34.② 35.④ 36.① 37.④

38 온수난방 설비의 내림구배 배관에서 배관 아랫면을 일치시키고자 할 때 사용되는 이음쇠는?

① 소켓　　　　② 편심 레듀셔
③ 유니언　　　④ 이경엘보

편심 레듀셔는 관경을 줄이는 이음쇠로 내림 구배시 관 아랫면을 기준하고, 상향 구배를 할 때 관의 윗면을 일치시킨다.

39 두께 150mm, 면적이 15m²인 벽이 있다. 내면온도는 200℃, 외면온도가 20℃일 때 벽을 통한 손실열량은?(단, 열전도율은 0.25 kcal/mtfc 이다.)

① 101 kcal/h
② 675 kcal/h
③ 2345 kcal/h
④ 4500 kcal/h

벽을 통한 손실열

$$= \frac{열전도율}{벽두께} \times 면적 \times (내면온도 - 외면온도)$$

$$= \frac{0.25}{0.15} \times 15 \times (200 - 20) = 4500 kcal/h$$

40 보일러 수에 불순물이 많이 포함되어 보일러수의 비등과 함께 수면부근에 거품의 층을 형성하여 수위가 불안정하게 되는 현상은?

① 포밍　　　　　　프라이밍
③ 캐리오버　　　④ 공동현상

• **포밍** : 보일러수의 농축으로 수면부근에 거품의 층을 형성하여 수위가 불안정하게 되는 현상
• **프라이밍** : 관수의 농축, 급격한 증발 등에 의해 동수면에서 물방울이 튀어 오르는 현상
• **캐리오버** : 발생증기 중 물방울이 포함되어 송기되는 현상으로 일명 기수공발이라고도 한다. 기계적 캐리오버와 선택적 캐리오버로 구분된다.
• **수격작용(워터해머)** : 관내의 응축수가 증기의 압력 및 유속증가로 인해 관의 곡관부 등을 강하게 타격하는 현상

41 수질이 불량하여 보일러에 미치는 영향으로 가장 거리가 먼 것은?

① 보일러의 수명과 열효율에 영향을 준다.
② 고압보다 저압일수록 장애가 더욱 심하다.
③ 부식현상이나 증기의 질이 불순하게 된다.
④ 수질이 불량하면 관계통에 관석이 발생한다.

수질이 불량하여 보일러에 미치는 영향
• 보일러의 수명과 열효율에 영향을 준다.
• 부식현상이나 증기의 질이 불순하게 된다.
• 수질이 불량하면 관계통에 관석이 발생한다.
• 수질의 장애는 저압보다 고압일수록 장애가 더욱 심하다.

42 다음 보온재 중 유기질 보온재에 속하는 것은?

① 규조토
② 탄산마그네슘
③ 유리섬유
④ 기포성수지

보온재
독립기포의 다공질성으로 가볍고, 열전도율이 적은 재질을 말한다.
① 유기질 보온재에는 콜크, 펠트, 기포성수지 등이 있다.
② 무기질 보온재에는 탄산마그네슘, 그라스울, 석면, 규조토, 암면, 규산칼슘
③ 금속질 보온재는 알루미늄 박으로 복사열의 반사특성을 이용 보온 효과를 얻는다.
④ 보온재의 열전도율은 온도, 비중, 흡습성 등에 비례한다.
⑤ 보온재의 구비조건
　• 비중이 작을 것
　• 흡수성이 적을 것
　• 열전도율이 작을 것
　• 독립기포의 다공질성 일 것
　• 어느 정도 기계적강도가 있을 것
　• 장시간 사용시 변질되지 않을 것

 정답 38.② 39.④ 40.① 41.② 42.④

43 관의 접속상태, 결합방식의 표시방법에서 용접이음을 나타내는 그림기호로 맞는 것은?

- 나사이음: ————|————
- 유니온 이음 ————||————
- 플랜지 이음: ————|——

44 보일러 점화불량의 원인으로 가장 거리가 먼 것은?

① 댐퍼 작동 불량
② 파일로트 오일 불량
③ 공기비 조정불량
④ 점화용 트랜스의 전기 스파크 불량

45 다음 방열기 도시기호 중 벽걸이 종형 도시기호는?

① W-H   ② W-V
③ W-i   ④ W-M

해설
방열기 도시기호
- W-H : 벽걸이 가로형
- W-V : 벽걸이 세로형

46 배관지지구의 종류가 아닌 것은?

① 파이프 슈   ② 콘스탄트 행거
③ 리지드 서포트 ④ 소켓

해설
버팀(stay, 보강재)
① 보일러의 평·경판과 같이 압력에 약한 부분을 보강하여 변형을 방지하기 위한 재질을 보강재라 한다.
② 종류: 가젯트 버팀, 나사 버팀, 관 버팀, 막대 버팀, 행거 버팀, 도그 버팀 등이 있다.
③ 가젯트 버팀 : 경판과 동판을 연결하여 경판을 보강하는 보강재
④ 소켓은 동일직경의 관을 직선이음 할 때 사용하는 관 이음쇠

47 보온시공 시 주의사항에 대한 설명으로 틀린 것은?

① 보온재와 보온재의 틈새는 되도록 적게 한다.
② 겹침부의 이음새는 동일 선상을 피해서 부착한다.
③ 테이프 감기는 물, 먼지 등의 침입을 막기 위해 위에서 아래쪽으로 향하여 감아 내리는 것이 좋다.
④ 보온의 끝 단면은 사용하는 보온재 및 보온목적에 따라서 필요한 보호를 한다.

해설
테이프 감기는 물, 먼지 등의 침입을 막기 위해 아래쪽에서 위로 향하여 아올리는 것이 좋다.

48 온수난방에 관한 설명으로 틀린 것은?

① 단관식은 보일러에서 멀어질수록 온수의 온도가 낮아진다.
② 복관식은 발열량의 변화가 일어나지 않고 밸브의 조절로 방열량을 가감할 수 있다.
③ 역귀환 방식은 각 방열기의 방열량이 거의 일정하다.
④ 증기난방에 비하여 소요방열면적과 배관경이 작게 되어 설비비를 비교적 절약할 수 있다.

해설
온수난방은 증기난방에 비해 방열량이 적어 방열면적과 배관관경을 크게 해야 한다.

49 온수보일러에서 팽창탱크를 설치할 경우 주의사항으로 틀린 것은?

① 밀폐식 팽창탱크의 경우 상부에 물빼기 관이 있어야 한다.
② 100℃의 온수에도 충분히 견딜 수 있는 재료를 사용하여야 한다.
③ 내식성 재료를 시용하거나 내식 처리된 탱크를 설치하여야 한다.
④ 동결우려가 있는 경우에는 보온을 한다.

 정답   43.③   44.②   45.②   46.④   47.③   48.④   49.①

온수보일러 팽창탱크
① 설치목적
- 부족수를 보충 급수한다.
- 온수온도상승에 따른 이상팽창압력을 흡수한다.
- 장치 내를 운전중 소정의 압력으로 유지하고 온수온도를 유지한다.
② 종류
- 개방식 : 저온수 난방에 설치한다.
- 밀폐식 : 고온수 난방에 설치한다.(설치는 높이의 제한을 받지 않는다)
③ 설치위치(개방식의 경우)
- 상향식의 경우 : 온수의 역류를 방지하기 위해 환수주관하단에 U자형으로 하향시켜 배관한다.(최고 소방열관보다 1m 이상 높게 한다)
- 하향식의 경우 : 공기방출기와 팽창탱크를 겸한 구조로 하여 보일러 바로 위에 설치한다.(이 경우 팽창탱크의 용량은 10% 큰 것이 필요하다.)
- 팽창탱크의 하부에 물빼기 관이 있어야 한다.

50 보일러 내부부식에 속하지 않는 것은?
① 점식
② 저온부식
③ 구식
④ 알칼리부식

내부부식
급수처리 불량, 급수중 불순물 등에 의해 드럼 또는 관내부 물과 접촉되는 발생되는 부식
① 내부부식의 발생원인
  ㉠ 보일러수에 불순물(유지류, 산류, 탄산가스, 산소 등)이 많은 경우
  ㉡ 보일러수 중에 용존가스체가 포함된 경우
  ㉢ 보일러수의 pH가 낮은 경우
  ㉣ 보일러수의 화학처리가 올바르지 못 한 경우
  ㉤ 보일러 휴지 중 보존이 잘못 되었을 때
② 내부부식의 종류
  ㉠ 점식(공식, 점형부식) : 보일러수와 접촉부에 발생하는 부식으로 수중의 용존가스(O_2,CO_2 등)에 의한 국부전지 작용에 의해 쌀알 크기의 점모양 부식이다.
  ㉡ 전면부식
  - 수중의 염화마그네슘($MgCl_2$)가 용해되어 180℃ 이상에서 가수분해 되어 철을 부식 시킨다.
    $MgCl_2$ + $2H_2O$ $Mg(OH)_2$ + $2HCl$
    Fe + $2HCl$ $FeCl_2$ + H_2
  ㉢ 알칼리 부식
  - 보일러수에 수산화나트륨($NaOH$)의 농도가 높아져 알칼리 성분이 농축(pH12 : 이상)되고, 이때 생성된 수산화 1철($Fe(OH)_2$)가 Na_2FeO_2(유리알카리)로 변하여 알칼리 부식이 발생한다.

㉣ 그루빙 (grooving : 구식)
보일러 강제에 화학적 작용에 의해, 또는 점식 및 전면부식의 연속적인 작용에 의해 균열이 발생한다. 이 부분에 집중적으로 응력이 작용하여 팽창과 수축이 반복되어 구상형태의 균열이 부식과 함께 발생하게 된다.

51 보일러 내부의 건조방식에 대한 설명 중 틀린 것은?
① 건조제로 생석회가 된다.
② 가열장치로 서서히 가열하여 건조시킨다.
③ 보일러 내부 건조 시 사용되는 기화성 부식억제제(VCI)는 물에 녹지 않는다.
④ 보일러 내부 건조 시 사용되는 기화성 부식억제제(va)는 건조제와 병용하여 사용할 수 있다.

보일러 내부의 건조방식
기화성 부식억제제(VCI)는 물에 조금씩 녹아 부식 억제 효과를 높여 완전히 건조되지 않은 보일러 보존에 효과적이다.

52 배관의 나사이음과 비교한 용접이음에 관한 설명으로 틀린 것은?
① 나사 이음부와 같이 관의 두께에 불균일한 부분이 없다.
② 돌기부가 없어 배관상의 공간 효율이 좋다.
③ 이음부의 강도가 적고, 누수의 우려가 크다.
④ 변형의 수축, 잔류응력이 발생할 수 있다.

용접이음 장점, 단점
- 나사 이음부와 같이 관의 두께에 균일하다.
- 돌기부가 없어 배관 공간 효율이 크다.
- 이음부의 강도가 크고 누수가 없다.
- 변형이 쉽고, 잔류응력이 발생한다.

53 증기 난방시공에서 진공환수식으로 하는 경우 리프트피팅(lift filing)설치하는데, 1단의 흡상높이로 적합한 것은?

① 1.5 m이내
② 2.0 m이내
③ 2.5 m이내
④ 3.05 m이내

해설
- 리프트 피팅(lift fifing) : 진공환수식 증기난방에서 환수 주관보다 높게 분기하여 진공펌프를 설치하여 적은 힘으로 응축수를 흡상시키기 위한 배관방식
- 1단 높이 : 1.5m 이내로 3단까지 가능

54 보일러 외부부식의 한 종류인 고온부식을 유발하는 주된 성분은?

① 황　　　　② 수소
③ 인　　　　④ 바나듐

해설
외부부식
- 고온부식 : 연료성분 중 회분(바나듐 : V)에 의한 부식
- 저온부식 : 연료성분 중 황분(S)에 의한 부식
① 저온부식 : 연료 중의 황(S)성분이 원인으로 황산가스의 노점(150℃) 이하에서 발생하는 부식으로 대부분 연도에서 발생한다.

$$S + O_2 = SO_2 \text{(아황산가스)}$$

$$SO_2 + \frac{1}{2}O_2 = SO_3 \text{(무수황산)}$$

$$SO_3 + H_2O = H_2SO_4 \text{(황산가스)}$$

② 저온부식 방지책
- 연료 중 황분을 제거한다.
- 연소에 적정공기를 공급한다.(과잉공기를 적게)
- 배기가스온도를 황산가스의 노점보다 높게 한다. (170℃ 이상)
- 첨가제를 사용하여 황산가스의 노점을 낮게 한다.
- 저온 전열면에 보호피막 및 내식성 재료를 사용한다.
③ 고온부식 : 중유중에 포함되어 있는 회분 중 바나듐 (V)성분이 원인이 되어 고온 (600℃ 이상)에서 발생하는 부식
④ 고온부식 방지책
- 연료 중 바나듐을 제거한다.
- 바나듐의 융점을 올리기 위해 융점 강화제를 사용한다.
- 전열면 온도를 높지 않게 한다.(600℃ 이상)
- 고온 전열면에 보호피막 및 내식재료를 시용한다.

55 에너지이용합리화법에 따라 고시한 효율관리기자재 운용규정에 따라 가정용 가스보일러의 최저소비효율 기준은 몇 %인가?

① 63%　　　② 68%
③ 76%　　　④ 86%

56 에너지다소비사업자는 산업통상자원부령이 정하는 바에 따라 전년도 분기별 에너지사용량 제품생산량을 그 에너지사용시설이 있는 지역을 관할하는 시·도지사에게 매년 언제까지 신고해야 하는가?

① 1월 31일까지
② 3월 31일까지
③ 5월 31일까지
④ 9월 30일까지

해설
에너지다소비사업자는 매년 1월 31일까지 그 에너지사용시설이 있는 지역을 관할하는 시·도지사에게 신고하여야 하며, 신고를 받은 시·도지사는 이를 매년 2월 말일까지 산업통상자원부장관에게 보고하여야 한다.

57 저탄소 녹색성장 기본법에서 사람의 활동에 수반하여 발생하는 온실가스가 대기 중에 축적되어 온실가스 농도를 증가시킴으로서 지구전체적으로 지표 및 대기의 온도가 추가적으로 상승하는 현상을 나타내는 용어는?

① 지구온난화
② 기후변화
③ 자원순환
④ 녹색경영

해설
- 지구온난화는 온실가스 농도가 대기 중에 증가됨으로써 지구 전체적으로 지표 및 대기의 온도가 추가적으로 상승하는 현상
- 온실가스는 이산화탄소(CO_2), 메탄(CH), 아산화질소(N_2O), 수소불화탄소(HFCs), 과불화탄소(PFCs), 육불화황(SFe) 등

정답 **53.**① **54.**④ **55.**③ **56.**① **57.**①

58 에너지이용합리화법에 따라 산업통상자원부장관 또는 시·도지사로부터 한국에너지공단에 위탁된 업무가 아닌 것은?

① 에너지사용계획의 검토
② 고효율시험기관의 지정
③ 대기전력 경고표지 대상제품의 측정결과 신고의 접수
④ 대기전력 저감대상제품의 측정결과 신고의 접수

59 에너지이용합리화법에서 효율관리기자재의 제조업자 또는 수입업자가 효율관리기자재의 에너지 사용량을 측정 받는 기관은?

① 산업통상자원부장관이 지정하는 시험기관
② 제조업자 또는 수입업자의 검사기관
③ 환경부장관이 지정하는 진단기관
④ 시·도지사가 지정하는 측정기관

해설

효율관리기자재의 에너지사용량을 측정하는 기관 : 산업통상자원부장관이 지정하는 시험기관

60 에너지법에서 정한 에너지위원회의 위원장은?

① 산업통산자원부장관
② 국토교통부장관
③ 국무총리
④ 대통령

해설

에너지위원회는 주요 에너지정책 및 에너지 관련 계획에 관한 사항을 심의하기 위하여 산업통상자원부장관 소속으로 위원장 1명을 포함한 25명 이내의 위원으로 구성(위원장은 산업통상자원부장관)된다.

01 증기트랩이 갖추어야 할 조건에 대한 설명으로 틀린 것은?

① 마찰저항이 클 것
② 동작이 확실할 것
③ 내식, 내마모성이 있을 것
④ 응축수를 연속적으로 배출할 수 있을 것

해설

증기트랩
① 보일러에서 발생한 증기를 손실을 최소화하고 각 사용처로 균일하게 공급하기 위한 관 모음 장치
② 증기트랩의 종류
  • 기계식 : 플로트식, 버켓식
  • 열역학 성질 : 디스크식, 오리피스식
③ 증기트랩은 마찰력이 적고 동작이 확실하고 내식, 내마모성이어야 한다.

02 보일러의 수위제어 검출방식의 종류로 가장 거리가 먼 것은?

① 피스톤식   ② 전극식
③ 플로트식   ④ 열팽창관식

해설

수위 검출방식(저수위경보기)의 종류는 플로트식, 전극식, 열팽창식, 차압식 등이다.

03 중유의 첨가제 중 슬러지의 생성방지제 역할을 하는 것은?

① 회분개질제   ② 탈수제
③ 연소촉진제   ④ 안정제

해설

안정제(슬러지의 생성방지제)
• 회분개질제 : 회분의 융점을 높여 고온부식을 방지
• 탈수제 : 수분을 분리 제거
• 연소촉진제 : 분무상태를 양호하게 하기 위해

04 일반적으로 보일러의 상용수위는 수면계의 어느 위치와 일치 시키는가?

① 수면계의 최상단부
② 수면계의 2/3 위치
③ 수면계의 1/2 위치
④ 수면계의 최하단부

해설

• 보일러의 상용수위는 수면계의 1/2이다.
• 안전 저수면은 수면계의 유리판 하단부이다.

05 다음은 증기보일러를 성능시험하고 결과를 산출하였다. 보일러 효율은?

보기

• 급수온도 : 20℃
• 연료의 저위 발열량 10000kcal/Nm^3
• 발생증기의 엔탈피 : 650kcal/kg
• 연료 사용량 : 75kg/h
• 증기 발생량 : 1000kg/h

① 78%   ② 80%
③ 82%   ④ 84%

해설

보일러 효율
$$= \frac{증기발생량 \times (발생증기엔탈피 - 급수온도)}{연료사용량 \times 저위발열량} \times 100$$
$$= \frac{1000 \times (650 - 20)}{75 \times 10000} \times 100 = 84\%$$

06 동작유체의 상태변화에서 에너지의 이동이 없는 변화는?

① 등온변화   ② 정적변화
③ 정압변화   ④ 단열변화

해설

단열변화는 에너지의 이동이 없는 변화이다.

 정답

01.① 02.① 03.④ 04.③ 05.④ 06.④

07 어떤 물질 500kg을 20℃에서 50℃로 올리는데 3000kcal의 열량이 필요하였다. 이 물질의 비열은?

① 0.1kcal/kg℃
② 0.2kcal/kg℃
③ 0.3kcal/kg℃
④ 0.4kcal/kg℃

$$\text{비열} = \frac{\text{발열량}}{\text{물질의양} \times \text{온도차}}$$
$$= \frac{3000}{500 \times (50-20)} = 0.2$$

08 보일러 유류연료 연소시에 가스폭발이 발생하는 원인은?

① 연소 도중에 실화되었을 때
② 프리퍼지 시간이 너무 길어졌을 때
③ 소화 후에 연료가 흘러들어 갔을 때
④ 점화가 잘 안되는데 계속 급유했을 때

프리퍼지 시간이 길어지면 연소실이 냉각되고 짧으면 노내 폭발과 역화가 일어난다.

09 보일러 연소장치와 가장 거리가 먼 것은?

① 스테이   ② 버너
③ 연도   ④ 화격자

• 기관본체에 열을 공급하기 위해 연료를 연소시키기 위한 장치로서 버너, 연소실, 연도, 연돌, 화격자 등으로 구성된다.
• 스테이는 압력에 약한 경판 등을 보강하기 위한 보강재이다.

10 보일러 1마력에 대한 표시로 옳은 것은?

① 전열면적 $10m^2$
② 상당증발량 15.65kg/h
③ 전열면적 $8ft^2$
④ 상당증발량 30.6lb/h

보일러 1마력은 1atm하에서 100℃의 물 15.65kg을 1시간에 100℃ 증기로 변화시킬 수 있는 능력이다.
• 상당증발량 : 15.65 kg/h
• 열량 : 8435 kcal/h

11 보일러 드럼 없이 초임계 압력 이상에서 고압증기를 발생시키는 보일러는?

① 복사 보일러
② 관류 보일러
③ 수관 보일러
④ 노통연관 보일러

관류 보일러
드럼 없이 긴 관만으로 이루어진 보일러로 펌프에 의해 압입된 급수가 긴 관을 1회 통과 할 동안 절탄기를 거쳐 예열된 후, 증발, 과열의 순서로 과열 되어 관 출구에서 필요한 과열증기가 발생하는 보일러이다.
① 종류 : 벤슨 보일러, 슐저 보일러 등
② 특징
  • 드럼이 없어 초고압 보일러에 적합하다.
  • 드럼이 없어 순환비가 1 이다.
  • 수관의 배치가 자유롭다.
  • 증발이 빠르다.
  • 자동연소제어가 필요하다.
  • 수질의 영향을 많이 받는다.
  • 부하변동에 따른 압력 및 수위변화가 크다.
③ 관류보일러의 급수처리 : 순환비가 1이고, 전열면의 열부하가 높아 급수처리를 철저히 해야 한다.

12 과열증기에서 과열도는 무엇인가?

① 과열증기의 압력과 포화증기의 압력차이다.
② 과열증기온도와 포화증기온도와의 차이다.
③ 과열증기온도에 증발열을 합한 것이다.
④ 과열증기온도에 증발열을 뺀 것이다.

과열증기
• 발생포화증기 : 포화온도에서 발생한 증기
• 과열증기 : 발생포화증기를 압력변화 없이 온도만 높인 증기
• 과열도 : 과열증기온도와 포화증기의 온도차

13 절탄기에 대한 설명으로 옳은 것은?

① 연소용 공기를 예열하는 장치이다.
② 보일러의 급수를 예열하는 장치이다.
③ 보일러용 연료를 예열하는 장치이다.
④ 연소용 공기와 보일러 급수를 예열하는 장치이다.

해설
절탄기
① 보일러 연도 입구에 설치하여 연돌로 배출되는 배기가스의 손실열을 이용하여 급수를 예열하기 위한 장치이다.
② 절탄기의 종류
• 주철관형 : 저압용으로 내식, 내마모성아 좋으며 $20kg/cm^2$ 이하에 사용한다.
• 핀형 : 관에 원형 핀을 부착한 것으로 $40kg/cm^2$ 이하에 사용하며 통풍저항이 크다.
• 강관형 : 고압용으로 전열이 좋고, 철저한 급수처리로 스케일 부착이 적다.

14 왕복동식 펌프가 아닌 것은?

① 플런저 펌프
② 피스톤 펌프
③ 터빈 펌프
④ 다이어프램 펌프

해설
왕복동식 펌프의 종류
• 플런저펌프, 피스톤펌프, 다이아프램 펌프 등이 있다.
원심펌프의 종류
• 터빈펌프: 안내 날개가 있다.
• 볼류트 펌프: 안내 날개가 없다.

15 수위 자동제어 장치에서 수위와 증기유량을 동시에 검출하여 급수밸브의 개도가 조절되도록 한 제어방식은?

① 단요소식 ② 2요소식
③ 3요소식 ④ 모듈식

해설
수위 자동제어 장치
• 단요소식 : 수위를 검출
• 2요소식 : 수위와 증기량을 검출
• 3요소식 : 수위, 증기량과 급수량을 검출

16 세정식 집진장치 중 하나인 회전식 집진장치의 특징에 주위에 설치해야 할 계측기 및 안전에 관한 설명으로 가장 거리가 먼 것은?

① 구조가 대체로 간단하고 조작이 쉽다.
② 급수 배관을 따로 설치할 필요가 없으므로 설치공간이 적게 든다.
③ 집진물을 회수할 때 탈수, 여과, 건조 등을 수행할 수 있는 별도의 장치가 필요하다.
④ 비교적 큰 압력손실을 견딜 수 있다.

해설
회전식 집진장치의 특징
• 구조가 대체로 간단하고 조작이 쉽다.
• 비교적 큰 압력손실을 견딜 수 있다.
• 집진물을 회수할 때 탈수, 여과, 건조 등을 수행할 수 있는 별도의 장치가 필요하다.
• 회전식은 습식(세정식)이므로 급수배관을 설치하여 탈수, 여과, 건조 등의 별도의 장치가 필요하다.

17 보일러 사용 시 이상 저수위의 원인이 아닌 것은?

① 증기 취출량이 과대한 경우
② 보일러 연결부에서 누출이 되는 경우
③ 급수장치가 증발능력에 비해 과소한 경우
④ 급수탱크 내 급수량이 많은 경우

해설
보일러 사용시 이상 저수위의 원인
• 증기 취출량이 과대한 경우
• 보일러 연결부에서 누출이 되는 경우
• 급수장치가 증발능력에 비해 과소한 경우
• 이상 저수위의 원인은 급수탱크 내 급수량이 부족한 경우가 많다.

18 자연통풍 방식에서 통풍력이 증가되는 경우가 아닌 것은?

① 연돌의 높이가 낮은 경우
② 연돌의 단면적이 큰 경우
③ 연도의 굴곡수가 적은 경우
④ 배기가스의 온도가 높은 경우

 정답 13.② 14.③ 15.② 16.② 17.④ 18.①

① 통풍력을 증가되는 조건
- 연돌의 높이를 높게 한다.
- 배기가스의 온도를 높게 한다.
- 연돌의 단면적을 넓게 한다.
- 연도의 길이는 짧게 한다.
- 외기의 온도가 낮거나, 공기의 습도가 적을 경우
② 통풍량 조절방법
- 연도댐퍼의 개도를 조절하는 방법
- 섹션베인의 각도를 조절하는 방법
- 모터의 회전수를 증감하는 방법
통풍력을 증가시키려면 연돌의 높이를 높게 해야 한다.

19 자동제어의 신호전달 방법에서 공기압식의 특징으로 옳은 것은?

① 전송시 시간지연이 생긴다.
② 배관이 용이하지 않고 보존이 어렵다.
③ 신호전달 거리가 유압식에 비하여 길다.
④ 온도제어 등에 적합하고 화재의 위험이 많다.

자동제어의 신호전달방법
① 공기압식 : 전송거리 100m 정도이다.
- 장점 : 배관이 용이하고 위험성이 없다.
- 관로의 저항으로 인해 전송이 지연될 수 있다
② 유압식 : 전송거리 300m이다.
- 장점 : 전송지연이 적고 응답이 빠르다. 조작력이 크고 조작속도가 빠르다.
- 단점 : 인화의 위험이 있고 유압원이 있다.
③ 전기식 : 전송거리 수 km까지 가능하다.
- 장점 : 전송거리가 길고 전송 지연시간이 적다. 복잡한 신호에 적합하다.
- 단점 : 취급에 기술을 요하고 방폭시설이 필요하다. 습도 등 보수에 주의를 요한다.

20 가스용 보일러 설비 주위에 설치해야 할 계측기 및 안전장치와 무관한 것은?

① 급기 가스 온도계
② 가스 사용량 측정 유량계
③ 연료 공급 자동차단장치
④ 가스 누설 자동차단장치 간지연이 생긴다.

급기 가스 온도계는 필요 없고 배기가스에 온도계를 설치하며 전열면의 최종 출구가 된다.

21 어떤 보일러의 증발량이 40t/h이고, 보일러 본체의 전 열면적이 580m²일 때 이 보일러의 증발률은?

① $14kg/m^2 \cdot h$ ② $44kg/m^2 \cdot h$
③ $57kg/m^2 \cdot h$ ④ $69kg/m^2 \cdot h$

$$보일러의 증발률 = \frac{시간당 실제 증발량}{전열면적}$$
$$= \frac{40000}{580} = 68.8 \ kg/m^2 h$$

22 연소시 공기비가 작을 때 나타나는 현상으로 틀린 것은?

① 불완전연소가 되기 쉽다.
② 미연소가스에 의한 가스 폭발이 일어나기 쉽다.
③ 미연소가스에 의한 열손실이 증가될 수 있다.
④ 배기가스 중 NO 및 NO_2의 발생량이 많아진다.

공기비
① 연료의 공기비(m)
- 석탄 : 1.50이상
- 미분탄 : 1.2~1.4
- 액체연료 : 1.2~1.4
- 기체연료 : 1.1~1.3
② 공기비가 클 때(과잉공기 과다)
- 휘백색 화염이 발생하고 매연발생이 없다.
- 배기가스량이 증가하여 열손실이 증가한다.
- 연료소비량이 증가하여 열효율이 감소한다.
- 연소온도가 낮아진다.
- 배기가스 중 O_2 량이 증가하여 저온부식이 촉진된다.
③ 공기비가 작을 때(m < 1)
- 불완전연소에 의한 매연증가
- 미연소 연료에 의한 연료손실 증가
- 미연소에 의한 열손실 증가 및 연소효율 감소
- 미연가스에 의한 폭발사고의 위험성 증가가 작을 때는 배기가스 중 O_2 및 NO_2의 발생량이 적어진다.

23 제어장치에서 인터록(inter lock)이란?

① 정해진 순서에 따라 차례로 동작이 진행되는 것
② 구비조건에 맞지 않을 때 작동을 정지시키는 것
③ 증기압력의 연료량, 공기량을 조절하는 것
④ 제어량과 목표치를 비교하여 동작시키는 것

해설

인터록
① 어떤 조건이 충족될 때까지 다음 동작을 멈추게 하는 동작으로 보일러에서는 보일러 운전 중 어떤 조건이 충족되지 않으면 연료공급을 차단시키는 전자밸브(솔레노이드밸브: Solenoid Valve)의 동작을 말한다.
② 종류
• 압력초과 인터록 : 증기압력이 제한압력을 초과할 경우 전자밸브를 작동, 연료를 차단한다.
• 저수위 인터록 : 보일러 수위가 이상감수(저수위)가 될 경우 전자 밸브를 작동, 연료를 차단한다.
• 불착화 인터록 : 보일러 운전 중 실화가 될 경우 전자밸브를 작동, 노내에 연료 공급을 차단한다.
• 저연소 인터록 : 운전 중 연소상태가 불량으로 유량조절밸브를 조절하여 저연소 상태로 조절되지 않으면 전자밸브를 작동, 연료공급을 차단하여 연소가 중단된다.
• 프리퍼지 인터록 : 점화전 송풍기가 작동되지 않으면 전자밸브가 작동, 연료 공급을 차단하여 점화가 되지 않는다.
③ 시퀀스제어 : 정해진 순서에 따라 차례로 동작이 진행
④ 피드백제어 : 제어량과 목표치를 비교하여 동작이 진행

24 액체 연료의 주요 성상으로 가장 거리가 먼 것은?

① 비중
② 부피
③ 점도
④ 인화점

해설

부피는 기체의 연료의 측정량을 나타내는 개념이다.

25 연소가스 성분 중 인체에 미치는 독성이 가장 적은 것은?

① SO_2
② NO_2
③ CO_2
④ CO

해설

CO_2가스는 비독성 가스에 해당된다.

26 열정산의 방법에서 입열 항목에 속하지 않는 것은?

① 발생증기의 흡수열
② 연료의 연소열
③ 연료의 현열
④ 공기의 현열

해설

보일러 내의 열흐름(입열 및 출열)보일러에는 외부로부터 설비내로 들어오는 열(입열)과 설비 내에서 외부로 나가는 열(출열)로 구분된다.
입열 = 출열(유효열 + 손실열)
① 입열
• 연료의 발열량
• 연료의 현열
• 공기의 현열
• 노내 분입 증기열(자기 순환열)
② 출열
• 유효열 : 발생증기의 보유열(흡수열)
• 손실열
– 배기가스에 의한 손실열
– 불완전연소에 의한 손실열
– 미연소분에 의한 손실열
– 전열 및 방열에 의한 손실열

27 증기과열기의 열 가스 흐름방식 분류 중 증기와 연소가스의 흐름이 반대 방향으로 지나면서 열교환이 되는 방식은?

① 병류형
② 혼류형
③ 향류형
④ 복사대류형

해설

연소가스의 흐름에 따른 과열기의 종류
• 병류형 : 증기와 연소가스의 흐름이 동일방향으로 접촉
• 향류형 : 증기와 연소가스의 흐름이 반대방향으로 접촉
• 혼류형 : 병류형 + 향류형

 정답 23.② 24.② 25.③ 26.① 27.③

28 유류용 온수보일러에서 버너가 정지하고 리셋버튼이 돌출하는 경우는?

① 연통의 길이가 너무 길다.
② 연소용 공기량이 부적당하다.
③ 오일 배관 내의 공기가 빠지지 않고 있다.
④ 실내 온도조절기의 설정온도가 실내 온도보다 낮다.

29 다음 열효율 증대장치 중에서 고온부식이 잘 일어나는 장치는?

① 공기예열기 ② 과열기
③ 증발전열면 ④ 절탄기

중유의 연소시 영향
① 고온부식 : 중유 중에 포함되어 있는 회분 중 바나듐 (v)성분이 원인이 되어 고온(600℃ 이상)에서 발생하는 부식으로 과열기에서 발생한다.
② 고온부식 방지책
 • 연료 중 바나듐을 제거한다.
 • 바나듐의 융점을 올리기 위해 융점 강화제를 사용한다.
 • 전열면 온도를 높지 않게 한다.(600t 이상)
 • 고온 전열면에 보호피막 및 내식재료를 사용한다.
③ 저온부식 : 연료 중의 황(S)성분이 원인으로 황산가스의 노점(150℃) 이하에서 발생하는 부식으로 대부분 연도에서 발생하며 절탄기, 공기예열기 등에서 발생한다.
 $S + O_2 = SO_2$ (아황산가스)
 $SO_2 + \frac{1}{2}O_2 = SO_3$ (무수황산)
 $SO_3 + H_2O = H_2SO_4$ (황산가스)
④ 저온부식 방지책
 • 연료 중 황분을 제거한다.
 • 연소에 적정공기를 공급한다.(과잉공기를 적게)
 • 배기가스온도를 황산가스의 노점보다 높게 한다.(170℃ 이상)
 • 첨가제를 사용하여 황산가스의 노점을 낮게 한다.
 • 저온 전열면에 보호피막 및 내식성 재료를 사용한다.

30 증기보일러의 기타 부속장치가 아닌 것은?

① 비수방지관 ② 기수분리기
③ 팽창탱크 ④ 급수내관

팽창탱크는 온수보일러의 팽창수를 저장하는 안전장치이다.

31 온수난방에서 방열기내 온수의 평균온도가 82℃, 실내온도가 18℃이고, 방열기의 방열계수가 6.8kcal/m²·h·℃인 경우 방열기의 방열량은?

① 650.9 kcal/m²·h
② 557.6 kcal/m²·h
③ 450.7 kcal/m²·h
④ 435.2 kcal/m²·h

방열량 = 방열계수 × 온도차
 = 6.8 × (82-18) = 435.2 kcal/m²·h

32 증기난방에서 저압증기 환수관이 진공펌프의 흡입구 보다 낮은 위치에 있을 때 응축수를 원활히 끌어올리기 위해 설치하는 것은?

① 하트포드 접속(hartford connection)
② 플래시 레그(flash leg)
③ 리프트 피팅(lift fitting)
④ 냉각관(cooling leg)

 • 리프트 피팅 : 진공환수식에서 환수주관 보다 높게 분기하여 펌프를 설치하여 적은 힘으로 응축수를 끌어올리기 위한 배관방식
 • 1단 높이 1.5m 이내

33 온수보일러에 팽창탱크를 설치하는 주된 이유로 옳은 것은?

① 물의 온도 상승에 따른 체적팽창에 의한 보일러의 파손을 막기 위한 것이다.
② 배관 중의 이물질을 제거하여 연료의 흐름을 원활히 하기 위한 것이다.
③ 온수 순환펌프에 의한 맥동 및 캐비테이션을 방지하기 위한 것이다.
④ 보일러, 배관, 방열기 내에 발생한 스케일 및 슬러지를 제거하기 위한 것이다.

정답 28.③ 29.② 30.③ 31.④ 32.③ 33.①

온수보일러에서 팽창탱크는 물의 온도 상승에 따른 체적팽창압력을 흡수, 완화하고 부족수를 보충 급수하기 위해 설치한다.

34 포밍, 플라이밍의 방지 대책으로 부적합한 것은?

① 정상 수위로 운전할 것
② 급격한 과연소를 하지 않을 것
③ 주증기 밸브를 천천히 개방할 것
④ 수저 또는 수면 분출을 하지 말 것

보일러 증기 발생시 이상 증발시 현상
① 프라이밍 : 관수의 농축, 급격한 증발 등에 의해 동 수면에서 물방울이 튀어 오르는 현상
② 포밍 : 관수의 농축, 유지분 등에 의해 동 수면에 기포가 덮혀 있는 거품 현상
  • 관수가 농축되었을 때
  • 수중에 유지분 및 부유물이 포함되었을 때
  • 보일러가 과부하일 때
  • 보일러수가 고수위일 때
  • 조치방법 : 증기밸브를 닫고 저연소로 전환하면서 수위를 안정시킨다.

35 보일러 급수처리 방법 중 5000ppm 이하의 고형물 농도에서는 비경제적이므로 사용하지 않고, 선박용 보일러에 사용하는 급수를 얻을 때 주로 사용하는 방법은?

① 증류법　　② 가열법
③ 여과법　　④ 이온교환법

① 증류법 : 증발기로 물을 증류하여 용존 고형물을 처리하는 방법으로 5000ppm 이하의 고형물 농도에서는 비경제적이므로 사용하지 않는다.
② 장치보충수에 청관제를 투입하여 경수를 연수로 하기 위한 1차 급수처리 방법
  • 수중의 불순물 및 1차 처리방법(관외처리)
  ㉠ 현탁질 고형물 처리 : 여과법, 침전법, 응집법
  ㉡ 경도성분 처리 : 석회소다법, 이온교환법, 증류법
  ㉢ 용존가스체(O_2, CO_2 등) 처리 : 탈기법, 기폭법
  – 유지분 처리 : 소다 끓이기
  – 이온교환법 : 급수 내에 포함되어있는 경도성분인 칼슘이온(Ca^{2+})또는 마그네슘 이온(Mg^{2+})성분을 연화하여 슬러지 및 스케일 생성을 방지하는 기능

– 처리공정 : 역세 – 통약(소금물) – 압출 – 세정 – 채수

36 보일러 설치·시공 기준상 유류보일러의 용량이 시간 당 몇 톤 이상이면 공급 연료량에 따라 연소용 공기를 자동 조절하는 기능이 있어야 하는가? (단, 난방 보일러인 경우이다.)

① 1t/h　　③ 5t/h
② 3t/h　　④ 10t/h

공기량 자동조절기능은 용량 5t/h(난방전용은 10t/h) 이상의 유류보일러에 설치한다.

37 온도 25℃의 급수를 공급받아 엔탈피가 725kcal/kg 의 증기를 1시간당 2310kg을 발생시키는 보일러의 상당 증발량은?

① 1500kg/h
② 3000kg/h
③ 4500kg/h
④ 6000kg/h

상당증발량
$$= \frac{실제증발량 \times (증기엔탈피 - 급수엔탈피)}{539}$$
$$= \frac{2310 \times (725 - 25)}{539} = 3000 \, kg/h$$

38 중력 순환식 온수난방법에 관한 설명으로 틀린 것은?

① 소규모 주택에 이용된다.
② 온수의 밀도차에 의해 온수가 순환한다.
③ 자연순환이므로 관경을 작게 하여도 된다.
④ 보일러는 최하위 방열기보다 더 낮은 곳에 설치한다.

자연(중력)순환식은 관경을 작게 하면 마찰 저항이 증가하여 물순환이 나빠진다.

　34.④　35.①　36.④　37.②　38.③

39 다음 중 가스관의 누설검사 시 사용하는 물질로 가장 적합한 것은?

① 소금물 ② 증류수
③ 비눗물 ④ 기름

가스누설 시험은 비눗물을 사용하여 한다.

40 보일러를 장기간 사용하지 않고 보존하는 방법으로 가장 적당한 것은?

① 물을 가득 채워 보존한다.
② 배수하고 물이 없는 상태로 보존한다.
③ 1개월에 1회씩 급수를 공급 교환한다.
④ 건조 후 생석회 등을 넣고 밀봉하여 보존한다.

장기보존법
① 석회 밀폐 보존법
  • 완전 건조시킨 보일러 내부에 흡습제 및 숯 불을 몇 군데 나누어 설치하고 맨홀을 닫아 밀폐 보존하는 방법이다.
  • 흡습제의 종류 : 생석회, 염화칼슘, 실리카겔, 활성알루미나 등을 사용한다.
② 질소가스 봉입 보존법
  • 고압, 대용량 보일러에 사용되는 건조보존 방법으로 보일러 내부에 질소가스(순도 : 99.5%)를 0.06MPa 정도로 가압, 봉입하여 공기와 치환하여 보존하는 방법이다.
③ 기화성 부식억제제(V.C.I) 봉입법
  • 완전 건조시킨 보일러 내부에 백색분말의 V.C.I(기화성 부식 억제제)을 넣고 밀폐 보존하는 방법으로 밀봉된 V.C.I(기화성 부식 억제제)는 보일 내에 기화, 확산하여 보일러 강재의 방식효과를 얻을 수 있다.

41 진공환수식 증기 난방장치의 리프트 이음 시 1단 흡상높이는 최고 몇 m 이하로 하는가?

① 1.0 ② 1.5
③ 2.0 ④ 2.5

리프트 피팅
  • 저압증기의 환수주관이 진공펌프의 흡입구보다 낮은 위치에 있을 때 배관이음 방법으로 환 수관내의 응축

수를 이음부 전후에서 형성되는 작은 압력차를 이용하여 끌어 올릴 수 있도록 한 배관방법
  • 리프트관은 주관보다 1~2 정도 작은 치수를 사용한다.
  • 리프트 퍼팅의 1단 높이는 1.5m 이내로 한다.

42 보일러드럼 및 대형헤더가 없고 지름이 작은 전열관을 사용하는 관류보일러의 순환비는?

① 4 ② 3
③ 2 ④ 1

  • 관류보일러는 순환비가 1이며 드럼이 없는 보일러로 벤숀 보일러와 슐처 보일러가 있다.
  • 순환비 $= \dfrac{순환수량}{발생증기량}$

43 연료의 연소시, 이론 공기량에 대한 실제공기량의 비 즉, 공기비(베의 일반적인 값으로 옳은 것은?

① m = 1 ② m < 1
③ m < 0 ④ m > 1

공기비
① 연료의 공기비(m) $= \dfrac{실제공기량}{이론공기량}$
  • 석탄 : 1.50이상
  • 미분탄 : 1.2~1.4
  • 액체연료 : 1.2~1.4
  • 기체연료 : 1.1~1.3
② 공기비가 클 때(과잉공기 과다)
  • 휘백색 화염이 발생하고 매연발생이 없다.
  • 배기가스량이 증가하여 열손실이 증가한다.
  • 연료소비량이 증가하여 열효율이 감소한다.
  • 연소온도가 낮아진다.
  • 배기가스 중 O_2 량이 증가하여 저온부식이 촉진된다.
③ 공기비가 작을 때(m < 1)
  • 불완전연소에 의한 매연증가
  • 미연소 연료에 의한 연료손실 증가
  • 미연소에 의한 열손실 증가 및 연소효율 감소
  • 미연가스에 의한 폭발사고의 위험성 증가가 작을 때는 배기가스 중 O_2 및 NO_2의 발생량이 적어진다.

44 가스보일러에서 가스폭발의 예방을 위한 유의사항으로 틀린 것은?

① 가스압력이 적당하고 안정되어 있는지 점검한다.
② 화로 및 굴뚝의 통풍, 환기를 완벽하게 하는 것이 필요하다.
③ 점화용 가스의 종류는 가급적 화력이 낮은 것을 사용한다.
④ 착화 후 연소가 불안정할 때는 즉시 가스공급을 중단한다.

점화용 가스는 화력이 강한 것으로 빠르게 해야 한다.

45 온수난방설비에서 온수, 온도차에 의한 비중력차로 순환하는 방식으로 단독주택이나 소규모 난방에 사용되는 난방방식은?

① 강제순환식 난방
② 하향순환식 난방
③ 자연순환식 난방
④ 상향순환식 난방

온수순환방법
• 중력 순환식(자연순환식) : 비중량차에 의한 자연순환 방법으로 소규모난방용이다.
• 강제 순환식 : 순환펌프에 의한 강제순환 방법으로 신속하고 자유롭다.

46 압축기 진동과 서징, 관의 수격작용, 지진 등에서 발생하는 진동을 억제하기 위해 사용되는 지지 장치는?

① 벤드벤
② 플랩 밸브
③ 그랜드 패킹
④ 브레이스

브레이스(brace)는 압축기, 펌프 등에서 발생하는 배관계의 진동을 억제하는데 사용한다.
• 방진기 : 진동 방지
• 완충기 : 분출 반력에 의한 충격 완화

47 보일러 사고의 원인 중 제작상의 원인에 해당되지 않는 것은?

① 구조의 불량   ② 강도부족
③ 재료의 불량   ④ 압력초과

보일러의 사고
① 제작상 원인
  • 라미네이션 : 강 판 내부의 기포가 팽창되어 2장의 층으로 분리되는 현상으로 강도저하, 균열, 열전도 저하 등을 초래 한다.
  • 브리스터 : 강판 내부의 기포가 팽창되어 표면이 부분적으로 부풀어 오르는 현상
② 취급상 원인 : 압력초과, 저수위, 미연가스 폭발, 과열, 부식, 역화, 급수처리 불량 등

48 열팽창에 대한 신축이 방열기에 영향을 미치지 않도록 주로 증기 및 온수난방용 배관에 사용되며, 2개 이상의 엘보를 사용하는 신축 이음은?

① 벨로즈 이음   ② 루프형 이음
③ 슬리브 이음   ④ 스위블 이음

신축이음
고온의 증기배관에 발생하는 신축을 조절하여 관의 손상을 방지하기 위해 설치한다.
① 종류 및 특징
  • 루프형 (굽은관 조인트)
  – 옥외의 고압 증기배관에 적합하다.
  – 신축흡수량이 크고, 응력이 발생한다.
  – 곡률 반경은 관지름의 6배 정도이다
  • 슬리브형(미끄럼형)
  – 설치장소를 적게 차지하고 응력발생이 없고, 과열 증기에 부적당하다.
  – 패킹의 마모로 누설의 우려가 있다.
  – 온수나 저압배관에 사용된다.
  – 단식과 복식형이 있다.
  • 벨로우즈형(팩레스 신축이음)
  – 설치에 장소를 많이 차지하지 않고, 응력이 생기지 않는다.
  – 고압에 부적당하고 누설의 우려가 없다.
  – 신축흡수량은 슬리브형 보다 적다.
  • 스위블형(스윙식)
  – 증기 및 온수방열기에서 배관을 수직 분기할 때 2~4개 정도의 엘보를 연결하여 신축을 조절하여 관의 손상을 방지하기 위한 이음방법이다.
  – 스위블 이음은 엘보우를 이용하므로 압력강하가

정답 44.③ 45.③ 46.④ 47.④ 48.④

크고, 신축량이 클 경우 이음부가 헐거워져 누수의 원인이 된다.

49 보일러수 내처리 방법으로 용도에 따른 청관제로 틀린 것은?

① 탈산소제 – 염산, 알콜
② 연화제 – 탄산소다, 인산소다
③ 슬러지 조정제 – 탄닌, 리그닌
④ pH 조정제 – 인산소다, 암모니아

해설

보일러 내부 급수 중에 청관제를 투입하여 보일러수 중의 불순물을 처리하여 내부 부식, 스케일 생성, 캐리오버 등을 방지하기 위한 방법

① pH 조정제
  - 부식을 방지하고, 보일러수 중의 경도성분을 불용성으로 만들어 스케일 부착을 방지하기 위해 보일러수 중의 pH를 조절하기 위한 약품
  - 종류 : 탄산소다(Na_2CO_3), 가성소다(NaOH), 제3인산소다(Na_3PO_4), 암모니아(NH_3) 등

② 관수의 연화제
  - 보일러수 중의 경도성분을 슬러지화 하여 스케일의 부착을 방지하기 위한 약품
  - 종류 : 탄산소다(Na_2CO_3), 인산소다(NaPO), 가성소다(NaOH) 등

③ 탈산소제
  - 보일러수 중의 용존산소를 환원시키는 성질이 강한 약품
  - 종류 : 탄닌, 아황산소다(Na_2SO_3), 히드라진(N_2H_4) 등

④ 슬러지 조정제
  - 슬러지가 전열면에 부착하여 스케일이 생성되는 것을 억제하고, 보일러 분출 시 쉽게 분출 할 수 있도록 하기 위한 약품
  - 종류 : 탄닌, 리그린, 전분, 덱스트린 등

⑤ 가성취화 방지제
  - 알칼리도를 낮추어 가성취화 현상을 방지하기 위한 약품
  - 종류 : 질산소다, 인산소다 등

⑥ 포밍 방지제
  - 저압 보일러에 사용되면 기포의 파괴하여 거품의 생성을 방지하는 약품
  - 종류 : 폴리아미드, 프탈산아미드 등

50 하트포드 접속법(hart-ford connection)을 사용하는 난방방식은?

① 저압 증기난방
② 고압 증기난방
③ 저온 온수난방
④ 고온 온수난방

해설

하트포드 접속법은 저압 증기난방에서의 접속법으로 환수관을 균형관에 접속하여 환수관 파손시 보일러 수의 역류를 방지하기 위한 배관법이다.

51 난방부하를 구성하는 인자에 속하는 것은?

① 관류 열손실
② 환기에 의한 취득열량
③ 유리창으로 통한 취득 열량
④ 벽, 지붕 등을 통한 취득열량

해설

난방부하 = 열관류율×벽체면적×(실내온도-외기온도)

52 증기관이나 온수관 등에 대한 단열로서 불필요한 방열을 방지하고 인체에 화상을 입히는 위험방지 또는 실내 공기의 이상온도 상승방지 등을 목적으로 하는 것은?

① 방로   ② 보냉
③ 방한   ④ 보온

53 보일러 급수 중의 용존(용해) 고형물을 처리하는 방법으로 적합한 것은?

① 증류법
② 응집법
③ 약품 첨가법
④ 이온 교환법

해설

장치보충수에 청관제를 투입하여 경수를 연수로 하기 위한 1차 급수처리 방법

① 수중의 불순물 및 1차 처리방법(관외처리)
  - 현탁질 고형물 처리 : 여과법, 침전법, 응집법
  - 경도성분 처리 : 석회소다법, 이온교환법, 증류법
  - 용존가스체(O_2, CO_2 등) 처리 : 탈기법, 기폭법
    – 유지분 처리 : 소다 끓이기

 정답 49.① 50.① 51.① 52.④ 53.②

– 이온교환법 : 급수 내에 포함되어있는 경도성분인 칼슘이온(Ca^{2+})또는 마그네슘 이온(Mg^{2+})성분을 연화하여 슬러지 및 스케일 생성을 방지하는 기능
– 처리공정 : 역세 – 통약(소금물) – 압출 – 세정 – 채수

54 증기보일러에는 2개 이상의 안전밸브를 설치하여야 하는 반면에 1개 이상으로 설치 가능한 보일러의 최대 면적은?

① $50m^2$ ② $60m^2$
③ $70m^2$ ④ $80m^2$

안전밸브
① 설치목적
   보일러 가동 중 사용압력이 제한압력을 초과할 경우 증기를 분출시켜 압력 초과를 방지하기 위해 설치한다.
② 설치방법
   보일러 증기부에 검사가 용이한 곳에 수직으로 직접 부착한다.
③ 설치개수
   • 2개 이상을 부착한다.(단, 보일러 전열면적 50m2 이하의 경우 1개를 부착)
   • 증기 분출압력의 조정 : 안전밸브를 2개 설치한 경우 1개는 최고사용압력 이하에서, 분출하도록 조정하고, 나머지 1개는 최고사용압력의 1.03배 초과 이내에서 증기를 분출하도록 조정한다.

55 에너지이용합리화법상 에너지진단기관의 지정기준은 누구의 령으로 정하는가?

① 대통령
② 시·도지사
③ 시공업자단체장
④ 산업통상자원부장관

에너지진단기관의 지정기준은 대통령령으로 정하고 진단기관의 지정절차와 그 밖에 필요한 사항은 산업통상자원부령으로 정한다.

56 에너지법에서 정한 지역에너지계획을 수립·시행 하여야 하는 자는?

① 행정안전부장관
② 산업통상자원부장관
③ 한국에너지공단 이사장
④ 특별시장·광역시장·도지사 또는 특별자치도지사

지역에너지계획은 시·도지사가 5년 마다 5년 계획기간으로 수립한다.

57 열사용기자재 중 온수를 발생하는 소형온수보일러의 적용범위로 옳은 것은?

① 전열면적 $12m^2$ 이하, 최고사용압력 0.25MPa 이하의 온수를 발생하는 것
② 전열면적 $14m^2$ 이하, 최고사용압력 0.25MPa 이하의 온수를 발생하는 것
③ 전열면적 $12m^2$ 이하, 최고사용압력 0.35MPa 이하의 온수를 발생하는 것
④ 전열면적 $14m^2$ 이하, 최고사용압력 0.35MPa 이하의 온수를 발생하는 것

소형온수보일러의 적용범위는 전열면적 $14m^2$ 이하, 최고사용압력 0.35MPa 이하의 온수를 발생하는 것

58 효율관리기자재가 최저소비효율기준에 미달하거나 최대사용량기준을 초과하는 경우 제조·수입·판매업자에게 어떠한 조치를 명할 수 있는가?

① 생산 또는 판매금지
② 제조 또는 설치금지
③ 생산 또는 세관금지
④ 제조 또는 시공금지

기준미달 효율관리기자재의 생산 또는 판매금지명령에 위반한자는 산업통상자원부장관의 명으로 위반시 2000만원 이하의 벌금

정답 54.①   55.①   56.④   57.④   58.①

59 에너지이용 합리화법에 따라 산업통상자원부령으로 정하는 광고매체를 이용하여 효율관리 기자재의 광고를 하는 경우에는 그 광고 내용에 에너지소비효율, 에너지소비효율등급을 포함시켜야 할 의무가 있는 자가 아닌 것은?

① 효율관리기자재의 제조업자
② 효율관리기자재의 광고업자
③ 효율관리기자재의 수입업자
④ 효율관리기자재의 판매업자

해설

효율관리기자재의 제조업자·수입업자 또는 판매업자가 광고 매체를 이용하여 효율관리기자재의 광고를 하는 경우에는 그 광고 내용에 에너지 소비효율등급 또는 에너지 소비효율을 포함하여야 한다.

60 검사대상기기 관리범위 용량이 10t/h 이하인 보일러의 관리자 자격이 아닌 것은?

① 에너지관리기사
② 에너지관리기능장
③ 에너지관리기능사
④ 인정검사대상기기관리자 교육이수자

해설

관리범위	관리자의 자격
용량이 30t/h를 초과하는 보일러	에너지관리기능장 또는 에너지관리기사
용량이 10t/h를 초과하고 30t/h 이하인 보일러	에너지기능장, 에너지관리기사 에너지관리산업기사
용량이 10t/h 이하인 보일러	에너지기능장, 에너지관리기사 에너지관리산업기사, 에너지관리기능사
※ 증기보일러로서 최고사용압력이 1MPa이하이고, 전열면적이 10m² 이하인 것 ※ 온수 발생 또는 열매체를 가열하는 보일러로서 출력이 581.5 kw이하인 것 ※ 압력용기	에너지기능장, 에너지관리기사 에너지관리산업기사, 에너지관리기능사 또는 인정 검사대상기기관리자의 교육을 이수한자

01 중유의 성상을 개선하기 위한 첨가제 중 분무를 순조롭게 하기 위하여 사용하는 것은?

① 연소촉진제
② 슬러지 분산제
③ 회분 개질제
④ 탈수제

해설

중유의 성상 개선제
- 연소촉진제 : 중유의 분무상태를 양호하게 하여 연소 상태를 좋게 하기 위한 첨가제
- 슬러지 분산제 : 슬러지 생성을 방지하기 위해
- 회분 개질제 : 회분의 융점을 높여 고운부식을 방지하기 위해

02 천연가스의 비중이 약 0.64라고 표시되었을 때, 비중의 기준은?

① 물
② 공기
③ 배기가스
④ 수증기

해설

비중은 상대적으로 무거운 정도를 나타내며 고체와 액체의 비중은 물을 기준으로 비교하고 기체는 공기를 기준으로 무게를 비교하여 비중을 표시한다.

03 30마력(ps)인 기관이 1시간 동안 행한 일량을 열량으로 환산하면 약 몇 kcal인가?

① 14360
② 15240
③ 18970
④ 20402

해설

일량을 열량으로 환산
- 1ps = 632.3 kcal/h이으로
- 30마력(ps) = 30 × 632.3 = 18969 kcal/h

04 프로판(propane) 가스의 연소식은 다음과 같다. 프로판 가스 10kg을 완전 연소시키는 데 필요한 이론산소량은?

보기
$C_3H_8 + 5O_2 \rightarrow 3CO_2 + 4H_2O$

① 약 11.6 Nm^3
② 약 13.8 Nm^3
③ 약 22.4 Nm^3
④ 약 25.5 Nm^3

해설

프로판의 완전연소식

C_3H_8 + $5O_2$ → $3CO_2$ + $4H_2O$
1kmol   5kg
44kg   5 × 22.4Nm^3
1kg   2.545Nm^3
∴ 10 × 2.545 = 25.45Nm^3

05 화염검출기 종류 중 화염의 이온화를 이용한 것으로 가스 점화 버너에 주로 사용하는 것은?

① 플레임 아이
② 스택 스위치
③ 광도전 셀
④ 프레임 로드

해설

화염검출기 종류
운전중 불착화나 실화시 전자밸브에 의해 연료공급을 차단하는 안전장치
- 플레임 아이 : 화염의 발광이용, 이온화 이용(전기적 성질) - 유류보일러용
- 플레임 로드 : 화염의 이온화이용, 발광체 이용(광학적 성질) - 가스보일러용
- 스택스위치 : 화염의 발열이용, 발열체 이용(열적 성질) - 소형보일러, 연도

 정답

01.① **02.**② **03.**③ **04.**④ **05.**④

06 수위경보기의 종류 중 플로트의 위치변위에 따라 수은 스위치 또는 마이크로 스위치를 작동시켜 경보를 울리는 것은?

① 기계식 경보기
② 자석식 경보기
③ 전극식 경보기
④ 맥도널식 경보기

해설
수위 검출방식(저수위경보기)의 종류는 플로트식, 전극식, 열팽창식, 차압식 등이다.
• 맥도널식 = 플로트식 = 부자식

07 보일러 열정산을 설명한 것으로 옳은 것은?

① 입열과 출열은 반드시 같아야 한다.
② 방열손실로 인하여 입열이 항상 크다.
③ 열효율 증대장치로 인하여 출열이 항상 크다.
④ 연소효율이 따라 입열과 출열은 다르다.

해설
열정산시 입열과 출열은 항상 같다.
① 입열
• 연료의 발열량
• 연료의 현열
• 공기의 현열
• 노내 분입 증기열(자기 순환열)
② 출열
• 유효열 : 발생증기의 보유열
• 손실열
  – 배기가스에 의한 손실열
  – 불완전연소에 의한 손실열
  – 미연소분에 의한 손실열
  – 전열 및 방열에 의한 손실열

08 보일러 액체연료 연소장치인 버너의 형식별 종류에 해당되지 않는 것은?

① 고압기류식   ② 왕복식
③ 유압분무식   ④ 회전식

해설
액체연료(중유)의 버너의 형식별 종류
• 유압분무식 : 0.5 ~ 2MPa의 자체 유압을 이용하여 무화시키는 버너

• 고압기류식 : 공기나 중기를 매체로 하여 무화시키는 버너
• 회전분무식 : 분무컵의 회전을 이용하여 무화시키는 버너

09 매시간 425kg의 연료를 연소시켜 4800 kg/h의 증기를 발생시키는 보일러의 효율은 약 얼마인가? (단, 연료의 발열량 9750 kcal/kg, 증기엔탈피 676 kcal/kg, 급수온도 20℃)

① 76%
② 81%
③ 85%
④ 90%

해설
보일러 효율

$$= \frac{\text{실제 증발량} \times (\text{증기 엔탈피} - \text{급수 엔탈피})}{\text{연료사용량} \times \text{연료 발열량}} \times 100$$

$$= \frac{4800 \times (676 - 20)}{425 \times 9750} \times 100 = 76\%$$

10 함진가스에 선회운동을 주어 분진입자에 작용하는 원심력에 의하여 입자를 분리하는 집진장치로 가장 적합한 것은?

① 백필터식 집진기
② 사이클론식 집진기
③ 전기식 집진기
④ 관성력식 집진기

해설
집진장치의 분류
• 원심집진장치 : 사이클론식, 멀티클론식
• 여과집진장치 : 백필터식
• 전기식집진장치 : 코트넬식
집진장치의 종류
• 여과식의 종류는 백 필터, 원통식, 평판식, 역기류 분사형 등.
• 가압수식 집진장치의 종류 : 사이크론 스크레버, 벤튜리 스크레버, 제트 스크레버, 충진탑
• 세정식(습식)집진장치 : 유수식, 회전식, 가압수식
집진장치의 원리에 의한 분류
• 여과식 : 함진가스를 여과재에 통과시켜 매진을 분리
• 원심력식 : 함진가스를 선회 운동시켜 매진의 원심력을 이용하여 분리
• 중력식 : 집진실내에 함진가스를 도입하고 매진자체

정답   06.④   07.①   08.②   09.①   10.②

의 중력에 의해 자연 침강시켜 분리하는 형식
• 관성력식 : 분진가스를 방해판 등에 충돌시키거나 급격한 방향전환에 의해 매연을 분리 포집하는 집진장치

11 다음 중 1보일러 마력에 대한 설명으로 옳은 것은?

① 0℃의 물 539kg을 1시간에 100℃의 증기로 바꿀 수 있는 능력이다.
② 100℃의 물 539kg을 1시간에 같은 온도의 증기로 바꿀 수 있는 능력이다.
③ 100℃의 물 15.65kg을 1시간에 같은 온도의 증기로 바꿀 수 있는 능력이다.
④ 0℃의 물 15.65kg을 1시간에 100℃의 증기로 바꿀 수 있는 능력이다.

해설
• 1 보일러 마력 : 시간당 15.65kg의 상당증발량을 발생하는 보일러 능력
• 상당증발량 : 100℃ 의 포화수를 100℃의 건포화증기로 증발시키는 것을 기준으로 하여 환산한 것
• 열량 : 8435 kcal/h

12 연료성분 중 가연 성분이 아닌 것은?

① C   ② H
③ S   ④ O

해설
연료성분 중 가연성분 : C, H, S

13 보일러 급수내관의 설치 위치로 옳은 것은?

① 보일러의 기준수위와 일치되게 설치한다.
② 보일러의 상용수위보다 50mm 정도 높게 설치한다.
③ 보일러의 안전저수위보다 50mm 정도 높게 설치한다.
④ 보일러의 안전저수위보다 50mm 정도 낮게 설치한다.

해설
급수내관은 보일러 드럼 내부에 설치한 급수를 하기 위한 부속장치로 긴 단관 하부에 여러 개의 소구경을 뚫어 급수를 살포시켜 보일러수와의 혼합을 좋게 하기 위해 설치한다.

① 설치목적
• 동판의 열응력을 적게 하여 부동팽창을 방지한다.
• 급수가 예열되는 효과가 있다
② 설치위치
• 보일러 안전저수면 보다 50mm 정도 낮게 설치한다.
  – 너무 높으면 : 캐리오버 또는 수격작용의 원인이 된다.
  – 너무 낮으면 : 동저부의 냉각 및 보일러수의 순환이 나빠진다.

14 보일러 배기가스의 자연 통풍력을 증가시키는 방법으로 틀린 것은?

① 연도의 길이를 짧게 한다.
② 배기가스 온도를 낮춘다.
③ 연돌의 높이를 증가시킨다.
④ 연돌의 단면적을 크게 한다.

해설
자연 통풍력을 증가시키는 방법
• 연돌의 높이를 높게 한다.
• 연도의 길이를 짧게 한다.
• 연돌의 단면적을 넓게 한다.
• 배기가스 온도를 높게 한다.

15 증기의 건조도를 설명이 옳은 것은?

① 습증기의 전체 질량 중 액체가 차지하는 질량비를 말한다.
② 습증기 전체 질량 중 증기가 차지하는 질량비를 말한다.
③ 액체가 차지하는 전체 질량 중 습증기가 차지하는 질량비를 말한다.
④ 증기가 차지하는 전체 질량 중 습증기가 차지하는 질량비를 말한다.

해설
건포화증기는 수분이 포함되지 않은 증기, 액체가 모두 증기가 된 상태이다.
• 건조도 = 1인 상태의 증기
• 건조도는 습증기 전체 질량 중 증기가 차지하는 질량비

정답 11.③ 12.④ 13.④ 14.② 15.②

16 다음 중 저양정식 안전밸브의 단면적 계산식은?

① $A = \dfrac{22 \cdot E}{1.03P + 1}$

② $A = \dfrac{10 \cdot E}{1.03P + 1}$

③ $A = \dfrac{5 \cdot E}{1.03P + 1}$

④ $A = \dfrac{2.5 \cdot E}{1.03P + 1}$

해설

- 저양정식 $= \dfrac{22 \cdot E}{1.03P + 1}$
- 고양정식 $= \dfrac{10 \cdot E}{1.03P + 1}$

17 입형 보일러에 대한 설명으로 거리가 먼 것은?

① 보일러 동을 수직으로 세워 설치한 것이다.
② 구조가 간단하고, 설비비가 적게 든다.
③ 내부청소 및 수리나 검사가 불편하다.
④ 열효율이 높고 부하능력이 크다.

해설

입형 보일러의 특징
- 소형이므로 설치면적이 좁다.
- 효율이 횡형보다 낮다.
- 고압 대용량에 부적합하다.
- 보유 수량에 비해 전열면적이 적어 증발이 느리고 열효율이 낮다.
- 효율순서 : 코크란 > 입형연관 > 입형횡관

18 보일러용 가스버너 중 외부혼합식에 속하지 않는 것은?

① 파이럿 버너
③ 링형 버너
② 센터화이어형 버너
④ 멀티스풋형 버너

19 보일러 부속장치인 증기 과열기를 설치위치에 따라 분류할 때, 해당되지 않는 것은?

① 복사식
② 전도식
③ 접촉식
④ 복사접촉식

해설

증기과열기
① 설치위치에 따른 과열기의 종류
- 복사식 : 연소실 내에 설치
- 접촉식 : 연도 내에 설치
- 복사접촉식 : 연소실과 연도 중간위치에 설치
② 전열방식에 따른 과열기의 종류
- 복사형 과열기 : 연소실에 설치하여 화염의 복사열을 이용하여 과열증기를 발생하는 형식으로 보일러 부하가 증가 할수록 과열온도가 저하된다.
- 대류형 과열기 : 연도에 설치에 배기가스의 대류열을 이용하여 과열증기를 발생하는 형식으로 보일러 부하가 증가할수록 과열온도가 증가한다.
- 복사 · 대류형 과열기 : 연소실과 연도의 중간에 설치하여 화염의 복사열과 배기가스의 대류 열을 동시에 이용하는 형식으로 보일러 부하변동에 대해 과열증기의 온도 변화는 비교적 균일하다.
③ 연소가스의 흐름에 따른 과열기의 종류
- 병류형 : 연소가스와 증기의 흐름이 동일 방향으로 접촉되는 형식
- 향류형 : 연소가스와 증기의 흐름이 반대 방향으로 접촉되는 형식
  전열효율은 좋으나 침식이 빠르다.
- 혼류형 : 병류형과 향류형이 혼용된 형식 침식을 적게 하고 전열을 좋게 한 형식

20 가스 연소용 보일러의 안전장치가 아닌 것은?

① 가용마개
② 인젝터
③ 화염 검출기
④ 방폭문

해설

보일러 안전장치 및 부속품
① 보일러 운전 중 이상 저수위, 압력초과, 프리퍼지 부족으로 미연가스에 의한 노내 폭발 등 안전사고를 미연에 방지하기 위해 사용되는 장치
② 종류
- 압력초과 방지를 위한 안전장치 : 안전밸브, 증기압력 제한기
- 저수위 사고를 방지하기 위한 안전장치 : 저수위 경보기, 가용전
- 노내 폭발을 방지하기 위한 안전장치 : 화염 검출기, 방폭문
∴ 인젝터는 안전장치가 아니고 공기 분사 장치이다.

21 보일러에서 제어해야 할 요소에 해당되지 않는 것은?

① 급수제어　　② 연소제어
③ 증기온도 제어　④ 전열면 제어

해설
보일러 자동제어의 종류는 자동연소제어. 급수제어, 증기온도제어 등이 있다.

22 관류보일러의 특징에 대한 설명으로 틀린 것은?

① 철저한 급수처리가 필요하다.
② 임계압력 이상의 고압에 적당하다.
③ 순환비가 1이므로 드럼이 필요하다.
④ 증기의 가동발생 시간이 매우 짧다.

해설
관류 보일러의 특징
드럼 없이 긴 관만으로 이루어진 보일러로 펌프에 의해 압입된 급수가 긴 관을 1회 통과 할 동안 절탄기를 거쳐 예열된 후, 증발, 과열의 순서로 과열 되어 관 출구에서 필요한 과열증기가 발생하는 보일러이다.
① 종류 : 벤슨 보일러, 슐져 보일러 등
② 특징
  • 드럼이 없어 초고압 보일러에 적합하다.
  • 드럼이 없어 순환비가 1이다.
  • 수관의 배치가 자유롭다.
  • 증발이 빠르다.
  • 자동연소제어가 필요하다.
  • 수질의 영향을 많이 받는다.
  • 부하변동에 따른 압력 및 수위변화가 크다.
③ 관류보일러의 급수처리 : 순환비가 1이고, 전열면의 열부하가 높아 급수처리를 철저히 해야 한다.

23 보일러 전열면 1m² 당 1시간에 발생되는 실제증발량은 무엇인가?

① 전열면의 증발율
③ 전열면의 효율
② 전열면의 출력
④ 상당증발 효율

해설
$$전열면\ 증발율 = \frac{실제증발량}{전열면적}$$
• 전열면 1m² 당 1시간에 발생되는 실제증발량

24 50kg의 −10℃ 얼음을 100℃의 증기로 만드는데 소요되는 열량은 몇 kcal 인가?(단, 물과 얼음의 비열은 각각 1 kcal/kg ℃, 0.5 kcal/kg℃로 한다.)

① 36200
② 36450
③ 37200
④ 37450

해설
− 10℃의 얼음을 100℃ 증기로 만드는데 소요되는 열량 (물 50kg)
① 얼음의 비열 : 0.5
② 물의 잠열 : 80 / 물의 비열 : 1
④ 증발 잠열 : 539

※ −10℃ 얼음을 100℃ 증기로 만드는데 구간별로 보면,

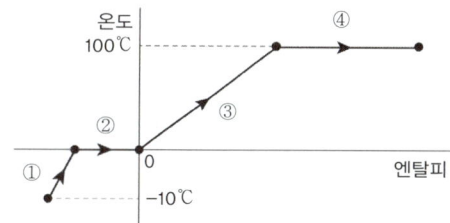

① − 10℃의 얼음을 0℃ 얼음으로
  열량은 양 × 비열 × 온도차
  = 50 × 0.5 × (0 − (−10)) = 250kcal
② 0℃ 얼음을 0℃ 물로
  열량은 양 × 잠열 = 50 × 80 = 4000kcal
③ 0℃ 물을 100℃ 물로
  열량은 양 × 비열 × 온도차
  = 50 × 1 × (100 − 0) = 5,000kcal
④ 100℃ 물을 100℃ 증기로
  열량은 양 × 잠열 = 50 × 539 = 26,9500kcal
∴ 소요열량 = 250 + 4000 + 5000 + 26900
　　　　　 = 36,200kcal

25 피드백 자동제어에서 동작신호를 받아서 제어계가 정해진 동작을 하는데 필요한 신호를 만들어 조작부로 보내는 부분은?

① 검출부
② 제어부
③ 비교부
④ 조절부

해설
자동제어의 3대 구성요소는 검출부, 조절부, 조작부이다.
① **검출부** : 압력, 온도, 유량 등의 제어량을 검출하여 이 값을 공기압, 전기 등의 신호로 변환시켜 비교부

에 전송한다.
② **조절부** : 동작신호를 바탕으로 제어에 필요한 조작
신호를 만들어 내어 조작부에 보내는 부분
③ **조작부** : 조절부로터의 신호를 조작량으로 바꾸어
제어대상에 작용하는 부분
④ **자동제어의 동작순서**
- 검출 → 비교 →조절(판단) → 조작

26 중유 보일러의 연소보조장치에 속하지 않는 것은?

① 여과기
② 인젝터
③ 화염검출기
④ 오일 프리히터

해설

인젝터는 증기압을 이용한 급수장치이다. 증기압력을 이용한 비동력 급수장치로서, 인젝터 내부의 노즐을 통과하는 증기의 속도 에너지를 압력에너지로 전환하여 보일러에 급수를 하는 예비용 급수장치이다.
① 구조 : 증기노즐, 혼합노즐, 토출노즐
② 인젝터의 작동순서, 정지순서
- 작동순서 : 토출 밸브 → 급수밸브 → 증기밸브 → 인젝터 핸들
- 정지순서 : 인젝터 핸들 → 증기밸브 → 급수밸브 → 토출 밸브

27 보일러 분출의 목적으로 틀린 것은?

① 불순물로 인한 보일러수의 농축을 방지한다.
② 포밍이나 프라이밍의 생성을 좋게 한다.
③ 전열면에 스케일 생성을 방지한다.
④ 관수의 순환을 좋게 한다.

해설

보일러 분출
• 관수의 농축을 방지하여 프라이밍, 포밍을 방지한다.
• 분출(Blow Down) 보일러의 운전시간이 길어지면 보일러수가 농축이 되고 보일러 동저부에 슬러지가 퇴적되어 캐리오버, 내부부식 및 스케일 생성 등의 원인이 되므로 분출(Blow Down)을 실시하여 장애를 방지한다.

28 캐리오버로 인하여 나타날 수 있는 결과로 거리가 먼 것은?

① 수격작용
② 프라이밍
③ 열효율 저하
④ 배관의 부식

해설

캐리오버는 발생증기 중 물방울이 포함되어 송기되는 현상으로 일명 기수공발이 라고도 한다. 기계적 캐리오버와 선택적 캐리오버로 구분된다.
• **캐리오버 발생원인**
- 주증기밸브를 급히 개방 하였을 경우
- 보일러수가 농축되었을 때
- 프라이밍, 포밍이 발생하였을 때
- 보일러가 과부하 또는 고수위일 때

29 입형 보일러의 특징으로 거리가 먼 것은?

① 보일러 효율이 높다.
② 수리나 검사가 불편하다.
③ 구조 및 설치가 간단하다.
④ 전열면적이 적고 소용량이다.

해설

입형 보일러의 특징
• 소형이므로 설치면적이 좁다.
• 효율이 횡형보다 낮다.
• 고압 대용량에 부적합하다.
• 보유 수량에 비해 전열면적이 적어 증발이 느리고 열효율이 낮다
• 효율순서 : 코크란 〉 입형연관 〉 입형횡관

30 기름연소 보일러의 점화시 역화 원인에 해당되지 않는 것은?

① 연도의 개도가 너무 좁은 경우
② 착화지연 시간이 너무 길 경우
③ 연료의 공급밸브를 필요이상 급개하여 다량으로 분무한 경우
④ 점화원을 가동하기 전에 연료를 분무해 버린 경우

해설

역화의 원인
• 유압이 낮으면 점화 및 분사가 불량하고 유압이 높으면 그을음이 축적되기 쉽다.

- 연료의 예열온도가 낮으면 무화불량, 화염의 편류, 그을음, 분진이 발생하기 쉽다.
- 연료가스의 유출속도가 너무 늦으면 역화가 일어나고, 너무 빠르면 실화가 발생하기 쉽다.
- 프리퍼지 시간이 너무 길면 연소실의 냉각을 초래하고, 너무 짧으면 역화를 일으키기 쉽다.

31 관속에 흐르는 유체의 종류를 나타내는 기호 중 증기를 나타내는 것은?

① S   ② W
③ O   ④ A

S – 증기, W – 물, O – 기름, A – 공기

32 보일러 청관제 중 보일러수의 연화제로 사용되지 않는 것은?

① 수산화나트륨
② 탄산나트륨
③ 인산나트륨
④ 황산나트륨

연화제는 경도성분을 슬러지로 만들기 위하여 사용하는 청관제로 탄산소다. 가성소다, 인산소다 등이 있다.

33 어떤 방의 온수난방에서 소요되는 열량이 시간당 21000 kcal 이고, 송수온도가 85℃ 이며, 환수온도가 25℃ 라면, 온수의 순환량은?

① 324 kg/h
② 350 kg/h
③ 398 kg/h
④ 423 kg/h

열량
= 온수의 순환량×온수비열×(송수온도−환수온도)

$$온수\ 순환량 = \frac{열량}{온수비열 \times 온도차}$$
$$= \frac{21000}{1 \times (85-25)} = 350 kg/h$$

34 보일러에 사용되는 안전밸브 및 압력방출 장치 크기를 20A 이상으로 할 수 있는 보일러가 아닌 것은?

① 소용량 강철제 보일러
② 최대 증발량 5t/h 이하의 관류 보일러
③ 최고사용압력 1MPa(10kgf/cm^2) 이하의 보일러로 전열면적 5m^2 이하의 것
④ 최고사용압력 0.1MPa(10kgf/cm^2) 이하의 보일러

관경을 20A 이상으로 할 수 있는 경우에 최고사용압력 0.5MP(5kgf/cm^2) 이하의 보일러로 전열면적 2m^2 이하의 것이다.
안전밸브
① 설치목적
   보일러 가동 중 사용압력이 제한압력을 초과할 경우 증기를 분출시켜 압력 초과를 방지하기 위해 설치한다.
② 설치방법
   보일러 증기부에 검사가 용이한 곳에 수직으로 직접 부착한다.
③ 설치개수
   - 2개 이상을 부착한다.(단, 보일러 전열면적 50m^2 이하의 경우 1개 부착)
   - 증기 분출압력의 조정 : 안전밸브를 2개 설치한 경우 1개는 최고 사용압력 이하에서, 분출하도록 조정하고, 나머지 1개는 최고사용압력의 1.03배 초과 이내에서 증기를 분출하도록 조정한다.
④ 관경
   - 안전밸브의 관경은 25mm 이상으로 한다. 단, 다음의 경우엔 관경을 20mm 이상으로 할 수 있다
   - 최고사용압력 0.1MPa 이하의 보일러
   - 최고사용압력 0.5MPa 이하로서 동체의 안지름 500mm 이하, 동체의 길이 1000mm하의 것
   - 최고사용압력 0.5MPa 이하로서 전열면적 2m^2 이하의 것
   - 최대 증발량 5T/h 이하의 관류 보일러
   - 소용량 보일러
⑤ 종류 : 스프링식, 지렛대식, 추식, 복합식

35 다음 보온재 중 안전사용 온도가 가장 낮은 것은?

① 우모펠트   ② 암면
③ 석면   ④ 규조토

31.①   32.④   33.②   34.③   35.①

보온재의 안전사용 온도
- 우모펠트 : 100℃
- 암면 : 400~500℃
- 석면 : 400~500℃
- 규조토 : 400~500℃

36 배관계의 식별표시는 물질의 종류에 따라 달리한다. 물질과 식별색의 연결이 틀린 것은?

① 물 : 파랑
② 기름 : 연한 주황
③ 증기 : 어두운 빨강
④ 가스 : 연한 노랑

물 – 파랑, 증기 – 빨강, 공기 – 백색, 가스 – 노랑, 기름 – 주황, 전기 – 연주황

37 주증기관에서 증기의 건도를 향상 시키는 방법으로 적당하지 않은 것은?

① 가압하여 증기의 압력을 높인다.
② 드레인 포켓을 설치한다.
③ 증기 공간 내에 공기를 제거한다.
④ 기수분리기를 사용한다.

감압하여 증기의 압력을 낮출 경우에 증기의 건도가 향상되고 증발잠열이 증가하여 에너지 절감 효과를 얻을 수 있다.

38 보일러 기수공발(carry over)의 원인이 아닌 것은?

① 보일러의 증발능력에 비하여 보일러수의 표면적이 너무 넓다.
② 보일러의 수위가 높아지거나 송기시 증기밸브를 급개 하였다
③ 보일러수 중의 가성소다, 인산소다, 유지분등의 함유비율이 많았다.
④ 부유 고형물이나 용해 고형물이 많이 존재 하였다.

- 포밍 : 보일러수의 농축으로 수면부근에 거품의 층을 형성하여 수위가 불안정하게 되는 현상
- 캐리오버 : 프라이밍. 포밍 등에 의해 발생증기 중에 물방울이 포함되어 송기되는 현상이다.
- 보일러수의 표면적이 넓으면 수위의 안정으로 프라이밍, 포밍을 방지할 수 있다.

39 동관의 끝을 나팔 모양으로 만드는데 사용하는 공구는?

① 사이징툴
② 익스팬더
③ 플레어링 툴
④ 파이프커터

동관용 공구
- 사이징 툴 : 동관 끝을 원형으로 정형하는 공구
- 익스팬더 : 동관끝을 소켓용으로 확관시키는 공구
- 플레어링 툴 : 동관의 끝을 나팔모양으로 만드는데 사용하는 공구

40 보일러 분출 시의 유의사항 중 틀린 것은?

① 분출 도중 다른 작업을 하지 말 것
② 안전저수면 이하로 분출하지 말 것
③ 2 대 이상의 보일러를 동시에 분출하지 말 것
④ 계속 운전 중인 보일러는 부하가 가장 클 때 할 것

보일러 분출
- 관수의 농축을 방지하여 프라이밍, 포밍을 방지한다.
- 분출(Blow Down) 보일러의 운전시간이 길어지면 보일러수가 농축이 되고 보일러 동저부에 슬러지가 퇴적되어 캐리오버, 내부부식 및 스케일 생성 등의 원인이 되므로 분출(Blow Down)을 실시하여 장애를 방지한다.
- 분출은 계속운전중인 보일러는 부하가 가장 가벼울 때 실시한다.

41 난방부하계산 시 고려해야 할 사항으로 거리가 먼 것은?

① 유리창 및 창문의 크기
② 현관 등의 공간
③ 연료의 발열량
④ 건물의 위치

해설

난방부하는 주택의 실내 공간에 대해 난방부하를 정확하게 실측하는 것은 불가능하므로 주택의 보온과 외기조건에 따른 손실열량과 온수에 의해 공급되는 열량이 균형을 이루도록 해야 한다. 따라서 다음과 같은 여러 가지 여건을 검토하여 적정수준의 난방에 필요한 열량을 선정해 주어야 한다.
• 마루 등의 공간 : 바닥온도 적정여부
• 유리창 및 문 : 크기, 위치 및 재료와 사용빈도
• 건물의 위치 : 건물의 방위에 따른 일사량과 열손실의 관계
• 천장높이 : 바닥에서 천장까지의 간격으로 호흡선의 기준점
• 주위환경조건 : 벽, 지붕 등의 색상, 주위의 열발생원 존재여부
• 건축구조 : 벽, 지붕, 천장, 바닥, 간막이 벽 등의 두께 및 보온 단열상태
• 난방부하 = 벽체의 열관류율 × 벽체의 면적 × (실내온도−외기온도) × (방위계수 kcal/h)

42 보일러에서 수압시험을 하는 목적으로 틀린 것은?

① 분출 증기압력을 측정하기 위하여
② 각 종 덮개를 장치한 후 기밀도를 확인하기 위하여
③ 수리한 경우 그 부분의 강도나 이상 유무를 판단하기 위하여
④ 구조상 내부검사를 하기 어려운 곳에는 그 상태를 판단하기 위하여

해설

보일러 수압시험 목적
• 이음부의 기밀도 및 이상 유무를 판단하기 위하여
• 각 종 덮개를 장치한 후 기밀도를 확인하기 위하여
• 수리한 경우 그 부분의 강도나 이상 유무를 판단하기 위하여
• 구조상 내부검사를 하기 어려운 곳에는 그 상태를 판단하기 위하여

43 온수난방법 중 고온수 난방에 사용되는 온수의 온도는?

① 100℃ 이상
② 80℃~90℃
③ 60℃~70℃
④ 0℃~60℃

해설

• 온수온도 100℃ 이상을 고온수 난방
• 온수온도 100℃ 이하를 저온수 난방
• 보통 온수식 난방에서 온수의 온도는 85~90℃

44 온수방열기의 공기빼기 밸브의 위치로 적당한 것은?

① 방열기 상부
② 방열기 중부
③ 방열기 하부
④ 방열기 최하단부

해설

공기 빼기밸브는 방열기 출구 상단에 설치하여 공기를 방출하여 온수의 흐름을 좋게 한다.

45 관의 방향을 바꾸거나 분기할 때 사용되는 이음쇠가 아닌 것은?

① 밴드   ③ 엘보
② 크로스   ④ 니플

해설

니플은 동일 직경의 관을 직선이음에 사용하는 관 이음쇠이다.

46 보일러 운전이 끝난 후 노내와 연도에 체류하고 있는 가연성 가스를 배출시키는 작업은?

① 페일 세이프(fail safe)
② 풀 프루프(fool proof)
③ 포스트 퍼지(post−purge)
④ 프리 퍼지(pre−purge)

해설

• 포스트 퍼지 : 작업 종료(소화) 후 통풍
• 프리퍼지 : 점화 전 통풍

 정답 41.③ 42.① 43.① 44.① 45.④ 46.③

47 온도 조절식 트랩으로 응축수와 함께 저온의 공기도 통과시키는 특성이 있으며, 진공환수식 증기배관의 방열기 트랩이나 관말 트랩으로 사용되는 것은?

① 버킷트랩
② 열동식 트랩
③ 플로트 트랩
④ 매니폴드 트랩

해설

증기트랩
① 보일러에서 발생한 증기를 손실을 최소화하고 각 사용처로 균일하게 공급하기 위한 관 모음 장치
② 증기트랩의 종류
  • 기계식 : 풀로트식, 버켓식
  • 열역학 성질 : 디스크식, 오리피스식
  • 온도조절식: 바이메탈식, 벨로스식(열동식)

48 온수난방의 특징에 대한 설명으로 틀린 것은?

① 실내의 쾌감도가 좋다.
② 온도 조절이 용이하다.
③ 화상의 우려가 적다.
④ 예열시간이 짧다.

해설

온수난방은 온수의 현열을 이용한 방식으로 소규모 건축물의 난방에 적합한 난방방식이다.
온수난방의 특징
• 난방부하의 변동에 따른 온도조절이 쉽다.
• 예열시간이 길지만 식는 시간도 길다.
• 방열기 표면온도가 낮아 화상의 위험이 작다.
• 한냉시 동결의 위험이 작다.
• 방열량이 적어 방열면적이 넓다.
• 취급이 용이하고 연료비가 적게 든다.

49 고온 배관용 탄소 강관의 KS 기호는?

① SPHT   ② SPLT
③ SPPS   ④ SPA

해설

배관의 종류
• SPHT : 고온배관용탄소강관
• SPLT : 저온배관용탄소강관
• SPPS : 압력 배관용 탄소강관
• SPA : 배관용 합금 강관

50 보일러 수위에 대한 설명으로 옳은 것은?

① 항상 상용수위를 유지한다.
② 증기 사용량이 적을 때는 수위를 높게 유지한다.
③ 증기 사용량이 많을 때는 수위를 얕게 유지한다.
④ 증기 압력이 높을 때는 수위를 높게 유지한다.

해설

상용수위는 보일러 운전 중 유지하는 수위로 수면계의 1/2 위치이다.

51 급수펌프에서 송출량이 10m³/min 이고, 전양정이 8m 일 때, 펌프의 소요마력은? (단, 펌프의 효율은 75%이다)

① 15.6 PS
② 17.8 PS
③ 23.7 PS
④ 31.6 PS

해설

$$소요마력 = \frac{\gamma \cdot Q \cdot H}{75 \times \eta} = \frac{1000 \cdot 송출량 \cdot 전양정}{75 \times 효율}$$
$$= \frac{1000 \times 10 \times 8}{75 \times 60 \times 0.75} = 23.7 ps$$

52 증기난방 배관에 대한 설명 중 옳은 것은?

① 건식환수식이란 환수주관이 보일러의 표준수 위보다 낮은 위치에 배관되고, 축수가 환수 주관의 하부를 따라 흐르는 것을 말한다.
② 습식환수식이란 환수주관이 보일러의 표준수 위보다 높은 위치에 배관되는 것은 말한다.
③ 건식 환수식에서는 증기트랩을 설치하고, 습식환수식에서는 공기빼기 밸브나 에어포켓을 설치한다.
④ 단관식 배관은 복관식 배관보다 배관의 길이가 길고 관경이 작다.

해설

정답 47.② 48.④ 49.① 50.① 51.③ 52.③

환수관의 접속방법에 따른 분류
- 건식환수식 : 환수주관이 보일러의 표준수위보다 높은 위치에 배관되고, 증기트랩을 설치하여 응축수를 배출한다.
- 습식환수식 : 환수주관이 보일러의 표준수위보다 낮은 위치에 배관되고 드레인 밸브를 설치한다.

53 사용 중인 보일러의 점화 전 주의사항으로 틀린 것은?

① 연료계통을 점검한다.
② 각 밸브의 개폐 상태를 확인한다.
③ 댐퍼를 닫고 프리퍼지를 한다.
④ 수면계 수위를 확인한다.

해설
노내 폭발의 방지조치를 위해 점화전 댐퍼를 열고 실시하는 프리퍼지와 소화 후 실하는 포스트퍼지가 있다.

54 다음 중 보일러의 안전장치에 해당되지 않는 것은?

① 방출밸브
② 방폭문
③ 화염검출기
④ 감압밸브

해설
안전장치는 보일러 운전 중 이상 저수위, 압력초과, 프리퍼지 부족으로 미연가스에 의한 노내 폭발 등 안전사고를 미연에 방지하기 위해 사용되는 장치
① 안전장치의 종류
- 압력초과 방지를 위한 안전장치 : 안전밸브, 증기압력 제한기
- 저수위 사고를 방지하기 위한 안전장치 : 저수위 경보기, 가용전
- 노내 폭발을 방지하기 위한 안전장치 : 화염 검출기, 방폭문
② 감압밸브는 조압의 증기를 저압으로 낮추어 저압측의 압력을 일정하게 유지하는 송기장치이다.

55 에너지이용 합리화법에 따른 열사용기자재 중 소형온수 보일러의 적용범위로 옳은 것은?

① 전열면적 $24m^2$ 이하이며, 최고사용압력이 0.5MPa 이하의 온수를 발생하는 보일러
② 전열면적 $14m^2$ 이하이며, 최고사용압력이 0.35MPa 이하의 온수를 발생하는 보일러
③ 전열면적 $20m^2$ 이하인 온수 보일러
④ 최고사용압력이 0.8MPa 이하의 온수를 발생하는 보일러

해설
소형온수 보일러는 전열면적 $14m^2$ 이하로, 최고사용압력이 0.35MPa 이하의 온수 보일러이다.

56 에너지이용 합리화법상 목표에너지원 단위란?

① 에너지를 사용하여 만드는 제품의 종류별 연간 에너지사용목표량
② 에너지를 사용하여 만드는 제품의 단위당 에너지사용목표량
③ 건축물의 총 면적당 에너지사용목표량
④ 자동차 등의 단위연료 당 목표주행거리

해설
목표에너지원 단위는 에너지를 사용하여 만드는 제품의 단위당 에너지 사용 목표량으로 산업통상자원부장관이 수립한다.

57 저탄소 녹색성장 기본법령상 관리업체는 해당 연도 온실가스 배출량 및 에너지 소비량에 관한 명세서를 작성하고, 언제까지 제출하여야 하는가?

① 해당연도 12월 31일 까지
② 해당연도 1월 31일 까지
③ 해당연도 3월 31일 까지
④ 해당연도 6월 30일 까지

정답 53.③ 54.④ 55.② 56.② 57.③

온실가스 배출량 및 에너지 소비량 명세서는 해당연도 3월 31일까지 관장기관에게 제출

58 에너지이용 합리화법 시행령에서 에너지 다소비사업자라 함은 연료·열 및 전력의 연간 사용량 합계가 얼마 이상인 경우인가?

① 5백 티오이
③ 1천5백 티오이
② 1천 티오이
④ 2천 티오이

에너지다소비 사업자는 연료·열 및 전력의 연간사용량 합계가 2천 티오이 이상인 에너지 사용자이다.

59 에너지이용 합리화법상 에너지소비효율 등급 또는 에너지 소비효율을 해당 효율 관리 기자재에 표시할 수 있도록 효율관리 기자재의 에너지 사용량을 측정하는 기관은?

① 효율관리 진단기관
② 효율관리 전문기관
③ 효율관리 표준기관
④ 효율관리 시험기관

효율관리 기자재의 에너지 사용량 측정기관은 산업통상자원부 장관이 지정하는 효율관리 시험기관

60 에너지이용 합리화법상 법을 위반하여 검사대상기기 관리자를 선임하지 아니한 자에 대한 벌칙 기준으로 옳은 것은?

① 2년 이하의 징역 또는 2천만원 이하의 벌금
② 2천만원 이하의 벌금
③ 1천만원 이하의 벌금
④ 500만원 이하의 벌금

• 검사 대상기기 관리자를 선임하지 아니한 경우 : 1천만원 이하의 벌금
• 기준미달 기자재의 생산 및 판매금지 위반 : 2천만원 이하의 벌금
• 에너지 저장의무를 정당한 사유 없이 이행 하지 아니한 경우
  – 2년 이하의 징역 또는 2천만원 이하의 벌금

정답   58.④   59.④   60.③

01 보일러에서 배출되는 배기가스의 여열을 이용하여 급수를 예열하는 장치는?

① 과열기   ② 재열기
③ 절탄기   ④ 공기예열기

해설

절탄기는 보일러 연도 입구에 설치하여 연돌로 배출되는 배기가스의 손실열을 이용하여 급수를 예열하기 위한 장치로 주철관형과 강관형이 있다.
① 설치이점
- 연료절감 및 열효율이 높아진다.(5~15% 정도)
- 보일러수와 급수와 온도차가 적어져 동판의 열응력이 감소된다.
- 급수중 불순물의 일부가 제거된다.
- 급수의 예열로 증발이 빨라진다.
② 단점
- 청소가 어려워진다.
- 설치비가 많이 든다.
- 저온부식이 발생한다.
- 통풍저항의 증가한다.
③ 종류
- 주철관형 : 저압용으로 내식, 내마모성아 좋으며 20kg/cm2 이하에 사용한다.
- 핀 형 : 관에 원형 핀을 부착한 것으로 40kg/cm2 이하에 시용하며 통풍 저항이 크다.
- 강관형 : 고압용으로 전열이 좋고, 철저한 급수처리로 스케일 부착이 적다.

02 목표 값이 시간에 따라 임의로 변화되는 것은?

① 비율제어
② 추종제어
③ 프로그램제어
④ 캐스케이트제어

해설

자동제어 목표값에 의한 분류
- 추종제어 : 목표값이 임의로 변하는 제어
- 프로그램제어 : 목표값이 미리 정해진 순서에 의해 변화되는 제어

- 캐스케이트제어 : 2차 제어계를 조합하여 단계적으로 변화되는 목표값을 제어하는 형식

03 보일러 부속품 중 안전장치에 속하는 것은?

① 감압밸브   ② 주증기 밸브
③ 가용전   ④ 유량계

해설

보일러 안전장치
- 압력초과 방지를 위한 안전장치 : 안전밸브, 증기압력 제한기
- 저수위 사고를 방지하기 위한 안전장치 : 저수위 경보기, 가용전
- 노내 폭발을 방지하기 위한 안전장치 : 화염 검출기, 방폭문

04 케비테이션의 발생 원인이 아닌 것은?

① 흡입양정이 지나치게 클 때
② 흡입관의 저항이 작은 경우
③ 유량의 속도가 빠른 경우
④ 관로 내의 온도가 상승되었을 때

해설

캐비테이션은 관내 마찰저항이 큰 경우에 발생하는 현상으로 양수능력이 저하되고, 소음, 진동이 발생한다.

05 다음 중 연료의 연소온도에 가장 큰 영향을 미치는 것은?

① 발화점   ② 공기비
③ 인화점   ④ 회분

해설

① 연소온도는 연료의 발열량이 클 때. 연소에 적은 과잉공기를 사용하여 완전연소시킬 때 높아진다.
② 연소온도를 높이려면
- 발열량이 높은 연료 사용할 것
- 연료와 공기를 예열하여 공급할 것
- 연소에 과잉공기를 적게 사용할 것
- 방사 열손실을 방지할 것

• 연료를 완전연소시 킬 것
③ 연소온도에 영향을 미치는 요소 : 발열량. 공기비.
산소의 농도, 공급공기의 온도

06 수소 15%, 수분 0.5% 인 경우 중유의 고위 발열량이 10000 kcal/kg이다. 이 중유의 저위발열량은 몇 kcal/kg 인가?

① 8795
② 8984
③ 9085
④ 9187

해설

저위발열량 = 고위발열량 - 600 × (9H+W)
= 10000 - 600 × (9 × 0.15 + 0.005)
= 9187kcal/kg

07 부르돈관 압력계를 부착할 때 사용되는 사이펀관 속에 넣는 물질은?

① 수은   ② 증기
③ 공기   ④ 물

해설

① 사이폰 관은 관내에 물을 가득 채워, 고온의 증기가 브로돈관 내에 직접 들어가는 것을 방지한다.
② 사이폰관은 관내에 응결수가 채워 있는 구조의 관으로 고온의 증기가 브로돈관 내에 직접 침입하지 못하게 함으로써 압력계를 보호하기 위해 설치하며, 관경은 6.5mm 이상이어야 한다.
  • 종류 : 증기온도 210℃
  – 210℃이상 : 지름 12.7mm 이상의 강관을 사용
  – 210℃이하 : 지름 6.5mm 이상의 동관 또는 황동관을 사용
  • 브로돈관 압력계는 사이폰관을 통하여 부착을 하고, 연락관에 설치된 코크는 핸들이 관의 방향과 동일할 때 열려있는 구조이어야 한다.

08 집진장치의 종류 중 건식집진장치의 종류가 아닌 것은?

① 가압수식 집진기
② 중력식 집진기
③ 관성력식 집진기
④ 원심력식 집진기

해설

① 집진장치의 종류
  • 여과식의 종류는 백 필터, 원통식, 평판식, 역기류 분사형 등.
  • 가압수식 집진장치의 종류 : 사이크론 스크레버, 벤튜리 스크레버, 제트 스크레버, 충진탑
  • 세정식(습식)집진장치 : 유수식, 회전식, 가압수식
② 집진장치의 원리
  • 여과식 : 함진가스를 여과재에 통과시켜 매진을 분리
  • 원심력식 : 함진가스를 선회 운동시켜 매진의 원심력을 이용하여 분리
  • 중력식 : 집진실내에 함진가스를 도입하고 매진자체의 중력에 의해 자연 침강시켜 분리하는 형식
  • 관성력식 : 분진가스를 방해판 등에 충돌시키거나 급격한 방향전환에 의해 매연을 분리 포집하는 집진장치

09 수관식 보일러에 속하지 않는 것은?

① 입형 보일러
③ 강제 순환식
② 자연 순환식
④ 관류식

해설

보일러의 분류

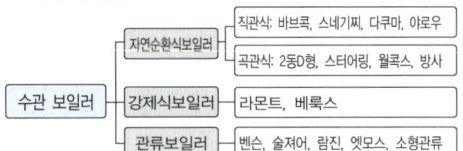

수관 보일러	자연순환식보일러	직관식: 바브콕, 스네기찌, 다쿠마, 야로우
		곡관식: 2동D형, 스터어링, 월콕스, 방사
	강제식보일러	라몬트, 베룩스
	관류보일러	벤슨, 술져어, 람진, 엣모스, 소형관류

10 공기예열기의 종류에 속하지 않는 것은?

① 전열식   ② 재생식
③ 증기식   ④ 방사식

해설

공기예열기는 보일러의 연도에 설치하여 연돌로 배출되는 배기가스의 손실열을 이용하여 연소용 공기를 예열하기 위한 장치
① 공기예열기는 전열방식에 따라 전열식. 재생식, 히트파이프식 등이 있고, 열매에 따라 전기식, 증기식, 가스식 등이 있다.
② 원리
  • 전열식 : 금속 전열면을 통해서 배기가스가 보유하는 열을 공기에 전달 예열시키는 형식으로 관 형 공기예열기, 판형 공기예열기 등이 있다.

- 생식(축열식) : 조합된 다수의 금속판에 연소가스와 공기를 교대로 금속판에 접촉시켜 공기를 예열하는 형식으로 회전식, 고정식, 이동식 등이 있으며 주로 회전식으로 융그스트룸식 공기예열기가 널리 사용되고 있다.
- 히트 파이프식 : 내부에 물, 알콜 등의 유체를 놓고 진공상태로 밀봉한 파이프(히트 파이프)를 경사지게 설치하여 중간지점에 설치한 격벽을 경계로 한쪽으로 배기가스를, 다른 한쪽으로 공기를 공급하여 공기를 예열하는 형식

11 비접촉식 온도계의 종류가 아닌 것은?

① 광전관식 온도계
② 방사 온도계
③ 광고 온도계
④ 열전대 온도계

온도계의 분류
- 접촉식 온도계 : 유리제, 압력식, 저항식, 열전대 온도계 등이 있다.
- 비접촉식 온도계 : 방사, 광고 광전관식, 색 온도계 등이 있다.

12 보일러의 전열면적이 클 때의 설명으로 틀린 것은?

① 증발량이 많다.
② 예열이 빠르다.
③ 용량이 적다.
④ 효율이 높다.

① 전열면적이 크면 예열이 빠르고. 증발량이 많아져 용량이 커지고 효율이 높아진다.
② 보일러 중요 개념
- 전열면적 : 한쪽면에 연소가스가 반대쪽면에 물이 닿는 부위의 면적(전열면적이 크면 열효율은 높아진다.)
- 최고사용압력 : 보일러 구조상 사용 가능한 최고압력
- 안전저수면 : 보일러 운전 중 유지하지 않으면 안 되는 최저수면
- 상용수위 : 보일러 운전 중 유지하는 수면(수면계 중심의 1/2)

13 보일러 연도에 설치하는 댐퍼의 설치 목적과 관계가 없는 것은?

① 매연 및 그을음의 제거
② 통풍력 조절
③ 연소가스의 흐름 차단
④ 주연도와 부연도가 있을 때 가스의 흐름을 전환

① 연도댐퍼는 배기가스량 및 통풍력을 조절하고 가스 흐름을 차단하고, 연도를 교체 하는데 효과적이다.
② 설치목적
- 공기량을 조절한다.
- 배기가스량을 조절한다.
- 통풍력을 조절한다.
- 연도를 교체한다.
③ 종류
- 공기댐퍼
- 연도댐퍼 – 배기가스 댐퍼 (연도에 설치)

14 통풍력을 증가시키는 방법으로 옳은 것은?

① 연도는 짧고, 연돌은 낮게 설치한다.
② 연도는 길고, 연돌의 단면적을 적게 설치한다.
③ 배기가스의 온도는 낮춘다.
④ 연도는 짧고, 굴곡부는 적게 한다.

통풍력 증가시키는 방법
- 연돌의 높이가 높을 때
- 배기가스 온도가 높을 때
- 연돌의 단면적이 클 때
- 연도의 길이가 짧고. 굴곡부가 적을 때 증가한다.

15 연료의 연소에서 환원염이란?

① 산소 부족으로 인한 화염이다.
② 공기비가 너무 클 때의 화염이다.
③ 산소가 많이 포함된 화염이다.
④ 연료를 완전 연소시킬 때의 화염이다.

연료의 연소시 불꽃
- 환원염 : 불완전 연소로 화염 중에 CO가 포함된 화염
- 산화염 : 연소에 공기가 많이 시용하여 화염 중 O_2가 포함된 화염

16 보일러 화염 유무를 검출하는 스택 스위치에 대한 설명으로 틀린 것은?

① 화염의 발열 현상을 이용한 것이다.
② 구조가 간단하다.
③ 버너 용량이 큰 곳에 사용된다.
④ 바이메탈의 신축작용으로 화염 유무를 검출한다.

해설
① 화염검출기란 운전중 불착화나 실화시 전자밸브에 의해 연료공급을 차단하는 안전장치
  • 플레임 로드 : 이온화 이용(전기적 성질)
  • 플레임 아이 : 발광체 이용(광학적 성질)
  • 스택스위치 : 발열체 이용(열적 성질)
② 스택스위치는 연도에 설치하여 화염의 발열체를 이용한 검출기로 동작이 느려 대용량 보일러에 부적당하다.

17 3요소식 보일러 급수제어 방식에서 검출하는 3요소는?

① 수위, 증기유량, 급수유량
② 수위, 공기압, 수압
③ 수위, 연료량, 공기량
④ 수위, 연료량, 수압

해설
3요소식 자동급수제어장치의 검출요소는 수위, 증기량, 급수량이다.

18 대형 보일러인 경우에 송풍기가 작동되지 않으면 전자밸브가 열리지 않고, 점화를 저지하는 인터록의 종류는?

① 저연소 인터록
② 압력초과 인터록
③ 프리퍼지 인터록
④ 불착화 인터록

해설
프리 퍼지는 점화전 통풍, 포스트 퍼지는 소화 후 통풍이다.

19 수위의 부력에 의한 플로트 위치에 따라 연결된 수은 스위치로 작동하는 형식으로, 중·소형 보일러에 가장 많이 사용하는 저수위 경보장치의 형식은?

① 기계식   ② 전극식
③ 자석식   ④ 맥도널식

해설
맥도널식(플로트식)은 수위 변화에 따른 부자의 변위에 의해 수은 스위치를 on~off로 작동시키는 저수위 경보장치이다.

20 증기의 발생이 활발해지면 증기와 함께 물방울이 같이 비산하여 증기관으로 취출 되는데, 이때 드럼 내에 증기 취출구에 부착하여 증기 속에 포함된 수분 취출을 방지해주는 관은?

① 워터실링관
② 주증기관
③ 베이퍼록 방지관
④ 비수방지관

해설
증기관 입구에 설치하여 관의 위쪽에 설치된 여러 개의 소구경을 구멍을 통해 프라이밍을 방지하여 수분과 증기를 분리하는 장치는 비수방지관이다.

21 증기의 과열도를 옳게 표현한 것은?

① 과열도 = 포화증기온도 − 과열증기온도
② 과열도 = 포화증기온도 − 압축수의 온도
③ 과열도 = 과열증기온도 − 압축수의 온도
④ 과열도 = 과열증기온도 − 포화증기온도

해설
증기의 과열도 : 과열도는 과열증기온도와 포화증기온도와의 차이다.
① 포화증기 : 포화온도에서 발생한 증기
  • 습포화증기 : 증기가 발생하는 과정, 증기와 액체가 공존하는 상태
  − 건조도 : 0 〈 건조도 〈 1 범위의 증기

- 보일러에서 발생하는 증기는 대부분 습포화증기이다.
- 건포화증기 : 수분이 포함되지 않은 증기, 액체가 모두 증기가 된 상태
  - 건조도 : 건조도 = 1 인 상태의 증기
  - 건조도 : 습증기 전 질량 중 증기가 차지하는 질량비
② 과열증기
  - 발생포화증기의 압력변화 없이 온도만 높은 증기
  - 과열도 : 과열증기온도와 포화증기온도와의 차

22 어떤 액체 연료를 완전 연소시키기 위한 이론공기량이 10.5 Nm³/kg 이고, 공기비가 1.4 인 경우 실제 공기량은?

① 7.5 Nm³/kg
② 11.9 Nm³/kg
③ 14.7 Nm³/kg
④ 16.0 Nm³/kg

해설

실제 공기량 = 공기비 × 이론 공기량
= 1.4 × 10.5 = 14.7 Nm³/kg
실제공기량 = 과잉공기량 − 이론공기량

23 보일러에 과열기를 설치할 때 일어나는 장점으로 틀린 것은?

① 증기관 내의 마찰저항을 감소시킬 수 있다.
② 증기기관의 이론적 열효율을 높일 수 있다.
③ 같은 압력의 포화증기에 비해 보유열량이 많은 증기를 얻을 수 있다.
④ 연소가스의 저항으로 압력손실을 줄일 수 있다.

해설

과열기는 보일러에서 발생된 포화증기를 가열하여 압력은 변함없이 온도만 높은 증기, 즉 과열 증기를 얻기 위한 장치이며 연소가스의 저항으로 압력손실을 줄일 수 있다.
① 과열기의 종류
  - 전열방식에 따른 분류
  - 복사형 과열기 : 연소실에 설치하여 화염의 복사열을 이용하여 과열증기를 발생하는 형식으로 보일러 부하가 증가 할수록 과열온도가 저하된다.

- 대류형 과열기 : 연도에 설치에 배기가스의 대류열을 이용하여 과열증기를 발생하는 형식으로 보일러 부하가 증가할수록 과열온도가 증가한다.
- 복사 대류형 과열기 : 연소실과 연도의 중간에 설치하여 화염의 복사열과 배기가스의 대류 열을 동시에 이용하는 형식으로 보일러 부하변동에 대해 과열증기의 온도 변화는 비교적 균일하다.
  - 연소가스의 흐름에 따라
  - 병류형 : 연소가스와 증기의 흐름이 동일 방향으로 접촉되는 형식
  - 향류형 : 연소가스와 증기의 흐름이 반대 방향으로 접촉되는 형식
    전열효율은 좋으나 침식이 빠르다.
  - 혼류형 : 병류형과 향류형이 혼용된 형식 침식을 적게 하고 전열을 좋게 한 형식

24 파형 노통 보일러의 특징을 설명한 것으로 옳은 것은?

① 제작이 용이하다.
② 내·외면의 청소가 용이하다.
③ 평형노통 보다 전열면적이 크다.
④ 평형노통 보다 외압에 대하여 강도가 적다.

해설

파형 노통 보일러의 특징
- 주름이 형성된 노통(연소실)
- 열에 대한 신축조절이 용이
- 전열면적이 크다.
- 외압에 대한 강도가 높다.
- 통풍저항이 크다.

25 슈트 볼로워 사용 시 주의사항으로 틀린 것은?

① 부하가 50% 이하인 경우에 사용한다.
② 보일러 정지시 슈트 불로워 작업을 하지 않는다.
③ 분출 시에는 유인 통풍을 증가시킨다.
④ 분출기 내의 응축수를 배출시킨 후 사용한다.

해설

슈트 블로워는 보일러 부하가 50% 이하인 경우나 정지 시에는 사용하지 않는다.

26 후향 날개 형식으로 보일러의 압입송풍에 많이 사용되는 송풍기는?

① 다익형 송풍기
② 축류형 송풍기
③ 터보형 송풍기
④ 플레이트형 송풍기

27 연료의 가연성분이 아닌 것은?

① N
② C
③ H
④ S

28 효율이 82%인 보일러로 발열량 9800 kcal/kg의 연료를 15kg 연소시키는 경우의 손실열량은?

① 80360 kcal
② 32500 kcal
③ 26460 kcal
④ 120540 kcal

29 보일러 연소용 공기조절장치 중 착화를 원활하게 하고 화염의 안정을 도모하는 장치는?

① 윈드박스(Wind Box)
② 보염기(Stabilizer)
③ 버너타일(Burner tile)
④ 플레임 아이(Flame eye)

30 증기난방 설비에서 배관 구배를 부여하는 가장 큰 이유는 무엇인가?

① 증기의 흐름을 빠르게 하기 위해서
② 응축수의 체류를 방지하기 위해서
③ 보일러수의 누수를 막기 위하여
④ 증기와 응축수의 흐름마찰을 줄이기 위해서

31 보일러 배관 중에 신축이음을 하는 목적으로 가장 적합한 것은?

① 증기소의 이물질을 제거하기 위하여
② 열팽창에 의한 관의 파열을 막기 위하여
③ 보일러수의 누수를 막기 위하여
④ 증기속의 수분을 분리하기 위하여

2~4개 정도의 엘보를 연결하여 신축을 조절하여 관의 손상을 방지하기 위한 이음방법이다.
ⓒ 스위블 이음은 엘보우를 이용하므로 압력강하가 크고, 신축량이 클 경우 이음부가 헐거워져 누수의 원인이 된다.

32 팽창탱크에 대한 설명으로 옳은 것은?

① 개방식 팽창탱크는 주로 고온수 난방에서 사용한다.
② 팽창관에는 방열관에 부착하는 크기의 밸브를 설치한다.
③ 밀폐형 팽창탱크에는 수면계를 구비한다.
④ 밀폐형 팽창탱크는 개방식 팽창탱크에 비하여 적어도 된다.

해설
팽창탱크
• 온, 난방에는 밀폐식 팽창 탱크를 설치하며 압력계, 방출밸브, 수위계, 압축공기 주입관, 급수관, 배수관 등을 설치한다.
• 온수의 온도변화에 따른 체적팽창 또는 이상팽창에 의한 압력을 흡수하고 보일러의 부족수를 보충할 수 있는 물을 보유하고 있는 탱크를 말한다.

33 온수난방의 특징 중 틀린 것은?

① 실내 예열시간이 짧지만 쉽게 냉각되지 않는다.
② 난방부하 변동에 따른 온도조절이 쉽다.
③ 단독주택 또는 소규모 건물에 적용된다.
④ 보일러 취급이 비교적 쉽다.

해설
온수난방은 비열이 커서 예열시간이 길고 식는 시간도 길어 쉽게 냉각되지 않는다.
온수난방의 특징
• 난방부하의 변동에 따른 온도조절이 쉽다.
• 예열시간이 길지만 식는 시간도 길다.
• 방열기 표면온도가 낮아 화상의 위험이 작다.
• 한냉시 동결의 위험이 작다.
• 방열량이 적어 방열면적이 넓다.
• 취급이 용이하고 연료비가 적게 든다.

34 다음 중 주형 방열기의 종류로 거리가 먼 것은?

① 1 주형   ② 2 주형
③ 3 세주형   ④ 5 세주형

해설
주형 방열기의 종류는 2 주형, 3 주형, 3 세주형, 5 세주형 등이 있다.
① 방열량
  • 증기 방열기의 방열량은 650kcal/m²h
  • 온수 방열기의 방열량은 450kcal/m²h
② 종류 : 주형, 벽걸이형, 길드형, 관형, 대류형
③ 설치위치 : 외기와 접한 창문 아래
  (벽과의 간격 50~60mm)
④ 난방부하(kcal/h)
  난방에 필요한 열량 (난방부하)
  = 방열량 × 방열기 면적)

35 보일러 점화시 역화의 원인과 관계가 없는 것은?

① 착화가 지연될 경우
② 점화원을 사용할 경우
③ 프리퍼지가 부족할 경우
④ 연료 공급밸브를 급개하여 다량으로 분무한 경우

해설
역화의 원인
• 점화가 늦어졌을 때
• 프리퍼지가 부족할 때
• 연료의 인화점이 낮을 때
• 압입통풍이 너무 강할 때
• 흡입통풍이 너무 부족할 때
• 공기보다 연료를 먼저 공급했을 때

36 압력계로 연결하는 증기관을 황동관이나 동관을 사용할 경우, 증기온도는 약 몇 ℃ 이하 인가?

① 210℃   ② 260℃
③ 310℃   ④ 360℃

해설
사이폰관은 관내에 응결수가 채워 있는 구조의 관으로 고온의 증기가 브로돈관 내에 직접 침입하지 못하게 함으로써 압력계를 보호하기 위해 설치하며, 관경은 6.5mm 이상이어야 한다.

 정답 32.③   33.①   34.①   35.②   36.①

① 종류 : 증기온도 210℃
- 210℃이상 : 지름 12.7mm 이상의 강관을 사용
- 210℃이하 : 지름 6.5mm 이상의 동관 또는 황동관을 사용
② 브로돈관 압력계는 사이폰관을 통하여 부착을 하고, 연락관에 설치된 코크는 핸들이 관의 방향과 동일할 때 열려있는 구조이어야 한다.

37 보일러를 비상 정지시키는 경우의 일반적인 조치사항으로 거리가 먼 것은?

① 압력을 자연히 떨어지게 기다린다.
② 주증기 스톱밸브를 열어 놓는다.
③ 연소공기의 공급을 멈춘다.
④ 연료 공급을 중단한다.

보일러 비상 정지시에는 주증기밸브를 닫아야 한다.

38 금속 특유의 복사열에 대한 특성을 이용한 대표적인 금속질 보온재는?

① 세라믹 화이버
② 실리카 화이버
③ 알루미늄 박
④ 규산칼슘

금속질 보온재는 알루미늄 박으로 복사열의 반사특성을 이용 보온 효과를 얻는다.

39 기포성 수지에 대한 설명으로 틀린 것은?

① 열전도율이 낮고 가볍다.
② 불에 잘 타며 보온성 및 보냉성은 좋지 않다.
③ 흡수성은 좋지 않으나 굽힘성은 풍부하다.
④ 합성수지 또는 고무질 재료를 사용하여 다공질 제품으로 만든 것이다.

기포성 수지는 탄성이 있고 불에 잘 타지 않으며 보온성, 보냉성이 좋다.

40 온수 보일러의 순환펌프 설치 방법으로 옳은 것은?

① 순환펌프는 모터부분은 수평으로 설치한다.
② 순환펌프는 보일러 본체에 설치한다.
③ 순환펌프는 송수주관에 설치한다.
④ 공기 빼기 장치가 없는 순환펌프는 체크밸브를 설치한다.

순환펌프 설치는 수평으로 하며 보일러 입구, 환수 주관 끝 부분에 설치한다.

41 보일러 가동시 매연 발생의 원인과 가장 거리가 먼 것은?

① 연소실 과열
② 연소실 용적의 과소
③ 연료중의 불순물 혼입
④ 연소용 공기의 공급부족

매연발생의 원인은 노내 온도가 낮거나, 공기부족, 연소실이 협소할 때 등 불완전 연소로 인한 매연이 발생한다.

42 중유 연소시 보일러 저온부식의 방지대책으로 거리가 먼 것은?

① 저온의 전열면에 내식재료를 사용한다.
② 첨가제를 사용하여 황산가스의 노점을 높여 준다.
③ 공기예열기 및 급수예열장치 등에 보호피막을 한다.
④ 배기가스 중의 산소함유량을 낮추어 아황산가스의 산화를 방지한다.

저온부식 방지 시 첨가제를 사용하여 황산가스의 노점을 낮춘다.
① 저온부식 : 연료 중의 황(S)성분이 원인으로 황산가스의 노점(150℃) 이하에서 발생하는 부식으로 대부분 연도에서 발생한다.
$S + O_2 = SO_2$ (아황산가스)

 정답 37.② 38.③ 39.② 40.① 41.① 42.②

$SO_2 + \frac{1}{2}O_2 = SO_3$ (무수황산)

$SO_3 + H_2O = H_2SO_4$ (황산가스)

② 저온부식 방지책
- 연료 중 황분을 제거한다.
- 연소에 적정공기를 공급한다.(과잉공기를 적게)
- 배기가스온도를 황산가스의 노점보다 높게 한다.(170℃ 이상)
- 첨가제를 사용하여 황산가스의 노점을 낮게 한다.
- 저온 전열면에 보호피막 및 내식성 재료를 사용한다.

③ 고온부식 : 중유중에 포함되어 있는 회분 중 **바나듐**(V)성분이 원인이 되어 고온 (600℃ 이상)에서 발생하는 부식

④ 고온부식 방지책
- 연료 중 바나듐을 제거한다.
- 바나듐의 융점을 올리기 위해 융점 강화제를 사용한다.
- 전열면 온도를 높지 않게 한다.(600℃ 이상)
- 고온 전열면에 보호피막 및 내식재료를 사용한다.

43 물의 온도가 393K를 초과하는 온수발생 보일러에는 크기가 몇 mm 이상인 안전밸브를 설치하여야 하는가?

① 5 ② 10
③ 15 ④ 20

해설

온수온도 210℃(393K)를 초과하는 경우 관경 20mm 이상의 안전밸브를 설치하여야 한다.

안전밸브

① 설치목적

보일러 가동 중 사용압력이 제한압력을 초과할 경우 증기를 분출시켜 압력 초과를 방지하기 위해 설치한다.

② 설치방법

보일러 증기부에 검사가 용이한 곳에 수직으로 직접 부착한다.

③ 설치개수
- 2개 이상을 부착한다.(단, 보일러 전열면적 50m² 이하의 경우 1개 부착)
- 증기 분출압력의 조정 : 안전밸브를 2개 설치한 경우 1개는 최고사용압력 이하에서, 분출하도록 조정하고, 나머지 1개는 최고사용압력의 1.03배 초과 이내에서 증기를 분출하도록 조정한다.

④ 관경
- 안전밸브의 관경은 25mm 이상으로 한다. 단, 다음의 경우엔 관경을 20mm 이상으로 할 수 있다.
- 최고사용압력 0.1MPa 이하의 보일러

- 최고사용압력 0.5MPa 이하로서 동체의 안지름 500mm 이하, 동체의 길이 1000mm하의 것
- 최고시용압력 0.5MPa 이하로서 전열면적 2m² 이하의 것
- 최대 증발량 5T/h 이하의 관류 보일러
- 소용량 보일러

⑤ 종류 : 스프링식, 지렛대식, 추식, 복합식

44 보일러 부식에 관련된 설명 중 틀린 것은?

① 점식은 국부전지의 작용에 의해서 일어난다.
② 수용액 중에서 부식 문제를 일으키는 주요인은 용존산소, 용존가스 등이다.
③ 중유 연소 시 중유 중에 바나듐이 포함되어 있으면 바나듐 산화물에 의한 저온부식이 발생한다.
④ 가성취화는 고온에서 알칼리에 의한 부식 현상을 말하며, 보일러 내부 전체에 걸쳐 균일하게 발생한다.

해설

가성취화
- 보일러수의 알칼리도가 높은 경우에 리벳 이음판의 중첩부의 틈새 사이나 리벳 머리의 아래쪽에 보일러수가 침입하여 알칼리 성분이 가열에 의해 농축되고, 이 알칼리와 이음부등의 반복 응력의 영향으로 재료의 결정입계에 따라 균열이 생기는 열화현상이다.
- 방지약품은 인산나트륨, 질산나트륨, 탄닌, 리그린 등이다.

45 증기난방의 중력 환수식에서 단관식의 경우 배관 기울기로 적당한 것은?

① 1/100~1/200 정도의 순 기울기
② 1/200~1/300 정도의 순 기울기
③ 1/300~1/400 정도의 순 기울기
④ 1/400~1/500 정도의 순 기울기

해설

배관의 경사도
- 증기난방 1/200
- 온수난방 : 1/250

정답 43.④ 44.③ 45.①

46 보일러 용량 결정에 포함될 사항으로 거리가 먼 것은?

① 난방부하　　② 급탕부하
③ 배관부하　　④ 연료부하

• 온수보일러의 정격부하
= 난방부하 + 급탕부하 + 배관부하 + 예열부하

47 온수난방 배관에서 수평주관에 지름이 다른 관을 접속하여 연결할 때 적합한 관 이음쇠는?

① 유니온　　② 편심 리듀서
③ 부싱　　④ 니플

온수난방에서 수평주관에 지름이 다른 관을 접속하여선 상향구배로 할 경우의 관 이음쇠로 공기의 체류를 방지하고, 온수의 순환을 좋게 하기 위해 편심 리듀서는 사용한다.

48 온수순환 방식 의한 분류 중에서 순환이 자유롭고 신속하며, 방열기의 위치가 낮아도 순환이 가능한 방법은?

① 중력 순환식
② 강제 순환식
③ 단관식 순환식
④ 복관식 순환식

온수순환방법
• 중력 순화식 : 온수의 비중량차에 의한 자연순환 방법
• 강제 순환식 : 순환펌프에 의한 강제순환 방법으로 신속하고 자유롭다.

49 보통 온수식 난방에서 온수의 온도는?

① 65~70 ℃　　② 75~80 ℃
③ 85~90 ℃　　④ 95~10 ℃

온수온도 100℃ 이상을 고온수 난방, 100℃ 이하를 저온수 난방이라 하며. 보통 온수식 난방에서 온수의 온도는 85~90℃이다.

50 열팽창에 의한 배관의 이동을 구속 또는 제한하는 배관 지지구인 레스트레인트 (restraint)의 종류가 아닌 것은?

① 가이드　　② 앵커
③ 스토퍼　　④ 행거

배관지지구의 종류
• 행거: 배관을 위에서 매달아 지지하는 것
• 서포트: 배관을 밑에서 받혀서 지지하는 것
• 리스트레인트: 열팽창에 의한 관의 좌우 이동을 억제하는 것
• 롤러 서포트: 관을 아래서 지지하면서 신축을 자유롭게 지지하는 것

51 온수보일러 개방식 팽창탱크 설치시 주의사항으로 틀린 것은?

① 팽창탱크에는 상부에 통기구멍을 설치한다.
② 팽창탱크 내부의 수위를 알 수 있는 구조이어야 한다.
③ 탱크에 연결되는 팽창 흡수관은 팽창탱크 바닥면과 같게 배관해야 한다.
④ 팽창탱크의 높이는 최고 부위 방열관보다 1m이상 높은 곳에 설치한다.

개방식 팽창탱크 설치시 팽창관은 팽창탱크와 연결 시 탱크 바닥면보다 25mm 이상 높게 접속한다.
팽창탱크는 온수의 온도변화에 따른 체적팽창 또는 이상팽창에 의한 압력을 흡수하고 보일러의 부족 수를 보충할 수 있는 물을 보유하고 있는 탱크를 말한다.

52 무기질 보온재에 해당되는 것은?

① 암면
② 펠트
③ 코르크
④ 기포성 수지

• 유기질 보온재의 종류는 펠트, 코르크, 기포성 수지 등
• 무기질 보온재의 종류는 탄산마그네슘, 그라스울, 석면, 규조토, 암면, 규산칼슘 등

53 장시간 사용을 중지하고 있던 보일러의 점화 준비에서, 부속장치 조작 및 시동으로 틀린 것은?

① 댐퍼는 굴뚝에서 가까운 것부터 차례로 연다.
② 통풍장치의 댐퍼 개폐도가 적당한지 확인한다.
③ 흡입통풍기가 설치된 경우는 가볍게 운전한다.
④ 절탄기나 과열기에 바이패스가 설치된 경우는 바이패스 댐퍼를 닫는다.

절탄기나 과열기에 바이패스가 설치된 경우에는 바이패스 댐퍼를 먼저 열고 절탄기내의 물의 흐름을 확인한다.

54 에너지이용 합리화법상 효율관리기자재의 에너지소비효율 등급 또는 에너지소비효율을 효율관리시험기 관에서 측정 받아 해당 효율관리기자재에 표시하여야 하는 자는?

① 효율관리기자재의 제조업자 또는 시공업자
② 효율관리기자재의 제조업자 또는 수입업자
③ 효율관리 기자재의 시공업자 또는 판매업자
④ 효율관리 기자재의 시공업자 또는 수입업자

제조업자 또는 수입업자는 효율관리시험기관에서 해당 효율관리 기자재의 에너지 사용량을 측정받아 에너지소비효율등급 또는 에너지소비효율을 해당 효율관리기자재에 표시하여야 한다.

55 응축수 환수방식 중 중력환수 방식으로 환수가 불가능 한 경우, 응축수를 별도의 응축수 탱크에 모으고 펌프 등을 이용하여 보일러에 급수를 행하는 방식은?

① 복관환수식   ② 부력환수식
③ 진공환수식   ④ 기계환수식

응축수 환수방식
• 중력환수식 : 응축수의 중력에 의한 자연환수방법으로 소규모난방에 적합하다.
• 진공환수식 : 공펌프에 의한 환수방법으로 공기방출기가 필요없고 대규모 난방에 적합하다.
• 기계환수식 : 순환펌프에 의한 환수방법으로 공기방출기를 설치한다.

56 저탄소 녹색성장 기본법상 녹색성장위원회의 심의사항이 아닌 것은?

① 지방자치단체의 저탄소 녹색성장의 기본방향에 관한 사항
② 녹색성장국가전략의 수립·변경·시행에 관한 사항
③ 기후변화대응 기본계획, 에너지기본계획 및 지속가능발전 기본계획에 관한 사항
④ 저탄소 녹색성장을 위한 재원의 배분방향 및 효율적 사용에 관한 사항

녹색성장위원회의 심의사항
• 녹색성장국가전략의 수립·변경·시행에 관한 사항
• 저탄소 녹색성장을 위한 재원의 배분방향 및 효율적 사용에 관한 사항
• 저탄소 녹색성장과 관련된 기업 등의 고충조사, 처리, 시정권고 또는 의견표명
• 기후변화대응 기본계획. 에너지기본계획 및 지속가능발전 기본계획에 관한 사항
• 저탄소 녹색성장과 관련된 국제협상·국제협력, 교육·홍보, 인력양성 및 기반구축 등에 관한 사항

57 에너지법상 "에너지 사용자"의 정의로 옳은 것은?

① 에너지 보급 계획을 세우는 자
② 에너지를 생산, 수입하는 자
③ 에너지사용시설의 소유자 또는 관리자
④ 에너지를 저장, 판매하는 자

• **에너지사용자**: 에너지사용시설의 소유자 또는 관리자
• **에너지공급자**: 에너지를 생산·수입·전 환·수송·저장 또는 판매하는 사업자

 정답   **53.**④   **54.**②   **55.**④   **56.**①   **57.**③

58 에너지이용 합리화법규상 냉난방온도제한 건물에 냉난방 제한온도를 적용할 때의 기준으로 옳은 것은? (단, 판매시설 및 공항의 경우는 제외한다)

① 냉방 : 24℃ 이상, 난방 : 18℃ 이하
② 냉방 : 24℃ 이상, 난방 : 20℃ 이하
③ 냉방 : 26℃ 이상, 난방 : 18℃ 이하
④ 냉방 : 26℃ 이상, 난방 : 20℃ 이하

해설
냉난방온도의 제한온도 기준
• 냉방 : 26℃ 이상(판매시설 및 공항의 경우는 25℃ 이상)
• 난방 : 20℃ 이하

59 다음 (　)에 알맞은 것은?

보기

에너지법령상 에너지 총조사는 (A)마다 실시하되, (B)이 필요하다고 인정할 때에는 간이조사를 실시할 수 있다.

① A : 2년　B : 행정안전부장관
② A : 2년　B : 교육부장관
③ A : 3년　B : 산업통상자원부장관
④ A : 3년　B : 고용노동부장관

해설
에너지 총조사는 3년마다 실시하되, 산업통상자원부장관이 필요하다고 인정 할 때에는 간이조사를 실시할 수 있다.

60 에너지이용 합리화법상 검사대상기기설치자가 시·도지사에게 신고하여야 하는 경우가 아닌 것은?

① 검사대상기기를 정비한 경우
② 검사대상기기를 폐기한 경우
③ 검사대상기기의 사용을 중지한 경우
④ 검사대상기기의 설치자가 변경된 경우

해설
검사대상기기설치자는 검사대상기기를 폐기, 사용중지, 설치자 변경된 경우 15일 이내에 신고한다.

정답　58.④　59.③　60.①

01 노통연관식 보일러에서 노통을 한쪽으로 편심시켜 부착하는 이유로 가장 타당한 것은?

① 전열면적을 크게 하기 위해서
② 통풍력의 증대를 위해서
③ 노통의 열 신축과 강도를 보강하기 위해서
④ 보일러수를 원활하게 순환하기 위해서

해설
노통을 편심 부착하는 이유는 보일러수의 순환을 좋게 하기 위함이다.

02 스프링식 안전밸브에서 전양정식의 설명으로 옳은 것은?

① 밸브의 양정이 밸브시트 구경의 1/40 ~1/15미만인 것
② 밸브의 양정이 밸브시트 구경의 1/15 ~1/7 미만인 것
③ 밸브의 양정이 밸브시트 구경의 1/7 이상인 것
④ 밸브시트 증기통로 면적은 목부분 면적의 1.05배 이상인 것

해설
안전밸브의 종류는 스프링식, 지렛대식, 추식, 복합식 등이다.
스프링식 안전밸브의 종류
• 저양정식 : 밸브의 양정이 밸브시트 구경의 1/40 ~1/15 미만인 것
• 고양정식 : 밸브의 양정이 밸브시트 구경의 1/15~1/7 미만인 것
• 전양정식 : 밸브의 양정이 밸브시트 구경의 1/7 이상인 것
• 전량식 : 밸브시트 증기통로 면적은 목부분 면적의 1.15배 이상인 것

03 2차 연소의 방지대책으로 적합하지 않은 것은?

① 연도의 가스포켓이 되는 부분을 없앨 것
② 연소실 내에서 완전연소 시킬 것
③ 2차 공기온도를 낮추어 공급할 것
④ 통풍조절을 잘할 것

해설
2차 연소는 불완전연소 또는 미연성분 등에 의해 연도나 연돌에서 재연소되는 현상이다.

04 보기에서 설명한 송풍기의 종류는?

> **보기**
> ㉮ 방사상 날개형이며 6~12 매의 철판제 직선날개 를 보스에서 방사한 스포우크에 리벳죔을 한 것이며, 측판이 있는 임펠러와 측판이 없는 것이 있다.
> ㉯ 구조가 견고하며 내마모성이 크고 날개를 바꾸기도 쉬우며 분진이 많은 가스의 흡출통풍기, 미분탄 장치의 배탄기 등에 사용된다.

① 터보 송풍기
② 다익 송풍기
③ 축류 송풍기
④ 플레이트 송풍기

해설
원심형 송풍기의 종류
㉠ 터보형 송풍기
• 압입통풍에 사용한다.
• 8~24개의 후향 날개로 구성되어 있고 풍압이 $15 \sim 500 mmH_2O$ 정도로 비교적 높다.
• 구조가 간단하고 효율이 좋다(55~75%).
• 풍량에 비해 소비동력이 적다.
• 풍압이 높고 대용량에 적합하다.
㉡ 플레이트형 송풍기
• 흡입통풍에 사용한다.

 정답 　01.④　02.③　03.③　04.④

- 곧은 플레이트를 6~12개 부착한 방사형 날개로 구성되어 있고 풍압은 50~200mmH₂O 정도이다.
- 마모 및 부식에 강하다.
- 구조가 견고하고 플레이트의 교체가 쉽다.
- 소요동력은 풍량의 증가에 따라 직선적으로 증가한다.
- 효율이 50~60%이다.
ⓒ 다익형 송풍기
- 흡입통풍에 사용한다.
- 짧고 많은 전향 날개로 구성되어 있고 풍압은 50~200mmH₂O 정도로 비교적 낮다.
- 실로코형이라고도 하며 소형이고 경량이다.
- 임펠러가 취약하여 고속운전에 부적합하다.
- 풍압이 낮고 효율이 50% 정도이다.
- 저압용 소형 보일러에 이용된다.

05 연도에서 폐열회수장치의 설치순서가 옳은 것은?

① 재열기 – 절탄기 – 공기예열기 – 과열기
② 과열기 – 재열기 – 절탄기 – 공기예열기
③ 공기 예열기 – 과열기 – 절탄기 – 재열기
④ 절탄기 – 과열기 – 공기 예열기 – 재열기

해설
폐열회수장치
- 보일러 연돌에서 배출되는 배기가스의 손실열을 회수하여 열손실을 적게 하고, 연료 절감 및 열효율을 높이기 위한 장치로 일명 여열장치라고도 한다.
- 종류 : 과열기 – 재열기 – 절탄기 – 공기예열기

06 탄소(C) 1kmol이 완전 연소하여 탄산가스(CO₂)가 될 보일러의 자동제어 중 제어동작이 연속동작에 해당할 때, 발생하는 열량은 몇 kcal 인가?

① 29200   ② 57600
③ 68600   ④ 97200

해설
$C + O_2 = CO_2 + 97200$ kcal/kmol

07 수관식 보일러 종류에 해당되지 않는 것은?

① 코르니시 보일러
② 술처 보일러
③ 다쿠마 보일러
④ 라몽트 보일러

해설
보일러의 분류

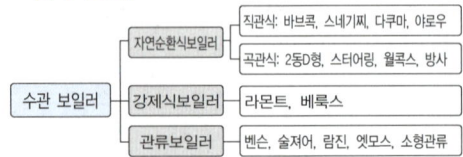

08 일반적으로 보일러의 열손실 중에서 가장 큰 것은?

① 불완전연소에 의한 손실
② 배기가스에 의한 손실
③ 보일러 본체 벽에서의 복사, 전도에 의한 손실
④ 그을음에 의한 손실

해설
보일러 열손실
- 열손실이 가장 큰 것은 배기가스에 의한 열손실이며, 입열 중 가장 큰 것은 연료의 발열량이다.
- 배기가스의 열손실 = 배기가스량×비열×(배기가스 온도−외기온도) kcal/kg

09 압력이 일정할 때 과열증기에 대한 설명으로 가장 적절한 것은?

① 습포화 증기에 열을 가해 온도를 높인 증기
② 건포화 증기에 압력을 높인 증기
③ 습포화 증기에 과열도를 높인 증기
④ 건포화 증기에 열을 가해 온도를 높인 증기

해설
과열증기
- 발생포화증기의 압력변화 없이 온도만 높인 증기
- 과열도 : 과열증기온도와 포화 증기온도와의 차

10 기름예열기에 대한 설명 중 옳은 것은?

① 가열온도가 낮으면 기름분해와 분무상 태가 불량하고 분사각도가 나빠진다.
② 가열온도가 높으면 불길이 한 쪽으로 치우쳐 그을음, 분진이 일어나도 무화 상태가 나빠진다.
③ 서비스탱크에서 점도가 떨어진 기름을 무화에 적당한 온도로 가열시키는 장 치이다.
④ 기름예열기에서의 가열온도는 인화점 보다 약간 높게 한다.

기름 예열기
- 예열온도가 높으면 기름이 분해되고 분사각도가 흐트 러진다.
- 오일프리히터(기름예열기)는 중유를 예열하여 유동 성을 좋게 하고 무화상태를 양호하게 하기 위한 장치 이다.
- 예열온도가 낮으면 불길이 한쪽으로 치우쳐 그을음, 분진이 일어나도 무화상태가 나빠진다.

11 보일러의 자동제어 중 연속동작에 해당하 지 않는 것은?

① 비례동작   ③ 미분동작
② 적분동작   ④ 다위치 동작

- 연속동작 : 비례동작(P동작), 적분동작(I동작), 미분동 작(D동작)
- 불연속 동작 : 제어동작이 불연속적으로 일어나는 동 작으로 2위치동작, 다위치 동작 등이 있다.

12 바이패스(by-pass)관에 설치해서는 안되 는 부품은?

① 플로트 트랩
② 연료차단밸브
③ 감압밸브
④ 유류배관의 유량계

연료차단밸브(전자밸브)는 긴급시 연료공급을 차단하 는 장치로 바이패스와 직렬 배관으로 설치한다.

13 다음 중 압력의 단위가 아닌 것은?

① mmHg   ② bar
③ N/m^2 ④ $kg \cdot m/s$

$kg \cdot m/s$는 일의 단위이다.
- 압력 $= \dfrac{F}{A}$ (kg/cm^2) [F : 힘, 하중, A : 면적]
- 대기에 의해 누르는 압력을 대기압이라 한다.
- 0℃에서 수은주가 760mm 상승된 상태의 압력이라 한다.
- 1atm은 $1.0332kg/cm^2 = 760mmHg = 10.332mH_2O$
  $= 14.7psi$
  $= 101325N/m^2 = 101325Pa$
- 절대압력 = 게이지 압력 + 대기압 = 대기압 - 진공압

14 보일러에 부착하는 압력계에 대한설명으로 옳은 것은?

① 최대증발량 10t/h 이하인 관류보일러 에 부착하는 압력계는 눈금판의 바깥 지름을 50mm 이상으로 할 수 있다.
② 부착하는 압력계의 최고눈금은 보일러 의 최고 시용압력의 1.5배 이하의 것을 사용한다.
③ 증기보일러에 부착하는 압력 계 눈금 판의 바깥지름은 80mm 이상의 크기 로 한다.
④ 압력계를 보호하기 위하여 물을 넣은 안지름 6.5mm 이상의 사이폰관 또는 동등한 장치를 부착 하여야 한다.

보일러의 압력계
- 보일러에서 발생하는 증기압력을 측정하는 장치로 탄 성식 압력계를 설치.
  보일러에는 탄성식 압력계 중 브로돈관식 압력계를 부착한다.
- 탄성식 압력계의 종류 : 브로돈관식, 벨로우즈식, 다 이어프램식
- 설치 : 2개 이상을 사이폰관을 통해 부착한다.
- 지시범위 : 보일러 최고시용압력의 3배 이하로 하되, 1.5배 이하가 되어서 안됨
- 크기 : 바깥지름 100mm 이상으로 한다. (단, 다음의 경우엔 60mm 이상으로 할 수 있다.)
- 사이폰관의 관경 : 6.5mm 이상

15 슈트 블로워 사용에 관한 주의사항으로 틀린 것은?

① 분출기 내의 응축수를 배출시킨 후 사용할 것

② 그을음 불어내기를 할 때는 통풍력을 크게 할 것

③ 원활한 분출을 위해 분출하기 전연도 내 배풍기를 사용하지 말 것

④ 한 곳에 집중적으로 사용하여 전열면에 무리를 가하지 말 것

해설

분출하기 전 연도내 배풍기를 사용하여 유인통풍을 증가하여야 한다.

슈트블로워 장치를 갖고 있는 보일러에서는 전열면 외부에 부착된 그을음 제거의 목적으로 행하며 증기나 압축공기를 사용하며 와이어브러시를 사용하는 경우도 있다.

- 볼로워 작업전에 관내에 응축수(드레인)를 충분히 배제 시킨다.
- 슈트브로워를 하는 시기는 부하가 가벼울 때 시행하며 소화한 직후의 고온 노내에서 해서는 안된다.
- 연소실과 연도의 통풍력을 증가시키고, 자동연소 제어장치가 부착된 보일러는 수동으로 바꾼다.
- 슈트 블로워는 한곳에 너무 오랫동안 하면 좋지 않다.

16 수관 보일러의 특징에 대한 설명으로 틀린 것은?

① 자연순환식은 고압이 될수록 물과의 비중차가 적어 순환력이 낮아진다.

② 증발량이 크고 수부가 커서 부하변동에 따른 압력변화가 적으며 효율이 좋다.

③ 용량에 비해 설치면적이 적으며 과열기, 공기 예열기 등 설치와 운반이 쉽다.

④ 구조상 고압 대용량에 적합하며 연소실의 크기를 임의로 할 수 있어 연소상태가 좋다.

해설

수관 보일러는 수부가 적어 부하변동에 따른 수위 및 압력변화가 크다.

특징 (장점 및 단점)

① 장점
- 작은 드럼과 다수의 관으로 구성되어 구조상 고압 보일러로 사용된다.
- 보유수량에 비해 전열면적이 크고 증발이 빠르며 효율이 높다.(90% 이상)
- 증발량이 많아 대용량 보일러에 적합하다.
- 보유수량이 적어 파열사고 시 피해가 적다.
- 연소실을 자유로이 크게 할 수 있어 연소상태가 좋고 연료에 따라 연소방식을 채택할 수 있다.
- 가동시간이 짧아 급·수요에 적응이 쉽다.

② 단점
- 보유수량이 적어 부하변동에 따른 압력 및 수위변화가 심하다.
- 구조가 복잡하여 청소, 점검이 어렵다.
- 스케일에 의한 장애가 크므로 양질의 급수를 필요로 한다.
- 보유수량에 비해 증발이 심하며 기수공발(캐리오버)현상이 발생되기 쉽다.
- 제작비가 비싸다.

17 연통에서 배기되는 가스량이 2500kg/h 이고, 배기가스 온도가 230℃, 가스의 평균비열이 0.31kcal/kg℃, 외기온도가 18℃ 이면, 배기가스에 의한 손실열량은?

① 164300 kcal/h

② 174300 kcal/h

③ 184300 kcal/h

④ 194300 kcal/h

해설

배기가스의 손실열 = 배기가스량 × 배기가스의 비열 × (배기가스온도−외기온도)

= 2500 × 0.31 × (230−18) = 164300kcal/h

18 보일러 집진장치의 형식과 종류를 짝지은 것 중 틀린 것은?

① 가압수식 − 제트 스크러버

② 여과식 − 충격식 스크러버

③ 원심력식 − 사이클론

④ 전기식 − 코트넬

해설

집진장치의 종류
- 여과식의 종류는 백 필터, 원통식, 평판식, 역기류 분사형 등.

 정답 　15.③　16.②　17.①　18.②

- 가압수식 집진장치의 종류 : 사이크론 스크레버, 벤튜리 스크레버, 제트 스크레버, 충진탑
- 세정식(습식)집진장치 : 유수식, 회전식, 가압수식

집진장치의 원리
- 여과식 : 함진가스를 여과재에 통과시켜 매진을 분리
- 원심력식 : 함진가스를 선회 운동시켜 매진의원심력을 이용하여 분리
- 중력식 : 집진실내에 함진가스를 도입하고 매진자체의 중력에 의해 자연 침강시켜 분리하는 형식
- 관성력식 : 분진가스를 방해판 등에 충돌시키거나 급격한 방향전환에 의해 매연을 분리 포집하는 집진장치

19 연소효율이 95%, 전열효율이 85%인 보일러의 효율은 약 몇 %인가?

① 90
② 81
③ 70
④ 61

해설

보일러 열효율 = 연소효율 × 전열효율 × 100
= 0.95 × 0.85 × 100 = 80.75 %

20 소형연소기를 실내에 설치하는 경우, 급배기통을 전용 챔버 내에 접속하여 자연통기력에 의해 급배기 하는 방식은?

① 강제배기식
② 강제급배기식
③ 자연급배기식
④ 옥외급배기식

해설

급배기 방식의 구분
- CF 방식(자연배기식) : 자연 통기력에 의해 연소용 공기를 공급하고, 배기가스를 배출하는 방식
- FE 방식(강제배기식) : 실내 공기를 유입, 연소 후 배기가스를 배기 팬에 의해 강제 배출시키는 방식
- FF 방식(강제 급배기식) : 외부 공기의 유입과 배기가스배출을 팬을 이용 강제로 이루어지는 방식

21 가스버너 연소방식 중 예혼합 연소방식이 아닌 것은?

① 저압버너
② 포트형 버너
③ 고압버너
④ 송풍버너

해설

기체연료 연소방식
- 예혼합 연소방식: 저압버너. 고압버너. 송풍버너 등
- 확산 연소방식: 버너형, 포트형 등

액체연료 연소방식
- 기화 연소방식의 종류는 경질유의 연소방식으로 포트식, 심지식. 증발식 등이 있다.
- 무화 연소방식은 중질유의 연소발식으로 유압분무식. 이류체 분무식, 전분무식 등이 있다.

22 전열면적이 25m²인 연관보일러를 8시간 가동시킨 결과 4000kgf의 증기가 발생하였다면, 이 보일러의 전열면의 증발율은 몇 kgf/m²h 인가?

① 20
② 30
③ 40
④ 50

해설

$$전열면의 \ 증발율 = \frac{시간당 \ 증발량}{가동시간 \times 전열면적}$$
$$= \frac{4000}{8 \times 25} = 20kgf/m^2h$$

23 물을 가열하여 압력을 높이면 어느 지점에서 액체, 기체 상태의 구별이 없어지고 증발잠열이 0kcal/kg이 된다. 이점을 무엇이라 하는가?

① 임계점
② 삼중점
③ 비등점
④ 압력점

해설

물의 임계점과 증발잠열
- 임계점 : 액체와 기체의 상태구별이 없는 것으로 액체(물)가 증발현상 없이 기체로 변하는 상태 점
- 임계압력 : 225.65 kg/cm²
- 임계온도 : 374.15℃
- 증발점열 : 0 kcal/kg

정답 19.② 20.③ 21.② 22.① 23.①

24 증기난방과 비교한 온수난방의 특징에 대한 설명으로 틀린 것은?

① 가열시간은 길지만 잘 식지 않으므로 동결의 우려가 적다.
② 난방부하의 변동에 따라 온도조절이 용이하다.
③ 취급이 용이하고 표면의 온도가 낮아 화상의 염려가 없다.
④ 방열기에는 증기트랩을 반드시 부착해야 한다.

해설
증기트랩은 증기난방 설비장치로 관내 응축수를 배출하여 수격작용을 방지하는 장치이다.
온수난방의 특징
• 난방부하의 변동에 따른 온도조절이 쉽다.
• 예열시간이 길지만 식는 시간도 길다.
• 방열기 표면온도가 낮아 화상의 위험이 작다.
• 한냉시 동결의 위험이 작다.
• 방열량이 적어 방열면적이 넓다.
• 취급이 용이하고 연료비가 적게 든다.

25 외기온도 20℃, 배기가스온도 200℃이고, 연돌 높이가 20m일 때 통풍력은 약 몇 mmAq 인가?

① 5.5   ② 7.2
③ 9.2   ④ 12.2

해설
통풍력
$$= 355 \times \left(\frac{1}{273 + 외기온도} - \frac{1}{273 + 배기가스온도} \right) \times 연돌높이$$
$$= 355 \times \left(\frac{1}{273 + 20} - \frac{1}{273 + 200} \right) \times 20$$
$$= 9.22\text{mmAq}$$

26 과잉공기량에 대한 설명으로 옳은 것은?

① 실제공기량 × 이론공기량
② 실제공기량 / 이론공기량
③ 실제공기량 + 이론공기량
④ 실제공기량 – 이론공기량

해설
실제공기량 = 이론공기량 + 과잉공기량

27 다음 그림은 인젝터의 단면을 나타낸 것이다. C 부의 명칭은?

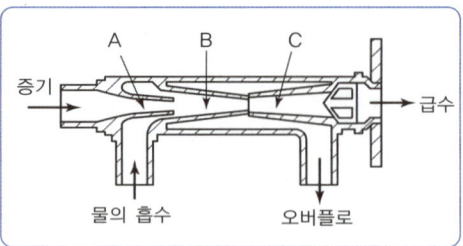

① 증기노즐
② 혼합노즐
③ 분출노즐
④ 고압노즐

해설
A : 증기노즐, B : 혼합노즐, C : 토출(분출)노즐

28 증기축열기(steam accumulator)에 대한 설명으로 옳은 것은?

① 송기압력을 일정하게 유지하기 위한 장치
② 보일러 출력을 증가시키는 장치
③ 보일러에서 온수를 저장하는 장치
④ 증기를 저장하여 과부하시에 증기를 방출하는 장치

해설
증기축열기 : 보일러가 저부하일 때 잉여증기를 저장하여 최대부하 일 때 증기를 방출시켜 증기의 과부족이 없도록 공급하기 위한 장치
① 종류
• 변압식 : 증기계통에 설치하여 잉여증기를 응축 저장하여 저압증기를 짧은 시간에 다량 발생시켜 공급하는 형식으로. 증기압력이 일정하지 않다.
• 정압식 : 급수계통에 설치하여 잉여증기로 예열시킨 고압수로 일정 압력하에 연소량 변화 없이 고압증기를 발생 공급하는 형식.
② 저장매체 : 물

29 물체의 온도를 변화시키지 않고 상(相) 변화를 일으키는 데만 사용하는 용어는?

① 감열   ② 비열
③ 현열   ④ 잠열

잠열과 현열

① 현열 : 물질의 상태변화 없이 온도변화에 필요한 열량

$Q = G \cdot C \cdot \triangle T$ (kcal)

[G : 질량(kg), C : 비열(kcal/kg℃),

$\triangle T$: 온도차(℃ : $t_1 - t_2$)]

∴ 열량 = 질량 × 비열 × 온도차

② 잠열 : 물질의 온도변화 없이 상태변화에 필요한 열량

- 융해잠열이 : 0℃의 얼음 1kg을 0℃의 물로 변화시키는데 필요한 열량(80 kcal/kg)
- 증발잠열 : 100℃의 포화수 1kg을 100℃의 건포화증기로 변화 시키는 데 필요한 열량 (539 kcal/kg)

30 고체벽의 한쪽에 있는 고온 유체로부터 이 벽을 통과하는 다른쪽에 있는 저온의 유체로 흐르는 열의 이동을 의미하는 용어는?

① 열관류 　　③ 잠열

② 현열 　　　④ 전열량

보일러 기본용어

- 열관류 : 벽체를 통한 유체에서 유체로의 열이동 (kcal/m²h℃)
- 열전달 : 유체에서 고체로, 고체에서 유체로의 열이동 (kcal/m²h℃)
- 방열량 : 방열기가 표준 상태에서 1m²당 단위 시간에 방출하는 열량(kcal/m²h)
- 난방부하 : 건축물 실내의 거주공간(m³)에 1시간당 난방에 필요

31 호칭지름 15A의 강관을 각도 90도로 구부릴 때 곡선부의 길이는 약 몇 mm 인가?(단, 곡선부의 반지름은 90mm로 한다)

① 141.4 　　② 145.5

③ 150.2 　　④ 155.3

$$곡선부의\ 길이 = 원둘레 \times \frac{회전각}{360}$$

$$= 2 \cdot \pi \cdot r \times \frac{회전각}{360}$$

$$= 2 \times 3.14 \times 90 \times \frac{90}{360}$$

$$= 141.3m$$

32 보일러의 점화 조작시 주의사항으로 틀린 것은?

① 연료가스의 유출속도가 너무 빠르면 실화 등이 일어나고 너무 늦으면 역화가 발생한다.

② 연소실의 온도가 낮으면 연료의 확산이 불량해지며 착화가 잘 안된다.

③ 연료의 예열온도가 낮으면 무화불량, 화염의 편류, 그을음, 분진이 발생한다.

④ 유압이 낮으면 점화 및 분사가 양호하고 높으면 그을음이 없어진다.

유압이 높으면 그을음이 축적되고, 낮으면 점화 및 분사가 불량해진다.

33 온수난방에서 상당방열면적이 45m² 일 때 난방부하는?(단, 방열기의 방열량은 표준 방열량으로 한다)

① 16450 kcal/h

② 18500 kcal/h

③ 19450 kcal/h

④ 20250 kcal/h

난방부하

= 방열량 × 방열면적, 온수난방의 방열량 450

= 450 × 45 = 20250kcal/h

34 보일러 사고에서 제작상의 원인이 아닌 것은?

① 구조불량 　　② 재료불량

③ 캐리오버 　　④ 용접불량

사고 원인

- 제작상 원인 : 재료불량, 설계 및 구조불량, 강도부족, 용접불량 등
- 취급상 원인 : 압력초과, 저수위, 노내 폭발 및 역화, 과열, 급수처리 불량, 부식 등

정답　30.① 　31.① 　32.④ 　33.④ 　34.③

35 주철제 벽걸이 방열기의 호칭방법은?

① 종별 – 형 × 쪽수
② 종별 – 치수 × 쪽수
③ 종별 – 쪽수 × 형
④ 치수 – 종별 × 쪽수

해설
방열기의 호칭방법 : 종별 – 형 × 쪽수

36 증기난방에서 응축수의 환수방법에 따른 분류 중 증기의 순환과 응축수의 배출이 빠르며, 방열량도 광범위하게 조절할 수 있어서 대규모 난방에서 많이 채택하는 방식은?

① 진공 환수식 증기난방
② 복관 중력 환수식 증기난방
③ 기계 환수식 증기난방
④ 단관 중력 환수식 증기난방

해설
응축수 환수방식
• 중력환수식 : 음축수의 중력에 의한 자연환수방법으로 소규모난방에 적합하다.
• 기계환수식 : 순환펌프에 의한 환수방법으로 공기방출기를 설치한다.
• 진공환수식 : 진공펌프에 의한 환수방법으로 공기방출기가 필요없고 배관 내의 진공도가 100~250 mmHg 정도이며 증기의 순환이 빠르고, 방열량 조절이 광범위하고 대규모 난방에 적합하다. 대규모 난방에 적합하다.

37 저탕식 급탕설비에서급탕의 온도를 일정하게 유지시키기 위해서 가스나 전기를 공급 또는 정지하는 것은?

① 사일렌서   ② 순환펌프
③ 가열코일   ④ 서머스탯

해설
• 서머스탯 : 탱크 내의 온도를 일정하게 유지하기 위해 증기 공급량을 조절하는 장치
• 사일렌서 : 직접 증기를 이용하여 가열하는 급탕설비에는 소음이 많아 소음기(사일렌서)를 사용한다.

38 파이프 벤더에 의한 구부림 작업 시 관에 주름이 생기는 원인으로 가장 옳은 것은?

① 압력조정이 세고 저항이 크다.
② 굽힘 반지름이 너무 작다.
③ 받침쇠가 너무 나와 있다.
④ 바깥지름에 비하여 두께가 너무 얇다.

해설
주름이 생기는 원인
• 관이 미끄러진다.
• 받침쇠가 너무 들어갔다
• 굽힘형의 홈이 관경보다 크거나 작다.
• 바깥지름에 비하여 두께가 너무 얇다.

39 보일러 급수의 수질이 불량할 때 보일러에 미치는 장애와 관계가 없는 것은?

① 보일러 내부의 부식이 발생된다.
② 라미네이션 현상이 발생한다.
③ 프라이밍이나 포밍이 발생한다.
④ 보일러 등 내부에 슬러지가 퇴적된다.

해설
수질의 불량이 미치는 영향
• 보일러의 수명과 열효율에 영향을 준다.
• 저압보다 고압일 때 장애가 더 심하다.
• 부식현상이나 증기의 질이 불순하게 된다.
• 수질이 불량하면 관계통에 관석이 발생한다.
• 라미네이션이란 재료불량에 의한 사고로 강판 내부의 기포가 팽창되어 2장의 층으로 분리되는 현상으로 강도저하, 균열, 열전도 저하 등을 초래한다.

40 보일러의 정상 운전시 수면계에 나타나는 수위의 위치로 가장 적당한 것은?

① 수면계의 최상위
② 수면계의 최하위
③ 수면계의 중간
④ 수면계 하부의 1/3 위치

해설
상용수위는 보일러 운전 중 유지하는 기준 수위로 수면계의 1/2 위치를 말한다.

정답 35.① 36.① 37.④ 38.④ 39.② 40.③

41 유류 연소 자동점화 보일러의 점화순서상 화염 검출기 작동 후 다음 단계는?

① 공기댐퍼 열림
② 전자밸브 열림
③ 노내압 조정
④ 노내 환기

해설
화염검출기는 운전 중 불착화나 실화시 가스폭발을 방지하기 위해 연료공급을 차단하는 장치이다.
① 화염검출기란 운전중 불착화나 실화시 전자밸브에 의해 연료공급을 차단하는 안전장치
 • 플레임 로드 : 이온화 이용(전기적 성질)
 • 플레임 아이 : 발광체 이용(광학적 성질)
 • 스택스위치 : 발열체 이용(열적 성질)
② 스택스위치는 연도에 설치하여 화염의 발광체를 이용한 검출기로 동작이 느려 대용량 보일러에 부적당하다.

42 보일러 내처리제에서 가성취화 방지에 사용되는 약제가 아닌 것은?

① 인산나트륨
② 질산나트륨
③ 탄닌
④ 암모니아

해설
가성취화
 • 보일러수의 알칼리도가 높은 경우에 리벳 이음판의 중첩부의 틈새 사이나 리벳 머리의 아래쪽에 보일러수가 침입하여 알칼리 성분이 가열에 의해 농축되고, 이 알칼리와 이음부등의 반복 응력의 영향으로 재료의 결정입계에 따라 균열이 생기는 열화현상이다.
 • 방지약품은 인산나트륨, 질산나트륨, 탄닌, 리그린 등이다.

43 연관 최고부보다 노통 윗면이 높은 노통연관보일러의 최저수위(안전저수위)의 위치는?

① 노통 최고부 위 100mm
② 노통 최고부 위 75mm
③ 연관 최고부 위 100mm
④ 연관 최고부 위 75mm

해설
안전저수위의 위치
 • 노통 기준 : 노통 최고부 위 100mm
 • 연관 기준 : 연관 최고부 위 75mm

보일러 종류	안전 저수면
입형횡관 보일러	화실 천장판 최고부위 75mm
직립형 연관 보일러	화실 관판 최고부위 연관길이 1/3
횡연관식	최상단 연관 최고부위 75mm
노통 보일러	노통 최고부위 100mm
노통 연관식	- 연관이 높은 경우 최상단 부위 75mm - 노통이 높을 경우 노통 최상단부 100mm

44 보일러의 외부 검사에 해당되는 것은?

① 스케일, 슬러지 상태 검사
② 노벽 상태 검사
③ 배관의 누설 상태 검사
④ 연소실의 열 집중 현상 검사

해설
보일러 외부검사는 연도, 배관 등의 이상 상태 확인해야 한다.

45 보일러 강판이나 강관을 제조할 때 재질 내부에 가스체 등이 함유되어 두 장의 층을 형성하고 있는 상태의 흠은?

① 블리스터
③ 압궤
② 팽출
④ 라미네이션

해설
보일러의 사고
① 제작상 원인 : 제작시 발생하는 원인
 • 라미네이션 : 강판 내부의 기포가 팽창되어 2장의 층으로 분리되는 현상으로 강도저하, 균열, 열전도 저하 등을 초래 한다.
 • 브리스터 : 강판 내부의 기포가 팽창되어 표면이 부분적으로 부풀어 오르는 현상
② 취급상 원인 : 압력초과 , 저수위, 미연가스 폭발, 과열, 부식, 역화, 급수처리 불량 등이 있다.

정답 41.② 42.④ 43.① 44.③ 45.④

46 오일프리 히터의 종류에 속하지 않는 것은?

① 증기식　　② 직화식
③ 온수식　　④ 전기식

오일프리히터
① 중유를 예열하여 점도를 낮추어 무화상태를 좋게 하고 연소 효율을 높이기 위한 장치
② 종　류 : 전기식, 증기식, 온수식
③ 예열온도 : 80~90℃
  • 예열온도가 낮으면
    - 무화상태의 불량
    - 불완전연소
    - 카본이 생성된다.
    - 매연이 발생
  • 예열온도가 높으면
    - 기름의 분해
    - 분사각도가 흐트러진다.
    - 맥동연소의 원인이 된다.

47 보일러의 과열 원인과 무관한 것은?

① 보일러수의 순환이 불량할 경우
② 스케일 누적이 많은 경우
③ 저수위로 운전할 경우
④ 1차 공기량의 공급이 부족할 경우

보일러 과열 원인
  • 보일러수의 순환이 불량할 경우
  • 관내 스케일 부착이 많은 경우
  • 저수위로 운전할 경우
  • 과부하인 경우
  • 관수의 농축으로 인한 비점상승

48 증기난방 배관시공 시 환수관이 문 또는 보와 교차할 때 이용되는 배관형식으로 위로는 공기, 아래로는 응축수를 유통시킬 수 있도록 시공하는 배관은?

① 루프형 배관
② 리프트 피팅 배관
③ 하트포트 배관
④ 냉각 배관

루프형 배관은 환수관이 문 또는 보와 교차할 때, 위를 루프형으로 하여 공기를 통과시키고 아래로는 응축수

룰 유통시킬 수 있도록 시공하는 배관 형식이다.

49 강철제 증기보일러의 최고사용압력이 0.4 MPa인 경우 수압시험 압력은?

① 0.16 MPa
② 0.2 MPa
③ 0.8 MPa
④ 1.2 MPa

수압시험 방법
최고사용압력 0.43MPa 이하인 경우
최고사용압력 × 2배,
0.35 × 2 = 0.7MPa
① 강철제 보일러
  • 보일러의 최고사용압력이 0.43M Pa[4.3kgf/cm^2] 이하
    - 최고사용압력 × 2배
    다만, 그 시험압력이 0.2MPa[2kgf/cm^2] 미만인 경우에는 0.2MPa[2kgf/cm^2]로 한다.
  • 보일러의 최고사용압력이 0.43MPa[4.3kgf/cm^2] 초과 1.5[15kgf/cm^2]이하
    - 최고사용 압력 × 1.3배 + 0.3MPa[3kgf/cm^2]
  • 보일러의 최고사용압력이 1.5MPa[15kgf/cm^2]를 초과 - 최고사용압력 × 1.5배
② 주철제 보일러
  • 보일러의 최고사용압력이 0.43MPa[4.3kgf/cm^2] 이하
    - 최고사용압력 × 2배
    다만, 시험압력이 0.2MPa[2kgf/cm^2] 미만인 경우에는 0.2MPa[2kgf/cm^2]로 한다.
  • 보일러의 최고사용압력이 0.43MPa[4.3kgf/cm^2] 를 초과
    - 최고사용압력 × 1.3배 + 0.3MPa [3kgf/cm^2]

50 질소봉입 방법으로 보일러 보존시 보일러 내부에 질소가스의 봉입압력(MPa)으로 적합한 것은?

① 0.02　　② 0.03
③ 0.06　　④ 0.08

장기보존법
① 석회 밀폐 보존법
  • 완전 건조시킨 보일러 내부에 흡습제 및 숯 불을 몇 군데 나누어 설치하고 맨홀을 닫아 밀폐 보존하는 방법이다.

- 흡습제의 종류 : 생석회, 염화칼슘, 실리카겔, 활성 알루미나 등을 사용한다.
② 질소가스 봉입 보존법
- 고압, 대용량 보일러에 사용되는 건조보존 방법으로 보일러 내부에 질소가스(순도 : 99.5%)를 0.06MPa 정도로 가압, 봉입하여 공기와 치환하여 보존하는 방법이다.
③ 기화성 부식억제제 (V.C.I) 봉입법
- 완전 건조시킨 보일러 내부에 백색분말의 V.C.I(기화성 부식 억제제)을 넣고 밀폐 보존하는 방법으로 밀봉된 V.C.I(기화성 부식 억제제)는 보일 내에 기화, 확산하여 보일러 강재의 방식효과를 얻을 수 있다.

51 보일러 급수 중 Fe, Mn, CO_2를 많이 함유하고 있는 경우의 급수처리 방법으로 가장 적합한 것은?

① 분사법　　② 기폭법
③ 침강법　　④ 가열법

수중의 불순물 및 1차 처리방법(관외처리)
① 현탁질 고형물 처리 : 여과법, 침전법, 응집법
② 경도성분 처리 : 석회소다법, 이온교환법, 증류법
③ 용존가스체(O_2, CO_2 등) 처리 : 탈기법, 기폭법
- 유지분 처리 : 소다 끓이기
- 이온교환법 : 급수 내에 포함되어있는 경도성분인 칼슘이온(Ca^{2+})또는 마그네슘 이온(Mg^{2+})성분을 연화하여 슬러지 및 스케일 생성을 방지하는 기능
- 처리공정 : 역세 – 통약(소금물) – 압출 – 세정 – 채수
- 기폭법 : 수중의 CO_2 및 금속성분(Fe. Mn) 등을 처리하는 방법
- 탈기법 : 수중의 용존산소(O_2) 처리방법
- 현탁질 고형분 처리방법 : 여과법. 침강법. 응집법 등

52 증기난방에서 방열기와 벽면과의 적합한 간격(mm)은?

① 30~40
② 50~60
③ 80~100
④ 100~120

방열기 설치방법은 외기와 접한 창문아래에 벽과 50~60mm 정도의 간격을 두고 설치한다.

53 다음 중 보온재의 종류가 아닌 것은?

① 코르크
② 규조토
③ 프탈산수지도료
④ 기포성 수지

54 다음 보온재 중 안전사용(최고)온도가 가장 높은 것은?

① 탄산마그네슘 물반죽 보온재
② 규산칼슘 보온판
③ 경질 폼라버 보온통
④ 글라스울 블랭킷

안전사용온도
- 규산칼슘 보온판 : 650℃
- 탄산마그네슘 물반죽 보온재 : 250℃
- 글라스울 블랭킷 : 300℃
- 경질 폼라버 보온통 : 80℃

55 에너지이용 합리화법상 검사대상기기 설치자가 검사 대상기기관리자를 선임하지 않았을 때의 벌칙은?

① 1년 이하의 징역 또는 2천만원 이하의 벌금
② 1년 이하의 징역 또는 5백만원 이하의 벌금
③ 1천만원 이하의 벌금
④ 5백만원 이하의 벌금

검사대상기기관리자를 선임하지 아니한 자는 1천만원 이상의 벌금이다.

51.② **52.**② **53.**③ **54.**② **55.**③

56 에너지법상 에너지위원회의 당연직 위원이 아닌 사람은?

① 외교부차관
② 과학기술정보통신부차관
③ 기획재정부차관
④ 고용노동부차관

해설

에너지위원회의 구성 : 위원장은 산업통상자원부장관이며, 당연직 위원은 대통령령에 따라 기획재정부차관, 과학기술정보통신 신부차관, 외교부차관, 환경부차관, 국토교통부차관이다.

57 에너지이용 합리화법상 산업통상자원부장관이 에너지다소비사업자에게 개선명령을 할 수 있는 경우는 에너지관리 지도 결과 몇 % 이상 에너지 효율개선이 기대되는 경우인가?

① 2%   ② 3%
③ 5%   ④ 10%

해설

개선명령은 10% 이상 에너지 효율개선이 기대되는 경우 산업통상자원부장관이 명한다.

58 에너지이용 합리화법상 에너지사용자와 에너지공급자의 책무로 맞는 것은?

① 에너지의 생산, 이용 등에서의 그 효율을 극소화
② 온실가스배출을 줄이기 위한 노력
③ 기자재의 에너지효율을 높이기 위한 기술개발
④ 지역경제발전을 위한 시책 강구

해설

에너지사용자 및 에너지공급자의 책무 : 국가나 지방자치단체의 에너지시책에 적극 참여하고 협력하여야 하며, 에너지의 생산, 전환, 수송, 저장, 이용 등에서 그 효율을 극대화하고 온실가스의 배출을 줄이도록 노력하여야 한다.

59 에너지이용 합리화법상 평균에너지소비효율에 대하여 총량적인 에너지효율의 개선이 특히 필요하다고 인정되는 기자재는?

① 승용자동차
② 강철제보일러
③ 1종 압력용기
④ 축열식 전기보일러

해설

• 평균효율관리 기자재 : 승용자동차
• 지정 : 산업통상자원부장관

60 에너지이용 합리화법에 따라 에너지 진단을 면제 또는 에너지 진단주기를 연장 받으려는 자가 제출해야 하는 첨부서류에 해당하지 않는 것은?

① 보유한 효율관리 기자재 자료
② 중소기업임을 확인할 수 있는 서류
③ 에너지절약 유공자 표창사본
④ 친에너지형 설비 설치를 확인할 수 있는 서류

해설

에너지 진단을 면제 또는 에너지진단주기 연장을 위한 서류
• 에너지절약 유공자 표창 사본
• 중소기업임을 확인할 수 있는 서류(에너지절약 이행 실적 우수사업자)
• 친에너지형 설비 설치를 확인할 수 있는 서류

01 액체 연료 연소장치에서 보염장치(공기조절장치)의 구성요소가 아닌 것은?

① 바람상자   ② 보염기
③ 버너 팁   ④ 버너타일

[해설]

보염장치는 윈드박스(바람상자). 버너타일. 콤버스터. 보염기(스태빌라이져) 등

02 증기난방시공에서 관말 증기 트랩 장치의 냉각래그(cooling leg) 길이는 일반적으로 몇 m 이상으로 해 주어야 하는가?

① 0.7m   ③ 1.5m
② 1.0m   ④ 2.5m

[해설]

냉각래그는 증기난방에서 응축수를 배출하기 위해 트랩입구 1.5m 이상 보온 피복을 제거하여 나관으로 만든 부분

03 드럼 없이 초임계압력 하에서 증기를 발생시키는 강제 순환 보일러는?

① 특수 열매체 보일러
② 2중 증발 보일러
③ 연관 보일러
④ 관류 보일러

[해설]

관류보일러

드럼 없이 긴 관만으로 이루어진 보일러로 펌프에 의해 압입된 급수가 긴 관을 1회 통과 할 동안 절탄기를 거쳐 예열된 후, 증발, 과열의 순서로 과열 되어 관 출구에서 필요한 과열증기가 발생하는 보일러이다.
① 종류 : 벤슨 보일러, 슐저 보일러 등
② 특징
  • 드럼이 없어 초고압 보일러에 적합하다.
  • 드럼이 없어 순환비가 1 이다.
  • 수관의 배치가 자유롭다.
  • 증발이 빠르다.

• 자동연소제어가 필요하다.
• 수질의 영향을 많이 받는다.
• 부하변동에 따른 압력 및 수위변화가 크다.
③ 관류보일러의 급수처리 : 순환비가 1이고, 전열면의 열부하가 높아 급수처리를 철저히 해야 한다.

04 증발량 3500kgf/h인 보일러의 증기 엔탈피가 640kcal/kg이고, 급수온도는 20℃이다. 이 보일러의 상당 증발량은 얼마인가?

① 약 3786kgf/h
② 약 4156kgf/h
③ 약 2760kgf/h
④ 약 4026kgf/h

[해설]

상당증발량

$$= \frac{실제증발량 \times (증기엔탈피 - 급수온도)}{539}$$

$$= \frac{3500 \times (640 - 20)}{539}$$

$$= 4026 \ kg/h$$

05 보일러의 상당증발량을 옳게 설명한 것은?

① 일정 온도의 보일러수가 최종의 증발 상태에서 증기가 되었을 때의 중량
② 시간당 증발된 보일러수의 중량
③ 보일러에서 단위시간에 발생하는 증기 또는 온수의 보유량
④ 시간당 실제증발량이 흡수한 전열량을 온도 100℃ 의 포화수를 100℃의 증기로 바꿀 때의 열량으로 나눈 값

[해설]

상당증발량은 100℃의 포화수를 100℃의 포화증기로 발생시킨 증기이다.

정답   01.③   02.②   03.④   04.④   05.④

06 수관식 보일러의 일반적인 특징에 관한 설명으로 틀린 것은?

① 구조상 고압 대용량에 적합하다.
② 전열면적을 크게 할 수 있으므로 일반적으로 열효율이 좋다 .
③ 부하변동에 따른 압력이나 수위의 변동이 적으므로 제어가 편리하다.
④ 급수 및 보일러수 처리에 주의가 필요하며 특히 고압보일러에서는 엄격한 수질관리가 요하다.

수관식 보일러의 구조 및 특성
다수의 수관과 작은 드럼으로 구성되어 고압, 대용량 보일러에 적합하고, 드럼의 유무에 따라 드럼 보일러와 관류 보일러로 구별된다.

- 장점
  - ㉠ 보유수량에 비해 전열면적이 크고 증발이 빠르며 효율이 높다.
  - ㉡ 가동시간이 짧아 급·수요에 적응이 쉽다.
  - ㉢ 증발량이 많아 대용량 보일러에 적합하다.
  - ㉣ 보유수량이 적어 파열사고시 피해가 적다.
  - ㉤ 작은 드럼과 다수의 관으로 구성되어 구조상 고압 보일러로 사용된다.
  - ㉥ 연소실을 자유로이 크게 할 수 있어 연소상태가 좋고 연료에 따라 연소방식을 채택할 수 있다.
- 단점
  - ㉠ 제작비가 비싸다.
  - ㉡ 구조가 복잡하여 청소, 점검이 어렵다.
  - ㉢ 스케일에 의한 장애가 크므로 양질의 급수를 필요로 한다.
  - ㉣ 보유수량이 적어 부하변동에 따른 압력 및 수위 변화가 심하다.
  - ㉤ 보유수량에 비해 증발이 심하며 기수공발(캐리오버)현상이 발생되기 쉽다.

07 증기의 압력을 높일 때 변화하는 현상으로 틀린 것은?

① 현열이 증대한다.
② 증발 잠열이 증대한다.
③ 증기의 비체적이 증대한다.
④ 포화수 온도가 높아진다.

증기의 압력이 높일 때
- 현열은 증가
- 잠열은 감소
- 비체적이 증대
- 포화수 온도가 증가

08 증기보일러의 압력계 부착에 대한 설명으로 틀린 것은?

① 압력계와 연결된 관의 크기는 강관을 사용할 때에는 안지름이 6.5mm 이상이어야 한다.
② 압력계는 눈금판의 눈금이 잘 보이는 위치에 부착하고 얼지 않도록 하여야 한다.
③ 압력계는 사이폰관 또는 동등한 작용을 하는 장치가 부착되어야 한다.
④ 압력계의 콕크는 그 핸들을 수직인 관과 동일 방향에 놓은 경우에 열려 있는 이어야 한다.

압력계와 연결된 관의 크기 : 증기온도 210℃ 초과 시 12.7mm 이상의 강관을 사용하고, 210℃ 이하인 경우 6.5mm 이상의 동관을 사용하여야 한다.

09 분출밸브의 최고사용압력은 보일러 최고사용압력의 몇 배 이상 이어야 하는가?

① 0.5배   ② 1.0배
③ 1.25배   ④ 2.0 배

분출밸브의 강도는 최소 0.7MPa 이상이거나 최고사용압력의 1.25배 이상이어야 한다.

10 게이지 압력이 1.57MPa이고 대기압이 0.103MPa일 때 절대압력은 몇 MPa인가?

① 1.467
② 1.673
③ 1.783
④ 2.008

절대압력 = 게이지압력 + 대기압
= 대기압 － 진공압
= 1.57 + 0.103 = 1.673 MPa

11 증기 또는 온수 보일러로써 여러 개의 섹션 (section)을 조합하여 제작하는 보일러는?

① 열매체 보일러
② 강철제 보일러
③ 관류 보일러
④ 주철제 보일러

주철제 보일러는 저압용, 난방 보일러로서 섹션을 조합하여 제작된다.

12 연소용 공기를 노의 앞에서 불어 넣으므로 공기가 차고 깨끗하며 송풍기의 고장이 적고 점검 수리가 용이한 보일러의 강제통풍 방식은?

① 압입통풍   ② 흡입통풍
③ 자연통풍   ④ 수직통풍

통풍방식의 특징
• 흡입통풍 : 송풍기를 연도에 설치하며 노내압이 부압 (−)을 유지한다.
• 압입통풍 : 송풍기를 연소실 입구에 설치하며 노내압 이 정압(+)을 유지한다.

13 액면계 중 직접식 액면계에 속하는 것은?

① 압력식   ② 방사선식
③ 초음파식   ④ 유리관식

액면계 종류
• 직접식 : 유리관식, 검척식. 부자식. 편위식
• 간접식 : 압력식, 초음파식. 방사선식

14 보일러 자동제어 신호전달 방식 중 공기압 신호 전송의 특징 설명으로 틀린 것은?

① 배관이 용이하고 보존이 비교적 쉽다.
② 내열성이 우수하나 압축성이므로 신호 전달에 지연이 된다.
③ 신호전달 거리가 100~150m 정도이 다.
④ 온도제어 등에 부적합하고 위험이 크 다.

자동제어의 신호전달방법
① 공기압식 : 전송거리 100m 정도이다.
  • 장점 : 배관이 용이하고 위험성이 없다.
  • 관로의 저항으로 인해 전송이 지연될 수 있다.
② 유압식 : 전송거리 300m이다.
  • 장점 : 전송지연이 적고 응답이 빠르다. 조작력이 크고 조작속도가 빠르다.
  • 단점 : 인화의 위험이 있고 유압원이 있다.
③ 전기식 : 전송거리 수 km까지 가능하다.
  • 장점 : 전송거리가 길고 전송 지연시간이 적다. 복잡한 신호에 적합하다.
  • 단점 : 취급에 기술을 요하고 방폭시설이 필요하 다. 습도 등 보수에 주의를 요한다.

15 보일러 자동제어의 급수제어(F.W.C)에서 조작량은?

① 공기량   ② 연료량
③ 전열량   ④ 급수량

• 보일러 자동제어의 제어량(최종 목표)과 조작량은 보 일러 자동제어

보일러 자동제어	제어량	조작량
급수제어(F.W.C)	수위	급수량
증기온도(S.T.C)	증기온도	전열량
자동연소제어 (A.C.C)	증기압력 온수온도	연료량, 공기량
	노내압력	연소가스량

16 연료유 탱크에 가열장치를 설치한 경우에 대한 설명으로 틀린 것은?

① 열원에는 증기, 온수, 전기 등을 시용 한다.
② 전열식 가열장치에 있어서는 직접식 또는 저항밀봉 피복식의 구조로 한다.
③ 온수, 증기 등의 열매체가 동절기에 동 결할 우려가 있는 경우에는 동결을 방 지하는 조치를 취해야 한다.
④ 연료유 탱크의 기름 취출구 등에 온도 계를 설치하여야 한다.

가열장치는 전면 가열식과 부분 가열식이 있다.

 정답 **11.**④ **12.**① **13.**④ **14.**④ **15.**④ **16.**②

17 분진가스를 방해판 등에 충돌시키거나 급격한 방향전환 등에 의해 매연을 분리 포집하는 집진방법은?

① 중력식 ② 여과식
③ 관성력식 ④ 유수식

18 보일러 연료 중에서 고체연료를 원소 분석하였을 때 일반적인 주성분은? (단, 중량 %를 기준으로 한 주성분을 구한다.)

① 탄소 ② 산소
③ 수소 ④ 질소

19 보일러에 사용되는 열교환기 중 배기가스의 폐열을 이용하는 교환기가 아닌 것은?

① 절탄기
② 공기예열기
③ 방열기
④ 과열기

20 보일러 본체에서 수부가 클 경우의 설명으로 틀린 것은?

① 부하 변동에 대한 압력 변화가 크다.
② 증기 발생시간이 길어진다.
③ 열효율이 낮아진다.
④ 보유 수량이 많으므로 파열시 피해가 크다.

21 매시간 1500kg의 연료를 연소시켜서 시간당 11000kg의 증기를 발생시키는 보일러의 효율은 약 몇 %인가?(단, 연료의 발열량은 6000kcal/kg, 발생증기의 엔탈피는 742kcal/kg, 급수의 엔탈피는 20kcal/kg 이다.)

① 88% ③ 78%
② 80% ④ 70%

22 육용보일러 열정산의 조건과 관련된 설명 중 틀린 것은?

① 전기에너지는 1kW 당 860kcal/h 로 환산한다.
② 보일러 효율 산정 방식은 입·출열법과 열 손실법으로 실시한다.
③ 열정산 시험시의 연료 단위량은, 액체 및 고체연료의 경우 1kg에 대하여 열정산을 한다.
④ 보일러의 열정산은 원칙적으로 정격부하 이하 에서 정상 상태로 3시간 이상의 운전 결과에 따라 한다.

23 가스용 보일러의 연소방식 중에서 연료와 공기를 각각 연소실에 공급하여 연소실에서 연료와 공기가 혼합 되면서 연소하는 방식은?

① 확산 연소식
② 예혼합 연소식
③ 복열혼합 연소식
④ 부분예혼합 연소식

기체연료 연소방법
• 확산 연소방법 : 외부혼합식으로 연료와 공기가 각각 공급하여 연소실에서 혼합 연소시키는 방법
• 예혼합 연소방법 : 내부혼합식으로 연료와 공기를 버너내의 혼합기에서 혼합 연소시키는 방법

24 안전밸브의 종류가 아닌 것은?

① 레버 안전밸브
② 추 안전밸브
③ 스프링 안전밸브
④ 핀 안전밸브

안전밸브
① 설치목적
보일러 가동 중 사용압력이 제한압력을 초과할 경우 증기를 분출시켜 압력 초과를 방지하기 위해 설치한다.
② 설치방법
보일러 증기부에 검사가 용이한 곳에 수직으로 직접 부착한다.
③ 설치개수
• 2개 이상을 부착한다.(단, 보일러 전열면적 $50m^2$ 이하의 경우 1개를 부착)
• 증기 분출압력의 조정 : 안전밸브를 2개 설치한 경우 1개는 최고사용압력 이하에서, 분출하도록 조정하고, 나머지 1개는 최고사용압력의 1.03배 초과 이내에서 증기를 분출하도록 조정한다.
④ 종류는 스프링식, 지렛대식(레버식), 추식 등이 있다.

25 다음 중 수관식 보일러에 속하는 것은?

① 기관차 보일러
② 코르니쉬 보일러
③ 다쿠마 보일러
④ 랑카샤 보일러

보일러의 분류
• 수관식 보일러 : 바브콕크, 쓰네기찌, 다쿠마, 야로우 등
• 원통형 보일러 : 코크란, 코르니시, 랑카샤, 기관차, 케와니, 스코치, 하우덴 존슨 등

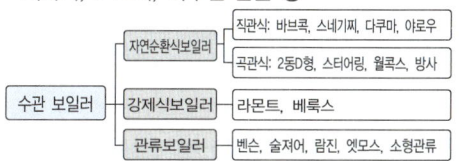

26 보일러 급수예열기를 사용할 때의 장점을 설명한 것으로 틀린 것은?

① 보일러의 증발능력이 향상된다.
② 급수 중 불순물의 일부가 제거된다.
③ 증기의 건도가 향상된다.
④ 급수와 보일러수와의 온도 차이가 적어 열응력 발생을 방지한다.

급수예열 효과는 증발이 빨라지고 열응력이 감소되고, 불순물의 일부를 제거하는 효과이다.

27 액화석유가스(LPG)의 특징에 대한 설명 중 틀린 것은?

① 유황분이 없으며 유독성분도 없다.
② 공기보다 비중이 무거워 누설시 낮은 곳에 고여 인화 및 폭발성이 크다.
③ 연소시 액화천연가스(LNG)보다 소량의 공기로 연소한다.
④ 발열량이 크고 저장이 용이하다.

액화석유가스의 특징
• 상온, 상압(0.6~0.7MPa)에서 쉽게 액화된다.
• 수송이나 저장이 편리하고 발열량이 높다(일정압력으로 공급이 가능하고, 공급배관설비가 필요 없다).
• 황분이 적고 유독성분이 적다.
• 증발잠열이 크므로(90~100kcal/kg) 냉각제로도 이용이 가능하다.
• 공기보다 무거워 누설시 인화폭발의 위험성이 크다.
• 연소에 많은 공기를 필요로 하고 연소속도가 비교적 느리다.
• 액화석유가스(LPG)는 연소시 액화천연가스(LNG)보다 발열량이 높고, 다량의 공기로 연소한다.

정답 23.① 24.④ 25.③ 26.③ 27.③

28 물의 임계압력은 약 몇 kgf/cm² 인가?

① 175.23 ② 225.65
③ 374.15 ④ 539.75

해설

물(H₂O)의 성질
- 임계압력 : 225.65kg/cm²
- 임계온도 : 374.15℃

29 보일러 피드백제어에서 동작신호를 받아 규정된 동작을 하기 위해 조작신호를 만들어 조작부에 보내는 부분은?

① 조절부 ② 제어부
③ 비교부 ④ 검출부

해설

보일러 피드백제어의 동작신호
- 조절부 : 동작신호를 조작신호로 전환시켜 조작부로 보내는
- 검출부 : 설정값과 비교하기 위해 주 피드백 신호를 만드는

30 보일러에서 발생한 증기 또는 온수를 건물의 각 실내에 설치된 방열기에 보내어 난방하는 방식은?

① 복사난방법
② 간접난방법
③ 온풍난방법
④ 직접난방법

해설

난방의 종류
- 개별난방 : 난방이 필요한 한 장소를 난방하기 위해 보일러, 난로, 전기스토브 등을 실내에 설치하여 난방하는 방식이다. 소규모 난방에 적합하고 설치비가 적으나 열손실이 크다.
- 중앙난방 : 건물의 지하실 등 특정장소에 설치한 보일러를 열원으로 하여 건물전체, 또는 각 동의 실내를 증기, 온수, 온풍 등의 열매를 이용하여 난방하는 방식이다. 직접난방, 간접난방, 복사난방으로 구분된다.
- 지역난방 : 대규모 난방설비를 설치하여 일정지역 내의 다수 건축물을 난방 하는 방식으로 열효율이 높다. 열 매체로 고압증기 또는 고온수를 이용한다.

31 상용 보일러의 점화전 준비사항과 관련이 없는 것은?

① 압력계 지침의 위치를 점검한다.
② 분출밸브 및 분출콕크를 조작해서 그 기능이 정상인지 확인한다.
③ 연소장치에서 연료배관, 연료펌프 등의 개폐 상태를 확인한다.
④ 연료의 발열량을 확인하고, 성분을 점검한다.

해설

연료의 발열량 및 성분확인은 연료의 구입, 인수 시 점검 항목이다.

32 경납땜의 종류가 아닌 것은?

① 황동납 ② 인동납
③ 은납   ④ 주석납

해설

땜납의 종류
- 경납 땜 : 황동납, 인동납, 은납, 양은납 등으로 용융점이 700~800℃이다.
- 연납 땜 : 주석−납의 합금으로 용융점이 200℃ 정도이다.
- 땜납은 450℃를 기준으로 이하의 작업시 연납땜, 이상의 작업을 경납땜으로

33 보일러 점화 전 자동제어장치의 점검에 대한 설명이 아닌 것은?

① 수위를 올리고 내려서 수위검출기 기능을 시험하고, 설정된 수위 상한 및 하한에서 정확하게 급수펌프가 기동, 정지하는지 확인한다.
② 저수탱크 내의 저수량을 점검하고 충분한 수량인 것을 확인한다.
③ 저수위경보기가 정상작동 하는 것을 확인한다.
④ 인터록 계통의 제한기는 이상이 없는지 확인 한다.

해설

급수장치 점검사항은 저수탱크 내의 저수량을 점검, 확인하는 것이다.

34 보일러수 중에 함유된 산소에 의해서 생기는 부식의 형태는?

① 점식
② 가성취화
③ 그루빙
④ 전면부식

점식은 보일러수와 접촉부에 발생하는 부식으로 수중의 용존 가스(O_2, CO_2 등)에 의한 국부전지 작용에 의해 쌀알 크기의 점모양의 부식이다.

35 땅속 또는 지상에 배관하여 압력상태 또는 무압력 상태에서 물의 수송 등에 주로 사용되는 덕타일 주철관을 무엇이라 부르는가?

① 회주철관
② 구상흑연 주철관
③ 모르타르 주철관
④ 사형 주철관

구상흑연 주철관은 덕타일 주철관이라 하며 강도와 인성이 있고 내식성이 풍부하다.

36 보일러 운전정지의 순서를 바르게 나열한 것은?

보기

가. 댐퍼를 닫는다.
나. 공기의 공급을 정지한다.
다. 급수 후 급수펌프를 정지한다.
라. 연료의 공급을 정지한다.

① 가 → 나 → 다 → 라
② 가 → 라 → 나 → 다
③ 라 → 가 → 나 → 다
④ 라 → 나 → 다 → 가

보일러 정지순서
연료의 공급을 정지한다. → 공기의 공급을 정지한다. → 급수 후 급수펌프를 정지한다. → 댐퍼를 닫는다.

37 보일러 점화 시 역화가 발생하는 경우와 가장 거리가 먼 것은?

① 댐퍼를 너무 조인 경우나 흡입통풍이 부족할 경우
② 적정 공기비로 점화한 경우
③ 공기보다 먼저 연료를 공급했을 경우
④ 점화할 때 착화가 늦어졌을 경우

역화의 발생원인
• 미연가스에 의한 노내 폭발이 발생하였을 때
• 착화가 늦어졌을 때
• 공기보다 연료를 먼저 공급했을 경우
• 연료의 인화점이 낮을 때
• 압입통풍이 지나치게 강할 때
• 흡입통풍이 지나치게 약할 때

38 다음 보온재 중 안전사용 온도가 가장 높은 것은?

① 펠트
② 암면
③ 글라스 울
④ 세라믹 화이버

보온재의 안전 사용온도
• 펠트 : 100℃
• 글라스 울 : 300℃
• 암면 : 500℃
• 세라믹 화이버 : 800℃

39 보일러의 계속사용검사기준에서 사용 중 검사에 대한 설명으로 거리가 먼 것은?

① 보일러 지지대의 균열, 내려앉음, 지지부재의 변형 또는 파손 등 보일러의 설치상태에 이상이 없어야 한다.
② 보일러와 접속된 배관, 밸브 등 각종 이음부에는 누기, 누수가 없어야 한다.
③ 연소실 내부가 충분히 청소된 상태이어야 하고, 축로의 변형 및 이탈이 없어야 한다.
④ 보일러 동체는 보온 및 케이싱이 분해되어 있어야 하며, 손상이 약간 있는 것은 사용해도 관계가 없다.

34.① 35.② 36.④ 37.② 38.④ 39.④

해설
사용 중 검사는 보일러 동체는 보온과 케이싱이 되어 있어야 하며. 손상이 없어야 한다.

40 어떤 건물의 소요 난방부하가 45000 kcal/h이다. 주철제 방열기로 증기난방을 한다면 약 몇 쪽(section)의 방열기를 설치해야 하는가?(단, 표준방열량으로 계산하며, 주철제 방열기의 쪽당 방열면적은 0.24m²이다.)

① 156쪽   ② 254쪽
③ 289쪽   ④ 315쪽

해설

$$방열기\ 소요수 = \frac{난방부하}{방열량 \times 1쪽당\ 방열면적},$$

$$증기난방\ 표준방열량\ 650 = \frac{45000}{650 \times 0.24} = 288.5$$

41 주철제 방열기를 설치할 때 벽과의 간격은 약 몇 mm 정도로 하는 것이 좋은가?

① 10 ~ 30
② 50 ~ 60
③ 70 ~ 80
④ 90 ~ 100

해설

주철제 방열기는 벽과의 간격은 50 ~ 60mm이다.

42 벨로즈형 신축이음쇠에 대한 설명으로 틀린 것은?

① 설치 공간을 넓게 차지하지 않는다.
② 고온, 고압 배관의 옥내배관에 적당하다.
③ 일명 팩레스(packless)신축이음쇠 라고도 한다.
④ 벨로우즈는 부식되지 않는 스테인리스, 청동제품 등을 사용한다.

해설

신축이음의 종류 및 특징
① **루프형 (굽은관 조인트)**
   ㉠ 옥외의 고압 증기배관에 적합하다.

㉡ 신축흡수량이 크고, 응력이 발생한다.
㉢ 곡률 반경은 관지름의 6배 정도이다.
② **슬리브형(미끄럼형)**
   ㉠ 설치장소를 적게 차지하고 응력발생이 없고, 과열증기에 부적당하다.
   ㉡ 패킹의 마모로 누설의 우려가 있다.
   ㉢ 온수나 저압배관에 사용된다.
   ㉣ 단식과 복식형이 있다.
③ **벨로우즈형(팩레스 신축이음)**
   ㉠ 설치에 장소를 많이 차지하지 않고, 응력이 생기지 않는다.
   ㉡ 고압에 부적당하고 누설의 우려가 없다.
   ㉢ 신축흡수량은 슬리브형 보다 적다.
④ **스위블형(스윙식)**
   ㉠ 증기 및 온수방열기에서 배관을 수직 분기할 때 2~4개 정도의 엘보를 연결하여 신축을 조절하여 관의 손상을 방지하기 위한 이음방법이다.
   ㉡ 스위불 이음은 엘보우를 이용하므로 압력강하가 크고, 신축량이 클 경우 이음부가 헐거워져 누수의 원인이 된다.

43 배관의 이동 및 회전을 방지하기 위해지 지지점 위치에 완전히 고정시키는 장치는?

① 앵커   ② 써포트
③ 브레이스   ④ 행거

해설

배관 지지 재료
- 행거(Hanger) : 배관 하중을 위에서 매달아 지지하는 장치
- 서포트(Support) : 배관 하중을 아래에서 위로 받쳐서 지지하는 장치
- 리스트레인트(Restraint) : 열팽창에 의한 배관의 좌우 상하 이동을 구속하고 제한하는 관 지지 기구이다.
   ㉠ 앵커(anchor), ㉡ 스토퍼(stopper),
   ㉢ 가이드(guide) 데 사용한다.
- 브레이스(brace) : 압축기, 펌프 등에서 발생하는 배관계의 진동을 억제하는데 사용한다.
   ㉠ 방진기   ㉡ 완충기

44 보일러수 속에 유지류, 부유물 등의 농도가 높아지면 드럼수면에 거품이 발생하고, 또한 거품이 증가하여 드럼의 증기실에 확대되는 현상은?

① 포밍   ② 프라이밍
③ 워터 해머링   ④ 프리퍼지

45 동관 끝을 원형으로 정형하기 위해 사용하는 공구는?

① 사이징 툴   ② 익스펜더
③ 리머   ④ 튜브밴더

46 보일러 산세정의 순서로 옳은 것은?

① 전처리 – 산액처리 – 수세 – 중화방청 – 수세
② 전처리 – 수세 – 산액처리 – 수세 – 중화 방청
③ 산액처리 – 수세 – 전처리 – 중화방청 – 수세
④ 산액처리 – 전처리 – 수세 – 중화방청 – 수세

47 방열기내 온수의 평균온도 80℃, 실내온도 18℃, 방열계수 7.2 kcal/m²h℃ 인 경우 방열기 방열량은 얼마인가?

① 346.4kcal/m²h
② 446.4kcal/m²h
③ 519kcal/m²h
④ 560kcal/m²h

48 온수난방 배관 시공법에 대한 설명 중 틀린 것은?

① 배관 구배는 일반적으로 1/250 이상으로 한다.
② 배관중에 공기가 모이지 않게 배관한다.
③ 온수관의 수평배관에서 관경을 바꿀 때는 편심이음쇠를 사용한다.
④ 지관이 주관 아래로 분기될 때는 90° 이상으로 끝올림 구배를 한다.

49 단열재를 사용하여 얻을 수 있는 효과에 해당되지 않는 것은?

① 축열용량이 작아진다.
② 열전도율이 작아진다.
③ 노내의 온도분포가 균일하게 된다.
④ 스폴링 현상을 증가시킨다.

50 보일러 사고 원인 중 취급상의 원인이 아닌 것은?

① 부속장치 미비
② 최고사용 압력의 초과
③ 저수위로 인한 보일러의 과열
④ 습기나 연소가스 속의 부식성 가스로 인한 부식

보일러 사고 원인

- 제작상 원인 : 재료불량, 강도 부족, 구조 및 설계 불량, 용접불량, 부속 장치 미비 등
- 취급상 원인 : 압력초과, 저수위, 미연가스 폭발, 과열, 부식, 역화, 급수처리 불량 등

51 보일러에서 라미네이션(lamination)이란?

① 보일러 본체나 수관 등이 사용 중에 내부에서 2장의 층을 형성하는 것
② 보일러 강판이 화염에 닿아 불룩 튀어 나오는 것
③ 보일러 동에 작용하는 응력의 불균일로 동의 일부가 함몰된 것
④ 보일러 강판이 화염에 접촉하여 점식 된 것

보일러 제작상 원인

- 라미네이션 : 강판 내부의 기포가 팽창되어 2장의 층으로 분리되는 현상으로 강도 저하, 균열, 열전도 저하 등을 초래함
- 브리스터 : 강판 내부의 기포가 팽창되어 표면이 부분적으로 부풀어 오르는 현상

52 보일러 설치·시공기준상 가스용 보일러의 연료배관시 배관의 이음부와 전기계량기 및 전기 개폐기와의 유지거리는 얼마인가?(단, 용접 이음매는 제외한다.)

① 15cm 이상
② 30cm 이상
③ 45cm 이상
④ 60cm 이상

배관의 이음부와의 거리

- 절연전선과 거리 : 10cm 이상
- 전기개량기 및 전기개폐기와 거리 : 60cm 이상
- 굴뚝, 전기점열기 및 전기접속기와 거리 : 30cm 이상

53 증기난방 방식을 응축수환수법에 의해 분류하였을 때 해당되지 않는 것은?

① 중력환수식
② 고압환수식
③ 기계환수식
④ 진공환수식

응축수환수법에 의해 분류는 중력환수식, 기계환수식, 진공환수식 등이 있다.

54 보일러 과열의 원인 중 하나인 저수위의 발생 원인으로 거리가 먼 것은?

① 분출밸브의 이상으로 보일러수가 누설
② 급수장치가 증발능력에 비해 과소한 경우
③ 증기 토출량이 과소한 경우
④ 수면계의 막힘이나 고장

보일러 사용시 이상 저수위의 원인

- 증기 취출량이 과대한 경우
- 보일러 연결부에서 누출이 되는 경우
- 급수장치가 증발능력에 비해 과소한 경우
- 이상 저수위의 원인은 급수탱크 내 급수량이 부족한 경우가 많다.

55 에너지이용합리화법상 에너지를 사용하여 만드는 제품의 단위당 에너지 사용목표량 또는 건축물의 단위면 적당 에너지 사용목표량을 정하여 고시하는 자는?

① 산업통상자원부장관
② 한국에너지공단 이사장
③ 시·도지사
④ 고용노동부장관

목표 에너지원단위는 에너지를 사용하여 만드는 저居의 단위당 에너지사용 목표량 또는 건축물의 단위면적당 에너지사용 목표량으로 산업통상자원부장관이 고시한다.

51.① **52.**④ **53.**② **54.**③ **55.**①

56 에너지다소비사업자가 매년 1월 31일까지 신고해야 할 사항에 포함되지 않는 것은?

① 전년도의 분기별 에너지사용량 제품생산량
② 해당 연도의 분기별 에너지사용예정량 · 제품 생산 예정량
③ 에너지사용기자재의 현황
④ 전년도의 분기별 에너지 절감량

신고사항
- 제품생산량
- 에너지관리자의 현황
- 전년도의 에너지사용량
- 에너지사용기자재의 현황
- 전년도의 분기별 에너지사용량
- 해당 연도의 기별 에너지사용예정량. 제품생산예정량
- 전년도의 분기별 에너지이용 합리화 실적 및 해당 연도의 분기별 계획

57 정부는 국가전략을 효율적 · 체계적으로 이행하기 위하여 몇 년마다 저탄소 녹색성장 국가전략 5개년 계획을 수립 하는가?

① 2년　　　② 3년
③ 4년　　　④ 5년

저탄소 녹색성장 국가전략으로 5년마다. 5년 계획 기간으로 수립해야 한다.

58 에너지이용합리화법상 대기전력경고표지를 하지 아니한 자에 대한 벌칙은?

① 2년 이하의 징역 또는 2천만원 이하의 벌금
② 1년 이하의 징역 또는 1천만원 이하의 벌금
③ 5백만원 이하의 벌금
④ 1천만원 이하의 벌금

5백만원 이하의 벌금
- 대기전력 경고 표지를 하지 아니한 자
- 대기전력 저감 우수제품임을 표시하거나 거짓 표시를 한 자
- 고효율에너지기자재의 인증을 받지 않고 인증 표시를 한 자
- 대기전력 경고 표지 대상제품에 대한 측정결과를 신고하지 아니한 자
- 효율관리기자재에 대한 에너지사용량의 측정결과를 신고하지 아니한 자
- 대기전력저감대상제품의 사후관리와 관련한 시정명령을 정당한 사유 없이 이행하지 아니한 자

59 에너지이용 합리화법상 에너지이용 합리화에 관한 기본계획을 수립하여야 하는 자는?

① 대통령
② 산업통상자원부장관
③ 시 · 도지사
④ 한국에너지공단 이사장

산업통상자원부장관은 에너지를 합리적으로 이용하게 하기 위하여 에너지이용 합리화에 관한 기본계획(이하 "기본계획"이라 한다)을 수립하여야 한다.

60 불합격한 검사기기를 사용한 자에 대한 벌칙은?

① 1년 이하의 징역 또는 1천만원 이하의 벌금
② 2년 이하의 징역 또는 2천만원 이하의 벌금
③ 3년 이하의 징역 또는 3천만원 이하의 벌금
④ 4년 이하의 징역 또는 4천만원 이하의 벌금

1년 이하의 징역 또는 1천만원 이하의 벌금
- 불합격한 검사대상기기를 사용한 자
- 검사대상기기의 검사를 받지 아니한 자
- 검사를 받지 않고 검사대상기기를 수입한 자

정답　56.④　57.④　58.③　59.②　60.①

01 보일러의 여열을 이용하여 증기보일러의 효율을 높이기 위한 부속장치로 맞는 것은?

① 버너, 댐퍼, 송풍기
② 절탄기, 공기예열기, 과열기
③ 수면계, 압력계, 안전밸브
④ 인젝터, 저수위경보장치, 집진장치

해설
폐열회수장치는 보일러의 여열을 이용하여 효율을 높이는 장치로 과열기, 재열기, 절탄기, 공기예열기 등이 있다.

02 스팀 헤더(steam header)에 관한 설명으로 틀린 것은?

① 보일러 주증기관과 부하측 증기관 사이에 설치한다.
② 송기 및 정지가 편리하다.
③ 불필요한 장소에 송기하기 때문에 열손실이 증가한다.
④ 증기의 과부족을 일부 해소할 수 있다.

해설
증기헤더는 불필요한 장소에 증기 공급을 차단하여 열손실을 감소시킨다.

03 보일러 기관작동을 저지시키는 인터록 제어에 속하지 않는 것은?

① 저수위 인터록
② 저압력 인터록
③ 저연소 인터록
④ 프리퍼지 인터록

해설
전자밸브는 연료배관에 버너 직전에 설치하며 비상상황에 연료를 차단하며, 전자밸브에 신호를 보내어 작동하는 제어를 인터록 제어라 한다.
• 불착화 인터록: 화염검출기와 연결, 실화, 불착화 감

시
• 압력초과인터록: 증기압력제한기와 연결, 설정압력 초과시 연료 차단
• 저수위인터록: 고저수위경보기와 연결, 안전저수위 이하 감수시 연료차단

04 다음 중 특수보일러에 속하는 것은?

① 벤슨 보일러
② 술쳐 보일러
③ 소형관류 보일러
④ 슈미트 보일러

해설
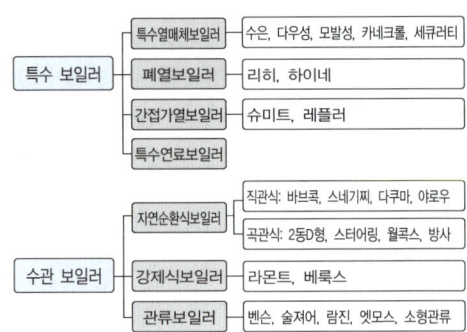

05 보일러 연소실이나 연도에서 화염의 유무를 검출하는 장치가 아닌 것은?

① 스테빌라이져
② 플레임 로드
③ 플레임 아이
④ 스택 스위치

해설
화염검출기
운전중 불착화나 실화시 전자밸브에 의해 연료공급을 차단하는 안전장치
• 플레임 아이 : 화염의 발광이용, 이온화 이용(전기적 성질) – 유류보일러용

- 플레임 로드 : 화염의 이온화이용, 발광체 이용(광학적 성질) – 가스보일러용
- 스택스위치 : 화염의 발열이용, 발열체 이용(열적 성질) – 소형보일러, 연도

06 수관식 보일러의 특징에 대한 설명으로 틀린 것은?

① 전열면적이 커서 증기의 발생이 빠르다.
② 구조가 간단하여 청소, 검사, 수리 등이 용이하다.
③ 철저한 급수처리가 요구된다.
④ 보일러수의 순환이 빠르고 효율이 좋다.

> **해설**
>
> **수관식 보일러의 구조 및 특성**
> 다수의 수관과 작은 드럼으로 구성되어 고압, 대용량 보일러에 적합하고, 드럼의 유무에 따라 드럼 보일러와 관류 보일러로 구별된다.
> - 장점
>   - ㉠ 보유수량에 비해 전열면적이 크고 증발이 빠르며 효율이 높다.
>   - ㉡ 가동시간이 짧아 급·수요에 적응이 쉽다.
>   - ㉢ 증발량이 많아 대용량 보일러에 적합하다.
>   - ㉣ 보유수량이 적어 파열사고시 피해가 적다.
>   - ㉤ 작은 드럼과 다수의 관으로 구성되어 구조상 고압 보일러로 사용된다.
>   - ㉥ 연소실을 자유로이 크게 할 수 있어 연소상태가 좋고 연료에 따라 연소방식을 채택할 수 있다.
> - 단점
>   - ㉠ 제작비가 비싸다.
>   - ㉡ 구조가 복잡하여 청소, 점검이 어렵다.
>   - ㉢ 스케일에 의한 장애가 크므로 양질의 급수를 필요로 한다.
>   - ㉣ 보유수량이 적어 부하변동에 따른 압력 및 수위 변화가 심하다.
>   - ㉤ 보유수량에 비해 증발이 심하며 기수공발(캐리오버)현상이 발생되기 쉽다.

07 건포화증기의 엔탈피와 포화수의 엔탈피의 차는?

① 비열   ② 잠열
③ 현열   ④ 액체열

> **해설**
>
> **증발잠열** = 건포화증기 엔탈피 – 포화수 엔탈피

08 연소가스와 대기의 온도가 각각 250℃, 30℃이고, 연돌의 높이가 50m일 때 이론 통풍력은 약 얼마인가? (단, 연소가스와 대기의 비중량은 각각 1.35kg/Nm³, 1.25 kg/Nm³ 이다.)

① 21.08mmAq   ③ 25.02mmAq
② 23.12mmAq   ④ 27.36mmAq

> **해설**
>
> **이론 통풍력**
> $$= \left(\frac{273 \times 대기의 비중량}{273 + 대기온도} - \frac{273 \times 연소가스비중량}{273 + 연소가스온도} \right) \times 연돌높이$$
> $$= \left(\frac{273 \times 1.25}{273 + 30} - \frac{273 \times 1.35}{273 + 250} \right) \times 50 = 21.077mmAq$$

09 사이클론 집진기의 집진율을 증가시키기 위한 방법으로 틀린 것은?

① 사이클론의 내면을 거칠게 처리한다.
② 불로우다운 방식을 시용한다.
③ 부천산업설비용접기술학원 입구의 속도를 크게 한다.
④ 분진 박스와 모양은 적당한 크기와 형상으로 한다.

> **해설**
>
> 사이클론 집진기에서 사이클론의 내면은 유체의 난류를 피하기 위해 매끄럽게 처리하여야 한다.
> 관성력식 집진장치는 분진가스를 집진기 내에 충돌시키거나 열가스의 흐름을 반전시켜 분진을 포집하는 집진장치로 충돌식과 반전식이 있다.
> ① 집진장치의 종류
>   - 여과식의 종류는 백 필터, 원통식, 평판식, 역기류 분사형 등
>   - 가압수식 집진장치의 종류 : 사이클론 스크러버, 벤튜리 스크러버, 제트 스크러버, 충진탑
>   - 세정식(습식)집진장치 : 유수식, 회전식, 가압수식
> ② 집진장치의 원리
>   - 여과식 : 함진가스를 여과재에 통과시켜 매진을 분리
>   - 원심력식 : 함진가스를 선회 운동시켜 매진의원심력을 이용하여 분리
>   - 중력식 : 집진실내에 함진가스를 도입하고 매진자체의 중력에 의해 자연 침강시켜 분리하는 형식
>   - 관성력식 : 분진가스를 집진기 내에 충돌시키거나 열가스의 흐름을 반전시켜 분진을 포집하는 집진장치

10 보일러에서 발생하는 증기를 이용하여 급수하는 장치는?

① 슬러지(sludge)
② 인젝터(injector)
③ 콕(cock)
④ 트랩(trap)

인젝터

증기압력을 이용한 비동력 급수장치로서, 인젝터 내부의 노즐을 통과하는 증기의 속도 에너지를 압력에너지로 전환하여 보일러에 급수를 하는 예비용 급수장치이다.
① 구조 : 증기노즐, 혼합노즐, 토출노즐
② 인젝터의 작동순서, 정지순서
- 작동순서 : 토출 밸브 → 급수밸브 → 증기밸브 → 인젝터 핸들
- 정지순서 : 인젝터 핸들 → 증기밸브 → 급수밸브 → 토출 밸브
③ 장점
- 설치에 장소를 필요로 하지 않는다.
- 증기와 혼합되어 급수가 예열된다.
- 구조가 간단하고 취급이 용이하다.
- 소형이며 비동력 장치이다.
④ 단점
- 양수효율이 낮다.
- 급수량 조절이 어렵고, 흡입양정이 낮다.

11 연관식 보일러의 특징으로 틀린 것은?

① 동일 용량인 노통 보일러에 비해 설치 면적이 적다.
② 전열면적이 커서 증기발생이 빠르다.
③ 외분식은 연료선택 범위가 좁다.
④ 양질의 급수가 필요하다.

연관식 보일러에서 외분식 보일러는 저질탄 연소에도 용이하므로 연료선택 범위가 상대적으로 넓다.

수관과 연관의 비교

	관 내부의 유체	관 외부의 유체
수관	물	연소가스
연관	연소가스	물

- 연관 : 연소실에서 연소된 연소가스가 연관을 통해 흐르며, 외부에는 보일러 수가 접촉하고 있다.

12 보일러의 수위제어에 영향을 미치는 요인 중에서 보일러 수위 제어시스템으로 제어할 수 없는 것은?

① 급수온도   ② 급수량
③ 수위검출   ④ 증기량 검출

보일러 자동 급수 제어장치의 검출요소는 급수량, 수위검출, 증기량 검출이다.

13 슈트 블로워(soot blower)사용 시 주의사항으로 거리가 먼 것은?

① 한 곳으로 집중하여 사용하지 말 것
② 분출기 내의 응축수를 배출시킨 후 사용할 것
③ 보일러 가동을 정지 후 사용할 것
④ 연도내 배풍기를 사용하여 유인통풍을 증가시킬 것

슈트 블로워(매연 분출장치)
- 설치목적
  고압의 증기 또는 공기를 분사하여 수관식 보일러의 전열면(수관외면)에 부착된 그을음 등을 제거하여 전열효율을 좋게 하고 연료절감 및 열효율을 높이기 위해 설치
- 매연 취출시기
  ㉠ 연료소비량이 증가할 때
  ㉡ 배기가스온도가 상승한 경우
  ㉢ 통풍력이 저하될 때
  ㉣ 연소관리 상황이 현저하게 차이가 있을 때
- 매연 취출 후 효과
  ㉠ 연료소비량 감소
  ㉡ 배기가스온도 저하로 열손실 감소
  ㉢ 전열효율 및 열효율 향상
  ㉣ 통풍력의 증가

14 보일러의 과열 원인으로 적당하지 않은 것은?

① 보일러수의 순환이 좋은 경우
② 보일러 내에 스케일이 부착된 경우
③ 보일러 내에 유지분이 부착된 경우
④ 국부적으로 심하게 복사열을 받는 경우

15 오일 버너의 화염이 불안정한 원인과 가장 무관한 것은?

① 분무 유압이 비교적 높을 경우
② 연료 중에 슬러지 등의 협잡물이 들어 있을 경우
③ 무화용 공기량이 적절치 않을 경우
④ 연소용 공기의 과다로 노내 온도가 저하될 경우

해설

화염이 불안정한 원인은 연료 중 협잡물의 혼입, 무화용 공기의 부족, 노내온도 저하, 무화불량 등이 있다.

16 열전도에 적용되는 퓨리에의 법칙 설명 중 틀린 것은?

① 두면 사이에 흐르는 열량은 물체의 단면적에 비례한다.
② 두면 사이에 흐르는 열량은 두면 사이의 온도 차에 비례한다.
③ 두면 사이에 흐르는 열량은 시간에 비례한다.
④ 두면 사이에 흐르는 열량은 두면 사이의 거리에 비례한다.

해설

열전도에 의한 손실열
- 두면 사이에 흐르는 열량은 단면적, 두면 사이의 온도 차, 시간 등에 비례하고, 두면 사이의 거리에 반비례한다.
- 퓨리에 법칙 = $\frac{\lambda}{l} \times A \times (t_1 - t_2)$ kcal/h

17 보일러에서 실제증발량(kg/h)을 연료소모량(kg/h)으로 나눈 값은?

① 증발 배수
② 전열면 증발량
③ 연소실 열부하
④ 상당 증발량

해설

증발배수 = $\dfrac{실제증발량}{연료사용량}$ (kg/kg 연료)

18 최근 난방 또는 급탕용으로 사용되는 진공 온수보일러에 대한 설명 중 틀린 것은?

① 열매수의 온도는 운전시 100℃ 이하이다.
② 운전 시 열매수의 급수는 불필요하다.
③ 본체의 안전장치로서 용해전, 온도퓨즈, 안전밸브 등을 구비한다.
④ 추기장치는 내부에서 발생하는 비응축 가스 등을 외부로 배출시킨다.

해설

안전밸브는 증기 보일러의 안전장치이다.

19 보일러 제어에서 자동연소제어에 해당하는 약호는?

① A.C.C   ② A.B.C
③ S.T.C   ④ F.W.C

해설

보일러제어의 종류
- A.C.C : 보일러 연소제어
- A.B.C : 보일러 자동제어
- S.T.C : 증기 온도제어
- F.W.C : 급수제어

20 프로판(C_3H_8) 1kg이 완전연소 하는 경우 필요한 이론 산소량은 약 몇 Nm^3 인가?

① 3.47
② 2.55
③ 1.25
④ 1.50

해설

프로판가스의 연소 반응식

C_3H_8 + $5O_2$ → $3CO_2$ + $4H_2O$
44kg   5×22.4Nm³

이론 산소량 = $\dfrac{5 \times 22.4}{44}$ = 2.55Nm³/Kg

정답   15.①   16.④   17.①   18.③   19.①   20.②

21 고체연료와 비교하여 액체연료 사용시 장점을 잘못 설명한 것은?

① 인화의 위험성이 없으며 역화가 발생하지 않는다.

② 그을음이 적게 발생하고 연소효율도 높다.

③ 품질이 비교적 균일하며 발열량이 크다.

④ 저장 중 변질이 적다.

액체연료는 고체연료에 비해 인화점이 낮고 역화위험이 크다.

22 고압, 중압 보일러 급수용 및 고양정 급수용으로 쓰이는 것으로 임펠러와 안내 날개가 있는 펌프는?

① 볼류트펌프   ② 터빈펌프

③ 워싱턴 펌프   ④ 웨어 펌프

왕복동식 펌프의 종류
• 플런저펌프, 피스톤펌프, 다이아프램 펌프 등이 있다.

원심펌프의 종류
• 터빈펌프: 안내 날개가 있다.
• 볼류트 펌프 : 안내 날개가 없다.

23 증기압력이 높아질 때 감소되는 것은?

① 포화온도

② 증발잠열

③ 포화수 엔탈피

④ 포화증기 엔탈피

증기압력이 높아지면 포화온도와 포화수 엔탈피는 증기하고, 증발열은 감소하고. 포화증기 엔탈피는 증가 후 감소한다.

24 노통 보일러에서 아담슨 조인트를 하는 목적은?

① 노통 제작을 쉽게 하기 위해서

② 재료를 절감하기 위해서

③ 열에 의한 신축을 조절하기 위해서

④ 물 순환을 촉진하기 위해서

아담슨 조인트는 노통에 신축을 조절하기 위한 이음이다.

25 다음 중 압력계의 종류가 아닌 것은?

① 부르돈관식 압력계

② 벨로즈식 압력계

③ 유니버설 압력계

④ 다이어프램 압력계

압력계
• 보일러에서 발생하는 증기압력을 측정하는 장치로 탄성식 압력계를 설치. 보일러에는 탄성식 압력계 중 브로돈관식 압력계를 부착한다.
• **탄성식 압력계의 종류** : 브로돈관식, 벨로우즈식, 다이어프램식
• **설치** : 2개 이상을 사이폰관을 통해 부착한다.
• **지시범위** : 보일러 최고사용압력의 3배 이하로 하되, 1.5배 이하가 되어서 안됨
• **크기** : 바깥지름 100mm 이상으로 한다.

26 500W의 전열기로서 2kg의 물을 18℃로부터 100℃ 까지 가열하는 데 소요되는 시간은 얼마인가?(단, 전열기 효율은 100%로 가정한다.)

① 약 10분   ② 약 16분

③ 약 20분   ④ 약 23분

동력단위 1KW(1000W)=860kcal/h이므로 500W의 동력은 860×0.5kcal/h이다.

2kg의 물을 가열하는데 필요한 열량은
2 × 1 × (100 - 18) = 164kcal이고,

열시 소요되는 시간은

$$= \frac{2 \times 1 \times (100 - 18)}{0.5 \times 860 \times 1} \times 60 = 22.88 분이다.$$

$$소요시간 = \frac{가열시 필요한 열량}{동력값}$$

$$= \frac{물의양 \cdot 비열 \cdot (온도차)}{860 \times \eta}$$

$$= \frac{2 \times 1 \times (100 - 18)}{0.5 \times 860 \times 1} = 0.381$$

∴ 0.381 × 60 = 22.88분

27 랭커셔 보일러는 어디에 속하는가?

① 관류 보일러
② 연관 보일러
③ 수관 보일러
④ 노통 보일러

해설
보일러의 분류

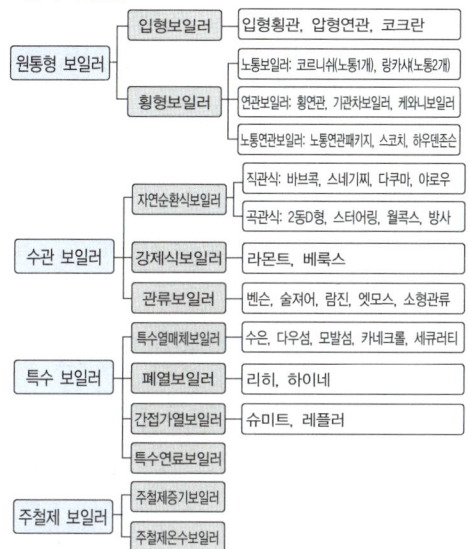

원통형 보일러	입형보일러	입형횡관, 입형연관, 코크란
	횡형보일러	노통보일러: 코르니쉬(노통1개), 랑카샤(노통2개)
		연관보일러: 횡연관, 기관차보일러, 케와니보일러
		노통연관보일러: 노통연관패키지, 스코치, 하우덴존슨
수관 보일러	자연순환식보일러	직관식: 바브콕, 스네기찌, 다쿠마, 아로우
		곡관식: 2동D형, 스터어링, 윌콕스, 방사
	강제식보일러	라몬트, 베룩스
	관류보일러	벤슨, 술저어, 람진, 엣모스, 소형관류
특수 보일러	특수열매체보일러	수은, 다우섬, 모발섬, 카네크롤, 세큐러티
	폐열보일러	리히, 하이네
	간접가열보일러	슈미트, 레플러
	특수연료보일러	
주철제 보일러	주철제증기보일러	
	주철제온수보일러	

28 액체연료 연소에서 무화의 목적이 아닌 것은?

① 단위 중량당 표면적을 크게 한다.
② 연소효율을 향상시킨다.
③ 주위 공기와 혼합을 좋게 한다.
④ 연소실 열부하를 낮게 한다.

해설
무화의 목적
- 단위 중량당 표면적을 크게 한다.
- 연소효율을 향상시킨다.
- 주위 공기와 혼합을 좋게 한다.
- 연소실 열부하를 높게 한다.

29 보일러에서 기체연료의 연소방식으로 가장 적당한 것은?

① 화격자연소　② 확산연소
③ 증발연소　④ 분해연소

해설
기체연료 연소방법은 확산연소와 예혼합연소 방식이 있다.

30 단관 중력 환수식 온수난방에서 방열기 입구 반대편 상부에 부착하는 밸브는?

① 방열기 밸브
② 온도조절 밸브
③ 공기빼기 밸브
④ 배니 밸브

해설
방열기는 출구 상단에 공기 방출기를 설치하고 입구에 방열기 밸브를 설치하고 방열기 입구 반대쪽에는 공기 빼기 밸브를 설치한다.

31 보일러 슈트 블로워를 사용하여 그을음 제거 작업을 하는 경우의 주의사항으로 가장 옳은 것은?

① 가급적 부하가 높을 때 실시한다.
② 보일러를 소화한 직후에 실시한다.
③ 흡출 통풍을 감소시킨 후 실시한다.
④ 작업 전에 분출기 내부의 드레인을 충분히 제거한다.

해설
슈트 블로워(매연 분출장치)
- 설치목적
  고압의 증기 또는 공기를 분사하여 수관식 보일러의 전열면(수관외면)에 부착된 그을음 등을 제거하여 전열효율을 좋게 하고 연료절감 및 열효율을 높이기 위해 설치
- 매연 취출시기
  ㉠ 연료소비량이 증가할 때
  ㉡ 배기가스온도가 상승한 경우
  ㉢ 통풍력이 저하될 때
  ㉣ 연소관리 상황이 현저하게 차이가 있을 때
- 매연 취출 후 효과
  ㉠ 연료소비량 감소
  ㉡ 배기가스온도 저하로 열손실 감소
  ㉢ 전열효율 및 열효율 향상
  ㉣ 통풍력의 증가
- 보일러를 소화한 후나 부하가 50% 이하일 때는 실시하지 않는다.
- 작업 전에 분출기 내부의 드레인을 충분히 제거하고 흡출 통풍을 감소시킨 후 실시한다.

정답　27.④　28.④　29.②　30.③　31.④

32 보일러 내부에 아연판을 매다는 가장 큰 이유는?

① 기수공발을 방지하기 위하여
② 보일러 판의 부식을 방지하기 위하여
③ 스케일 생성을 방지하기 위하여
④ 프라이밍을 방지하기 위하여

보일러 내부에 아연판을 매다는 이유는 보일러 동판의 부식을 방지하기 위하여

33 보일러 수(水) 중의 경도성분을 슬러지로 만들기 위하여 사용하는 청관제는?

① 가성취화 억제제
② 연화제
③ 슬러지 조정제
④ 탈산소제

연화제는 경도성분을 슬러지로 만들기 위하여 사용하는 청관제로 탄산소다, 가성소다, 인산소다 등이 있다.

34 보일러 내면의 산세정 시 염산을 사용하는 경우 세정액의 처리온도와 처리 시간으로 가장 적합한 것은?

① 60 ± 5℃, 1 ~ 2 시간
② 60 ± 5℃, 4 ~ 6 시간
③ 90 ± 5℃, 1 ~ 2 시간
④ 90 ± 5℃, 4 ~ 6 시간

세정액의 처리온도
• 무기산 세관~처리온도 : 60±5℃
  처리시간 : 4~6 시간
• 유기산 세관~처리온도 : 90±5℃
  처리시간 : 4~6 시간

35 다른 보온재에 비해서 단열효과가 낮으며 500℃ 이하의 파이프, 탱크, 노벽 등에 사용하는 것은?

① 규조토   ② 암면
③ 그라스 울   ④ 펠트

• **규조토** : 다른 보온재에 비해서 단열효과가 낮으며 약간 두껍게 시공하는 보온재로 500℃ 이하의 파이프, 탱크, 노벽 등에 사용된다.
• **암면** : 안산암, 현무암. 석회석 등을 원료로 하여 용융, 압축, 가공한 것으로 400~500℃ 이하의 닥트, 탱크 등에 사용되는 보온재이다.

36 점화전 댐퍼를 열고 노내와 연도에 체류하고 있는 가연성가스를 송풍기로 취출시키는 작업은?

① 분출   ② 송풍
③ 프리퍼지   ④ 포스트퍼지

노내 폭발의 방지조치 : 프리퍼지 또는 포스트 퍼지를 충분히 한다.
• 프리퍼지 : 점화전 통풍
• 포스트퍼지 : 소화 후 통풍

37 건물을 구성하는 구조체 즉 바닥, 벽 등에 난방용 코일을 묻고 열매체를 통과시켜 난방을 하는 것은?

① 대류난방   ② 복사난방
③ 간접난방   ④ 전도난방

복사난방은 패널히팅이라고도 하며 바닥, 벽 등에 난방용 코일을 묻고 열매체를 통과시켜 난방을 하는 방식이다.

38 배관의 높이를 관의 중심을 기준으로 표시한 기호는?

① TOP   ③ BOP
② GL   ④ EL

배관의 높이의 표시
• EL : 배관의 높이를 관의 중심으로 표시한 기호
• GL : 배관의 높이를 땅(地)표면을 기준으로 표시한 기호
• TOP : 배관의 높이를 관의 윗면을 기준으로 표시한 기호
• BOP : 배관의 높이를 관의 아랫면을 기준으로 표시한 기호

 정답   32.②   33.②   34.②   35.①   36.③   37.②   38.④

39 보일러의 열효율 향상과 관계가 없는 것은?

① 공기 예열기를 설치하여 연소용 공기를 예열한다.
② 절탄기를 설치하여 급수를 예열한다.
③ 가능한 한 과잉공기를 줄인다.
④ 급수펌프로는 원심펌프를 사용한다.

해설
- 열효율을 높이는 방법은 폐열회수장치(절탄기. 공기예열기 등)를 설치하거나 과잉공기를 적게 사용하여 열손실을 줄이는 방법이다.
- 원심펌프의 사용은 열효율과는 관계가 없다.

40 보일러 급수성분 중 포밍과 관련이 가장 큰 것은?

① pH
② 경도성분
③ 용존산소
④ 유지성분

해설
프라이밍(거품현상), 포밍(비수현상)의 발생원인
- 고수위 일 때 발생한다.
- 관수의 농축에 의해 발생한다.
- 관수 중의 유지분에 의해 발생한다.
- 보일러 부하가 과부하일 때 발생한다.

41 보일러에서 역화의 발생 원인이 아닌 것은?

① 점화시 착화가 지연되었을 경우
② 연료보다 공기를 먼저 공급한 경우
③ 연료 밸브를 과대하게 급히 열었을 경우
④ 프리퍼지가 부족할 경우

해설
역화의 원인
- 유압이 낮으면 점화 및 분사가 불량하고 유압이 높으면 그을음이 축적되기 쉽다.
- 연료의 예열온도가 낮으면 무화불량, 화염의 편류, 그을음, 분진이 발생하기 쉽다.
- 연료가스의 유출속도가 너무 늦으면 역화가 일어나고, 너무 빠르면 실화가 발생하기 쉽다.
- 역화의 원인은 공기보다 연료를 먼저 공급한 경우이다.

42 보일러 유리 수면계의 유리파손 원인과 무관한 것은?

① 유리관 상하 콕의 중심이 일치하지 않을 때
② 유리가 알칼리 부식 등에 의해 노화되었을 때
③ 유리관 상하 콕의 너트를 너무 조였을 때
④ 증기의 압력을 갑자기 올렸을 때

해설
수면계의 유리파손 원인관 관계없는 현상들
- 수위 너무 높은 경우
- 프라이밍 포밍이 발생하였을 때
- 증기의 압력을 갑자기 올렸을 때

43 가정용 온수보일러 등에 설치하는 팽창탱크의 주된 기능은?

① 배관 중의 이물질 제거
② 온수 순환의 맥동 방지
③ 열효율의 증대
④ 온수의 가열에 따른 체적팽창 흡수

해설
팽창탱크 기능은 온수온도 상승에 따른 팽창압을 흡수, 부족수를 보충, 팽창된 물을 저장하여 열손실을 방지 등이 있다.

44 지역난방의 특징을 설명한 것 중 틀린 것은?

① 설비가 길어지므로 배관 손실이 있다
② 초기 시설 투자비가 높다
③ 개개 건물의 공간을 많이 차지한다.
④ 대기오염의 방지를 효과적으로 할 수 있다.

해설
지역난방
대규모 난방설비를 설치하여 일정지역 내의 다수 건축물을 난방 하는 방식으로 열효율이 높다. 열 매체로 고압증기 또는 고온수를 이용한다.

정답 39.④ 40.④ 41.② 42.④ 43.④ 44.③

45 증기보일러에 설치하는 유리수면계는 2개 이상이어야 하는데 1개만 설치해도 되는 경우는?

① 소형관류보일러
② 최고사용압력 2MPa 미만의 보일러
③ 동체 안지름 800mm 미만의 보일러
④ 1개 이상의 원격지시 수면계를 설치한 보일러

46 진공 환수식 증기난방에서 리프트 피팅이란?

① 저압환수관이 진공펌프의 흡입구보다 낮은 위치에 있을 때 적용되는 이음방법이다.
② 방열기보다 낮은 곳에 환수주관이 설치된 경우 적용되는 이음방법이다.
③ 진공펌프가 환수주관과 같은 위치에 있을 때 적용되는 이음방법이다.
④ 방열기와 환수주관의 위치가 같은 때 적용되는 이음방법이다.

47 보일러에서 분출 사고시 긴급조치 사항으로 틀린 것은?

① 연도 댐퍼를 전개한다.
② 연소를 정지시킨다.
③ 압입 통풍기를 가동시킨다.
④ 급수를 계속하여 수위의 저하를 막고 보일러의 수위 유지에 노력한다.

48 유리솜 또는 암면의 용도와 관계없는 것은?

① 보온재   ③ 단열재
② 보냉재   ④ 방습재

49 호칭지름 20A 인 강관을 그림과 같이 배관할 때 엘보 사이의 파이프의 절단 길이는? (단, 20A 엘보의 끝단에서 중심지 거리는 32mm이고, 파이프의 물림 길이는 13mm이다.)

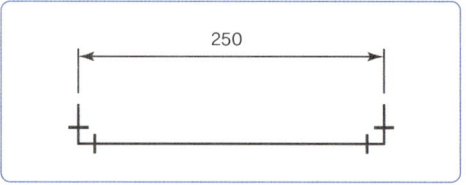

① 210 mm   ② 212 mm
③ 214 mm   ④ 216 mm

50 보온재 중 흔히 스치로폴이라고도 하며, 체적의 97~98%가 기공으로 되어있어 열차단 능력이 우수하고, 내수성도 뛰어난 보온재는?

① 폴리스티렌 폼   ② 경질우레탄폼
③ 코르크   ④ 그라스 울

 정답   **45.**① **46.**① **47.**③ **48.**④ **49.**② **50.**①

51 방열기의 표준 방열량에 대한 설명으로 틀린 것은?

① 증기의 경우, 게이지 압력 1kg/cm², 온도 80℃로 공급하는 것이다.
② 증기 공급시의 표준 방열량은 650 kcal/m²h : 이다.
③ 실내온도는 증기일 경우 21℃, 온수 18℃ 정도이다.
④ 온수 공급시의 표준 방열량은 450 kcal/m²h) 이다.

방열기의 표준 방열량
● 증기 공급시의 표준 방열량은 650(kcal/m²h) 온도는 102℃이다.
● 온수 공급시의 표준 방열량은 450(kcal/m²h) 온도는 80℃이다.
● 실내온도는 증기일 경우 21℃, 온수 18℃ 정도이다.

52 증기난방의 분류에서 응축수 환수방식에 해당하는 것은?

① 고압식
② 상향 공급식
③ 기계환수식
④ 단관식

응축수 환수방법은 중력환수식, 기계환수식, 진공환수식 등이 있다.

53 어떤 거실의 난방부하가 5000kcal/h이고, 주철제 온수 방열기로 난방할 때 필요한 방열기 쪽수는? (단, 방열기 1쪽당 방열면적은 0.26m² 이고 방열량은 표준량으로 한다.)

① 11쪽   ② 21쪽
③ 30쪽   ④ 43쪽

$$\text{방열기 소요수} = \frac{\text{난방부하}}{\text{방열량} \times 1\text{쪽당 방열면적}}$$
$$= \frac{5000}{450 \times 0.26} = 42.7$$

54 온수난방 배관 시공법의 설명으로 잘못된 것은?

① 온수난방은 보통 1/250 이상의 끝올림 구배를 주는 것이 이상적이다.
② 수평 배관에서 관경을 바꿀 때는 편심 레듀셔를 사용하는 것이 좋다.
③ 지관이 주관 아래로 분기 될 때는 45° 이상 끝 내림 구배로 배관한다.
④ 팽창탱크에 이르는 팽창관에는 조정용 밸브를 단다.

팽창관은 관의 도중을 차단하는 밸브 등은 설치하지 않는다.

55 에너지이용합리화법상 에너지의 최저 소비효율기준에 미달하는 효율관리 기자재의 생산 또는 판매 금지 명령을 위반한 자에 대한 벌칙 기준은?

① 1년 이하의 징역 또는 1천만원 이하의 벌금
② 1천만원 이하의 벌금
③ 2년 이하의 징역 또는 2천만원 이하의 벌금
④ 2천만원 이하의 벌금

기준미달 기자재의 생산 및 판매금지 위반시 2천만원 이하의 벌금

56 특정열사용기자재 중 산업통상자원부령으로 정하는 검사대상기기를 폐기한 우에는 폐기한 날부터 며칠 이내에 폐기신고서를 제출해야 하는가?

① 7일 이내에
② 10일 이내에
③ 15일 이내에
④ 30일 이내에

검사대상기기의 폐기 또는 사용중지 및 설치자 변경 시 15일 이내에 신고한다.

정답　51.①　52.③　53.④　54.④　55.④　56.③

57 다음은 저탄소 녹색성장 기본법에 명시된 용어의 뜻이다. ( )안에 알맞은 것은?

온실가스란 (㉠), 메탄, 아산화질소, 수소불화탄소 , 과불화탄소, 육불화황 및 그밖에 대통령령으로 정하는 것으로 (㉡) 복사열을 흡수하거나 재방출하여 온실효과를 유발하는 대기 중의 가스상태의 물질을 말한다.

① ㉠ 일산화탄소, ㉡ 자외선
② ㉠ 일산화탄소, ㉡ 적외선
③ ㉠ 이산화탄소, ㉡ 자외선
④ ㉠ 이산화탄소, ㉡ 적외선

해설

온실가스란 이산화탄소(CO_2), 메탄(CH_4), 아산화질소(N_2O), 수소불화탄소(HFCs), 과불화탄소(PFCs), 육불화황(SF_6) 등으로 적외선 복사열을 흡수하거나 재방출하여 온실효과를 유발하는 대기중의 가스상태의 물질을 말한다.

58 특정열사용기자재 중 산업통상자원부령으로 정하는 검사대상기기의 계속사용검사 신청서는 검사 유효기간 만료 며칠 전까지 제출해야 하는가?

① 10일 전까지
② 15일 전까지
③ 20일 전까지
④ 30일 전까지

해설

계속사용검사 신청은 유효기간 만료 10일전. 한국에너지공단이사장에게 제출한다.

59 화석연료에 대한 의존도를 낮추고 청정에너지의 사용 및 보급을 확대하여 녹색기술 연구개발, 탄소흡수원 확충 등을 통하여 온실가스를 적정수준 이하로 줄이는 것에 대한 정의로 옳은 것은?

① 저탄소   ② 자원순환
③ 녹색성장   ④ 기후변화

60 에너지이용합리화법상의 목표에 에너지원단위를 가장 옳게 설명한 것은?

① 에너지를 사용하여 만드는 제품의 단위당 폐연료 사용량
② 에너지를 사용하여 만드는 제품의 연간 폐열 사용량
③ 에너지를 사용하여 만드는 제품의 단위당 에너지 사용 목표량
④ 에너지를 사용하여 만드는 제품의 연간 폐열 에너지 사용 목표량

해설

목표 에너지원단위
• 에너지그룹 사용하여 만드는 제품의 단위당 에너지사용 목표량
• 수립 : 산업통상자원부장관

57.④ 58.① 59.① 60.③

01 **연소의 속도에 미치는 인자가 아닌 것은?**

① 반응물질의 온도
② 산소의 온도
③ 촉매물질
④ 연료의 발열량

해설
연소속도에 영향을 미치는 요소는 산소농도, 반응물질의 온도 촉매물질 등이 있다.

02 **자동제어의 신호전달방법 중 신호전송시 시간 지연이 있으며, 전송거리가 100~150m 정도인 것은?**

① 전기식 ② 유압식
③ 기계식 ④ 공기식

해설
자동제어의 신호전달방법
① 공기압식 : 전송거리 100m~150m 정도이다.
 • 장점 : 배관이 용이하고 위험성이 없다.
 • 관로의 저항으로 인해 전송이 지연될 수 있다.
② 유압식 : 전송거리 300m이다.
 • 장점 : 전송지연이 적고 응답이 빠르다. 조작력이 크고 조작속도가 빠르다.
 • 단점 : 인화의 위험이 있고 유압원이 있다.
③ 전기식 : 전송거리 수 km까지 가능하다.
 • 장점 : 전송거리가 길고 전송 지연시간이 적다. 복잡한 신호에 적합하다.
 • 단점 : 취급에 기술을 요하고 방폭시설이 필요하다. 습도 등 보수에 주의를 요한다.

03 **액체연료 중 경질유에 주로 사용하는 기화 연소방식의 종류에 해당하지 않는 것은?**

① 포트식 ② 심지식
③ 증발식 ④ 무화식

해설
• 기화연소방식의 종류는 경질유의 연소방식으로 포트식, 심지식. 증발식 등이 있다.

• 무화연소방식은 중질유의 연소발식으로 유압분무식, 이류체 분무식, 회전분무식 등이 있다.

04 **보일러에 과열기를 설치하여 과열증기를 사용하는 경우의 설명으로 잘못된 것은?**

① 과열증기란 포화증기의 온도와 압력을 높인 것이다.
② 과열증기는 포화증기보다 보유열량이 많다.
③ 과열증기를 시용하면 배관부의 마찰저항 및 부식을 감소시킬 수 있다.
④ 과열증기를 사용하면 보일러의 열효율을 증대시킬 수 있다.

해설
과열기
보일러에서 발생된 포화증기를 가열하여 압력은 변함없이 온도만 높인 증기, 즉 과열 증기를 얻기 위한 장치
• 종 류
① 전열방식에 따른 분류
 ㉠ 복사형 과열기 : 연소실에 설치하여 화염의 복사열을 이용하여 과열증기를 발생하는 형식으로 보일러 부하가 증가 할수록 과열온도가 저하된다.
 ㉡ 대류형 과열기 : 연도에 설치에 배기가스의 대류열을 이용하여 과열증기를 발생하는 형식으로 보일러 부하가 증가할수록 과열온도가 증가한다.
 ㉢ 복사 대류형 과열기 : 연소실과 연도의 중간에 설치하여 화염의 복사열과 배기가스의 대류 열을 동시에 이용하는 형식으로 보일러 부하변동에 대해 과열증기의 온도 변화는 비교적 균일하다.
② 연소가스의 흐름에 따라
 ㉠ 병류형 : 연소가스와 증기의 흐름이 동일 방향으로 접촉되는 형식
 ㉡ 향류형 : 연소가스와 증기의 흐름이 반대 방향으로 접촉되는 형식
  전열효율은 좋으나 침식이 빠르다.
 ㉢ 혼류형 : 병류형과 향류형이 혼용된 형식 침식을 적게 하고 전열을 좋게 한 형식

 정답 01.④ 02.④ 03.④ 04.①

05 플로트 트랩은 어떤 종류의 트랩인가?

① 디스크 트랩
② 기계적 트랩
③ 온도조절 트랩
④ 열역학적 트랩

증기트랩

보일러에서 발생한 증기를 손실을 최소화하고 각 사용처로 균일하게 공급하기 위한 관 모음 장치

• 증기트랩의 종류
  – 기계식 : 플로트식, 버켓식
  – 열역학 성질 : 디스크식, 오리피스식
  – 온도조절식 : 바이메탈식, 벨로스식(열동식)

06 분사관을 이용해 선단에 노즐을 설치하여 청소하는 것으로 주로 고온의 전열면에 사용하는 슈트 블로워(soot blower)의 형식은?

① 롱레트랙터블형(long retractable)형
② 로타리(rotary)형
③ 건(gun)형
④ 에어 히터클리너(air heater cleaner)형

슈트 블로워의 종류

• 롱레트랙터블형 : 과열기 등 고온 전열면에 사용하는 슈트 블로워
• 로타리 : 절탄기 등 저온 전열면에 사용하는 슈트 볼로워
• 건형 : 보일러 연소노벽이나 전열면에 사용되는 슈트 볼로워

07 긴 관의 한 끝에서 압송된 급수가 관을 지나는 동안 차례로 가열, 증발, 과열된 다음 과열증기가 되어 나가는 형식의 보일러는?

① 노통보일러   ② 관류보일러
③ 연관보일러   ④ 입형보일러

관류 보일러의 특징

드럼 없이 긴 관만으로 이루어진 보일러로 펌프에 의해 입압된 급수가 긴 관을 1회 통과 할 동안 절탄기를 거쳐 예열된 후, 증발, 과열의 순서로 과열 되어 관 출구에서

필요한 과열증기가 발생하는 보일러이다.
① 종류 : 벤슨 보일러, 슐저 보일러 등
② 특징
  • 드럼이 없어 초고압 보일러에 적합하다.
  • 드럼이 없어 순환비가 1이다.
  • 수관의 배치가 자유롭다.
  • 증발이 빠르다.
  • 자동연소제어가 필요하다.
  • 수질의 영향을 많이 받는다.
  • 부하변동에 따른 압력 및 수위변화가 크다.
③ 관류보일러의 급수처리 : 순환비가 1이고, 전열면의 열부하가 높아 급수처리를 철저히 해야 한다.

08 보일러 연소실 내의 미연가스 폭발에 대비하여 설치하는 안전장치는?

① 가용전
② 방출밸브
③ 안전밸브
④ 방폭문

• 방폭문 : 노내 폭발을 대비해 설치하는 안전 장치
• 화염검출기 : 노내 폭발을 방지하기 위해 설치하는 안전장치

09 연료를 연소시키는데 필요한 실제공기량과 이론공기량의 비 즉, 공기비를 m 이라 할 때 다음 식이 뜻하는 것은?

보기
$(m - 1) \times 100 \%$

① 과잉 공기율
② 과소 공기율
③ 이론 공기율
④ 실제 공기율

• 과잉공기율 : $(m-1) \times 100(\%)$
• 과잉공기량 : $(m-1) \times A_0$

10 보일러의 자동제어 신호전달 방식 중 전달거리가 가장 긴 것은?

① 전기식   ② 유압식
③ 공기식   ④ 수압식

자동제어의 신호전달방법
① 공기압식 : 전송거리 100m~150m 정도이다.
 • 장점 : 배관이 용이하고 위험성이 없다.
 • 관로의 저항으로 인해 전송이 지연될 수 있다
② 유압식 : 전송거리 300m이다.
 • 장점 : 전송지연이 적고 응답이 빠르다. 조작력이 크고 조작속도가 빠르다.
 • 단점 : 인화의 위험이 있고 유압원이 있다.
③ 전기식 : 전송거리 수 km까지 가능하다.
 • 장점 : 전송거리가 길고 전송 지연시간이 적다. 복잡한 신호에 적합하다.
 • 단점 : 취급에 기술을 요하고 방폭시설이 필요하다. 습도 등 보수에 주의를 요한다.

11 보일러 중에서 관류 보일러에 속하는 것은?

① 코크란 보일러
② 코르니시 보일러
③ 스코치 보일러
④ 슐쳐 보일러

관류보일러
드럼 없이 긴 관만으로 이루어진 보일러로 펌프에 의해 압입된 급수가 긴 관을 1회 통과 할 동안 절탄기를 거쳐 예열된 후, 증발, 과열의 순서로 과열 되어 관 출구에서 필요한 과열증기가 발생하는 보일러이다.
① 종류 : 벤슨 보일러, 슐쳐 보일러 등
② 특징
 • 드럼이 없어 초고압 보일러에 적합하다.
 • 드럼이 없어 순환비가 1 이다.
 • 수관의 배치가 자유롭다.
 • 증발이 빠르다.
 • 자동연소제어가 필요하다.
 • 수질의 영향을 많이 받는다.
 • 부하변동에 따른 압력 및 수위변화가 크다.
③ 관류보일러의 급수처리 : 순환비가 1이고, 전열면의 열부하가 높아 급수처리를 철저히 해야 한다.

12 보일러 효율이 85%, 실제증발량이 5t/h 이고 발생 증기의 엔탈피 656kcal/kg, 급수 온도의 엔탈피는 56kcal/kg, 연료의 저위 발열량 9750kcal/kg 일 때 연료소비량은 약 몇 kg/h 인가?

① 316   ② 362
③ 389   ④ 405

연료소비량
$$= \frac{\text{실제증발량} \times (\text{증기엔탈피} - \text{급수엔탈피})}{\text{효율} \times \text{연료의 발열량}}$$
$$= \frac{5000 \times (656 - 56)}{0.85 \times 9750} = 362kg/h$$

13 물질의 온도 변화에 소요되는 열 즉 물질의 온도를 상승시키는 에너지로 사용되는 열은 무엇인가?

① 잠열   ② 증발열
③ 융해열   ④ 현열

① 현열
 • 물질의 상태변화 없이 온도변화에 필요한 열량
 • $Q = G \cdot C \cdot \triangle T(kcal)$
 [G : 질량(kg), C : 비열(kcal/kg℃),
  $\triangle T$: 온도차(℃ : $t_1 - t_2$)]
 ∴열량 = 질량 × 비열 × 온도차
② 잠열 : 물질의 온도변화 없이 상태변화에 필요한 열량
 • 융해잠열이 : 0℃의 얼음 1kg을 0℃의 물로 변화 시키는데 필요한 열량(80kcal/kg)
 • 증발잠열 : 100℃의 포화수 1kg을 100℃의 건포화증기로 변화 시키는데 필요한 열량 (539kcal/kg)
 • 현열 : 상태변화 없이 온도변화에 필요한 열

14 용적식 유량계가 아닌 것은?

① 로타리형 유량계
② 피토우관식 유량계
③ 루트형 유량계
④ 오벌기어식 유령계

 • 용접식 유량계의 종류는 로타리형, 루트형, 오벌기어식이 있다.
 • 피토우관은 유속측정에 의한 유량을 측정하는 종류이다.

15 가압수식 집진장치의 종류에 속하는 것은?

① 백필터   ② 세정탑
③ 코트넬   ④ 배플식

집진장치의 종류

- 여과식의 종류는 백 필터, 원통식, 평판식, 역기류 분사형 등.
- 가압수식 집진장치의 종류 : 사이크론 스크레버, 벤튜리 스크레버, 제트 스크레버, 충진탑
- 세정식(습식)집진장치 : 유수식, 회전식, 가압수식

집진장치의 원리

- 여과식 : 함진가스를 여과재에 통과시켜 매진을 분리
- 원심력식 : 함진가스를 선회 운동시켜 매진의원심력을 이용하여 분리
- 중력식 : 집진실내에 함진가스를 도입하고 매진자체의 중력에 의해 자연 침강시켜 분리하는 형식
- 관성력식 : 분진가스를 방해판 등에 충돌시키거나 급격한 방향전환에 의해 매연을 분리 포집하는 집진장치

16 원통형 및 수관식 보일러 구조에 대한 설명으로 틀린 것은?

① 노통 접합부는 아담슨 조인트(Adamson joint)로 연결하여 열에 의한 신축을 흡수한다.

② 코르니시 보일러는 노통을 편심으로 설치하여 보일러수의 순환을 잘 되도록 한다.

③ 겔로웨이관은 전열면을 증대하고 강도를 보강한다.

④ 강수관의 내부는 열가스가 통과하여 보일러수 순환을 증진한다.

해설

수관식 보일러의 구조 및 특성

다수의 수관과 작은 드럼으로 구성되어 고압, 대용량 보일러에 적합하고, 드럼의 유무에 따라 드럼 보일러와 관류 보일러로 구별된다.

- 장점
  ㉠ 보유수량에 비해 전열면적이 크고 증발이 빠르며 효율이 높다.
  ㉡ 가동시간이 짧아 급·수요에 적응이 쉽다.
  ㉢ 증발량이 많아 대용량 보일러에 적합하다.
  ㉣ 보유수량이 적어 파열사고시 피해가 적다.
  ㉤ 작은 드럼과 다수의 관으로 구성되어 구조상 고압 보일러로 사용된다.
  ㉥ 연소실을 자유로이 크게 할 수 있어 연소상태가 좋고 연료에 따라 연소방식을 채택할 수 있다.
- 단점
  ㉠ 제작비가 비싸다.

㉡ 구조가 복잡하여 청소, 점검이 어렵다.
㉢ 스케일에 의한 장애가 크므로 양질의 급수를 필요로 한다.
㉣ 보유수량이 적어 부하변동에 따른 압력 및 수위 변화가 심하다.
㉤ 보유수량에 비해 증발이 심하며 기수공발(캐리오버)현상이 발생되기 쉽다.
- 강수관은 급수된 물이 하강하는 관이다.

17 열의 일당량 값으로 옳은 것은?

① 427 kg·m/kcal

② 327 kg·m/kcal

③ 273 kg·m/kcal

④ 472 kg·m/kcal

해설

열역학 제1법칙

① 열과 일은 에너지의 한 형태이며 **열은 일로, 일은 열로 변환시킬 수 있다 – 에너지 보존 법칙이 성립 (가역변화 가능)**

② 열 → 일 : 열의 일당량 : 1 kcal = 427kg·m

③ 일 → 열 : 일의 열당량 : 1 kg·m = $\frac{1}{427}$ kcal

동력(power)

- 1 kWH = 102kgf·m/sec = 860kcal
- 1 PS = 75kgf·m/sec = 632kcal/h

18 보일러 시스템에서 공기예열기 설치 사용 시 특징으로 틀린 것은?

① 연소효율을 높일 수 있다

② 저온부식이 방지된다.

③ 예열공기의 공급으로 불완전연소가 감소된다.

④ 노내의 연소속도를 빠르게 할 수 있다.

해설

공기예열기 설치 시 단점

- 저온부식이 발생한다.
- 통풍저항이 증가한다.
- 청소가 어렵다.

19 보일러 연료로 사용되는 LNG의 성분 중 함유량이 가장 많은 것은?

① CH_4 ② C_2H_6

③ C_3H_8 ④ C_4H_{10}

 정답 **16.**④ **17.**① **18.**② **19.**①

LNG(액화천연가스)의 주성분은
메탄(CH_4) + 에탄(C_2H_6)이다.

20 공기예열기 설치 시 이점으로 옳지 않은 것은?

① 예열공기의 공급으로 불완전연소가 감소한다.
② 배기가스의 열손실이 증가한다.
③ 저질연료도 연소가 가능하다.
④ 보일러 열효율이 증가한다.

공기 예열기는 배기가스 손실열을 이용하여 연소용 공기를 예열하는 장치로 배기가스의 열손실을 회수하여 열효율을 증가 시킨다.

21 연료 중 표면연소하는 것은?

① 목탄   ② 중유
③ 석탄   ④ LPG

연소의 종류
- 표면연소 : 연료의 표면이 파란 단염을 발생하면서 연소하는 현상으로 휜 부분에 없는 고체 연료 연소(**숯, 코크스** 등)
- 분해연소 : 연료의 연소시 붉고 긴화염을 발생하는 현상으로 휘발분이 있는 고체연료 연소(**석탄, 목재, 중유** 등)
- 증발연소 : 액체연료의 액면에서 증발하는 가연성 가스가 공기와 혼합하면서 연소되는 현상(**등유, 경유 등 경질유**)
- 확산연소 : 가연성가스를 공기 중에 확산시켜 연소시키는 방식으로 가연 성 가스와 공기가 별도로 공급되어 연소되는 현상 (**기체연료**)

22 서로 다른 두 종류의 금속판을 하나로 합쳐 온도 차이에 따른 팽창정도가 다른 점을 이용한 온도계는?

① 바이메탈 온도계
② 압력식 온도계
③ 전기저항 온도계
④ 열전대 온도계

바이메탈 온도계는 팽창이 다른 두 금속을 맞붙여 열팽창에 의해 휘어지는 특성이 있는 금속을 이용하는 온도계이다.

23 일반적으로 효율이 가장 좋은 보일러는?

① 코르니시 보일러
② 입형 보일러
③ 연관보일러
④ 수관보일러

수관 보일러는 수부가 적어 부하변동에 따른 수위 및 압력변화가 크고 효율이 가정 좋은 보일러이다.
특징 (장점 및 단점)
① 장점
- 작은 드럼과 다수의 관으로 구성되어 구조상 고압 보일러로 사용된다.
- 보유수량에 비해 전열면적이 크고 증발이 빠르며 효율이 높다.(90% 이상)
- 증발량이 많아 대용량 보일러에 적합하다.
- 보유수량이 적어 파열사고시 피해가 적다.
- 연소실을 자유로이 크게 할 수 있어 연소상태가 좋고 연료에 따라 연소방식을 채택할 수 있다.
- 가동시간이 짧아 급·수요에 적응이 쉽다.
② 단점
- 보유수량이 적어 부하변동에 따른 압력 및 수위변화가 심하다.
- 구조가 복잡하여 청소, 점검이 어렵다.
- 스케일에 의한 장애가 크므로 양질의 급수를 필요로 한다.
- 보유수량에 비해 증발이 심하며 기수공발(캐리오버)현상이 발생되기 쉽다.
- 제작비가 비싸다.

24 급유장치에서 보일러 가동 중 연소의 소화, 압력 초과 등 이상 현상 발생 시 긴급히 연료를 차단하는 것은?

① 압력조절 스위치
② 압력제한 스위치
③ 감압 밸브
④ 전자 밸브

전자 밸브는 보일러 운전 중 압력초과, 저수위, 불착화 및 실화시 연료공급을 차단시키는 장치

25 급유량계 앞에 설치하는 여과기의 종류가 아닌 것은?

① U 형   ② V 형
③ S 형   ④ Y 형

해설
여과기란 어떤 장치의 입구에 설치하여 이물질을 제거하여 그 장치를 보호하기 위한 장치로 Y형, U형, V형 등의 종류가 있다.

26 보일러 증기발생량이 5t/h, 발생증기 엔탈피는 650kcal/kg, 연료 사용량 400kg/h, 연료의 저위발열량이 9750 kcal/kg 일 때 보일러 효율은 약 몇 %가? (단, 급수온도는 20℃ 이다.)

① 78.8%
② 80.8%
③ 82.4%
④ 84.2%

해설
보일러효율
$$= \frac{실제증발량 \times (증기엔탈피 - 급수엔탈피)}{연료사용량 \times 저위 발열량} \times 100$$
$$= \frac{5000 \times (650 - 20)}{400 \times 9750} \times 100 = 80.77\%$$

27 보일러 급수배관에서 급수의 역류를 방지하기 위하여 설치하는 밸브는?

① 체크 밸브
② 슬루스 밸브
③ 글로브 밸브
④ 앵글 밸브

해설
체크밸브
보일러수의 역류를 방지하기 위하여 사용되는 밸브로서 최고 사용압력 0.1MPa 미만인 보일러는 생략할 수 있다.
• 종류로 스윙식과 리프트식이 있다.
① 스윙식 : 수평, 수직배관에 사용
② 리프트식 : 수평배관에 사용

28 보일러 중 노통 연관식 보일러는?

① 코르니시 보일러
② 탱커셔 보일러
③ 스코치 보일러
④ 다쿠마 보일러

해설
노통 연관식 보일러
㉠ 특징
• 노통보일러와 연관 보일러의 장점을 조합한 혼식 보일러이며, 내분식 보일러이다.
• 중앙하부에 파형노통을 설치하고, 상부와 좌, 우측면에 연관군이 길이 방향으로 설치된 3-pass형으로 전열면적이 넓고, 소형 고효율화의 콤팩트한 구조로 되어 제작과 취급이 용이하다.
㉡ 종류: 스코치, 하우덴 존슨, 노통연관, 팩케이지형 보일러
㉢ 장점
• 형체에 비해 전열면적이 넓고 열효율이 높다. (80~90%)
• 증발량이 많고 증기 발생에 소요시간이 짧다.
• 보유수량이 많아 부하변동에 따른 압력 변화가 적다.
• 내분식으로 복사열의 흡수가 좋다.

29 수면계의 기능시험 시기로 틀린 것은?

① 보일러를 가동하기 전
② 수위의 움직임이 활발할 때
③ 보일러를 가동하여 압력이 상승하기 시작했을 때
④ 2개 수면계의 수위에 차이를 발견했을 때

해설
수면계의 취급
① 수면계는 수위를 비교 측정하여 이상 유무를 판별하기 위해 2개 이상 설치한다.
② 수면계의 연락관에 설치된 콕크는 6개월 주기로 분해 정비한다.
③ 기능시험
㉠ 보일러 가동하기 전
㉡ 프라이밍 포밍 발생시
㉢ 2개의 수면계 수위가 서로 다를 때
㉣ 수위가 의심스러울 때
㉤ 수면계 보수 및 교체를 한 경우

정답 **25.**③ **26.**② **27.**① **28.**③ **29.**②

30 강관의 스케줄 번호가 나타내는 것은?

① 관의 중심
② 관의 두께
③ 관의 외경
④ 관의 외경

해설

스케줄 번호(Sn) $= 10 \times \dfrac{\text{사용압력}}{\text{허용응력}}$

(관의 두께를 나타냄)

31 가정용 온수보일러 등에 설치하는 팽창탱크의 주된 설치 목적은 무엇인가?

① 허용압력초과에 따른 안전장치 역할
② 배관 중의 맥동을 방지
③ 배관 중의 이물질을 방지
④ 온수순환을 원활

해설

팽창탱크의 목적은 온수온도 상승에 따른 팽창압을 흡수, 완화시키표 부족수를 보충 급수하고 열손실을 방지하는 기능이 있다.

32 난방부하가 15000 kcal/h 이고, 주철제 증기보일러로 난방 한다면 방열기 소요 방열면적은 약 몇 m² 인가?(단, 방열기의 방열량은 표준 방열량으로 한다.)

① 16   ③ 20
② 18   ④ 23

해설

방열면적 $= \dfrac{\text{난방부하}}{\text{방열량}}$

$= \dfrac{15000}{650} = 23 \text{m}^2$

33 증기난방과 비교한 온수난방의 특징 설명으로 틀린 것은?

① 예열시간이 길다.
② 건물 높이에 제한을 받지 않는다.
③ 난방부하 변동에 따른 온도조절이 용이하다.
④ 실내 쾌감도가 높다 .

해설

온수난방의 특징
• 한냉시 동결의 위험이 작다.
• 건물 높이의 제한을 받는다.
• 방열량이 적어 방열면적이 넓다.
• 취급이 용이하고 연료비가 적게 든다.
• 예열시간이 길지만 식는 시간도 길다.
• 난방부하의 변동에 따른 온도조절이 쉽다.
• 방열기 표면온도가 낮아 화상의 위험이 작다.

34 증기보일러에서 송기를 개시할 때 증기밸브를 급히 열면 발생할 수 있는 현상으로 가장 적당한 것은?

① 캐비테이션 현상
② 수격작용
③ 역화
④ 수면계의 파손

해설

수격작용(워터해머)
① 관내의 응축수가 증기의 압력 및 유속증가로 인해 관의 곡관부 등을 강하게 타격하는 현상으로 증기트랩 설치 및 증기관 보온, 또는 경사지게 설치함으로서 방지할 수 있다.
② 발생원인
  ㉠ 증기관내에 응결수가 고여 있는 경우
  ㉡ 캐리오버(기수공발)에 의해
  ㉢ 급수내관의 설치위치가 높을 경우
  ㉣ 주증기 밸브를 급개한 경우

35 배관의 단열공사를 실시하는 목적에서 가장 거리가 먼 것은 무엇인가?

① 열에 대한 경제성을 높인다.
② 온도조절과 열량을 낮춘다.
③ 온도변화를 제한한다.
④ 화상 및 화재방지를 한다.

해설

단열공사의 목적은 열에 대한 경제성을 높이고 온도의 변화를 제한하고 화상 및 화재발생을 방지하며 온도조절과 열량을 유지하는데 있다.

정답 30.② 31.① 32.④ 33.② 34.② 35.②

36 보일러의 외처리 방법 중 탈기법에서 제거되는 것은?

① 황화수소　　　② 수소
③ 망간　　　　　④ 산소

용존가스(O_2, CO_2) 처리방법
- 탈기법 : O_2 처리
- 기폭법 : CO_2 처리

37 보일러의 외부부식 발생원인과 관계가 가장 먼 것은?

① 빗물, 지하수 등에 의한 습기나 수분에 의한 작용
② 보일러수 등의 누출로 인한 습기나 수분에 의한 작용
③ 연소가스 속의 부식성 가스(아황산가스 등)에 의한 작용
④ 급수중에 유지류, 산류, 탄산가스, 산소, 염류 등의 불순물 함유에 의한 작용

내부부식
급수처리 불량, 급수 중 불순물 등에 의해 드럼 또는 관 내부 물과 접촉되는 발생되는 부식
① 내부부식의 발생원인
　㉠ 보일러수에 불순물(유지류, 산류, 탄산가스, 산소 등)이 많은 경우
　㉡ 보일러수 중에 용존가스체가 포함된 경우
　㉢ 보일러수의 pH가 낮은 경우
　㉣ 보일러수의 화학처리가 올바르지 못 한 경우
　㉤ 보일러 휴지 중 보존이 잘못 되었을 때
② 내부부식의 종류
　㉠ 점식(공식, 점형부식) : 보일러수와 접촉부에 발생하는 부식으로 수중의 용존가스(O_2, CO_2 등)에 의한 국부전지 작용에 의해 쌀알 크기의 점모양 부식이다.
　㉡ 전면부식
　• 수중의 염화마그네슘($MgCl_2$)가 용해되어 180℃ 이상에서 가수분해 되어 철을 부식 시킨다.
　　$MgCb + 2H_2O \quad Mg(OH)_2 + 2HCl$
　　$Fe + 2HCl \quad FeCl_2 + H_2$
　㉢ 알칼리 부식
　• 보일러수에 수산화나트륨 (NaOH) 의 농도가 높아져 알칼리 성분이 농축(pH12 : 이상)되고, 이 때 생성된 수산화 1철($Fe(OH)_2$)가 Na_2FeO_2(유리

알카리)로 변하여 알칼리 부식이 발생한다.
　㉣ 그루빙(grooving : 구식)
　　보일러 강제에 화학적 작용에 의해, 또는 점식 및 전면부식의 연속적인 작용에 의해 균열이 발생한다. 이 부분에 집중적으로 응력이 작용하여 팽창과 수축이 반복되어 구상형태의 균열이 부식과 함께 발생하게 된다.

38 실내의 온도분포가 가장 균등한 난방방식은 무엇인가?

① 온풍 난방　　　② 방열기 난방
③ 복사 난방　　　④ 온돌 난방

복사난방은 환기에 의한 열손실이 적고, 실내 온도 분포가 균등한 난방 방식으로 고장시 보수, 점검이 어려운 단점도 있다.

39 관을 아래서 지지하면서 신축을 자유롭게 하는 지지물은 무엇인가?

① 스프링 행거
② 롤러 서포트
③ 콘스탄트 행거
④ 리스트레인트

- 행거: 배관을 위에서 매달아 지지하는 것
- 서포트: 배관을 밑에서 받혀서 지지하는 것
- 리스트레인트: 열팽창에 의한 관의 좌우 이동을 억제하는 것
- 롤러 서포트: 관을 아래서 지지하면서 신축을 자유롭게 지지하는 것

40 고체 내부에서의 열의 이동 현상으로 물질은 움직이지 않고 열만 이동하는 현상은 무엇인가?

① 전도　　　　　② 전달
③ 대류　　　　　④ 복사

- 열전달 : 유체에서 고체로, 고체에서 유체로의 열 이동 현상
- 열전도 : 매질을 통한 열 이동으로 벽체 내부에서 외부로의 열이 이동되는 현상

 정답　36.④　37.④　38.③　39.②　40.①

41 신축이음쇠 종류 중 고온, 고압에 적당하며, 신축에 따른 자체응력이 생기는 결점이 있는 신축 이음쇠는?

① 루프형(loop type)
② 스위블형(swivel type)
③ 벨로스형(bellows type)
④ 슬리브형(sleeve type)

신축이음
고온의 증기배관에 발생하는 신축을 조절하여 관의 손상을 방지하기 위해 설치한다.
① 종류 및 특징
  • 루프형(굽은관 조인트)
   – 옥외의 고압 증기배관에 적합하다.
   – 신축흡수량이 크고, 응력이 발생한다.
   – 곡률 반경은 관지름의 6배 정도이다
  • 슬리브형(미끄럼형)
   – 설치장소를 적게 차지하고 응력발생이 없고, 과열 증기에 부적당하다.
   – 패킹의 마모로 누설의 우려가 있다.
   – 온수나 저압배관에 사용된다.
   – 단식과 복식형이 있다.
  • 벨로우즈형(팩레스 신축이음)
   – 설치에 장소를 많이 차지하지 않고, 응력이 생기지 않는다.
   – 고압에 부적당하고 누설의 우려가 없다.
   – 신축흡수량은 슬리브형 보다 적다.
  • 스위블형(스윙식)
   – 증기 및 온수방열기에서 배관을 수직 분기할 때 2~4개 정도의 엘보를 연결하여 신축을 조절하여 관의 손상을 방지하기 위한 이음방법이다.
   – 스위불 이음은 엘보우를 이용하므로 압력강하가 크고, 신축량이 클 경우 이음 부가 헐거워져 누수의 원인이 된다.

42 증기 보일러의 관류밸브에서 보일러와 압력릴리프 밸브와의 사이에 설치할 경우 압력릴리프 밸브는 몇 개 이상 설치하여야 하는가?

① 1개   ② 2개
③ 3개   ④ 4개

압력릴리프 밸브는 2개 이상 설치한다.

43 난방부하 계산 시 사용되는 용어에 대한 설명 중 틀린 것은?

① 열전도 : 인접한 사이의 열의 이동 현상
② 열관류 : 열이 한 유체에서 벽을 통하여 다른 유체로 전달되는 현상
③ 난방부하 : 방열기가 표준 상태에서 $1m^2$ 당 단위 시간에 방출하는 열량
④ 정격용량 : 보일러 최대 부하상태에서 단위시간 당 총 발생되는 열량

• 방열량 : 방열기가 표준 상태에서 $1m^2$당 단위 시간에 방출하는 열량($kcal/m^2h$)
• 난방부하 : 건축물 실내의 거주공간(m^3)에 1시간 당 난방에 필요

44 보일러 설치·시공기준상 가스용 보일러의 경우 연료 배관 외부에 표시하여야 하는 사항이 아닌 것은? (단, 배관은 지상에 노출된 경우임)

① 사용 가스명
② 최고 사용압력
③ 가스흐름 방향
④ 최저 사용온도

가스배관 외면의 표시사항
• 사용 가스명
• 최고사용압력
• 가스흐름 방향

45 증기트랩의 종류가 아닌 것은?

① 그리스 트랩   ② 열동식 트랩
③ 버켓식 트랩   ④ 풀로트 트랩

증기트랩
① 보일러에서 발생한 증기를 손실을 최소화하고 각 사용처로 균일하게 공급하기 위한 관 모음 장치
② 증기트랩의 종류
  • 기계식 : 풀로트식, 버켓식
  • 열역학 성질 : 디스크식, 오리피스식
  • 온도조절식 : 바이메탈식, 벨로스식(열동식)

46 유류연소 수동보일러의 운전정지 내용으로 잘못된 것은?

① 운전정지 직전에 유류예열기의 전원을 차단하고 유류예열기의 온도를 낮춘다.
② 연소실내, 연도를 환기시키고 댐퍼를 닫는다.
③ 보일러 수위를 정상수위보다 조금 낮추고 버너의 운전을 정지한다.
④ 연소실에서 버너를 분리하여 청소를 하고 기름이 누설되는지 확인한다.

해설
보일러 운전 정지 시에는 다음 날 분출하기 위해 정상 수위보다 약간 높게 급수한다.

47 강판 제조시 강괴 속에 함유되어 있는 가스체 등에 의해 강판이 두 장의 층을 형성하는 결함은?

① 라미네이션　② 크랙
③ 브 리스터　④ 심 라이트

해설
보일러의 사고
① 제작상 원인
　• 라미네이션 : 강판 내부의 기포가 팽창되어 2장의 층으로 분리되는 현상으로 강도저하, 균열, 열전도 저하 등을 초래한다.
　• 브리스터 : 강판 내부의 기포가 팽창되어 표면이 부분적으로 부풀어 오르는 현상
② 취급상 원인 : 압력초과, 저수위, 미연가스 폭발, 과열, 부식, 역화, 급수처리 불량 등

48 가연가스와 미연가스가 노내에 발생하는 경우가 아닌 것은?

① 심한 불완전연소가 되는 경우
② 점화조작에 실패한 경우
③ 소정의 안전 저연소율 보다 부하를 높여서 연소시킨 경우
④ 연소정지 중에 연료가 노내에 스며든 경우

해설
가압연소는 연소율을 증가시켜 연소부하(온도)를 높여 미연가스 발생을 적게 한다.

49 보일러 급수의 pH로 가장 적합한 것은?

① 4～6　　② 7～9
③ 9～11　④ 11～13

해설
• 보일러 급수 : pH 8～9
• 보일러 관수 : pH 10.5～11.8

50 보일러의 운전정지 시 가장 뒤에 조작하는 작업은?

① 연료의 공급을 정지시킨다.
② 연소용 공기의 공급을 정지시킨다.
③ 댐퍼를 닫는다.
④ 급수펌프를 정지시킨다.

해설
보일러 정지시에 가장 먼저 연료공급을 정지하고 가장 나중에 연도 댐퍼를 닫는다.

51 냉동용 배관 결합 방식에 따른 도시방법 중 용접식을 나타내는 것은?

해설
① 나사이음 ② 유니온이음 ④ 플랜지 이음

52 방열기 설치 시 벽면과의 간격으로 가장 적합한 것은?

① 50mm　　③ 100mm
② 80mm　　④ 150mm

해설
보일러 설치 시 벽과의 간격은 50～60mm로 하고, 벽과의 간격이 너무 좁으면 방열손실이 커지고 너무 넓으면 바닥면의 이용도가 좁아진다.

53 20A 관을 90°로 구부릴 때 중심곡선의 적당한 길이는 약 몇 mm 인가? (단, 곡률 반지름 R = 100mm 이다.)

① 147   ② 157
③ 167   ④ 177

해설

곡선부의 길이 $= 원둘레 \times \dfrac{회전각}{360}$

$\qquad\qquad\quad = 2 \cdot \pi \cdot r \times \dfrac{회전각}{360}$

$\qquad\qquad\quad = 2 \times 3.14 \times 100 \times \dfrac{90}{360} = 157\text{mm}$

54 가스절단의 조건에 대한 설명 중 틀린 것은?

① 금속 산화물의 용융온도가 모재의 용융온도 보다 낮을 것
② 모재의 연소온도가 그 용융점 보다 낮을 것
③ 모재의 성분 중 산화를 방해하는 원소가 많을 것
④ 금속 산화물 유동성이 좋으며, 모재로부터 이탈될 수 있을 것

해설

가스절단은 800~900℃로 적열로 예열된 강관에 고압의 산소를 불어 내어 연소시키면, 발생된 산화철의 용융점이 모재인 강관보다 낮아 절단이 되므로 모재의 성분 중 산화를 방해하는 원소가 적어야 한다.

55 신재생에너지 설비의 설치를 전문으로 하려는 자는 자본금·기술인력 등의 신고기준 및 절차에 따라 누구에게 신고를 하여야 하는가?

① 국토교통부 장관
② 환경부장관
③ 고용노동부장관
④ 산업통상자원부장관

해설

신·재생에너지 설비의 설치를 전문으로 하려는 자의 신고는 산업통상자원부장관에게 신고하여야 한다.

56 에너지법에서 사용하는 "에너지"의 정의를 가장 올바르게 나타낸 것은?

① "에너지"라 함은 석유가스 등 열을 발생하는 열원을 말한다.
② "에너지"라 함은 제품의 원료로 사용되는 것이다.
③ "에너지"라 함은 태양, 조파, 수력과 같이 일을 만들어 낼 수 있는 힘이나 능력을 말한다.
④ "에너지"라 함은 연료, 열 및 전기를 말한다.

해설

에너지란 연료, 열 및 전기를 말한다.(단. 핵연료 및 제품의 원료용으로 되는 것은 제외한다)

57 에너지절약 전문기업의 등록은 누구에게 하도록 위탁 되어 있는가?

① 산업통상자원부장관
② 한국에너지공단 이사장
③ 시공업자단체의 장
④ 시·도지사

해설

에너지절약전문기업의 등록신청은 한국에너지공단 이사장

58 에너지법상 지역에너지계획은 몇 년마다 몇 년 이상을 계획기간으로 수립·시행하는가?

① 2년 마다 2년 이상
② 5년 마다 5년 이상
③ 7년 마다 7년 이상
④ 10년 마다 10년 이상

해설

지역에너지계획은 5년 마다 5년 계획기간으로 시·도지사가 수립한다.

정답　53.②　54.③　55.④　56.④　57.②　58.②

59 에너지이용 합리화법 시행규칙상 용접검사가 면제될 수 있는 보일러의 대상 범위로 틀린 것은?

① 강철제 보일러 중 전열면적이 $5m^2$ 이하이고, 최고사용압력이 0.35MPa 이하인 것
② 주철제 보일러
③ 제2종 관류 보일러
④ 온수보일러 중 전열면적 $18m^2$ 이하이고, 최고사용압력이 0.35MPa 이하인 것

해설
용접검사 면제대상 범위
• 주철제 보일러
• 1종관류보일러
• 강철제 보일러 중 전열면적이 $5m^2$ 이하이고 최고사용압력이 0.35MPa 이하인 것
• 온수보일러 중 전열면적이 $18m^2$ 이하이고, 최고사용압력이 0.35MPa 이하인 것

60 에너지법에 따르면 정부는 에너지기술개발계획을 수립하여야 한다. 이에 대해 옳은 것은?

① 5년 이상을 계획기간으로 하는 에너지기술개발계획을 5년마다 수립하여야 한다.
② 5년 이상을 계획기간으로 하는 에너지기술개발계획을 1년마다 수립하여야 한다.
③ 10년 이상을 계획기간으로 하는 에너지기술개발계획을 10년마다 수립하여야 한다.
④ 10년 이상을 계획기간으로 하는 에너지기술개발계획을 5년마다 수립하여야 한다.

해설
정부는 10년 이상을 계획기간으로 하는 에너지기술개발계획을 5년마다 수립하고, 이에 따른 연차별 실행계획을 수립, 시행(관계 중앙행정기관의 장의 협의와 국가과학기술자문회의의 심의를 거쳐서 수립)하여야 한다.

01 어떤 보일러의 시간당 발생증기량을 Ga, 발생증기의 엔탈피를 i_2, 급수엔탈피를 i_1, 이라 할 때, 다음 식으로 표시되는 값(Ge)은?

$$Ge = \frac{Ga(i_2 - i_1)}{539} \ (kg/h)$$

① 증발량   ② 보일러 마력
③ 연소 효율   ④ 상당 증발량

해설
상당증발량(kg/h)
$$= \frac{실제증발량 \times (증기엔탈피 - 급수엔탈피)}{593}$$

02 정격압력이 12kgf/cm² 일 때 보일러의 용량이 가장 큰 것은? (단, 급수온도는 10℃, 증기엔탈피는 663.8kcal/kg이다.)

① 실제 증발량 1200 kg/h
② 상당 증발량 1500 kg/h
③ 정격출력 800000 kcal/h
④ 보일러 100 마력(B-HP)

해설
① 실제 증발량을 보일러 마력으로 환산
$$= \frac{실제증발량 \times (증기엔탈피 - 급수온도)}{539 \times 15.65}$$
$$= \frac{1200 \times (663.8 - 10)}{539 \times 15.65} = 93 \ 보일러마력$$
② 상당 증발량을 보일러 마력으로 환산
$$= \frac{상당증발량}{15.65}$$
$$= \frac{1500}{15.65} = 95.84 \ 보일러마력$$
③ 정격출력을 보일러 마력으로 환산
$$\frac{정격출력}{539 \times 15.65} = \frac{800000}{539 \times 15.65} = 94.84 \ 보일러마력$$
④ 보일러 100마력

03 보일러의 자동제어를 제어동작에 따라 구분할 때 연속동작에 해당되는 것은?

① 2 위치 동작
② 다위치 동작
③ 비례동작(P동작)
④ 부동제어 동작

해설
자동제어의 제어동작
• 연속동작 : 비례동작(P동작), 적분동작(I동작), 미분동작(D동작) 등
• 불연속동작 : 제어동작이 불연속적으로 일어나는 동작으로 2위치동작, 다위치 동작 등이 있다.

04 보일러의 부하율에 대한 설명으로 적합한 것은?

① 보일러의 최대증발량에 대한 실제증발량의 비율
② 증기발생량을 연료소비량으로 나눈값
③ 보일러에서 증기가 흡수한 총열량을 급수량으로 나눈값
④ 보일러 전열면적 1m²에서 시간당 발생되는 증기 열량

해설
보일러 부하율 $= \dfrac{실제증발량}{최대연속증발량}$

05 프라이밍의 발생 원인으로 거리가 먼 것은?

① 보일러 수위가 낮을 때
② 보일러수가 농축되어 있을 때
③ 송기 시 증기밸브를 급개할 때
④ 증발능력에 비하여 보일러수의 표면적이 작을 때

정답   01.④   02.④   03.③   04.①   05.①

프라이밍, 포밍의 발생원인
- 관수의 농축에 의해 발생한다.
- 관수 중의 유지분에 의해 발생한다.
- 보일러 부하가 과부하일 때 발생한다.
- 고수위 일 때 발생한다.

06 보일러의 급수장치에서 인젝터의 특징으로 틀린 것은?

① 구조가 간단하고 소형이다.
② 급수량의 조절이 가능하고 급수효율이 높다.
③ 증기와 물이 혼합하여 급수가 예열된다.
④ 인젝터가 과열되면 급수가 곤란하다.

인젝터
증기압력을 이용한 비동력 급수장치로서, 인젝터 내부의 노즐을 통과하는 증기의 속도 에너지를 압력에너지로 전환하여 보일러에 급수를 하는 예비용 급수장치이다
① 구조 : 증기노즐, 혼합노즐, 토출노즐
② 인젝터의 작동순서, 정지순서
   - 작동순서 : 토출 밸브 → 급수밸브 → 증기밸브 → 인젝터 핸들
   - 정지순서 : 인젝터 핸들 → 증기밸브 → 급수밸브 → 토출 밸브
③ 장점
   - 설치에 장소를 필요로 하지 않는다.
   - 증기와 혼합되어 급수가 예열된다.
   - 구조가 간단하고 취급이 용이하다.
   - 소형이며 비동력 장치이다.
④ 단점
   - 양수효율이 낮다.
   - 급수량 조절이 어렵고, 흡입양정이 낮다.

07 물의 임계압력에서의 잠열은 몇 kcal/kg 인가?

① 539   ② 100
③ 0   ④ 639

물의 특성
- 물의 증발잠열 : 0 kcal/kg
- 물의 임계압력 : 225.65kg/cm²
- 물의 임계온도 : 374.15℃

08 유류 연소 시 일반적인 공기비는?

① 1.6 ~ 1.8
② 1.8 ~ 2.0
③ 0.95 ~ 1.1
④ 1.2 ~ 1.4

공기비
- 고체연료 : 1.5 ~ 2.0
- 액체연료 : 1.2 ~ 1.4
- 기체연료 : 1.1 ~ 1.3

09 다음과 같은 특징을 갖고 있는 통풍방식은?

> **보기**
> – 연도의 끝이나 연돌하부에 송풍기를 설치한다.
> – 연도 내의 압력은 대기압보다 낮게 유지한다.
> – 매연이나 부식성이 강한 배기가스가 통과하므로 송풍기의 고장이 자주 발생한다.

① 자연통풍
② 압입통풍
③ 흡입통풍
④ 평형통풍

통풍방식의 특징
- 흡입통풍 : 송풍기를 연도에 설치하며 노내압이 부압(−)을 유지한다.
- 압입통풍 : 송풍기를 연소실 입구에 설치하며 노내압이 정압(+)을 유지한다.

10 보일러 열손실이 아닌 것은?

① 방열손실
② 배기가스 열손실
③ 미연소손실
④ 응축수손실

보일러 열손실
- 배기가스에 의한 열손실
- 불완전연소에 의한 열손실
- 미연분에 의한 열손실
- 전열 및 방열에 의한 열손실

정답   06.② 07.③ 08.④ 09.③ 10.④

11 상당증발량 6000kg/h, 연료 소비량 400 kg/h 인 보일러의 효율은 약 몇 % 인가?(단, 연료의 저위발열량은 9700kcal/kg이다.)

① 81.3%

② 83.4%

③ 85.8%

④ 79.2%

해설

$$보일러\ 효율 = \frac{상당증발량 \times 539}{연료사용량 \times 연료발열량} \times 100$$

$$= \frac{6000 \times 539}{400 \times 9700} \times 100 = 83.4\%$$

12 다음 중 탄화수소비가 가장 큰 액체연료는?

① 휘발유　　　　② 등유

③ 경유　　　　　④ 중유

해설

탄화수소비 큰 순서 : 중유 〉 경유 〉 등유 〉 휘발유

13 무게 80kgf인 물체를 수직으로 5m까지 끌어올리기 위한 일을 열량으로 환산하면 약 몇 kcal 인가?

① 0.94 kcal

② 0.094 kcal

③ 40 kcal

④ 400 kcal

해설

일의 열당량 $= \frac{1}{427} \times 80 \times 5 = 0.94kcal$

열역학 제1법칙

① 열과 일은 에너지의 한 형태이며 열은 일로, 일은 열로 변환시킬 수 있다 – 에너지 보존 법칙이 성립 (가역변화 가능)

② 열 → 일 : 열의 일당량 : 1 kcal = 427kg·m

③ 일 → 열 : 일의 열당량 : 1 kg·m = $\frac{1}{427}$ kcal

동력(power)

• 1 kWH = 102kgf·m/sec = 860kcal

• 1 PS = 75kgf·m/sec = 632kcal/h

14 중유의 연소 상태를 개선하기 위한 첨가제의 종류가 아닌 것은?

① 연소촉진제

② 회분개질제

③ 탈수제

④ 슬러지생성제

해설

중유 첨가제의 종류는 연소촉진제, 슬러지 안정제, 탈수제, 회분개질제, 유동점강하제 등

15 보일러 폐열회수장치에 대한 설명 중 가장 거리가 먼 것은?

① 공기예열기는 배기가스와 연소용 공기를 열 교환하여 연소용 공기를 가열하기 위한 것이다.

② 절탄기는 배기가스의 여열을 이용하여 급수를 예열하는 급수예열기를 말한다.

③ 공기예열기의 형식은 전열방법에 따라 전도식과 재생식, 히트파이프식으로 분류된다.

④ 급수예열기는 설치하지 않아도 되지만 공기 예열기는 반드시 설치하여야 한다.

해설

폐열회수장치는 공기 예열기보다 절탄기를 설치하는 것이 연료절감 효과가 높다.

16 수관식 보일러의 특징에 관한 설명으로 틀린 것은?

① 구조상 고압 대용량에 적합하다.

② 전열면적을 크게 할 수 있으므로 일반적으로 효율이 높다 .

③ 급수 및 보일러수 처리에 주의가 필요하다.

④ 전열면적당 보유수량이 많아 기동에서 소요 증기가 발생할 때까지의 시간이 길다.

정답　11.② 　12.④ 　13.① 　14.④ 　15.④ 　16.④

수관식 보일러의 구조 및 특성

다수의 수관과 작은 드럼으로 구성되어 고압, 대용량 보일러에 적합하고, 드럼의 유무에 따라 드럼 보일러와 관류 보일러로 구별된다.

- 장점
  - ㉠ 보유수량에 비해 전열면적이 크고 증발이 빠르며 효율이 높다.
  - ㉡ 가동시간이 짧아 급·수요에 적응이 쉽다.
  - ㉢ 증발량이 많아 대용량 보일러에 적합하다.
  - ㉣ 보유수량이 적어 파열사고시 피해가 적다.
  - ㉤ 작은 드럼과 다수의 관으로 구성되어 구조상 고압 보일러로 사용된다.
  - ㉥ 연소실을 자유로이 크게 할 수 있어 연소상태가 좋고 연료에 따라 연소방식을 채택할 수 있다.
- 단점
  - ㉠ 제작비가 비싸다.
  - ㉡ 구조가 복잡하여 청소, 점검이 어렵다.
  - ㉢ 스케일에 의한 장애가 크므로 양질의 급수를 필요로 한다.
  - ㉣ 보유수량이 적어 부하변동에 따른 압력 및 수위 변화가 심하다.
  - ㉤ 보유수량에 비해 증발이 심하며 기수공발(캐리오버)현상이 발생되기 쉽다.

17 화염검출기 기능불량과 대책을 연결한 것으로 잘못된 것은?

① 집광렌즈 오염 – 분리 후 청소
② 증폭기 노후 – 교체
③ 동력선의 영향 – 검출회로와 동력선 분리
④ 점화전극의 고전압이 프레임 로드에 흐를 때 – 전극과 불꽃 사이를 넓게 분리

점화전극의 고전압이 프레임 로드에 흐를 때에는 전극과 불꽃 사이를 좁게 한다.

18 유압분무식 오일버너의 특징에 관한 설명으로 틀린 것은?

① 대용량 버너의 제작이 가능하다.
② 무화 매체가 필요 없다.
③ 유량조절 범위가 넓다.
④ 기름의 점도가 크면 무화가 곤란하다.

유압분무식 버너는 유량조절범위가 1 : 2로 좁아 부하변동이 큰 보일러에는 부적당하다.

19 노통 연관식 보일러의 특징으로 가장 거리가 먼 것은?

① 내분식으로 열손실이 적다.
② 수관식 보일러에 비해 보유수량이 적어 파열시 피해가 작다.
③ 원통형 보일러 중에서 효율이 가장 높다.
④ 원통형 보일러 중에서 구조가 복잡한 편이다.

노통 연관식 보일러는 원통형 보일러로 보유 수량이 많아 부하 변동에 대한 적응은 쉬우나 사고시 피해가 크다.

- 특징
  - 노통보일러와 연관 보일러의 장점을 조합한 혼식 보일러이며, 내분식 보일러이다.
  - 중앙하부에 파형노통을 설치하고, 상부와 좌·우 측면에 연관군이 길이 방향으로 설치된 3–pass형으로 전열면적이 넓고, 소형 고효율화의 콤팩트한 구조로 되어 제작과 취급이 용이하다.
- 종류 : 스코치, 하우덴 존슨, 노통연관 팩케이지형 보일러
- 장점
  - 형체에 비해 전열면적이 넓고 열효율이 높다. (80~90%)
  - 증발량이 많고 증기 발생에 소요시간이 짧다.
  - 보유수량이 많아 부하변동에 따른 압력 변화가 적다.
  - 내분식으로 복사열의 흡수가 좋다.
- 단점
  - 구조상 고압, 대용량으로 부적당하다.
  - 구조가 복잡하여 청소나 점검이 어렵다.
  - 역화의 위험성이 크고 파열시 재해가 크다.
  - 내분식으로 연소실의 크기가 제한을 받는다.
- 구조설명
  - 연관 : 관 내부에는 연소가스가, 관 외부에는 물을 가열하는 관
  - 파형 노통 : 주름이 형성된 노통(연소실)으로, 열에 대한 신축조절이 용이하고, 전열면적이 넓고, 외압에 대한 강도가 높으나, 통풍저항이 크다.

20 액체연료에서의 무화의 목적으로 틀린 것은?

① 연료와 연소용 공기와의 혼합을 고르게 하기 위해
② 연료의 단위 중량당 표면적을 작게 하기 위해
③ 연소효율을 높이기 위해
④ 연소실 열발생률을 높게 하기 위해

무화의 목적
- 단위 중량당 표면적을 크게 한다.
- 연소효율을 향상시킨다.
- 주위 공기와 혼합을 좋게 한다.
- 연소실 열부하를 높게 한다.

21 매연분출장치에서 보일러의 고온부인 과열기나 수관 부용으로 고온의 열가스 통로에 사용할 때만 사용되는 매연 분출장치는?

① 정치 회전형
② 롱레트랙터블형
③ 쇼트레트랙터블형
④ 이동 회전형

매연분출장치
- 롱레트랙터블형 : 보일러 과열기 등 고온부에 사용하는 매연분출장치
- 쇼트레트랙터블형 : 보일러 연소노벽 등에 사용하는 매연분출장치

22 다음 보일러 중 수관식 보일러에 해당되는 것은?

① 다쿠마 보일러
② 카네크롤 보일러
③ 스코치 보일러
④ 하우덴 존슨 보일러

보일러의 분류
- 수관식 보일러 : 바브콕크, 쓰네기찌, 다쿠마, 야로우 등
- 원통형 보일러 : 코크란, 코르니시, 랑카샤. 기관차, 케와니, 스코치, 하우덴 존슨 등

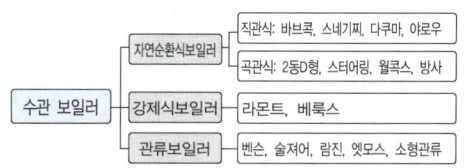

수관 보일러	자연순환식보일러	직관식: 바브콕, 스네기찌, 다쿠마, 야로우
		곡관식: 2동D형, 스터어링, 월콕스, 방사
	강제식보일러	라몬트, 베룩스
	관류보일러	벤슨, 술져어, 람진, 엣모스, 소형관류

23 보일러의 자동제어에서 연소제어시 조작량과 제어량은?

① 공기량 - 수위
② 급수량 - 증기온도
③ 연료량 - 증기압
④ 전열량 - 노내압

- 보일러 자동제어의 제어량(최종 목표)과 조작량은 보일러 자동제어

보일러 자동제어	제어량	조작량
급수제어(F.W.C)	수위	급수량
증기온도(S.T.C)	증기온도	전열량
자동연소제어 (A.C.C)	증기압력 온수온도	연료량, 공기량
	노내압력	연소가스량

24 보일러 화염검출장치의 보수나 점검에 대한 설명 중 틀린 것은?

① 프레임 아이 장치의 주위온도는 50℃ 이상이 되지 않게 한다.
② 광전관식은 유리나 렌즈를 매주 1회 이상 청소하고 강도 유지에 유의한다.
③ 프레임로드는 검출부가 불꽃에 직접 접하므로 소손에 유의하고 자주 청소해 준다.
④ 프레임 아이는 불꽃의 직사광이 들어오면 오작동 하므로 불꽃의 중심을 향하지 않도록 설치한다.

화염검출기는 운전 중 불착화나 실화시 가스폭발을 방지하기 위해 연료공급을 차단하 장치이다.
① 화염검출기란 운전중 불착화나 실화시 전자밸브에 의해 연료공급을 차단하는 안전장치
- 플레임 로드 : 이온화 이용(전기적 성질)
- 플레임 아이 : 발광체 이용(광학적 성질)
- 스택스위치 : 발열체 이용(열적 성질)

② 프레임 아이는 오작동을 방지하기 위해 불꽃의 중심을 향하도록 설치한다.

③ 스택스위치는 연도에 설치하여 화염의 발광체를 이용한 검출기로 동작이 느려 대용량 보일러에 부적당하다.

25 열용량에 대한 설명으로 옳은 것은?

① 열용량의 단위는 kcal/g·℃

② 어떤 물질 1g의 온도를 1℃ : 올리는데 소요되는 열량이다.

③ 어떤 물질의 비열에 그 물질의 질량을 곱한 값이다.

④ 열용량은 물질의 질량에 관계없이 항상 일정

열용량은 물질의 비열에 그 물질의 질량을 곱한 값이다.
단위 : (kcal/℃ = kcal/kg·℃·kg)

26 일반적으로 보일러 동(드럼) 내부에는 물이 어느 정도로 채워야 하는가?

① 1/4 ~ 1/3   ② 1/6 ~ 1/5

③ 1/4 ~ 2/5   ④ 2/3 ~ 4/5

보일러 내의 수부의 보일러 동체 안지름의 2/3~4/5 정도이다.

27 주철제 보일러의 특징 설명으로 틀린 것은?

① 내열·내식성이 우수하다.

② 쪽수의 증감에 따라 용량조절이 용이하다.

③ 재질이 주철이므로 충격에 강하다.

④ 고압 및 대용량에 부적당하다.

주철제 보일러는 내열, 내식성은 우수하나. 충격에 약하고 부동 팽창으로 균열의 우려가 있다.

28 다음 중 잠열에 해당되는 것은?

① 기화열   ③ 중화열

② 생성열   ④ 반응열

① 현열
  • 물질의 상태변화 없이 온도변화에 필요한 열량
  • $Q = G \cdot C \cdot \triangle T (kcal)$
    [G : 질량(kg), C : 비열(kcal/kg℃),
    $\triangle T$: 온도차(℃ : $t_1 - t_2$)]
  ∴열량 = 질량 × 비열 × 온도차
② 잠열 : 물질의 온도변화 없이 상태변화에 필요한 열량
  • 융해잠열이 : 0℃의 얼음 1kg을 0℃의 물로 변화시키는데 필요한 열량(80kcal/kg)
  • 증발잠열 : 100℃의 포화수 1kg을 100℃의 건포화증기로 변화 시키는데 필요한 열량 (539 kcal/kg)

29 집진장치 중 집진효율은 높으나 압력손실이 낮은 형식은?

① 전기식 집진장치

② 중력식 집진장치

③ 원심력식 집진장치

④ 세정식 집진장치

전기식 집진장치는 집진효율은 높고 미세입자의 제거가 가능하며 압력손실이 낮은 형식이다.
• 집진장치의 종류
  – 여과식의 종류는 백 필터, 원통식, 평판식, 역기류 분사형 등.
  – 가압수식 집진장치의 종류 : 사이크론 스크레버, 벤튜리 스크레버, 제트 스크레버, 충진탑
  – 세정식(습식)집진장치 : 유수식, 회전식, 가압수식
• 집진장치의 원리
  – 여과식 : 함진가스를 여과재에 통과시켜 매진을 분리
  – 원심력식 : 함진가스를 선회 운동시켜 매진의원심력을 이용하여 분리
  – 중력식 : 집진실 내에 함진가스를 도입하고 매진자체의 중력에 의해 자연 침강시켜 분리하는 형식
  – 관성력식 : 분진가스를 방해판 등에 충돌시키거나 급격한 방향전환에 의해 매연을 분리 포집하는 집진장치

25.③ 26.④ 27.③ 28.① 29.①

30 보일러 연소실 내에서 가스폭발을 일으킨 원인으로 가장 적절한 것은?

① 프리퍼지 부족으로 미연소 가스가 충만 되어 있었다.
② 연도 쪽의 댐퍼가 열려 있었다.
③ 연소용 공기를 다량으로 주입하였다.
④ 연료의 공급이 부족하였다.

> **해설**
> 노내 가스폭발 원인은 주로 프리퍼지 부족으로 미연소 가스가 충만 되어 있는 경우가 많다.

31 증기보일러의 캐리오버(carry over)의 발생 원인과 가장 거리가 먼 것은?

① 보일러 부하가 급격하게 증대할 경우
② 증발부의 면적이 불충분할 경우
③ 증기정지 밸브를 급격히 열었을 경우
④ 부유 고형물 및 용해 고형물이 존재하지 않을 경우

> **해설**
> **캐리오버(carry over)의 발생 원인**
> • 과부하일 때
> • 증기 밸브의 급개 시
> • 증발부의 면적이 좁을 때
> • 관수의 농축 및 고수위일 때

32 보일러의 점화조작 시 주의사항에 대한 설명으로 잘못 된 것은?

① 유압이 낮으면 점화 및 분사가 불량하고 유압이 높으면 그을음이 축적되기 쉽다.
② 연료의 예열온도가 낮으면 무화불량, 화염의 편류, 그으름, 분진이 발생하기 쉽다.
③ 연료가스의 유출속도가 너무 빠르면 역화가 일어나고, 너무 늦으면 실화가 발생하기 쉽다.
④ 프리퍼지 시간이 너무 길면 연소실의 냉각을 초래하고, 너무 짧으면 역화를 일으키기 쉽다.

> **해설**
> 연료가스의 유출속도가 너무 빠르면 실화가 일어나고, 너무 늦으면 역화가 발생하기 쉽다.

33 보일러 건조보존 시에 사용되는 건조제가 아닌 것은?

① 암모니아　　② 생석회
③ 실리카겔　　④ 염화칼슘

> **해설**
> 보일러 건조제의 종류로는 생석회, 염화칼슘, 실리카겔, 활성알루미나 등이 있다.

34 이동 및 회전을 방지하기 위해 지지점 위치에 완전히 고정하는 지지금속으로, 열팽창 신축에 의한 영향이 다른 부분에 미치지 않도록 배관을 분리하여 설치·고정해야 하는 리스트레인트의 종류는?

① 앵커
② 리지드 행거
③ 파이프 슈
④ 브레이스

> **해설**
> **배관지지구의 종류**
> • 행거 : 배관을 위에서 매달아 지지하는 것
> • 서포트 : 배관을 밑에서 받혀서 지지하는 것
> • 리스트레인트 : 열팽창에 의한 관의 좌우 이동을 억제하는 것
> • 롤러 서포트 : 관을 아래서 지지하면서 신축을 자유롭게 지지하는 것

35 복사난방의 특징에 관한 설명으로 옳지 않은 것은?

① 쾌감도가 높다.
② 고장 발견이 용이하고 시설비가 싸다.
③ 실내공간의 이용률이 높다.
④ 동일 방열량에 대한 열손실이 적다.

> **해설**
> 복사난방은 환기에 의한 열손실이 적고, 실내 온도 분포가 균등한 난방 방식으로 고장 시 보수온도 조절이 어렵고, 고장 시 보수, 점검이 곤란하고, 시설비가 비싸다. 점검이 어려운 단점이 있다.

 정답 **30.** ① **31.** ④ **32.** ③ **33.** ① **34.** ① **35.** ②

36 보일러 동체가 국부적으로 과열되는 경우는?

① 고수위로 운전하는 경우
② 보일러 동 내면에 스케일이 형성된 경우
③ 안전밸브의 기능이 불량한 경우
④ 주증기 밸브의 개폐 동작이 불량한 경우

해설
보일러 동체의 과열의 원인은 저수위일 때, 스케일의 부착, 관수의 농축, 관수의 순환불량 등이 있다.

37 다음 중 보일러 용수관리에서 경도(hardness)와 관련되는 항목으로 가장 적합한 것은?

① Hg, SVI   ③ DO, Na
② BOD, COD   ④ Ca, Mg

해설
• 경도란 수중의 Ca. Mg의 양을 수치를 나타낸 것이다.
• 경도 성분(Ca, Mg 등) : 스케일 생성으로 전열면의 과열 및 열효율 저하
• 경도성분 처리 : 석회소다법, 이온교환법, 증류법

38 보일러에서 열효율의 향상대책으로 틀린 것은?

① 열손실을 최대한 억제한다.
② 운전조건을 양호하게 한다.
③ 연소실 내의 온도를 낮춘다.
④ 연소장치에 맞는 연료를 사용한다.

해설
연소실 내의 온도가 낮으면 불완전연소가 되고 전열이 저하되어 증발이 늦어진다.

39 보일러의 증기관 중 반드시 보온을 해야 하는 곳은?

① 난방하고 있는 실내에 노출된 배관
② 방열기 주위 배관
③ 주증기 공급관
④ 관말 증기트랩장치의 냉각 레그

해설
주증기 공급관은 보온을 철저하게 하여 응축수 발생 및 열손실을 방지해야 한다.

40 강철제 증기보일러의 최고사용압력이 2MPa일 때 수압시험 압력은?

① 2MPa444   ② 2.5MPa
③ 3MPa   ④ 4MPa

해설
수압시험 방법
최고사용압력 0.43MPa 이하인 경우
최고사용압력 × 2배,
0.35 × 2 = 0.7MPa
① 강철제 보일러
• 보일러의 최고사용압력이 0.43M Pa[4.3kgf/cm²] 이하
 – 최고사용압력 × 2배
  다만, 그 시험압력이 0.2MPa[2kgf/cm²] 미만인 경우에는 0.2MPa[2kgf/cm²]로 한다.
• 보일러의 최고사용압력이 0.43MPa[4.3kgf/cm²] 초과 1.5[15kgf/cm²]이하
 – 최고사용 압력 × 1.3배 + 0.3MPa[3kgf/cm²]
• 보일러의 최고사용압력이 1.5MPa[15kgf/cm²]를 초과 – 최고사용압력 × 1.5배
② 주철제 보일러
• 보일러의 최고사용압력이 0.43MPa[4.3kgf/cm²] 이하
 – 최고사용압력 × 2배
  다만, 시험압력이 0.2MPa[2kgf/cm²] 미만인 경우에는 0.2MPa[2kgf/cm²]로 한다.
• 보일러의 최고사용압력이 0.43MPa[4.3kgf/cm²] 를 초과
 – 최고사용압력 × 1.3배 + 0.3MPa [3kgf/cm²]

41 난방부하의 발생요인 중 맞지 않는 것은?

① 벽체(외벽, 바닥, 지붕 등)를 통한 손실열
② 극간 풍에 의한 손실열량
③ 외기(환기공기)의 도입에 의한 손실열량
④ 실내조명, 전열기구 등에서 발산하는 열부하

해설
난방부하 발생요인
• 극간 풍에 의한 손실열량
• 벽체(외벽, 바닥. 지붕 등)를 통한 손실열
• 외기(환기공기)의 도입에 의한 손실열량
• 실내조명, 전열기구 등에 의해 발산되는 열량은 제외

 정답 36.② 37.④ 38.③ 39.③ 40.③ 41.④

42 보일러의 수압시험을 하는 주된 목적은?

① 제한압력을 결정하기 위하여
② 열효율을 측정하기 위하여
③ 균열의 여부를 알기 위하여
④ 설계의 양부를 알기 위하여

> **해설**
> **보일러 수압시험 목적**
> - 이음부의 기밀도 및 이상 유무를 판단하기 위하여
> - 각 종 덮개를 장치한 후 기밀도를 확인하기 위하여
> - 수리한 경우 그 부분의 강도나 이상 유무를 판단하기 위하여
> - 구조상 내부검사를 하기 어려운 곳에는 그 상태를 판단하기 위하여
> - 보일러 균열 여부를 알기 위해 최고사용압력보다 높은 압력으로 실시한다.

43 보일러 운전 중 저수위로 인하여 보일러가 과열된 경우의 조치법으로 거리가 먼 것은?

① 연료공급을 중지한다.
② 연소용 공기공급을 중단하고 댐퍼를 전개한다.
③ 보일러가 자연냉각 하는 것을 기다려 원인을 파악한다.
④ 부동 팽창을 방지하기 위해 즉시 급수를 한다.

> **해설**
> 저수위일 때 과열면에 급수를 하게 되면 열팽창에 의해 균열 또는 파열의 원인이 된다.

44 규산칼슘 보온재의 안전사용 최고온도(℃)는?

① 300   ② 450
③ 650   ④ 850

> **해설**
> **무기질 보온재의 안전사용온도**
> - 탄산마그네슘 : 250℃
> - 그라스울 : 300℃
> - 석면, 규조토, 암면 : 500℃
> - 규산칼슘 : 650℃
> - 세레믹화이버 : 1000℃

45 보일러 운전 중 1일 1회 이상 실행하거나 상태를 점검해야 하는 것으로 가장 거리가 먼 사항은?

① 안전밸브 작동상태
② 보일러수의 분출 작업
③ 여과기 상태
④ 저수위 안전장치 작동상태

> **해설**
> 여과기 청소는 전 후의 압력차가 0.2kgf/cm^2 이상일 때 청소를 한다.

46 강관 배관에서 유체의 흐름방향을 바꾸는데 사용되는 이음쇠는?

① 부싱
② 리턴 벤드
③ 리듀셔
④ 소켓

> **해설**
> 배관의 수리 및 보수를 위해 사용되는 배관 부속은 플랜지와 유니온이다.
> - 밴드 : 유체의 흐름 방향을 전환
> - 리듀셔 : 관 줄이개
> - 슬리브 : 신축이음

47 수면계의 점검순서 중 가장 먼저 해야 하는 사항으로 적당한 것은?

① 드레인 콕을 닫고 물콕을 연다.
② 물콕을 열어 통수관을 확인한다.
③ 물콕 및 증기콕을 닫고 드레인 콕을 연다.
④ 물콕을 닫고 증기콕을 열어 통기관을 확인한다.

> **해설**
> **수면계의 점검순서**
> - 물콕 및 증기콕을 닫고 드레인콕을 연다.
> - 물콕을 열어 확인 후 닫는다.
> - 증기콕을 열어 확인 후 드레인콕을 닫는다.
> - 물콕을 서서히 연다.

정답 42.③   43.④   44.③   45.③   46.②   47.③

48 팽창탱크 내의 물이 넘쳐흐를 때를 대비하여 팽창탱크에 설치하는 관은?

① 배수관
② 수관
③ 오버플로우관
④ 팽창관

해설

오버 플로우관은 팽창탱크 내의 물이 넘치기 직전에 물을 안전한 곳으로 배출하기 위한 관이다.

49 배관 중간이나 밸브, 펌프, 열교환기 등의 접속을 위해 사용되는 이음쇠로서 분해, 조립이 필요한 경우에 사용되는 것은?

① 벤드
② 리듀셔
③ 플랜지
④ 슬리브

해설

분해, 조립을 하여 점검, 교체를 쉽게 하기 위한 이음쇠는 유니언, 플랜지 등이다.

50 흑체로부터의 복사 전열량은 절대온도의 몇 승에 비례하는가?

① 2승
② 3승
③ 4승
④ 5승

해설

스테판 볼츠만의 법칙에 의해 완전 흑체로부터의 복사에너지는 절대 온도의 4승에 비례한다.

51 환수관의 배관방식에 의한 분류 중 환수주관을 보일러의 표준수위 보다 낮게 배관하여 환수하는 방식은 어떤 배관방식인가?

① 건식 환수
② 중력 환수
③ 기계 환수
④ 습식 환수

해설

환수관의 배관방식
• 건식환수관법 : 환수관을 보일러 표준수면보다 높게 연결한 방법
• 습식환수관법 : 환수관을 보일러 표준수면보다 낮게 연결한 방법

52 세관작업 시 규산염은 염산에 잘 녹지 않으므로 용해 촉진제를 사용하는데 다음 중 어느 것을 사용하는가?

① H_2SO_4
② HF
③ NH_3
④ Na_2SO_4

해설

세관시 용해촉진제는 불화수소산(HF)을 사용한다.

53 주철제 보일러의 최고사용압력이 0.3MPa인 경우 수압시험 압력은?

① 0.15 MPa
② 0.30 MPa
③ 0.43 MPa
④ 0.60 MPa

해설

수압시험 방법
최고사용압력 0.43MPa 이하인 경우
최고사용압력 × 2배,
0.35 × 2 = 0.7MPa
① 강철제 보일러
• 보일러의 최고사용압력이 0.43M Pa[4.3kgf/cm²] 이하
 – 최고사용압력 × 2배
  다만, 그 시험압력이 0.2MPa[2kgf/cm²] 미만인 경우에는 0.2MPa[2kgf/cm²]로 한다.
• 보일러의 최고사용압력이 0.43MPa[4.3kgf/cm²] 초과 1.5[15kgf/cm²]이하
 – 최고사용 압력 × 1.3배 + 0.3MPa[3kgf/cm²]
• 보일러의 최고사용압력이 1.5MPa[15kgf/cm²]를 초과 – 최고시용압력 × 1.5배
② 주철제 보일러
• 보일러의 최고사용압력이 0.43MPa[4.3kgf/cm²] 이하
 – 최고사용압력 × 2배
  다만, 시험압력이 0.2MPa[2kgf/cm²] 미만인 경우에는 0.2MPa[2kgf/cm²]로 한다.
• 보일러의 최고사용압력이 0.43MPa[4.3kgf/cm²] 를 초과
 – 최고사용압력 × 1.3배 + 0.3MPa [3kgf/cm²]

54 강관 용접접합의 특징에 대한 설명으로 틀린 것은?

① 관내 유체의 저항손실이 적다
② 접합부의 강도가 강하다.
③ 보온피복 시공이 어렵다.
④ 누수의 염려가 적다.

 정답 48.③ 49.③ 50.③ 51.④ 52.② 53.④ 54.③

용접이음의 특징은 이음부의 강도가 강하고, 유체의 저항손실이 적고, 보온시공이 용이하다.

55 에너지이용합리화법상 열사용 기자재가 아닌 것은?

① 강철제보일러
② 구멍탄용 온수보일러
③ 전기순간온수기
④ 2종 압력용기

열사용기자재로는 보일러, 태양열집열기, 압력용기, 요업요로, 금속요로 등이 있다.

56 저탄소 녹색성장 기본법상 온실가스가 아닌 것은?

① 이산화탄소   ② 메탄
③ 수소   ④ 육불화황

온실가스란 적외선 복사열을 흡수하거나 재방출하여 온실효과를 유발하는 대기 중의 가스 상태의 물질을 말하며 이산화탄소(CO_2), 메탄(CH_4), 아산화질소(N_2O), 수소 불화탄소($HFCs$), 과불화탄소($PFCs$), 육불화황(SF_6) 등이 있다.

57 자원을 절약하고, 효율적으로 이용하여 폐기물의 발생을 줄이는 등 자원순환산업을 육성지원하기 위한 다양한 시책에 포함되지 않는 것은?

① 자원의 수급 및 관리
② 유해하거나 재 제조·재활용이 어려운 물질의 시용억제
③ 에너지자원으로 이용되는 목재, 식물, 농산물 등 바이오매스의 수집·활용
④ 친환경 생산체제로의 전환을 위한 기술지원

자원순환 산업의 육성·지원 시책에 포함사항
• 자원의 수급 및 관리
• 자원순환 관련 기술개발 및 산업의 육성
• 자원순환 촉진 및 자원생산성 제고 목표설정

• 폐기물 발생의 억제 및 재제조·재활용 등 재 자원화
• 유해하거나 재제조·재활용이 어려운 물질의 사용억제
• 자원생산성 향상을 위한 교육훈련·인력양성 등에 관한 사항
• 에너지자원으로 이용되는 목재, 식물, 농산물 등 바이오매스의 수집·활용

58 에너지법상 에너지 공급설비에 포함되지 않는 것은?

① 에너지 수입설비
② 에너지 전환설비
③ 에너지 수송설비
④ 에너지 생산설비

에너지공급설비란 에너지를 생산, 저장, 수송, 전환하는 설비 등을 말한다.

59 온실가스 감축 목표의 설치·관리 및 필요한 조치에 관하여 총괄·조정을 수행하는 자는?

① 환경부장관
② 산업통상자원부장관
③ 국토교통부장관
④ 농림축산식품부장관

환경부장관은 온실가스 감축 목표의 설정·관리 및 필요한 조치에 관하여 총괄·조정기능을 수행한다.

60 에너지이용 합리화법 시행규칙에 따른 효율관리기자재에 해당되지 않는 것은?

① 전기 냉장고
② 2종 압력용기
③ 삼상유도전동기
④ 조명 기기

효율관리기자재
• 전기냉장고   • 전기냉방기
• 전기세탁기   • 조명기기
• 삼상유도전동기   • 자동차

정답 55.③ 56.③ 57.④ 58.① 59.① 60.②

PART **6**

CBT 기출복원문제 및 예상문제

1회 에너지관리기능사 **CBT** 기출복원문제
>> 2021년 시행

수험번호:
수험자명:

제한시간: 60분
남은시간:

01 보일러의 배기가스 성분을 측정하여 공기비를 계산하여 실제 건배기 가스량을 계산하는 공식으로 맞는 것은? (단, G : 실제 건배기가스량, Go : 이론 건배기가스량, Ao : 이론연소공기량, m : 공기비)

① $G = m \times Ao$
② $G = Go + (m-1) \times Ao$
③ $G = (m-1) \times Ao$
④ $G = Go + (m \times Ao)$

해설
실제 건배기가스량
=이론 건배기가스량+(공기비-1)×이론연소공기량

02 제어장치에서 인터록(inter lock)이란?

① 정해진 순서에 따라 차례로 동작이 진행되는 것.
② 구비조건에 맞지 않을 때 작동을 정지시키는 것.
③ 증기압력의 연료량, 공기량을 조절하는 것.
④ 제어량과 목표치를 비교하여 동작시키는 것.

해설
인터록이란 주어진 조건에 맞지 않을 때 연료공급을 차단한다.

03 15℃의 물을 보일러에 급수하여 엔탈피 655.15kcal/kg인 증기를 한 시간에 150kg 만들 때의 보일러 마력은?

① 10.3마력
② 11.4마력
③ 13.6마력
④ 19.3마력

해설
보일러마력 = 상당증발량 / 15.65

상당증발량
= 실제증발량(증기엔탈피-급수엔탈피)/539
= 150 × (655.2 - 15) / 539 = 11.38

04 보일러 안전밸브 부착에 관한 설명으로 잘못된 것은?

① 안전밸브는 바이패스 배관으로 설치한다.
② 쉽게 검사할 수 있는 장소에 설치한다.
③ 밸브 축을 수직으로 한다.
④ 가능한 한 보일러 동체에 직접 부착한다.

해설
안전밸브는 바이패스배관으로 하면 안된다.

05 이상기체가 상태변화를 하는 동안 외부와의 사이에 열의 출입이 없는 변화는?

① 정압변화
② 정적변화
③ 단열변화
④ 폴리트로픽 변화

해설
이상기체가 상태변화 시 열의 출입이 없는 변화는 단열변화이다.

06 중유 연소보일러에서 중유를 예열하는 목적 설명으로 잘못된 것은?

① 연소효율을 높인다.
② 분무상태를 양호하게 한다.
③ 중유의 유동을 원활히 해 준다.
④ 중유의 점도를 증대시켜 관통력을 크게 한다.

해설
중유의 예열은 점도를 낮추는 것이 목적이다.

정답　01.②　02.②　03.②　04.①　05.③　06.④

07 보일러의 연관에 대한 설명으로 옳은 것은?

① 관의 내부에서 연소가 이루어지는 관
② 관의 외부에서 연소가 이루어지는 관
③ 관의 내부에는 물이 차있고 외부로는 연소가스가 흐르는 관
④ 관의 내부에는 연소가스가 흐르고 외부로는 물이 차있는 관

해설
연관이란 관의 내부에는 연소가스가 흐르고 외부로는 물이 차있는 관을 의미한다.

08 보일러 운전 중 프라이밍(priming)이 발생하는 경우는?

① 보일러 증기압력이 낮을 때
② 보일러수가 농축되지 않았을 때
③ 부하를 급격히 증가시킬 때
④ 급수 공급이 원활할 때

해설
프라이밍의 발생원인은 부하를 급격히 증가시킬 때

09 다음 중 용적식 유량계가 아닌 것은?

① 로타리형 유량계
② 피토우관 유량계
③ 루트형 유량계
④ 오벌기어형 유량계

해설
피토우관은 유속측정에 의한 유량계이다.

10 가스연료 연소 시 화염이 버너에서 일정거리 떨어져서 연소하는 현상은?

① 역화
② 리프팅
③ 옐로우 팁
④ 불완전연소

해설
염공에서 떨어져서 화염의 연소가 일어나는 현상을 리프팅라고 한다.

11 난방부하가 24,000kcal/h인 아파트에 효율이 80%인 유류 보일러로 난방하는 경우 연료의 소모량은 약 몇 kg/h인가? (단, 유류의 저위 발열량은 9,750kcal/kg이다.)

① 2.56   ② 3.08
③ 3.46   ④ 4.26

해설
연료의 소모량 = 24000 / 9750 × 0.8 = 3.08

12 보일러의 증기헤더(steam header)에 관한 설명으로 틀린 것은?

① 발생증기를 효율적으로 사용할 수 있다.
② 원통보일러에는 필요가 없다.
③ 불필요한 열손실을 방지한다.
④ 증기의 공급량을 조절한다.

해설
증기헤더는 발생한 증기의 손실을 최소화하고 각 사용처로 균일하게 공급하기 위한 관모음 장치로서 원통형 보일러에서 필요하다.

13 보일러 부속장치 설명 중 틀린 것은?

① 슈트블로워 – 전열면에 부착된 그을음 제거 장치
② 공기예열기 – 연소용 공기를 예열하는 장치
③ 증기축열기 – 증기의 과부족을 해소하는 장치
④ 절탄기 – 발생된 증기를 과열하는 장치

해설
절탄기는 연돌로 배출되는 배기가스의 손실열을 이용하여 급수를 예열하는 장치이다.

14 다음 중 가연성가스가 아닌 것은?

① 수소   ② 아세틸렌
③ 산소   ④ 프로판

해설
산소는 조연성(지연성) 가스로 연소의 돕는 가스이며 불이 붙지 않는다.

 정답 07.④ 08.③ 09.② 10.② 11.② 12.② 13.④ 14.③

15 고위발열량 9,800kcal/kg인 연료 3kg을 연소시킬 때 발생되는 총 저위발열량은 약 몇 kcal/kg인가? (단, 연료 1kg당 수소(H)분은 15%, 수분은 1%의 비율로 들어있다.)

① 8,984kcal

② 44,920kcal

③ 26,952kcal

④ 25,117kcal

해설

저위발열량 = 고위발열량 − 600 × (9H + W)
= 9800 − 600 × (9 × 0.15 + 0.01) = 8984

16 보일러와 관련한 다음 설명에서 틀린 것은?

① 보일러의 드럼이 원통형인 것은 강도를 고려해서이다.

② 일반적으로 증기 보일러의 증기압력 계측에는 부르동관압력계가 사용된다.

③ 미연가스 폭발이나 역화를 방지하기 위해 방폭문을 설치한다.

④ 증기헤드는 일정한 양의 증기와 증기압을 각 사용처에 공급할 수 있다.

해설

미연가스의 폭발이나 역화를 방지하기 위해서는 프리퍼지나 포스트퍼지를 한다.

17 보일러용 가스버너 중 외부혼합식에 속하지 않는 것은?

① 파이럿 버너

② 센터파이어형 버너

③ 링형 버너

④ 멀티 스폿형 버너

해설

파이럿 가스버너는 내부혼합식이다.

18 프로판(C_3H_8) 1kg이 완전연소 하는 경우 필요한 이론 산소량은 약 몇 Nm^3 인가?

① 3.47

② 2.55

③ 1.25

④ 1.50

해설

프로판가스의 연소 반응식

C_3H_8 + $5O_2$ → $3CO_2$ + $4H_2O$

44kg   5 × 22.4Nm^3

1kg   X Nm^3 44 : 5 × 22.4 = 1kg : Xm^3

44X = 5 × 22.4 × 1

∴ 이론 산소량(X) = $\dfrac{5 \times 22.4 \times 1}{44}$ = 2.55Nm^3/kg

19 저위발열량이 9,750kcal/kg, 기름 80kg/h를 사용하는 보일러에서 급수사용량 8000kg/h, 급수온도 60℃, 증기엔탈피가 650kcal/kg일 때 보일러 효율은 약 얼마인가?

① 50.2%

② 53.5%

③ 58.5%

④ 60.5%

해설

보일러의 효율 = 800 × (650 − 60) / 9750 × 80
= 0.605 × 100%

20 통풍장치 중에서 원심식 송풍기의 종류가 아닌 것은?

① 프로펠러형

② 터보형

③ 플레이트형

④ 다익형

해설

프로펠러형 송풍기는 축류식이다.

21 오일 프리히터의 사용 목적이 아닌 것은?

① 연료의 점도를 높여 준다.

② 연료의 유동성을 증가 시켜준다.

③ 완전연소에 도움을 준다.

④ 분무상태를 양호하게 한다.

해설

오일프리히터는 점도를 낮추어 주는 역할을 한다.

정답   15.①   16.③   17.①   18.②   19.④   20.①   21.①

22 관류 보일러의 특징 설명으로 틀린 것은?

① 초고압 보일러에 적합하다.
② 증발속도가 빠르고 가동시간이 짧다.
③ 관 배치를 자유로이 할 수 있다.
④ 전열면적이 크므로 중량당 증발량이 크다.

해설
관류보일러는 전열면적이 크고 중량당 증발량은 작다.

23 증기트랩의 종류 중 열역학적 트랩은?

① 디스크 트랩
② 버킷 트랩
③ 플로트 트랩
④ 바이메탈 트랩

해설
열역학적 트랩은 디스크 트랩과 오리피스형이 이에 속한다.

24 보일러 급수제어방식 중 3요소식의 검출요소가 아닌 것은?

① 수위
② 증기압력
③ 급수유량
④ 증기유량

해설
급수제어의 3요소는 수위, 급수유량, 증기유량이다.

25 소형 연소기를 실내에 설치하는 경우, 급배기통을 전용 챔버 내에 접속하여 자연통기력에 의해 급배기하는 방식은?

① 강제배기식
② 강제급배기식
③ 자연급배기식
④ 옥외급배기식

해설
자연통기에 의한 급배기방식은 자연급배기식이다.

26 보일러 급수펌프의 구비조건으로 틀린 것은?

① 고온, 고압에도 충분히 견딜 것.
② 회전식은 고속회전에 지장이 있을 것.
③ 급격한 부하변동에 신속히 대응할 수 있을 것.
④ 작동이 확실하고 조작이 간편할 것.

해설
급수펌프의 구비조건에서 회전식은 고속회전에 지장이 있으면 안된다.

27 온수보일러 연소가스 배출구의 300mm 상단의 연도에 부착하여 연소가스열에 의하여 연도 내부로 삽입되는 바이메탈의 수축 팽창으로 접점을 연결, 차단하여 버너의 작동이나 정지를 시키는 온수보일러의 제어장치는?

① 프로텍터 릴레이(protector relay)
② 스택 릴레이(stack relay)
③ 콤비네이션 릴레이(combination relay)
④ 아쿠아스태트(aquastat)

해설
스택 릴레이는 연소가스열에 의하여 연도 내부로 삽입되는 바이메탈의 수축팽창으로 접점을 연결, 차단하여 버너의 작동이나 정지를 시키는 온수보일러의 제어장치이다.

28 효율이 82%인 보일러로 발열량 9,800 kcal/kg의 연료를 15kg연소시키는 경우의 손실 열량은?

① 80,360kcal
② 32,500kcal
③ 26,460kcal
④ 120,540kcal

해설
손실열량 = (1-82) × 9800
       = 26,460

29 보일러의 연소배기가스를 분석하는 궁극적인 목적으로 가장 알맞은 것은?

① 노내압 조정
② 연소열량 계산
③ 매연농도 산출
④ 최적 연소효율 도모

연소배기가스의 분석 목적은 최적의 연소효율의 도모이다.

30 보일러 계속사용검사 중 보일러의 성능시험 방법에서 측정은 매 몇 분마다 실시하는가?

① 5분
② 10분
③ 20분
④ 30분

계속사용검사는 10분마다 성능 시험을 한다.

31 보일러 개조검사의 준비에 대한 설명으로 맞는 것은?

① 화염을 받는 곳에는 그을음을 제거하여야 하며, 얇아지기 쉬운 관 끝부분을 해머로 두들겨 보았을 때 두께의 차이가 다소 나야 한다.
② 관의 부식 등을 검사할 수 있도록 스케일은 제거되어야 하며, 관 끝부분의 손모, 취화 및 빠짐이 있어야 한다.
③ 연료를 가스로 변경하는 검사의 경우 가스용 보일러의 누설시험 및 운전성능을 검사할 수 있도록 준비하여야 한다.
④ 정전, 단수, 화재, 천재지변 등 부득이한 사정으로 검사를 실시할 수 없는 경우에는 재신청을 하여야만 검사를 받을 수 있다.

개조검사의 준비는 연료를 가스로 변경하는 검사의 경우 가스용 보일러의 누설시험 및 운전성능을 검사할 수 있도록 준비하여야 한다.

32 온수난방의 특징 설명으로 틀린 것은?

① 실내의 쾌감도가 좋다.
② 온도조절이 용이하다.
③ 예열시간이 짧다.
④ 화상의 우려가 적다.

온수난방은 예열시간이 길고 냉각시간도 길다.

33 안전밸브 및 압력방출장치의 크기를 호칭지름 20A이상으로 할 수 있는 보일러에 해당되지 않는 것은?

① 최대증발량 4t/h인 관류보일러
② 소용량 주철제보일러
③ 소용량 강철제보일러
④ 최고사용압력이 $1MPa(10kgf/cm^2)$인 강철제보일러

최고사용압력이 $1MPa(10kgf/cm^2)$인 강철제보일러

34 이온교환처리장치의 운전공정 중 재생탑에 원수를 통과시켜, 수중의 일부 또는 전부의 이온을 제거시키는 공정은?

① 압출
② 수세
③ 부하
④ 통약

부하공정은 이온교환처리장치의 운전공정 중 재생탑에 원수를 통과시켜, 수중의 일부 또는 전부의 이온을 제거시키는 공정이다.

35 온수난방설비에서 개방형 팽창탱크의 수면은 최고층의 방열기와 몇 m 이상이어야 하는가?

① 1m
② 2m
③ 3m
④ 5m

온수난방설비에서 개방형 팽창탱크의 수면은 최고층의 방열기와 1m 이상이어야 한다.

정답 29.④ 30.② 31.③ 32.③ 33.④ 34.③ 35.①

36 보일러에서 송기 및 증기사용 중 유의사항으로 틀린 것은?

① 항상 수면계, 압력계, 연소실의 연소상태 등을 잘 감시하면서 운반하도록 할 것
② 점화 후 증기발생시 까지는 가능한 한 서서히 가열시킬 것
③ 2조의 수면계를 주시하여 항상 정상수면을 유지하도록 할 것
④ 점화 후 주증기관 내의 응축수를 배출시킬 것

> **해설**
> 점화 후에는 주증기관 내의 응축수를 배출시키면 안된다.

37 다음 중 유기질 보온재에 해당하는 것은?

① 석면   ② 규조토
③ 암면   ④ 코르크

> **해설**
> 유기질 보온재의 종류는 펠트, 코르크, 기포성 수지 등이 있다.

38 연소효율을 구하는 식으로 맞는 것은?

① (공급열/실제연소열)×100
② (실제연소열/공급열)×100
③ (유효열/실제연소열)×100
④ (실제연소열/유효열)×100

> **해설**
> 연소효율은 (실제연소열/공급열)×100 이다.

39 보일러 내부부식인 점식의 방지대책과 가장 관계가 적은 것은?

① 보일러수를 산성으로 유지한다.
② 보일러수 중의 용존산소를 배제한다.
③ 보일러 내면에 보호피막을 입힌다.
④ 보일러수 중에 아연판을 설치한다.

> **해설**
> 내부부식인 점식은 알칼리성으로 유지해야 한다.

40 보일러의 연소 관리에 관한 설명으로 잘못된 것은?

① 연료의 점도는 가능한 높은 것을 사용한다.
② 점화 후에는 화염감시를 잘한다.
③ 저수위 현상이 있다고 판단되면 즉시 연소를 중단한다.
④ 연소량의 급격한 증대와 감소를 하지 않는다.

> **해설**
> 보일러에서 연료의 점도는 가능하면 낮춰 주는 것이 올바르다.

41 안전·보건표지의 색체, 색도기준 및 용도에서 화학물질 취급 장소에서의 유해·위험경고를 나타내는 색체는?

① 흰색   ② 빨간색
③ 녹색   ④ 청색

> **해설**
> 안전·보건표지의 경고표지에서 화학물질 취급 장소에서의 유해·위험경고를 나타내는 색체는 빨간색으로 표시한다.

42 가스보일러 점화시의 주의사항으로 틀린 것은?

① 점화는 순차적으로 작은 불씨로부터 큰 불씨로 2~3회로 나누어 서서히 한다.
② 노내 환기에 주의하고, 실화 시에도 충분한 환기가 이루어진 뒤 점화한다.
③ 연료 배관계통의 누설유무를 정기적으로 점검한다.
④ 가스압력이 적정하고 안정되어 있는지 점검한다.

> **해설**
> 점화는 한 번에 큰 불씨로 해야 한다.

정답 36.④ 37.④ 38.② 39.① 40.① 41.② 42.①

43 개방식 팽창탱크에 연결되어 있는 것이 아닌 것은?

① 배기관　　　② 안전관
③ 급수관　　　④ 압력계

개방식 팽창탱크에는 압력계가 필요 없다.

44 지역난방의 특징 설명으로 틀린 것은?

① 각 건물에 보일러를 설치하는 경우에 비해 건물의 유효면적이 증대된다.
② 각 건물에 보일러를 설치하는 경우에 비해 열효율이 좋아진다.
③ 설비의 고도화에 따라 도시 매연이 감소된다.
④ 열매체는 증기보다 온수를 사용하는 것이 관내 저항손실이 적으므로 주로 온수를 사용한다.

열매체는 온수보다 증기를 사용하는 것이 관내 저항손실이 적으므로 주로 증기를 사용한다.

45 증기과열기의 열 가스 흐름방식 분류 중 증기와 연소가스의 흐름이 반대 방향으로 지나면서 열교환이 되는 방식은?

① 병류형　　　② 혼류형
③ 향류형　　　④ 복사대류형

향류형은 증기과열기의 열 가스 흐름방식 분류 중 증기와 연소가스의 흐름이 반대 방향으로 지나면서 열교환이 되는 방식이다.

46 전열면적이 $10\,m^2$ 이하의 보일러에서는 급수밸브 및 체크밸브의 크기는 호칭 몇 A이상 이어야 하는가?

① 10　　　② 15
③ 5　　　④ 20

전열면적이 $10\,m^2$ 이하의 보일러에서는 급수밸브 및 체크밸브의 크기는 호칭 15A이상 이어야 한다.

47 보일러의 과열방지 대책으로 틀린 것은?

① 보일러 동 내면에 스케일 고착을 유도할 것
② 보일러 수위를 너무 낮게 하지 말 것
③ 보일러 수를 농축시키지 말 것
④ 보일러 수의 순환을 좋게 할 것

보일러 동 내면에 스케일을 제거하면 과열이 방지 된다.

48 안전관리 목적과 가장 거리가 먼 것은?

① 생산성의 향상
② 경제성의 향상
③ 사회복지의 증진
④ 작업기준의 명확화

안전관리 목적은 생산성의 향상, 경제성의 향상, 사회복지의 증진 등이 있다.

49 하트포드 접속법이란 저압증기난방의 습식 환수방식에서 보일러 수위가 환수관의 누설로 인해 저수위 사고가 발생하는 것을 방지하기 위해 증기관과 환수관 사이에 (　　)에서 50mm 아래에 균형관을 설치하는 것을 말한다. (　)에 들어갈 적당한 용어는?

① 표면수면　　　② 안전수면
③ 상용수면　　　④ 안전저수면

하트포드접속법에서 증기관과 환수관 사이에 표면수면에서 50mm 아래에 균형관을 설치한다.

50 다음 중 배관용 탄소강관의 기호로 맞는 것은?

① SPP　　　② SPPS
③ SPPH　　　④ SPA

배관용탄소강관 - SPP, 압력배관용탄소강관 - SPPS, 고압배관용탄소강관 - SPPH

정답 43.④　44.④　45.③　46.②　47.①　48.④　49.①　50.①

51 보일러의 연소시 주의사항 중 급격한 연소가 되어서는 안 되는 이유로 가장 옳은 것은?

① 보일러 수(水)의 순환을 해친다.
② 급수탱크 파손의 원인이 된다.
③ 보일러와 벽돌 쌓은 접촉부에 틈을 증가시킨다.
④ 보일러 효율을 증가시킨다.

해설
연소시 주의사항 중 급격한 연소가 되어서는 안 되는 이유는 보일러와 벽돌 쌓은 접촉부에 틈을 증가시키기 때문이다.

52 가스보일러에서 역화가 일어나는 경우가 아닌 것은?

① 버너가 과열된 경우
② 1차공기의 흡인이 너무 많은 경우
③ 가스 압이 낮아질 경우
④ 버너가 부식에 의해 염공이 없는 경우

해설
역화의 원인은 버너가 과열된 경우, 1차공기의 흡인이 너무 많은 경우, 가스 압이 낮아질 경우이다.

53 온수난방 설비의 밀폐식 팽창탱크에 설치되지 않는 것은?

① 수위계   ② 압력계
③ 배기관   ④ 안전밸브

해설
밀폐식 팽창탱크에는 배기관은 설치하지 않는다.

54 어떤 건물의 소요 난방부하가 45000 kcal/h이다. 주철제 방열기로 증기난방을 한다면 약 몇 쪽(section)의 방열기를 설치해야 하는가?(단, 표준방열량으로 계산하며, 주철제 방열기의 쪽당 방열면적은 0.24m²이다.)

① 156쪽   ② 254쪽
③ 289쪽   ④ 315쪽

해설
$$방열기\ 소요수 = \frac{난방부하}{방열량 \times 1쪽당 방열면적}$$
$$= \frac{45000}{650 \times 0.24} = 288.5,$$
표준방열량은 650

55 정부가 녹색국토를 조성하기 위하여 마련하는 시책에 포함하는 사항을 틀리게 설명한 것은?

① 산림·녹지의 확충 및 광역생태축 보번
② 친환경 교통체계의 확충
③ 자연재해로 인한 국토 피해의 완화
④ 저탄소 항만의 건설 및 기존항만의 고탄소 항만으로 전환

해설
고탄소 항만의 건설 및 기존항만의 저탄소 항만으로 전환

56 열사용기자재인 축열식전기보일러는 정격소비전력은 몇 KW이하이며, 최고사용압력은 몇 MPa이하인 것인가?

① 30KW, 0.35MPa
② 40KW, 0.5MPa
③ 50KW, 0.75MPa
④ 100KW, 0.1MPa

해설
축열식 전기보일러는 정격소비전력은 30KW이하이며, 최고사용압력은 0.35MPa이하이다.

57 녹색성장위원회의 위원장 2명 중 1명은 국무총리가 되고 또 다른 한명은 누가 지명하는 사람이 되는가?

① 대통령
② 국무총리
③ 지식경제부장관
④ 환경부장관

해설
녹색성장위원회의 위원장 2명이고 1명은 대통령, 1명은 국무총리가 된다.

정답 51.③ 52.④ 53.③ 54.③ 55.④ 56.① 57.①

58 특정열사용기자재 중 검사대상기기를 설치하거나 개조하여 사용하려는 자는 누구의 검사를 받아야 하는가?

① 검사대상기기 제조업자
② 시·도지사
③ 에너지관리공단이사장
④ 시공업자단체의 장

해설
검사대상기기를 설치하거나 개조하여 사용하려는 자는 에너지관리공단이사장의 검사를 받아야 한다.

59 효율관리기자재에 대한 에너지소비효율, 소비효율등급 등을 측정하는 효율관리시험기관은 누가 지정하는가?

① 대통령
② 시도지사
③ 지식경제부장관
④ 에너지관리공단이사장

해설
에너지소비효율, 소비효율등급 등을 측정하는 효율관리시험기관은 지식경제부장관 지정한다.

60 에너지이용합리화법 시행령에서 지식경제부장관은 에너지이용 합리화에 관한 기본계획을 몇 년마다 수립하여야 하는가?

① 1년
② 2년
③ 3년
④ 5년

해설
지식경제부장관은 에너지이용 합리화에 관한 기본계획을 5년마다 수립하여야 한다.

정답   58.③   59.③   60.④

2회 에너지관리기능사 **CBT 기출복원문제**
>> 2021년 시행

수험번호:
수험자명:

제한시간: 60분
남은시간:

01 다음 중 가압수식 집진장치에 해당되지 않는 것은?

① 제트 스크러버
② 백필터식
③ 사이크론 스크러버
④ 충전탑

해설

가압수식 집진장치의 종류는 제트 스크러버, 사이크론 스크러버, 벤트리 스크러버, 충전탑 등

02 보일러의 안전장치가 아닌 것은?

① 안전밸브　　② 방출밸브
③ 감압밸브　　④ 가용전

해설

보일러의 안정장치는 안전밸브, 증기압력제한기, 저수위경보기, 가용접, 방출밸브 등이 있다.

03 미리 정해진 순서에 따라 순차적으로 제어의 각 단계를 진행하는 제어는?

① 피드백 제어
② 피드포워드 제어
③ 포워드 백제어
④ 시퀀스 제어

해설

시퀀스제어는 미리 정해진 순서에 따라 순차적으로 제어의 각 단계를 진행하는 제어이다.

04 보일러의 압력에 관한 안전장치 중 설정압이 낮은 것부터 높은 순으로 열거된 것은?

① 압력제한기 – 압력조절기 – 안전밸브
② 압력조절기 – 압력제한기 – 안전밸브
③ 안전밸브 – 압력제한기 – 압력조절기
④ 압력조절기 – 안전밸브 – 압력제한기

해설

설정압력이 낮은 순은 압력조절기 – 압력제한기 – 안전밸브

05 보일러 자동제어의 목적과 무관한 것은?

① 작업인원의 절감
② 일정기준의 증기공급
③ 보일러의 안전운전
④ 보일러의 단가절감

해설

보일러 자동제어의 목적은 작업인원의 절감, 일정기준의 증기공급, 보일러의 안전운전이다.

06 보일러의 화염검출기 중 스택 스위치는 화염의 어떠한 성질을 이용하여 화염을 검출하는가?

① 화염의 발광체
② 화염의 이온화현상
③ 화염의 발열현상
④ 화염의 전기전도성

해설

화염검출기 중 스택 스위치는 화염의 발열현상을 이용한단 검출기이다.

07 주철제 보일러의 장점(長點)으로 틀린 것은?

① 전열면적에 비해 설치면적이 적다.
② 섹션의 수를 증감하여 용량을 조절한다.
③ 주로 고압용 보일러로 사용된다.
④ 분해, 조립, 운반이 용이하다.

해설

주철제 보일러는 저압용 보일러로 사용된다.

 정답　　01.②　02.③　03.④　04.②　05.④　06.③　07.③

08 노통 연관식 보일러의 특징에 대한 설명으로 틀린 것은?

① 보일러의 크기에 비해 전열면적이 넓어서 효율이 좋다.
② 비수방지를 위해 비수방지관이 필요하다.
③ 노통 내부에서 연소가 이루어지기 때문에 열손실이 적다.
④ 증발속도가 느리므로 스케일 부착이 어렵다.

노통 연관식 보일러는 증발속도가 빨라서 스케일 부착이 쉽다.

09 보일러에 부착하는 압력계에 대한 설명으로 맞는 것은?

① 최대증발량이 10t/h 이하인 관류보일러에 부착하는 압력계는 눈금판의 바깥지름을 50㎜ 이상으로 할 수 있다.
② 부착하는 압력계의 최고 눈금은 보일러의 최고사용압력의 1.5배 이하의 것을 사용한다.
③ 증기보일러에 부착하는 압력계의 바깥지름은 80㎜ 이상의 크기로 한다.
④ 압력계를 보호하기 위하여 물을 넣은 안지름 6.5㎜ 이상의 사이폰관 또는 동등한 장치를 부착하여야 한다.

보일러에 압력계 부착시, 압력계를 보호하기 위해 안지름이 6.5mm 이상의 경우 물을 넣은 사이폰관을 사용한다.

10 구조가 간단하고 자동화에 편리하며 고속으로 회전하는 분무컵으로 연료를 비산·무화시키는 버너는?

① 건타입 버너
② 압력분무식 버너
③ 기류식 버너
④ 회전식 버너

회전식 버너는 구조가 간단하고 자동화에 편리하며 고속으로 회전하는 분무컵으로 연료를 비산·무화시킨다.

11 보일러의 마력을 올바르게 나타낸 것은?

① HP = 실제증발량 × 15.65
② HP = 실제증발량 / 539
③ HP = 상당증발량 / 15.65
④ HP = 증기와 급수엔탈피차 / 15.65

보일러의 마력은 상당증발량을 15.65로 나눠준 값이다.

12 연소의 속도에 미치는 인자가 아닌 것은?

① 반응물질의 온도
② 산소의 온도
③ 촉매물질
④ 연료의 발열량

연소속도에 영향을 미치는 인자는 반응물질의 온도, 산소의 온도, 촉매물질 등이 있다.

13 화염검출기 기능불량과 대책을 연결한 것으로 잘못된 것은?

① 집광렌즈 오염 - 분리 후 청소
② 증폭기 노후 - 교체
③ 동력선의 영향 - 검출회로와 동력선 분리
④ 점화전극의 고전압이 프레임로드에 흐를 때 - 전극과 불꽃 사이를 넓게 분리

점화전극의 고전압이 프레임로드에 흐를 때는 전극과 불꽃 사이를 좁게 해 준다.

14 다음 중 왕복식 펌프에 해당되지 않는 것은?

① 피스톤 펌프   ② 플런저 펌프
③ 터빈 펌프   ④ 워싱턴 펌프

터빈펌프는 원심식 펌프이다.

15 수트 블로워(soot blower)시 주의사항으로 틀린 것은?

① 한 장소에서 장시간 불어대지 않도록 한다.
② 그을음을 제거할 때에는 연소가스온도나 통풍손실을 측정하여 효과를 조사한다.
③ 그을음을 제거하는 시기는 부하가 가장 무거운 시기를 선택한다.
④ 그을음을 제거하기 전에 반드시 드레인을 충분히 배출하는 것이 필요하다.

그을음을 제거하는 시기는 부하가 가장 가벼운 시기를 선택한다.

16 연소용 공기를 노의 앞에서 불어 넣으므로 공기가 차고 깨끗하며 송풍기의 고장이 적고 점검 수리가 용이한 보일러의 강제통풍 방식은?

① 압입통풍
② 흡입통풍
③ 자연통풍
④ 수직통풍

강제통풍방식 중 연소용 공기를 노의 앞에서 불어 넣으므로 공기가 차고 깨끗하며 송풍기의 고장이 적고 점검 수리가 용이한 보일러의 강제통풍 방식은 압입통풍 방식이다.

17 1보일러 마력을 시간당 발생 열량으로 환산하면?

① 15.65kcal/h
② 8,435kcal/h
③ 9,290kcal/h
④ 7,500kcal/h

1보일러 마력은 8,435kcal/h 이다.

18 보일러 자동제어에서 목표치와 결과치의 차이 값을 처음으로 되돌려 계속적으로 정정동작을 행하는 제어는?

① 순차제어
② 인터록 제어
③ 캐스케이드 제어
④ 피드백 제어

자동제어에서 목표치와 결과치의 차이 값을 처음으로 되돌려 계속적으로 정정동작을 행하는 제어는 피드백 제어이다.

19 연료 공급 장치에서 서비스탱크의 설치 위치로 적당한 것은?

① 보일러로부터 2m 이상 떨어져야 하며, 버너보다 1.5m이상 높게 설치한다.
② 보일러로부터 1.5m 이상 떨어져야 하며, 버너보다 2m이상 높게 설치한다.
③ 보일러로부터 0.5m 이상 떨어져야 하며, 버너보다 0.2m이상 높게 설치한다.
④ 보일러로부터 1.2m 이상 떨어져야 하며, 버너보다 2m이상 높게 설치한다.

연료 공급 장치에서 서비스탱크의 설치 위치는 보일러로부터 2m 이상 떨어져야 하며, 버너 보다 1.5m이상 높게 설치해야 한다.

20 다음 중 원통형 보일러가 아닌 것은?

① 입형 횡관식 보일러
② 벤슨 보일러
③ 코르니시 보일러
④ 스코치 보일러

벤슨보일러는 관류보일러이며 수관식 보일러이다.

정답 15.③ 16.① 17.② 18.④ 19.① 20.②

21 증기건도(X)에 대한 설명으로 틀린 것은?

① X = 0은 포화수
② X = 1은 포화증기
③ 0 ＜ X ＜ 1은 습증기
④ X = 100은 물이 모두 증기가 된 순수한 포화증기

해설
순수한 포화증기는 건조도가 1이다.

22 보일러의 성능에 관한 설명으로 틀린 것은?

① 연소실로 공급된 연소가 완전연소시 발생될 열량과 드럼 내부에 있는 물이 그 열을 흡수하여 증기를 발생하는데 이용된 열량과의 비율을 보일러 효율이라 한다.
② 전열면 1㎡당 1시간 동안 발생되는 증발량을 상당증발량으로 표시한 것을 증발률이라고 한다.
③ 27.25kg/h의 상당증발량을 1보일러 마력이라 한다.
④ 상당증발량 Ge와 실제증발량 Ga의 비 즉, Ge/Ga를 증발계수라고 한다.

해설
1보일러 마력은 상당증발량 / 15.65kcal/h 이다.

23 긴 관의 한 끝에서 펌프로 압송된 급수가 관을 지나는 동안 차례로 가열, 증발, 과열 되어 다른 끝에서는 과열증기가 나가는 형식의 보일러는?

① 노통보일러
② 관류보일러
③ 연관보일러
④ 입형보일러

해설
긴 관의 한 끝에서 펌프로 압송된 급수가 관을 지나는 동안 차례로 가열, 증발, 과열되어 다른 끝에서는 과열 증기가 나가는 형식은 관류보일러이다.

24 보일러 연소 자동제어를 하는 경우 연소 공기량은 어느 값에 따라 주로 조절되는가?

① 연료 공급량
② 발생 증기 온도
③ 발생 증기량
④ 급수 공급량

해설
연소 공기량의 조절값은 연소공급량이다.

25 보일러에 절탄기를 설치하였을 때의 특징으로 틀린 것은?

① 보일러 증발량이 증대하여 열효율을 높일 수 있다.
② 보일러수와 급수와의 온도차를 줄여 보일러 동체의 열응력을 경감시킬 수 있다.
③ 저온부식을 일으키기 쉽다.
④ 통풍력이 증가한다.

해설
보일러에 절탄기를 설치하면 통풍력은 감소한다.

26 보일러의 집진장치 중 집진효율이 가장 높은 것은?

① 관성력 집진기
② 중력식 집진기
③ 원심력식 집진기
④ 전기식 집진기

해설
보일러의 집진장치 중 집진효율이 가장 높은 것은 전기식 집진기이다.

27 보일러 급수장치의 설명 중 옳은 것은?

① 인젝터는 급수온도가 낮을 때는 사용하지 못한다.
② 볼류트 펌프는 증기압력으로 구동됨으로 별도의 동력이 필요 없다.
③ 응축수 탱크는 급수탱크로 사용하지 못한다.
④ 급수내관은 안전저수위보다 약 5㎝아래에 설치한다.

보일러 급수장치에서 급수내관은 안전저수위보다 약 5cm아래에 설치한다.

28 보일러의 자동제어에서 제어량에 따른 조작량의 대상으로 맞는 것은?

① 증기온도-연소가스량
② 증기압력-연료량
③ 보일러 수위-공기량
④ 노내압력-급수량

보일러의 자동제어에서 제어량에 따른 조작량의 대상은 증기온도(S.T.C)- 전열량, 증기압력-연료량, 보일러 수위- 급수량, 노내압력-연소가스량

29 보일러의 상당증발량을 구하는 식으로 옳은 것은? (단 h_1 : 급수엔탈피, h_2 : 발생증기엔탈피)

① 상당증발량=실제증발량$\times(h_2-h_1)/539$
② 상당증발량=실제증발량$\times(h_1-h_2)/539$
③ 상당증발량=실제증발량$\times(h_2-h_1)/639$
④ 상당증발량=실제증발량$/639$

상당증발량 = 실제증발량$\times(h_2 - h_1)/539$

30 보일러의 매체별 분류 시 해당하지 않는 것은?

① 증기 보일러
② 가스 보일러
③ 열매체 보일러
④ 온수 보일러

보일러의 매체별 분류는 증기보일러, 열매체보일러, 온수보일 등이다.

31 보일러 검사의 종류 중 개조검사의 적용대상으로 틀린 것은?

① 증기보일러를 온수보일러로 개조하는 경우
② 보일러 섹션의 증감에 의하여 용량을 변경하는 경우
③ 동체·경판 및 이와 유사한 부분을 용접으로 제조하는 경우
④ 연료 또는 연소방법을 변경하는 경우

동체·경판 및 이와 유사한 부분을 용접으로 제조하는 경우는 개조검사의 대상에 해당되지 않는다.

32 증기를 송기할 때 주의 사항으로 틀린 것은?

① 과열기의 드레인을 배출시킨다.
② 증기관내의 수격작용을 방지하기 위해 응축수가 배출되지 않도록 한다.
③ 주증기밸브를 조금 열어서 주증기관을 따뜻하게 한다.
④ 주증기밸브를 완전히 개폐한 후 조금 되돌려 놓는다.

증기를 송기할 때 증기관내의 수격작용을 방지하기 위해 응축수가 배출해야 한다.

33 건물을 구성하는 구조체 즉 바닥, 벽 등에 난방용 코일을 묻고 열매체를 통과시켜 난방을 하는 것은?

① 대류난방
② 복사난방
③ 간접난방
④ 전도난방

복사난방은 건물을 구성하는 구조체 즉 바닥, 벽 등에 난방용 코일을 묻고 열매체를 통과시켜 난방을 하는 것이다.

 28.② 29.① 30.② 31.③ 32.② 33.②

34 이온교환처리장치의 운전공정 중 재생탑에 원수를 통과시켜, 수중의 일부 또는 전부의 이온을 제거시키는 공정은?

① 압출　　　　② 수세
③ 부하　　　　④ 통약

부하공정은 이온교환처리장치의 운전공정 중 재생탑에 원수를 통과시켜, 수중의 일부 또는 전부의 이온을 제거시키는 공정이다.

35 보일러 파열사고의 원인 중 취급자의 부주의로 발생하는 사고가 아닌 것은?

① 미연소 가스 폭발
② 저수위 사고
③ 라미네이션
④ 압력초과

라미네이션은 보일러 사고의 제작상 원인이다.

36 방열기의 설치시 외기에 접한 창문 아래에 설치하는 이유로서 알맞은 사항은?

① 설비비가 싸기 때문에
② 실내의 공기가 대류작용에 의해 순환되도록 하기 위해서
③ 시원한 공기가 필요하기 때문에
④ 더운 공기 커텐 형성으로 온수의 누입을 방지하기 위해서

방열기의 설치시 외기에 접한 창문 아래에 설치하는 이유는 실내의 공기가 대류작용에 의해 순환되도록 하기 위해서이다.

37 온수보일러를 설치·시공하는 시공업자가 보일러를 설치한 후 확인하는 사항이 아닌 것은?

① 수압시험
② 자동제어에 의한 성능시험
③ 시공기준 작성
④ 연소계통 누설

시공업자가 보일러를 설치한 후 확인하는 사항은 수압시험, 자동제어에 의한 성능시험, 연소계통 누설 등이다.

38 온수발생 보일러에서 보일러의 전열면적이 15~20m^2 미만일 경우 방출관의 안지름은 몇 mm이상으로 해야 하는가?

① 25　　　　② 30
③ 40　　　　④ 50

보일러의 전열면적이 15~20m^2 미만일 경우 방출관의 안지름은 40mm이상으로 한다.

39 온수보일러에서 팽창탱크를 설치할 경우 설명이 잘못된 것은?

① 내식성 재료를 사용하거나 내식 처리된 탱크를 설치하여야 한다.
② 100℃의 온수에도 충분히 견딜 수 있는 재료를 사용하여야 한다.
③ 밀폐식 팽창탱크의 경우 상부에 물빼기 관이 있어야 한다.
④ 동결우려가 있을 경우에는 보온을 한다.

온수보일러에서 팽창탱크를 설치할 경우 밀폐식 팽창탱크의 경우 하부에 드레인관이 있어야 한다.

40 중유 예열기의 종류에 속하지 않는 것은?

① 증기식 예열기
② 압력식 예열기
③ 온수식 예열기
④ 전기식 예열기

중유 예열기의 종류는 증기식 예열기, 온수식 예열기, 전기식 예열기 등이 있다.

정답　34.③　35.③　36.②　37.③　38.③　39.③　40.②

41 환수관내 유속이 타 방식에 비하여 빠르고 방열기 내의 공기도 배제할 수 있을 뿐 아니라 방열량을 광범위하게 조절할 수 있어서 대규모 난방에 많이 채택되는 증기 난방법은?

① 습식환수 방식 ② 건식환수방식
③ 기계환수 방식 ④ 진공환수 방식

진공환수 방식은 환수관내 유속이 타 방식에 비하여 빠르고 방열기 내의 공기도 배제할 수 있을 뿐 아니라 방열량을 광범위하게 조절할 수 있어서 대규모 난방에 많이 채택된다.

42 중력 순환식 온수난방법에 관한 설명으로 틀린 것은?

① 소규모 주택에 이용된다.
② 온수의 밀도차에 의해 온수가 순환한다.
③ 자연순환이므로 관경을 작게 하여도 된다.
④ 보일러는 최하위 방열기보다 더 낮은 곳에 설치한다.

자연(중력)순환식은 관경을 작게 하면 마찰 저항이 증가하여 물순환이 나빠진다.

43 방열기 도시기호에서 W-H란?

① 벽걸이 종형   ② 벽걸이 주형
③ 벽걸이 횡형   ④ 벽걸이 세주형

방열기 횡형 : W-H , 방열기 종형 : W-V

44 주철제 방열기로 온수난방을 하는 사무실의 난방부하가 4,200kcal/h일 때, 방열면적은 약 몇 ㎡인가?

① 6.5   ② 7.6
③ 9.3   ④ 11.7

방열면적 ＝ 난방부하 / 방열량 = 4200 / 450

45 수관보일러를 외부청소 할 때 사용하는 작업방법에 속하지 않는 것은?

① 에어쇼킹법   ② 스팀쇼킹법
③ 워터쇼킹법   ④ 통풍쇼킹법

수관보일러를 외부청소 할 때 사용하는 작업방법은 에어쇼킹법, 스팀쇼킹법, 워터쇼킹법 등이 있다.

46 유류연소 수동보일러의 운전 정지 시 관리 일반사항으로 틀린 것은?

① 운전정지 직전에 유류예열기의 전원(열원)을 차단하고, 유류예열기의 온도를 낮춘다.
② 보일러 수위를 정상수위보다 조금 높이고, 버너의 운전을 정지한다.
③ 연소실내에서 분리하여 청소를 하고, 기름이 누설되는지 점검한다.
④ 연소실내, 연도를 환기시키고, 댐퍼를 열어 둔다.

유류연소 수동보일러의 운전 정지 시에는 연소실내, 연도를 닫고, 댐퍼를 닫는다.

47 증기난방의 분류에서 응축수 환수방식에 해당하는 것은?

① 고압식   ② 상향 공급식
③ 기계 환수식   ④ 단관식

증기난방의 분류에서 응축수 환수방식은 기계 환수식, 중력환수식, 진공환수식 등이 있다.

48 난방부하가 9,000kcal/h인 장소에 온수방열기를 설치하는 경우 필요한 방열기 쪽수는? (단, 방열기 1쪽당 표면적은 0.2㎡이고, 방열량은 표준방열량으로 계산한다.)

① 70   ② 100
③ 110   ④ 120

방열기의 쪽수 계산식 : 9000/450×0.2=100

 정답   **41.**④ **42.**③ **43.**③ **44.**③ **45.**④ **46.**④ **47.**③ **48.**②

49 강철제 보일러의 수압시험에 관한 사항에서 보일러의 최고사용압력이 0.43MPa초과 1.5MPa 이하일 때에는 그 최고사용압력의 ((ㄱ))배에 ((ㄴ))MPa를 더한 압력으로 한다. ( )안에 알맞은 것은?

① (ㄱ) 1.3 (ㄴ) 0.3
② (ㄱ) 1.5 (ㄴ) 3.0
③ (ㄱ) 2.0 (ㄴ) 0.3
④ (ㄱ) 2.0 (ㄴ) 1.0

해설
강철제 보일러의 수압시험에 관한 사항에서 보일러의 최고사용압력이 0.43MPa초과 1.5MPa 이하일 때에는 그 최고사용압력의 1.3배에 0.3MPa를 더한 압력으로 한다.

50 보일러 스케일 및 슬러지의 장해에 대한 설명으로 틀린 것은?

① 보일러를 연결하는 콕, 밸브, 기타의 작은 구멍을 막히게 한다.
② 스케일 성분의 성질에 따라서는 보일러 강판을 부식시킨다.
③ 연관의 내면에 부착하여 물의 순환을 방해한다.
④ 보일러 강판이나 수관 등의 과열의 원인이 된다.

해설
보일러 스케일 및 슬러지의 장해는 분출을 어렵게 한다.

51 증기난방설비에서 배관 구배를 주는 이유는?

① 증기의 흐름을 빠르게 하기 위해서
② 응축수의 체류를 방지하기 위해서
③ 배관시공을 편리하게 하게 하기 위해서
④ 증기와 응축수의 흐름마찰을 줄이기 위해서

해설
증기난방설비에서 응축수의 체류를 방지하기 위해서 배관 구배를 준다.

52 증기압력 상승 후의 증기송출 방법에 대한 설명으로 틀린 것은?

① 주증기 밸브는 특별한 경우를 제외하고는 완전히 열었다가 다시 조금 되돌려 놓는다.
② 증기를 보내기 젼에 증기를 보내는 측의 주증기관의 드레인 밸브를 다 열고 응축수를 완전히 배출한다.
③ 주증기 스톱밸브 전·후를 연결하는 바이패스 밸브가 설치되어 있는 경우에는 먼저 바이패스 밸브를 닫아 주증기관을 따뜻하게 한다.
④ 관이 따뜻해지면 주증기 밸브를 단계적으로 천천히 열어간다.

해설
주증기 스톱밸브 전·후를 연결하는 바이패스 밸브가 설치되어 있는 경우에는 먼저 바이패스 밸브를 열고 주증기관을 따뜻하게 한다.

53 보일러 점화전 수위확인 및 조정에 대한 설명 중 틀린 것은?

① 수면계의 기능테스트가 가능한 정도의 증기압력이 보일러 내에 남아 있을 때는 수면계의 기능시험을 해서 정상인지 확인한다.
② 2개의 수면계의 수위를 비교하고 동일 수위인지 확인한다.
③ 수면계에 수주관이 설치되어 있을 때는 수주연락관의 체크밸브가 바르게 닫혀 있는지 확인한다.
④ 유리관이 더러워졌을 때는 수위를 오인하는 경우가 있기 때문에 필히 청소하거나 또는 교환하여야 한다.

해설
보일러 점화전 수위확인 및 조정시 수면계에 수주관이 설치되어 있을 때는 수주연락관의 체크 밸브가 바르게 열려 있는지 확인한다.

정답 49.① 50.③ 51.② 52.③ 53.③

54 보일러의 안전관리상 가장 중요한 것은?

① 안전밸브 작동요령 숙지
② 안전저수위 이하 감수방지
③ 버너 조절요령 숙지
④ 화염검출기 및 댐퍼 작동상태 확인

해설
보일러의 안전관리상 가장 중요한 것은 안전저수위 이하 감수방지이다.

55 다음 중 대통령령으로 정하는 에너지공급자가 수립·시행해야 하는 계획으로 맞는 것은?

① 지역에너지계획
② 에너지이용합리화 실시계획
③ 에너지기술개발계획
④ 연차별수요관리투자계획

해설
에너지공급자가 수립·시행해야 하는 계획은 연차별수요관리투자계획이 포함 된다.

56 다음 보기는 저탄소 녹색성장 기본법의 목적에 관한 내용이다. ( )에 들어갈 내용으로 맞는 것은?

> 이 법은 경제와 환경의 조화로운 발전을 위해서 저탄소녹색성장에 필요한 기반을 조성하고 (①)과 (②)을 새로운 성장동력으로 활용함으로써 국민 경제의 발전을 도모하며 저탄소 사회구현을 통하여 국민의 삶의 질을 높이고 국제사회에서 책임을 다하는 성숙한 선진 일류국가로 도약하는데 이바지함을 목적으로 한다.

① ① 녹색기술 ② 녹색산업
② ① 녹색성장 ② 녹색산업
③ ① 녹색물질 ② 녹색기술
④ ① 녹색기업 ② 녹색성장

57 검사에 합격하지 아니한 검사대상기기를 사용한 자에 대한 벌칙기준은?

① 300만 원 이하의 벌금
② 500만 원 이하의 벌금
③ 1년 이하의 징역 또는 1천만 원 이하의 벌금
④ 2년 이하의 징역 또는 2천만 원 이하의 벌금

해설
검사에 합격하지 아니한 검사대상기기를 사용한 자에 대한 벌칙은 1년 이하의 징역 또는 1천만 원 이하의 벌금이다.

58 저탄소녹색성장기본법상 온실가스에 해당하지 않는 것은?

① 이산화탄소   ② 메탄
③ 수소   ④ 육불화황

해설
저탄소녹색성장기본법상 온실가스는 이산화탄소, 메탄, 육불화황 등이 있다.

59 온실가스배출 감축실적의 등록 및 관리는 누가 하는가?

① 지식경제부장관
② 고용노동부장관
③ 에너지관리공단이사장
④ 환경부장관

해설
온실가스배출 감축실적의 등록 및 관리는 에너지관리공단이사장이다.

60 특정열사용기자재 및 설치·시공범위에서 기관에 속하지 않는 것은?

① 축열식 전기보일러
② 온수보일러
③ 태양열집열기
④ 철금속가열로

해설
특정열사용기자재 및 설치·시공범위에서 기관은 축열식 전기보일러, 온수보일러, 태양열집열기

 정답 54.② 55.④ 56.① 57.③ 58.③ 59.③ 60.④

3회 에너지관리기능사 CBT 기출복원문제 >> 2022년 시행

수험번호:
수험자명:

 제한시간: 60분
남은시간:

01 보일러에 가장 많이 사용되는 안전밸브의 종류는?

① 중추식 안전밸브
② 지렛대식 안전밸브
③ 중력식 안전밸브
④ 스프링식 안전밸브

> **해설**
> 스프링식 안전밸브는 보일러에서 가장 많이 사용하는 안전밸브의 종류이다.

02 전열면적이 25m²인 연관보일러를 5시간 연소시킨 결과 6,000kg의 증기가 발생했다면, 이 보일러의 전열면 증발율은 얼마인가?

① 40kg/m²·h
② 48kg/m²·h
③ 65kg/m²·h
④ 240kg/m²·h

> **해설**
> 전열면적의 증발율 = 실제증발량 /전열면적
> = 6000 / 25 × 5 = 48

03 보염장치 중 공기와 분무연료와의 혼합을 촉진시키는 역할을 하는 것은?

① 보염기　　② 콤퍼스터
③ 윈드박스　④ 버너타일

> **해설**
> 윈드박스는 보염장치 중 공기와 분무연료와의 혼합을 촉진시키는 역할을 하는 것이다.

04 대형보일러인 경우 송풍기가 작동하지 않으면 전자밸브가 열리지 않아 점화를 차단하는 인터록은?

① 프리퍼지 인터록
② 불착화 인터록
③ 압력초과 인터록
④ 저수위 인터록

> **해설**
> 프리퍼지 인터록은 송풍기가 작동하지 않으면 전자밸브가 열리지 않아 점화를 차단하는 인터록이다.

05 제어편차가 설정치에 대하여 정(+), 부(−)에 따라 제어되는 2위치 동작은?

① 미분동작　　② 적분동작
③ 온·오프동작　④ 다위치동작

> **해설**
> 온·오프동작은 제어편차가 설정치에 대하여 정(+), 부(−)에 따라 제어되는 2위치 동작이다.

06 중유의 첨가제 중 슬러지의 생성방지제 역할을 하는 것은?

① 회분개질제　　② 탈수제
③ 연소촉진제　　④ 안정제

> **해설**
> 안정제는 중유의 첨가제 중 슬러지의 생성방지제 역할을 하는 것이다.

07 비교적 저압에서 고온의 증기를 얻을 수 있는 특수 열매체 보일러는?

① 스코치 보일러
② 슈밋트 보일러
③ 다우섬 보일러
④ 레플러 보일러

 정답　01.④　02.②　03.③　04.①　05.③　06.④　07.③

08 자동제어계에 있어서 신호전달 방법의 종류에 해당되지 않는 것은?

① 전기식　　② 유압식
③ 기계식　　④ 공기식

09 단위 중량당 연소열량이 가장 큰 연료 성분은?

① 탄소(C)
② 수소(H)
③ 일산화탄소(CO)
④ 황(S)

10 50kcal의 열량을 전부 일로 변환시키면 몇 kgf·m의 일을 할 수 있는가?

① 13,650　　② 21,350
③ 31,600　　④ 43,000

11 배기가스의 압력손실이 낮고 집진효율이 가장 좋은 집진기는?

① 원심력 집진기
② 세정 집진기
③ 여과 집진기
④ 전기 집진기

12 보일러용 연료에 관한 설명 중 틀린 것은?

① 석탄 등과 같은 고체연료의 주성분은 탄소와 수소이다.
② 연소효율이 가장 좋은 연료는 기체연료이다.
③ 대기오염이 큰 순서로 나열하면, 액체연료 〉 고체연료 〉 기체연료의 순이다.
④ 액체연료는 수송, 하영작업이 용이하다.

13 증기설비에 사용되는 증기트랩으로 과열증기에 사용할 수 있고, 수격현상에 강하며 배관이 용이하나 소음발생, 공기장해, 증기누설 등의 단점이 있는 트랩은?

① 오리피스형 트랩
② 디스크형 트랩
③ 벨로스형 트랩
④ 바이메탈형 트랩

14 다음 중 기체연료의 특징 설명으로 틀린 것은?

① 저장이나 취급이 불편하다.
② 연소조절 및 점화나 소화가 용이하다.
③ 회분이나 매연발생이 없어서 연소 후 청결하다.
④ 시설비가 적게 들어 다른 연료보다 연료비가 저가이다.

정답　08.③　09.②　10.②　11.④　12.③　13.②　14.④

15 탄소 12kg을 완전 연소시키는데 필요한 산소량은 약 얼마인가?

① 8kg　　　　② 6kg
③ 32kg　　　④ 44kg

해설
$$C + O_2 = CO_2$$
12kg　　32kg

16 다음 중 슈트 블로워 사용 시 주의사항으로 틀린 것은?

① 부하가 50%이하이거나 소화 후에 사용하여야 한다.
② 분출기내의 응축수를 배출시킨 후 사용한다.
③ 분출하기 전 연도 내 배풍기를 사용하여 유인통풍을 증가하여야 한다.
④ 한 곳에 집중적으로 사용함으로 전열면에 무리를 가하지 말아야 한다.

해설
슈트 블로워는 부하가 50%이하이거나 소화 후에 사용해서는 안된다.

17 가정용 온수보일러의 용량표시로 가장 많이 사용되는 것은?

① 상당증발량
② 시간당 발열량
③ 전열면적
④ 최고사용압력

해설
가정용 온수보일러의 용량표시는 시간당 발열량으로 표시한다.

18 보일러 점화나 소화가 정해진 순서에 따라 진행되는 제어는?

① 피드백 제어
② 인터록 제어
③ 시퀀스 제어
④ ABC제어

해설
시퀀스 제어는 보일러 점화나 소화가 정해진 순서에 따라 진행되는 제어이다.

19 공기-연료제어장치에서 공기량 조절방법으로 올바르지 않은 것은?

① 보일러 온수온도에 따라 연료조절밸브와 공기댐퍼를 동시에 작동시킨다.
② 연료와 공기량은 서로 반비례 관계로 조절한다.
③ 최고부하에서는 일반적으로 공기비가 가장 낮게 조절한다.
④ 공기량과 연료량을 버너 특성에 따라 공기선도를 참조하여 조절한다.

해설
공기-연료제어장치에서 공기량 조절방법은 연료와 공기량은 서로 비례 관계로 조절한다.

20 다음 중 가압수식 집진장치의 종류에 속하는 것은?

① 백필터　　　② 세정탑
③ 코트렐　　　④ 배플식

해설
가압수식 집진장치의 종류는 제트 스크러버, 사이크론 스크러버, 벤트리 스크러버, 충전탑 등

21 보일러설치검사기준에서 관류보일러에서 보일러와 압력방출장치와의 사이에 체크밸브를 설치할 경우 압력방출장치는 (　)개 이상이어야 한다. (　)에 들어갈 숫자로 맞는 것은?

① 1　　　　　② 2
③ 3　　　　　④ 4

해설
보일러설치검사기준에서 관류보일러에서 보일러와 압력방출장치와의 사이에 체크밸브를 설치할 경우 압력방출장치는 2개 이상 이어야 한다.

정답　**15.**③　**16.**①　**17.**②　**18.**③　**19.**②　**20.**②　**21.**②

22 다음 중 화염의 유무를 검출하는 것은?

① 윈드박스(wind box)
② 보염기(stabilizer)
③ 버너타일(burner tile)
④ 플레임아이(flame eye)

화염의 유무를 검출하는 것은 화염검출기로 종류는 플레임로드, 플레임아이, 스택 스위치가 있다.

23 기체연료 연소장치의 특징 설명으로 틀린 것은?

① 연소조절이 용이하다.
② 연소의 조절범위가 넓다.
③ 속도가 느려 자동제어 연소에 부적합하다.
④ 회분 성분이 없고 대기오염의 발생이 적다.

기체연료 연소장치의 특징으로는 연소속도가 빨라 자동제어 연소에 적합하다.

24 다음 중 캐리오버에 대한 설명으로 틀린 것은?

① 보일러에서 불순물과 수분이 증기와 함께 송기되는 현상이다.
② 기계적 캐리오버와 선택적 캐리오버로 분류한다.
③ 프라이밍이나 포밍은 캐리오버와 관계가 없다.
④ 캐리오버가 일어나면 여러 가지 장해가 발생한다.

프라이밍이나 포밍의 발생은 캐리오버를 발생시키는데 원인이 된다.

25 1kg의 습증기 속에 건증기가 0.4kg이라 하면 건도는 얼마인가?

① 0.2   ② 0.4
③ 0.6   ④ 0.8

26 저위발열량 10,000kcal/kg인 연료를 매시 360kg연소시키는 보일러에서 엔탈피 661.4kcal/kg인 증기를 매시간당 4,500 kg발생시킨다. 급수온도 20℃인 경우 보일러 효율은 약 얼마인가?

① 56%   ② 68%
③ 75%   ④ 80%

보일러의 효율 = 4500 × (661.4 - 20) / 10000 ×360
= 80%

27 다음 아래 그림은 몇 요소 수위제어를 나낸 것인가?

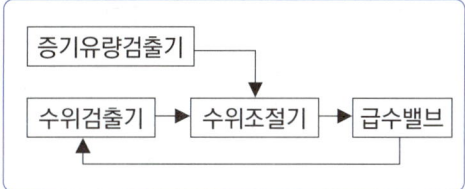

① 1요소 수위제어
② 2요소 수위제어
③ 3요소 수위제어
④ 4요소 수위제어

2개의 요소, 수위검출과 수위조절에 의한 급수밸브의 조절이다.

28 드럼 없이 초임계 압력 이상에서 고압증기를 발생시키는 보일러는?

① 복사 보일러
② 관류 보일러
③ 수관 보일러
④ 노통연관 보일러

관류 보일러는 드럼 없이 초임계 압력 이상에서 고압증기를 발생시키는 보일러이다.

정답 22.④ 23.③ 24.③ 25.② 26.④ 27.② 28.②

29 과열기가 설치된 경우 과열증기의 온도 조절방법으로 틀린 것은?

① 열가스량을 댐퍼로 조절하는 방법
② 화염의 위치를 변환시키는 방법
③ 고온의 가스를 연소실내로 재순환시키는 방법
④ 과열절점감기를 사용하는 방법

과열기가 설치된 경우 과열증기의 온도 조절방법은 댐퍼조절, 화염의 위치변환, 과열절감기의 방법이 있다.

30 건물의 각 실내에 방열기를 설치하여 증기 또는 온수로 난방하는 방식은?

① 복사난방법
② 간접난방법
③ 개별난방법
④ 직접난방법

직접난방법은 건물의 각 실내에 방열기를 설치하여 증기 또는 온수로 난방하는 방식이다.

31 보일러의 부식에서 가성취화를 올바르게 설명한 것은?

① 농도가 다른 두 가지가 동일 전해질의 용해에 의해 부식이 생기는 것.
② 보일러 판의 리벳구멍 등에 농후한 알칼리 작용에 의해 강 조직을 침범하여 균열이 생기는 것.
③ 보일러 수에 용해 염류가 분해를 일으켜 보일러를 부식시키는 것.
④ 보일러 수에 수소이온 농도가 크게 되어 보일러를 부식시키는 것.

보일러의 부식에서 가성취화는 보일러 판의 리벳구멍 등에 농후한 알칼리 작용에 의해 강조직을 침범하여 균열이 생기는 것이다.

32 보일러에서 이상 폭발음이 있다면 가장 먼저 해야 할 조치사항으로 맞는 것은?

① 급수 중단
② 연료공급 차단
③ 증기출구 차단
④ 송풍기 가동 중지

보일러에서 이상 폭발음이 있다면 가장 먼저 해야 할 조치사항은 연료공급 차단이다.

33 가스보일러에서 가스폭발의 예방을 위한 유의사항 중 틀린 것은?

① 가스압력이 적당하고, 안정되어 있는지 점검한다.
② 화로 및 굴뚝의 통풍, 환기를 완벽하게 하는 것이 필요하다.
③ 점화용 가스의 종류는 가급적 화력이 낮은 것을 사용한다.
④ 착화 후 연소가 불안정할 때는 즉시 가스공급을 중단한다.

가스보일러에서 가스폭발의 예방을 위해서는 점화용 가스의 종류는 가급적 화력이 높은 것을 사용해야 한다.

34 다음 보기를 보고 기름보일러의 수동조작 점화요령 순서로 가장 적합한 것은?

① 연료밸브를 연다.
② 버너를 기동한다.
③ 노 내 통풍압을 조절한다.
④ 점화봉에 점화하여 연소실 내 버너 끝의 전방 하부 10cm정도에 둔다.

① ③-④-②-①
② ①-②-③-④
③ ②-①-④-③
④ ④-②-③-①

기름보일러의 수동조작 점화요령 순서는 ① 노 내 통풍압을 조절 → ④ 점화봉에 점화하여 연소실 내 버너 끝의 전방하부 10cm정도에 둔다 → ② 버너를 기동한다. → ① 연료밸브를 연다.

29.③ 30.④ 31.② 32.② 33.③ 34.①

35 온수발생 보일러의 전열면적이 10m²미만일 때 방출관의 안지름의 크기는?

① 15㎜ 이상
② 20㎜ 이상
③ 25㎜ 이상
④ 50㎜ 이상

해설
온수발생 보일러의 전열면적이 10m²미만일 때 방출관의 안지름의 크기는 25mm 이상이다.

36 온수난방설비에서 온수, 온도차에 의한 비중력차로 순환하는 방식으로 단독주택이나 소규모 난방에 사용되는 것은?

① 강제순환식 난방
② 하향순환식 난방
③ 자연순환식 난방
④ 상향순환식 난방

해설
자연순환식 난방은 온수, 온도차에 의한 비중력차로 순환하는 방식으로 단독주택이나 소규모 난방에 사용된다.

37 급수펌프에서 송출량이 10m³/min 이고, 전양정이 8m 일 때, 펌프의 소요마력은? (단, 펌프의 효율은 75%이다)

① 15.6 PS
② 17.8 PS
③ 23.7 PS
④ 31.6 PS

해설
$$소요마력 = \frac{\gamma \cdot Q \cdot H}{75 \times \eta} = \frac{1000 \cdot 송출량 \cdot 전양정}{75 \times 효율}$$
$$= \frac{1000 \times 10 \times 8}{75 \times 60 \times 0.75} = 23.7ps$$

38 기둥형 주철제 방열기는 벽과 얼마정도의 간격을 두고 설치하는 것이 좋은가?

① 50~60mm
② 80~90mm
③ 110~130mm
④ 140~160mm

해설
기둥형 주철제 방열기는 벽과 50~60mm 정도 간격을 두고 설치하는 것이 좋다.

39 전열면적이 10m² 이하의 보일러에는 분출밸브의 크기를 호칭지름 몇 mm이상으로 할 수 있는가?

① 5mm
② 10mm
③ 15mm
④ 20mm

해설
전열면적이 10m² 이하의 보일러에는 분출밸브의 크기를 호칭지름 20mm이상으로 할 수 있다.

40 노내의 미연가스가 돌연 착화해서 급격한 연소(폭발연소)를 일으켜 화염이나 연소가스가 전부 연도로 흐르지 않고 연소실 입구나 감시창으로부터 밖으로 분출하는 현상은?

① 역화
② 인화
③ 점화
④ 열화

해설
역화현상이란 노내의 미연가스가 돌연 착화해서 급격한 연소(폭발연소)를 일으켜 화염이나 연소가스가 전부 연도로 흐르지 않고 연소실 입구나 감시창으로부터 밖으로 분출하는 현상이다.

41 보일러의 설비면에서 수격작용의 예방조치로 틀린 것은?

① 증기배관에는 충분한 보온을 취한다.
② 증기관에는 중간을 낮게 하는 배관방법은 드레인이 고이기 쉬우므로 피해야 한다.
③ 증기관은 증기가 흐르는 방향으로 경사가 지도록 한다.
④ 대형밸브나 증기헤더에도 드레인 배출장치 설치를 피해야 한다.

해설
수격작용의 예방조치
① 증기배관에는 충분한 보온을 취한다.
② 증기관은 증기가 흐르는 방향으로 경사가 지도록 한다.
③ 증기관에는 중간을 낮게 하는 배관방법은 드레인이 고이기 쉬우므로 피해야 한다.

정답 35.③ 36.③ 37.③ 38.① 39.④ 40.① 41.④

42 강제순환식 온수난방에 대한 설명으로 잘 못된 것은?

① 온수의 순환 펌프가 필요하다.
② 온수를 신속하고 고르게 순환시킬 수 있다.
③ 중력 순환식에 비하여 배관의 직경이 커야 한다.
④ 대규모 난방용으로 적당하다.

강제순환식 온수난방에는 중력 순환식에 비하여 배관의 직경이 작아도 된다.

43 방열기내 온수의 평균온도 80°C, 실내온도 18°C, 방열계수 7.2 kcal/m²h°C 인 경우 방열기 방열량은 얼마인가?

① 346.4kcal/m²h
② 446.4kcal/m²h
③ 519kcal/m²h
④ 560kcal/m²h

방열량 = 방열계수 × (열매평균온도− 실내온도)
= 7.2 × (80−18) = 446.4kcal/m²h

44 보일러를 6개월 이상 장기간 사용하지 않고 보존할 때 가장 적합한 보존방법은?

① 만수보존법　　② 분해보존법
③ 건조보존법　　④ 습식보존법

건조보존법은 보일러를 6개월 이상 장기간 사용하지 않고 보존할 때 가장 적합한 보존방법이다.

45 보일러설치검사 기준상 보일러의 외벽온도는 주위온도보다 몇 °C를 초과해서는 안 되는가?

① 20°C　　② 30°C
③ 50°C　　④ 60°C

보일러설치검사 기준상 보일러의 외벽온도는 주위온도보다 30°C를 초과해서는 안된다.

46 어떤 방의 온수난방에서 소요되는 열량이 시간당 21000 kcal 이고, 송수온도가 85°C 이며, 환수온도가 25°C 라면, 온수의 순환 량은?

① 324 kg/h
② 350 kg/h
③ 398 kg/h
④ 423 kg/h

열량
= 온수의 순환량×온수비열×(송수온도−환수온도)

$$온수\ 순환량 = \frac{열량}{온수비열 × 온도차}$$
$$= \frac{21000}{1 × (85 − 25)} = 350kg/h$$

47 주철제 보일러의 최고사용압력이 0.4MPa 일 경우 이 보일러의 수압시험 압력은?

① 0.2MPa　　② 0.43MPa
③ 0.8MPa　　④ 0.9MPa

최고사용압력이 0.43이하이므로
0.8 × 2 = 0.8MPa 이다.

48 복사난방의 설명으로 틀린 것은?

① 전기식은 니크롬선 등 열선을 매입하여 난방한다.
② 우리나라에서 주거용 난방은 바닥패널 방식이 많다.
③ 온수식은 주로 노출관에 온수를 통과시켜 난방한다.
④ 증기식은 특수 방열면이나 관에 증기를 통과시켜 난방한다.

복사난방에서 온수식은 매복시켜서 온수를 통과시켜 난방한다.

정답　42.③　43.②　44.③　45.②　46.②　47.③　48.③

49 안전밸브의 누설원인으로 틀린 것은?

① 밸브시트에 이물질이 부착됨
② 밸브를 미는 용수철 힘이 균일함
③ 밸브시트의 연마면이 불량함
④ 밸브 용수철의 장력이 부족함

해설
안전밸브의 누설원인
① 밸브시트에 이물질이 부착됨
② 밸브시트의 연마면이 불량함
③ 밸브 용수철의 장력이 부족함

50 보일러의 안전관리상 가장 중요한 것은?

① 벙커C유의 예열
② 안전 저수위 이하로 감수하는 것을 방지
③ 2차 공기의 조절
④ 연도의 저온부식 방지

해설
안전 저수위 이하로 감수하는 것을 방지하는 것은 보일러의 안전관리상 가장 중요한 것이다.

51 온수방열기의 쪽당 방열면적이 0.26㎡이다. 난방부하 20,000kcal/h를 처리하기 위한 방열기의 쪽수는? (단, 소수점이 나올 경우 상위 수를 취한다.)

① 119   ② 140
③ 171   ④ 193

해설
방열기의 쪽 수 = 20000 / 450 × 0.26 = 170.94

52 응축수와 증기가 동일관 속을 흐르는 방식으로 기울기를 잘못하면 수격현상이 발생되는 문제로 소규모 난방에서만 사용되는 증기난방 방식은?

① 복관식   ② 건식환수식
③ 단관식   ④ 기계환수식

해설
단관식은 소규모 난방에서만 사용되는 증기난방 방식으로 응축수와 증기가 동일관 속을 흐르는 방식으로 기울기를 잘못하면 수격현상이 발생되는 문제가 있다.

53 보일러 운전정지 순서에 들어갈 내용으로 틀린 것은?

① 공기의 공급을 정지한다.
② 연료 공급을 정지한다.
③ 증기밸브를 닫고, 드레인 밸브를 연다.
④ 댐퍼를 연다.

해설
보일러 운전정지 순서에는 댐퍼를 닫아 줘야 한다.

54 온수보일러 개방식 팽창탱크 설치 시 주의사항으로 잘못된 것은?

① 팽창탱크 내부의 수위를 알 수 있는 구조이어야 한다.
② 탱크에 연결되는 팽창 흡수관은 팽창탱크 바닥면과 같게 배관해야 한다.
③ 팽창탱크에는 상부에 통기구멍을 설치한다.
④ 팽창탱크의 높이는 최고 부위 방열기보다 1m이상 높은 곳에 설치한다.

해설
온수보일러 개방식 팽창탱크 설치 시, 탱크에 연결되는 팽창 흡수관은 팽창탱크 바닥면보다 높아야 한다.

55 저탄소 녹색성장 기본법에서 화석연료에 대한 의존도를 낮추고 청정에너지의 사용 및 보급을 확대하여 녹색기술 연구개발, 탄소 흡수원 확충 등을 통하여 온실가스를 적정수준 이하로 줄이는 것을 말하는 용어는?

① 저탄소
② 녹색성장
③ 온실가스 배출
④ 녹색생활

해설
저탄소는 저탄소 녹색성장 기본법에서 화석연료에 대한 의존도를 낮추고 청정에너지의 사용 및 보급을 확대하여 녹색기술 연구개발, 탄소 흡수원 확충 등을 통하여 온실가스를 적정수준 이하로 줄이는 것이다.

정답 49.② 50.② 51.③ 52.③ 53.④ 54.② 55.①

56 공공사업주관자에게 지식경제부장관이 에너지사용계획에 대한 검토결과를 조치 요청하면 해당 공공사업주관자는 이행계획을 작성하여 제출하여야 하는데 이행계획에 포함되지 않는 사항은?

① 이행 주체
② 이행 장소와 사유
③ 이행 방법
④ 이행 시기

공공사업주관자는 이행계획을 작성하여 제출하여야 하는데 이행계획에 포함되는 내용
① 이행 주체   ② 이행 방법   ③ 이행 시기

57 지식경제부장관 또는 시·도지사로부터 에너지관리공단이사장에게 위탁된 업무가 아닌 것은?

① 에너지절약전문기업의 등록
② 온실가스배출 감축실적의 등록 및 관리
③ 검사대상기기 조종자의 선임·해임신고의 접수
④ 에너지이용 합리화 기본계획 수립

지식경제부장관 또는 시·도지사로부터 에너지관리공단이사장에게 위탁된 업무
① 에너지절약전문기업의 등록
② 온실가스배출 감축실적의 등록 및 관리
③ 검사대상기기 조종자의 선임·해임신고의 접수

58 다음 중 목표에너지원단위를 올바르게 설명한 것은?

① 제품의 단위당 에너지생산 목표량
② 제품의 단위당 에너지절감 목표량
③ 건축물의 단위면적당 에너지사용 목표량
④ 건축물의 단위면적당 에너지저장 목표량

목표에너지원단위는 건축물의 단위면적당 에너지사용 목표량

59 에너지법 시행령에서 지식경제부장관이 에너지기술개발을 위한 사업에 투자 또는 출연할 것을 권고할 수 있는 에너지관련 사업자가 아닌 것은?

① 에너지 공급자
② 대규모 에너지 사용자
③ 에너지사용기자재의 제조업자
④ 공공기관 중 에너지와 관련된 공공기관

에너지기술개발을 위한 사업에 투자 또는 출연할 것을 권고할 수 있는 에너지 관련 사업자
① 에너지 공급자
② 에너지사용기자재의 제조업자
③ 공공기관 중 에너지와 관련된 공공기관

60 에너지이용합리화법상 에너지의 효율적인 수행과 특정열사용기자재의 안전관리를 위하여 교육을 받아야 하는 대상이 아닌 자는?

① 에너지관리자
② 시공업의 기술인력
③ 검사대상기기 조종자
④ 효율관리기자재 제조자

에너지의 효율적인 수행과 특정열사용기자재의 안전관리를 위하여 교육을 받아야 하는 대상
① 에너지관리자
② 시공업의 기술인력
③ 검사대상기기 조종자

정답   56.②   57.④   58.③   59.②   60.④

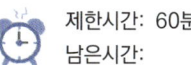
01 프로판 가스의 연소식은 $C_3H_8 + 5O_2 \rightarrow 3CO_2 + 4H_2O$이다, 프로판 가스 10kg을 완전 연소시키는데 필요한 이론 산소량은?

① 약 11.6Nm³ ② 약 25.5Nm³
③ 약 13.8Nm³ ④ 약 22.4Nm³

해설

이론산소량 Nm³ 구하기
$$C_3H_8 + 5O_2 \rightarrow 3CO_2 + 4H_2O$$
$$44kg \qquad 5 \times 22.4Nm^3$$
$$10 \qquad\qquad x$$
즉 $44 : 5 \times 22.4 = 10 : x$,
$x = 5 \times 22.4 \times 10 / 44 = 25.45$

02 다음 제어동작 중 연속제어 특성과 관계가 없는 것은?

① P동작(비례동작)
② I동작(적분동작)
③ D동작(미분동작)
④ ON−OFF동작(2위치 동작)

해설

ON−OFF동작(2위치 동작)은 불연속제어에 속한다.

03 외기온도 20℃, 배기가스온도 200℃이고, 연돌높이가 20m일 때 통풍력은 약 얼마인가?

① 5.5mmAq ② 7.2mmAq
③ 9.2mmAq ④ 12.2mmAq

해설

통풍력
$$= 355 \times \left(\frac{1}{273 + 외기온도} - \frac{1}{273 + 배기가스온도} \right) \times 연돌높이$$
$$= 355 \times \left(\frac{1}{273 + 20} - \frac{1}{273 + 200} \right) \times 20$$
$$= 9.22mmAq$$

04 부탄가스(C_4H_{10}) 1Nm³을 완전연소 시킬 경우 H_2O는 몇 Nm³가 생성되는가?

① 4.0 ② 5.0
③ 6.5 ④ 7.5

해설

$$C_4H_{10} + 6.5O_2 = 4CO_2 + 5H_2O$$
$$58 \qquad\qquad\qquad 5 \times 22.4$$
$$1Nm^3 \qquad\qquad\qquad 5Nm^3$$

05 아래 그림기호의 관조인트 종류의 명칭으로 맞는 것은?

① 엘보 ② 리듀셔
③ 티 ④ 부싱

해설

리듀서−관경을 줄여서 연결하는 배관부속품

06 다음 중 기름여과기(oil strainer)에 대한 설명으로 틀린 것은?

① 여과기 전후에는 압력계를 설치한다.
② 여과기는 사용압력의 1.5배 이상의 압력에 견딜 수 있는 것이어야 한다.
③ 여과기 입출구의 압력차가 0.05kgf/㎠ 이상일 때는 여과기를 청소해주어야 한다.
④ 여과기는 단식과 복식이 있으며 단식은 유량계, 밸브 등의 입구 측에 설치한다.

정답 01.② 02.④ 03.③ 04.② 05.② 06.③

07 보일러 점화 시 역화현상이 발생하는 원인이 아닌 것은?

① 기름 탱크에 기름이 부족할 때
② 연료밸브를 과다하게 급히 열었을 때
③ 점화 시에 착화가 늦어졌을 때
④ 댐퍼가 너무 닫힌 때나 흡입통풍이 부족할 때

08 보일러의 열정산의 조건과 측정방법을 설명한 것 중 틀린 것은?

① 열정산시 기준온도는 시험시의 외기온도를 기준으로 하나, 필요에 따라 주위 온도로 할 수 있다.
② 급수량 측정은 중량 탱크식 또는 용량 탱크식 혹은 용적식유량계, 오리피스 등으로 한다.
③ 공기온도는 공기예열기 입구 및 출구에서 측정한다.
④ 발생증기의 일부를 연료가열, 노내취입 또는 공기예열기를 사용하는 경우에는 그 양을 측정하여 급수량에 더한다.

09 소형관류보일러(다관식 관류보일러)를 구성하는 주요구성 요소로 맞는 것은?

① 노통과 연관   ② 노통과 수관
③ 수관과 드럼   ④ 수관과 헤더

10 보일러의 급수장치에서 인젝터의 특징 설명으로 틀린 것은?

① 구조가 간단하고 소형이다.
② 급수량의 조절이 가능하고 급수효율이 높다.
③ 증기와 물이 혼합하여 급수가 예열된다.
④ 인젝터가 과열되면 급수가 곤란하다.

11 보일러에 설치되는 스테이의 종류가 아닌 것은?

① 바 스테이   ② 경사 스테이
③ 관 스테이   ④ 본체 스테이

12 다음 중 증기보일러의 상당증발량의 단위는?

① kg/h   ② kcal/h
③ kcal/kg   ④ kg/s

13 가스유량과 일정한 관계가 있는 다른 양을 측정함으로서 간접적으로 가스유량을 구하는 방식인 추량식 가스미터의 종류가 아닌 것은?

① 델타(delta)형
② 터빈(turbine)형
③ 벤튜리(venturi)형
④ 루트(roots)형

 정답   07.①   08.④   09.④   10.②   11.④   12.①   13.④

14 사용 시 예열이 필요 없고 비중이 가장 작은 중유는?

① 타르 중유　　② A급 중유
③ B급 중유　　④ C급 중유

　비중이 작고 점성이 작은 중유는 A급 중유이다.

15 오일예열기의 역할과 특징 설명으로 잘못된 것은?

① 연료를 예열하여 과잉공기율을 높인다.
② 기름의 점도를 낮추어 준다.
③ 전기나 증기 등의 열매체를 이용한다.
④ 분무상태를 양호하게 한다.

오일예열기의 역할과 특징
① 분무상태를 양호하게 한다.
② 기름의 점도를 낮추어 준다.
③ 전기나 증기 등의 열매체를 이용한다.

16 유류버너의 종류 중 $2 \sim 7kgf/cm^2$ 정도 가압의 분무유체를 이용하여 연료를 분무하는 형식의 버너로서 2유체버너라고도 하는 것은?

① 유압식 버너　　② 고압기류식 버너
③ 회전식 버너　　④ 환류식 버너

　고압기류식 버너는 유류버너의 종류 중 $2 \sim 7kgf/cm^2$정도 가압의 분무유체를 이용하여 연료를 분무하는 형식의 버너로서 2유체 버너라고도 한다.

17 연료의 연소열을 이용하여 보일러 열효율을 증대시키는 부속장치로 거리가 가장 먼 것은?

① 과열기　　② 공기예열기
③ 연료예열기　　④ 절탄기

　연료의 연소열을 이용하여 보일러 열효율을 증대시키는 부속장치 과열기, 재열기, 공기예열기, 절탄기 등이 있다.

18 다음 중 인젝터의 급수불량 원인으로 틀린 것은?

① 인젝터 자체 온도가 높을 때
② 노즐이 마모 되었을 때
③ 흡입관(급수관)에 공기 침입이 없을 때
④ 증기압력이 $0.2kgf/cm^2$이하로 낮을 때

　인젝터의 급수불량 원인
① 인젝터 자체 온도가 높을 때
② 노즐이 마모 되었을 때
③ 흡입관(급수관)에 공기 침입이 있을 때
④ 증기압력이 $0.2kgf/cm^2$이하로 낮을 때

19 저위발열량은 고위발열량에서 어떤 값을 뺀 것인가?

① 물의 엔탈피량
② 수증기의 열량
③ 수증기의 온도
④ 수증기의 압력

　저위발열량 = 고위발열량 - 수증기 열량

20 노통연관식 보일러의 설명으로 틀린 것은?

① 노통보일러와 연관식보일러의 단점을 보완한 구조이다.
② 설치가 복잡하고 또한 수관 보일러에 비해 일반적으로 제작 및 취급이 어렵다.
③ 최고사용압력이 2MPa이하의 산업용 또는 난방용으로서 많이 사용된다.
④ 전열면적이 $20 \sim 400m^2$, 최대증발량은 20t/h정도이다.

　노통연관보일러는 설치가 쉽고 수관 보일러 보다 제작 및 취급이 용이하다.

　14.②　15.①　16.②　17.③　18.③　19.②　20.②

21 50kg의 −10℃ 얼음을 100℃의 증기로 만드는데 소요되는 열량은 몇 kcal 인가?(단, 물과 얼음의 비열은 각각 1 kcal/kg ℃, 0.5 kcal/kg℃로 한다.)

① 36200   ② 36450

③ 37200   ④ 37450

해설

− 10℃의 얼음을 100℃ 증기로 만드는데 소요되는 열량 (물 50kg)

① 얼음의 비열 : 0.5

② 물의 잠열 : 80 / 물의 비열 : 1

④ 증발 잠열 : 539

※ −10℃ 얼음을 100℃ 증기로 만드는데 구간별로 보면,

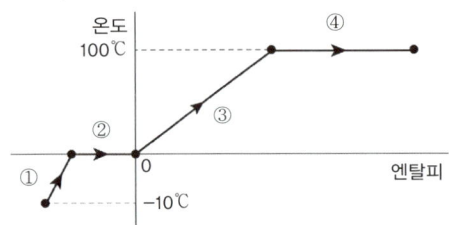

① − 10℃의 얼음을 0℃ 얼음으로
열량은 양 × 비열 × 온도차
= 50 × 0.5 × (0 − (−10)) = 250kcal

② 0℃ 얼음을 0℃ 물로
열량은 양 × 잠열 = 50 × 80 = 4000kcal

③ 0℃ 물을 100℃ 물로
열량은 양 × 비열 × 온도차
= 50 × 1 × (100 − 0) = 5,000kcal

④ 100℃ 물을 100℃ 증기로
열량은 양 × 잠열 = 50 × 539 = 26,9500kcal

∴ 소요열량 = 250 + 4000 + 5000 + 26900
= 36,200kcal

22 보일러 자동제어 중 제어동작이 연속적으로 일어나는 연속동작에 속하지 않는 것은?

① 비례동작

② 적분동작

③ 미분동작

④ 다위치 동작

해설

자동제어의 연속동작은 비례동작, 적분동작, 미분동작이 있다.

23 관류보일러의 특징 설명으로 틀린 것은?

① 증기의 발생속도가 빠르다.

② 자동제어장치를 필요로 하지 않는다.

③ 효율이 좋으며 가동시간이 짧다.

④ 임계압력 이상의 고압에 적당하다.

해설

관류보일러는 관수의 관리가 철저 해야 하며 자동제어 장치가 필요하다.

24 유체의 역류를 방지하여 유체가 한쪽 방향으로만 흐르게 하기 위해 사용하는 밸브는?

① 앵글밸브   ② 글로브밸브

③ 슬루스밸브   ④ 체크밸브

해설

체크밸브는 유체의 역류를 방지하여 유체가 한쪽 방향으로만 흐르게 하기 위해 사용하는 밸브이다.

25 서로 다른 두 종류의 금속판을 하나로 합쳐 온도 차이에 따라 팽창정도가 다른 점을 이용한 온도계는?

① 바이메탈 온도계

② 압력식 온도계

③ 전기저항 온도계

④ 열전대 온도계

해설

바이메탈 온도계는 다른 두 종류의 금속판을 하나로 합쳐 온도 차이에 따라 팽창정도가 다른 점을 이용한 온도계이다.

26 발열량 6,000kcal/kg인 연료 80kg을 연소시켰을 때 실제로 보일러에 흡수된 유효 열량이 408,000kcal이면 이 보일러의 효율은?

① 70%   ② 75%

③ 80%   ④ 85%

해설

보일러 효율 = 408000 / 6000 × 80
= 0.85 × 100%

정답 21.①   22.④   23.②   24.④   25.①   26.④

27 보일러 1마력을 상당증발량으로 환산하면 약 얼마인가?

① 14.65kg/h ② 15.65kg/h
③ 16.65kg/h ④ 17.65kg/h

해설

보일러 1마력은 상당증발량으로 환산하면 15.65kg/h 이다.

28 여러 개의 섹션(section)을 조합하여 용량을 가감할 수 있으나 구조가 복잡하여 내부청소, 검사가 곤란한 보일러는?

① 연관보일러 ② 스코치보일러
③ 관류보일러 ④ 주철제보일러

해설

주철제 보일러는 여러 개의 섹션(section)을 조합하여 용량을 가감할 수 있으나 구조가 복잡하여 내부청소, 검사가 곤란한 보일러이다.

29 보일러 분출밸브의 크기와 개수에 대한 설명 중 틀린 것은?

① 보일러 전열면적이 $10m^2$ 이하인 경우에는 호칭지름 20mm 이상으로 할 수 있다.
② 최고사용압력이 $7kgf/cm^2$ 이상인 보일러(이동식보일러는 제외)의 분출관에는 분출밸브 2개 또는 분출밸브와 분출코크를 직렬로 갖추어야 한다.
③ 2개 이상의 보일러에서 분출관을 공통으로 하여서는 안 된다. 다만, 개별보일러마다 분출관에 체크밸브를 설치할 경우에는 예외로 한다.
④ 정상시 보유수량 400kg이하의 강제순환 보일러에는 열린 상태에서 전개하는데 회전축을 적어도 3회전 이상 회전을 요하는 분출밸브 1개를 설치하여야 한다.

해설

정상시 보유수량 400kg이하의 강제순환 보일러에는 열린 상태에서 전개하는데 회전축을 적어도 3회전 이상 회전을 요하는 분출밸브 2개 이상을 설치하여야 한다.

30 가스보일러의 점화시 주의사항으로 틀린 것은?

① 점화용 가스는 화력이 좋은 것을 사용하는 것이 필요하다.
② 연소실 및 굴뚝의 환기는 완벽하게 하는 것이 필요하다.
③ 착화 후 연소가 불안정할 때에는 즉시 가스공급을 중단한다.
④ 콕(coke) 밸브에 소다수를 이용하여 가스가 새는지 확인한다.

해설

콕(coke) 밸브는 비눗물을 이용하여 가스가 새는지 확인한다.

31 보일러 점화전에 댐퍼를 열고 노 내와 연도에 남아있는 가연성가스를 송풍기로 취출시키는 것은?

① 프리퍼지 ② 포스트퍼지
③ 에어드레인 ④ 통풍압조절

해설

프리퍼지는 보일러 점화전에 댐퍼를 열고 노 내와 연도에 남아있는 가연성가스를 송풍기로 취출시키는 것이다.

32 보일러 사고의 원인 중 제작상의 원인에 해당되지 않는 것은?

① 구조의 불량 ② 강도부족
③ 재료의 불량 ④ 압력초과

해설

보일러 사고의 원인 중 제작상의 원인 구조의 불량, 강도부족, 재료의 불량 등이 있다.

33 보일러 고온부식을 유발하는 성분은?

① 황(S)
② 바나듐(V)
③ 산소(O_2)
④ 이산화탄소(CO_2)

해설

보일러 고온부식을 유발하는 성분은 바나듐(V)이다.

34 점화준비에서 보일러내의 급수를 하려고 한다. 이때의 주의사항으로 잘못된 것은?

① 과열기의 공기밸브를 닫는다.
② 급수예열기는 공기밸브, 물빼기 밸브로 공기를 제거하고 물을 가득 채운다.
③ 열매체 보일러인 경우는 열매를 넣기 전에 보일러 내에 수분이 없음을 확인한다.
④ 본체 상부의 공기밸브를 열어둔다.

점화준비에서 보일러내의 급수를 하려고 할 때 과열기의 공기밸브를 열어야 한다.

35 가스연소장치에서 보일러 자동점화 시에 가장 먼저 확인하여야 하는 사항은?

① 노내 환기   ② 화염 검출
③ 점화   ④ 전자밸브 열림

가스연소장치에서 보일러 자동점화 시에 가장 먼저 확인하여야 하는 사항은 노내 환기이다.

36 온수난방에서 팽창탱크의 역할이 아닌 것은?

① 장치 내의 온수팽창량을 흡수한다.
② 부족한 난방수를 보충한다.
③ 장치 내 일정한 압력을 유지한다.
④ 공기의 배출을 저지한다.

온수난방에서 팽창탱크의 역할
① 장치내의 온수 팽창량을 흡수
② 부족한 난방수를 보충
③ 장치 내 일정한 압력을 유지

37 난방부하가 40,000kcal/h일 때 온수난방일 경우 방열면적은 약 몇 m²인가? (단, 방열량은 표준 방열량으로 한다.)

① 88.9   ② 91.6
③ 93.9   ④ 95.6

방열면적 = 40000 / 450 = 88.88

38 중앙식 급탕법에 대한 설명으로 틀린 것은?

① 대규모 건축물에 급탕개소가 많을 때 사용이 가능하다.
② 급탕량이 많아 사용하는데 용이하다.
③ 비교적 연료비가 싼 연료의 사용이 가능하다.
④ 배관길이가 짧아서 보수관리가 어렵다.

중앙식 급탕법
① 대규모 건축물에 급탕개소가 많을 때 사용이 가능하다.
② 급탕량이 많아 사용하는데 용이하다.
③ 비교적 연료비가 싼 연료의 사용이 가능하다.

39 보일러에서 발생한 증기를 송기할 때의 주의사항으로 틀린 것은?

① 주증기관 내의 응축수를 배출시킨다.
② 주증기 밸브를 서서히 연다.
③ 송기한 후에 압력계의 증기압 변동에 주의한다.
④ 송기한 후에 밸브의 개폐상태에 대한 이상 유무를 점검하고 드레인 밸브를 열어 놓는다.

송기한 후에 밸브의 개폐상태에 대한 이상 유무를 점검하고 드레인 밸브를 닫아야 한다.

40 스케일이 보일러에 미치는 영향이 아닌 것은?

① 전열면의 팽출
② 전열면의 압궤
③ 절열면의 진동
④ 전열면의 파열

스케일이 보일러에 미치는 영향
① 전열면의 팽출
② 전열면의 압궤
③ 전열면의 파열

정답   34.①   35.①   36.④   37.①   38.④   39.④   40.③

41 온수발생 강철제 보일러의 전열면적이 25m²인 경우 방출관의 안지름은 몇 mm 이상으로 해야 하는가?

① 25mm   ② 30mm
③ 40mm   ④ 50mm

온수발생 강철제 보일러의 전열면적이 25m²인 경우 방출관의 안지름은 50mm 이상으로 해야 한다.

42 보일러 휴지 시 보존방법에 대한 설명으로 옳은 것은?

① 보일러 내에 일정량의 물을 넣은 후 계속 순환시킨다.
② 완전 건조시킨 후 자연통풍이 되도록 공기밸브를 열어둔다.
③ 완전 건조시킨 후 내부에 흡습제를 넣은 후 밀폐시킨다.
④ 알칼리성 물을 충만시킨 후 안전밸브를 열어서 보존시킨다.

보일러 휴지 시 보존방법은 완전 건조시킨 후 내부에 흡습제를 넣은 후 밀폐시킨다.

43 증기난방배관의 환수주관에 대한 설명 중 옳은 것은?

① 습식환수주관에는 증기트랩이 꼭 필요하다.
② 건식환수주관에는 증기트랩이 꼭 필요하다.
③ 건식 환수배관은 보일러의 표면 수위보다 낮은 위치에 설치한다.
④ 습식 환수배관은 보일러의 표면 수위보다 높은 위치에 설치한다.

증기난방배관의 건식환수주관에는 증기트랩이 꼭 필요하다.

44 증기보일러의 압력계에 부착하는 사이폰관의 안지름은 몇 mm 이상으로 하는가?

① 5.0mm   ② 5.5mm
③ 6.0mm   ④ 6.5mm

압력계에 부착하는 사이폰관의 안지름은 6.5mm 이상으로 해야 한다.

45 보일러 운전 중에 연소실에서 연소가 급히 중단되는 현상은?

① 실화   ② 역화
③ 무화   ④ 매화

실화는 보일러 운전 중에 연소실에서 연소가 급히 중단되는 현상이다.

46 가스연소장치의 점화요령으로 맞는 것은?

① 점화전에 연소실 용적의 약 1/4배 이상 공기량으로 환기한다.
② 기름연소장치와 달리 자동 재 점화가 되지 않도록 한다.
③ 가스압력이 소정압력 보다 2배 이상 높은지를 확인하고 착화는 2회에 이루어지도록 한다.
④ 착화 실패나 갑작스런 실화 시 원인을 조사한 후 연료공급을 중단한다.

가스연소장치는 기름연소장치와 달리 자동 재 점화가 되지 않도록 한다.

47 다음 중 보일러의 운정정지 시 가장 뒤에 조작하는 작업은?

① 연료의 공급을 정지시킨다.
② 연소용 공기의 공급을 정지시킨다.
③ 댐퍼를 닫는다.
④ 급수펌프를 정지시킨다.

보일러의 운정정지 시 가장 뒤에 조작하는 작업은 댐퍼를 닫아주는 것이다.

 정답   41.④   42.③   43.②   44.④   45.①   46.②   47.③

48 하트포드 접속에 대한 설명으로 맞지 않는 것은?

① 환수관내 응축수에서 발생하는 플래시 (flash)증기의 발생을 방지한다.
② 저압증기난방의 습식환수 방식에 쓰인다.
③ 보일러수가 환수관으로 역류하는 것을 방지한다.
④ 증기관과 환수관 사이에 표준수면에서 50mm 아래에 균형관을 설치한다.

해설

하트포드 접속
① 저압증기난방의 습식환수 방식에 쓰인다.
② 보일러수가 환수관으로 역류하는 것을 방지한다.
③ 증기관과 환수관 사이에 표준수면에서 50mm 아래에 균형관을 설치한다.

49 보일러 급수 중의 탄산가스(CO_2)를 제거하는 급수처리 방법으로 가장 적합한 것은?

① 기폭법   ② 침강법
③ 응집법   ④ 여과법

해설

보일러 급수 중의 탄산가스(CO_2)를 제거하는 급수처리 방법은 기폭제이다.

50 벽이나 바닥 등에 가열용 코일을 묻고 여기에 온수를 보내 열로 난방하는 방법은?

① 개별 난방법   ② 복사 난방법
③ 간접 난방법   ④ 직접 난방법

해설

복사 난방법은 벽이나 바닥 등에 가열용 코일을 묻고 여기에 온수를 보내 열로 난방하는 방법이다.

51 강철제 보일러 수압시험시의 시험수압은 규정된 압력의 몇 %이상을 초과하지 않도록 하여야 하는가?

① 3%   ② 6%
③ 8%   ④ 10%

해설

강철제 보일러 수압시험시의 시험수압은 규정된 압력의 6%이상을 초과하지 않도록 하여야 해야 한다.

52 보일러 연소 시 가마울림 현상을 방지하기 위한 대책으로 잘못된 것은?

① 수분이 많은 연료를 사용한다.
② 2차 공기를 가열하여 통풍조절을 적정하게 한다.
③ 연소실내에서 완전 연소시킨다.
④ 연소실이나 연도를 연소가스가 원활하게 흐르도록 개량한다.

해설

가마울림 현상을 방지하기 위한 대책
① 연소실내에서 완전 연소시킨다.
② 2차 공기를 가열하여 통풍조절을 적정하게 한다.
③ 연소실이나 연도를 연소가스가 원활하게 흐르도록 개량한다.

53 지역난방의 특징 설명으로 잘못된 것은?

① 각 건물에 보일러를 설치하는 경우에 비해 열효율이 좋다.
② 설비의 고도화에 따라 도시 매연이 증가된다.
③ 연료비와 인건비를 줄일 수 있다.
④ 각 건물에 보일러를 설치하는 경우에 비해 건물의 유효면적이 증대된다.

해설

지역난방의 특징
① 연료비와 인건비를 줄일 수 있다.
② 각 건물에 보일러를 설치하는 경우에 비해 열효율이 좋다.
③ 각 건물에 보일러를 설치하는 경우에 비해 건물의 유효면적이 증대된다.

54 온수난방의 분류를 사용온수에 의해 분류할 때 고온수식 온수온도의 범위는 보통 몇 ℃정도인가?

① 50~60
② 70~80
③ 85~90
④ 100~150

해설

온수난방의 분류를 사용온수에 의해 분류할 때 고온수식 온수온도의 범위는 100~150℃이다.

 정답   48.①   49.①   50.②   51.②   52.①   53.②   54.④

55 열사용 기자재 관리 규칙에 의한 검사대상 기기 중 소형온수보일러의 검사대상기기 적용범위에 해당하는 가스사용량은 몇 kg/h를 초과하는 것부터 인가?

① 15kg/h ② 17kg/h
③ 20kg/h ④ 25kg/h

해설

소형온수보일러의 검사대상기기 적용범위에 해당하는 가스사용량은 17kg/h을 초과하는 것부터이다.

56 에너지이용합리화법상 에너지이용 합리화 기본계획 사항에 포함되지 않는 것은?

① 에너지이용 합리화를 위한 홍보 및 교육
② 에너지이용 합리화를 위한 기술개발
③ 열사용기자재의 안전관리
④ 에너지이용합리화를 위한 제품판매

해설

에너지이용 합리화 기본계획
① 열사용기자재의 안전관리
② 에너지이용 합리화를 위한 기술개발
③ 에너지이용 합리화를 위한 홍보 및 교육

57 에너지이용 합리화법상 목표에너지원단위 란?

① 에너지를 사용하여 만드는 제품의 종류별 연간 에너지사용 목표량
② 에너지를 사용하여 만드는 제품의 단위당 에너지사용 목표량
③ 건축물의 총 면적당 에너지 사용 목표량
④ 자동차 등의 단위 연료당 목표 주행거리

해설

목표에너지원 단위는 에너지를 사용하여 만드는 제품의 단위당 에너지사용 목표량이다.

58 에너지절약전문기업의 등록은 누구에게 하는가?

① 대통령
② 한국열관리시공협회장
③ 지식경제부장관
④ 에너지관리공단이사장

해설

에너지절약전문기업의 등록은 에너지관리공단이사장에게 등록한다.

59 에너지이용합리화법상 에너지사용자와 에너지공급자의 책무로 맞는 것은?

① 에너지의 생산 이용 등에서의 그 효율을 극소화
② 온실가스배출을 줄이기 위한 노력
③ 기자재의 에너지효율을 높이기 위한 기술개발
④ 지역경제발전을 위한 시책 강구

해설

에너지사용자와 에너지공급자의 책무는 온실가스배출을 줄이기 위한 노력이다.

60 에너지이용합리화법상 평균효율관리기자재를 제조하거나 수입하여 판매하는 자는 에너지소비효율 산정에 필요하다고 인정되는 판매에 관한 자료와 효율측정에 관한 자료를 누구에게 제출하여야 하는가?

① 국토해양부장관
② 시도지사
③ 에너지관리공단이사장
④ 지식경제부장관

해설

평균효율관리기자재를 제조하거나 수입하여 판매하는 자는 에너지소비효율 산정에 필요하다고 인정되는 판매에 관한 자료와 효율측정에 관한 자료는 지식경제부장관에게 제출한다.

정답 55.② 56.④ 57.② 58.④ 59.② 60.④

5회 에너지관리기능사 **CBT 기출복원문제**
>> 2023년 시행

수험번호:
수험자명:

 제한시간: 60분
남은시간:

01 버너에서 연료분사 후 소정의 시간이 경과하여도 착화를 볼 수 없을 때 전자밸브를 닫아서 연소를 저지하는 제어는?

① 저수위 인터록
② 저연소 인터록
③ 불착화 인터록
④ 프리퍼지 인터록

해설
불착화 인터록은 소정의 시간이 경과하여도 착화를 볼 수 없을 때 전자밸브를 닫아서 연소를 저지하는 제어이다.

02 안전밸브의 수동시험은 최고사용압력의 몇 % 이상의 압력으로 행하는가?

① 50%   ② 55%
③ 65%   ④ 75%

해설
안전밸브의 수동시험은 최고사용압력의 75% 이상의 압력으로 행한다.

03 보일러 실제 증발량이 7000kg/h이고, 최대연속 증발량이 8t/h일 때, 이 보일러 부하율은 몇 % 인가?

① 80.5%
② 85%
③ 87.5%
④ 90%

해설
보일러 부하율 = 실제증발율 / 최대연속증발량
= (7000 / 8000) × 100%

04 과잉공기량에 관한 설명으로 옳은 것은?

① (과잉공기량) = (실제공기량) × (이론공기량)
② (과잉공기량) = (실제공기량) / (이론공기량)
③ (과잉공기량) = (실제공기량) + (이론공기량)
④ (과잉공기량) = (실제공기량) − (이론공기량)

해설
과잉공기량 = 실제공기량 − 이론공기량

05 10℃의 물 400kg과 90℃의 더운물 100kg을 혼합하면 혼합 후의 물의 온도는?

① 26℃   ② 36℃
③ 54℃   ④ 78℃

해설
(400 × 10 + 100 × 90) / 400 + 100 = 26℃

06 원통형 보일러에 관한 설명으로 틀린 것은?

① 입형 보일러는 설치면적이 적고 설치가 간단하다.
② 노통이 2개인 횡형 보일러는 코르니시 보일러이다.
③ 패키지형 노통연관 보일러는 내분식이므로 방산 손실열량이 적다.
④ 기관본체를 둥글게 제작하여 이를 입형이나 횡형으로 설치 사용하는 보일러를 말한다.

해설
노통이 2개인 보일러는 랭커셔보일러이다.

정답 01.③ 02.④ 03.③ 04.④ 05.① 06.②

07 보기에서 설명한 송풍기의 종류는?

> 경향 날개형이며 6~12매의 철판제 직선날개를 보스에서 방사한 스포우크에 리벳 죔을 한 것으로 측관이 있는 임펠러와 측판이 없는 것이 있다. 구조가 견고하고 내마모성이 크며 날개를 바꾸기도 쉬우며 회진이 많은 가스의 흡출통풍기, 미분탄 장치의 배탄기 등에 사용된다.

① 터보송풍기   ② 다약송풍기
③ 축류송풍기   ④ 플레이트송풍기

08 연료유 탱크에 가열장치를 설치한 경우에 대한 설명으로 틀린 것은?

① 열원에는 증기, 온수, 전기 등을 사용한다.
② 전열식 가열장치에 있어서는 직접식 또는 저항밀봉 피복식의 구조로 한다.
③ 온수, 증기 등의 열매체가 동절기에 동결할 우려가 있는 경우에는 동결을 방지하는 조치를 취해야 한다.
④ 연료유 탱크의 기름 취출구 등에 온도계를 설치하여야 한다.

해설
전열식 가열장치에 있어서는 전면 가열식과 부분 가열식이 있다.

09 플레임 아이에 대하여 옳게 설명한 것은?

① 연도의 가스온도로 화염의 유무를 검출한다.
② 화염의 도전성을 이용하여 화염의 유무를 검출한다.
③ 화염의 방사선을 감지하여 화염의 유무를 검출한다.
④ 화염의 이온화 현상을 이용해서 화염의 유무를 검출한다.

해설
화염검출기 중 플레임 아이는 화염의 방사선을 감지하여 화염의 유무를 검출한다.

10 수트 블로워 사용에 관한 주의사항으로 틀린 것은?

① 분출기 내의 응축수를 배출시킨 후 사용할 것
② 부하가 적거나 소화 후 사용하지 말 것
③ 원활한 분출을 위해 분출하기 전 연도 내 배풍기를 사용하지 말 것
④ 한 곳에 집중적으로 사용하여 전열면에 무리를 가하지 말 것

해설
원활한 분출을 위해 분출하기 전 연도 내 배풍기를 사용해야한다.

11 보일러의 열정산 목적이 아닌 것은?

① 보일러의 성능 개선 자료를 얻을 수 있다.
② 열의 행방을 파악할 수 있다.
③ 연소실의 구조를 알 수 있다.
④ 보일러 효율을 알 수 있다.

해설
보일러의 열정산 목적
① 보일러 효율을 알 수 있다.
② 열의 행방을 파악할 수 있다.
③ 보일러의 성능 개선 자료를 얻을 수 있다.

12 미리 정해진 순서에 따라 순차적으로 제어의 각 단계가 진행되는 제어 방식으로 작동 명령이 타이머나 릴레이에 의해서 수행되는 제어는?

① 시퀀스 제어
② 피드백 제어
③ 프로그램 제어
④ 캐스케이드 제어

해설
시퀀스 제어는 미리 정해진 순서에 따라 순차적으로 제어의 각 단계가 진행되는 제어 방식으로 작동 명령이 타이머나 릴레이에 의해서 수행되는 제어이다.

정답   07.④   08.②   09.③   10.③   11.③   12.①

13 급수탱크의 수위조절기에서 전극형 만의 특징에 해당하는 것은?

① 기계적으로 작동이 확실하다.
② 내식성이 강하다.
③ 수연의 유동에서도 영향을 받는다.
④ On-Off의 스팬이 긴 경우는 적합하지 않다.

> **해설**
> 급수탱크의 수위조절기에서 전극형만의 특징은 On-Off의 스팬이 긴 경우는 적합하지 않다.

14 주철제 보일러의 특징에 관한 설명으로 틀린 것은?

① 내식성이 우수하다.
② 섹션의 증감으로 용량조절이 용이하다.
③ 주로 고압용으로 사용된다.
④ 전열 효율 및 연소 효율은 낮은 편이다.

> **해설**
> **주철제 보일러의 특징**
> ① 내식성이 우수하고 저압용에 사용
> ② 섹션의 증감으로 용량조절이 용이하다.
> ③ 전열 효율 및 연소 효율은 낮은 편이다.

15 보일러의 오일버너 선정 시 고려해야 할 사항으로 틀린 것은?

① 노의 구조에 적합할 것
② 부하변동에 따른 유량조절 범위를 고려할 것
③ 버너용량이 보일러 용량보다 적을 것
④ 자동제어 시 버너의 형식과 관계를 고려할 것

> **해설**
> 보일러의 오일버너 선정 시 버너용량은 보일러 용량보다 크거나 같아야 한다.

16 증기난방시공에서 관말 증기 트랩 장치에서 냉각래그(Cooling leg)의 길이는 일반적으로 몇 m 이상으로 해주어야 하는가?

① 0.7m ② 1.2m
③ 1.5m ④ 2.0m

> **해설**
> 관말 증기 트랩 장치에서 냉각래그(Cooling leg)의 길이는 1.5m 이상이다.

17 보일러 자동제어를 의미하는 용어 중 급수제어를 뜻하는 것은?

① A.B.C ② F.W.C
③ S.T.C ④ A.C.C

> **해설**
> F.W.C는 급수제어를 뜻한다.

18 연소 시 공기비가 많은 경우 단점에 해당하는 것은?

① 배기 가스량이 많아져서 배기가스에 의한 열손실이 증가한다.
② 불완전 연소가 되기 쉽다.
③ 미연소에 의한 열손실이 증가한다.
④ 미연소 가스에 의한 역화의 위험성이 있다.

> **해설**
> 배기 가스량이 많아져서 배기가스에 의한 열손실이 증가하는 것은 연소 시 공기비가 많은 경우의 단점이다.

19 다음 연료 중 단위 중량 당 발열량이 가장 큰 것은?

① 등유 ② 경유
③ 중유 ④ 석탄

> **해설**
> 단위 중량 당 발열량이 가장 큰 것은 등유이다.

20 육상용 보일러 열정산 방식에서 증기의 건도는 몇 % 이상인 경우에 시험함을 원칙으로 하는가?

① 98% 이상   ② 93% 이상
③ 88% 이상   ④ 83% 이상

해설
육상용 보일러 열정산 방식에서 증기의 건도는 98% 이상인 경우에 시험함을 원칙이다.

21 연소에 있어서 환원염이란?

① 과잉 산소가 많이 포함되어 있는 화염
② 공기비가 커서 완전 연소된 상태의 화염
③ 과잉공기가 많아 연소가스가 많은 상태의 화염
④ 산소 부족으로 불완전 연사하여 미연분이 포함된 화염

해설
환원염은 산소 부족으로 불완전 연사하여 미연분이 포함된 화염이다.

22 보일러 급수제어 방식의 3요소식에서 검출 대상이 아닌 것은?

① 수위   ② 증기유압
③ 급수유량   ④ 공기압

해설
보일러 급수제어 방식의 3요소식에서 검출 대상은 수위, 증기유압, 급수유량 등이다.

23 물질의 온도는 변하지 않고 상(phase)변화만 일으키는데 사용되는 열량은?

① 잠열   ② 비열
③ 현열   ④ 반응열

해설
잠열은 온도는 변하지 않고 상(phase)변화만 일으키는데 사용되는 열량이다.

24 충전탑은 어떤 집진법에 해당하는가?

① 여과식 집진법
② 관성력식 집진법
③ 세정식 집진법
④ 중력식 집진법

해설
충전탑은 세정식 집진법이다.

25 보일러에서 사용하는 급유펌프에 대한 일반적인 설명으로 틀린 것은?

① 급유펌프는 점성을 가진 기름을 이송하므로 기어펌프나 스크루펌프 등을 주로 사용한다.
② 급유탱크에서 버너까지 연료를 공급하는 펌프를 수송펌프(supply pump)라 한다.
③ 급유펌프의 용량은 서비스탱크를 1시간 내에 급유할 수 있는 것으로 한다.
④ 펌프 구동용 전동기는 작동유의 정도를 고려하여 30%정도 여유를 주어 선정한다.

26 보일러 연소실 열부하의 단위로 맞는 것은?

① $kcal/m^3 \cdot h$ ② $kcal/m^2$
③ $kcal/h$ ④ $kcal/kg$

해설
연소실 열부하의 단위는 $kcal/m^3 \cdot h$ 이다.

27 과열증기에서 과열도는 무엇인가?

① 과열증기온도와 포화증기온도와의 차이다.
② 과열증기온도에 증발열을 합한 것이다.
③ 과열증기의 압력과 포화증기의 압력 차이다.
④ 과열증기온도에 증발열을 뺀 것이다.

해설
과열도는 과열증기 온도와 포화증기 온도와의 차이다.

 정답   20.①   21.④   22.④   23.①   24.③   25.②   26.①   27.①

28 수관식 보일러 중에서 기수드럼 2~3개와 수드럼 1~2개를 갖는 것으로 관의 양단을 구부려서 각 드럼에 수직으로 결합하는 구조로 되어 있는 보일러는?

① 다쿠마 보일러
② 야로우 보일러
③ 스터링 보일러
④ 가르베 보일러

스터링 보일러는 기수드럼 2~3개와 수드럼 1~2개를 갖는 것으로 관의 양단을 구부려서 각 드럼에 수직으로 결합하는 구조로 되어 있는 보일러이다.

29 절탄기(economizer) 및 공기 예열기에서 유황(S) 성분에 의해 주로 발생되는 부식은?

① 고온부식   ② 저온부식
③ 산화부식   ④ 점식

저온부식은 절탄기(economizer) 및 공기 예열기에서 유황(S) 성분에 의해 주로 발생되는 부식이다.

30 증기난방 배관 시공에 관한 설명으로 틀린 것은?

① 저압증기 난방에서 환수관을 보일러에 직접 연결할 경우 보일러 수의 역류현상을 방지하기 위해서 하트포드(hartford) 접속법을 사용한다.
② 진공환수방식에서 방열기의 설치위치가 보일러보다 위쪽에 설치된 경우 리프트 피팅 이음방식을 적용하는 것이 좋다.
③ 증기가 식어서 발생하는 응축수를 증기와 분리하기 위하여 증기트랩을 설치한다.
④ 방열기에는 주로 열동식 트랩이 사용되고, 응축수량이 많이 발생하는 증기관에는 버킷트랩 등 다량 트랩을 장치한다.

진공환수방식에서 방열기의 설치위치가 보일러보다 아랫쪽에 설치된 경우 리프트 피팅 이음 방식을 적용하는 것이 좋다.

31 원통형 보일러의 일반적인 특징 설명으로 틀린 것은?

① 보일러 내 보유 수량이 많아 부하변동에 의한 압력 변화가 적다.
② 고압 보일러나 대용량 보일러에는 부적당하다.
③ 구조가 간단하고 정비, 취급이 용이하다.
④ 전열면적이 커서 증기 발생시간 짧다.

원통형 보일러는 전열면적이 작고 증기 발생시간 길다.

32 다음 중 과열기에 관한 설명으로 틀린 것은?

① 연소방식에 따라 직접연소식과 간접연소식으로 구분된다.
② 전열방식에 따라 복사형, 대류형, 양자병용형으로 구분된다.
③ 복사형 과열기는 관열관을 연소실내 또는 노벽에 설치하여 복사열을 이용하는 방식이다.
④ 과열기는 일반적으로 직접연소식이 널리 사용된다.

과열기는 일반적으로 간접연소식이 널리 사용된다.

33 표준대기압 상태에서 0℃ 물 1kg이 100℃ 증기로 만드는데 필요한 열량은 몇 kcal인가? (단, 물의 비열은 1kcal/kg·℃ 이고, 증발잠열은 539kcal/kg 이다.)

① 100   ② 500
③ 539   ④ 639

필요열량 = 100 × 1 + 539 × 1 =639

34 다음 중 KS에서 규정하는 온수 보일러의 용량 단위는?

① Nm³/h   ② kcal/㎡
③ kg/h   ④ kJ/h

해설
온수 보일러의 용량 단위는 kJ/h 이다.

35 열사용기자재 검사기준에 따라 온수발생 보일러에 안전밸브를 설치해야 되는 경우는 온수온도 몇 ℃ 이상인 경우인가?

① 60℃   ② 80℃
③ 100℃   ④ 120℃

해설
온수발생 보일러에 안전밸브를 설치해야 되는 경우는 온수온도 120℃ 이상이다.

36 지역난방의 일반적인 장점으로 거리가 먼 것은?

① 각 건물마다 보일러 시설이 필요 없고, 연료비와 인건비를 줄일 수 있다.
② 시설이 대규모이므로 관리가 용이하고 열효율 면에서 유리하다.
③ 지역난방설비에서 배관의 길이가 짧아 배관에 의한 열손실이 적다.
④ 고압증기나 고온수를 사용하여 관의 지름을 작게 할 수 있다.

해설
지역난방설비에서 배관의 길이가 길고 배관에 의한 열손실이 크다.

37 다음 보온재 중 유기질 보온재에 속하는 것은?

① 규조토   ② 탄산마그네슘
③ 유리섬유   ④ 코르크

해설
보온재 중 유기질 보온재에 속하는 것은 펠트, 코르크, 기포성 수지 등이 있다.

38 수면측정장치 취급상의 주의사항에 대한 설명으로 틀린 것은?

① 수주 연결관은 수측 연결관의 도중에 오물이 끼기 쉬우므로 하향 경사하도록 배관한다.
② 조명은 충분하게 하고 유리는 항상 청결하게 유지한다.
③ 수면계의 콕크는 누설되기 쉬우므로 6개월 주기로 분해 정비하여 조작하기 쉬운 상태로 유지한다.
④ 수주관 하부의 분출관은 매일 1회 분출하여 수측 연결관의 찌꺼기를 배출한다.

해설
수면측정장치 취급상의 주의사항에서 수주 연결관은 수측 연결관의 도중에 오물이 끼기 쉬우므로 상향 경사가 되도록 배관한다.

39 보일러 수리시의 안전사항으로 틀린 것은?

① 부식부위의 해머작업 시에는 보호안경을 착용한다.
② 파이프 나사절삭 시 나사 부는 맨손으로 만지지 않는다.
③ 토치램프 작업 시 소화기를 비치해 둔다.
④ 파이프렌치는 무거우므로 망치 대용으로 사용해도 된다.

해설
파이프렌치는 망치 대용으로 사용하면 안된다.

40 어떤 건물의 소요 난방부하가 54600 kcal/h이다. 주철제 방열기로 증기난방을 한다면 약 몇 쪽(section)의 방열기를 설치해야 하는가? (단, 표준방열량으로 계산하며, 주철제 방열기의 쪽당 방열면적은 0.24m²이다.)

① 330쪽   ② 350쪽
③ 380쪽   ④ 400쪽

해설
방열기의 쪽수 = 54600 / 650 × 0.24 = 350

 정답   34.④   35.④   36.③   37.④   38.①   39.④   40.②

41 관이음쇠로 사용되는 홈 조인트(groove joint)의 장점에 관한 설명으로 틀린 것은?

① 일반 용접식, 플랜지식, 나사식 관이음 방식에 비해 빨리 조립이 가능하다.
② 배관 끝단 부분의 간격을 유지하여 온도변화 및 진동에 의한 신축, 유동성이 뛰어나다.
③ 홈 조인트의 사용 시 용접 효율성이 뛰어나서 배관 수명이 길어진다.
④ 플랜지식 관이음에 비해 볼트를 사용하는 수량이 적다.

해설
홈 조인트의 사용 시 용접 효율성이 떨어지고 배관 수명이 작다.

42 보일러에서 팽창탱크의 설치 목적에 대한 설명으로 틀린 것은?

① 체적팽창, 이상팽창에 의한 압력을 흡수한다.
② 장치 내의 온도와 압력을 일정하게 유지한다.
③ 보충수를 공급하여 준다.
④ 관수를 배출하여 열손실을 방지한다.

해설
팽창탱크의 설치 목적
① 체적팽창, 이상팽창에 의한 압력을 흡수한다.
② 장치 내의 온도와 압력을 일정하게 유지한다.
③ 보충수를 공급하여 준다.

43 온수 순환 방법에서 순환이 빠르고 균일하게 급탕 할 수 있는 방법은?

① 단관 중력순환식 배관법
② 복관 중력순환식 배관법
③ 건식 순환식 배관법
④ 강제 순환식 배관법

해설
강제 순환식 배관법은 온수 순환 방법에서 순환이 빠르고 균일하게 급탕 할 수 있는 방법이다.

44 열사용기자재 검사기준에 따라 수압시험을 할 때 강철제 보일러의 최고사용압력이 0.43Mpa를 초과, 1.5Mpa 이하인 보일러의 수압시험 압력은?

① 최고 사용압력의 2배 + 0.1Mpa
② 최고 사용압력의 1.5배 + 0.2Mpa
③ 최고 사용압력의 1.3배 + 0.3Mpa
④ 최고 사용압력의 2.5배 + 0.5Mpa

해설
강철제 보일러의 최고사용압력이 0.43Mpa를 초과, 1.5Mpa 이하인 보일러의 수압시험 압력은 최고 사용압력의 1.3배 + 0.3Mpa 이다.

45 열사용기자재 검사기준에 따라 전열면적 12m² 인 보일러의 급수밸브의 크기는 호칭 몇 A 이상이어야 하는가?

① 15   ② 20
③ 25   ④ 32

해설
전열면적 12m²인 보일러의 급수밸브의 크기는 호칭 20A 이상이어야 한다.

46 관의 결합방식 표시방법 중 유니언식의 그림기호로 맞는 것은?

해설
① 나사이음   ② 용접이음   ③ 플랜지이음

47 신·재생 에너지 설비 중 태양의 열에너지를 변환시켜 전기를 생산하거나 에너지원으로 이용하는 설비로 맞는 것은?

① 태양열 설비
② 태양광 설비
③ 바이오에너지 설비
④ 풍력 설비

해설
태양열 설비는 신·재생 에너지 설비 중 태양의 열에너지를 변환시켜 전기를 생산하거나 에너지원으로 이용하는 설비이다.

 정답   41.③   42.④   43.④   44.③   45.②   46.④   47.①

48 에너지이용 합리화법상 효율관리기자재에 해당하지 않는 것은?

① 전기냉장고　　② 전기냉방기
③ 자동차　　　　④ 범용선반

효율관리기자재에 해당하는 것은 전기냉장고, 전기냉방기, 자동차 등이 있다.

49 다음 보온재 중 안전사용 (최고)온도가 가장 낮은 것은?

① 규산칼슘 보온판
② 탄산마그네슘 물반죽 보온재
③ 경질 폼라버 보온통
④ 글라스울 블랭킷

보온재의 안전사용온도
① 규산칼슘 보온판 : 650℃
② 탄산마그네슘 물반죽 보온재 : 250℃
③ 글라스울 블랭킷 : 300℃
④ 경질 폼라버 보온통 : 80℃

50 로터리 밸브의 일종으로 원통 또는 원뿔에 구멍을 뚫고 축을 회전함에 따라 개폐하는 것으로 플러그 밸브라 고도하며 0~90°, 사이에 임의의 각도로 회전함으로써 유량을 조절하는 밸브는?

① 글로브 밸브　　② 체크 밸브
③ 슬루스 밸브　　④ 콕(Cock)

콕(Cock)은 원통 또는 원뿔에 구멍을 뚫고 축을 회전함에 따라 개폐하는 것으로 플러그 밸브라 고도하며 0~90°, 사이에 임의의 각도로 회전함으로써 유량을 조절하는 밸브이다.

51 신축곡관이라고도 하며 고온, 고압용 증기관 등의 옥외 배관에 많이 쓰이는 신축 이음은?

① 벨로스형　　② 슬리브형
③ 스위블형　　④ 루프형

루프형 신축이음은 신축곡관이라고도 하며 고온, 고압용 증기관 등의 옥외 배관에 많이 쓰이는 신축 이음이다.

52 에너지 이용 합리화법에서 정한 국가에너지 절약 추진위원회의 위원장은 누구인가?

① 지식경제부장관
② 지방자치단체의 장
③ 국무총리
④ 대통령

국가에너지 절약 추진위원회의 위원장은 지식경제부장관이다.

53 부식억제제의 구비조건에 해당하지 않는 것은?

① 스케일의 생성을 촉진할 것
② 정지나 유동시에도 부식억제 효과가 클 것
③ 방식 피막이 두꺼우며 열전도에 지장이 없을 것
④ 이종금속과의 접촉부식 및 이종 금속에 대한 부식 촉진 작용이 없을 것

부식억제제는 스케일의 생성을 방지할 수 있어야 한다.

54 방열기의 종류 중 관과 핀으로 이루어지는 엘리먼트와 이것을 보호하기 위한 덮개로 이루어지며, 실내 벽면 아랫부분의 나비 나무 부분을 따라서 부착하여 방열하는 형식의 것은?

① 컨벡터
② 패널 라디에이터
③ 섹셔널 라디에이터
④ 베이스 보드 히터

베이스 보드 히터는 관과 핀으로 이루어지는 엘리먼트와 이것을 보호하기 위한 덮개로 이루어지며, 실내 벽면 아랫부분의 나비 나무 부분을 따라서 부착하여 방열하는 형식의 것이다.

 정답　48.④　49.③　50.④　51.④　52.①　53.①　54.④

55 에너지이용 합리화법에 따라 지식경제부령으로 정하는 광고매체를 이용하여 효율관리기자재의 광고를 하는 경우에는 그 광고 내용에 에너지 소비효율, 에너지소비 효율등급을 포함시켜야 할 의무가 있는 자가 아닌 것은?

① 효율관리기자재 제조업자
② 효율관리기자재 광고업자
③ 효율관리기자재 수입업자
④ 효율관리기자재 판매업자

56 에너지이용 합리화법에 따라 에너지 사용계획을 수립하여 지식경제부 장관에게 제출하여야 하는 민간사업주관자의 시설규모로 맞는 것은?

① 연간 2500 티·오·이 이상의 연료 및 열을 사용하는 시설
② 연간 5000 티·오·이 이상의 연료 및 열을 사용하는 시설
③ 연간 1천만 킬로와트 이상의 전력을 사용하는 시설
④ 연간 500만 킬로와트 이상의 전력을 사용하는 시설

57 효율관리기자재 운용규정에 따라 가정용가스보일러에서 시험성적서 기재 항목에 포함되지 않는 것은?

① 난방열효율   ② 가스소비량
③ 부하손실   ④ 대기전력

58 연료(중유) 배관에서 연료 저장탱크와 버너 사이에 설치되지 않는 것은?

① 오일펌프   ② 여과기
③ 중유가열기   ④ 축열기

59 보일러 점화조작 시 주의사항에 대한 설명으로 틀린 것은?

① 연소실의 온도가 높으면 연료의 확산이 불량해져서 착화가 잘 안 된다.
② 연료가스의 유출 속도가 너무 빠르면 실화 등이 일어나고, 너무 늦으면 역화가 발생한다.
③ 연료의 유압이 낮으면 점화 및 분사가 불량하고 높으면 그을음이 축적된다.
④ 프리퍼지 시간이 너무 길면 연소실의 냉각을 초래 하고 너무 늦으면 역화를 일으킬 수 있다.

60 보일러 가동 시 맥동연소가 발생하지 않도록 하는 방법으로 틀린 것은?

① 연료 속에 함유된 수분이나 공기를 제거한다.
② 2차 연소를 촉진시킨다.
③ 무리한 연소를 하지 않는다.
④ 연소량의 급격한 변동을 피한다.

 정답 55.② 56.② 57.③ 58.④ 59.① 60.②

6회 에너지관리기능사 **CBT 기출복원문제**
>> 2023 시행

수험번호:
수험자명:

 제한시간: 60분
남은시간:

01 보일러에서 노통의 약한 단점을 보완하기 위해 설치하는 약 1m 정도의 노통이음을 무엇이라고 하는가?

① 아담슨 조인트
② 보일러 조인트
③ 브리징 조인트
④ 라몽트 조인트

해설
보일러에서 노통의 약한 단점을 보완하기 위해 설치하는 약 1m 정도의 노통이음은 아담슨 조인트라 한다.

02 연소방식을 기화연소방식과 무화연소방식으로 구분할 때 일반적으로 무화연소방식을 적용해야 하는 연료는?

① 톨루엔
② 중유
③ 등유
④ 경유

해설
무화연소방식을 적용해야 하는 연료는 중유이다.

03 보일러의 인터록 제어 중 송풍기 작동 유무와 관련이 가장 큰 것은?

① 저수위 인터록
② 불착화 인터록
③ 저연소 인터록
④ 프리퍼지 인터록

해설
프리퍼지 인터록은 송풍기 작동 유무와 관련이 가장 크다.

04 수관보일러에 설치하는 기수분리기의 종류가 아닌 것은?

① 스크레버형
② 싸이크론형
③ 배플형
④ 벨로즈형

해설
수관보일러의 기수분리기는 스크레버, 싸이클론, 배플형 등이 있다.

05 보일러를 본체 구조에 따라 분류하면 원통형 보일러와 수관식 보일러로 크게 나눌 수 있다. 수관식 보일러에 속하지 않는 것은?

① 노통 보일러
② 다쿠마 보일러
③ 라몽트 보일러
④ 슐처 보일러

해설
노통보일러는 원통형 보일러의 입형 보일러이다.

06 수관식 보일러의 일반적인 장점에 해당하지 않는 것은?

① 수관의 관경이 적어 고압에 잘 견디며 전열면적이 커서 증기 발생이 빠르다.
② 용량에 비해 소요면적이 적으며, 효율이 좋고 운반, 설치가 쉽다.
③ 급수의 순도가 나빠도 스케일이 잘 발생하지 않는다.
④ 과열기, 공기예열기 설치가 용이하다.

해설
수관식 보일러는 급수의 순도가 나쁘면 스케일이 발생하여 수질관리에 주의 하여야한다.

07 다음 중 물의 임계압력은 어느 정도인가?

① $100.43kgf/cm^2$
② $225.65kgf/cm^2$
③ $374.15kgf/cm^2$
④ $539.15kgf/cm^2$

해설
물의 임계압력은 $225.65kgf/cm^2$ 이다.

 정답
01.① 02.② 03.④ 04.④ 05.① 06.③ 07.②

08 급수온도 21℃에서 압력 14kgf/cm², 온도 250℃의 증기를 시간당 14000kg을 발생하는 경우의 상당증발량은 약 몇 kg/h인가? (단, 발생증기의 엔탈피는 635 kcal/kg이다.)

① 15948
② 25326
③ 3235
④ 48159

09 스프링식 안전밸브에서 저양정식인 경우는?

① 밸브의 양정이 밸브시트 구경의 1/7 이상 1/5 미만인 것
② 밸브의 양정이 밸브시트 구경의 1/15 이상 1/7 미만인 것
③ 밸브의 양정이 밸브시트 구경의 1/40 이상 1/15 미만인 것
④ 밸브의 양정이 밸브시트 구경의 1/45 이상 1/40 미만인 것

10 증기보일러에서 압력계 부착방법에 대한 설명으로 틀린 것은?

① 압력계의 콕은 그 핸들을 수직인 증기관과 동일 방향에 놓은 경우에 열려 있어야 한다.
② 입력계에는 안지름 12.7mm 이상의 사이폰관 또는 동등한 작용을 하는 장치를 설치한다.
③ 압력계는 원칙적으로 보일러의 증기실에 눈금판의 눈금이 잘 보이는 위치에 부착한다.
④ 증기온도가 483k(210℃)를 넘을 때에는 황동관 또는 동관을 사용하여서는 안 된다.

11 인젝터의 작동불량 원인과 관계가 먼 것은?

① 부품이 마모되어 있는 경우
② 내부노즐에 이물질이 부착되어 있는 경우
③ 체크밸브가 고장 난 경우
④ 증기압력이 높은 경우

12 보일러용 가스버너에서 외부혼합형 가스버너의 대표적 형태가 아닌 것은?

① 분젠 형
② 스크롤 형
③ 센터파이어 형
④ 다분기관 형

13 보일러 분출장치의 분출시기로 적절하지 않은 것은?

① 보일러 가동 직전
② 프라이밍, 포밍현상이 일어날 때
③ 연속가동 시 열부하가 가장 높을 때
④ 관수가 농축되어 있을 때

14 보일러 자동제어에서 신호전달방식이 아닌 것은?

① 공기압식　　② 자석식
③ 유압식　　　④ 전기식

자동제어에서 신호전달방식은 공기압식, 유압식, 전기식 등이 있다.

15 육상용 보일러의 열정산 방식에서 환산 증발 배수에 대한 설명으로 맞는 것은?

① 증기의 보유 열량을 실제연소열로 나눈 값이다.
② 발생증기엔탈피와 급수엔탈피의 차를 539로 나눈 값이다.
③ 매시 환산 증발량을 매시 연료 소비량으로 나눈 값이다.
④ 매시 환산 증발량을 전열면적으로 나눈 값이다.

환산 증발 배수는 매시 환산 증발량을 매시 연료 소비량으로 나눈 값을 의미한다.

16 상당증발량 = Ge(kg/h), 보일러 효율 = η, 연료소비량 = B(kg/h), 저위발열량 = Hₗ(kcal/kg), 증발잠열 = 539(kcal/kg)일 때 상당증발량(Ge)을 옳게 나타낸 것은?

① Ge = (539ηHₗ) / B
② Ge = (BHₗ)) / (539η)
③ Ge = (ηBHₗ) / 539
④ Ge = (539ηB) / Hₗ

상당증발량
= (보일러 효율 × 연료소비량 × 저위발열량) / 539
보일러 효율
= 상당증발량 × 539 / 연료소비량 × 저위발열량

17 액체연료 중 경질유에 주로 사용하는 기화연소 방식의 종류에 해당하지 않는 것은?

① 포트식　　② 심지식
③ 증발식　　④ 무화식

경질유에 주로 사용하는 기화연소 방식의 종류는 증발식, 포트식, 심지식 등이 있다.

18 수소 15%, 수분 0.5% 중유의 고위발열량이 10000kcal/kg이다. 이 중유의 저위발열량은 몇 kcal/kg인가?

① 8795　　② 8984
③ 9085　　④ 9187

저위발열량 = 고위발열량 − 600 × (9H − W)
= 10000−600×(9×0.15 −0.005) = 9187

19 슈미트 보일러는 보일러 분류에서 어디에 속하는가?

① 관류식　　② 자연순환식
③ 강제순환식　④ 간접가열식

슈미트 보일러는 간접가열식 보일러이다.

20 보일러 마력에 대한 설명에서 괄호 안에 들어갈 숫자로 옳은 것은?

> 표준상태에서 한 시간에 (　　) kg의 상당증발량을 나타낼 수 있는 능력이다.

① 16.56　　② 14.65
③ 15.65　　④ 13.56

표준상태에서 한 시간에 15.65kg의 상당증발량을 나타낼 수 있는 능력을 1보일러마력이라 한다.

21 보일러의 보존법 중 장기보전법에 해당하지 않는 것은?

① 가열건조법
② 석회밀폐건조법
③ 질소가스봉압법
④ 소다만수보존법

보일러 장기보전법은 석회밀폐건조법, 질소가스봉압법, 소다만수보존법 등이 있다.

정답　14.②　15.③　16.③　17.④　18.④　19.④　20.③　21.①

22 난방부하 설계 시 고려하여야 할 사항으로 거리가 먼 것은?

① 유리창 및 문
② 천정 높이
③ 교통 여건
④ 건물의 위치(방위)

23 열팽창에 의한 배관의 이동을 구속 또는 제한하는 배관지지구인 레스트레인트(restraint)의 종류가 아닌 것은?

① 가이드   ② 앵커
③ 스토퍼   ④ 행거

24 배관의 신축이음 중 지웰이음 이라고도 불리며, 주로 증기 및 온수난방용 배관에 사용되나, 신축 량이 너무 큰 배관에서는 나사 이음부가 헐거워져 누설의 염려가 있는 신축이음 방식은?

① 루프식   ② 벨로즈식
③ 볼 조인트식   ④ 스위블식

25 보일러를 비상 정지시키는 경우의 일반적인 조치사항으로 잘못된 것은?

① 압력은 자연히 떨어지게 기다린다.
② 연소공기의 공급을 멈춘다.
③ 주증기 스톱밸브를 열어 놓는다.
④ 연료 공급을 중단한다.

26 보일러 운전자가 승기 시 취할 사항으로 맞는 것은?

① 증기헤더, 과열기 등의 응축수는 배출되지 않도록 한다.
② 증기 후에는 응축수 밸브를 완전히 열어 둔다.
③ 기수공발이나 수격작용이 일어나지 않도록 주의한다.
④ 주증기관은 스톱밸브를 신속히 열어 열 손실이 없도록 한다.

27 다음 중 구상부식(grooving)의 발생장소로 거리가 먼 것은?

① 경판의 급수구멍
② 노통의 플랜지 원형부
③ 접시형 경판의 구석 원통부
④ 보일러 수의 유속이 늦은 부분

28 증기, 물, 기름 배관 등에 사용되며 관내의 이물질, 찌꺼기 등을 제거할 목적으로 사용되는 것은?

① 플로트 밸브   ② 스트레이너
③ 세정밸브   ④ 분수 밸브

 정답   22.③   23.④   24.④   25.③   26.③   27.④   28.②

29 다음 그림과 같은 동력 나사절삭기의 종류의 형식으로 맞는 것은?

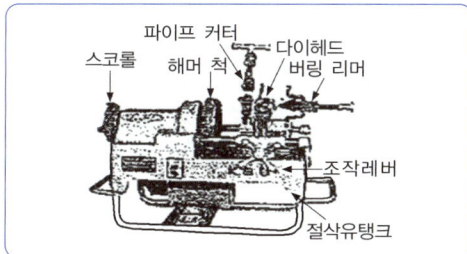

① 오스터형
② 호브형
③ 다이헤드형
④ 파이프형

30 두께 150mm, 면적이 15m²인 벽이 있다. 내면온도는 200℃, 외면온도가 20℃일 때 벽을 통한 손실열량은?(단, 열전도율은 0.25kcal/mtfc 이다.)

① 101 kcal/h
② 675 kcal/h
③ 2345 kcal/h
④ 4500 kcal/h

> **해설**
> 벽을 통한 손실열
> $$= \frac{열전도율}{벽두께} \times 면적 \times (내면온도 - 외면온도)$$
> $$= \frac{0.25}{0.15} \times 15 \times (200 - 20) = 4500 kcal/h$$

31 보일러에서 포밍이 발생하는 경우로 거리가 먼 것은?

① 증기의 부하가 너무 적을 때
② 보일러수가 너무 농축되었을 때
③ 수위가 너무 높을 때
④ 보일러수 중에 유지분이 다량 함유되었을 때

> **해설**
> 포밍은 증기의 부하가 클 때 주로 발생한다.

32 보일러에서 발생하는 부식 형태가 아닌 것은?

① 점식
② 수소취화
③ 알칼리 부식
④ 라미네이션

> **해설**
> 보일러의 부식은 외부부식과 내부부식이 있고 라미네이션은 보일러 사고의 제작상 원인이다.

33 보일러의 휴지(休止) 보존 시에 질소가스 봉입보존법을 사용할 경우 질소 가스의 압력을 몇 Mpa 정도로 보존하는가?

① 0.2
② 0.6
③ 0.02
④ 0.06

> **해설**
> 보일러의 장기보존방법에는 질소가스 봉입 보존법이 있고 이때에 질소가스의 압력은 0.06Mpa정도를 유지한다.

34 보일러 저수위 사고의 원인으로 가장 거리가 먼 것은?

① 보일러 이음부에서의 누설
② 수면계 수위의 오판
③ 급수장치가 증발능력에 비해 과소
④ 연료 공급 노즐의 막힘

> **해설**
> 연료 공급 노즐의 막힘은 보일러의 저수위 사고와는 상관이 없다.

35 증기난방에서 응축수의 환수방법에 따른 분류 중 증기의 순환과 응축수의 배출이 빠르며, 방열량도 광범위하게 조절할 수 있어서 대규모 난방에서 많이 채택하는 방식은?

① 진공 환수식 증기난방
② 복관 중력 환수식 증기난방
③ 기계 환수식 증기난방
④ 단관 중력 환수식 증기난방

> **해설**
> 진공 환수식 증기난방은 응축수의 환수방법에 따른 분류 중 증기의 순환과 응축수의 배출이 빠르며, 방열량도 광범위하게 조절 할 수 있어서 대규모 난방에서 많이 채택하는 방식이다.

 정답 29.③ 30.④ 31.① 32.④ 33.④ 34.④ 35.①

36 보일러에서 사용하는 수면계 설치 기준에 관한 설명 중 잘못된 것은?

① 유리 수면계는 보일러의 최고사용압력과 그에 상당하는 증기온도에서 원활히 작용하는 기능을 가져야 한다.

② 소용량 및 소형관류보일러에는 2개 이상의 유리 수면계를 부착해야 한다.

③ 최고사용압력 1Mpa 이하로서 동체 안지름이 750mm 미만 인 경우에 있어서는 수면계 중 1개는 다른 종류의 수면 측정 장치로 할 수 있다.

④ 2개 이상의 원격지시 수면계를 시설하는 경우에 한하여 유리 수면계를 1개 이상으로 할 수 있다.

소용량 및 소형관류보일러에는 1개 이상의 유리 수면계를 부착한다.

37 온수난방을 하는 방열기의 표준 방열량은 몇 kcal/m²·h 인가?

① 440   ② 450

③ 460   ④ 470

온수난방의 표준방열량은 450kcal/m²·h이고, 증기난방의 표준방열량은 650kcal/m²·h이다.

38 증기난방과 비교하여 온수난방의 특징을 설명한 것으로 틀린 것은?

① 난방 부하의 변동에 따라서 열량조절이 용이하다.

② 예열 시간이 짧고, 가열 후에 냉각시간도 짧다.

③ 방열기의 화상이나, 공기 중의 먼지 등이 눌어붙어 생기는 나쁜 냄새가 적어 실내의 쾌적도가 높다.

④ 동일 발열량에 대하여 방열 면적이 커야하고 관경도 굵어야 하기 때문에 설비비가 많이 드는 편이다.

증기난방과 비교하여 온수난방의 특징은 예열 시간이 길고, 가열 후에 냉각시간도 길다.

39 배관 내에 흐르는 유체의 종류를 표시하는 기호 중 증기를 나타내는 것은?

① A   ② G

③ O   ④ S

① A-공기 ② G-가스 ③ O-오일

40 보온시공 시 주의사항에 대한 설명으로 틀린 것은?

① 보온재와 보온재의 틈새는 되도록 적게 한다.

② 겹침부의 이음새는 동일 선상을 피해서 부착한다.

③ 테이프 감기는 물, 먼지 등의 침입을 막기 위해 위에서 아래쪽으로 향하여 감아 내리는 것이 좋다.

④ 보온의 끝 단면은 사용하는 보온재 및 보온 목적에 따라서 필요한 보호를 한다.

보온시공 시 테이프 감기는 물, 먼지 등의 침입을 막기 위해 아래에서 위에 쪽으로 향하여 감아올리는 것이 좋다.

41 표준방열량을 가진 증기방열기가 설치된 실내의 난방 부하가 20,000kcal/h 일 때 방열 면적은 몇 m²인가?

① 30.8

② 36.4

③ 44.4

④ 57.1

방열면적 = 난방부하 / 650

= 20000 / 650

= 30.76

42 보일러 배관 중에 신축이음을 하는 목적으로 가장 적합한 것은?

① 증기 속의 이물질을 제거하기 위하여
② 열팽창에 의한 관의 파열을 막기 위하여
③ 보일러 수의 누수를 막기 위하여
④ 증기 속의 수분을 분리하기 위하여

해설
신축이음을 하는 목적은 열팽창에 의한 관의 파열을 막기 위하여

43 가동 중인 보일러의 취급 시 주의사항으로 틀린 것은?

① 보일러수가 항시 일정수위(상용수위)가 되도록 한다.
② 보일러 부하에 응해서 연소율을 가감한다.
③ 연소량을 증가 시킬 경우에는 먼저 연료량을 증가시키고 난 후 통풍량을 증가시켜야 한다.
④ 보일러수의 농축을 방지하기 위해 주기적으로 블로우 다운을 실시한다.

해설
연소량을 증가 시킬 경우에는 먼저 통풍량을 증가시키고 난 후 연료량을 증가시킨다.

44 증기 보일러에는 원칙적으로 2개 이상의 안전밸브를 부착해야 하는데 전열면적이 몇 m^2 이하이면 안전밸브를 1개 이상 부착해도 되는가?

① 50m^2 ② 30m^2
③ 80m^2 ④ 100m^2

해설
증기 보일러에는 원칙적으로 2개 이상의 안전밸브를 부착해야 하는데 전열면적이 50m^2 이하이면 안전밸브를 1개 이상 부착해도 된다.

45 배관의 나사이음과 비교한 용접이음의 특징으로 잘못 설명된 것은?

① 나사 이음부와 같이 관의 두께에 불균일한 부분이 없다.
② 돌기부가 없어 배관상의 공간효율이 좋다.
③ 이음부의 강도가 적고, 누수의 우려가 크다.
④ 변형과 수축, 잔류응력이 발생 할 수 있다.

해설
나사이음과 비교하여 용접이음은 강도가 크고 누수의 우려가 없다.

46 배관의 나사이음과 비교하여 용접이음의 장점이 아닌 것은?

① 누수의 염려가 적다.
② 관 두께에 불균일한 부분이 생기지 않는다.
③ 이음부의 강도가 크다.
④ 열에 의한 잔류응력 발생이 거의 일어나지 않는다.

해설
용접이음은 발생열에 의해 잔류응력이 발생하는 단점이 있다.

47 파이프 축에 대해서 직각 방향으로 개폐되는 밸브로 유체의 흐름에 따른 마찰저항 손실이 적으며 난방 배관 등에 주로 이용되나 절반만 개폐하면 디스크 뒷면에 와류가 발생되어 유량 조절용으로는 부적합한 밸브는?

① 버터플라이 밸브
② 슬루스 밸브
③ 글로브 밸브
④ 콕

해설
슬루스밸브는 디스크의 와류가 발생하여 개폐용으로 주로 사용되고 글로브밸브는 유량 조절용으로 주로 사용 된다.

 정답 42.② 43.③ 44.① 45.③ 46.④ 47.②

48 가동 중인 보일러를 정지시킬 때 일반적으로 가장 먼저 조치해야 할 사항은?

① 증기 밸브를 닫고, 드레인 밸브를 연다.
② 연료의 공급을 정지한다.
③ 공기의 공급을 정지한다.
④ 댐퍼를 닫는다.

해설
보일러를 정지시킬 때 일반적으로 가장 먼저 조치해야 할 사항은 연료의 차단이다.

49 증기 보일러에서 수면계의 점검시기로 적절하지 않은 것은?

① 2개의 수면계 수위가 다를 때 행한다.
② 프라이밍, 포밍 등이 발생할 때 행한다.
③ 수면계 유리관을 교체하였을 때 행한다.
④ 보일러의 점화 후에 행한다.

해설
보일러의 점화전에 수면계를 점검을 시행한다.

50 보일러 내처리로 사용되는 약제 중 가성취화 방지, 탈산소, 슬러지 조정 등의 작용을 하는 것은?

① 수산화나트륨
② 암모니아
③ 탄닌
④ 고급지방산폴리알콜

해설
가성취화 방지제로는 탈산소, 슬러지, 탄닌 등이 있다.

51 다음 중 동관 이음의 종류에 해당하지 않는 것은?

① 납땜 이음   ② 기볼트 이음
③ 플레어 이음   ④ 플랜지 이음

해설
볼트 이음은 동관이음에 사용하지 않는다.

52 부하에 대한 보일러의 "정격출력"을 올바르게 표시한 것은?

| H1 : 난방부하 | H2 : 급탕부하 |
| H3 : 배관부하 | H4 : 시동부하 |

① H1＋H2
② H1＋H2＋H3
③ H1＋H2＋H4
④ H1＋H2＋H3＋H4

해설
보일러의 정격출력은 난방부하 + 급탕부하 + 배관부하 +시동부하이다.

53 다음 중 보온재의 일반적인 구비 요건으로 틀린 것은?

① 비중이 크고 기계적 강도가 클 것
② 장시간 사용에도 사용온도에 변질되지 않을 것
③ 시공이 용이하고 확실하게 할 수 있을 것
④ 열전도율이 적을 것

해설
보온재의 일반적인 구비 요건으로 비중은 작고 강도는 커야 한다.

54 상용보일러의 점화 전 연소계통의 점검에 관한 설명으로 틀린 것은?

① 중유예열기를 가동하되 예열기가 증기가열식인 경우에는 드레인을 배출시키지 않은 상태에서 가열한다.
② 연료배관, 스트레이너, 연료펌프 및 수동차단밸브의 개폐상태를 확인한다.
③ 연소가스 통로가 긴 경우와 구부러진 부분이 많을 경우에는 완전한 환기가 필요하다.
④ 연소실 및 연도 내의 잔류가스를 배출하기 위하여 연도의 각 댐퍼를 전부 열어놓고 통풍기로 환기시킨다.

 정답 48.② 49.④ 50.③ 51.② 52.④ 53.① 54.①

55 에너지이용합리화법에 따라 연료·열 및 전력의 연간 사용량의 합계가 몇 티오이 이상인 자를 "에너지 다소비사업자"라 하는가?

① 5백   ② 1천

③ 1천 5백   ④ 2천

56 에너지이용합리화법에 따라 효율관리기자재 중 하나인 가정용 가스보일러의 제조업자 또는 수입업자는 소비효율 또는 소비효율등급을 라벨에 표시하여 나타내야 하는데 이때 표시해야 하는 항목에 해당하지 않는 것은?

① 난방출력

② 표시난방열효율

③ 소비효율등급

④ 1시간 사용 시 CO_2 배출량

57 신에너지 및 재생에너지 개발·이용·보급 촉진법에 따라 신·재생에너지의 기술개발 및 이용보급을 촉진하기 위한 기본계획은 누가 수립 하는가?

① 교육과학기술부장관

② 환경부장관

③ 국토해양부장관

④ 지식경제부장관

58 에너지법에서 정의하는 "에너지 사용자"의 의미로 가장 옳은 것은?

① 에너지 보급 계획을 세우는 자

② 에너지를 생산, 수입하는 사업자

③ 에너지사용시설의 소유자 또는 관리자

④ 에너지를 저장, 판매하는 자

59 에너지이용합리화법에 따라 국내외 에너지 사정의 변동으로 에너지수급에 중대한 차질이 발생하거나 발생할 우려가 있다고 인정되면 에너지수급의 안정을 기하기 위하여 필요한 범위 내에 조치를 취할 수 있는데, 다음 중 그러한 조치에 해당하지 않는 것은?

① 에너지의 비축과 저장

② 에너지 판매시설의 확충

③ 에너지의 배급

④ 에너지공급설비의 가동 및 조업

60 에너지이용합리화법에 따라 보일러의 개조검사의 경우 검사 유효기간으로 옳은 것은?

① 6개월   ② 1년

③ 2년   ④ 5년

정답   55.④   56.④   57.④   58.③   59.②   60.②

7회 에너지관리기능사 **CBT 기출복원문제**
>> 2024 시행

수험번호:
수험자명:

제한시간: 60분
남은시간:

01 통풍 방식에 있어서 소요 동력이 비교적 많으나 통풍력 조절이 용이하고 노내압을 정압 및 부압으로 임의로 조절이 가능한 방식은?

① 흡인통풍   ② 평형통풍
③ 압입통풍   ④ 자연통풍

해설

평형통풍은 통풍 방식에 있어서 소요 동력이 비교적 많으나 통풍력 조절이 용이하고 노내압을 정압 및 부압으로 임의로 조절이 가능한 방식이다.

02 보일러 자동연소제어(A.C.C)의 조작량에 해당하지 않는 것은?

① 연소 가스량   ② 공기량
③ 연료량   ④ 급수량

해설

자동연소제어(A.C.C)의 조작량은 연소 가스량, 공기량, 연료량 등이 있다.

03 다음 중 증기의 건도를 향상시키는 방법으로 틀린 것은?

① 증기 공간내의 공기를 제거한다.
② 기수분리기를 사용한다.
③ 증기주관에서 효율적인 드레인 처리를 한다.
④ 증기의 압력을 더욱 높여서 초고압 상태로 만든다.

해설

증기의 건도를 향상시키는 방법
① 기수분리기를 사용한다.
② 증기 공간내의 공기를 제거한다.
③ 증기주관에서 효율적인 드레인 처리를 한다.

04 다음 도시가스의 종류를 크게 천연가스와 석유계 가스, 석탄계 가스로 구분할 때 석유계 가스에 속하지 않는 것은?

① 코르크 가스
② LPG 변성가스
③ 나프타 분해가스
④ 정제소 가스

해설

코크스는 석유, 석탄계 가스로 분류할 수 없다.

05 다음 중 연소 시에 매연 등의 공해 물질이 가장 적게 발생되는 연료는?

① 석탄   ② 액화천연가스
③ 중유   ④ 경유

해설

연소 시에 매연 등의 공해 물질이 가장 적게 발생되는 연료는 기체연료로서 액화천연가스가 공해물질을 가장 적게 발생시킨다.

06 다음 중 수관식 보일러에 해당되는 것은?

① 스코치 보일러   ② 배브콕 보일러
③ 코크란 보일러   ④ 케와니 보일러

해설

배브콕은 자연순환식 경사관식 보일러로 수관보일러에 해당된다.

07 1보일러 마력을 열량으로 환산하면 몇 kcal/h 인가?

① 8435kcal/h   ② 9435kcal/h
③ 7435kcal/h   ④ 10173kcal/h

해설

1보일러 마력은 일의 열당량은 8435kcal/h이다.

정답   01.②   02.④   03.④   04.①   05.②   06.②   07.①

08 보일러 열효율 향상을 위한 방안으로 잘못 설명한 것은?

① 절탄기 또는 공기예열기를 설치하여 배기가스 열을 회수한다.
② 버너 연소부하조건을 낮게 하거나 연속운전을 간헐운전으로 개선한다.
③ 급수온도가 높으면 연료가 절감되므로 고온의 응축수는 회수한다.
④ 온도가 높은 블로우 다운수를 회수하여 급수 및 온수제조 열원으로 활용한다.

해설
보일러 열효율 향상을 위해서는 버너 연소부하 조건을 높게 하거나 간헐운전을 연속운전으로 개선한다.

09 석탄의 함유 성분에 대해서 그 성분이 많을수록 연소에 미치는 영향에 대한 설명으로 틀린 것은?

① 수분 : 착화성이 저하된다.
② 회분 : 연소효율이 증가한다.
③ 휘발분 : 검은 매연이 발생하기 쉽다.
④ 고정탄소 : 발열량이 증가한다.

해설
회분이 많을수록 연소효율은 감소한다.

10 오일버너 종류 중 회전컵의 회전운동에 의한 원심력과 미립회용 1차공기의 운동에너지를 이용하여 연료를 분무시키는 버너는?

① 건타입 버너
② 로터리 버너
③ 유압식 버너
④ 기류 분무식 버너

해설
로터리 버너는 회전컵의 회전운동에 의한 원심력과 미립회용 1차공기의 운동에너지를 이용하여 연료를 분무시키는 버너이다.

11 시간당 100kg의 중류를 사용하는 보일러에서 총 손실열량이 200000kcal/h일 때 보일러의 효율은 약 얼마인가? (단, 중유의 발열량은 10000kcal/kg이다.)

① 75%
② 80%
③ 85%
④ 90%

해설
보일러 효율 = 200000 / 100 × 10000 = 0.2
손실열이므로 효율은 80%

12 프라이밍의 발생 원인으로 거리가 먼 것은?

① 보일러 수위가 높을 때
② 보일러수가 농축되어 있을 때
③ 송기 시 증기밸브를 급개할 때
④ 증발능력에 비하여 보일러수의 표면적이 클 때

해설
프라이밍의 발생 원인
① 보일러 수위가 높을 때
② 보일러수가 농축되어 있을 때
③ 송기 시 증기밸브를 급개할 때

13 오일 여과기의 기능으로 거리가 먼 것은?

① 펌프를 보호한다.
② 유량계를 보호한다.
③ 연료노즐 및 연료조절 밸브를 보호한다.
④ 분무효과를 높여 연소를 양호하게 하고, 연소생성물을 활성화 시킨다.

해설
오일 여과기의 기능
① 펌프를 보호한다.
② 유량계를 보호한다.
③ 연료노즐 및 연료조절 밸브를 보호한다.

14 다음 중 목표값이 변화되어 목표값을 측정하면서 제어목표량을 목표량에 맞도록 하는 제어에 속하지 않는 것은?

① 추종 제어
② 비율 제어
③ 정치 제어
④ 캐스케이드 제어

 정답   08.② 09.② 10.② 11.② 12.④ 13.④ 14.③

15 노동 보일러에서 갤러웨이 관(galloway tube)을 설치하는 목적으로 가장 옳은 것은?

① 스케일 부착을 방지하기 위하여
② 노통의 보강과 양호한 물 순환을 위하여
③ 노통의 진동을 방지하기 위하여
④ 연료의 완전연소를 위하여

16 보일러 급수처리의 목적으로 거리가 먼 것은?

① 스케일의 생성 방지
② 점식 등의 내면 부식 방지
③ 캐리오버의 발생 방지
④ 황분 등에 의한 저온부식 방지

17 보일러의 분류 중 원통형 보일러에 속하지 않는 것은?

① 다쿠마 보일러
② 랭카셔 보일러
③ 캐와니 보일러
④ 코르니시 보일러

18 보일러에서 C중유를 사용할 경우 중유예열 장치로 예열할 때 적정 예열 범위는?

① 40℃~45℃
② 80℃~105℃
③ 130℃~160℃
④ 200℃~250℃

19 어떤 액체 1200kg 을 30℃에서 100℃까지 온도를 상승시키는데 필요한 열량은 몇 kcal 인가? (단, 이 액체의 비열은 3kcal /kg·℃이다.)

① 35000   ② 84000
③ 126000   ④ 252000

20 매시간 1000kg의 LPG를 연소시켜 15000kg/h의 증기를 발생하는 보일러의 효율(%)은 약 얼마인가? (단, LPG의 총발열량은 12980kcal/kg, 발생증기엔탈피는 750kcal/kg, 급수엔탈피는 18kcal/kg 이다.)

① 79.8   ② 84.6
③ 88.4   ④ 94.2

21 보일러에서 발생하는 부식을 크게 습식과 건식으로 구분할 때 다음 중 건식에 속하는 것은?

① 점식   ② 황화부식
③ 알칼리부식   ④ 수소취화

정답   15.②   16.④   17.①   18.②   19.④   20.②   21.②

22 보일러의 점화조작 시 주의사항에 대한 설명으로 잘못된 것은?

① 연료가스의 유출속도가 너무 빠르면 역화가 일어나고, 너무 늦으면 실화가 발생하기 쉽다.

② 연료의 예열온도가 낮으면 무화불량, 화염의 편류, 그을음, 분진이 발생하기 쉽다.

③ 유압이 낮으면 점화 및 분사가 불량하고 유압이 높으면 그을음이 축적되기 쉽다.

④ 프리퍼지 시간이 너무 길면 연소실의 냉각을 초래하고, 너무 짧으면 역화를 일으키기 쉽다.

해설

연료가스의 유출속도가 너무 빠르면 리프팅이 일어나고, 너무 늦으면 역화가 발생하기 쉽다.

23 보일러 작업종료시의 주요점검 사항으로 틀린 것은?

① 전기의 스위치가 내려져 있는지 점검한다.

② 난방용 보일러에 대해서는 드레인의 회수를 확인하고 진공펌프를 가동시켜 놓는다.

③ 작업종료 시 증기압력이 어느 정도인지 점검한다.

④ 증기밸브로부터 누설이 없는지 점검한다.

해설

난방용 보일러에 대해서는 드레인의 회수를 확인하고 진공펌프를 가동시켜 놓는다.

24 보일러 급수 중의 현탁질 고형물을 제거하기 위한 외처리 방법이 아닌 것은?

① 여과법 ② 탈기법
③ 침강법 ④ 응집법

해설

급수 중의 현탁질 고형물을 제거하기 위한 외처리 방법은 여과법, 침강법, 응집법 등이 있다.

25 보일러설치기술규격(KBI)에 따라 열매체유 팽창탱크의 공간부에는 열매체의 노화를 방지하기 위해 N2가스를 봉입하는데 이 가스의 압력이 너무 높게 되지 않도록 설정하는 팽창탱크의 최소체적(VT)을 구하는 식으로 옳은 것은? (단, VE는 승온 시 시스템 내의 열매체유 팽창량(L)이고, VM은 상온 시 탱크내 열매체유 보유량(L)이다.)

① $VT = VE + 2VM$

② $VT = 2VE + VM$

③ $VT = 2VE + 2VM$

④ $VT = 3VE + VM$

해설

팽창탱크의 최소체적 = 2×열매체유 팽창량 + 상온 시 탱크내 열매체유 보유량

26 수관식 보일러의 일반적인 특징이 아닌 것은?

① 구조상 저압으로 운용되어야 하며 소용량으로 제작해야 한다.

② 저열면적을 크게 할 수 있으므로 열효율이 높은 편이다.

③ 급수 처리에 주의가 필요하다.

④ 연소실을 마음대로 크게 만들 수 있으므로 연소상태가 좋으며 또한 여러 종류의 연료 및 연소 방식이 적용된다.

해설

수관식 보일러는 구조상 고압용이고 운용되어야 하며 대용량으로 제작한다.

27 다음 중 자동연료차단장치가 작동하는 경우로 거리가 먼 것은?

① 버너가 연소상태가 아닌 경우(인터록이 작동한 상태)

② 증기압력이 설정압력보다 높은 경우

③ 송풍기 팬이 가동할 때

④ 관류보일러에 급수가 부족한 경우

해설

송풍기 팬이 가동할 때는 자동연료차단장치가 작동과는 상관이 없음

 정답 22.① 23.② 24.② 25.② 26.① 27.③

28 섭씨온도(℃), 화씨온도(°F), 캘빈온도(K), 랭킨온도(°R)와의 관계식으로 옳은 것은?

① ℃=1.8×(°F−32)
② °F=(℃+32)/1.8
③ K=(5/9)×°R
④ °R=K×(5/9)

해설
켈빈온도 = (5 / 9) × 랭킨온도

29 환산 증발 배수에 관한 설명으로 가장 적합한 것은?

① 연료 1[kg]이 발생시킨 증발능력을 말한다.
② 보일러에서 발생한 순수 열량을 표준 상태의 증발잠열로 나눈 값이다.
③ 보일러의 전열면적 1[m²]당 1시간 동안의 실제 증발량이다.
④ 보일러 전열면적 1[m²]당 1시간 동안의 보일러 열출력이다.

해설
환산증발 배수는 연료 1[kg]이 발생시킨 증발능력을 말한다.

30 유류 보일러 시스템에서 중유를 사용할 때 흡입측의 여과망 눈 크기로 적합한 것은?

① 1~10 mesh
② 20~60 mesh
③ 100~150 mesh
④ 300~500 mesh

해설
중유를 사용할 때 흡입측의 여과망 눈 크기는 20~60 mesh 이다.

31 다른 보온재에 비하여 단열 효과가 낮으며 500℃ 이하의 파이프, 탱크, 노벽 등에 사용하는 것은?

① 규조토   ② 암면
③ 그라스 울   ④ 펠트

해설
규조토는 다른 보온재에 비하여 단열 효과가 낮으며 500℃ 이하의 파이프, 탱크, 노벽 등에 사용한다.

32 배관계의 식별표시는 물질의 종류에 따라 달리한다. 물질과 식별색의 연결이 틀린 것은?

① 물 : 파랑
② 기름 : 연한 주황
③ 증기 : 어두운 빨강
④ 가스 : 연한 노랑

해설
물 – 파랑, 증기 – 빨강, 공기 – 백색, 가스 – 노랑, 기름 – 주황, 전기 – 연주황

33 신설 보일러의 설치 제작 시 부착된 페인트, 유지, 녹 등을 제거하기 위해 소다보링(Soda Boiling) 할 때 주입하는 약액 조성에 포함되지 않는 것은?

① 탄산나트륨   ② 수산화나트륨
③ 불화수소산   ④ 제3인산나트륨

해설
신설 보일러의 설치 제작 시 부착된 페인트, 유지, 녹 등을 제거하기 위해 소다보링(Soda Boiling) 할 때 주입하는 약액 조성은 탄산나트륨, 수산화나트륨, 제3인산나트륨 등이 있다.

34 증기난방을 고압증기난방과 저압증기난방으로 구분할 때 저압증기난방의 특징에 해당하지 않는 것은?

① 증기의 압력은 약 $0.15~0.35 kgf/cm^2$ 이다.
② 증기 누설의 염려가 적다.
③ 장거리 증기수송이 가능하다.
④ 방열기의 온도는 낮은 편이다.

해설
고압증기난방과 저압증기난방으로 구분할 때 저압증기난방의 특징
① 증기 누설의 염려가 적다.
② 방열기의 온도는 낮은 편이다.
③ 증기의 압력은 약 $0.15~0.35 kgf/cm^2$이다.

 정답   28.③   29.①   30.②   31.①   32.②   33.③   34.③

35 회전이음, 지블이음이라고도 하며, 주로 증기 및 온수난방용 배관에 설치하는 신축이음 방식은?

① 밸로스형　② 스위블형
③ 슬리브형　④ 루프형

신축이음 중 스위블형은 회전이음, 지블이음 이라고도 하며, 주로 증기 및 온수난방용 배관에 설치하는 신축이음 방식이다.

36 다음 중 무기질 보온재에 속하는 것은?

① 펠트(felt)　② 규조토
③ 코르크(cork)　④ 기포성 수지

무기질 보온재는 규조토, 탄산마그네슘, 그라스울, 암면, 규산칼슘 등이 있다.

37 글라스울 보온통의 안전사용(최고)온도는?

① 100℃　② 200℃
③ 300℃　④ 400℃

보온재 안전사용온도
• 규조토 500℃ 이하,　• 암면 600℃ 이하,
• 기포성수지 100℃ 이하,
• 탄산마그네슘 250℃ 이하,　• 글라스울 300℃

38 관속에 흐르는 유체의 화학적 성질에 따라 배관재료 선택 시 고려해야 할 사항으로 가장 관계가 먼 것은?

① 수송 유체에 따른 관의 내식성
② 수송 유체와 관의 화학반응으로 유체의 변질 여부
③ 지중 매설 배관할 때 토질과의 화학 변화
④ 지리적 조건에 따른 수송 문제

지리적 조건에 따른 수송 문제는 유체의 화학적 성질에 따라 배관재료 선택 시 고려해야 할 사항과 관계가 없다.

39 온수난방에는 고온수 난방과 저온수 난방으로 분류한다. 저온수 난방의 일반적인 온수온도는 몇 ℃ 정도를 많이 사용하는가?

① 40~50℃
② 60~90℃
③ 100~120℃
④ 130~150℃

저온수 난방의 일반적인 온수온도는 60~90℃ 이다.

40 동관의 이음 방법 중 압축이음에 대한 설명으로 틀린 것은?

① 한쪽 동관의 끝을 나팔 모양으로 넓히고 압축이음쇠를 이용하여 체결하는 이음 방법이다.
② 진동 등으로 인한 풀림을 방지하기 위하여 더블너트(double nut)로 체결한다.
③ 점검, 보수 등이 필요한 장소에 쉽게 분해, 조립하기 위하여 사용한다.
④ 압축이음을 플랜지 이음이라고도 한다.

압축이음은 동관의 이음방법으로 플랜지 이음과는 다르며 후레아 접속이라고도 한다.

41 강철제 증기보일러의 최고사용압력이 4kgf/cm²이면 수압시험압력은 몇 kgf/cm²로 하는가?

① 2.0kgf/cm²
② 5.2kgf/cm²
③ 6.0kgf/cm²
④ 8.0kgf/cm²

최고사용압력이 4kgf/cm²이면 수압시험압력은
4 × 2 로 8kgf/cm² 해당된다.

정답　35.②　36.②　37.③　38.④　39.②　40.④　41.④

42 신설 보일러의 사용 전 점검사항으로 틀린 것은?

① 노벽은 가동 시 열을 받아 과열 건조되므로 습기가 약간 남아 있도록 한다.

② 연도의 배플, 그을음 제거기 상태, 댐퍼의 개폐상태를 점검한다.

③ 기수분리기와 기타 부속품의 부착상태와 공구나 볼트, 너트, 헝겊 조각 등이 남아있는가를 확인한다.

④ 압력계, 수위제어기, 급수장치 등 본체와의 접속부 풀림, 누설, 콕의 개폐 등을 확인한다.

신설 보일러의 사용 전 점검사항에서 노벽은 가동 시 열을 받아 과열 건조되므로 습기를 완전히 제거해야 한다.

43 보일러의 용량을 나타내는 것으로 부적합한 것은?

① 상당증발량
② 보일러의 마력
③ 전열면적
④ 연료사용량

보일러의 용량을 나타내는 것
① 상당증발량 ② 보일러의 마력 ③ 전열면적

44 진공환수식 증기난방에 대한 설명으로 틀린 것은?

① 환수관의 직경을 작게 할 수 있다.

② 방열기의 설치장소에 제한을 받지 않는다.

③ 중력식이나 기계식보다 증기의 순환이 느리다.

④ 방열기의 방열량 조절을 광범위하게 할 수 있다.

진공환수식 증기난방은 중력식보다는 빠르지만 기계식보다 증기의 순환은 느리다.

45 열사용기자재 검사기준에 따라 안전밸브 및 압력방출장치의 규격 기준에 관한 설명으로 옳지 않은 것은?

① 소용량 강철제보일러에서 안전밸브의 크기는 호칭지름 20A로 할 수 있다.

② 전열면적 $50m^2$ 이하의 증기보일러에서 안전밸브의 크기는 호칭지름 20A로 할 수 있다.

③ 최대증발량 5t/h 이하의 관류보일러에서 안전밸브의 크기는 호칭지름 20A로 할 수 있다.

④ 최고사용압력이 0.1Mpa 이하의 보일러에서 안전밸브의 크기는 호칭지름 20A로 할 수 있다.

전열면적 $50m^2$ 이하의 증기보일러에서 안전밸브의 크기는 호칭지름 25A로 할 수 있다.

46 다음 중 복사난방의 일반적인 특징이 아닌 것은?

① 외기온도의 급변화에 따른 온도조절이 곤란하다.

② 배관길이가 짧아도 되므로 설비비가 적게 든다.

③ 방열기가 없으므로 바닥면의 이용도가 높다.

④ 공기의 대류가 적으므로 바닥면의 먼지가 상승하지 않는다.

복사난방은 배관길이가 길고 설비비가 많이 든다.

47 배관의 높이를 표시할 때 포장된 지표면을 기준으로 하여 배관 장치의 높이를 표시하는 경우 기입하는 기호는?

① BOP   ② TOP
③ GL   ④ FL

GL의 표시는 배관의 높이를 표시할 때 포장된 지표면을 기준으로 하여 배관 장치의 높이를 표시하는 경우 기입하는 기호이다.

 정답 42.① 43.④ 44.③ 45.② 46.② 47.③

48 빔에 턴버클을 연결하여 파이프를 아래 부분을 받쳐 달아 올린 것이며, 수직방향에 변위가 없는 곳에 사용하는 것은?

① 리지드 서포트   ② 리지드 행거
③ 스토퍼   ④ 스프링 서포트

리지드 행거는 빔에 턴버클을 연결하여 파이프를 아래 부분을 받쳐 달아 올린 것이며, 수직방향에 변위가 없는 곳에 사용된다.

49 기름연소 보일러의 수동점화 시 5초 이내에 점화되지 않으면 어떻게 해야 하는가?

① 연료밸브를 더 많이 열어 연료공급을 증가시킨다.
② 연료 분무용 증기 및 공기를 더 많이 분산시킨다.
③ 점화봉은 그대로 두고 프리퍼지를 행한다.
④ 불착화 원인을 완전히 제거한 후에 처음 단계부터 재점화 조작한다.

기름연소 보일러의 수동점화 시 5초 이내에 점화되지 않으면 불착화 원인을 완전히 제거한 후에 처음 단계부터 재점화 조작한다.

50 보일러 수처리에서 순환계통 외 처리에 관한 설명으로 틀린 것은?

① 탁수를 침전지에 넣어서 침강분리 시키는 방법은 침전법이다.
② 증류법은 경제적이며 양호한 급수를 얻을 수 있어 많이 사용한다.
③ 여과법은 침전속도가 느린 경우 주로 사용하며 여과기 내로 급수를 통과시켜 여과한다.
④ 침전이나 여과로 분리가 잘 되지 않는 미세한 입자들에 대해서는 응집법을 사용하는 것이 좋다.

증류법은 경제적이지만 양호한 급수를 얻을 수 없어서 많이 사용하지는 않는다.

51 어떤 물질 500kg을 20℃에서 50℃로 올리는데 3000kcal의 열량이 필요하였다. 이 물질의 비열은?

① 0.1kcal/kg℃   ② 0.2kcal/kg℃
③ 0.3kcal/kg℃   ④ 0.4kcal/kg℃

$$비열 = \frac{발열량}{물질의양 \times 온도차}$$
$$= \frac{3000}{500 \times (50-20)} = 0.2$$

52 철금속가열로 설치검사 기준에서 다음 괄호 안에 들어갈 항목으로 옳은 것은?

> 송풍기의 용량은 정격부하에서 필요한 이론공기량의 (   )를 공급할 수 있는 용량 이하이어야 한다.

① 80%   ② 100%
③ 120%   ④ 140%

송풍기의 용량은 정격부하에서 필요한 이론공기량의 140%를 공급할 수 있는 용량 이하이어야 한다.

53 보일러 과열의 요인 중 하나인 저수위의 발생 원인으로 거리가 먼 것은?

① 분출밸브의 이상으로 보일러수가 누설
② 급수장치가 증발능력에 비해 과소한 경우
③ 증기 토출량이 과소한 경우
④ 수면계의 막힘이나 고장

증기 토출량이 과소한 경우와 저수위의 발생과는 상관없다.

54 에너지법에서 정의한 에너지가 아닌 것은?

① 연료   ② 물
③ 풍력   ④ 전기

에너지법에서 정의한 에너지
① 연료   ② 물   ③ 전기

 정답   48.② 49.④ 50.② 51.② 52.④ 53.③ 54.③

55 중유예열기(Oil preheater)를 사용 시 가열온도가 낮을 경우 발생하는 현상이 아닌 것은?

① 무화상태 불량
② 그을음, 분진 발생
③ 기름의 분해
④ 불길의 치우침 발생

해설
중유예열기(Oil preheater)를 사용 시 가열온도가 낮을 경우 발생하는 현상
① 무화상태 불량 ② 그을음, 분진 발생
③ 불길의 치우침 발생

56 에너지이용합리화법에 따라 고효율 에너지 인증대상 기자재에 포함하지 않는 것은?

① 펌프
② 전력용 변압기
③ LED 조명기기
④ 산업건물용 보일러

해설
고효율 에너지 인증대상 기자재
① 펌프 ② LED 조명기기 ③ 산업건물용 보일러

57 신에너지 및 재생에너지 개발·이용·보급 촉진법에서 규정하는 신·재생에너지 설비 중 "지열에너지 설비"의 설명으로 옳은 것은?

① 바람의 에너지를 변환시켜 전기를 생산하는 설비
② 물의 유동에너지를 변환시켜 전기를 생산하는 설비
③ 폐기물을 변환시켜 연료 및 에너지를 생산하는 설비
④ 물, 지하수 및 지하의 열 등의 온도차를 변환시켜 에너지를 생산하는 설비

해설
지열에너지 설비란 물, 지하수 및 지하의 열 등의 온도차를 변환시켜 에너지를 생산하는 설비

58 열사용기자재관리규칙상 검사대상기기의 검사 종류 중 유효기간이 없는 것은?

① 구조검사   ② 계속사용검사
③ 설치검사   ④ 설치장소변경검사

해설
검사대상기기의 검사 종류 중 유효기간이 없는 것
① 계속사용검사   ② 설치검사
③ 설치장소변경검사

59 에너지이용 합리화법에 따라 에너지다소비업자가 지식경제부령으로 정하는 바에 따라 매년 1월 31일까지 시·도지사에게 신고해야 하는 사항과 관련이 없는 것은?

① 전년도의 에너지사용량·제품생산량
② 전년도의 에너지이용합리화 실적 및 해당 연도의 계획
③ 에너지사용기자재의 현황
④ 향후 5년간의 에너지사용예정량·제품생산예정량

해설
에너지다소비업자가 지식경제부령으로 정하는 바에 따라 매년 1월 31일까지 시·도지사에게 신고해야 하는 사항
① 에너지사용기자재의 현황
② 전년도의 에너지사용량 · 제품생산량
③ 전년도의 에너지이용합리화 실적 및 해당 연도의 계획

60 저탄소 녹색성장 기본법에 따라 온실가스 감축 목표의 설정, 관리 및 필요한 조치에 관하여 총괄·조정 기능은 누가 수행하는가?

① 국토해양부 장관
② 지식경제부 장관
③ 농림수산식품부 장관
④ 환경부 장관

해설
온실가스 감축 목표의 설정, 관리 및 필요한 조치에 관하여 총괄·조정 기능은 환경부 장관이 수행한다.

정답 55.③ 56.② 57.④ 58.① 59.④ 60.④

01 보일러 자동제어에서 3요소식 수위제어의 3가지 검출요소와 무관한 것은?

① 노내 압력　　② 수위
③ 증기유량　　④ 급수유량

해설

보일러 자동제어에서 3요소식 수위제어의 3가지 검출요소
① 수위　　② 증기유량　　③ 급수유량

02 다음 부품 중 전후에 바이패스를 설치해서는 안 되는 부품은?

① 급수관
② 연료차단밸브
③ 감압밸브
④ 유류배관의 유량계

해설

연료차단 밸브에는 바이패스를 설치하면 안된다.

03 세정식 집진장치 중 하나인 회전식 집진장치의 특징에 관한 설명으로 틀린 것은?

① 가동부분이 적고 구조가 간단하다.
② 세정용수가 적게 들며, 급수 배관을 따로 설치할 필요가 없으므로 설치공간이 적게 든다.
③ 집진물을 회수할 때 탈수, 여과, 건조 등을 수행할 수 있는 별도의 장치가 필요하다.
④ 비교적 큰 압력손실을 견딜 수 있다.

해설

회전식 집진장치는 세정용수가 많이 들고, 급수 배관을 따로 설치할 필요가 있고 설치공간이 많이 든다.

04 피드백 제어를 가장 옳게 설명한 것은?

① 일정하게 정해진 순서에 의해 행하는 제어
② 모든 조건이 충족되지 않으면 정지되어 버리는 제어
③ 출력측의 신호를 입력측으로 되돌려 정정 동작을 행하는 제어
④ 사람의 손에 의해 조작되는 제어

해설

피드백 제어란 출력측의 신호를 입력측으로 되돌려 정정 동작을 행하는 제어이다.

05 메탄(CH_4) $1Nm^3$ 연소에 소요되는 이론공기량이 $9.52Nm^3$이고, 실제공기량이 $11.43 Nm^3$ 일 때 공기비(m)는 얼마인가?

① 1.5　　② 1.4
③ 1.3　　④ 1.2

해설

공기비 = 실제공기량 / 이론공기량
　　　 = 11.43 / 9.52 = 1.2

06 보일러 부속장치에 대한 설명 중 잘못된 것은?

① 인젝터 : 증기를 이용한 급수장치
② 기수분리기 : 증기 중에 혼입된 수분을 분리하는 장치
③ 스팀 트랩 : 응축수를 자동으로 배출하는 장치
④ 수트 블로우 : 보일러 동 저면의 스케일, 침전물을 밖으로 배출하는 장치

해설

수트 블로워는 고압의 증기 또는 공기를 분사하여 수관식 보일러의 전열면에 부착된 그을음을 제거하여 전열효율을 좋게 하고 열효율을 높이기 위해 설치한다.

 정답　01.①　02.②　03.②　04.③　05.④　06.④

07 저수위 등에 따른 이상온도의 상승으로 보일러가 과열되었을 때 작동하는 안전장치는?

① 가용 마개　　② 인젝터
③ 수위계　　　④ 증기 헤더

해설
가용 마개(가용전)은 저수위 등에 따른 이상온도의 상승으로 보일러가 과열되었을 때 작동하는 안전장치이다.

08 보일러용 연료 중에서 고체연료의 일반적인 주성분은? (단, 중량%를 기준으로 한 주성분을 구한다.)

① 탄소　　　　② 산소
③ 수소　　　　④ 질소

해설
탄소는 보일러용 연료 중에서 고체연료의 일반적인 주성분이다.

09 연소의 3대 조건이 아닌 것은?

① 이산화탄소 공급원
② 가연성 물질
③ 산소 공급원
④ 점화원

해설
연소의 3대 요인
① 가연성 물질　② 산소 공급원　③ 점화원

10 전기식 온수온도제한기의 구성 요소에 속하지 않는 것은?

① 온도 설정 다이얼
② 마이크로 스위치
③ 온도차 설정 다이얼
④ 확대용 링게이지

해설
전기식 온수온도제한기의 구성 요소
① 온도 설정 다이얼
② 마이크로 스위치
③ 온도차 설정 다이얼

11 주철제 보일러인 섹셔널 보일러의 일반적인 조합 방법이 아닌 것은?

① 전후조합　　　② 좌우조합
③ 맞세움조합　　④ 상하조합

해설
주철제 보일러인 섹셔널 보일러의 일반적인 조합 방법
① 전후조합　② 좌우조합　③ 맞세움조합

12 보일러 통풍에 대한 설명으로 틀린 것은?

① 자연 통풍은 일반적으로 별도의 동력을 사용하지 않고 연돌로 인한 통풍을 말한다.
② 압입 통풍은 연소용 공기를 송풍기로 노 입구에서 대기압보다 높은 압력으로 밀어 넣고 굴뚝의 통풍작용과 같이 통풍을 유지하는 방식이다.
③ 평형통풍은 통풍조절은 용이하나 통풍력이 약하여 주로 소용량 보일러에서 사용한다.
④ 흡입통풍은 크게 연소가스를 직접 통풍기에 빨아들이는 직접 흡입식과 통풍기로 대기를 빨아들이게 하고 이를 이젝터로 보내어 그 작용에 의해 연소가스를 빨아들이는 간접흡입식이 있다.

해설
평형통풍은 통풍조절은 용이하나 통풍력이 강하고 주로 대용량 보일러에서 사용한다.

13 자동제어의 신호전달 방법에서 공기압식의 특징으로 옳은 것은?

① 전송시 시간지연이 생긴다.
② 배관이 용이하지 않고 보존이 어렵다.
③ 신호전달 거리가 유압식에 비하여 길다.
④ 온도제어 등에 적합하고 화재의 위험이 많다.

해설
공기압식은 전송시 시간지연이 생긴다.

 정답　07.①　08.①　09.①　10.④　11.④　12.③　13.①

14 기체연료의 연소방식 중 버너의 연료노즐에서는 연료만을 분출하고 그 주위에서 공기를 별도로 연소실로 분출하여 연료가스와 공기가 혼합하면서 연소하는 방식으로 산업용 보일러의 대부분이 사용하는 방식은?

① 예증발 연소방식
② 심지 연소방식
③ 예혼합 연소방식
④ 확산 연소방식

확산 연소방식은 버너의 연료노즐에서는 연료만을 분출하고 그 주위에서 공기를 별도로 연소실로 분출하여 연료가스와 공기가 혼합하면서 연소하는 방식으로 산업용 보일러의 대부분이 사용하는 방식이다.

15 고압과 저압 배관사이에 부착하여 고압 측의 압력변화 및 증기 소비량 변화에 관계없이 저압 측의 압력을 일정하게 유지시켜 주는 밸브는?

① 감압밸브
② 온도조절밸브
③ 안전밸브
④ 플랩밸브

감압밸브는 고압과 저압 배관사이에 부착하여 고압 측의 압력변화 및 증기 소비량 변화에 관계없이 저압 측의 압력을 일정하게 유지시켜 주는 밸브이다.

16 다음 중 수트 블로워의 종류가 아닌 것은?

① 장발형　　　② 건타입형
③ 정치회전형　　　④ 콤버스터형

수트 블로워의 종류
① 장발형　② 건타입형　③ 정치회전형

17 건 배기가스 중의 이산화탄소분 최대값이 15.7%이다. 공기비를 1.2로 할 경우 건 배기가스 중의 이산화소분은 몇 %인가?

① 11.21%　　　② 12.07%
③ 13.08%　　　④ 17.58%

공기비 = CO_2max / CO_2
CO_2 = CO_2max / m = 15.7 / 1.2 = 13.08

18 보일러 급수펌프 중 비용적식 펌프로서 원심펌프인 것은?

① 워싱턴펌프　　　② 웨이펌프
③ 플런저펌프　　　④ 볼류트펌프

원심펌의 종류는 터빈펌프, 볼류트 펌프

19 다음 자동제어에 대한 설명에서 온-오프(on-off) 제어에 해당되는 것은?

① 제어량이 목표값을 기준으로 열거나 닫는 2개의 조작량을 가진다.
② 비교부의 출력이 조작량에 비례하여 변화한다.
③ 출력편차량의 시간 적분에 비례한 속도로 조작량을 변화시킨다.
④ 어떤 출력편차의 시간 변화에 비례하여 조작량을 변화시킨다.

온-오프(on-off) 제어는 제어량이 목표값을 기준으로 열거나 닫는 2개의 조작량을 가진다.

20 보일러 부속장치에 관한 설명으로 틀린 것은?

① 고압증기 터빈에서 팽창되어 압력이 저하된 증기를 재과열하는 것을 과열기라 한다.
② 배기가스의 열로 연소용 공기를 예열하는 것을 공기 예열기라 한다.
③ 배기가스의 여열을 이용하여 급수를 예열하는 장치를 절탄기라 한다.
④ 오일 프리히터는 기름을 예열하여 점도를 낮추고, 연소를 원활히 하는데 목적이 있다.

과열기는 보일러에서 발생된 포화증기를 가열하여 압력은 변함없이 온도만 높인 증기, 과열증기를 얻기 위한 장치이다.

정답　14.④　15.①　16.④　17.③　18.④　19.①　20.①

21 다음 중 비열에 대한 설명으로 옳은 것은?

① 비열은 물질 종류에 관계없이 1 : 4로 동일하다.
② 질량이 동일할 때 열용량이 크면 비열이 크다.
③ 공기의 비열이 물보다 크다.
④ 기체의 비열비는 항상 1보다 작다.

해설
질량이 동일할 때 열용량이 크면 비열이 크다.

22 KS에서 규정하는 보일러의 열정산은 원칙적으로 정격 부하 이상에서 정상 상태(steady state)로 적어도 몇 시간 이상의 운전결과에 따라야 하는가?

① 1시간　　② 2시간
③ 3시간　　④ 5시간

해설
보일러의 열정산은 원칙적으로 정격 부하 이상에서 정상 상태(steady state)로 적어도 2시간이상의 운전결과에 따른다.

23 전기식 증기압력조절기에서 증기가 벨로즈 내에 직접 침입하지 않도록 설치하는 것으로 가장 적합한 것은?

① 신축 이음쇠　　② 균압 관
③ 사이폰 관　　④ 안전밸브

해설
사이폰 관은 전기식 증기압력조절기에서 증기가 벨로즈 내에 직접 침입하지 않도록 설치하는 것이다.

24 외분식 보일러의 특징 설명으로 거리가 먼 것은?

① 연소실 개조가 용이하다
② 노내 온도가 높다
③ 연료의 선택 범위가 넓다
④ 복사열의 흡수가 많다

해설
외분식 보일러의 특징
① 연소실 개조가 용이하다　② 노내 온도가 높다
③ 연료의 선택 범위가 넓다

25 열사용기자재의 검사 및 검사의 면제에 관한 기준에 따라 온수 발생 보일러(액상식 열매체 보일러 포함)에서 사용하는 방출밸브와 방출관의 설치 기준에 관한 설명으로 옳은 것은?

① 인화성 액체를 방출하는 열매체 보일러의 경우 방출밸브 또는 방출관은 밀폐식 구조로 하든가 보일러 밖의 안전한 장소에 방출시킬 수 있는 구조 이어야 한다.
② 온수발생보일러에는 압력이 보일러의 최고사용압력에 달하면 즉시 작동하는 방출밸브 또는 안전밸브를 2개 이상 갖추어야 한다.
③ 393K의 온도를 초과하는 온수발생보일러에는 안전밸브를 설치하여야 하며, 그 크기는 호칭지름 10mm 이상이어야 한다.
④ 액상식 열매체 보일러 및 온도 393K 이하의 온수발생 보일러에는 방출밸브를 설치하여야 하며, 그 지름은 10mm 이상으로 하고, 보일러의 압력이 보일러의 최고사용압력에 그 5%(그 값이 0.035Mpa 미만인 경우에 는 0.035Mpa로 한다.)를 더한 값을 초과하지 않도록 지름과 개수를 정하여야 한다.

해설
인화성 액체를 방출하는 열매체 보일러의 경우 방출밸브 또는 방출관은 밀폐식 구조로 하든가 보일러 밖의 안전한 장소에 방출시킬 수 있는 구조이어야 한다.

26 보일러 가동 중 실화(失火)가 되거나, 압력이 규정치를 초과하는 경우는 연료 공급이 자동적으로 차단하는 장치는?

① 광전관　　② 화염검출기
③ 전자밸브　　④ 체크밸브

해설
보일러 가동 중 실화(失火)가 되거나, 압력이 규정치를 초과하는 경우는 연료 공급이 자동적으로 차단하는 장치는 전자밸브이다.

 정답　21.②　22.②　23.③　24.④　25.①　26.③

27 보일러와 관련한 기초 열역학에서 사용하는 용어에 대한 설명으로 틀린 것은?

① 절대압력 : 완전 진공상태를 0으로 기준하여 측정한 압력
② 비체적 : 단위 체적당 질량으로 단위는 kg/m³ 임
③ 현열 : 물질 상태의 변화 없이 온도가 변화하는데 필요한 열량
④ 잠열 : 온도의 변화 없이 물질 상태가 변화하는데 필요한 열량

해설
비체적은 단위 질량당 부피의 비이다.

28 보일러에서 사용하는 안전밸브 구조의 일반사항에 대한 설명으로 틀린 것은?

① 설정압력이 3Mpa를 초과하는 증기 또는 온도가 508K를 초과하는 유체에 사용하는 안전밸브에는 스프링이 분출하는 유체에 직접 노출되지 않도록 하여야 한다.
② 안전밸브는 그 일부가 파손하여도 충분한 분출량을 얻을 수 있는 것이어야 한다.
③ 안전밸브는 쉽게 조정이 가능하도록 잘 보이는 곳에 설치하고 봉인하지 않도록 한다.
④ 안전밸브의 부착부는 배기에 의한 반동력에 대하여 충분한 강도가 있어야 한다.

해설
안전밸브는 쉽게 조정이 가능하도록 잘 보이는 곳에 설치하고 봉인하여야 한다.

29 보일러 내처리로 사용되는 약제의 종류에서 pH, 알칼리 조정 작용을 하는 내처리제에 해당하지 않는 것은?

① 수산화나트륨   ② 히드라진
③ 인산   ④ 암모니아

해설
pH, 알칼리 조정 작용을 하는 내처리제
① 수산화나트륨   ② 인산   ③ 암모니아

30 함진 배기가스를 액방울이나 액막에 충돌시켜 분진 입자를 포집 분리하는 집진장치는?

① 중력식 집진장치
② 관성력식 집진창지
③ 원심력식 집진장치
④ 세정식 집진장치

해설
세정식 집진장치는 함진 배기가스를 액방울이나 액막에 충돌시켜 분진 입자를 포집 분리하는 집진장치이다.

31 액화석유가스(LPG)의 일반적인 성질에 대한 설명으로 틀린 것은?

① 기화 시 체적이 증가된다.
② 액화 시 적은 용기에 충전이 가능하다.
③ 기체 상태에서 비중이 도시가스보다 가볍다.
④ 압력이나 온도의 변화에 따라 쉽게 액화, 기화시킬 수 있다.

해설
액화석유가스(LPG)의 비중은 공기보다 무겁다.

32 보일러 본체에서 수부가 클 경우의 설명으로 틀린 것은?

① 부하 변동에 대한 압력 변화가 크다.
② 증기 발생시간이 길어진다.
③ 열효율이 낮아진다.
④ 보유 수량이 많으므로 파열시 피해가 크다.

해설
보일러 본체에서 수부가 클 경우에는 부하 변동에 대한 압력 변화가 작다.

정답   27.②   28.③   29.②   30.④   31.③   32.①

33 다음 중 임계점에 대한 설명으로 틀린 것은?

① 물의 임계온도는 374.15℃이다.
② 물의 임계압력은 225.65kgf/cm²이다.
③ 물의 임계점에서의 증발잠열은 539 kcal/kg 이다.
④ 포화수에서 증발의 현상이 없고 액체와 기체의 구별이 없어지는 지점을 말한다.

해설
물의 임계점에서의 증발잠열은 0kcal/kg 이다.

34 다음 중 확산연소방식에 의한 연소장치에 해당하는 것은?

① 선회형 버너   ② 저압 버너
③ 고압 버너   ④ 송풍 버너

해설
선회형 버너는 확산연소방식에 의한 연소장치에 해당하는 것이다.

35 급유장치에서 보일러 가동 중 연소의 소화, 압력초과 등 이상 현상 발생 시 긴급히 연료를 차단하는 것은?

① 압력조절 스위치
② 압력제한 스위치
③ 강압 밸브
④ 전자 밸브

해설
급유장치에서 보일러 가동 중 연소의 소화, 압력초과 등 이상 현상 발생 시 긴급히 연료를 차단하는 것은 전자밸브이다.

36 제어장치의 제어동작 종류에 해당되지 않는 것은?

① 비례 동작   ② 온 오프 동작
③ 비례적분 동작 ④ 반응 동작

해설
제어동작 종류
① 비례 동작   ② 온 오프 동작   ③ 비례적분 동작

37 보일러에서 발생하는 증기를 이용하여 급수하는 장치는?

① 슬러지(sludge)
② 인젝터(injector)
③ 콕(cock)
④ 트랩(trap)

해설
인젝터는 비동력 급수 예비장치이다.

38 가장 미세한 입자의 먼지를 집진할 수 있고, 압력 손실이 작으며, 집진효율이 높은 집진장치 형식은?

① 전기식   ② 중력식
③ 세정식   ④ 사이클론식

해설
가장 미세한 입자의 먼지를 집진할 수 있고, 압력 손실이 작으며, 집진효율이 높은 집진장치 형식은 전기식이다.

39 일반적으로 보일러의 열손실 중에서 가장 큰 것은?

① 불완전연소에 의한 손실
② 배기가스에 의한 손실
③ 보일러 본체 벽에서의 복사, 전도에 의한 손실
④ 그을음에 의한 손실

해설
일반적으로 보일러의 열손실 중에서 가장 큰 것은 배기가스에 의한 손실이다.

40 서비스 탱크는 자연압에 의하여 유류연료가 잘 공급될 수 있도록 버너보다 몇 m 이상 높은 장소에 설치하여야 하는가?

① 0.5m   ② 1.0m
③ 1.2m   ④ 1.5m

해설
서비스 탱크는 자연압에 의하여 유류연료가 잘 공급될 수 있도록 버너보다 1.5m 이상 높은 장소에 설치해야 한다.

정답   33.③ 34.① 35.④ 36.④ 37.② 38.① 39.② 40.④

41 배관에서 바이패스관의 설치 목적으로 가장 적합한 것은?

① 트랩이나 스트레이너 등의 고장 시 수리, 교환을 위해 설치한다.
② 고압증기를 저압증기로 바꾸기 위해 사용한다.
③ 온수 공급관에서 온수의 신속한 공급을 위해 설치한다.
④ 고온의 유체를 중간과정 없이 직접 저온의 배관부로 전달하기 위해 설치한다.

배관에서 바이패스관의 설치 목적은 트랩이나 스트레이너 등의 고장 시 수리, 교환을 위해 설치한다.

42 글랜드 패킹의 종류에 해당하지 않는 것은?

① 편조 패킹
② 액상 합성수지 패킹
③ 플라스틱 패킹
④ 메탈 패킹

글랜드 패킹의 종류
① 편조 패킹   ② 플라스틱 패킹   ③ 메탈 패킹

43 증기축열기(steam accumulator)에 대한 설명으로 옳은 것은?

① 송기압력을 일정하게 유지하기 위한 장치
② 보일러 출력을 증가시키는 장치
③ 보일러에서 온수를 저장하는 장치
④ 증기를 저장하여 과부하시에 증기를 방출하는 장치

증기축열기(steam accumulator)는 증기를 저장하여 과부하시에 증기를 방출하는 장치이다.

44 저온 배관용 탄소 강관의 종류의 기호로 맞는 것은?

① SPPG   ② SPLT
③ SPPH   ④ SPPS

SPLT는 저온 배관용 탄소 강관이다.

45 사용 중인 보일러의 점화 전에 점검해야 될 사항으로 가장 거리가 먼 것은?

① 급수장치, 급수계통 점검
② 보일러 통내 물때 점검
③ 연소장치, 통풍장치의 점검
④ 수연계의 수위확인 및 조정

사용 중인 보일러의 점화 전에 점검해야 될 사항
① 급수장치, 급수계통 점검
② 연소장치, 통풍장치의 점검
③ 수연계의 수위확인 및 조정

46 링겔만 농도표는 무엇을 계측하는데 사용되는가?

① 배출가스의 매연 농도
② 중유 중의 유황 농도
③ 미분탄의 입도
④ 보일러 수의 고형물 농도

링겔만 농도표는 배출가스의 매연 농도를 계측하는데 사용한다.

47 배관 이음 중 슬리브 형 신축이음에 관한 설명으로 틀린 것은?

① 슬리브 파이프를 이음쇠 본체측과 슬라이드 시킴으로써 신축을 흡수하는 이음 방식이다.
② 신축 흡수율이 크고 신축으로 인한 응력 발생이 적다.
③ 배관의 곡선부분이 있어도 그 비틀림을 슬리브에서 흡수하므로 파손의 우려가 적다.
④ 장기간 사용 시에는 패킹의 마모로 인한 누설이 우려된다.

슬리브 형 신축이음은 엘보 2~4개를 이용하므로 배관의 곡선부분이 있어도 그 비틀림을 슬리브에서 흡수하므로 파손과 누수의 우려가 크다.

 정답 ▸ 41.① 42.② 43.④ 44.② 45.② 46.① 47.③

48 온수난방 배관시공 시 배관 구배는 일반적으로 얼마 이상이어야 하는가?

① 1/100
② 1/150
③ 1/200
④ 1/250

해설
온수난방 배관시공 시 배관 구배는 1/250 이상이어야 한다.

49 보일러 사고를 제작상의 원인과 취급상의 원인으로 구별할 때 취급상의 원인에 해당하지 않는 것은?

① 구조 불량
② 압력 초과
③ 저수위 사고
④ 가스 폭발

해설
보일러 사고의 취급상 원인
① 압력 초과   ② 저수위 사고   ③ 가스 폭발

50 보일러의 옥내설치 시 보일러 동체 최상부로부터 천정, 배관 등 보일러 상부에 있는 구조물까지의 거리는 몇 m 이상이어야 하는가?

① 0.5
② 0.8
③ 1.0
④ 1.2

해설
보일러의 옥내설치 시 보일러 동체 최상부로부터 천정, 배관 등 보일러 상부에 있는 구조물 까지의 거리는 1.2m 이상이어야 한다.

51 저탄소 녹색정상 기본법에서 국내 총소비에너지량에 대하여 신·재생에너지 등 국내 생산에너지량 및 우리나라가 국외에서 개발(지분 취득 포함한다)한 에너지량을 합한 양이 차지하는 비율을 무엇이라고 하는가?

① 에너지원단위
② 에너지생산도
③ 에너지비축도
④ 에너지자립도

해설
에너지자립도는 국내 총소비에너지량에 대하여 신·재생에너지 등 국내 생산에너지량 및 우리나라가 국외에서 개발한 에너지량을 합한 양이 차지하는 비율을 의미한다.

52 에너지사용계획의 검토기준, 검토방법, 그밖에 필요한 사항을 정하는 령은?

① 산업통상자원부령(구 지식경제부령)
② 국토해양부령
③ 대통령령
④ 고용노동부령

해설
에너지사용계획의 검토기준, 검토방법, 그 밖에 필요한 사항을 정하는 령은 산업통상자원부령(구 지식경제부령)이다.

53 에너지이용합리화법상 검사대상기기 조종자를 반드시 선임해야함에도 불구하고 선임하지 아니 한 자에 대한 벌칙은?

① 2천만 원 이하의 벌금
② 2년 이하의 징역 또는 2천만 원 이하의 벌금
③ 1년 이하의 징역 또는 5백만 원 이하의 벌금
④ 1천만 원 이하의 벌금

해설
검사대상기기 조종자를 반드시 선임해야함에도 불구하고 선임하지 아니 한 자에 대한 벌칙은 1천만 원 이하의 벌금이다.

54 보온재를 유기질 보온재와 무기질 보온재로 구분할 때 무기질 보온재에 해당하는 것은?

① 펠트
② 코르크
③ 글라스 폼
④ 기포성 수지

해설
유기질 보온재의 종류
① 펠트
② 코르크
③ 기포성 수지

 정답 48.④   49.①   50.④   51.④   52.①   53.④   54.③

55 열사용기자재 관리규칙에서 용접검사가 면제될 수 있는 보일러의 대상 범위로 틀린 것은?

① 강철제 보일러 중 전열면적이 5m²이하이고, 최고사용 압력이 0.35MPa이하인 것
② 주철제 보일러
③ 제2종 관류보일러
④ 온수보일러 중 전열면적이 18m²이하이고, 최고사용 압력이 0.35MPa이하인 것

열사용기자재 관리규칙에서 용접검사가 면제될 수 있는 보일러의 대상 범위
① 주철제 보일러
② 온수보일러 중 전열면적이 18㎡ 이하이고, 최고사용 압력이 0.35MPa 이하인 것
③ 강철제 보일러 중 전열면적이 5㎡ 이하이고, 최고사용 압력이 0.35MPa 이하인 것

56 관리업체(대통령령으로 정하는 기준량 이상의 온실가스 배출업체 및 에너지소비업체)가 사업장별 명세서를 거짓으로 작성하여 정부에 보고하였을 경우 부과하는 과태료로 맞는 것은?

① 300만 원의 과태료 부과
② 500만 원의 과태료 부과
③ 700만 원의 과태료 부과
④ 1천만 원의 과태료 부과

관리업체가 사업장별 명세서를 거짓으로 작성하여 정부에 보고하였을 경우 부과하는 과태료는 1천만 원의 과태료 부과

57 온수난방 배관 방법에서 귀환관의 종류 중 직접귀환 방식의 특징 설명으로 옳은 것은?

① 각 방열기에 이르는 배관길이가 다르므로 마찰저항에 의한 온수의 순환율이 다르다.
② 배관 길이가 길어지고 마찰저항이 증가한다.
③ 건물 내 모든 실(室)의 온도를 동일하게 할 수 있다.
④ 동일층 및 각층 방열기의 순환율이 동일하다.

직접귀환 방식은 각 방열기에 이르는 배관길이가 다르므로 마찰저항에 의한 온수의 순환율이 차이가 난다.

58 보일러의 유류배관의 일반사항에 대한 설명으로 틀린 것은?

① 유류배관은 최대 공급압력 및 사용온도에 견디어야 한다.
② 유류배관은 나사이음을 원칙으로 한다.
③ 유류배관에는 유류가 새는 것을 방지하기 위해 부식방지 등의 조치를 한다.
④ 유류배관은 모든 부분의 점검 및 보수할 수 있는 구조로 하는 것이 바람직하다.

유류배관은 용접이음을 원칙으로 한다.

59 합성수지 또는 고무질 재료를 사용하여 다공질 제품으로 만든 것이며 열전도율이 극히 낮고 가벼우며 흡수성은 줄지 않으나 굽힘성이 풍부한 보온재는?

① 펠트   ② 기포성 수지
③ 하이올   ④ 프리웨브

기포성 수지는 합성수지 또는 고무질 재료를 사용하여 다공질 제품으로 만든 것이며 열전도율이 극히 낮고 가벼우며 흡수성은 줄지 않으나 굽힘성이 풍부한 보온재이다.

정답   55.③   56.④   57.①   58.②   59.②

60 에너지법에서 사용하는 "에너지"의 정의를 가장 올바르게 나타낸 것은?

① "에너지"라 함은 석유·가스 등 열을 발생하는 열원을 말한다.

② "에너지"라 함은 제품의 원료로 사용되는 것을 말한다.

③ "에너지"라 함은 태양, 조파, 수력과 같이 일을 만들어낼 수 있는 힘이나 능력을 말한다.

④ "에너지"라 함은 연료·열 및 전기를 말한다.

정답 60.④

9회 에너지관리기능사 **CBT 기출복원문제**
>> 2025 시행

수험번호:
수험자명:

제한시간: 60분
남은시간:

01 보일러의 배기가스 성분을 측정하여 공기비를 계산하여 실제 건배기 가스량을 계산하는 공식으로 맞는 것은?(단, G : 실제 건배기가스량, Go : 이론 건배기가스량, Ao : 이론연소공기량, m : 공기비)

① $G = m \times Ao$
② $G = Go + (m-1) \times Ao$
③ $G = (m-1) \times Ao$
④ $G = Go + (m \times Ao)$

해설

실제 건배기가스량
= 이론 건배기가스량 + (공기비 - 1) × 이론연소공기량

02 보일러의 안전장치가 아닌 것은?

① 안전밸브
② 방출밸브
③ 감압밸브
④ 가용전

해설

보일러의 안정장치는 안전밸브, 증기압력제한기, 저수위경보기, 가용접, 방출밸브 등이 있다.

03 15℃의 물을 보일러에 급수하여 엔탈피 655.15kcal/kg인 증기를 한 시간에 150kg 만들 때의 보일러 마력은?

① 10.3마력
② 11.4마력
③ 13.6마력
④ 19.3마력

해설

보일러마력 = 상당증발량 / 15.65
상당증발량
= 실제증발량×(증기엔탈피-급수엔탈피)/539
= 150×(655.2-15) / 539 = 11.38

04 보염장치 중 공기와 분무연료와의 혼합을 촉진시키는 역할을 하는 것은?

① 보염기
② 콤퍼스터
③ 윈드박스
④ 버너타일

해설

윈드박스는 보염장치 중 공기와 분무연료와의 혼합을 촉진시키는 역할을 하는 것이다.

05 보일러의 압력에 관한 안전장치 중 설정압이 낮은 것부터 높은 순으로 열거된 것은?

① 압력제한기 - 압력조절기 - 안전밸브
② 압력조절기 - 압력제한기 - 안전밸브
③ 안전밸브 - 압력제한기 - 압력조절기
④ 압력조절기 - 안전밸브 - 압력제한기

해설

설정압력이 낮은 순은 압력조절기 - 압력제한기 - 안전밸브

06 보일러의 화염검출기 중 스택 스위치는 화염의 어떠한 성질을 이용하여 화염을 검출하는가?

① 화염의 발광체
② 화염의 이온화현상
③ 화염의 발열현상
④ 화염의 전기전도성

해설

화염검출기 중 스택 스위치는 화염의 발열현상을 이용한단 검출기이다.

07 제어편차가 설정치에 대하여 정(+), 부(-)에 따라 제어되는 2위치 동작은?

① 미분동작
② 적분동작
③ 온·오프동작
④ 다위치동작

온·오프동작은 제어편차가 설정치에 대하여 정(+), 부 (−)에 따라 제어되는 2위치 동작이다.

08 비교적 저압에서 고온의 증기를 얻을 수 있는 특수 열매체 보일러는?

① 스코치 보일러
② 슈밋트 보일러
③ 다우섬 보일러
④ 레플러 보일러

특수열매체의 종류는 다우섬, 카네크롤, 모빌섬, 세큐 러티 등이 있다.

09 이상기체가 상태변화를 하는 동안 외부와 의 사이에 열의 출입이 없는 변화는?

① 정압변화   ② 정적변화
③ 단열변화   ④ 폴리트로픽 변화

이상기체가 상태변화 시 열의 출입이 없는 변화는 단열 변화이다.

10 보일러에 부착하는 압력계에 대한 설명으로 맞는 것은?

① 최대증발량이 10t/h 이하인 관류보일 러에 부착하는 압력계는 눈금판의 바 깥지름을 50㎜ 이상으로 할 수 있다.
② 부착하는 압력계의 최고 눈금은 보일 러의 최고사용압력의 1.5배 이하의 것 을 사용한다.
③ 증기보일러에 부착하는 압력계의 바깥 지름은 80㎜ 이상의 크기로 한다.
④ 압력계를 보호하기 위하여 물을 넣은 안지름 6.5㎜ 이상의 사이폰관 또는 동 등한 장치를 부착하여야 한다.

보일러에 압력계 부착시, 압력계를 보호하기 위해 안지 름이 6.5mm 이상의 경우 물을 넣은 사이폰관을 사용한 다.

11 배기가스의 압력손실이 낮고 집진효율이 가장 좋은 집진기는?

① 원심력 집진기 ② 세정 집진기
③ 여과 집진기   ④ 전기 집진기

전기 집진기는 배기가스의 압력손실이 낮고 집진효율 이 가장 좋은 집진기이다.

12 보일러의 마력을 올바르게 나타낸 것은?

① HP = 실제증발량×15.65
② HP = 실제증발량/539
③ HP = 상당증발량/15.65
④ HP = 증기와 급수엔탈피차/15.65

보일러의 마력은 상당증발량을 15.65로 나눠준 값이 다.

13 증기설비에 사용되는 증기트랩으로 과열증 기에 사용할 수 있고, 수격현상에 강하며 배관이 용이하나 소음발생, 공기장해, 증기 누설 등의 단점이 있는 트랩은?

① 오리피스형 트랩
② 디스크형 트랩
③ 벨로스형 트랩
④ 바이메탈형 트랩

디스크형 트랩은 증기설비에 사용되는 증기트랩으로 과열증기에 사용할 수 있고, 수격현상에 강하며 배관이 용이하나 소음발생, 공기장해, 증기누설 등의 단점이 있는 트랩이다.

14 보일러 운전 중 프라이밍(priming)이 발생 하는 경우는?

① 보일러 증기압력이 낮을 때
② 보일러수가 농축되지 않았을 때
③ 부하를 급격히 증가시킬 때
④ 급수 공급이 원활할 때

프라이밍의 발생원인은 부하를 급격히 증가시킬 때

15 다음 중 슈트 블로워 사용 시 주의사항으로 틀린 것은?

① 부하가 50%이하이거나 소화 후에 사용하여야 한다.
② 분출기내의 응축수를 배출시킨 후 사용한다.
③ 분출하기 전 연도 내 배풍기를 사용하여 유인통풍을 증가하여야 한다.
④ 한 곳에 집중적으로 사용함으로 전열면에 무리를 가하지 말아야 한다.

해설
슈트 블로워는 부하가 50%이하이거나 소화 후에 사용해서는 안된다.

16 보일러 부속장치 설명 중 틀린 것은?

① 슈트블로워 – 전열면에 부착된 그을음 제거 장치
② 공기예열기 – 연소용 공기를 예열하는 장치
③ 증기축열기 – 증기의 과부족을 해소하는 장치
④ 절탄기 – 발생된 증기를 과열하는 장치

해설
절탄기는 연돌로 배출되는 배기가스의 손실열을 이용하여 급수를 예열하는 장치이다.

17 연소용 공기를 노의 앞에서 불어 넣으므로 공기가 차고 깨끗하며 송풍기의 고장이 적고 점검 수리가 용이한 보일러의 강제통풍 방식은?

① 압입통풍   ② 흡입통풍
③ 자연통풍   ④ 수직통풍

해설
강제통풍방식 중 연소용 공기를 노의 앞에서 불어 넣으므로 공기가 차고 깨끗하며 송풍기의 고장이 적고 점검 수리가 용이한 보일러의 강제통풍 방식은 압입통풍 방식이다.

18 공기-연료제어장치에서 공기량 조절방법으로 올바르지 않은 것은?

① 보일러 온수온도에 따라 연료조절밸브와 공기댐퍼를 동시에 작동시킨다.
② 연료와 공기량은 서로 반비례 관계로 조절한다.
③ 최고부하에서는 일반적으로 공기비가 가장 낮게 조절한다.
④ 공기량과 연료량을 버너 특성에 따라 공기선도를 참조하여 조절한다.

해설
공기-연료제어장치에서 공기량 조절방법은 연료와 공기량은 서로 비례 관계로 조절한다.

19 다음 중 왕복식 펌프에 해당되지 않는 것은?

① 피스톤 펌프
② 플런저 펌프
③ 터빈 펌프
④ 워싱턴 펌프

해설
터빈펌프는 원심식 펌프이다.

20 보일러와 관련한 다음 설명에서 틀린 것은?

① 보일러의 드럼이 원통형인 것은 강도를 고려해서이다.
② 일반적으로 증기 보일러의 증기압력 계측에는 부르동관압력계가 사용된다.
③ 미연가스 폭발이나 역화를 방지하기 위해 방폭문을 설치한다.
④ 증기헤드는 일정한 양의 증기와 증기압을 각 사용처에 공급할 수 있다.

해설
미연가스의 폭발이나 역화를 방지하기 위해서는 프리퍼지나 포스트퍼지를 한다.

21 기체연료 연소장치의 특징 설명으로 틀린 것은?

① 연소조절이 용이하다.
② 연소의 조절범위가 넓다.
③ 속도가 느려 자동제어 연소에 부적합하다.
④ 회분 성분이 없고 대기오염의 발생이 적다.

기체연료 연소장치의 특징으로는 연소속도가 빨라 자동제어 연소에 적합하다.

22 연료 공급 장치에서 서비스탱크의 설치 위치로 적당한 것은?

① 보일러로부터 2m 이상 떨어져야 하며, 버너보다 1.5m이상 높게 설치한다.
② 보일러로부터 1.5m 이상 떨어져야 하며, 버너보다 2m이상 높게 설치한다.
③ 보일러로부터 0.5m 이상 떨어져야 하며, 버너보다 0.2m이상 높게 설치한다.
④ 보일러로부터 1.2m 이상 떨어져야 하며, 버너보다 2m이상 높게 설치한다.

연료 공급 장치에서 서비스탱크의 설치 위치는 보일러로부터 2m 이상 떨어져야 하며, 버너 보다 1.5m이상 높게 설치해야 한다.

23 프로판(C_3H_8) 1kg이 완전연소 하는 경우 필요한 이론 산소량은 약 몇 $N m^3$ 인가?

① 3.47
② 2.55
③ 1.25
④ 1.50

프로판가스의 연소 반응식
$C_3H_8 + 5O_2 \rightarrow 3CO_2 + 4H_2O$
44kg 5×22.4$N m^3$
1kg × $N m^3$ 44 : 5×22.4 = 1kg : X $N m^3$
44X = 5×22.4×1
∴ 이론 산소량(X) = $\dfrac{5 \times 22.4 \times 1}{44}$ = 2.55Nm³/Kg

24 통풍장치 중에서 원심식 송풍기의 종류가 아닌 것은?

① 프로펠러형
② 터보형
③ 플레이트형
④ 다익형

프로펠러형 송풍기는 축류식이다.

25 건물의 각 실내에 방열기를 설치하여 증기 또는 온수로 난방하는 방식은?

① 복사난방법
② 간접난방법
③ 개별난방법
④ 직접난방법

직접난방법은 건물의 각 실내에 방열기를 설치하여 증기 또는 온수로 난방하는 방식이다.

26 긴 관의 한 끝에서 펌프로 압송된 급수가 관을 지나는 동안 차례로 가열, 증발, 과열되어 다른 끝에서는 과열증기가 나가는 형식의 보일러는?

① 노통보일러
② 관류보일러
③ 연관보일러
④ 입형보일러

긴 관의 한 끝에서 펌프로 압송된 급수가 관을 지나는 동안 차례로 가열, 증발, 과열되어 다른 끝에서는 과열증기가 나가는 형식은 관류보일러이다.

27 보일러 급수제어방식 중 3요소식의 검출요소가 아닌 것은?

① 수위
② 증기압력
③ 급수유량
④ 증기유량

급수제어의 3요소는 수위, 급수유량, 증기유량이다.

정답 **21.③ 22.① 23.② 24.① 25.④ 26.② 27.②**

28 온수보일러 연소가스 배출구의 300㎜ 상단의 연도에 부착하여 연소가스열에 의하여 연도 내부로 삽입되는 바이메탈의 수축팽창으로 접점을 연결, 차단하여 버너의 작동이나 정지를 시키는 온수보일러의 제어장치는?

① 프로텍터 릴레이(protector relay)
② 스택 릴레이(stack relay)
③ 콤비네이션 릴레이(combination relay)
④ 아쿠아스태트(aquastat)

해설
스택 릴레이는 연소가스열에 의하여 연도 내부로 삽입되는 바이메탈의 수축팽창으로 접점을 연결, 차단하여 버너의 작동이나 정지를 시키는 온수보일러의 제어장치이다.

29 보일러의 집진장치 중 집진효율이 가장 높은 것은?

① 관성력 집진기
② 중력식 집진기
③ 원심력식 집진기
④ 전기식 집진기

해설
보일러의 집진장치 중 집진효율이 가장 높은 것은 전기식 집진기이다.

30 보일러 검사의 종류 중 개조검사의 적용대상으로 틀린 것은?

① 증기보일러를 온수보일러로 개조하는 경우
② 보일러 섹션의 증감에 의하여 용량을 변경하는 경우
③ 동체·경판 및 이와 유사한 부분을 용접으로 제조하는 경우
④ 연료 또는 연소방법을 변경하는 경우

해설
동체·경판 및 이와 유사한 부분을 용접으로 제조하는 경우는 개조검사의 대상에 해당되지 않는다.

31 보일러 계속사용검사 중 보일러의 성능시험 방법에서 측정은 매 몇 분마다 실시하는가?

① 5분   ② 10분
③ 20분   ④ 30분

해설
계속사용검사는 10분마다 성능 시험을 한다.

32 안전밸브 및 압력방출장치의 크기를 호칭지름 20A이상으로 할 수 있는 보일러에 해당되지 않는 것은?

① 최대증발량 4t/h인 관류보일러
② 소용량 주철제보일러
③ 소용량 강철제보일러
④ 최고사용압력이 1MPa(10kgf/㎠)인 강철제보일러

33 건물을 구성하는 구조체 즉 바닥, 벽 등에 난방용 코일을 묻고 열매체를 통과시켜 난방을 하는 것은?

① 대류난방   ② 복사난방
③ 간접난방   ④ 전도난방

해설
복사난방은 건물을 구성하는 구조체 즉 바닥, 벽 등에 난방용 코일을 묻고 열매체를 통과시켜 난방을 하는 것이다.

34 온수발생 보일러의 전열면적이 10㎡ 미만일 때 방출관의 안지름의 크기는?

① 15㎜ 이상
② 20㎜ 이상
③ 25㎜ 이상
④ 50㎜ 이상

해설
온수발생 보일러의 전열면적이 10㎡ 미만일 때 방출관의 안지름의 크기는 25㎜ 이상이다.

정답 28.② 29.④ 30.③ 31.② 32.④ 33.② 34.③

35 보일러에서 송기 및 증기사용 중 유의사항으로 틀린 것은?

① 항상 수면계, 압력계, 연소실의 연소상태 등을 잘 감시하면서 운반하도록 할 것
② 점화 후 증기발생시 까지는 가능한 한 서서히 가열시킬 것
③ 2조의 수면계를 주시하여 항상 정상수면을 유지하도록 할 것
④ 점화 후 주증기관 내의 응축수를 배출시킬 것

해설

점화 후에는 주증기관 내의 응축수를 배출시키면 안된다.

36 보일러 내부부식인 점식의 방지대책과 가장 관계가 적은 것은?

① 보일러수를 산성으로 유지한다.
② 보일러수 중의 용존산소를 배제한다.
③ 보일러 내면에 보호피막을 입힌다.
④ 보일러수 중에 아연판을 설치한다.

해설

내부부식인 점식은 알카리성으로 유지해야한다.

37 보일러 파열사고의 원인 중 취급자의 부주의로 발생하는 사고가 아닌 것은?

① 미연소 가스폭발
② 저수위 사고
③ 라미네이션
④ 압력초과

해설

라미네이션은 보일러 사고의 제작상 원인이다.

38 안전·보건표지의 색체, 색도기준 및 용도에서 화학물질 취급 장소에서의 유해·위험경고를 나타내는 색체는?

① 흰색 ② 빨간색
③ 녹색 ④ 청색

해설

안전·보건표지의 경고표지에서 화학물질 취급 장소에서의 유해·위험경고를 나타내는 색체는 빨간색으로 표시한다.

39 가스보일러 점화시의 주의사항으로 틀린 것은?

① 점화는 순차적으로 작은 불씨로부터 큰 불씨로 2~3회로 나누어 서서히 한다.
② 노내 환기에 주의하고, 실화 시에도 충분한 환기가 이루어진 뒤 점화한다.
③ 연료 배관계통의 누설유무를 정기적으로 점검한다.
④ 가스압력이 적정하고 안정되어 있는지 점검한다.

해설

점화는 한번에 큰 불씨로 해야 한다.

40 증기과열기의 열 가스 흐름방식 분류 중 증기와 연소가스의 흐름이 반대 방향으로 지나면서 열교환이 되는 방식은?

① 병류형 ② 혼류형
③ 향류형 ④ 복사대류형

해설

향류형은 증기과열기의 열 가스 흐름방식 분류 중 증기와 연소가스의 흐름이 반대 방향으로 지나면서 열교환이 되는 방식이다.

41 온수발생 보일러에서 보일러의 전열면적이 15~20㎡ 미만일 경우 방출관의 안지름은 몇 mm이상으로 해야 하는가?

① 25 ② 30
③ 40 ④ 50

해설

보일러의 전열면적이 15~20㎡ 미만일 경우 방출관의 안지름은 40mm이상으로 한다.

42 안전관리 목적과 가장 거리가 먼 것은?

① 생산성의 향상
② 경제성의 향상
③ 사회복지의 증진
④ 작업기준의 명확화

해설
안전관리 목적은 생산성의 향상, 경제성의 향상, 사회복지의 증진등이 있다.

43 환수관내 유속이 타 방식에 비하여 빠르고 방열기 내의 공기도 배제할 수 있을 뿐 아니라 방열량을 광범위하게 조절할 수 있어서 대규모 난방에 많이 채택되는 증기 난방법은?

① 습식환수 방식 ② 건식환수방식
③ 기계환수 방식 ④ 진공환수 방식

해설
진공환수 방식은 환수관내 유속이 타 방식에 비하여 빠르고 방열기 내의 공기도 배제할 수 있을 뿐 아니라 방열량을 광범위하게 조절할 수 있어서 대규모 난방에 많이 채택된다.

44 주철제 방열기로 온수난방을 하는 사무실의 난방부하가 4,200kcal/h일 때, 방열면적은 약 몇 ㎡인가?

① 6.5   ② 7.6
③ 9.3   ④ 11.7

해설
방열면적 = 난방부하 / 방열량 = 4200/450

45 보일러 점화전 수위확인 및 조정에 대한 설명 중 틀린 것은?

① 수면계의 기능테스트가 가능한 정도의 증기압력이 보일러 내에 남아 있을 때는 수면계의 기능시험을 해서 정상인지 확인한다.
② 2개의 수면계의 수위를 비교하고 동일 수위인지 확인한다.
③ 수면계에 수주관이 설치되어 있을 때

는 수주연락관의 체크밸브가 바르게 닫혀 있는지 확인한다.
④ 유리관이 더러워졌을 때는 수위를 오인하는 경우가 있기 때문에 필히 청소하거나 또는 교환하여야 한다.

해설
보일러 점화전 수위확인 및 조정시 수면계에 수주관이 설치되어 있을 때는 수주연락관의 체크 밸브가 바르게 열려 있는지 확인한다.

46 증기난방의 분류에서 응축수 환수방식에 해당하는 것은?

① 고압식   ② 상향 공급식
③ 기계 환수식   ④ 단관식

해설
증기난방의 분류에서 응축수 환수방식은 기계 환수식, 중력환수식, 진공환수식 등이 있다.

47 방부하가 9,000kcal/h인 장소에 온수방열기를 설치하는 경우 필요한 방열기 쪽수는?(단, 방열기 1쪽당 표면적은 0.2㎡이고, 방열량은 표준방열량으로 계산한다.)

① 70   ② 100
③ 110   ④ 120

해설
방열기의 쪽수 계산식 : 9000/450×0.2=100

48 급수펌프에서 송출량이 10㎥/min 이고, 전양정이 8m 일 때, 펌프의 소요마력은? (단, 펌프의 효율은 75%이다)

① 15.6PS   ② 17.8PS
③ 23.7PS   ④ 31.6PS

해설

$$소요마력 = \frac{\gamma \cdot Q \cdot H}{75 \times \eta} = \frac{1000 \cdot 송출량 \cdot 전양정}{75 \times 효율}$$

$$= \frac{1000 \times 10 \times 8}{75 \times 60 \times 0.75} = 23.7ps$$

49 보일러의 안전관리상 가장 중요한 것은?

① 안전밸브 작동요령 숙지
② 안전저수위 이하 감수방지
③ 버너 조절요령 숙지
④ 화염검출기 및 댐퍼 작동상태 확인

해설
보일러의 안전관리상 가장 중요한 것은 안전저수위 이하 감수방지이다.

50 다음 중 배관용 탄소강관의 기호로 맞는 것은?

① SPP   ② SPPS
③ SPPH   ④ SPA

해설
배관용탄소강관 – SPP, 압력배관용탄소강관 – SPPS, 고압배관용탄소강관 – SPPH

51 온수난방 설비의 밀폐식 팽창탱크에 설치되지 않는 것은?

① 수위계   ② 압력계
③ 배기관   ④ 안전밸브

해설
밀폐식 팽창탱크에는 배기관은 설치하지 않는다.

52 보일러의 설비면에서 수격작용의 예방조치로 틀린 것은?

① 증기배관에는 충분한 보온을 취한다.
② 증기관에는 중간을 낮게 하는 배관방법은 드레인이 고이기 쉬우므로 피해야 한다.
③ 증기관은 증기가 흐르는 방향으로 경사가 지도록 한다.
④ 대형밸브나 증기헤더에도 드레인 배출장치 설치를 피해야 한다.

해설
수격작용의 예방조치
① 증기배관에는 충분한 보온을 취한다.
② 증기관은 증기가 흐르는 방향으로 경사가 지도록 한다.
③ 증기관에는 중간을 낮게 하는 배관방법은 드레인이 고이기 쉬우므로 피해야 한다.

53 보일러 운전정지 순서에 들어갈 내용으로 틀린 것은?

① 공기의 공급을 정지한다.
② 연료 공급을 정지한다.
③ 증기밸브를 닫고, 드레인 밸브를 연다.
④ 댐퍼를 연다.

해설
보일러 운전정지 순서에는 댐퍼를 닫아 줘야 한다.

54 검사에 합격하지 아니한 검사대상기기를 사용한 자에 대한 벌칙기준은?

① 300만 원 이하의 벌금
② 500만 원 이하의 벌금
③ 1년 이하의 징역 또는 1천만 원 이하의 벌금
④ 2년 이하의 징역 또는 2천만 원 이하의 벌금

해설
검사에 합격하지 아니한 검사대상기기를 사용한 자에 대한 벌칙은 1년 이하의 징역 또는 1천만 원 이하의 벌금이다.

55 저탄소 녹색성장 기본법에서 화석연료에 대한 의존도를 낮추고 청정에너지의 사용 및 보급을 확대하여 녹색기술 연구개발, 탄소 흡수원 확충 등을 통하여 온실가스를 적정수준 이하로 줄이는 것을 말하는 용어는?

① 저탄소
② 녹색성장
③ 온실가스 배출
④ 녹색생활

해설
저탄소는 저탄소 녹색성장 기본법에서 화석연료에 대한 의존도를 낮추고 청정에너지의 사용

정답
49.② **50.**① **51.**③ **52.**④ **53.**④ **54.**③ **55.**①

56 지식경제부장관 또는 시 · 도지사로부터 에너지관리공단이사장에게 위탁된 업무가 아닌 것은?

① 에너지절약전문기업의 등록
② 온실가스배출 감축실적의 등록 및 관리
③ 검사대상기기 조종자의 선임·해임신고의 접수
④ 에너지이용 합리화 기본계획 수립

해설

지식경제부장관 또는 시 · 도지사로부터 에너지관리공단이사장에게 위탁된 업무
① 에너지절약전문기업의 등록
② 온실가스배출 감축실적의 등록 및 관리
③ 검사대상기기 조종자의 선임·해임신고의 접수

57 녹색성장위원회의 위원장 2명 중 1명은 국무총리가 되고 또 다른 한명은 누가 지명하는 사람이 되는가?

① 대통령   ② 국무총리
③ 지식경제부장관 ④ 환경부장관

해설

녹색성장위원회의 위원장 2명이고 1명은 대통령이 지명한 사람, 1명은 국무총리가 된다.

58 에너지법 시행령에서 지식경제부장관이 에너지기술개발을 위한 사업에 투자 또는 출연할 것을 권고할 수 있는 에너지관련 사업자가 아닌 것은?

① 에너지 공급자
② 대규모 에너지 사용자
③ 에너지사용기자재의 제조업자
④ 공공기관 중 에너지와 관련된 공공기관

해설

에너지기술개발을 위한 사업에 투자 또는 출연할 것을 권고할 수 있는 에너지관련 사업자
① 에너지 공급자
② 에너지사용기자재의 제조업자
③ 공공기관 중 에너지와 관련된 공공기관

59 저탄소녹색성장기본법상 온실가스에 해당하지 않는 것은?

① 이산화탄소   ② 메탄
③ 수소   ④ 육불화황

해설

저탄소녹색성장기본법상 온실가스는 이산화탄소, 메탄, 육불화황 등이 있다.

60 에너지이용합리화법 시행령에서 지식경제부장관은 에너지이용 합리화에 관한 기본계획을 몇 년마다 수립하여야 하는가?

① 1년   ② 2년
③ 3년   ④ 5년

해설

지식경제부장관은 에너지이용 합리화에 관한 기본계획을 5년마다 수립하여야 한다.

10회 에너지관리기능사 **CBT 기출복원문제**
>> 2025 시행

수험번호:
수험자명:

제한시간: 60분
남은시간:

01 다음 중 증기보일러의 상당증발량의 단위는?

① kg/h   ② kcal/h
③ kcal/kg   ④ kg/s

해설
증기보일러의 상당증발량의 단위는 kg/h 이다.

02 소형관류보일러(다관식 관류보일러)를 구성하는 주요구성 요소로 맞는 것은?

① 노통과 연관
② 노통과 수관
③ 수관과 드럼
④ 수관과 헤더

해설
소형관류보일러(다관식 관류보일러)를 구성하는 주요 구성 요소는 수관과 헤더이다.

03 원통형 보일러에 관한 설명으로 틀린 것은?

① 입형 보일러는 설치면적이 적고 설치가 간단하다.
② 노통이 2개인 횡형 보일러는 코르니시 보일러이다.
③ 패키지형 노통연관 보일러는 내분식이므로 방산 손실열량이 적다.
④ 기관본체를 둥글게 제작하여 이를 입형이나 횡형으로 설치 사용하는 보일러를 말한다.

해설
노통이 2개인 보일러는 랭커셔보일러이다.

04 수관식 보일러의 일반적인 장점에 해당하지 않는 것은?

① 수관의 관경이 적어 고압에 잘 견디며 전열면적이 커서 증기 발생이 빠르다.
② 용량에 비해 소요면적이 적으며, 효율이 좋고 운반, 설치가 쉽다.
③ 급수의 순도가 나빠도 스케일이 잘 발생하지 않는다.
④ 과열기, 공기예열기 설치가 용이하다.

해설
수관식 보일러는 급수의 순도가 나쁘면 스케일이 발생하여 수질관리에 주의 하여야한다.

05 보일러에서 노통의 약한 단점을 보완하기 위해 설치하는 약 1m 정도의 노통이음을 무엇이라고 하는가?

① 아담슨 조인트
② 보일러 조인트
③ 브리징 조인트
④ 라몽트 조인트

해설
보일러에서 노통의 약한 단점을 보완하기 위해 설치하는 약 1m 정도의 노통이음은 아담슨 조인트라 한다.

06 연료의 연소열을 이용하여 보일러 열효율을 증대시키는 부속장치로 거리가 가장 먼 것은?

① 과열기   ② 공기예열기
③ 연료예열기   ④ 절탄기

해설
연료의 연소열을 이용하여 보일러 열효율을 증대시키는 부속장치 과열기, 재열기, 공기예열기 절탄기 등이 있다.

정답 01.① 02.④ 03.② 04.③ 05.① 06.③

07 플레임 아이에 대하여 옳게 설명한 것은?

① 연도의 가스온도로 화염의 유무를 검출한다.
② 화염의 도전성을 이용하여 화염의 유무를 검출한다.
③ 화염의 방사선을 감지하여 화염의 유무를 검출한다.
④ 화염의 이온화 현상을 이용해서 화염의 유무를 검출한다.

해설
화염검출기 중 플레임 아이는 화염의 방사선을 감지하여 화염의 유무를 검출한다.

08 슈트 블로워 사용에 관한 주의사항으로 틀린 것은?

① 분출기 내의 응축수를 배출시킨 후 사용할 것
② 부하가 적거나 소화 후 사용하지 말 것
③ 원활한 분출을 위해 분출하기 전 연도 내 배풍기를 사용하지 말 것
④ 한 곳에 집중적으로 사용하여 전열면에 무리를 가하지 말 것

해설
원활한 분출을 위해 분출하기 전 연도 내 배풍기를 사용해야한다.

09 과잉공기량에 관한 설명으로 옳은 것은?

① (과잉공기량) = (실제공기량) × (이론공기량)
② (과잉공기량) = (실제공기량) / (이론공기량)
③ (과잉공기량) = (실제공기량) + (이론공기량)
④ (과잉공기량) = (실제공기량) − (이론공기량)

해설
과잉공기량 = 실제공기량 − 이론공기량

10 연소 시 공기비가 많은 경우 단점에 해당하는 것은?

① 배기 가스량이 많아져서 배기가스에 의한 열손실이 증가한다.
② 불완전 연소가 되기 쉽다.
③ 미연소에 의한 열손실이 증가한다.
④ 미연소 가스에 의한 역화의 위험성이 있다.

해설
배기 가스량이 많아져서 배기가스에 의한 열손실이 증가하는 것은 연소 시 공기비가 많은 경우의 단점이다.

11 인젝터의 작동불량 원인과 관계가 먼 것은?

① 부품이 마모되어 있는 경우
② 내부노즐에 이물질이 부착되어 있는 경우
③ 체크밸브가 고장난 경우
④ 증기압력이 높은 경우

해설
인젝터의 작동불량 원인
① 체크밸브가 고장난 경우
② 부품이 마모되어 있는 경우
③ 내부노즐에 이물질이 부착되어 있는 경우

12 보일러 급수제어 방식의 3요소식에서 검출 대상이 아닌 것은?

① 수위   ② 증기유압
③ 급수유량   ④ 공기압

해설
보일러 급수제어 방식의 3요소식에서 검출 대상은 수위, 증기유압, 급수유량 등이다.

13 사용 시 예열이 필요 없고 비중이 가장 작은 중유는?

① 타르 중유   ② A급 중유
③ B급 중유   ④ C급 중유

해설
비중이 작고 점성이 작은 중유는 A급 중유이다.

 정답 07.③ 08.③ 09.④ 10.① 11.④ 12.④ 13.②

14 보일러의 열정산의 조건과 측정방법을 설명한 것 중 틀린 것은?

① 열정산시 기준온도는 시험시의 외기온도를 기준으로 하나, 필요에 따라 주위 온도로 할 수 있다.

② 급수량 측정은 중량 탱크식 또는 용량 탱크식 혹은 용적식유량계, 오리피스 등으로 한다.

③ 공기온도는 공기예열기 입구 및 출구에서 측정한다.

④ 발생증기의 일부를 연료가열, 노내취입 또는 공기예열기를 사용하는 경우에는 그 양을 측정하여 급수량에 더한다.

> **해설**
> 발생증기의 일부를 연료가열, 노내취입 또는 공기예열기를 사용하는 경우에는 그 양을 측정하여 급수량에 적게 한다.

15 증기난방시공에서 관말 중기 트랩 장치에서 냉각래그(Cooling leg)의 길이는 일반적으로 몇 m 이상으로 해주어야 하는가?

① 0.7m ② 1.2m
③ 1.5m ④ 2.0m

> **해설**
> 관말 중기 트랩 장치에서 냉각래그(Cooling leg)의 길이는 1.5m 이상이다.

16 다음 중 인젝터의 급수불량 원인으로 틀린 것은?

① 인젝터 자체 온도가 높을 때
② 노즐이 마모 되었을 때
③ 흡입관(급수관)에 공기 침입이 없을 때
④ 증기압력이 0.2kgf/㎠이하로 낮을 때

> **해설**
> **인젝터의 급수불량 원인**
> ① 인젝터 자체 온도가 높을 때
> ② 노즐이 마모 되었을 때
> ③ 흡입관(급수관)에 공기 침입이 있을 때
> ④ 증기압력이 0.2kgf/㎠이하로 낮을 때

17 1보일러 마력은 대한 설명에서 괄호 안에 들어갈 숫자로 옳은 것은?

> 표준상태에서 한 시간에 (   )kg의 상당증발량을 나타낼 수 있는 능력이다.

① 16.56 ② 14.65
③ 15.65 ④ 13.56

> **해설**
> 표준상태에서 한 시간에 15.65kg의 상당증발량을 나타낼 수 있는 능력을 1보일러마력이라 한다.

18 물질의 온도는 변하지 않고 상(phase)변화만 일으키는데 사용되는 열량은?

① 잠열 ② 비열
③ 현열 ④ 반응열

> **해설**
> 잠열은 온도는 변하지 않고 상(phase)변화만 일으키는데 사용되는 열량이다.

19 수관식 보일러 중에서 기수드럼 2~3개와 수드럼 1~2개를 갖는 것으로 관의 양단을 구부려서 각 드럼에 수직으로 결합하는 구조로 되어 있는 보일러는?

① 다쿠마 보일러
② 야로우 보일러
③ 스터링 보일러
④ 가르베 보일러

> **해설**
> 스터링 보일러는 기수드럼 2~3개와 수드럼 1~2개를 갖는 것으로 관의 양단을 구부려서 각 드럼에 수직으로 결합하는 구조로 되어 있는 보일러이다.

20 보일러 자동제어를 의미하는 용어 중 급수제어를 뜻하는 것은?

① A.B.C ② F.W.C
③ S.T.C ④ A.C.C

> **해설**
> F.W.C는 급수제어를 뜻한다.

정답 14.④ 15.③ 16.③ 17.③ 18.① 19.③ 20.②

21 보일러에서 사용하는 급유펌프에 대한 일반적인 설명으로 틀린 것은?

① 급유펌프는 점성을 가진 기름을 이송하므로 기어펌프나 스크루펌프 등을 주로 사용한다.
② 급유탱크에서 버너까지 연료를 공급하는 펌프를 수송펌프(supply pump)라 한다.
③ 급유펌프의 용량은 서비스탱크를 1시간 내에 급유할 수 있는 것으로 한다.
④ 펌프 구동용 전동기는 작동유의 정도를 고려하여 30%정도 여유를 주어 선정한다.

22 50kg의 −10℃ 얼음을 100°C의 증기로 만드는데 소요되는 열량은 몇 kcal 인가?(단, 물과 얼음의 비열은 각각 1kcal/kg℃, 0.5 kcal/kg℃로 한다.)

① 36200 ② 36450
③ 37200 ④ 37450

> **해설**
>
> −10℃의 얼음을 100℃ 증기로 만드는데 소요되는 열량 (물 50kg)
> ① 얼음의 비열 : 0.5
> ② 물의 잠열 : 80 물의 비열 : 1
> ④ 증발 잠열 : 539
> ※ −10℃ 얼음을 100℃증기로 만드는데 구간별로 보면
>
>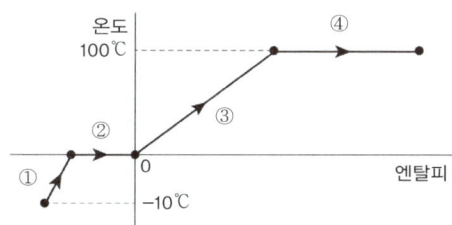
>
> ① − 10℃의 얼음을 0℃ 얼음으로
>   열량은 양×비열×온조차 = 50×0.5×(0 − (−10))
>   = 250kcal
> ② 0℃ 얼음을 0℃ 물로
>   열량은 양×잠열 = 50×80 = 4000kcal
> ③ 0℃ 물을 100℃ 물로
>   열량은 양×비열×온조차 = 50×1×(100 − 0)
>   = 5,000kcal
> ④ 100℃ 물을 100℃ 증기로
>   열량은 양 × 잠열 = 50×539 = 26,9500kcal
>   소요열량 = 250 + 4000 + 5000 + 26900
>   = 36,200kcal

23 보일러 분출장치의 분출시기로 적절하지 않은 것은?

① 보일러 가동 직전
② 프라이밍, 포밍현상이 일어날 때
③ 연속가동 시 열부하가 가장 높을 때
④ 관수가 농축되어 있을 때

> **해설**
>
> **보일러 분출장치의 분출시기**
> ① 보일러 가동 직전
> ② 관수가 농축되어 있을 때
> ③ 프라이밍, 포밍현상이 일어날 때
> ④ 연속가동 시 열부하가 가장 낮을 때

24 저위발열량은 고위발열량에서 어떤 값을 뺀 것인가?

① 물의 엔탈피량 ② 수증기의 열량
③ 수증기의 온도 ④ 수증기의 압력

> **해설**
>
> 저위발열량 = 고위발열량 − 수증기 열량

25 관류보일러의 특징 설명으로 틀린 것은?

① 증기의 발생속도가 빠르다.
② 자동제어장치를 필요로 하지 않는다.
③ 효율이 좋으며 가동시간이 짧다.
④ 임계압력 이상의 고압에 적당하다.

> **해설**
>
> 관류보일러는 관수의 관리가 철저 해야하며 자동제어장치가 필요하다.

26 표준대기압 상태에서 0℃ 물 1kg이 100℃ 증기로 만드는 데 필요한 열량은 몇 kcal 인가?(단, 물의 비열은 1kcal/kg·℃ 이고, 증발잠열은 539kcal/kg이다.)

① 100 ② 500
③ 539 ④ 639

 21.② **22.**① **23.**③ **24.**② **25.**② **26.**④

필요열량 = 100×1 + 539×1 = 639

27 증기난방 배관 시공에 관한 설명으로 틀린 것은?

① 저압증기 난방에서 환수관을 보일러에 직접 연결할 경우 보일러 수의 역류현상을 방지하기 위해서 하트포드(hartford) 접속법을 사용한다.
② 진공환수방식에서 방열기의 설치위치가 보일러보다 위쪽에 설치된 경우 리프트 피팅 이음방식을 적용하는 것이 좋다.
③ 증기가 식어서 발생하는 응축수를 증기와 분리하기 위하여 증기트랩을 설치한다.
④ 방열기에는 주로 열동식 트랩이 사용되고, 응축수량이 많이 발생하는 증기관에는 버킷트랩 등 다량 트랩을 장치한다.

진공환수방식에서 방열기의 설치위치가 보일러보다 아랫쪽에 설치된 경우 리프트 피팅 이음방식을 적용하는 것이 좋다.

28 보일러 운전자가 승기 시 취할 사항으로 맞는 것은?

① 증기헤더, 과열기 등의 응축수는 배출되지 않도록 한다.
② 증기 후에는 응축수 밸브를 완전히 열어 둔다.
③ 기수공발이나 수격작용이 일어나지 않도록 주의한다.
④ 주증기관은 스톱밸브를 신속히 열어 열 손실이 없도록 한다.

보일러 운전자가 승기 시에는 기수공발이나 수격작용이 일어나지 않도록 주의해야 한다.

29 서로 다른 두 종류의 금속판을 하나로 합쳐 온도 차이에 따라 팽창정도가 다른 점을 이용한 온도계는?

① 바이메탈 온도계
② 압력식 온도계
③ 전기저항 온도계
④ 열전대 온도계

바이메탈 온도계는 다른 두 종류의 금속판을 하나로 합쳐 온도 차이에 따라 팽창정도가 다른 점을 이용한 온도계이다.

30 보일러 1마력을 상당증발량으로 환산하면 약 얼마인가?

① 14.65kg/h   ② 15.65kg/h
③ 16.65kg/h   ④ 17.65kg/h

보일러 1마력은 상당증발량으로 환산하면 15.65kg/h이다.

31 안전밸브의 수동시험은 최고사용압력의 몇 % 이상의 압력으로 행하는가?

① 50%   ② 55%
③ 65%   ④ 75%

안전밸브의 수동시험은 최고사용압력의 75% 이상의 압력으로 행한다.

32 외기온도 20℃, 배기가스온도 200℃이고, 연돌높이가 20m일 때 통풍력은 약 얼마인가?

① 5.5mmAq   ② 7.2mmAq
③ 9.2mmAq   ④ 12.2mmAq

통풍력
$$= 355 \times (\frac{1}{273 + 외기온도} - \frac{1}{237 + 배기가스온도}) \times 연돌높이$$
$$= 355 \times (\frac{1}{273 + 20} - \frac{1}{237 + 200}) \times 20$$
$$= 9.22mmAq$$

33 아래 그림 기호의 관조인트 종류의 명칭으로 맞는 것은?

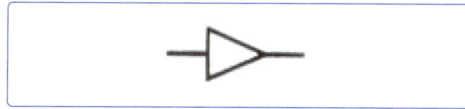

① 엘보　　　　② 리듀셔
③ 티　　　　　④ 부싱

해설
리듀서-관경을 줄여서 연결하는 배관부속품

34 여러 개의 섹션(section)을 조합하여 용량을 가감할 수 있으나 구조가 복잡하여 내부 청소, 검사가 곤란한 보일러는?

① 연관보일러　　② 스코치보일러
③ 관류보일러　　④ 주철제보일러

해설
주철제보일러는 여러 개의 섹션(section)을 조합하여 용량을 가감할 수 있으나 구조가 복잡하여 내부 청소, 검사가 곤란한 보일러이다.

35 보일러 점화전에 댐퍼를 열고 노 내와 연도에 남아있는 가연성가스를 송풍기로 취출시키는 것은?

① 프리퍼지　　② 포스트퍼지
③ 에어드레인　　④ 통풍압조절

해설
프리퍼지는 보일러 점화전에 댐퍼를 열고 노 내와 연도에 남아있는 가연성가스를 송풍기로 취출 시키는 것이다.

36 보일러용 가스버너에서 외부혼합형 가스버너의 대표적 형태가 아닌 것은?

① 분젠형　　　② 스크롤형
③ 센터파이어형　④ 다분기관형

해설
가스버너에서 외부혼합형 가스버너의 대표적 형태
① 스크롤형
② 센터파이어형
③ 다분기관 형

37 보일러의 휴지(休止) 보존 시에 질소가스 봉입보존법을 사용할 경우 질소 가스의 압력을 몇 Mpa 정도로 보존하는가?

① 0.2　　　　② 0.6
③ 0.02　　　④ 0.06

해설
보일러의 장기보존방법에는 질소가스 봉입 보존법이 있고 이때 질소가스의 압력은 0.06Mpa 정도를 유지한다.

38 보일러 고온부식을 유발하는 성분은?

① 황(S)　　　　② 바나듐(V)
③ 산소(O_2)　　④ 이산화탄소(CO_2)

해설
보일러 고온부식을 유발하는 성분은 바나듐(V)이다.

39 스케일이 보일러에 미치는 영향이 아닌 것은?

① 전열면의 팽출　② 전열면의 압궤
③ 절열면의 진동　④ 전열면의 파열

해설
스케일이 보일러에 미치는 영향
① 전열면의 팽출
② 전열면의 압궤
③ 전열면의 파열

40 온수난방에서 팽창탱크의 역할이 아닌 것은?

① 장치내의 온수팽창량을 흡수한다.
② 부족한 난방수를 보충한다.
③ 장치 내 일정한 압력을 유지한다.
④ 공기의 배출을 저지한다.

해설
온수난방에서 팽창탱크의 역할
① 장치내의 온수팽창량을 흡수
② 부족한 난방수를 보충
③ 장치 내 일정한 압력을 유지

정답　33.②　34.④　35.①　36.①　37.④　38.②　39.③　40.④

41 온수발생 강철제 보일러의 전열면적이 25㎡인 경우 방출관의 안지름은 몇 mm 이상으로 해야 하는가?

① 25㎜　　　　　② 30㎜
③ 40㎜　　　　　④ 50㎜

온수발생 강철제 보일러의 전열면적이 25㎡인 경우 방출관의 안지름은 50㎜ 이상으로 해야 한다.

42 난방부하가 40,000kcal/h일 때 온수난방일 경우 방열면적은 약 몇 ㎡인가?(단, 방열량은 표준 방열량으로 한다.)

① 88.9　　　　　② 91.6
③ 93.9　　　　　④ 95.6

방열면적 = 40000 / 450 = 88.88

43 수면측정장치 취급상의 주의사항에 대한 설명으로 틀린 것은?

① 수주 연결관은 수측 연결관의 도중에 오물이 끼기 쉬우므로 하양경사하도록 배관한다.
② 조명은 충분하게 하고 유리는 항상 청결하게 유지한다.
③ 수면계의 콕크는 누설되기 쉬우므로 6개월 주기로 분해 정비하여 조작하기 쉬운 상태로 유지한다.
④ 수주관 하부의 분출관은 매일 1회 분출하여 수측 연결관의 찌꺼기를 배출한다.

수면측정장치 취급상의 주의사항에서 수주 연결관은 수측 연결관의 도중에 오물이 끼기 쉬우므로 상향 경사가 되도록 배관한다.

44 증기보일러의 압력계에 부착하는 사이폰관의 안지름은 몇 mm 이상으로 하는가?

① 5.0㎜　　　　　② 5.5㎜
③ 6.0㎜　　　　　④ 6.5㎜

압력계에 부착하는 사이폰관의 안지름은 6.5㎜ 이상으로 해야 한다.

45 다음 중 보일러의 운정정지 시 가장 뒤에 조작하는 작업은?

① 연료의 공급을 정지시킨다.
② 연소용 공기의 공급을 정지시킨다.
③ 댐퍼를 닫는다.
④ 급수펌프를 정지시킨다.

보일러의 운정정지 시 가장 뒤에 조작하는 작업은 댐퍼를 닫아주는 것이다.

46 관의 결합방식 표시방법 중 유니언식의 그림기호로 맞는 것은?

① 나사이음　② 용접이음　③ 플랜지이음

47 열사용기자재 검사기준에 따라 전열면적 12㎡인 보일러의 급수밸브의 크기는 호칭 몇 A 이상이어야 하는가?

① 15　　　　　② 20
③ 25　　　　　④ 32

전열면적 12㎡인 보일러의 급수밸브의 크기는 호칭 20A 이상 이어야 한다.

51 신축곡관이라고도 하며 고온, 고압용 증기관 등의 옥외 배관에 많이 쓰이는 신축 이음은?

① 벨로스형　　　　② 슬리브형
③ 스위블형　　　　④ 루프형

루프형 신축이음은 신축곡관이라고도 하며 고온, 고압용 증기관 등의 옥외 배관에 많이 쓰이는 신축 이음이다.

48 부식억제제의 구비조건에 해당하지 않는 것은?

① 스케일의 생성을 촉진할 것
② 정지나 유동시에도 부식억제 효과가 클 것
③ 방식 피막이 두꺼우며 열전도에 지장이 없을 것
④ 이종금속과의 접촉부식 및 이종 금속에 대한 부식 촉진 작용이 없을 것

부식억제제는 스케일의 생성을 방지할 수 있어야 한다.

49 열사용기자재 검사기준에 따라 수압시험을 할 때 강철제 보일러의 최고사용압력이 0.43Mpa를 초과, 1.5Mpa 이하인 보일러의 수압시험 압력은?

① 최고 사용압력의 2배＋0.1Mpa
② 최고 사용압력의 1.5배＋0.2Mpa
③ 최고 사용압력의 1.3배＋0.3Mpa
④ 최고 사용압력의 2.5배＋0.5Mpa

강철제 보일러의 최고사용압력이 0.43Mpa를 초과, 1.5Mpa 이하인 보일러의 수압시험 압력은 최고 사용압력의 1.3배＋0.3Mpa 이다.

50 하트포드 접속에 대한 설명으로 맞지 않는 것은?

① 환수관내 응축수에서 발생하는 플래시(flash)증기의 발생을 방지한다.
② 저압증기난방의 습식환수 방식에 쓰인다.
③ 보일러수가 환수관으로 역류하는 것을 방지한다.
④ 증기관과 환수관 사이에 표준수면에서 50㎜ 아래에 균형관을 설치한다.

하트포드 접속
① 저압증기난방의 습식환수 방식에 쓰인다.
② 보일러수가 환수관으로 역류하는 것을 방지한다.
③ 증기관과 환수관 사이에 표준수면에서 50㎜ 아래에 균형관을 설치한다.

52 증기난방에서 응축수의 환수방법에 따른 분류 중 증기의 순환과 응축수의 배출이 빠르며, 방열량도 광범위하게 조절할 수 있어서 대규모 난방에서 많이 채택하는 방식은?

① 진공 환수식 증기난방
② 복관 중력 환수식 증기난방
③ 기계 환수식 증기난방
④ 단관 중력 환수식 증기난방

진공 환수식 증기난방은 응축수의 환수방법에 따른 분류 중 증기의 순환과 응축수의 배출이 빠르며, 방열량도 광범위하게 조절 할 수 있어서 대규모 난방에서 많이 채택하는 방식이다.

53 배관 내에 흐르는 유체의 종류를 표시하는 기호 중 증기를 나타내는 것은?

① A   ② G
③ O   ④ S

증기는 스팀으로 S로 표시한다.

54 지역난방의 일반적인 장점으로 거리가 먼 것은?

① 각 건물마다 보일러 시설이 필요 없고, 연료비와 인건비를 줄일 수 있다.
② 시설이 대규모이므로 관리가 용이하고 열효율 면에서 유리하다.
③ 지역난방설비에서 배관의 길이가 짧아 배관에 의한 열손실이 적다.
④ 고압증기나 고온수를 사용하여 관의 지름을 작게 할 수 있다.

지역난방설비에서 배관의 길이가 길고 배관에 의한 열손실이 크다.

정답   48.①   49.③   50.①   52.①   53.④

55 에너지이용 합리화법에 따라 에너지다소비업자가 지식경제부령으로 정하는 바에 따라 매년 1월 31일까지 시·도지사에게 신고해야 하는 사항과 관련이 없는 것은?

① 전년도의 에너지사용량·제품생산량
② 전년도의 에너지이용합리화 실적 및 해당 연도의 계획
③ 에너지사용기자재의 현황
④ 향후 5년간의 에너지사용예정량·제품생산예정량

에너지다소비업자가 지식경제부령으로 정하는 바에 따라 매년 1월 31일까지 시·도지사에게 신고해야 하는 사항
① 에너지사용기자재의 현황
② 전년도의 에너지사용량·제품생산량
③ 전년도의 에너지이용합리화 실적 및 해당 연도의 계획

56 에너지법에서 정의하는 "에너지 사용자"의 의미로 가장 옳은 것은?

① 에너지 보급 계획을 세우는 자
② 에너지를 생산, 수입하는 사업자
③ 에너지사용시설의 소유자 또는 관리자
④ 에너지를 저장, 판매하는 자

에너지 사용자의 의미는 에너지사용시설의 소유자 또는 관리자를 의미한다.

57 에너지이용합리화법에 따라 연료·열 및 전력의 연간 사용량의 합계가 몇 티오이 이상인 자를 "에너지 다소비사업자"라 하는가?

① 5백   ② 1천
③ 1천 5백   ④ 2천

에너지 다소비사업자의 연료·열 및 전력의 연간 사용량의 합계는 2천티오이 이상인 자이다.

58 에너지이용합리화법상 에너지이용 합리화 기본계획 사항에 포함되지 않는 것은?

① 에너지이용 합리화를 위한 홍보 및 교육
② 에너지이용 합리화를 위한 기술개발
③ 열사용기자재의 안전관리
④ 에너지이용합리화를 위한 제품판매

에너지이용 합리화 기본계획
① 열사용기자재의 안전관리
② 에너지이용 합리화를 위한 기술개발
③ 에너지이용 합리화를 위한 홍보 및 교육

59 저탄소 녹색성장 기본법에서 화석연료에 대한 의존도를 낮추고 청정에너지의 사용 및 보급을 확대하여 녹색기술 연구개발, 탄소 흡수원 확충 등을 통하여 온실가스를 적정수준 이하로 줄이는 것을 말하는 용어는?

① 저탄소   ② 녹색성장
③ 온실가스 배출   ④ 녹색생활

저탄소는 저탄소 녹색성장 기본법에서 화석연료에 대한 의존도를 낮추고 청정에너지의 사용 및 보급을 확대하여 녹색기술 연구개발, 탄소 흡수원 확충 등을 통하여 온실가스를 적정수준 이하로 줄이는 것이다.

60 에너지이용합리화법상 평균효율관리기자재를 제조하거나 수입하여 판매하는 자는 에너지소비효율 산정에 필요하다고 인정되는 판매에 관한 자료와 효율측정에 관한 자료를 누구에게 제출하여야 하는가?

① 국토해양부장관
② 시도지사
③ 에너지관리공단이사장
④ 지식경제부장관

평균효율관리기자재를 제조하거나 수입하여 판매하는 자는 에너지소비효율 산정에 필요하다고 인정되는 판매에 관한 자료와 효율측정에 관한 자료는 지식경제부장관에게 제출한다.

정답 54.③ 55.④ 56.③ 57.④ 58.④ 59.① 60.④

PART 7 부 록

실기 공개도면 및 도면해독

CHAPTER 1

01 에너지관리기능사 실기 공개문제

[공개] ### 국가기술자격 실기시험문제

자격종목	에너지관리기능사	과제명	배관 적산 및 종합응용배관작업

※ 문제지는 시험종료 후 본인이 가져갈 수 있습니다.

비번호		시험일시		시험장명	

※ 시험시간: 3시간 30분

1. 요구사항

- 과제에 대한 시간 구분은 없으나, 총 시험시간은 준수해야 합니다.
- 시험은 '(1과제) 배관 적산' → '(2과제) 종합응용배관작업' 순서로 진행합니다.

가. 배관 적산(20점)

1) 주어진 답안지(답안지 1-1 페이지)의 배관 적산 도면을 참고하여, 재료목록표의 ( ) 안을 채워 완성하시오.
- 답안지는 감독위원에게 답안지를 제출하여야 하며, 감독위원 확인 후 바로 (2과제) 종합응용배관작업을 진행합니다.

나. 종합응용배관작업 (80점)

1) 지급된 재료를 이용하여 도면(p.4-3)과 같이 강관 및 동관의 조립작업을 하시오.
- 관을 절단할 때는 수험자가 지참한 수동공구(수동파이프 커터, 튜브 커터, 쇠톱 등)를 사용하여 절단한 후 파이프 내의 거스러미를 제거해야 합니다.
- 시험종료 후 작품의 수압시험 시 누수여부를 감독위원으로부터 확인 받아야 합니다.

2. 수험자 유의사항

1) 시험시간 내에 (1과제)답안지와 (2과제)작품을 제출하여야 합니다.

2) 수험자가 지참한 공구와 지정된 시설만을 사용하며, 안전수칙을 준수하여야 합니다.

3) 수험자 인적사항 및 답안작성은 반드시 검은색 필기구만 사용하여야 하며, 그 외 연필류, 유색 필기구, 지워지는 펜 등을 사용한 답안(1과제)은 채점하지 않으며 0점 처리됩니다.

4) 답안 정정 시에는 정정하고자 하는 단어에 두 줄(=)을 긋고 다시 작성하거나 수정테이프(수정액 제외)를 사용하여 정정하시기 바랍니다.

5) 수험자는 시험시작 전 지급된 재료의 이상유무를 확인 후 지급 재료가 불량품일 경우에만 교환이 가능하고, 기타 가공, 조립 잘못으로 인한 파손이나 불량 재료 발생시 교환할 수 없으며, 지급된 재료만을 사용하여야 합니다.

6) 재료의 재 지급은 허용되지 않으며, 잔여재료는 작업이 완료된 후 작품과 함께 동시에 제출하여야 합니다.

7) 수험자 지참공구 중 배관 꽂이용 지그와 동관 CM어댑터 용접용 지그는 사용 가능하나, 그 외 용접용 지그(턴테이블(회전형) 형태 등)는 사용불가 합니다.

8) 작품의 수평을 맞추기 위한 재료(모재, 시편 등)는 지참 및 사용이 가능합니다.

9) (1과제) 배관 적산, (2과제) 종합응용배관작업 시험 중 한 과정이라도 0점 또는 채점 대상 제외 사항(12번 항목)에 해당되는 경우 불합격 처리됩니다.

10) 작업 시 안전보호구 착용여부 및 사용법, 재료 및 공구 등의 정리정돈 등 안전수칙 준수는 채점 대상이 됩니다.

11) 지참한 공구 중 작업이 수월하여 타수험자와의 형평성 문제를 일으킬 수 있는 공구는 사용이 불가합니다.

12) 다음 사항은 실격에 해당하여 채점 대상에서 제외됩니다.

   가) 수험자 본인이 시험 도중 포기의사를 표하는 경우

   나) 배관 적산작업에서 답안지를 제출하지 않거나 0점인 경우

   다) 시험시간 내 작품을 제출하지 못한 경우

   라) 도면치수 중 부분치수가 ±15mm(전체길이는 가로 또는 세로 ±30mm) 이상 차이나는 경우

   마) 수압시험 시 $0.3MPa(3kgf/cm^2)$ 이하에서 누수가 되는 경우

   바) 평행도가 30mm 이상 차이나는 경우

   사) 변형이 심하여 외관 및 기능도가 극히 불량한 경우

   아) 도면과 상이한 경우

   자) 지급된 재료 이외의 다른 재료를 사용했을 경우

   차) 밴딩 작업 시 도면상 표기된 기계 벤딩(MC)과 상이하게 열간 벤딩한 경우

[1과제] 배관 적산 도면 - 1번

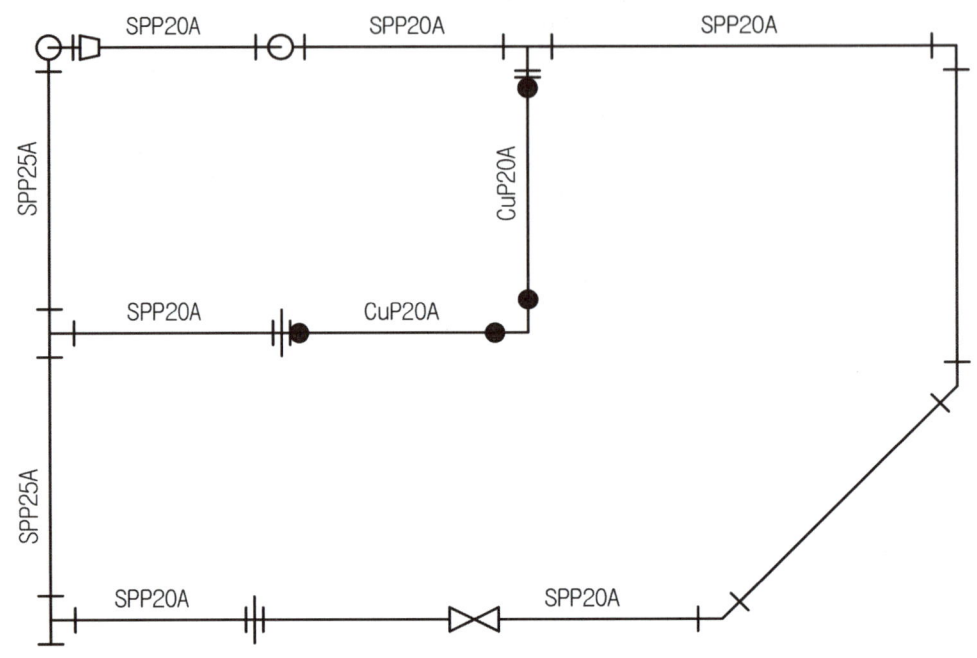

[1과제] 배관 적산 도면 - 2번

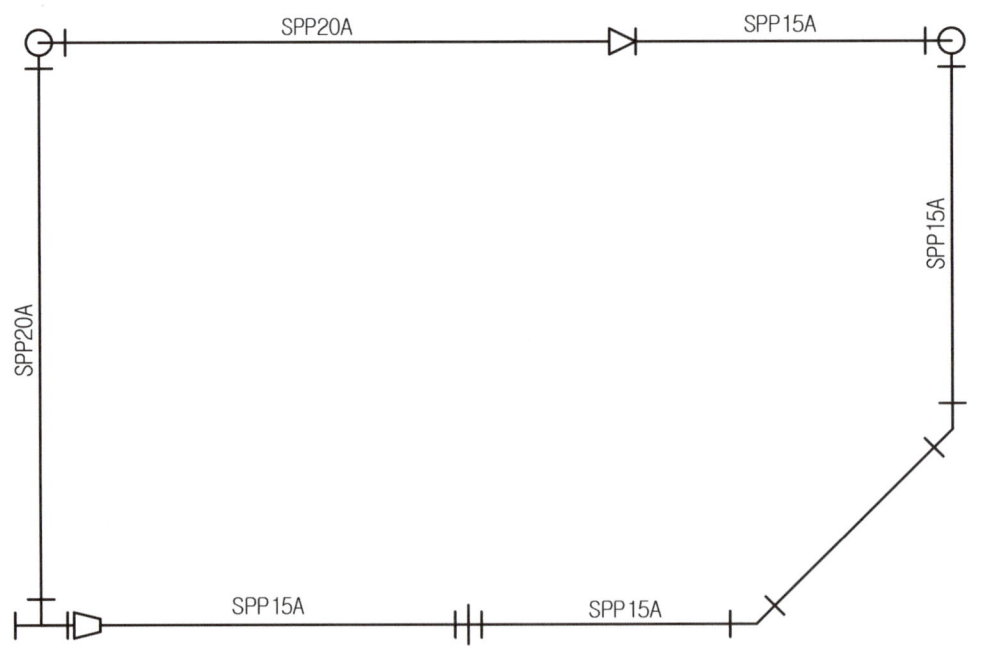

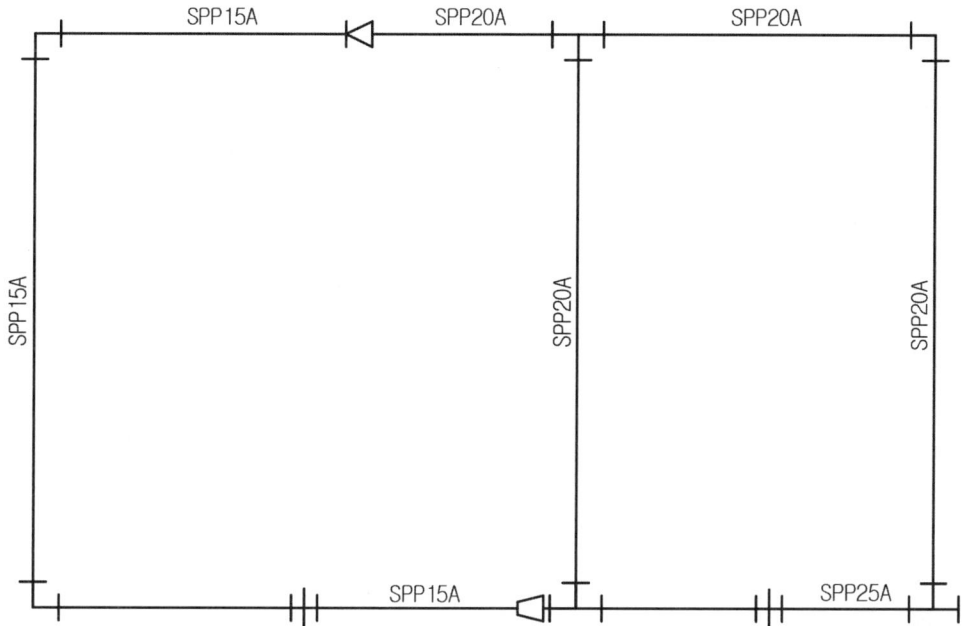

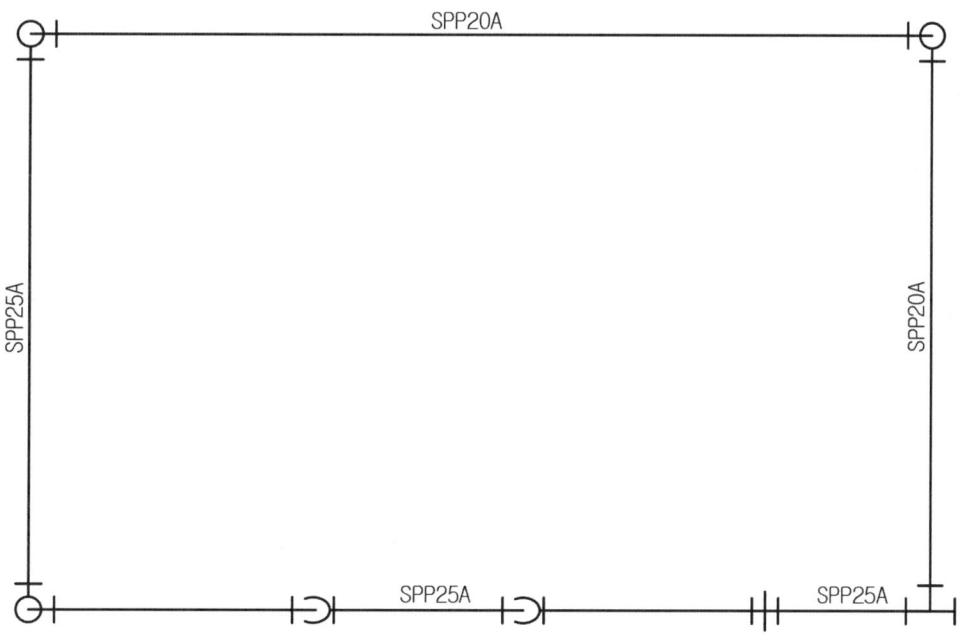

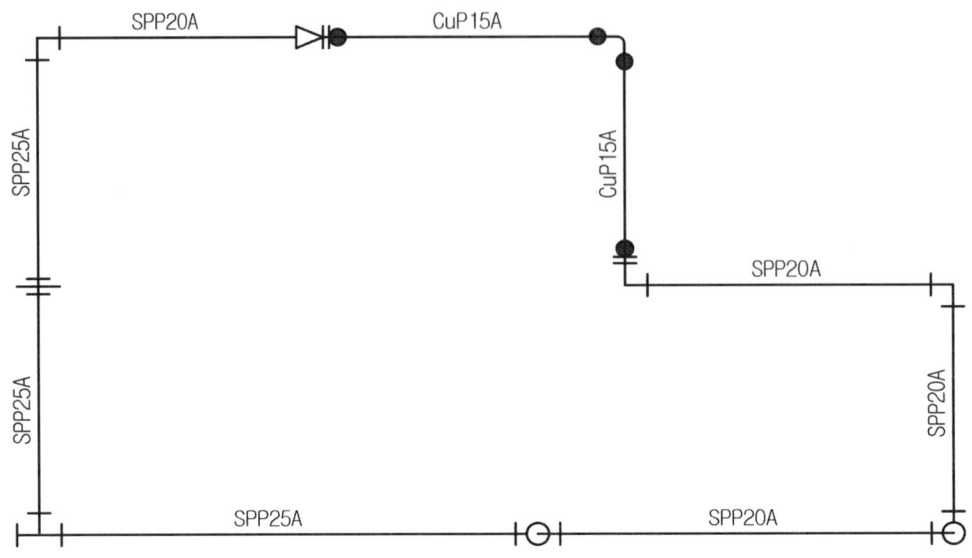

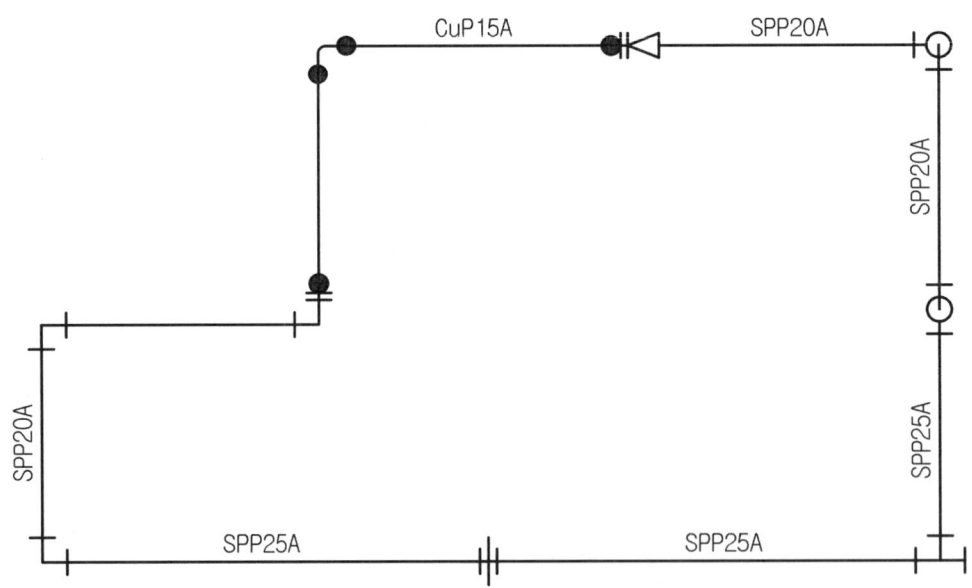

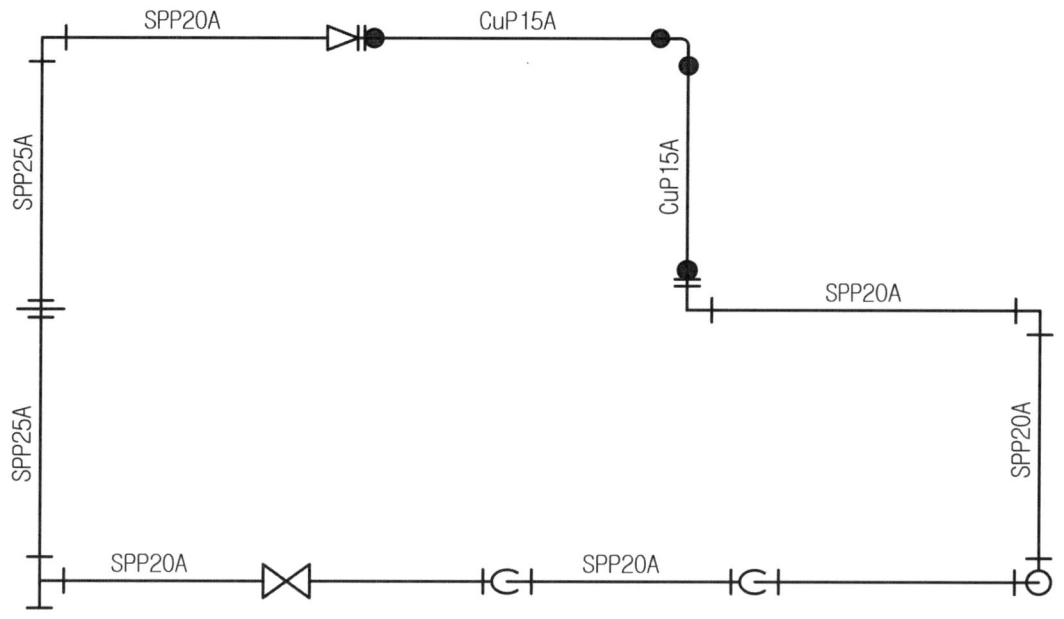

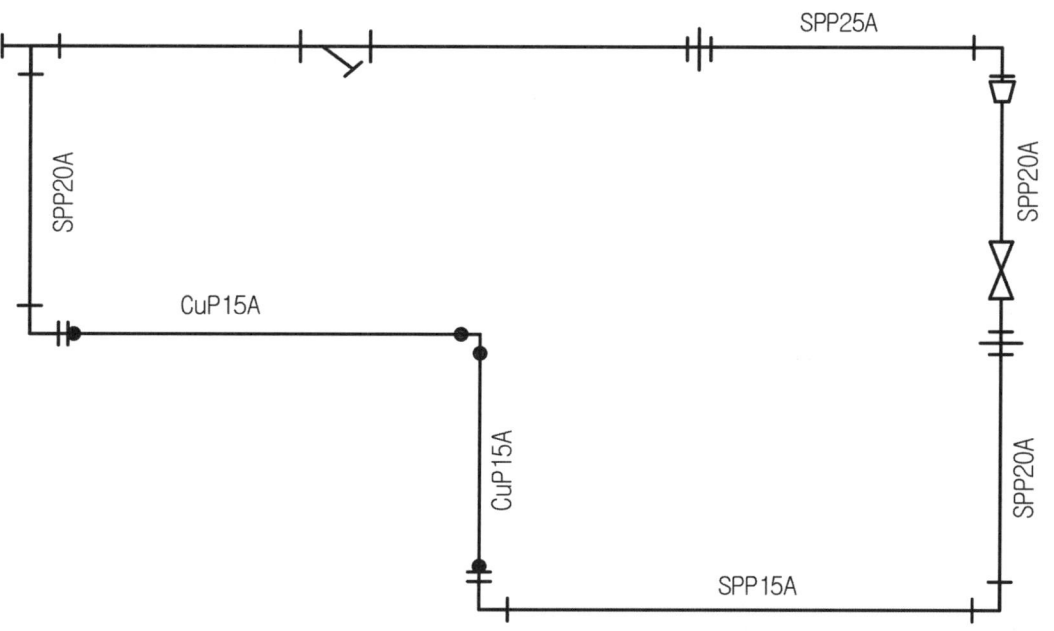

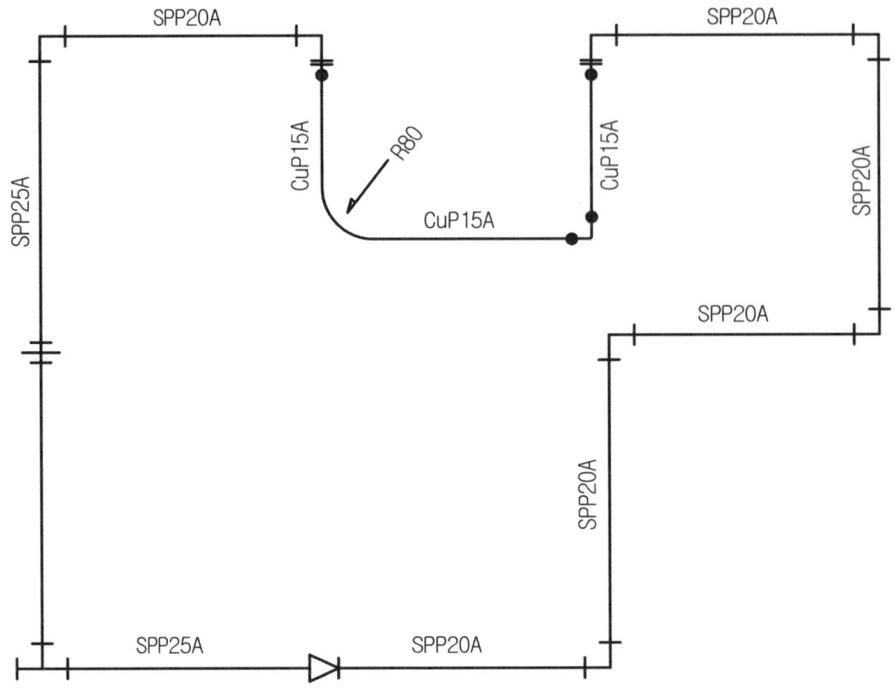

[1과제] 배관 적산 도면 - 10번

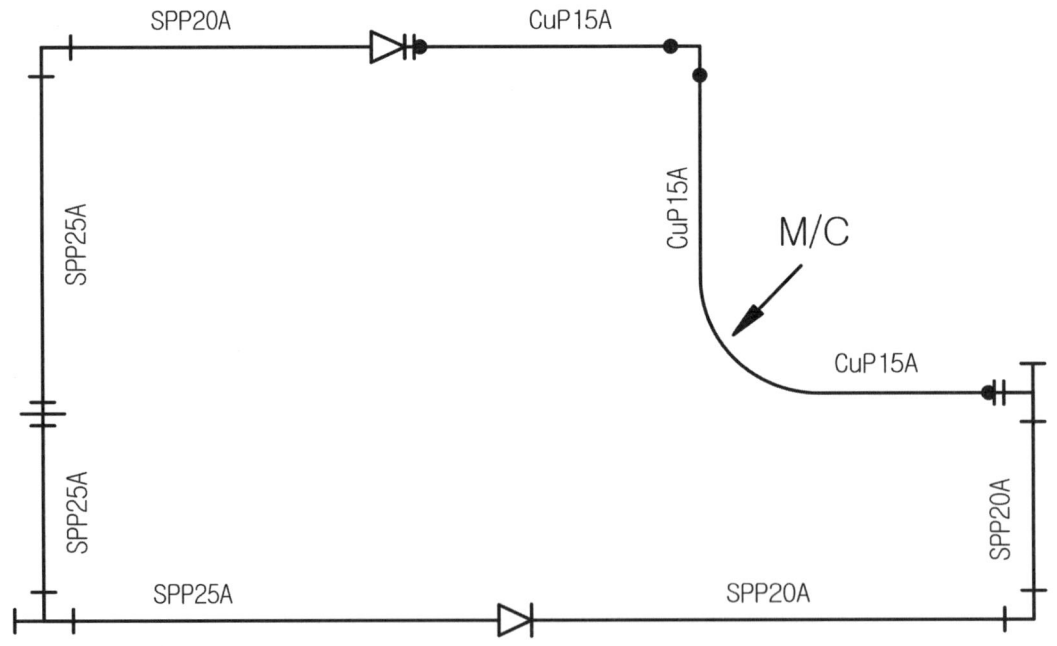

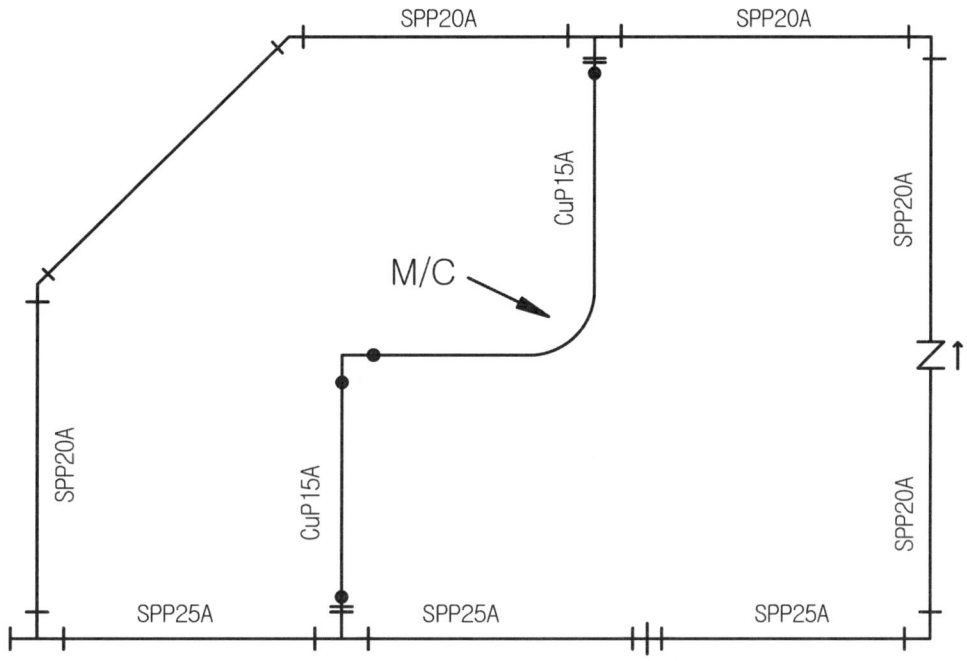

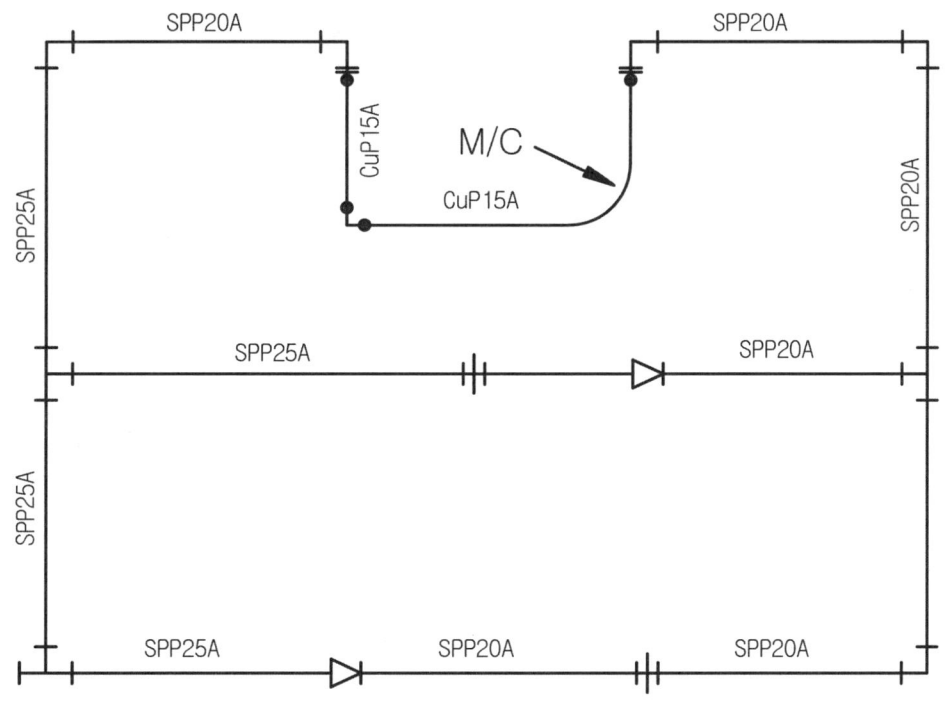

[1과제] 배관 적산 도면 - 13번

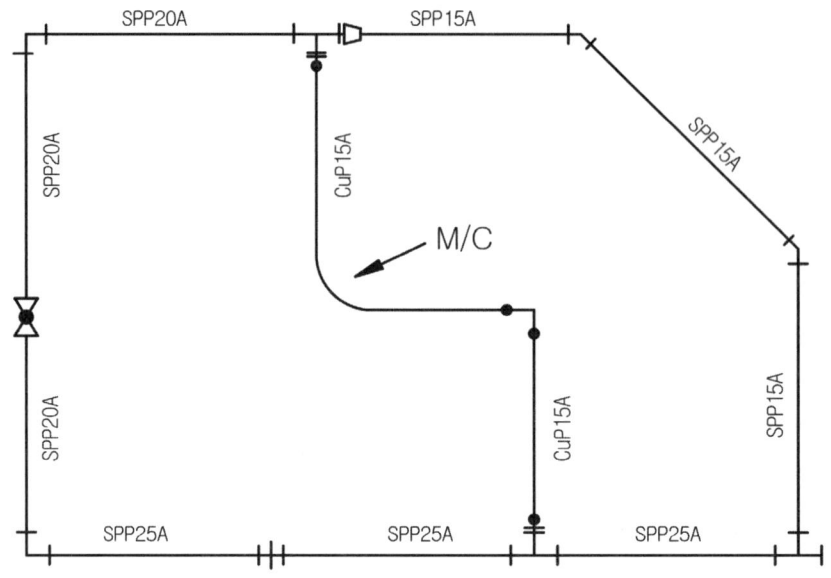

[1과제] 배관 적산 도면 - 14번

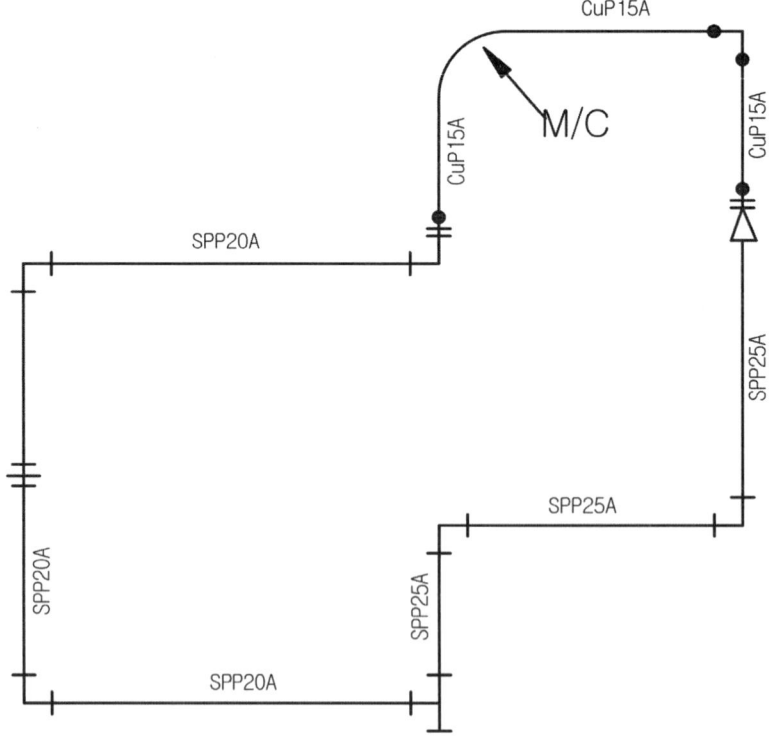

[1과제] 배관 적산 도면 - 15번

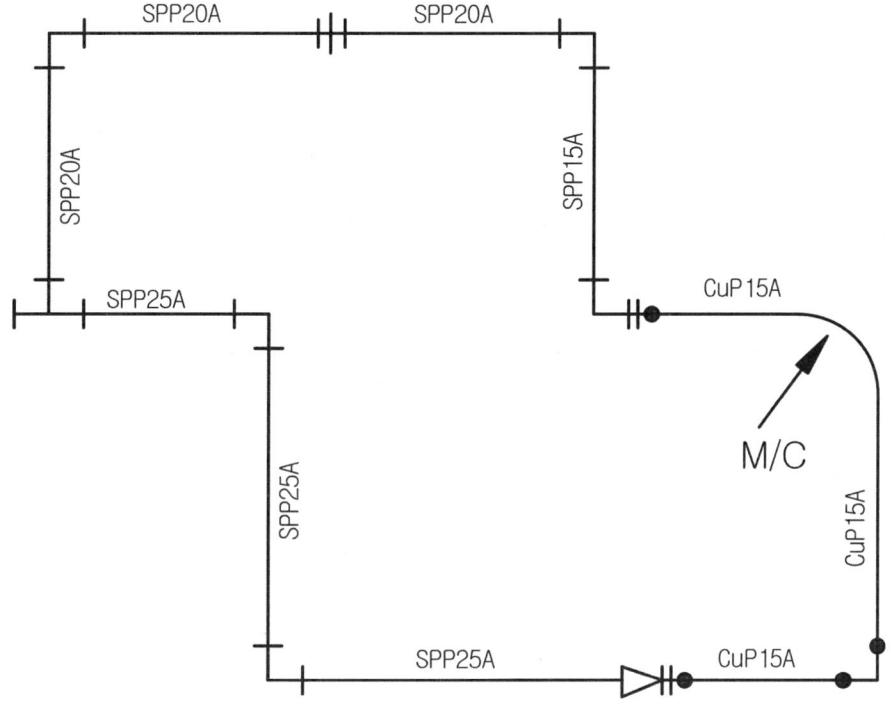

[1과제] 배관 적산 도면 - 16번

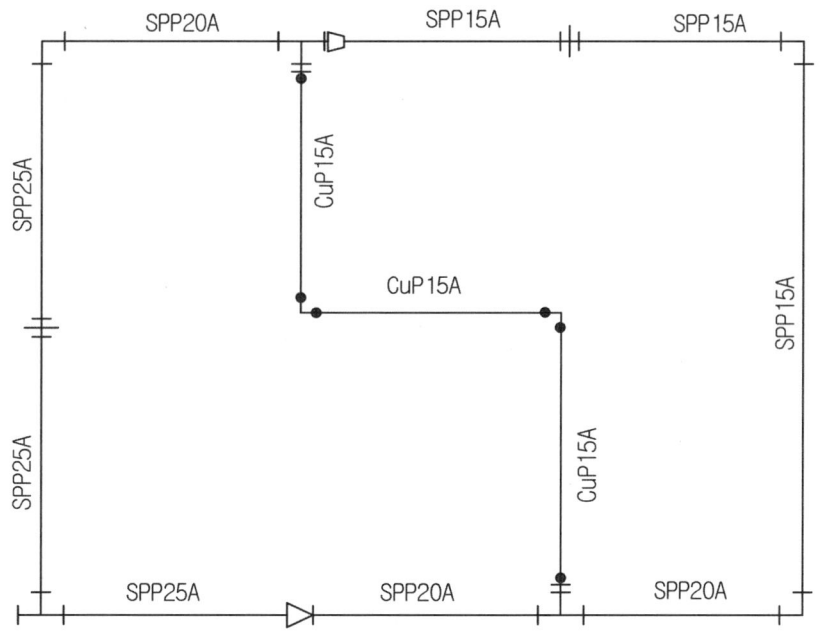

[1과제] 배관 적산 도면 - 17번

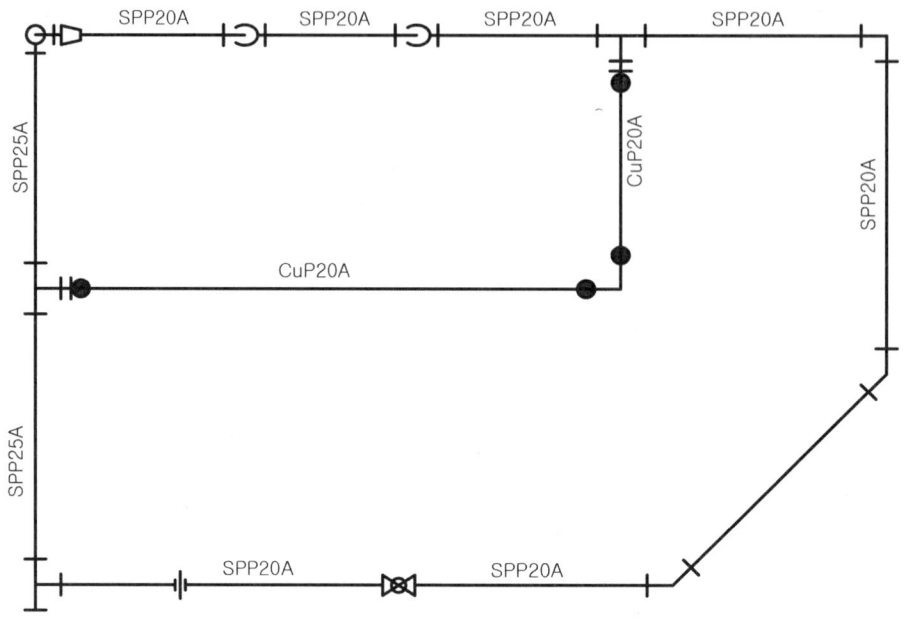

[1과제] 배관 적산 도면 - 18번

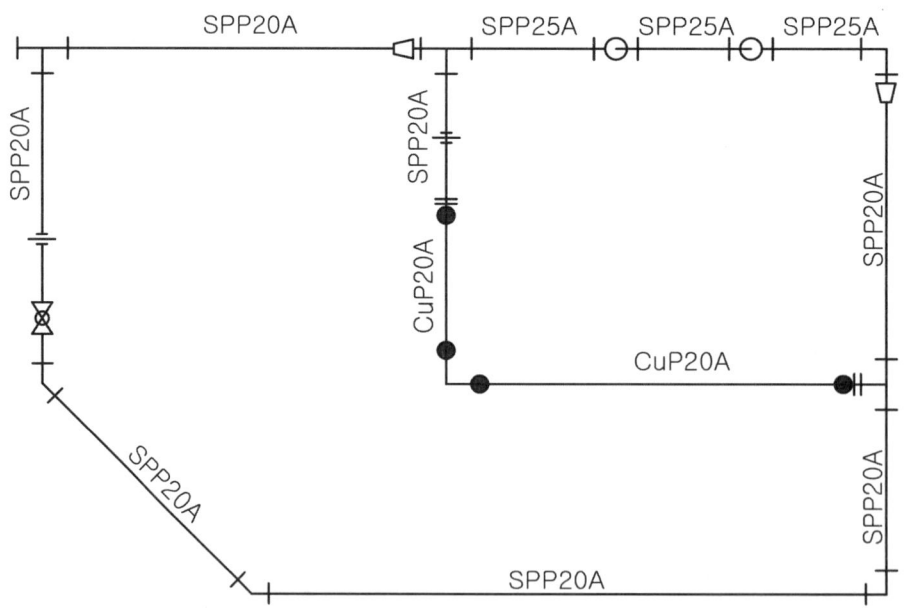

[1과제] 배관 적산 도면 – 19번

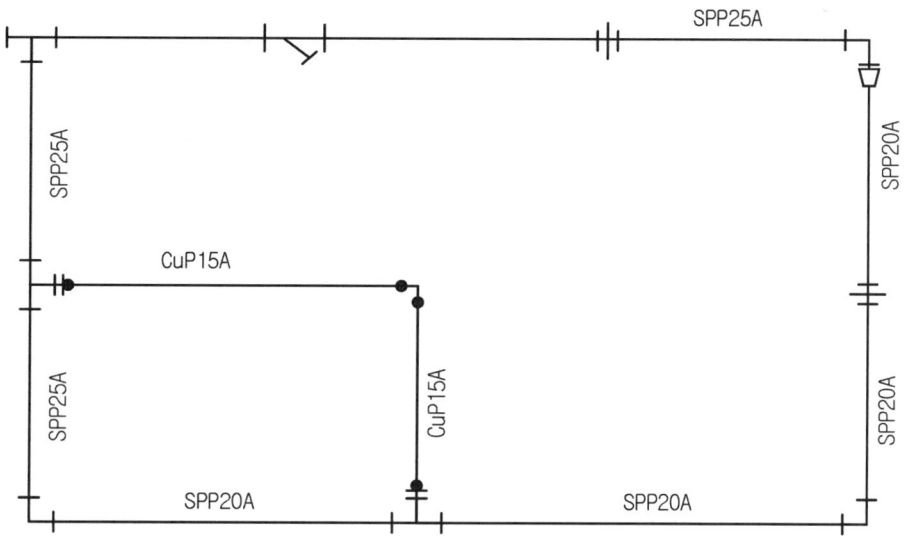

[1과제] 배관 적산 도면 – 20번

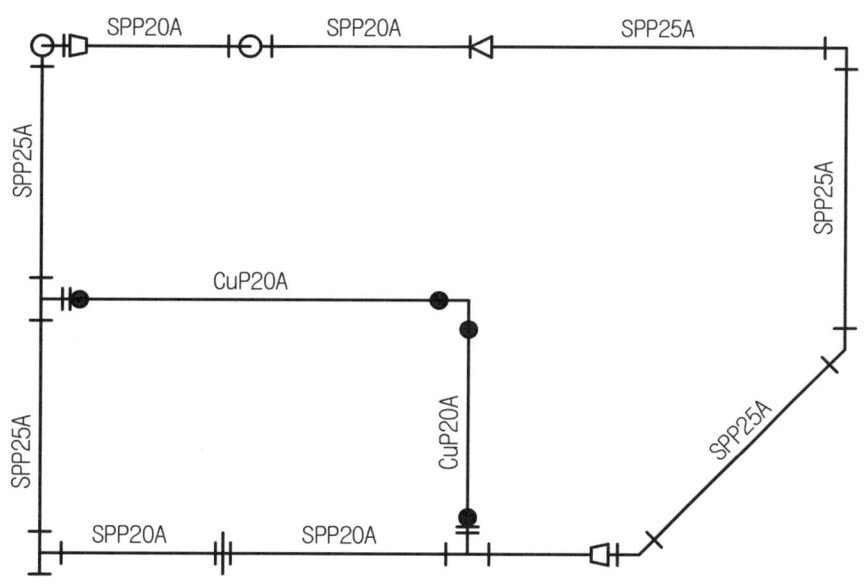

3. (2과제) 종합응용배관작업 도면 ①

자격종목	에너지관리기능사	작품명	(2과제)종합응용배관작업	척도	N.S

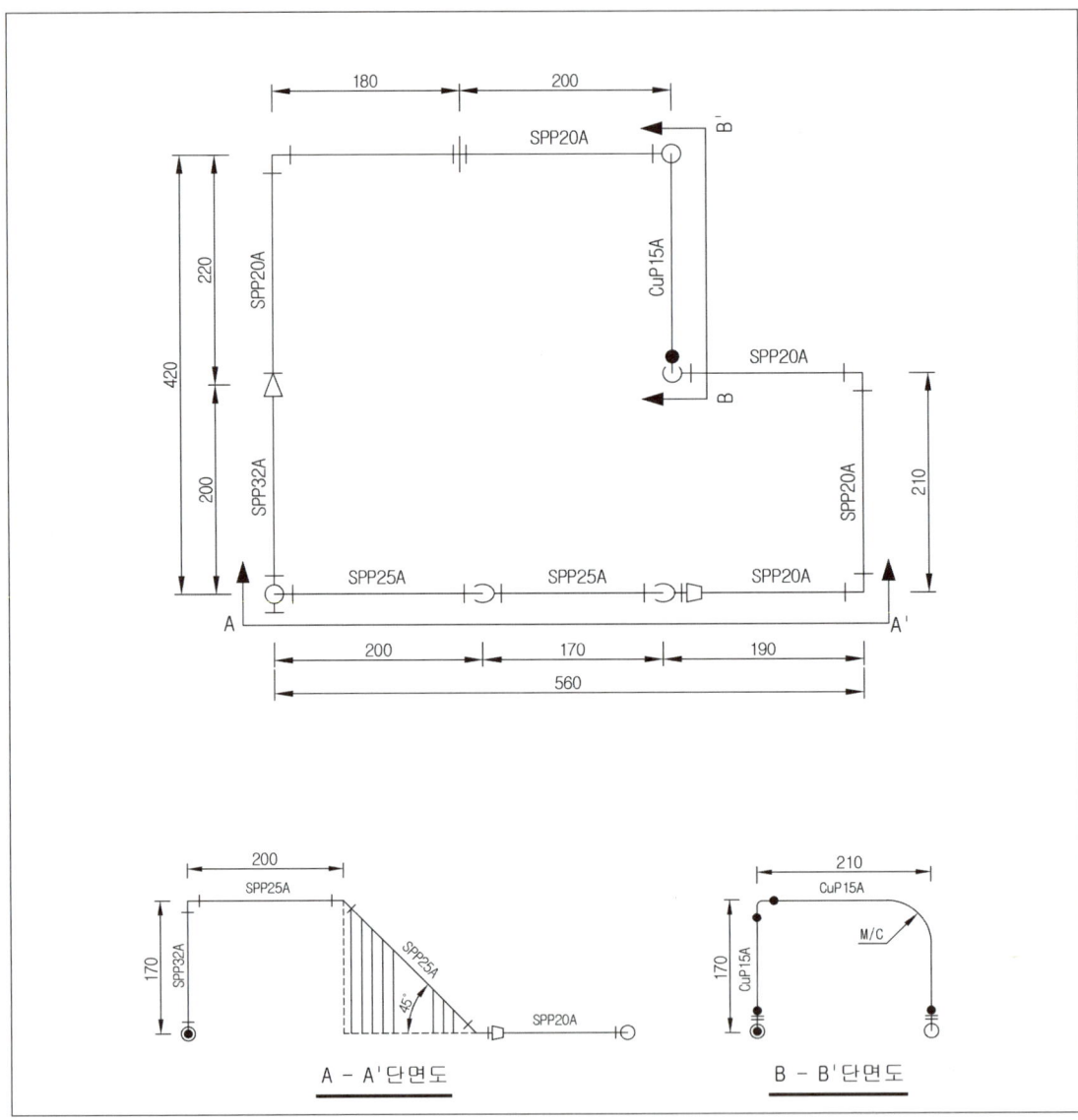

A – A'단면도

B – B'단면도

3. (2과제) 종합응용배관작업 도면 ②

자격종목	에너지관리기능사	작품명	(2과제)종합응용배관작업	척도	N.S

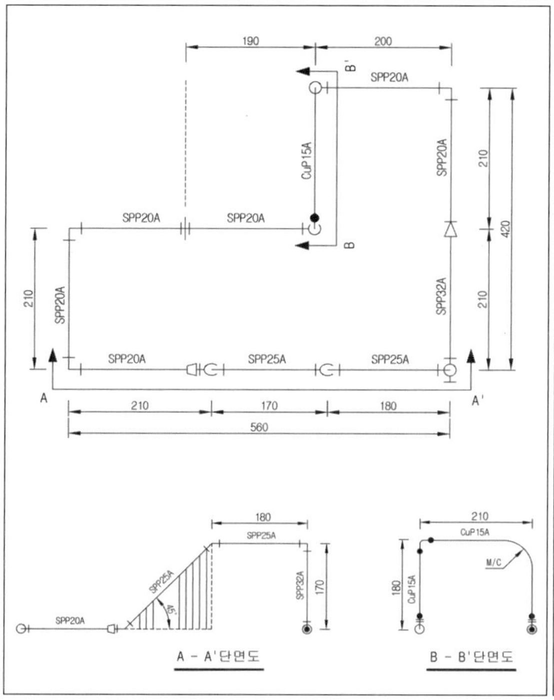

3. (2과제) 종합응용배관작업 도면 ③

자격종목	에너지관리기능사	작품명	(2과제)종합응용배관작업	척도	N.S

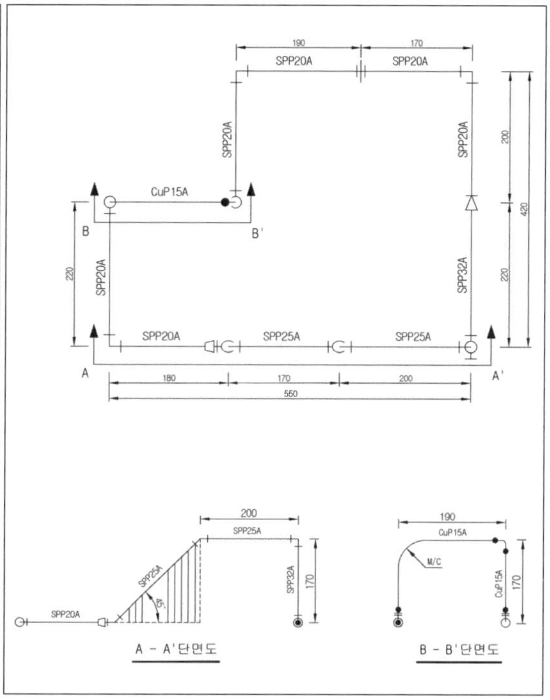

3. (2과제) 종합응용배관작업 도면 ④

자격종목	에너지관리기능사	작품명	(2과제)종합응용배관작업	척도	N.S

3. (2과제) 종합응용배관작업 도면 ⑤

자격종목	에너지관리기능사	작품명	(2과제)종합응용배관작업	척도	N.S

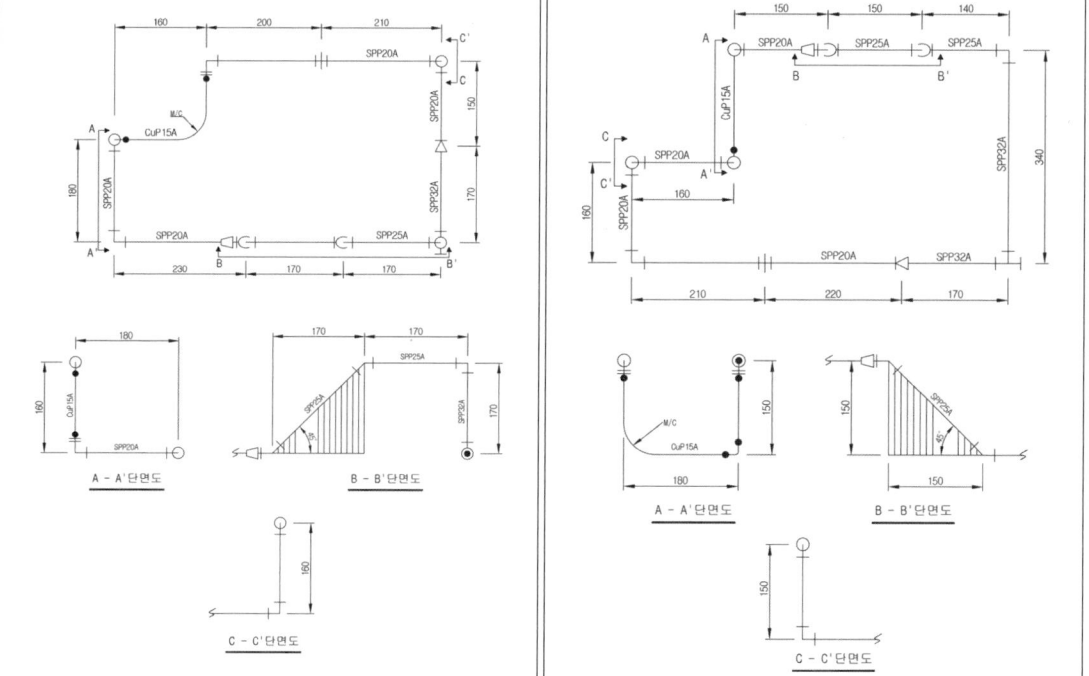

3. (2과제) 종합응용배관작업 도면 ⑥

자격종목	에너지관리기능사	작품명	(2과제)종합응용배관작업	척도	N.S

3. (2과제) 종합응용배관작업 도면 ⑦

자격종목	에너지관리기능사	작품명	(2과제)종합응용배관작업	척도	N.S

3. (2과제) 종합응용배관작업 도면 ⑧

자격종목	에너지관리기능사	작품명	(2과제)종합응용배관작업	척도	N.S

3. (2과제) 종합응용배관작업 도면 ⑨

자격종목	에너지관리기능사	작품명	(2과제)종합응용배관작업	척도	N.S

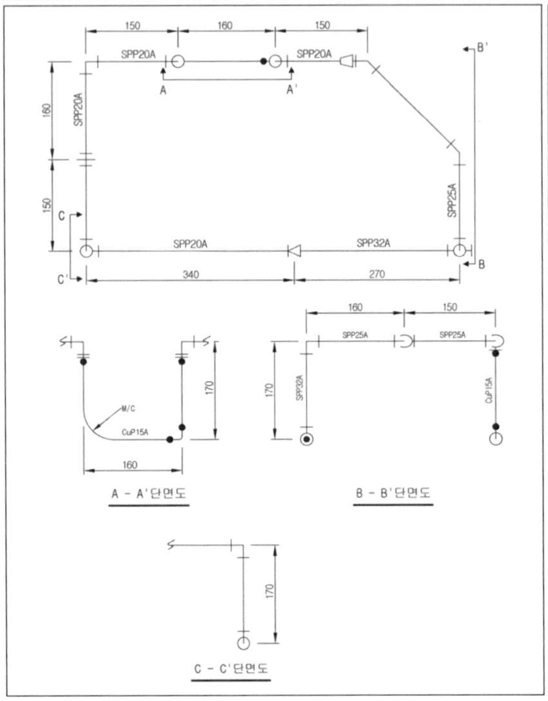

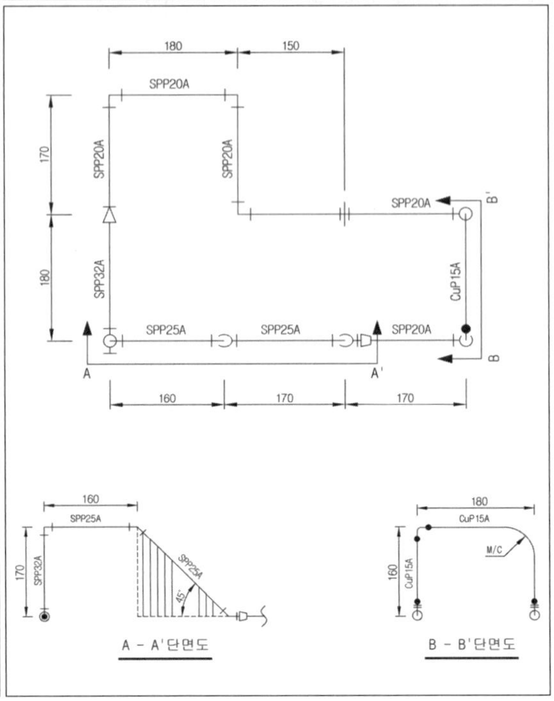

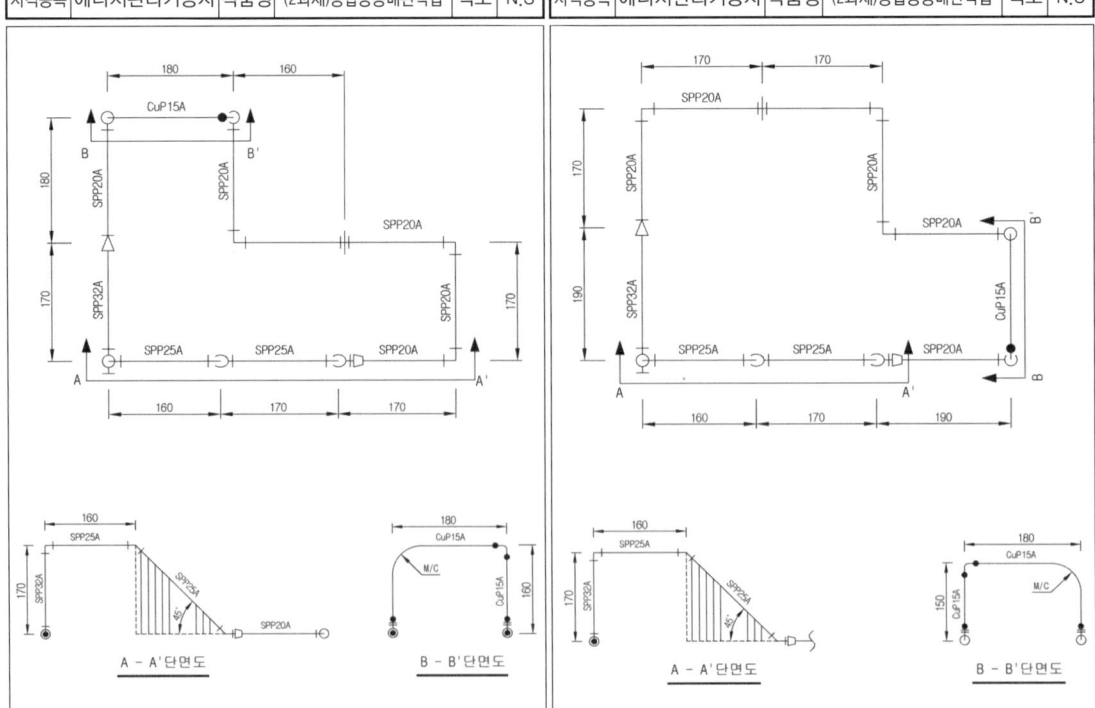

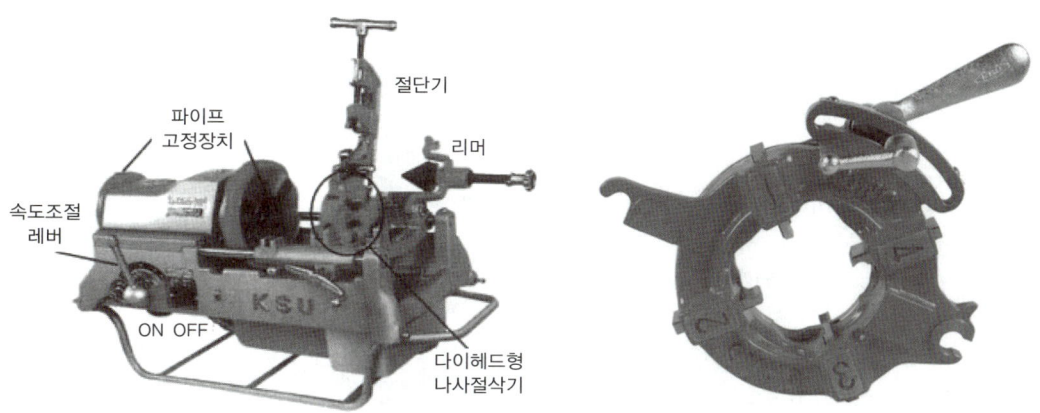

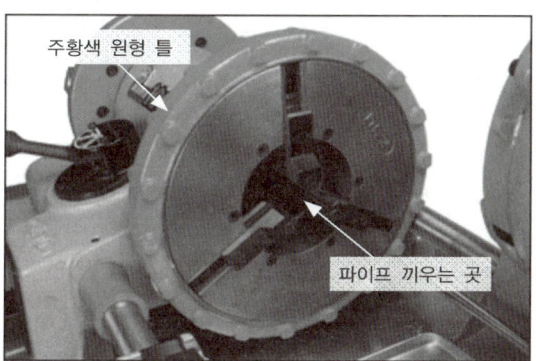

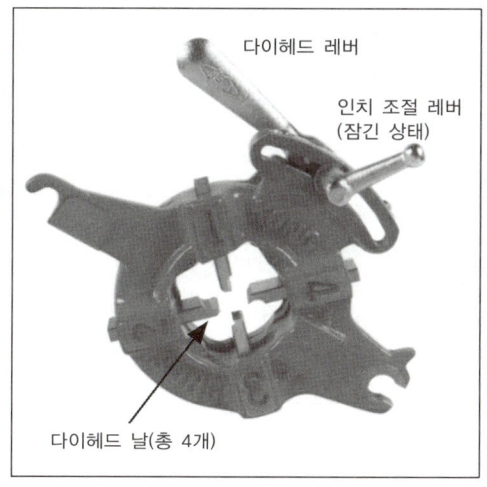

[옆에서 본 모습]   [위에서 본 모습]

부품명	규격	실제모양	도면기호
티 이	32A 정티		
엘 보	20A 정엘보		
	25A 45°엘보		
	32A - 25A 이경엘보 20A - 15A 이경엘보		
레듀셔	32A - 20A 레듀셔		
유니온	20A 유니온		
부 싱	25A - 20A 부싱		
동 관	15A CM어댑터		
	15A CC동엘보		

윗쪽 ┤О├ 아랫쪽

SPP25A SPP25A SPP20A

200 170 190
560

200
SPP25A
170
SPP32A
SPP25A
45°
SPP20A
A - A' 단면도

B'
CuP15A
B

210
CuP15A
M/C
170
CuP15A
B - B' 단면도

06 에너지관리기능사 배관여유길이

부속 여유치수

티 이	32A 정티	29
엘 보	20A 정엘보	19
	25A 45°엘보	14
	32A - 25A 엘보	23 - 27
	20 - 15A 엘보	16 -
레듀셔	32A - 20A 레듀셔	7 - 11
유니온	20A 유니온	12
부싱	25A - 20A 부싱	25
동관	• 직관(엘보부분) : 도면치수 - 50 • 밴딩 : 도면치수의 실척하고 - 57	

07 나사절삭 작업시 유의할 치수

번호	규 격	인치	나사절삭 정지 (다이헤드 레버 올리기)	실 척 (파이프 고정상태에서)	테프론 감기	1바퀴당 -
1	15A	1/2 In'	끝에서 3번째산	한바퀴 반	10바퀴	1.5mm
2	20A	3/4 In'	끝에서 2번째산	두바퀴	12바퀴	2.0mm
3	25A	1 In'	끝산에서	두바퀴 반	14바퀴	2.5mm
4	32A	1 1/4 In'	바깥 1산 - 다섯	세바퀴	16바퀴	3.0mm
5	40A	1 1/2 In'	바깥 2산 - 여덟	세바퀴 반	18바퀴	4.0mm

3. (2과제) 종합응용배관작업 도면

①

자격종목	에너지관리기능사	작품명	(2과제)종합응용배관작업	척도	N.S

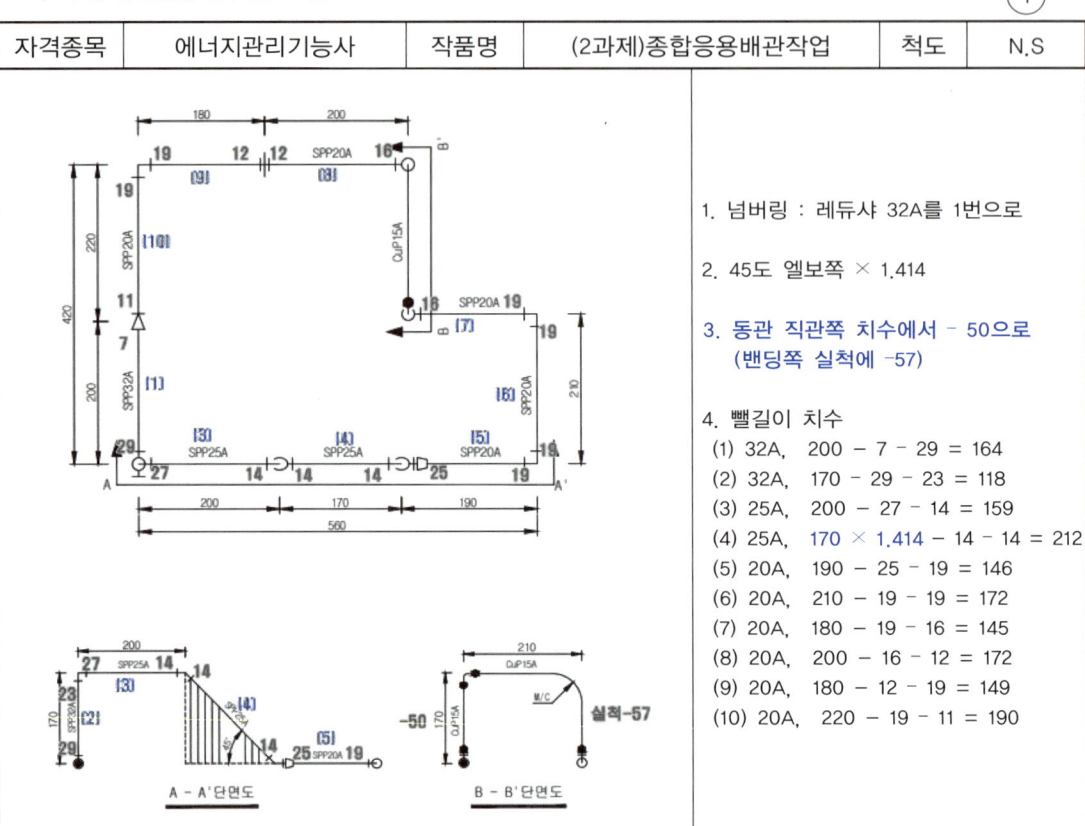

1. 넘버링 : 레듀샤 32A를 1번으로

2. 45도 엘보쪽 × 1.414

3. 동관 직관쪽 치수에서 - 50으로
   (밴딩쪽 실척에 -57)

4. 뺄길이 치수
   (1) 32A, 200 − 7 − 29 = 164
   (2) 32A, 170 − 29 − 23 = 118
   (3) 25A, 200 − 27 − 14 = 159
   (4) 25A, 170 × 1.414 − 14 − 14 = 212
   (5) 20A, 190 − 25 − 19 = 146
   (6) 20A, 210 − 19 − 19 = 172
   (7) 20A, 180 − 19 − 16 = 145
   (8) 20A, 200 − 16 − 12 = 172
   (9) 20A, 180 − 12 − 19 = 149
   (10) 20A, 220 − 19 − 11 = 190

【에너지관리기능사 입체도면 체크】

1번 도면-입체도

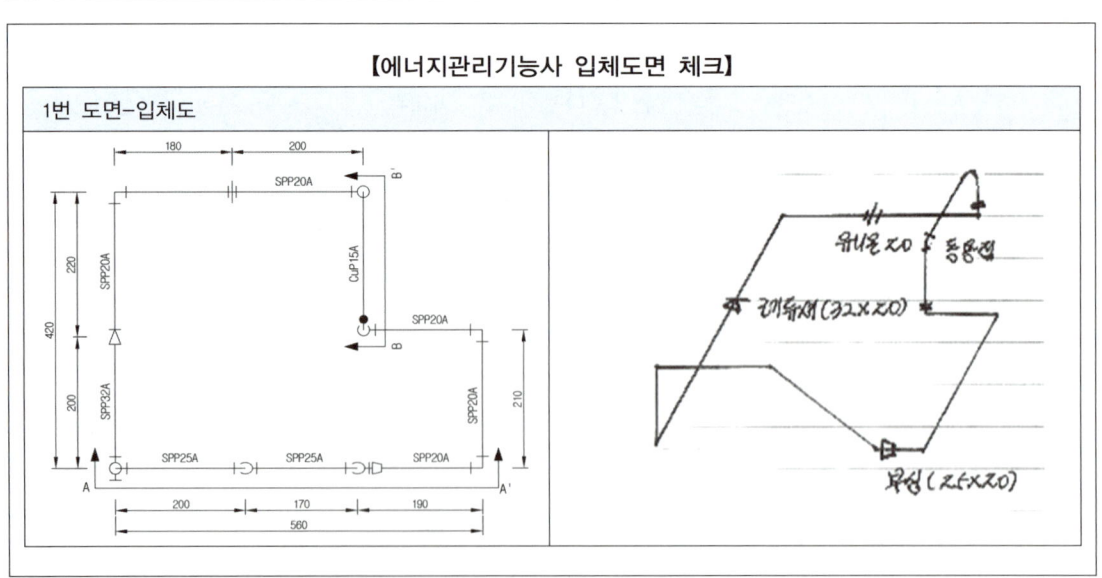

3. (2과제) 종합응용배관작업 도면

자격종목	에너지관리기능사	작품명	(2과제)종합응용배관작업	척도	N.S

도면 상단 설명

1. 넘버링 : 레듀샤 32A를 1번으로

2. 45도 엘보쪽 × 1.414

3. 동관 직관쪽 치수에서 - 50으로 (밴딩쪽 실척에 -57)

4. 뺄길이 치수
   - (1) 32A, 220 - 7 - 29 = 184
   - (2) 32A, 170 - 29 - 23 = 118
   - (3) 25A, 200 - 27 - 14 = 159
   - (4) 25A, 170 × 1.414 - 14 - 14 = 212
   - (5) 20A, 180 - 25 - 19 = 136
   - (6) 20A, 220 - 19 - 16 = 185
   - (7) 20A, 200 - 16 - 19 = 165
   - (8) 20A, 190 - 19 - 12 = 159
   - (9) 20A, 170 - 12 - 19 = 139
   - (10) 20A, 200 - 19 - 11 = 170

A - A'단면도   B - B'단면도

【에너지관리기능사 입체도면 체크】

2번 도면-입체도

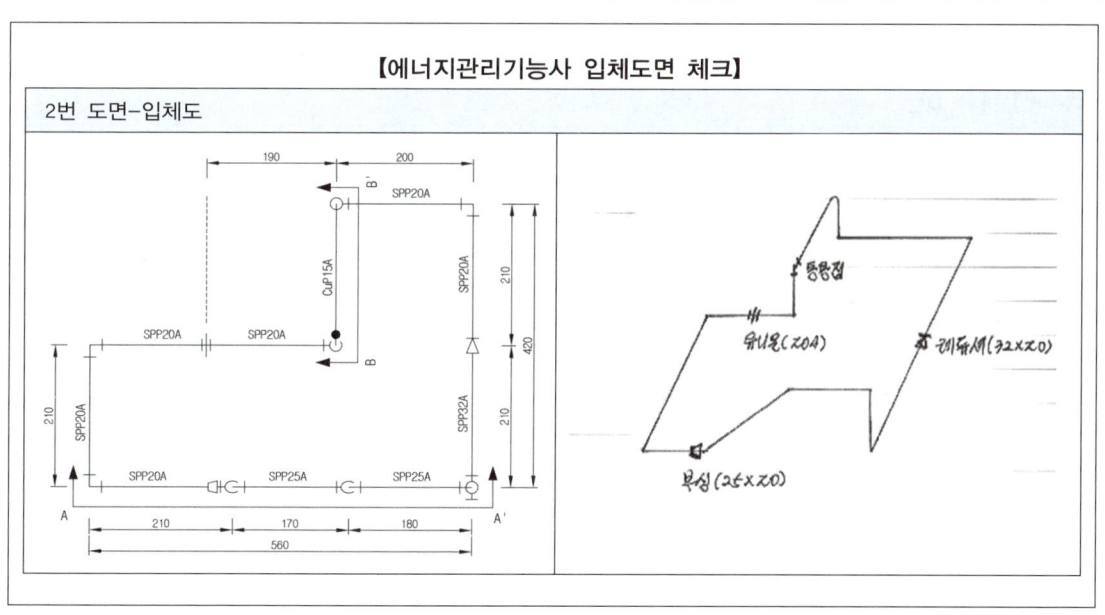

3. (2과제) 종합응용배관작업 도면

자격종목	에너지관리기능사	작품명	(2과제)종합응용배관작업	척도	N.S

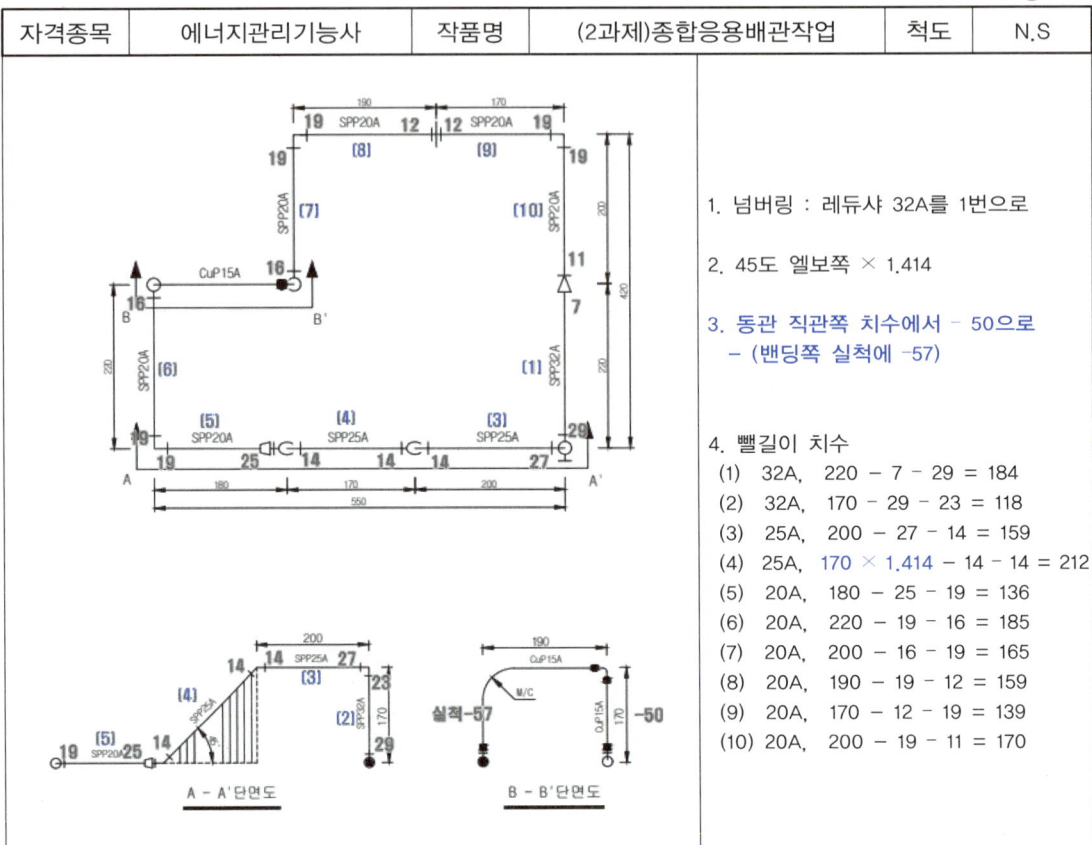

1. 넘버링 : 레듀샤 32A를 1번으로

2. 45도 엘보쪽 × 1.414

3. 동관 직관쪽 치수에서 – 50으로
   – (밴딩쪽 실척에 –57)

4. 뺄길이 치수
   (1) 32A, 220 – 7 – 29 = 184
   (2) 32A, 170 – 29 – 23 = 118
   (3) 25A, 200 – 27 – 14 = 159
   (4) 25A, 170 × 1.414 – 14 – 14 = 212
   (5) 20A, 180 – 25 – 19 = 136
   (6) 20A, 220 – 19 – 16 = 185
   (7) 20A, 200 – 16 – 19 = 165
   (8) 20A, 190 – 19 – 12 = 159
   (9) 20A, 170 – 12 – 19 = 139
   (10) 20A, 200 – 19 – 11 = 170

【에너지관리기능사 입체도면 체크】

3번 도면-입체도

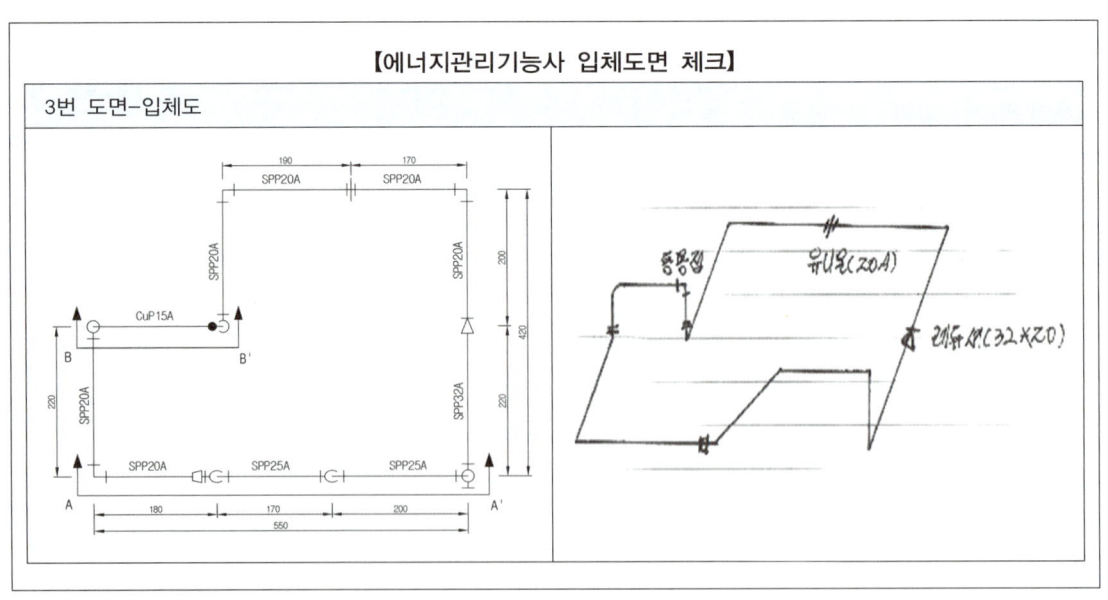

3. (2과제) 종합응용배관작업 도면

자격종목	에너지관리기능사	작품명	(2과제)종합응용배관작업	척도	N.S

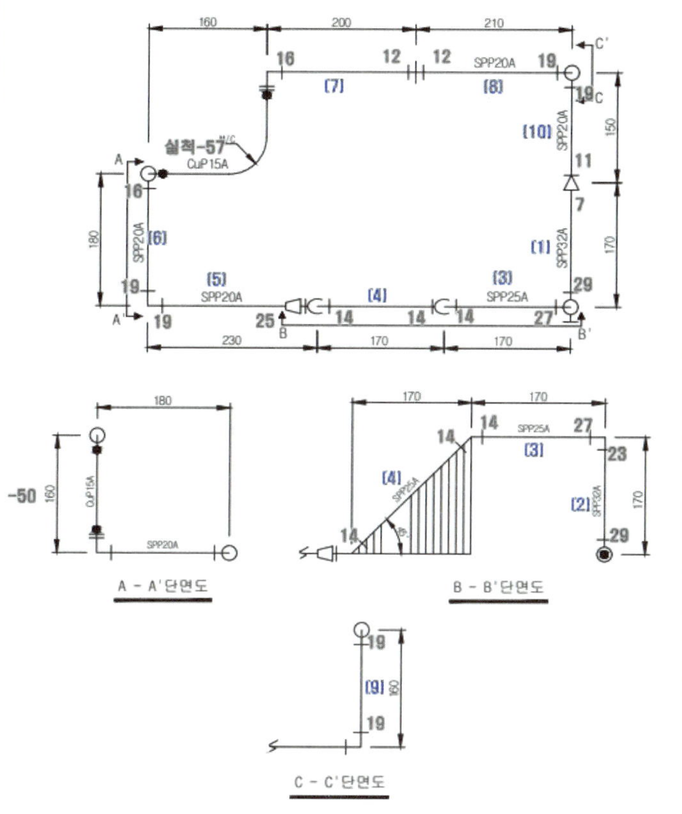

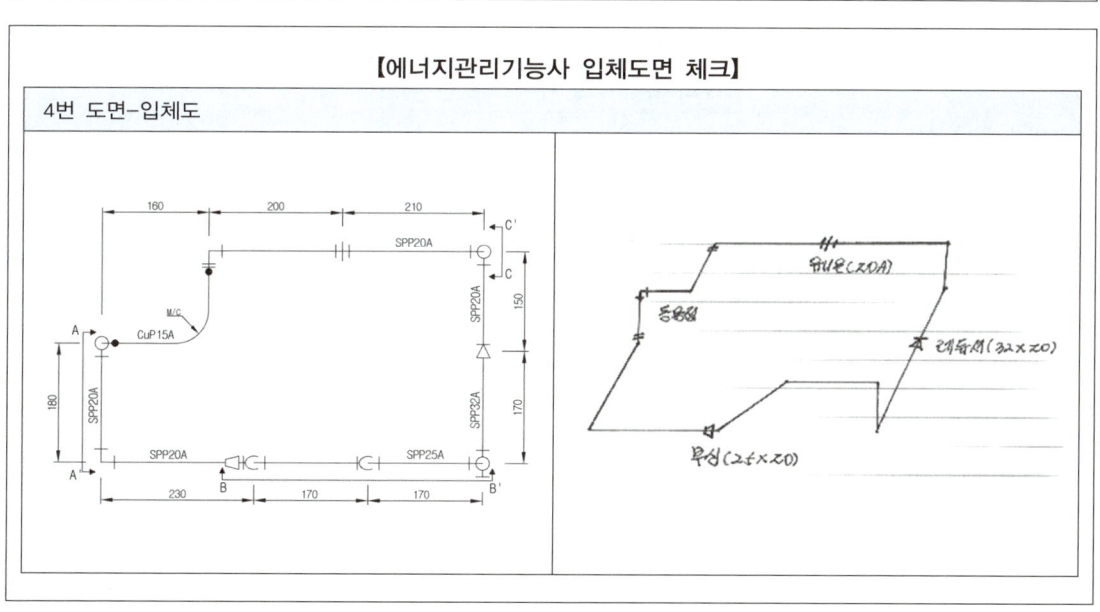

1. 넘버링 : 레듀샤 32A를 1번으로
2. 45도 엘보쪽 × 1.414
3. 동관 직관쪽 치수에서 - 50으로
   - (밴딩쪽 실척에 -57)

4. 빼길이 치수
(1) 32A, 170 - 7 - 29 = 134
(2) 32A, 170 - 29 - 23 = 118
(3) 25A, 170 - 27 - 14 = 129
(4) 25A, 170 × 1.414 - 14 - 14 = 212
(5) 20A, 230 - 25 - 19 = 186
(6) 20A, 180 - 19 - 16 = 145
(7) 20A, 200 - 16 - 12 = 172
(8) 20A, 210 - 12 - 19 = 179
(9) 20A, 160 - 19 - 19 = 122
(10) 20A, 150 - 19 - 11 = 120

A - A'단면도

B - B'단면도

C - C'단면도

【에너지관리기능사 입체도면 체크】

4번 도면-입체도

3. (2과제) 종합응용배관작업 도면

⑤

자격종목	에너지관리기능사	작품명	(2과제)종합응용배관작업	척도	N.S

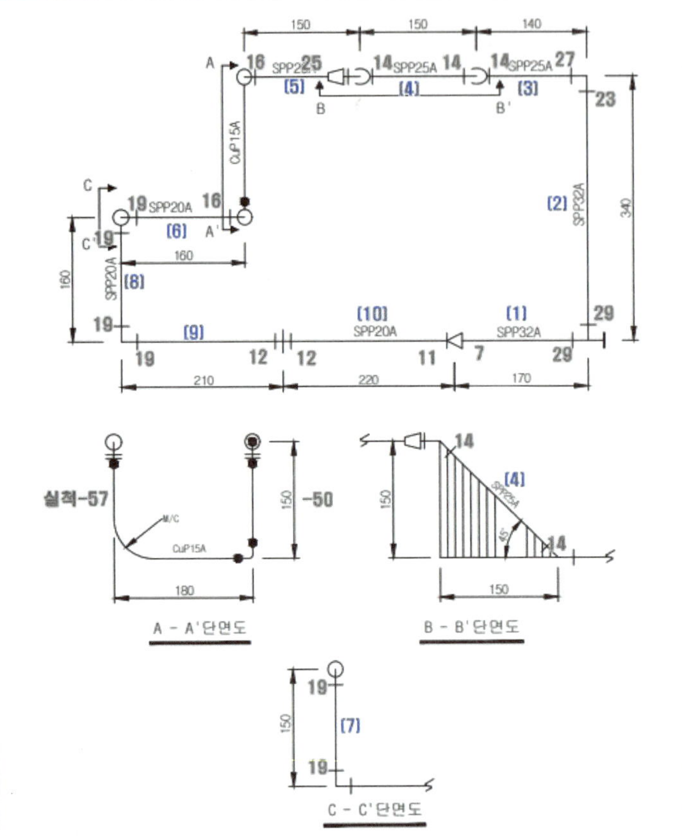

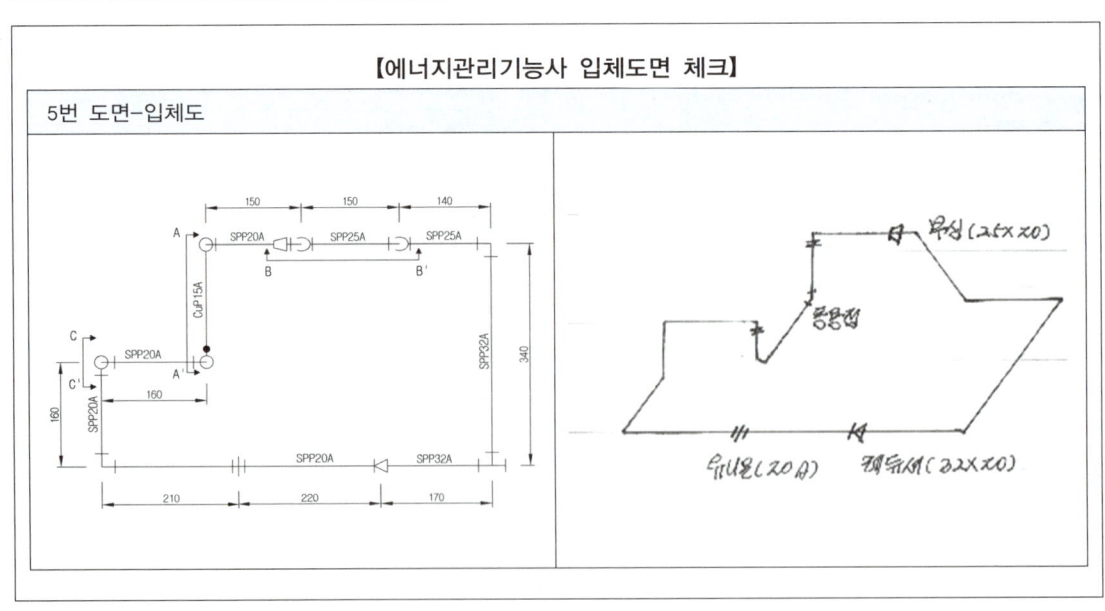

1. 넘버링 : 레듀샤 32A를 1번으로
2. 45도 엘보쪽 × 1.414
3. 동관 직관쪽 치수에서 - 50으로
   - (밴딩쪽 실척에 -57)

4. 빼길이 치수
(1) 32A, 170 - 7 - 29 = 134
(2) 32A, 340 - 29 - 23 = 288
(3) 25A, 140 - 27 - 14 = 99
(4) 25A, 170 × 1.414 - 14 - 14 = 212
(5) 20A, 150 - 25 - 16 = 109
(6) 20A, 160 - 16 - 19 = 125
(7) 20A, 150 - 19 - 19 = 112
(8) 20A, 160 - 19 - 19 = 122
(9) 20A, 210 - 19 - 12 = 179
(10) 20A, 220 - 12 - 11 = 197

【에너지관리기능사 입체도면 체크】

5번 도면-입체도

3. (2과제) 종합응용배관작업 도면

자격종목	에너지관리기능사	작품명	(2과제)종합응용배관작업	척도	N.S

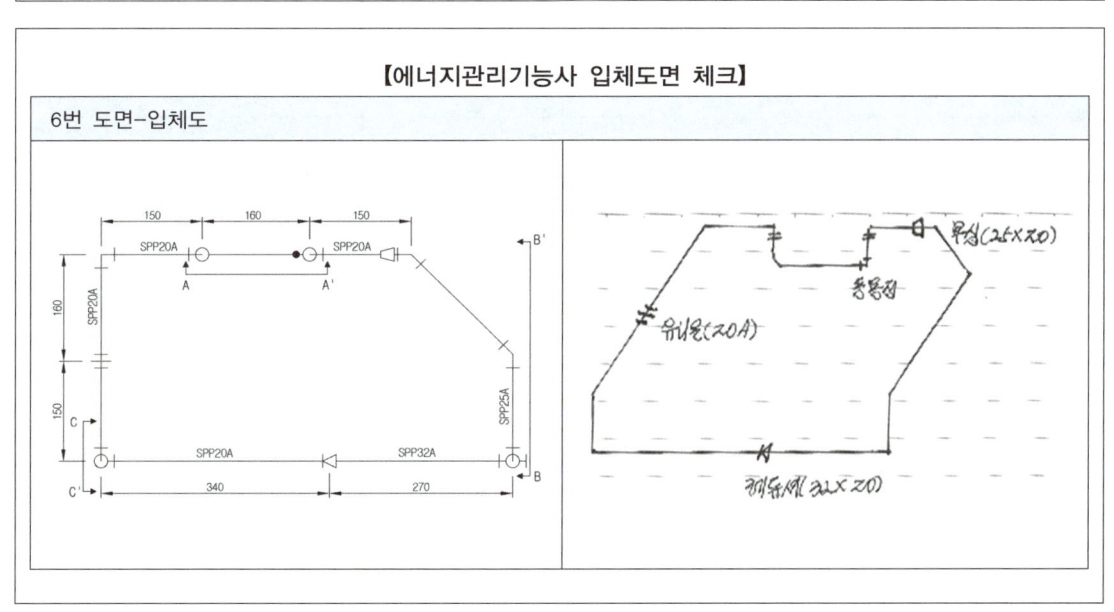

1. 넘버링 : 레듀샤 32A를 1번으로
2. 45도 엘보쪽 × 1.414
3. 동관 직관쪽 치수에서 - 50으로
   - (밴딩쪽 실척에 -57)

4. 뺄길이 치수
(1) 32A, 270 - 7 - 29 = 234
(2) 32A, 170 - 29 - 23 = 118
(3) 25A, 160 - 27 - 14 = 119
(4) 25A, 150 × 1.414 - 14 - 14 = 184
(5) 20A, 150 - 25 - 16 = 109
(6) 20A, 150 - 16 - 19 = 115
(7) 20A, 160 - 19 - 12 = 129
(8) 20A, 150 - 12 - 19 = 119
(9) 20A, 170 - 19 - 19 = 132
(10) 20A, 340 - 19 - 11 = 310

【에너지관리기능사 입체도면 체크】

6번 도면-입체도

자격종목	에너지관리기능사	작품명	(2과제)종합응용배관작업	척도	N.S

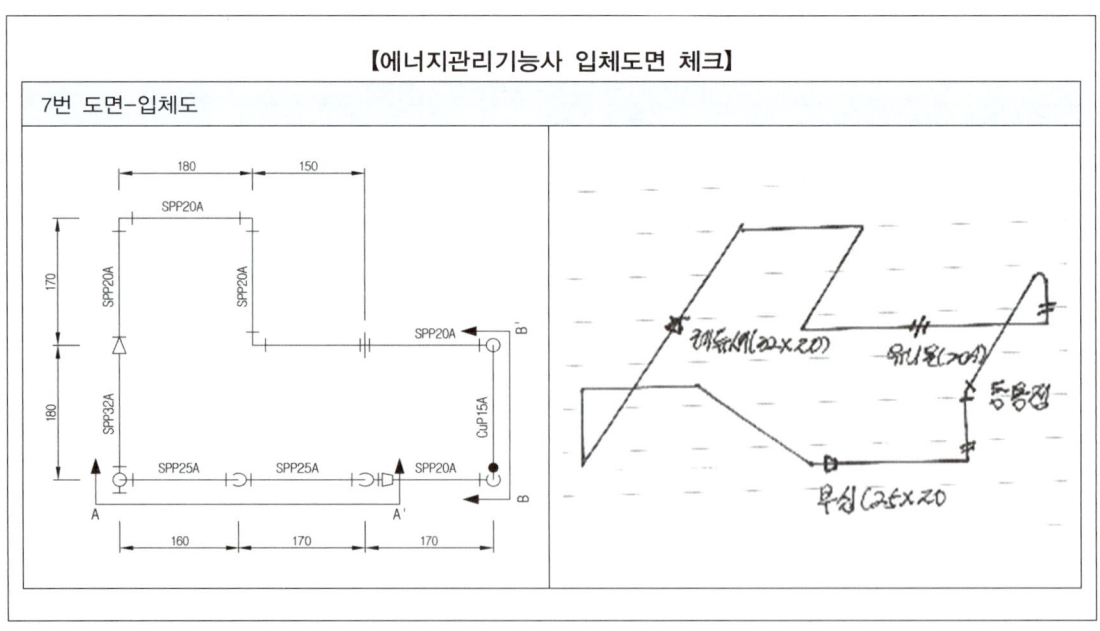

1. 넘버링 : 레듀샤 32A를 1번으로
2. 45도 엘보쪽 × 1.414
3. 동관 직관쪽 치수에서 - 50으로
   - (밴딩쪽 실척에 -57)

4. 빼길이 치수
(1) 32A, 180 - 7 - 29 = 144
(2) 32A, 170 - 29 - 23 = 118
(3) 25A, 160 - 27 - 14 = 119
(4) 25A, 170 × 1.414 - 14 - 14 = 212
(5) 20A, 170 - 25 - 16 = 129
(6) 20A, 170 - 16 - 12 = 142
(7) 20A, 150 - 12 - 19 = 119
(8) 20A, 170 - 19 - 19 = 132
(9) 20A, 180 - 19 - 19 = 142
(10) 20A, 170 - 19 - 11 = 140

A - A'단면도

B - B'단면도

실척-57

【에너지관리기능사 입체도면 체크】

7번 도면-입체도

레듀샤(32×20)

유니온(20A)

동용접

부싱(25×20

3. (2과제) 종합응용배관작업 도면

자격종목	에너지관리기능사	작품명	(2과제)종합응용배관작업	척도	N.S

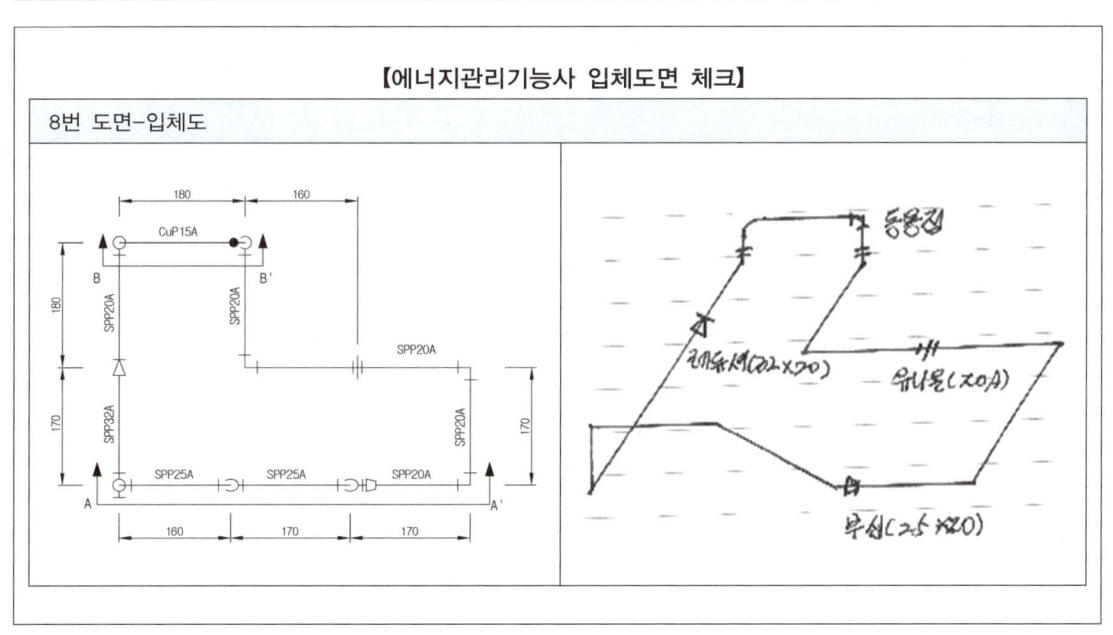

1. 넘버링 : 레듀샤 32A를 1번으로
2. 45도 엘보쪽 × 1.414
3. 동관 직관쪽 치수에서 - 50으로
   - (밴딩쪽 실척에 -57)

4. 뺄길이 치수
(1) 32A,   170 - 7 - 29 = 134
(2) 32A,   170 - 29 - 23 = 118
(3) 25A,   160 - 27 - 14 = 119
(4) 25A,   170 × 1.414 - 14 - 14 = 212
(5) 20A,   170 - 25 - 19 = 126
(6) 20A,   170 - 19 - 19 = 132
(7) 20A,   160 - 19 - 12 = 129
(8) 20A,   160 - 12 - 19 = 129
(9) 20A,   180 - 19 - 16 = 145
(10) 20A,   180 - 16 - 11 = 153

A - A'단면도   B - B'단면도

【에너지관리기능사 입체도면 체크】

8번 도면-입체도

자격종목	에너지관리기능사	작품명	(2과제)종합응용배관작업	척도	N.S

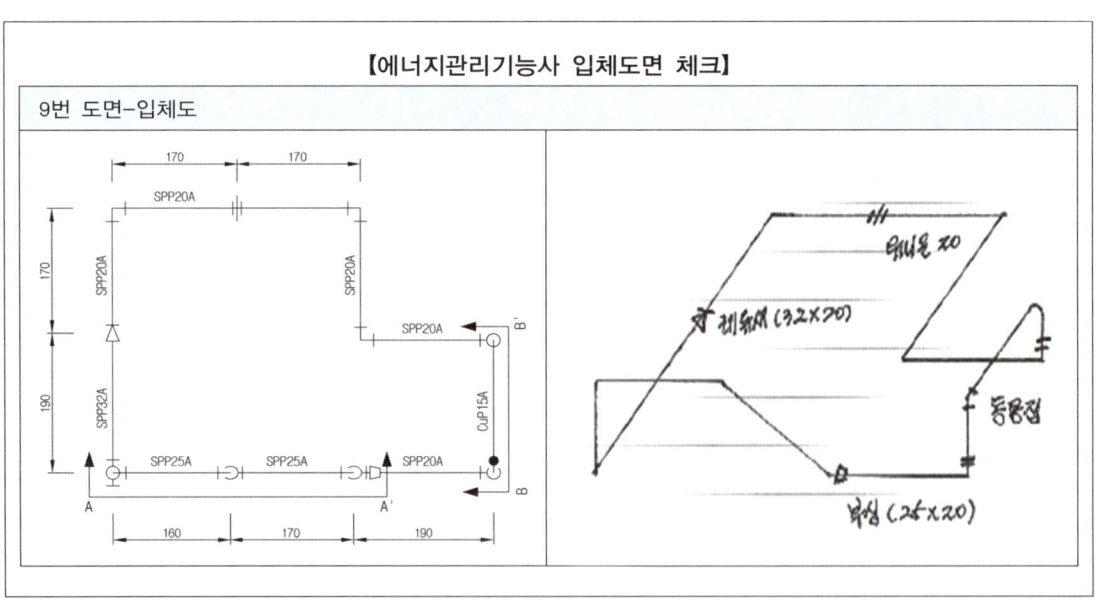

1. 넘버링 : 레듀샤 32A를 1번으로
2. 45도 엘보쪽 × 1.414
3. 동관 직관쪽 치수에서 – 50으로
   – (밴딩쪽 실척에 -57)

4. 뺄길이 치수
(1) 32A,   190 – 7 – 29 = 154
(2) 32A,   170 – 29 – 23 = 118
(3) 25A,   160 – 27 – 14 = 119
(4) 25A,   170 × 1.414 – 14 – 14 = 212
(5) 20A,   190 – 25 – 16 = 149
(6) 20A,   180 – 16 – 19 = 145
(7) 20A,   180 – 19 – 19 = 142
(8) 20A,   170 – 19 – 12 = 139
(9) 20A,   170 – 12 – 19 = 139
(10) 20A,   170 – 19 – 11 = 140

A – A'단면도

B – B'단면도

【에너지관리기능사 입체도면 체크】

9번 도면-입체도

3. (2과제) 종합응용배관작업 도면

자격종목	에너지관리기능사	작품명	(2과제)종합응용배관작업	척도	N.S

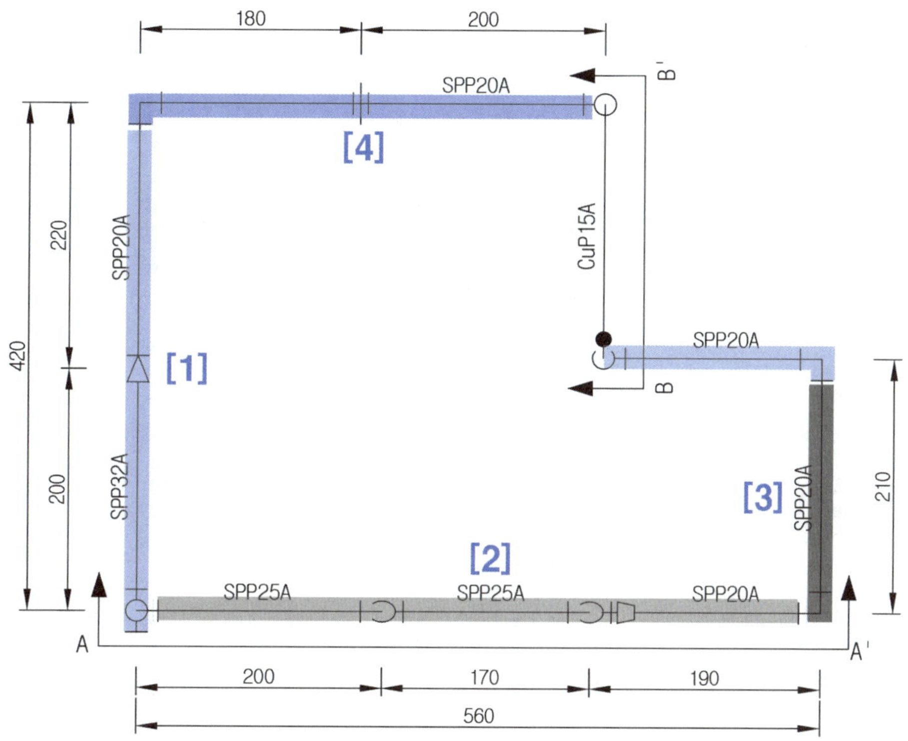

180   200

SPP20A

[4]

B'

CuP15A

SPP20A

220

SPP20A

B

420

[1]

210

SPP32A

[3]

SPP20A

[2]

SPP25A   SPP25A   SPP20A

A

A'

200   170   190

560

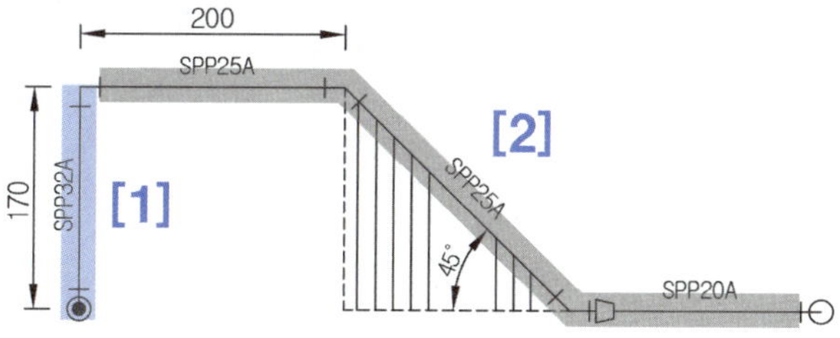

200

SPP25A

[2]

170

SPP25A

SPP32A

[1]

45°

SPP20A

A – A'단면도

210

CuP15A

M/C

170

CuP15A

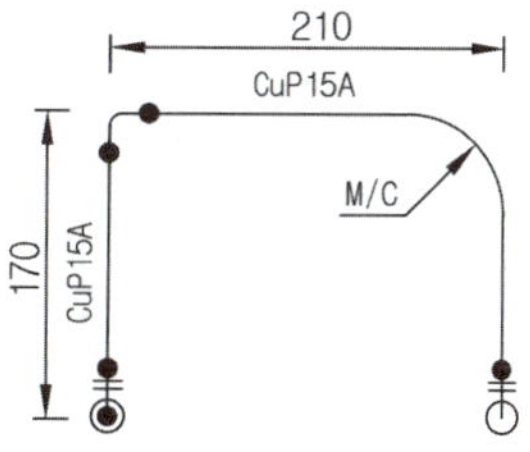

B – B'단면도

3. (2과제) 종합응용배관작업 도면

자격종목	에너지관리기능사	작품명	(2과제)종합응용배관작업	척도	N.S

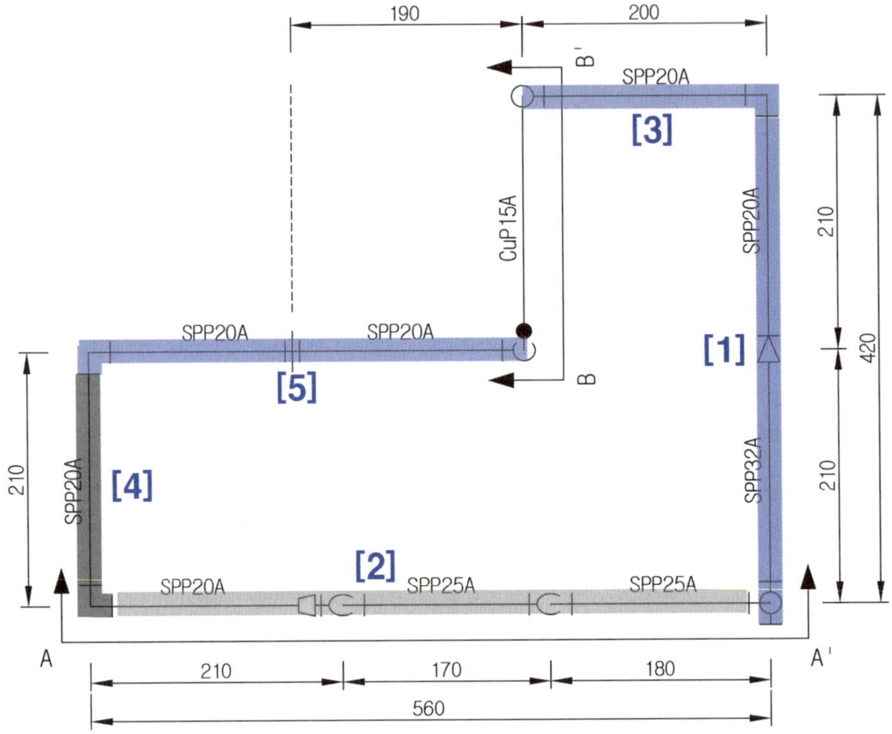

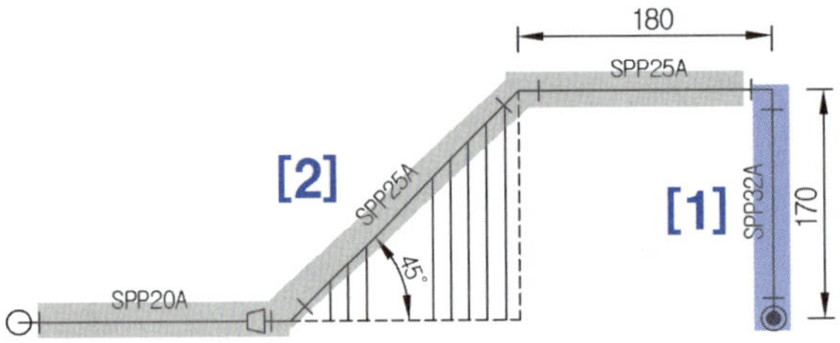

A - A'단면도

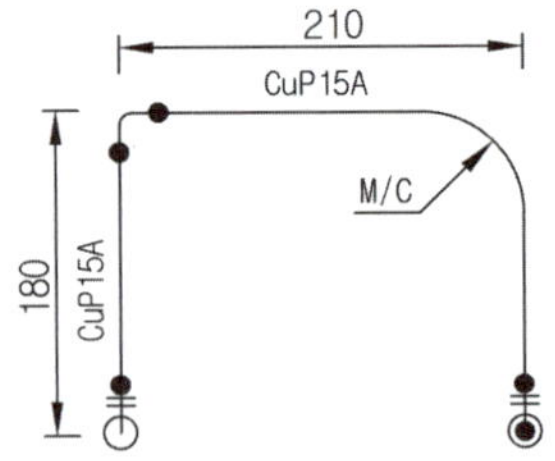

B - B'단면도

3. (2과제) 종합응용배관작업 도면

자격종목	에너지관리기능사	작품명	(2과제)종합응용배관작업	척도	N.S

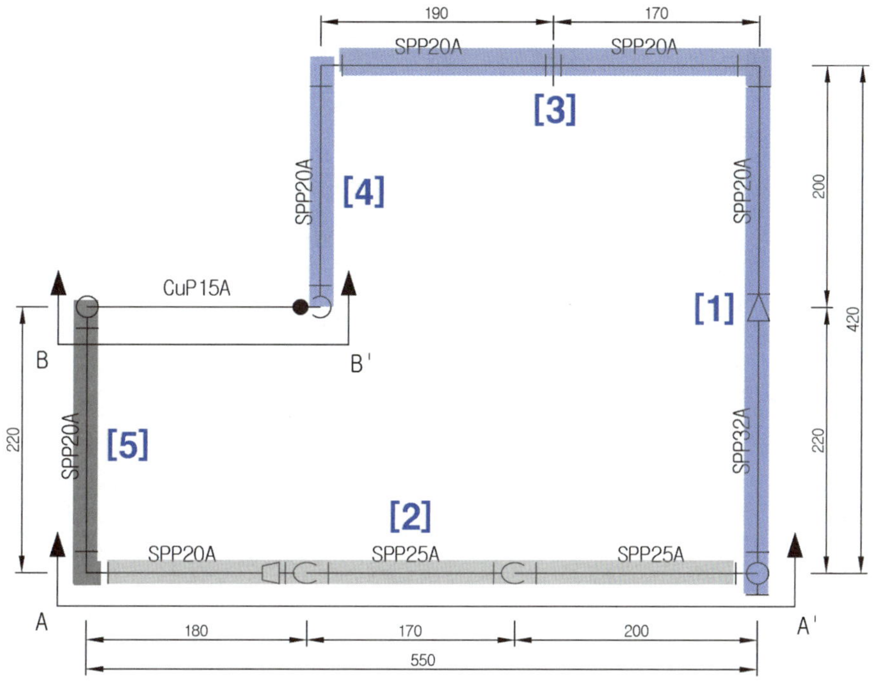

190   170

SPP20A   SPP20A

[3]

SPP20A   **[4]**

SPP20A   200

[1] ▽   420

CuP15A

B

B'

SPP20A   **[5]**

220

SPP32A   220

[2]

SPP20A   SPP25A   SPP25A

A   A'

180   170   200

550

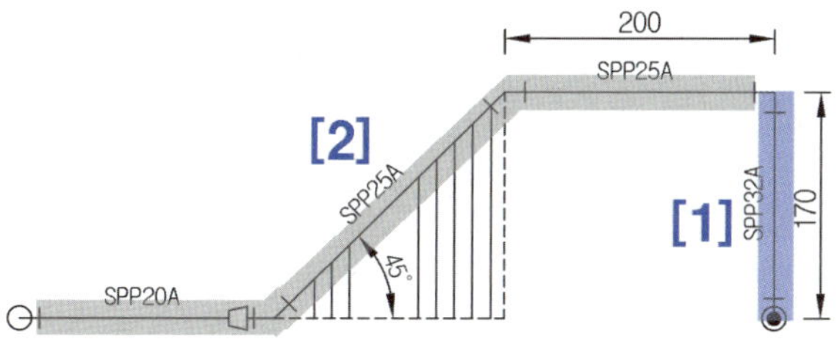

200

SPP25A

[2]

SPP25A

45°

[1] SPP32A

170

SPP20A

A - A' 단면도

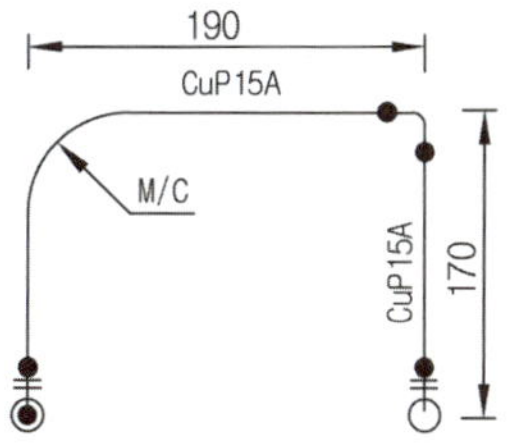

190

CuP15A

M/C

CuP15A

170

B - B' 단면도

자격종목	에너지관리기능사	작품명	(2과제)종합응용배관작업	척도	N.S

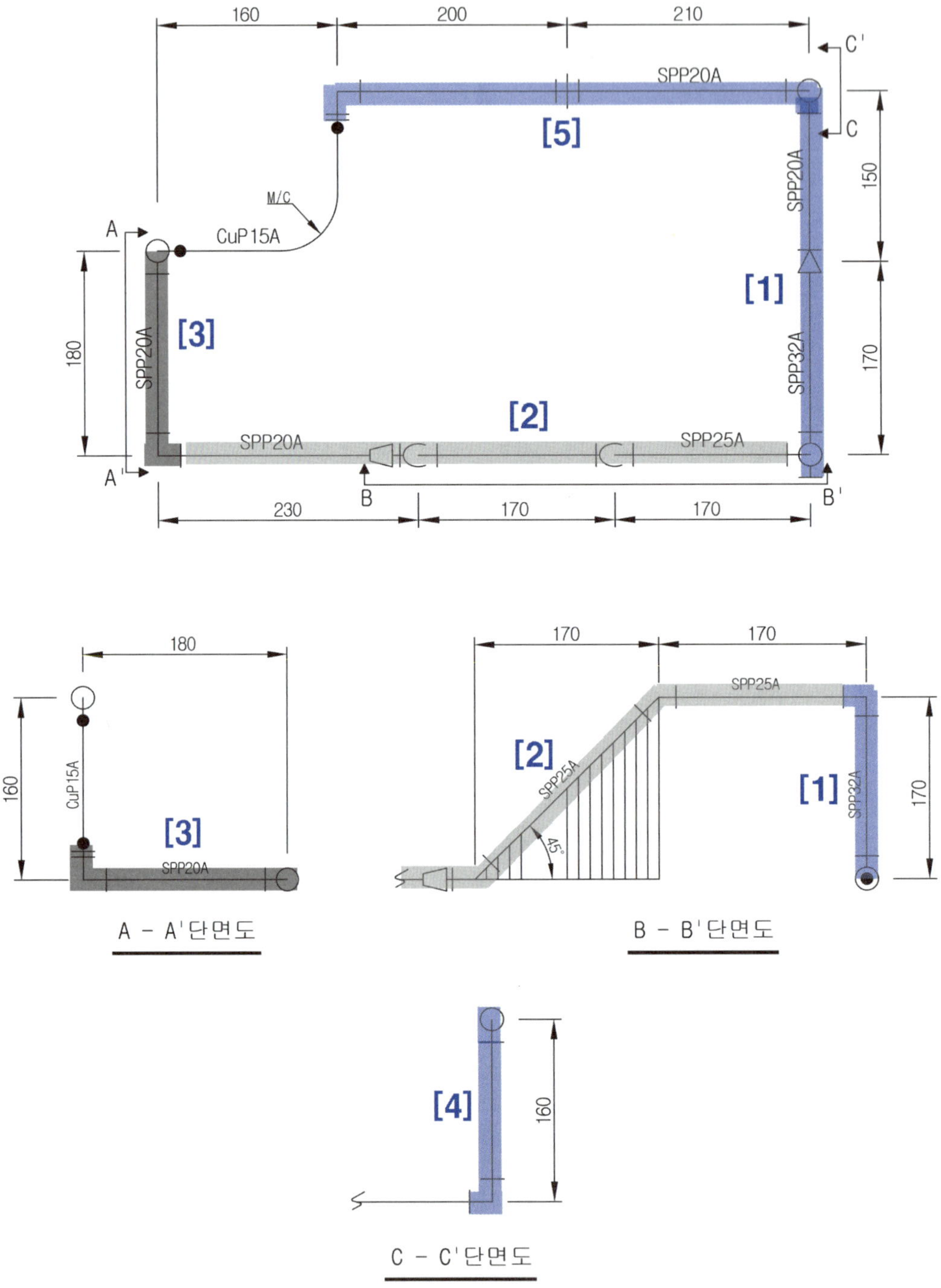

A - A'단면도

B - B'단면도

C - C'단면도

3. (2과제) 종합응용배관작업 도면

자격종목	에너지관리기능사	작품명	(2과제)종합응용배관작업	척도	N.S

150   150   140

A   SPP20A   SPP25A   SPP25A

CuP15A

B   [3]   B'

[1]   SPP32A   340

C

SPP20A

[6]   A'

C'   160

SPP20A   [4]

160

[2]

SPP20A   SPP32A

210   220   170

M/C

CuP15A

180

150

A - A'단면도

SPP25A

45°

150

150

B - B'단면도

150

[5]

[4]

C - C'단면도

3. (2과제) 종합응용배관작업 도면

⑥

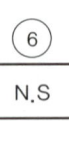

자격종목	에너지관리기능사	작품명	(2과제)종합응용배관작업	척도	N.S

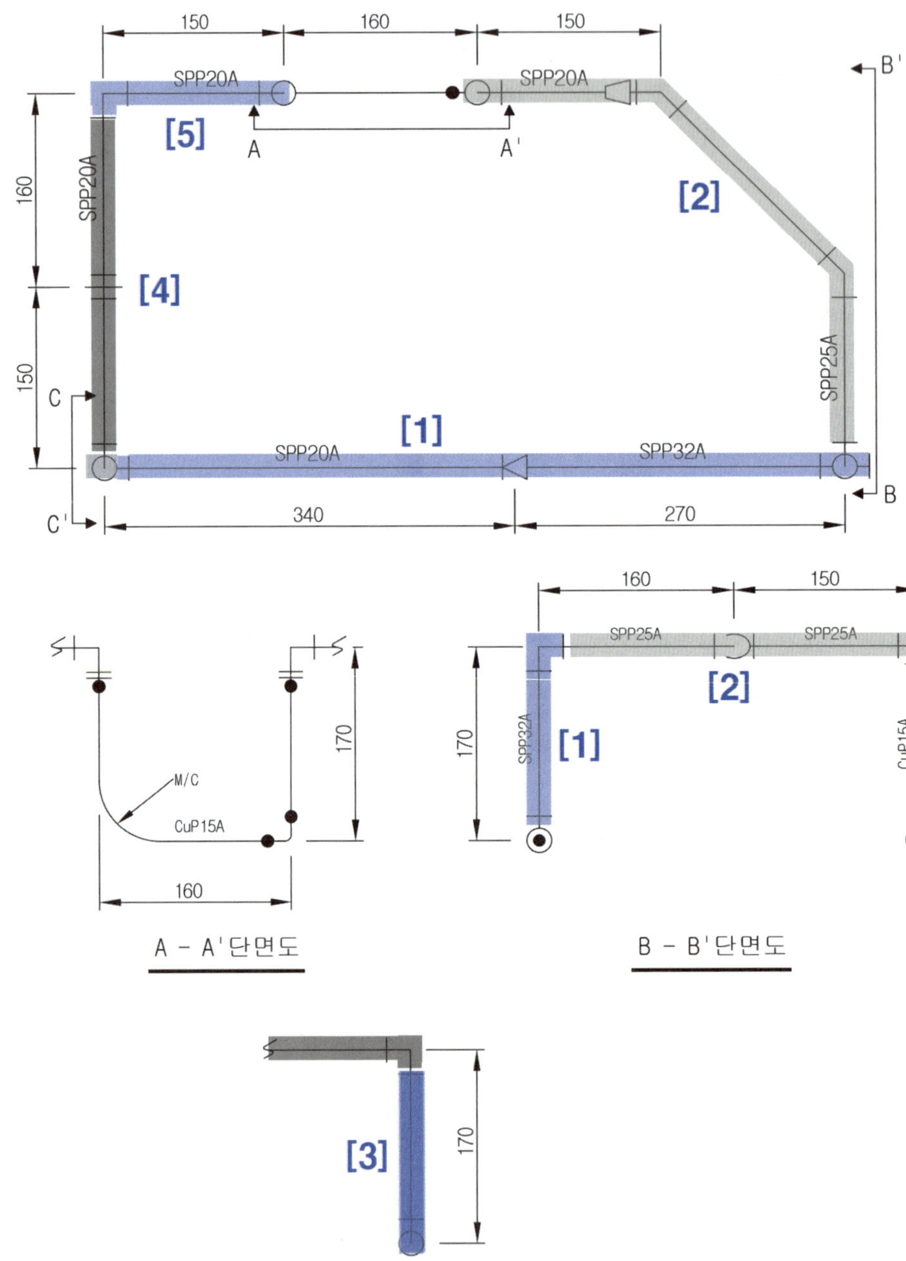

150
160
150
SPP20A
SPP20A
[5]
A
A'
B'
[2]
160
SPP20A
[4]
150
C
SPP25A
[1]
SPP20A
SPP32A
B
C'
340
270
160
150
SPP25A
SPP25A
[2]
170
SPP32A
[1]
CuP15A
M/C
CuP15A
170
160
[3]
170

A - A'단면도

B - B'단면도

C - C'단면도

3. (2과제) 종합응용배관작업 도면

자격종목	에너지관리기능사	작품명	(2과제)종합응용배관작업	척도	N.S

180   150

SPP20A

[3]

170

SPP20A   SPP20A   **[4]**

[5]   SPP20A   B'

[1]   CuP15A

180

SPP32A   **[2]**

SPP25A   SPP25A   SPP25A   SPP20A   B

A   A'

160   170   170

160

SPP25A

[2]

170   SPP25A

SPP32A **[1]**   45°

A - A'단면도

180

CuP15A

160   CuP15A   M/C

B - B'단면도

자격종목	에너지관리기능사	작품명	(2과제)종합응용배관작업	척도	N.S

180   160

CuP15A

B   B'

SPP20A   SPP20A   [5]

180

SPP20A

[1]   [4]

170   [3]

SPP32A   SPP20A   170

[2]

SPP25A   SPP25A   SPP20A

A   A'

160   170   170

160

SPP25A

[2]

170   SPP25A

SPP32A   [1]   45°   SPP20A

A – A'단면도

180

CuP15A

M/C

CuP15A   160

B – B'단면도

자격종목	에너지관리기능사	작품명	(2과제)종합응용배관작업	척도	N.S

170　　170

SPP20A

[3]

SPP20A

170

SPP20A

[4]

[5]

SPP20A

190

SPP32A

[1]

B'

CuP15A

[2]

SPP25A　　SPP25A　　SPP20A

B

A　　　　　　A'

160　　170　　190

160

SPP25A

[2]

170

SPP32A

SPP25A

[1]

45°

A － A'단면도

180

CuP15A

150

CuP15A

M/C

B － B'단면도

CHAPTER 2

자주 출제되는 계산문제 모음

01 게이지 압력이 1.57MPa이고 대기압이 0.103MPa일 때 절대압력은 몇 MPa인가?

① 1.467
❷ 1.673
③ 1.783
④ 2.008

> **해설**
> 절대압력 = 게이지압력 + 대기압
>   = 대기압 - 진공압
>   = 1.57 + 0.103 = 1.673 MPa

02 화씨온도 5°F를 섭씨온도와 절대온도로 환산하면?

❶ -15℃, 258K
② 30℃, 303K
③ 41℃, 324K
④ 185℃, 459K

> **해설**
> 온도변환
> 1. 섭씨온도와 화씨온도와의 관계
>   ① ℃ = 5/9 × (°F - 32)
>   ② °F = 9/5 × ℃ + 32
> 2. 절대온도 (absolute temperature)
>   ① 캘빈온도(K) = t℃ + 273 (섭씨온도의 절대온도)
>   ② 랭킨온도(R) = t°F + 460 (화씨온도의 절대온도)
>   섭씨온도 = 5/9 × (5 - 32) = -15℃
>   절대온도 = -15 + 273 = 258K

03 비열이 0.6kcal/kg℃인 어떤 연료 30kg을 35℃에서 50℃까지 예열하고자 할 때 필요한 열량은 몇 kcal 인가?

① 180
❷ 360
③ 450
④ 600

> **해설**
> 열량 = 연료의 양 × 비열 × 온도차
>   = 30 × 0.6 × (35-15) = 360Kcal

04 탄소(C) 1kmol 이 완전 연소하여 탄산가스(CO_2)가 될 보일러의 자동제어 중 제어동작이 연속동작에 해당할 때 발생하는 열량은 몇 kcal 인가?

① 29200
② 57600
③ 68600
❹ 97200

> **해설**
> $C + O_2 = CO_2$ + 97200kcal/kmol0

05 증기 보일러의 효율 계산식을 바르게 나타낸 것은?

❶ 효율(%)

$$= \frac{상당증발량 \times 539}{연료소비량 \times 연료발열량} \times 100$$

② 효율(%)

$$= \frac{증기소비량 \times 539}{연료소비량 \times 연료의 비중} \times 100$$

③ 효율(%)

$$= \frac{급수량 \times 539}{연료소비량 \times 연료발열량} \times 100$$

④ 효율(%) $= \frac{급수사용량}{증기발열량} \times 100$

보일러의 효율
$$= \frac{상당증발량 \times 539}{연료소비량 \times 연료발열량} \times 100$$
상당증발량
$$= \frac{실제증발량 \times (증기엔탈피 - 급수엔탈피)}{539}$$

06 증발량 3500kgf/h인 보일러의 증기 엔탈피가 640kcal/kg이고, 급수온도는 20℃이다. 이 보일러의 상당 증발량은 얼마인가?

① 약 3786kgf/h
② 약 4156kgf/h
③ 약 2760kgf/h
❹ 약 4026kgf/h

상당증발량
$$= \frac{실제증발량 \times (증기엔탈피 - 급수엔탈피)}{539}$$
$$= \frac{3500 \times (640 - 20)}{539}$$
$$= 4026 \text{ kg/h}$$

07 보일러의 시간당 증발량 1100 kg/h, 증기엔탈피 650kcal/kg, 급수온도 30℃일 때, 상당증발량은?

① 1050 kg/h
❷ 1265 kg/h
③ 1415 kg/h
④ 1733 kg/h

상당증발량(kg/h)
$$= \frac{실제증발량 \times (증기엔탈피 - 급수엔탈피)}{539}$$
$$= \frac{1100 \times (650 - 30)}{539} = 1265.3 \text{kg/h}$$

08 온도 25℃의 급수를 공급받아 엔탈피가 725kcal/kg의 증기를 1시간당 2310kg을 발생시키는 보일러의 상당 증발량은?

① 1500kg/h
❷ 3000kg/h
③ 4500kg/h
④ 6000kg/h

상당증발량(kg/h)
$$= \frac{실제증발량 \times (증기엔탈피 - 급수엔탈피)}{539}$$
$$= \frac{2310 \times (725 - 25)}{539} = 3000 \text{ kg/h}$$

09 전열면적이 40m²인 수직보일러를 2시간 연소시킨 결과 4000kg의 증기가 발생하였다. 이 보일러의 증발량은?

① 40 kg/m²h
② 30 kg/m²h
③ 60 kg/m²h
❹ 50 kg/m²h

전열면의 증발율 $= \frac{실제증발량(kg/h)}{전열면적(m^2)}$ (kg/m²h)
$$= \frac{4000}{40 \times 2} = 50 \text{kg/m}^2\text{h}$$

10 전열면적이 25m²인 연관보일러를 8시간 가동시킨 결과 4000kgf의 증기가 발생하였다면, 이 보일러의 <u>전열면의 증발율</u>은 몇 kgf/m²h 인가?

❶ 20 ② 30
③ 40 ④ 50

해설

전열면의 증발율 $= \dfrac{\text{시간당 증발량}}{\text{가동시간} \times \text{전열면적}}$

$= \dfrac{4000}{8 \times 25} = 20\text{kgf/m}^2\text{h}$

11 어떤 보일러의 증발량이 40t/h이고, 보일러 본체의 전열면적이 580m²일 때 이 <u>보일러의 증발률</u>은?

① $14\text{kg/m}^2 \cdot \text{h}$
② $44\text{kg/m}^2 \cdot \text{h}$
③ $57\text{kg/m}^2 \cdot \text{h}$
❹ $69\text{kg/m}^2 \cdot \text{h}$

해설

보일러의 증발률 $= \dfrac{\text{시간당 실제증발량}}{\text{전열면적}}$

$= \dfrac{40000}{580} = 68.8 \text{ kg/m}^2\text{h}$

12 500W의 전열기로서 2kg의 물을 18℃로부터 100℃ 까지 <u>가열하는 데 소요되는 시간</u>은 얼마인가?(단, 전열기 효율은 100%로 가정한다.)

① 약 10분 ② 약 16분
③ 약 20분 **❹** 약 23분

해설

동력단위 1KW(1000W)=860kcal/h이므로 500W의 동력은 860×0.5kcal/h이다.
2kg의 물을 가열하는데 필요한 열량은
2 × 1 × (100 − 18) = 164kcal이고,
열시 소요되는 시간은
$= \dfrac{2 \times 1 \times (100 - 18)}{0.5 \times 860 \times 1} \times 60 = 22.88$분이다.

소요시간 $= \dfrac{\text{가열시 필요한 열량}}{\text{동력값}}$

$= \dfrac{\text{물의양} \cdot \text{비열} \cdot (\text{온도차})}{860 \times \eta}$

$= \dfrac{2 \times 1 \times (100 - 18)}{0.5 \times 860 \times 1} = 0.381$

∴ 0.381 × 60 = 22.88분

13 건포화 증기 100℃의 엔탈피는 얼마인가?

❶ 639 kcal/kg
② 539 kcal/kg
③ 100 kcal/kg
④ 439 kcal/kg

해설

건포화증기는 100℃의 포화수에서 증발잠열을 모두 흡수하여 100% 증발한 상태이다.
∴ 100 + 539 = 639kcal/kg

14 코르니쉬 보일러의 노통 길이가 4500mm이고, 외경이 3000mm, 두께가 10mm일 때 전열면적은 약 몇 m² 인가?

① 54.0
② 45.7
③ 46.4
❹ 42.4

해설

코르니쉬 보일러의 전열면적
= 3.14 × 외경(m) × 길이(m)
= π × D(m) × L(m)
∴ 전열면적 = 3.14 × 3 × 4.5 = 42.39m²

15 수관식 보일러에서 전열면적을 구하는 식으로 옳은 것은?(단, 수관의 외경: d, 수관의 길이: l, 개수: n)

① 4 πdln
❷ πdln
③ (π/4)dln
④ 2πdln

해설

수관식 보일러의 전열면적 구하는 식
∴ 전열면적 = π × 수관의 외경 × 수관의 길이 × 개수

16 30마력(ps)인 기관이 1 시간 동안 행한 <u>일량을 열량으로 환산</u>하면 약 몇 kcal 인가?

① 14360 ② 15240
❸ 18970 ④ 20402

해설

일량을 열량으로 환산
1ps = 632.3 kcal/h이므로
30마력(ps) = 30 × 632.3 = 18969 kcal/h

17 프로판(propane) 가스의 연소식은 다음과 같다. 프로판 가스 10kg을 완전 연소시키는 데 필요한 <u>이론 산소량</u>은?

> **보기**
>
> $C_3H_8 + 5O_2 \rightarrow 3CO_2 + 4H_2O$

① 약 11.6 Nm^3
② 약 13.8 Nm^3
③ 약 22.4 Nm^3
❹ 약 25.5 Nm^3

해설

프로판의 완전연소식

$C_3H_8 + 5O_2 \rightarrow 3CO_2 + 4H_2O$
$C_3H_8 + 5O_2 \rightarrow 3CO_2 + 4H_2O$

• 1kmol   5kg
• 44kg : 5×22.4Nm^3 프로판 44kg당 산소 5×22.4Nm^3
가 필요하므로
1kg당으로 정리하면 이론산소량은
44 : 5×22.4 = 10 : x 값이 된다.

$\therefore x = \dfrac{5 \times 22.4 \times 10}{44} = 25.45 Nm^3/kg$(이론산소량)

18 부탄가스(C_4H_{10}) 1Nm^3 을 완전연소 시킬 경우 H_2O는 몇 Nm^3가 생성되는가?

① 4.0
❷ 5.0
③ 6.5
④ 7.5

해설

부탄가스의 연소 반응식

$C_4H_{10} + 6.5O_2 \rightarrow 4CO_2 + 5H_2O$
1kmol   6.5kmol   4kmol   5kmol
부탄 1kmol(22.4Nm^3)을 연소시키는데
수증기(H_2O) 5kmol(5 × 22.4Nm^3)을 생성하므로,
비례식에 의해
22.4 : 5×22.4 = 1 : x

$\therefore x = \dfrac{5 \times 22.4}{22.4} = 5Nm^3$

19 프로판(C_3H_8) 1kg이 완전연소 하는 경우 필요한 <u>이론 산소량</u>은 약 몇 Nm^3 인가?

① 3.47
❷ 2.55
③ 1.25
④ 1.50

해설

프로판가스의 연소 반응식

$C_3H_8 + 5O_2 \rightarrow 3CO_2 + 4H_2O$
44kg   5×22.4Nm^3

이론 산소량 = $\dfrac{5 \times 22.4}{44}$ = 2.55Nm^3/Kg

20 수소 15%, 수분 0.5% 인 경우 중유의 고위발열량이 10000 kcal/kg 이다. 이 중유의 <u>저위발열량</u>은 몇 kcal/kg 인가?

① 8795
② 8984
③ 9085
❹ 9187

해설

저위 발열량 = 고위발열량 - 600 × (9H+W)
= 10000 - 600 × (9 × 0.15 + 0.005)
= 9187kcal/kg

21 건배기가스 중의 이산화탄소분 최대값이 15.7%이다. 고기비를 1.2로 할 경우, 건배기가스 중의 이산화탄소분은 몇 % 인가?

① 11.21%
② 12.07%
❸ 13.08%
④ 17.58%

해설

• 공기비(m) = $\dfrac{CO_2 max(\%)}{CO_2(\%)}$

$1.2 = \dfrac{15.7}{CO_2}$

$CO_2(\%) = \dfrac{15.7}{1.2} = 13.08\%$

22 습증기의 엔탈피를 구하는 식으로 옳은 것은?(단, h : 포화수 엔탈피, X : 건조도, Y : 증발 잠열, V : 포화수 비체적)

① hx = h + x

② hph + y

❸ hx = h + XY

④ hx = V + h + n

해설

습포화증기 엔탈피 = 포화수 엔탈피 + 증발열 × 건조도(kcal/kg)

23 공기비를 m, 이론 공기량을 Ao라고 할 때, 실제 공기량 A를 구하는 식은?

❶ A = m · Ao

② A = m/Ao

③ A = l/(m · A°)

④ A = Ao ― m

해설

공기비$(m) = \dfrac{\text{실제공기량}(A)}{\text{이론공기량}(A_0)}$

∴ 실제공기량 = 공기비(m) × 이론공기량(A_o)

24 완전 연소된 배기가스 중의 산소 농도가 2%인 보일러의 공기비는 얼마인가?

① 약 0.1

❷ 약 1.1

③ 약 2.2

④ 약 3.3

해설

공기비$(m) = \dfrac{21}{21 - O_2}$

$= \dfrac{21}{21 - 2} = 1.11$

25 어떤 액체 연료를 완전 연소시키기 위한 이론공기량이 10.5 Nm³/kg 이고, 공기비가 1.4 인 경우 실제 공기량은?

① 7.5 Nm³/kg

② 11.9 Nm³/kg

❸ 14.7 Nm³/kg

④ 16.0 Nm³/kg

해설

실제 공기량 = 공기비 × 이론 공기량(A0)
= 1.4 × 10.5 = 14.7 Nm³/kg

26 보일러 1마력을 열량으로 환산하면 약 몇 kcal/h인가?

① 15.65

③ 1078

② 539

❹ 8435

해설

보일러 마력은 1atm하에서 100℃의 물 15.65kg을 1시간에 100℃ 증기로 변화시킬 수 있는 능력이다.

• 상당증발량 : 15.65 kg/h

• 열량 : 15.65 × 539 × 1 = 8435.35[Kcal/h]

27 15℃의 물을 급수하여 압력 0.35MPa의 증기를 500kg/h 발생시키는 보일러의 마력은 약 얼마인가? (단, 연료의 발생증기엔탈피는 655.2kcal/h 이다.)

❶ 37.9

② 42.3

③ 28.8

④ 48.7

해설

• 보일러 마력 = $\dfrac{\text{상당증발량}}{15.65}$

• 상당증발량

$= \dfrac{\text{실제증발량(증기엔탈피 − 급수엔탈피)}}{539}$

$= \dfrac{500 \times (655.2 - 15)}{539} = 593.69\text{kg/h}$

∴ 보일러 마력 = $= \dfrac{539.69}{15.65} = 37.939 B \cdot HP$

28 15℃의 물을 보일러에 급수하여 엔탈피 655.15kcal/h인 증기를 한 시간에 150kg 만들 때 보일러 마력은 얼마인가?

① 10.3 마력

❷ 11.4 마력

③ 13.6 마력

④ 19.3 마력

해설

• 보일러 마력 = $\dfrac{\text{상당증발량}}{15.65}$

• 상당증발량

$= \dfrac{\text{실제증발량(증기엔탈피 − 급수엔탈피)}}{539}$

$= \dfrac{150 \times (655.2 - 15)}{539} = 11.38 \text{마력}$

∴ 보일러 마력 = $\dfrac{11.38}{15.65}$

29 매시간 1500kg의 연료를 연소시켜서 시간 당 11000kg의 증기를 발생시키는 <u>보일러의 효율은 약 몇 %인가?</u>(단, 연료의 발열량은 6000kcal/kg, 발생증기의 엔탈피는 742kcal/kg, 급수의 엔탈피는 20kcal/kg 이다.)

❶ 88%

③ 78%

② 80%

④ 70%

해설

• 보일러 마력

$$= \frac{실제증발량(증기엔탈피 - 급수엔탈피)}{연료사용량 \times 저위발열량} \times 100$$

$$= \frac{11000 \times (742 - 20)}{1500 \times 6000} \times 100 = 88.2\%$$

30 다음은 증기보일러를 성능시험하고 결과를 산출하였다. <u>보일러 효율은?</u>

보기

• 급수온도 : 20℃
• 연료의 저위 발열량 10000kcal/Nm³
• 발생증기의 엔탈피 : 650kcal/kg
• 연료 사용량 : 75kg/h
• 증기 발생량 : 1000kg/h
---

① 78%

② 80%

③ 82%

❹ 84%

해설

보일러 효율

$$= \frac{증기발생량 \times (발생증기엔탈피 - 급수온도)}{연료사용량 \times 저위발열량} \times 100$$

$$= \frac{1000 \times (650 - 20)}{75 \times 10000} \times 100 = 84\%$$

31 보일러 증기발생량이 5t/h, 발생증기 엔탈피는 650kcal/kg, 연료 사용량 400kg/h, 연료의 저위발열량이 9750kcal/kg 일 때 보일러 효율은 약 몇 % 가? (단, 급수온도는 20℃ 이다.)

① 78.8%

❷ 80.8%

③ 82.4%

④ 84.2%

해설

보일러효율

$$= \frac{실제증발량 \times (증기엔탈피 - 급수온도)}{연료사용량 \times 저위 발열량} \times 100$$

$$= \frac{5000 \times (650 - 20)}{400 \times 9750} \times 100 = 80.77\%$$

32 매시간 425kg의 연료를 연소시켜 4800 kg/h의 증기를 발생시키는 <u>보일러의 효율은 약 얼마인가?</u> (단, 연료의 발열량 9750kcal/kg, 증기엔탈피 676kcal/kg, 급수온도 20℃)

❶ 76%

② 81%

③ 85%

④ 90%

해설

보일러 효율

$$= \frac{실제 증발량 \times (증기 엔탈피 - 급수온도)}{연료사용량 \times 연료 발열량} \times 100$$

$$= \frac{4800 \times (676 - 20)}{425 \times 9750} \times 100 = 76\%$$

33 보일러 효율이 85%, 실제증발량이 5t/h 이고 발생 증기의 엔탈피 656kcal/kg, 급수온도의 엔탈피는 56kcal/kg, 연료의 저위 발열량 9750kcal/kg 일 때 <u>연료소비량은 약 몇 kg/h 인가?</u>

① 316

❷ 362

③ 389

④ 405

해설

연료소비량

$$= \frac{실제증발량 \times (증기엔탈피 - 급수엔탈피)}{효율 \times 연료의 발열량}$$

$$= \frac{5000 \times (656 - 56)}{0.85 \times 9750} = 362\text{kg/h}$$

34 연소효율이 95%, 전열효율이 85%인 보일러의 효율은 약 몇 %인가?

① 90
❷ 81
③ 70
④ 61

해설
보일러 열효율 = 연소효율 × 전열효율 × 100
= 0.95 × 0.85 × 100 = 80.75 %

35 상당증발량 6000kg/h, 연료 소비량 400kg/h인 보일러의 효율은 약 몇 %인가?(단, 연료의 저위발열량은 9700 kcal/kg 이다.)

① 81.3%
❷ 83.4%
③ 85.8%
④ 79.2%

해설
보일러 효율 $= \dfrac{\text{상당증발량} \times 539}{\text{연료사용량} \times \text{연료발열량}} \times 100$

$= \dfrac{6000 \times 539}{400 \times 9700} \times 100 = 83.4\%$

36 온수난방에서 방열기내 온수의 평균온도가 82℃, 실내온도가 18℃이고, 방열기의 방열계수가 6.8kcal/m²·h·℃인 경우 방열기의 방열량은?

① 650.9 kcal/m²·h
② 557.6 kcal/m²·h
③ 450.7 kcal/m²·h
❹ 435.2 kcal/m²·h

해설
방열량 = 방열계수 × 온도차
= 6.8 × (82-18)
= 435.2 kcal/m²·h

37 90℃의 물 1000kg이 15℃의 물 2000kg을 혼합시키면 온도는 몇 ℃가 되는가 ?

❶ 40℃
② 30℃
③ 20℃
④ 10℃

해설
혼합 전 물질의 열량 합계 = 혼합 후 열량합계
열량 = 양 × 비열 × 온도차(물의 비열은 lkcal/kg℃)
= 1000 × 90 + 2000×15
= (1000 + 2000) × t
∴ t $= \dfrac{(1000 \times 90) + (2000 \times 15)}{(1000 + 2000)} = 40$℃

38 보일러용 오일 연료에서 성분분석 결과 수소 12.0%, 수분 0.3%라면, 저위 발열량은?(단, 연료의 고위발열량은 10600 kcal/kg 이다.)

① 6500 kcal/kg
② 7600 kcal/kg
③ 8950 kcal/kg
❹ 9950 kcal/kg

해설
저위발열량 = 고위발열량 − 수분의 증발열
$Hl = Hh - 600(9H + W)$
= 10600 − 600 × (9 × 0.12 + 0.003)
= 9950.2kcal/kg

39 수소 15.0%, 수분 0.5%인 중유의 고위발열량이 10000kcal/h이다. 이 중유의 저위발열량은 몇 kcal/kg인가?

① 8795 kcal/kg
② 8984 kcal/kg
③ 9085 kcal/kg
❹ 9187 kcal/kg

해설
저위발열량 = 고위발열량−수분의 증발열
$Hl = Hh - 600(9H + W)$
= 10000 − 600 × (9 × 0.15 + 0.005)
= 9187kcal/kg

40 어떤 보일러의 연소효율이 92%, 전열면 효율이 85% 이면 <u>보일러 효율은?</u>

① 73.2%
② 74.8%
❸ 78.2%
④ 82.8%

보일러 효율 = 연소효율 × 전열효율
= 0.92 × 0.85 × 100 = 78.2%

41 효율이 82%인 보일러로 발열량 9800 kcal/kg의 연료를 15kg 연소시키는 경우의 <u>손실열량은?</u>

① 80360 kcal
② 32500 kcal
❸ 26460 kcal
④ 120540 kcal

손실열량 = (1 − 효율) × 입열
= (1 − 0.82) × 15 × 9800 = 26460 kcal/h

42 연통에서 배기되는 가스량이 2500kg/h 이고, 배기가스 온도가 230℃, 가스의 평균비열이 0.31kcal/kg℃, 외기온도가 18℃이면, 배기가스에 의한 <u>손실열량은?</u>

❶ 164300 kcal/h
② 174300 kcal/h
③ 184300 kcal/h
④ 194300 kcal/h

배기가스의 손실열
= 배기가스량 × 배기가스의 비열
× (배기가스온도−외기온도)
= 2500 × 0.31 × (230−18)
= 164300kcal/h

43 어떤 물질 500kg을 20℃에서 50℃로 올리는데 3000kcal의 열량이 필요하였다. 이 <u>물질의 비열은?</u>

① 0.1kcal/kg℃
❷ 0.2kcal/kg℃
③ 0.3kcal/kg℃
④ 0.4kcal/kg℃

$$비열 = \frac{발열량}{물질의양 \times 온도차}$$
$$= \frac{3000}{500 \times (50-20)} = 0.2$$

44 어떤 강철제 증기보일러의 최고사용압력이 0.35MPa이면 <u>수압시험 압력은?</u>

① 0.35MPa
② 0.5MPa
❸ 0.7MPa
④ 0.95MPa

강철제보일러 수압시험 압력

최고사용압력 (P)	수압시험
0.43MPa(4.3kgf/cm²) 이하	P × 2
0.43MPa 초과 1.5MPa 이하	P × 1.3 + 0.3MPa
1.5MPa 초과	P × 1.5

∴ 0.35MPa × 2= 0.7MPa

45 강철제 증기보일러의 최고사용압력이 0.4 MPa인 경우 <u>수압시험 압력은?</u>

① 0.16 MPa
② 0.2 MPa
❸ 0.8 MPa
④ 1.2 MPa

수압시험 방법
최고사용압력 0.43MPa 이하인 경우
최고사용압력 × 2배,
0.4 × 2 = 0.8MPa

46 어떤 강철제 증기보일러의 최고사용압력이 0.35MPa이면 <u>수압시험 압력은?</u>

① 0.35MPa

② 0.5MPa

❸ 0.7MPa

④ 0.95MPa

수압시험은 최고사용압력이 0.45 MPa 이하인 경우 최고시용압력의 2배로 시험한다.
∴ 0.35 × 2 = 0.7MPa

47 주철제 보일러의 최고사용압력이 0.3MPa 인 경우 <u>수압시험 압력은?</u>

① 0.15 MPa

② 0.30 MPa

③ 0.43 MPa

❹ 0.60 MPa

주철제 보일러의 수압시험 : 최고사용압력 0.43MPa 이하는 최고사용압력×2
∴ 0.3 × 2 = 0.6MPa

48 두께 150mm, 면적이 15m²인 벽이 있다. 내면온도는 200℃, 외면온도가 20℃일 때 벽을 통한 손실열량은?(단, 열전도율은 0.25 kcal/m·h·℃ 이다.)

① 101 kcal/h

② 675 kcal/h

③ 2345 kcal/h

❹ 4500 kcal/h

벽을 통한 손실열

$$= \frac{열전도율}{벽의두께} \times 벽의 면적 \times (내면온도 - 외면온도)$$

$$= \frac{0.25}{0.15} \times 15 \times (200 - 20) = 4500\text{kcal/h}$$

49 실내의 천장 높이가 12m 인 극장에 대한 증기난방 설비를 설계 하고자 한다. 이때의 난방부하 계산을 위한 <u>실내방열기 분기관 등에서 앞단에 트랩 평균온도는?</u> (단, 호흡선 1.5m에서의 실내온도는 18t이다.)

① 23.5℃

❷ 26.1℃

③ 29.8℃

④ 32.7℃

트랩의 평균온도
= 실내온도 + 0.05 × 실내온도 × (천장높이 - 3)
천정높이가 일반적으로 3m 이상인 경우
실내평균온도는
tm = t + 0.051 (h - 3)
　　tm : 실내평균온도(t)
　　t　: 호흡선(바닥 1.5m)에서의 실내온도℃
　　h : 실의 천장높이(m)
∴ tm = 18 + 0.05 × 18 × (12-3) = 26.11℃

50 어떤 방의 온수난방에서 소요되는 열량이 시간당 21000 kcal 이고, 송수온도가 85℃ 이며, 환수온도가 25℃ 라면, <u>온수의 순환량은?</u>

① 324 kg/h

❷ 350 kg/h

③ 398 kg/h

④ 423 kg/h

열량
= 온수의 순환량×온수비열×(송수온도−환수온도)

$$온수 순환량 = \frac{열량}{온수비열 \times 온도차}$$

$$= \frac{21000}{1 \times (85-25)} = 350\text{kg/h}$$

51 50kg의 −10℃ 얼음을 100℃의 증기로 만드는데 소요되는 열량은 몇 kcal 인가?(단, 물과 얼음의 비열은 각각 1 kcal/kg℃, 0.5 kcal/kg℃로 한다.)

❶ 36200 ② 36450
③ 37200 ④ 37450

− 10℃의 얼음을 100℃ 증기로 만드는데 소요되는 열량 (물 50kg)
① 얼음의 비열 : 0.5
② 물의 잠열 : 80 / 물의 비열 : 1
④ 증발 잠열 : 539

※ −10℃ 얼음을 100℃ 증기로 만드는데 구간별로 보면,

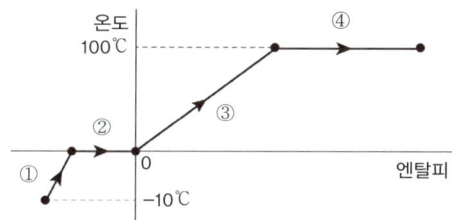

① − 10℃의 얼음을 0℃ 얼음으로
열량은 양 × 비열 × 온도차
= 50 × 0.5 × (0 − (−10)) = 250kcal
② 0℃ 얼음을 0℃ 물로
열량은 양 × 잠열 = 50 × 80 = 4000kcal
③ 0℃ 물을 100℃ 물로
열량은 양 × 비열 × 온도차
= 50 × 1 × (100 − 0) = 5,000kcal
④ 100℃ 물을 100℃ 증기로
열량은 양 × 잠열 = 50 × 539 = 26,9500kcal
∴ 소요열량 = 250 + 4000 + 5000 + 26900
= 36,200kcal

52 난방부하가 2250kcal/h인 경우 온수방열기의 방열면적은?

① 3.5m² ② 4.5m²
❸ 5.0m² ④ 8.3m²

• 난방부하 = 방열면적 × 방열량
• 방열면적 = $\dfrac{난방부하}{방열량}$
• 온수방열기의 표준방열량은 450[kcal/m²h]
= $\dfrac{2250}{450}$ = 5m²

53 난방부하가 2250kcal/h 인 경우 온수방열기의 방열면적은?(단, 방열기의 방열량은 표준방열량으로 한다)

① 3.5m²
② 4.5m²
❸ 5.0m²
④ 8.3m²

• 방열면적 = $\dfrac{난방부하}{방열량}$
= $\dfrac{2250}{450}$ = 5m²
• 온수방열기의 표준방열량은 450[kcal/m²h]

54 난방부하가 15000 kcal/h이고, 주철제 증기보일러로 난방 한다면 방열기 소요 방열면적은 약 몇 m² 인가?(단, 방열기의 방열량은 표준 방열량으로 한다.)

① 16
③ 20
② 18
❹ 23

• 방열면적 = $\dfrac{난방부하}{방열량}$
= $\dfrac{15000}{650}$ = 23m²
• 증기방열기의 표준방열량은 650[kcal/m²h]

55 온수난방에서 상당방열면적이 45m² 일 때 난방부하는?(단, 방열기의 방열량은 표준방열량으로 한다)

① 16450 kcal/h
② 18500 kcal/h
③ 19450 kcal/h
❹ 20250 kcal/h

난방부하
= 방열량 × 방열면적, 온수난방의 방열량 450
= 450 × 45
= 20250kcal/h

56 방열기내 온수의 평균온도 80℃, 실내온도 18℃, 방열계수 7.2 kcal/m2h℃ 인 경우 방열기 방열량은 얼마인가?

① 346.4kcal/m²h

❷ 446.4kcal/m²h

③ 519kcal/m²h

④ 560kcal/m²h

해설
방열량 = 방열계수 × (열매평균온도– 실내온도)
= 7.2 × (80–18)
= 446.4kcal/m²h

57 어떤 건물의 소요 난방부하가 45000 kcal/h이다. 주철제 방열기로 증기난방을 한다면 약 몇 쪽(section)의 방열기를 설치해야 하는가? (단, 표준방열량으로 계산하며, 주철제 방열기의 쪽당 방열면적은 0.24m²이다.)

① 156쪽

② 254쪽

❸ 289쪽

④ 315쪽

해설
방열기 소요수 = $\dfrac{\text{난방부하}}{\text{방열량}\times 1쪽당 방열면적}$,

표준방열량은 650

$= \dfrac{45000}{650\times 0.24} = 288.5$

58 어떤 거실의 난방부하가 5000kcal/h이고, 주철제 온수 방열로 난방할 때 필요한 방열기 쪽수는? (단, 방열기 1쪽당 방열면적은 0.26m² 이고 방열량은 표준량으로 한다.)

① 11쪽   ② 21쪽

③ 30쪽   **❹ 43쪽**

해설
방열기 소요수 = $\dfrac{\text{난방부하}}{\text{방열량}\times 1쪽당 방열면적}$,

$= \dfrac{5000}{450\times 0.26} = 42.7$

59 외기온도 20℃, 배기가스온도 200℃이고, 연돌 높이가 20m일 때 통풍력은 약 몇 mmAq 인가?

① 5.5   ② 7.2

❸ 9.2   ④ 12.2

해설
통풍력

$= 355 \times \left(\dfrac{1}{273+외기온도} - \dfrac{1}{273+배기가스온도} \right) \times 연돌높이$

$= 355 \times \left(\dfrac{1}{273+20} - \dfrac{1}{273+200} \right) \times 20$

$= 9.22 \text{mmAq}$

60 연소가스와 대기의 온도가 각각 25℃, 30℃ 이고, 연돌의 높이가 50m일 때 이론 통풍력은 약 얼마인가? (단, 연소가스와 대기의 비중량은 각각 1.35kg/Nm³, 1.25kg/Nm³ 이다.)

❶ 21.08 mm Aq

③ 25.02 mm Aq

② 23.12 mmAq

④ 27.36 mmAq

해설
이론 통풍력

$= \left(\dfrac{273\times 대기의 비중량}{273+대기온도} - \dfrac{273\times 연소가스비중량}{273+연소가스온도} \right)$

$\quad \times 연돌높이$

$= \left(\dfrac{273\times 1.25}{273+30} - \dfrac{273\times 1.35}{273+250} \right) \times 50$

$= 21.077 \text{mmAq}$

61 호칭지름 15A의 강관을 각도 90도로 구부릴 때 곡선부의 길이는 약 몇 mm 인가?(단, 곡선부의 반지름은 90mm로 한다)

❶ 141.4

② 145.5

③ 150.2

④ 155.3

해설
곡선부의 길이 $= 원둘레 \times \dfrac{회전각}{360}$

$= 2\cdot\pi\cdot r \times \dfrac{회전각}{360}$

$= 2 \times 3.14 \times 90 \times \dfrac{90}{360} = 141.3 \text{m}$

62 20A 관을 90°로 구부릴 때 중심곡선의 적당한 길이는 약 몇 mm 인가? (단, 곡률 반지름 R = 100mm 이다.)

① 147 ❷ 157

③ 167 ④ 177

곡선부의 길이

$$= 원둘레 \times \frac{회전각}{360} = 2 \cdot \pi \cdot r \times \frac{회전각}{360}$$

$$= 2 \times 3.14 \times 100 \times \frac{90}{360} = 157mm$$

63 풍량 120m³/min 이고, 풍압 35mmAq인 송풍기의 소요동력은 약 얼마인가?(단, 효율은 60% 이다)

❶ 1.14 kw

② 2.27 kw

③ 3.21 kw

④ 4.42 kw

$$소요동력 = \frac{Q \cdot H}{102 \times \eta} = \frac{풍량 \times 풍압}{102 \times 효율}$$

$$= \frac{120 \times 35}{102 \times 0.6 \times 60} = 1.14kw$$

64 급수펌프에서 송출량이 10m³/min이고, 전양정이 8m 일 때, 펌프의 소요마력은?(단, 펌프의 효율은 75%이다)

① 15.6 PS

② 17.8 PS

❸ 23.7 PS

④ 31.6 PS

$$소요마력 = \frac{\gamma \cdot Q \cdot H}{75 \times \eta}$$

$$= \frac{1000 \cdot 송출량 \cdot 전양정}{75 \times 효율}$$

$$= \frac{1000 \times 10 \times 8}{75 \times 60 \times 0.75} = 23.7ps$$

CHAPTER 3

에너지관리기능사 요약 매핑 정리 노트

01 온도

섭씨온도
물의 어는 점을 0, 끓는점을 100으로 하여 그 사이를 100으로 등분

화씨온도
물의 어는 점을 32, 끓는점을 212로 하여 그 사이를 180으로 등분

켈빈온도
−273도를 0으로, 섭씨온도 눈금에 따라 표시

랭킨온도
−460F를 0으로 하여 화씨온도를 논금에 따라 표시

환산계산식
① 섭씨온도(℃) = 5/9 × (℉ − 32)
② 화씨온도(℃)=9/5 × ℃ + 32
③ 캘빈온도(K) = t℃ + 273(섭씨온도의 절대온도)
④ 랭빈온도(R) = t℉ + 460(화씨온도의 절대온도)

02 열역학 법칙

🏠 열역학 제0법칙
- 열평형법칙

  열은 고온의 저온으로 서로 평형이 될 때까지 열 이동이 계속된다.

🏠 열역학 제1법칙
- 에너지보존의 법칙

  열은 일로, 일은 변환시킬 수 있다.

  1kwh = 860kcal/1ps = 632kcal/h

  열 → 일: 열의 일당량: 1kca = 427kg · m

  일 → 열: 일의 일당량: 1kg · m = 1/427kcal

🏠 열역학 제2법칙
- 엔트로피 증가의 법칙

  일은 열로 전환이 용이하지만, 열은 일로 전환시 손실열이 발생한다.

  저온에서 고온으로 열을 이동 시 외부의 동력이 필요하다.

🏠 열역학 제3법칙
어떤 계에서 물체의 상태변환 없이 절대온도 0k에 이르게 할 수 없다.

03 보일러의 분류

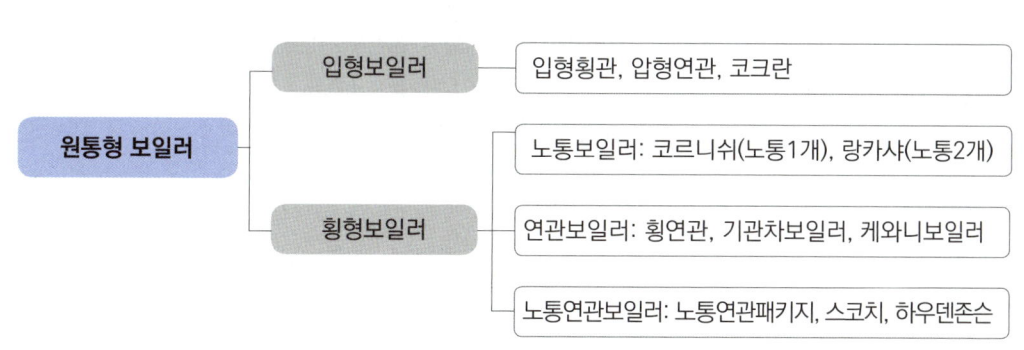

04 수관보일러

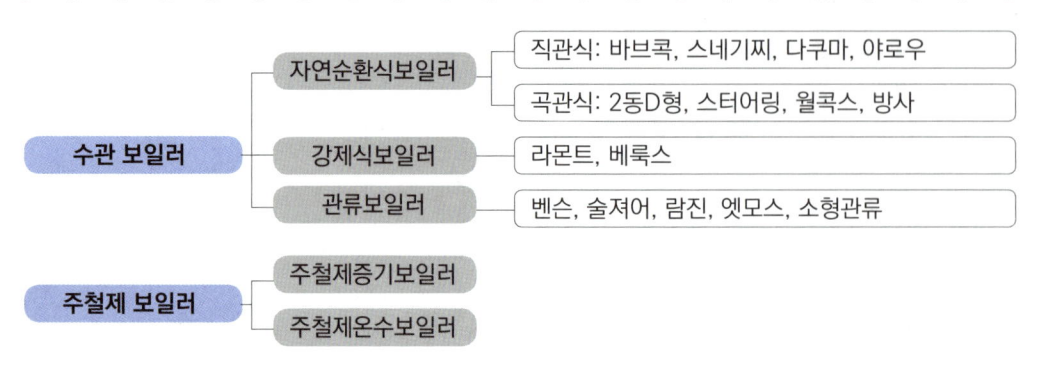

	자연순환식보일러	직관식: 바브콕, 스네기찌, 다쿠마, 야로우
수관 보일러		곡관식: 2동D형, 스터어링, 월콕스, 방사
	강제식보일러	라몬트, 베룩스
	관류보일러	벤슨, 술져어, 람진, 엣모스, 소형관류
주철제 보일러	주철제증기보일러	
	주철제온수보일러	

05 보일러 부속장치

급수장치
급수탱크, 급수펌프, 급수량계, 급수온도계, 급수관, 체크밸브, 급수정지밸브, 급수내관, 인젝터, 환원기, 여과기 등

송기장치
기수분리기, 주증기밸브, 주증기관, 신축이음, 감압밸브, 증기헤더, 증기트랩, 증기축열기 등

폐열회수장치
과열기, 재열기, 절탄기, 공기예열기 등

안전장치
안전밸브, 화염검출기, 저수위경보기, 압력제한기, 전자밸브, 방폭문, 가용전 등

계측장치
수면계, 압력계, 온도계, 유량계, 가스분석기 등

분출장치
분출밸브, 분출코크, 분출관 등

통풍 및 집진장치
송풍기, 덕트, 댐퍼, 집진기, 연도, 연돌 등

연료장치
저장탱크, 서비스탱크, 기어펌프, 유수분리기, 오일프리히터, 여과기, 메타링 펌프, 전자밸브, 유랭조절밸브, 급우량계 등

06 관류 보일러

드럼 없이 긴 관만으로 이루어진 보일러로 펌프에 의해 압입된 급수가 긴 관을 1회 통화 할 동안 절탄기를 거쳐 예열된 후, 증발, 과열의 순서로 과열되어 관 출구에서 필요한 과열증기가 발생하는 보일러이다.

① **종류 :** 벤슨, 슐져, 람진, 엣모스, 소형관류 보일러 등
② **특징**
  • 드럼이 없어 초고압 보일러에 적합하다.
  • 드럼이 없어 순환비가 1이다.
  • 수관의 배치가 자유롭다.
  • 증발이 빠르다.
  • 자동연소제어가 필요하다.
  • 수질의 영향을 많이 받는다.
  • 부하변동에 따른 압력 및 수위변화가 크다.
③ **관류보일러의 급수처리 :** 순환비가 1이고, 전열면의 열부하가 높아 급수처리를 철저히 해야 한다.

07 송기시 이상현상

🏠 포밍
동체 저부에서 기포가 수면으로 오르며 수면에 거품으로 뒤덮이는 현상
발생원인: 보일러 농축시, 고수위시 과부하운전, 주증기의 급개

🏠 프라이밍
증기발생이 격렬한 비등과 함께 작은 물방울이 튀어 오르는 현상으로 포밍이 지속되면 프라이밍이 동반됨
발생원인: 보일러 농축시, 고수위시 과부하운전, 주증기의 급개

🏠 케리오버(기수공발)
증기속에 혼입한 작은 물방울이 송기시 증기관으로 운잔되는 현상으로 습증기가 증기관으로 유입되는 현상

🏠 워터햄머(수격작용)
증기관내에 고인 응축수가 송기시 고압의 증기에 밀려 굴곡부에서 심하게 부딪쳐 소음과 진동을 유발하는 현상
방지법: 주증기밸브 서개, 증기관 보온, 증기트랩 설치, 관내 응축수 등

08 화염검출기

운전 중 불착화나 실화시 전자밸브에 의해 연료공급을 차단하는 안전장치
- 플레임아이 – 화염의 발광체 이용(광학적 성질)
- 플레임로드 – 화염의 이온화 이용(전기적 성질)
- 스택스위치 – 화염의 발열을 이용(열정 성질)

09 프라이밍, 포밍 발생원인

- 고수위 일 때 발생한다.
- 관수 중의 유지분에 의해 발생한다.
- 관수의 농축에 의해 발생한다.
- 보일러 부하가 과부하일 때 발생한다.

10 펌프의 종류

원심펌프
터빈펌프, 볼류트 펌프

왕복식 펌프
워싱턴, 웨어, 플런져

인젝터
증기압을 이용한 비동력 급수장치

11 현열과 잠열

① 현열
- 물질의 상태변화 없이 온도변화에 필요한 열량
- $Q = G \cdot C \cdot \triangle T$(kcal)
  (G: 질량(kg), C: 비열(kcal/kg℃), $\triangle T$: 온도차(℃: t1 – t2)
  ∴ 열량 = 질량×비열×온도차
② 잠열: 물질의 온도변화 없이 상태변화에 필요한 열량
- 융해잠열: 0℃의 얼음 1kg을 0℃의 물로 변화시키는데 필요한 열량(80kcal/kg)
- 증발잠열: 100℃의 포화수 1kg을 100℃의 건포화증기로 변화시키는데 필요한 열량(539kcal/kg)

12 집진장치의 종류

- 여과식의 종류는 백 필터, 원통식, 평판식, 역기류 분사형 등
- 가압수식 집진장치의 종류: 사이크론 스크러버, 벤튜리 스크러버, 제트 스크러버, 충진탑
- 세정식(습식) 집진장치: 유수식, 회전식, 가압수식

집진장치의 원리
- 여과식: 함진가스를 여과재에 통과시켜 매진을 분리
- 원심력식: 함진가스를 선회 운동시켜 매진의 원심력을 이용하여 분리
- 중력식: 집진실내에 함진가스를 도입하고 매진자체의 중력에 의해 자연 침강시켜 분리하는 형식
- 관성력식: 분진가스를 방해판 등에 충돌시키거나 급격한 방향전환에 의해 매연을 분리 포집하는 집진장치

13 증기트랩

① 보일러에서 발생한 증기를 손실을 최소화하고 각 사용처로 균일하게 공급 장치
② 증기트랩의 종류
- 기계식 : 플로트식, 버켓식
- 열역학 성질: 디스크식, 오리피스식
- 온도조절식: 바이메탈식, 벨로스식(열동식)

14 제어동작 분류

불연속 동작
- 2위치 동작(On-Off)
- 불연속 속도동작
- 다위치 동작
- 간헐동작

연속동작
- 비례동작(P동작)
- 미분동작(D동작)
- 비례미분동작(PD동작)
- 적분동작(I동작)
- 비례적분동작(PI동작)

15 자동제어 신호전달 방식

공기압식
- 신호전달 지연이 있다.
- 배관 이용이 용이, 위험성 없다.
- 사용 공기압 0.2~1kgf/cm²
- 전송거리가 짧다.(100~150m)
- 조작부의 동특성이 좋다.

유압식
- 조작력 및 조작속도가 크다.
- 배관이 까다롭다.
- 전송지연이 작고 응답이 빠르다.
- 거리는 300m, 사용유압 0.2~1kgf/cm²

전기식
- 복잡한 신호에 적합
- 전송거리가 길고 조작력이 강하다.
- 신호전달에 지연이 없다.
- 전송거리 0.3~10km

16 자동제어의 제어량

급수제어(F.W.C)
- 제어량: 드럼 수위
- 조작량: 급수량

증기온도(S.T.C)
- 제어량: 과열 증기온도
- 조작량: 전열량

자동연소제어(A.C.C)
- 제어량: 증기압력
- 조작량: 연소량, 공기량
- 제어량: 노내압력
- 조작량: 연소가스량

17 전자밸브

전자밸브는 연료배관에 버너 직전에 설치하며 비상상황에 연료를 차단하며, 전자밸브에 신호를 보내어 작동하는 제어를 인터록 제어라 한다.
- 불착화 인터록: 화염검출기와 연결, 실화, 불착화 감시
- 압력초과인터록: 증기압력제한기와 연결, 설정압력 초과시 연료 차단
- 저수위인터록: 고저수위경보기와 연결, 안전저수위 이하 감수시 연료차

18 응축수 환수방식

- 중력환수식: 응축수의 중력에 의한 자연환수방법으로 소규모난방에 적합하고 자연순환이므로 순환력이 약해 관경을 크게해야 한다.
- 기계환수식: 순환펌프에 의한 환수방법으로 공기방출기를 설치한다.
- 진공환수식: 진공펌프에 의한 환수방법으로 공기방출기가 필요 없고 배관 내의 진공도가 100~250mmHg 정도이며 증기의 순환이 빠르고, 방열량 조절이 광범위하고 대규모 난방에 적합하다. 대규모 난방에 적합하다.

19 온수보일러 팽창탱크

① 설치목적
- 부속수를 보충 급수한다.
- 온수온도상승에 따른 이상팽창압력을 흡수한다.
- 장치내을 운전 중 소정의 압력으로 유치하고 온수온도를 유지한다.

② 종류
- 개방식: 저온수 난방에 설치한다.
- 밀폐식: 고온수 난방에 설치한다(설치는 높이의 제한을 받지 않는다).

③ 설치위치(개방식의 경우)
- 상향식의 경우: 온수의 역류를 방지하기 위해 환수주관하단에 U자형으로 하향시켜 배관한다(최고 소 방열관 보다 1m이상 높게 한다).
- 하향식의 경우: 공기방출기와 팽창탱크를 겸한 구조로 하여 보일러 바로 위에 설치한다(이 경우 팽창 탱크이 용량은 10% 큰 것이 필요하다).
- 팽창탱크의 하부에 물 빼기 관이 있어야 한다.

20 오르자트 가스분석기

오르자트 가스분석계는 흡수액을 이용하여 배기가스 성분 중 CO_2 → O_2 → CO를 순서에 의해 분석하여 공기량을 조절하는 장치이며 CO_2는 수산화칼륨 30%, O_2는 알칼리성용액 CO는 암모니아성 흡수제를 사용한다.

21 온수난방 분류

🏠 **온도에 따라**
- 고온수식
- 보통온수식

🏠 **순환방식에 따라**
- 자연순환식
- 강제순환식

🏠 **배관방식에 따라**
- 단관식
- 복관식

🏠 **온수공급에 따라**
- 상향공급
- 하향공급

22 난방의 분류

🏠 **중앙집중난방**
- 직접난방
- 방열기에 의한 난방
- 중앙식난방, 온수난방
- 간접난방
- 복사난방

23 열매체 보일러

① 물 대신 특수한 유체를 가열하여 낮은 압력에서도 고온의 포화증기 또는 고온의 액을 얻을 수 있는 보일러이다.
② 인화성 증기를 분출하기 때문에 밀폐식 구조의 안전밸브를 부착한다.
③ 유체(열매체)의 종류: 다우섬, 수온(Hg), 모빌썸, 세큐러티

24 연소가스의 부식

연료 중의 황(S)성분이 원인으로 황산가스의 노점(150℃) 이하에서 발생하는 부식으로 대부분 연도에서 발생하며 절탄기, 공기예열기 등에서 발생한다.

저온부식
- 저온부식 방지책
  - 연료 중 황분을 제거한다.
  - 연소에 적정공기를 공급한다(과잉공기를 적게).
  - 첨가제를 사용하여 황산가스의 노점을 낮게 한다.
  - 배기가스온도를 황산가스의 노점보다 높게 한다(170℃ 이상).

고온부식
증유증에 포함되어 있는 회분 중 바나듐(v) 성분이 원인이 되어 고온(600℃ 이상)에서 발생하는 부식
- 고온부식 방지책
  - 연료 중 바나등을 제거한다.
  - 바나등의 융점을 올리기 위해 융점 강화제를 사용한다.
  - 전열면 온도를 높지 않게 한다(600℃).
  - 고온 전열면에 보호피막 및 내식재료를 사용한다. 고온부식은 외부부식

25 연료 사용량 측정허용 오차

- 액체연료: ±1.0%
- 기체연료: ±1.6%
- 급수량 측정허용오차: ±1.0%

26 통풍력 증가

연도의 통풍력이 증가되는 경우
- 연돌의 높이를 높게
- 연도에 굴곡이 적을 때
- 연도의 단면적이 클 때
- 배기가스 온도가 높을 때
- 외부와의 온도차가 크다.

27 수압시험 방법

강철제 보일러
- 보일러의 최고시용압력 0.43MPa(4.3kgf/cm^2) 이하
  - 최고사용압력×2배
- 보일러의 최고사용압력기 0.43MPa(4.3kgf/cm^2) 초과 1.5(15kgf/cm^2) 이하
- 최고사용 압력×1.3배 + 0.3MPa(3kgf/cm^2)
- 보일러의 최고사용압력이 1.5MPa(15kgf/cm^2)를 초과 – 최고시용압력×1.5배

28 슈트 블로워

슈트 블로워(매연 분출장치)
- 설치목적
  고압의 증기 또는 공기를 분사하여 수관식 보일러의 전열면(수관외면)에 부착된 그을음 등을 제거하여 전열효율을 좋게 하고 연료절감 및 열효율을 높이기 위해 설치
- 매연 취출시기
  ㉠ 연료소비량이 증가할 때
  ㉡ 배기가스온도가 상승한 경우
  ㉢ 통풍력이 저하될 때
  ㉣ 연소관리 상황이 현저하게 차이가 있을 때
- 매연 취출 후 효과
  ㉠ 연료소비량 감소
  ㉡ 배기가스온도 저하로 열손실 감소
  ㉢ 전열효율 및 열효율 향상
  ㉣ 통풍력의 증가

29 송풍기의 종류

원심식 송풍기
다익형, 플레이트형, 터보형

축류형 송풍기
프로펠러형, 디스크형

30 보일러 마력

- 보일러 마력: 시간당 15.65kg의 상당증발량을 발생하는 보일러 능력
- 상당증발량: 100℃의 포화수를 100℃의 건포화증기로 증발시키는 것을 기준으로 하여 환산한 것
- 열량: 8,435kcal

31 보일러의 열손실

- 열손실이 가장 큰 것은 배기가스이다.
- 입열중 가장 큰 것은 연료의 발열량이다.
- 배기가스 = 배기가스양×비열×(배기가스−외기온도)

32 보일러 수위 검출 방식

- 전극식
- 차압식
- 열팽창식
- 플로트식

33 보일러 손상 – 부식

내면부식
- 점식
- 국부부식
- 전면부식
- 그루빙
- 알카리부식

외부부식
- 저온부식
- 고온부식

34 보일러 분출의 목적

- 관수의 조정
- 가성취하를 방지하기 위해
- 슬러지분의 배출 · 제거하기 위해

- 고수위 방지
- 관수의 농축을 방지하기 위해
- 프라이밍, 포밍을 방지하기 위해

35 보일러 내부부식

① **내부부식의 발생원인**
- ㉠ 보일러수에 불순물(유지류, 산류, 탄산가스, 산소 등)이 많은 경우
- ㉡ 보일러수 중에 용존가스체가 포함된 경우
- ㉢ 보일러수의 pH가 낮은 경우
- ㉣ 보일러수의 화학처리가 올바르지 못 한 경우
- ㉤ 보일러 휴지 중 보존이 잘못 되었을 때

② **내부부식의 종류**
- ㉠ 점식(공식, 점형부식)
- ㉡ 전면부식
  - 수중의 염화마그네슘($MgCl_2$)가 용해되어 180℃ 이상에서 가부분해 되어 철을 부식 시킨다.

  $MgCl + 2H_2O \qquad Mg(OH)_2 + 2HCl$

  $Fe + 2HCl \qquad FeCl_2 + H_2$
- ㉢ 알칼리 부식
  - 보일러수에 수산화나트륨(NaOH)의 농도가 높아져 알카리 부식이 발생한다.
- ㉣ 그루빙(grooving: 구식)

36 전열면 과열방지대책

- 보일러내의 스케일을 제거한다.
- 과열방지용 온도퓨즈는 373K 미만에서 확실히 작동하여야 한다.
- 다량의 불순물로 인해 보일러수가 농축되지 않게 한다.
- 보일러의 수위가 안전 저수면 이하가 되지 않도록 한다.
- 과열방지용 온도퓨즈는 봉인을 하고 사용자가 변경할 수 없는 구조로 한다.

37 절탄기

보일러 연도 입구에 설치하여 연돌로 배출되는 배기가스의 손실열를 이용하여 급수를 예열하기 위한 장치로 주철관형과 강관형이 있다.

① 설치이점
- 연료절감 및 열효율이 높아진다.(5~15% 정도)
- 급수중 불순물의 일부가 제거된다.
- 급수의 예열로 증발이 빨라진다

② 단점
- 청소가 어려워진다.
- 설치비가 많이 든다.
- 저온부식이 발생한다.
- 통풍저항의 증가한다.

38 건식 집진장치의 종류

- 관성력식: 분진가스를 방해판 등에 충돌시키거나 급격한 방향전환에 의해 매연을 분리 포집하는 집진장치
- 원심력식: 함진가스를 선회 운동시켜 진의 원심력을 이용하여 분리
- 여과식: 함진가스를 여과재에 통화시켜 매진을 분리
- 중력식: 집진실내에 함진가스를 도입하고 매진자체의 중력에 의해 자연 침강시켜 분리하는 형식

39 기체 연료 특징

① 장점
- 적은 과잉공기로 완전연소가 가능하고 연소효율이 높다.
- 청정연료로 회분 및 매연 발생이 없다.
- 연소조절이 용이하다.

② 단점
- 수송 및 저장이 곤란하다.
- 연료비가 비싸다.
- 누출되기 쉽고 폭발, 화재의 위험이 크다.

40 보일러의 효율시험

- 과열기의 증기 온도는 과열기 출구에서 측정한다.
- 배기가스의 온도는 전열면의 최종출구에서 측정한다.
- 급수온도는 절탄기가 있는 것은 절탄기 입구에서 측정한다.
- 포화증기의 압력은 보일러 출구의 압력으로 부르돈관식(탄성식) 압력계로 측정한다.

41 통풍장치

① 자연통풍

- 연돌에 의한 통풍으로 연돌 내에서 발생하는 대류현상에 의해 이루어지는 통풍으로 연돌의 높이, 배기가스의 온도, 외기온도, 습도 등에 영향을 많이 받고 노내압이 부압을 형성한다.
- 배기가스의 속도: 3~4m/sec
- 통풍력: 15~20mmH$_2$O

② 강제통풍

송풍기에 의한 인위적 통풍방법으로 송풍기의 설치위치에 따라 압입통풍, 흡입통풍, 평형통풍 등으로 분류된다.

- 압입통풍: 연소실 입구에 송풍기를 설치하여 연소실 내에 연소용 공기를 압입하는 방식 가압통풍이라고도 한다.
  - 노내압: 정(+)압 유지
  - 배기가스 속도: 6~8m/sec
- 흡입통풍: 연도에 송풍기를 설치하여 연소실 내의 연소가스를 강제로 흡입하여 연돌을 통해 배출하는 방식이다.
  - 노내압: 부(−)압 유지
  - 배기가스 속도: 8~10m/sec
- 평형통풍: 열손실이 적다. 설비비가 많이 들고 대용량 보일러에 적용한다.
  - 노내압: 대기압 유지
  - 배기가스 속도: 10m/sec

42 과압방지 안전장치

과압방지 안전장치는 주로 안전밸브 및 압력 릴리프장치를 말한다. 호칭지름 25mm 이상으로 하여야 한다.
∴ 다음의 경우는 호칭지름 20mm 이상으로 할 수 있다.

- 최대증발량이 5 t/h 이하인 관류보일러
- 최고사용압력이 0.1Mpa 이하인 보일러
- 소용량 강철제보일러, 소용량 주철제보일러
- 최고사용압력이 0.5Mpa 이하이며, 전열면저 $2m^2$ 이하인 보일러
- 최고사용압력기 0.5Mpa 이하이며, 동체 안지름 500mm 이하, 동체 길이가 1000mm 이하인 보일러

43 열사용 기자재의 종류

- 보일러: 강철제보일러, 주철제 보일러, 소형온수 보일러, 구멍탄용 온수 보일러, 축열식 전기 보일러
- 태양열집열기
- 압력용기: 1종 압력용기, 2종 압력용기
- 료로: 요업요로, 금속요로

44 인젝터

증기압력을 이용한 비동력 급수장치로서 인젝터 내부의 노즐을 통과하는 증기의 속도에너지를 압력에너지로 전환하여 보일러에 급수를 하는 예비용 급수장치이다.

① **구조:** 증기노즐, 혼합노즐, 토출노즐
② **인젝터의 작동순서, 정지순서**
  - 작동순서: 토출밸브 → 급수밸브 → 증기밸브 → 인젝터 핸들
  - 정지순서: 인젝터 핸들 → 증기밸브 → 급수밸브 → 토출밸브
③ **장점**
  - 설치에 장소를 필요로 하지 않는다.
  - 증기와 혼합되어 급수가 예열된다.
  - 구조가 간단하고 취급이 용이하다.
  - 소형이며 비동력 장치이다.
④ **단점**
  - 양수효율이 낮다.
  - 급수량 조절이 어렵고, 흡입양정이 낮다.

45 배관의 이음부와의 거리

- 절연전선과 거리: 10cm 이상
- 전기개량기 및 전기개폐기와 거리: 60cm 이상
- 굴뚝, 전기점열기 및 전기접속기와 거리: 30cm 이상

46 버팀(STAY, 보강재)

① 보일러의 평·경판과 같이 압력에 약한 부분을 보강하여 변형을 방지하기 위한 재질을 보강재라 한다.
② 종류: 가젯트 버팀, 나사 버팀, 관 버팀, 막대 버팀, 행거 버팀, 도그 버팀 등이 있다.
③ 가젯트 버팀: 경판과 동판을 연결하여 경판을 보강하는 보강재
④ 소켓은 동일직경의 관을 직선이음 할 때 사용하는 관 이음쇠

47 보온재의 선정 구비조건

- 비중이 작을 것
- 흡수성이 적을 것
- 독립기포의 다공질성 일 것
- 불연성이며 사용 수명이 길 것
- 어느 정도 기계적 강도가 있을 것
- 열전도율이 적고 안전사용 범위에 적합할 것
- 물리적·화학적으로 안정되고 가격이 저렴할 것

48 용접의 장·단점

- 나사 이음부와 같이 관의 두께에 균일하다.
- 돌기부가 없어 배관 공간 효율이 크다.
- 이음부의 강도가 크고 누수가 없다.
- 변형이 쉽고, 잔류응력이 발생한다.

49 보일러장기 보전법

① **석회 밀폐 보존법**
- 완전 건조시킨 보일러 내부에 흡습제 및 숯불을 몇 군데 나누어 설치하고 맨홀을 닫아 밀폐 보존하는 방법이이다.
- 흡습제의 종류: 생석회, 염화칼슘, 실리카겔, 활성알루미나 등을 사용한다.

② **질소가스 봉입 보존법**
- 고압, 대용량 보일러에 사용되는 건조보존 방법으로 보일러 내부에 질소가스(순도: 99.5%)를 0.06Mpa 정도로 가압, 봉입하여 공기와 치환하여 보존하는 방법이다.

③ **기화성 부식억제제(V.C.I) 봉입법**
- 완전 건조시킨 보일러 내부에 백색분말의 V.C.I(기화성 부식 억제제)을 넣고 밀폐 보존하는 방법으로 밀봉된 V.C.I(기활성 부식 억제제)는 보일 내에 기화, 확산하여 보일러 강재의 방식효과를 얻을 수 있다.

50 리프트 피팅

- 저압증기의 환수주관이 진공펌프의 흡입구보다 낮은 위치에 있을 때 배관이음 방법으로 환수관 내의 응축수를 이음부 전후에서 형성되는 작읍 압력차를 이용하여 끌어 올릴 수 있도록 한 배관방법
- 리프트관은 주관보다 1~2정도 작은 치수를 사용한다.
- 리프트 피팅의 1단 높이는 1.5m 이내로 한다.

51 공기비

① **연료의 공기비(m) = 실제공기량 / 이론공기량**
- 석탄: 1.50이상   • 미분탄: 1.2~1.4   • 액체연료: 1.2~1.4   • 기체연료: 1.1~1.3

② **공기비가 클 때(과잉공기 과다)**
- 휘백색 화염이 발생하고 매연발생이 없다.   • 배기가스량이 증가하여 열손실이 증가한다.
- 연료소비량이 증가하여 열효율이 감소한다.   • 연소온도가 낮아진다.
- 배기가스 중 O_2양이 증가하여 저온부식이 촉진된다.

③ **공기비가 작을 때(m < 1)**
- 불완전연소에 의한 매연증가
- 미연소 연료에 의한 연료손실 증가
- 미연소에 의한 열손실 증가 및 연소효율 감소
- 미연가스에 의한 폭발사고의 위험성 증가가 작을 때는 배기가스 중 O_2및 NO_2의 발생량이 적어진다.

52 온수순환 방법

- 중력 순환식(자연 순환식): 비중량차에 의한 자연순환 방법으로 소규모 난방용이다.
- 강제 순환식: 순환펌프에 의한 강제순환 방법으로 신속하고 자유롭다.

53 신축이음

고온의 증기배관에 발생하는 신축을 조절하여 관의 손상을 방지하기 위해 설치한다.

① 종류 및 특성
- 루프형(굽은관 조인트)
  - 옥외의 고압 증기배관에 적합하다.
  - 신축흡수량이 크고, 응력이 발생한다.
  - 곡률 반경은 관지름의 6배 정도이다.
- 슬리브형(미끄럼형)
  - 설치장소를 적게 차지하고 응력발생이 없고, 과열증기에 부적당하다.
  - 패킹의 마모로 누설의 우려가 있다.
  - 온수나 저압배관에 사용된다.
  - 단식과 복식형이 있다.
- 벨로우즈형(팩레스 신축이음)
  - 설치에 장소를 많이 차지하지 않고, 응력이 생기지 않는다.
  - 고압에 부적당하고 누설의 우려가 없다.
  - 신축흡수량은 슬리브형 보다 적다.
- 스위브형(스윙식)
  - 증기 및 온수방열기에서 배관을 수직 분기할 때 2~4개 정도의 엘보우를 연결하여 신축을 조절하여 관의 손상을 방지하기 위한 이음방법이다.
  - 스위블 이음은 엘보우를 이용하므로 압력강하가 크고, 신축량이 클 경우 이음부가 헐거워져 누수의 원인이 된다.

보일러 내부급수 청관제

보일러수 중의 불순물을 처리하여 내부·부식, 스케일 생성, 캐리오버 등을 방지하기 위한 방법

① pH 조정제

- 부식을 방지하고, 보일러수 중의 경도성분을 불용성으로 만들어 스케일 부착을 방지하기 위해 보일러수 중의 pH를 조절하기 위한 약품
- 종류: 탄산소다(Na_2CO_3), 가성소다($NaOH$), 제3인산소다(Na_3CO_4) 암모니아((NH_3)) 등

② 관수의 연화제

- 보일러수 중의 경도성분을 슬러지화하여 스케일의 부착을 방지하기 위한 약품
- 종류: 탄소소다(Na_2CO_3), 안산소다($NaPOj$), 가성소다($NaOH$) 등

③ 탈산소제

- 보일러수 중의 용존산소를 환원시키는 성질이 강한 약품
- 종류: 탄닌, 아황산도다(Na_2SO_3), 히드라진(N_2H_4) 등

④ 슬러지 조정제

- 슬러지가 전열면에 부착하여 스케일이 생성되는 것을 억제하고, 보일러 분출 시 쉽게 분출 할 수 있도록 하기 위한 약품
- 종류: 탄니, 리그린, 전분, 덱스트린 등

⑤ 가성취화 방지제

- 알칼리도를 낮추어 가성취화 현상을 방지하기 위한 약품
- 종류: 질산소다, 인산소다 등

⑥ 포밍 방지제

- 저압 보일러에 사용되면 기포의 파괴하여 거품의 생성을 방지하는 약품
- 종류: 폴리아미드, 프탈산아미드 등

안전밸브

① 설치목적

보일러 가동 중 사용압력이 제한압력을 초과할 경우 증기를 분출시켜 압력 초과를 방지하기 위해 설치한다.

② 설치방법

보일러 증기부에 검사가 용이한 곳에 수직으로 직접 부착한다.

③ 설치개수

- 2개 이상을 부착한다(단, 보일러 전열면적 $50m^2$ 이하의 경우 1개를 부착).
- 증기 분출압력의 조정 : 안전밸브를 2개 설치한 경우 1개는 최고사용압력 이하에서 분출하도록 조정하고 나머지 1개는 최고사용압력의 1.03배 초과 이내에서 증기를 분출하도록 조정한다.

56 액체연료의 버너의 형식

- 유압분무식: 0.5~2Mpa의 자체 유압을 이용하여 무화시키는 버너
- 고압기류식: 공기나 증기를 매체로 하여 무화시키는 버너
- 회전분무식: 분무컵의 회전을 이용하여 무화시키는 버너

57 급수내관

① 설치목적
- 동판의 열응력을 적게하여 부동팽창을 방지한다.
- 급수가 예열되는 효과가 있다.

② 설치위치
- 보일러 안전저수면 보다 50mm 정도 낮게 설치한다.
  - 너무 높으면: 캐리오버 또는 수격작용의 원인이 된다.
  - 너무 낮으면: 동정부의 냉각 및 보일러수의 순환이 나빠진다.

58 입형보일러의 특징

- 소형이므로 설치면적이 좁다.
- 효율이 횡형보다 낮다.
- 고압 대용량에 부적합하다.
- 보유 수량에 비해 전열면적이 적어 증발이 느리고 열효율이 낮다.
- 효율순서: 코트란 〉 입형연관 〉 입형횡관

59 보일러 안전장치

① 보일러 운전 중 이상 저수위, 압력초과, 프리퍼지 부족으로 미연가스에 의한 노내 폭발 등 안전사고를 미연에 방지하기 위해 사용되는 장치

② **종류**
- 압력초과 방지를 위한 안전장치: 안전밸브, 증기압력 제한기
- 저수위 사고를 방지하기 위한 안전장치: 저수위 경보기, 기용전
- 노내 폭발을 방지하기 위한 안전장치: 화염, 검출기, 방폭문
  ∴ 인젝터는 안전장치가 아니고 공기 분사장치이다.

60 자동제어 3대요소

자동제어의 3대 구성요소는 검출부, 조절부, 조작부이다.

① **검출부:** 압력, 온도, 유량 등의 제어량을 검출하여 이 값을 공기압, 전기 등의 신호로 변환시켜 비교부에 전송한다.

② **조절부:** 동작신호를 바탕으로 제어에 필요한 조작신호를 만들어 내어 조작부에 보내는 부분

③ **조작부:** 조절부로부터의 신호를 조작량으로 바꾸어 제어대상에 작용하는 부분

④ **자동제어의 동작순서**
- 검출 → 비교 → 조절(판단) → 조작

61 동관용 공구

- 사이징 툴: 동관 끝을 원형으로 정형하는 공구
- 익스팬더: 동관끝을 소켓용으로 확관시키는 공구
- 플레어링 툴: 동관의 끝을 나팔모양으로 만드는데 사용하는 공구

62 난방부하 계산시 고려사항

다음과 같은 여러 가지 여건을 검토하여 적정수준의 난방에 필요한 열량을 선정해 주어야 한다.
- 마루 등의 공간: 바닥온도 적정여부
- 유리창 및 문: 크기, 위치 및 재료와 사용빈도
- 건물의 위치: 건물의 방위에 따른 일사량과 열손실의 관계
- 천장높이: 바닥에서 천장까지의 간격으로 호흡선의 기준점
- 주위환경조건: 벽, 지붕 등의 색상, 주위의 열발생원 존재여부
- 건축구조: 벽, 지붕, 천장, 바다, 칸막이 벽 등의 두께 및 보온 단열상태
- 난방부하=벽체의 열관류율×벽체의 면적×(실내온도−외기온도)×(방위계수(kcal/h)

63 보일러 수압 시험의 목적

- 이음부의 기밀도 및 이상 유무를 판단하기 위하여
- 각 종 덮개를 장치한 후 기밀도를 확인하기 위하여
- 수리한 경우 그 부분의 강도나 이상 유무를 판단하기 위하여
- 구조상 내부검사를 하기 어려운 곳에는 그 상태를 판단하기 위하여

64 온수난방의 고온수 기준

- 온수온도 100℃ 이상을 고온수 난방
- 온수온도 100℃ 이하를 저온수 난방
- 보통 온수식 난방에서 온수의 온도는 85~90℃

65 온수난방의 특징

- 난방부하의 변동에 따른 온도조절이 쉽다.
- 예열시간이 길지만 식는 시간도 길다.
- 방열기 표면온도가 낮아 화상의 위험이 작다.
- 한냉시 동결의 위험이 작다.
- 방열량이 적어 방열면적이 넓다.
- 취급이 용이하고 연료비가 적게 된다.

66 환수관의 접속방법

- 건식환수식: 환수주관이 보일러의 표준수위보다 높은 위치에 배관되고, 증기트랩을 설치하여 응축수를 배출한다.
- 습식환수식: 환수주관이 보일러의 표준수위보다 낮은 위치에 배관되고 드레인 밸브를 설치한다.

67 연료의 연소온도

① 연소온도는 연료의 발열량이 클 때, 연소에 적은 과잉공기를 사용하여 완전연소시킬 때 높아진다.
② **연소온도를 높이려면**
- 발열량이 높은 연료를 사용할 것
- 연료와 공기를 예열하여 공급할 것
- 연소에 과잉공기를 적게 사용할 것
- 방사 열손실을 방지할 것
- 연료를 완전 연소시킬 것
③ **연소온도에 영향을 미치는 요소:** 발열량, 공기비, 산소의 농도, 공급공기의 온도

68 보일러의 압력계

- 보일러에 발생하는 증기압력을 측정하는 장치로 탄성식 압력계를 설치, 보일러에는 탄성식 압력계 중 브로돈관식 압력계를 부착한다.
- 탄성식 압력계의 종류: 브로돈관식, 벨로우즈식, 다이어프램식
- 설치: 2개 이상을 사이폰관을 통해 부착한다.
- 종류: 증기온도 210℃
- 210℃ 이상: 지름 12.7mm 이상의 강관을 사용
- 210℃ 이하: 지름 6.5mm 이상의 동관 또는 황동관을 사용
- 지시범위: 보일러 최고사용압력의 3배 이하로 하되, 1.5배 이하가 되어서 안 됨.
- 크기: 바깥지름 100mm 이상으로 한다(단, 다음의 경우엔 60mm 이상으로 할 수 있다).
- 아시폰관의 관경: 6.5mm 이상(물을 채워둠)

69 공기의 예열기

공기예열기는 보일러의 연도에 설치하여 연돌로 배출되는 배기가스의 손실열을 이용하여 연소용 공기를 예열하기 위한 장치

① 공기예열기는 전열방식에 따라 전열식, 재생식, 히트파이프식 등이 있고, 열매에 따라 전기식, 증기식, 가스식 등이 있다.
② **원리**
  - 전열식: 금속 전열면을 통해서 배기가스가 보유하는 열을 공기에 전달 예열시키는 형식으로 과형 공기예열기, 판형 공기예열기 등이 있다.
  - 생식(축열식): 조합된 다수의 금속판에 연소가스와 공기를 교대로 금속판에 접촉시켜 공기를 예열하는 형식으로 회전식, 고정식, 이동식 등이 있으며 주로 회전식으로 융그스트룸식 공기예열기가 널리 사용되고 있다.
  - 히트 파이프: 내부에 물, 알코올 등의 유체를 놓고 진공상태로 밀봉한 파이프(히트 파이프)를 경사지게 설치하여 증간지점에 설치한 격벽을 경계로 한쪽으로 배기가스를 다른 한쪽으로 공기를 공급하여 공기를 예열하는 형식

70 파형노통 보일러의 특징

- 주름이 형성된 노통(연소실)
- 전열면적이 크다.
- 통풍저항이 크다.
- 열에 대한 신축조절이 용이
- 외압에 대한 강도가 높다.

71 증기의 과열도

증기의 과열도: 과열도는 과열증기온도와 포하증기 온도와의 차이다.

① **포화증기:** 포화온도에서 발생한 증기
- 습포화증기: 증기가 발생하는 과정, 증기와 액체가 공존하는 상태
    - 건조도: 0 < 건조도 < 1 범위의 증기
    - 보일러에서 발생하는 증기는 대부분 습포화증기이다.
- 건포화증기: 수분이 포함되지 않은 증기, 액체가 모두 증기가 된 상태
    - 건조도: 건조도 = 1 인 상태의 증기
    - 건조도: 습증기 전 질량 중 증기가 차지하는 질량비

② **과열증기**
- 발생포화증기의 압력변화 없이 온도만 높인 증기
- 과열도: 과열증기온도와 포화증기온도와의 차

72 배관지지의 종류

- 행거: 배관을 위에서 매달아 지지하는 것
- 서포트: 배관을 밑에서 받혀서 지지하는 것
- 리스트레인트: 열팽차에 의한 관의 좌우 이동을 억제하는 것
- 롤러 서포트: 관을 아래서 지지하면서 신축을 자유롭게 지지하는 것

73 원심형 송풍기의 종류

① **터보형 송풍기**
- 압입통풍에 사용한다.
- 8~24개의 후향 날개로 구성되어 있고 풍압이 15~500mmH$_2$O 정도로 비교적 높다.
- 구조가 간단하고 효율이 좋다(55~75%)
- 풍량에 비해 소비동력이 적다.
- 풍압이 높고 대용량이 적합하다.

② **플레이트형 송풍기**
- 흡입통풍에 사용한다.
- 곧은 플레이트를 6~12개 부착한 방사형 날개로 구성되어 있고 풍압은 50~200mmH$_2$O 정도이다.
- 마모 및 부식에 강하다.
- 구조가 견고하고 플레이트의 교체가 쉽다.
- 소요동력은 풍량의 증가에 따라 직선적으로 증가한다.
- 효율이 50~60%이다.

③ **다익형 송풍기**
- 흡입통풍에 사용한다.
- 짧고 많은 전향 날개로 구성되어 있고, 풍압은 50~200mmH$_2$O 정도로 비교적 낮다.
- 실로코형이라고도 하며 소형이고 경량이다.
- 임펠러가 취약하여 고속운전에 부적합하다.
- 풍압이 낮고 효율이 50% 정도이다.
- 저압용 소형 보일러에 이용된다.

74 기름 예열기

- 예열온도가 높으면 기름이 분해되고 분사각도가 흐트러진다.
- 오일프리히터(기름예열기)는 증유를 예열하여 유동성을 좋게하고 무화상태를 양호하게 하기 위한 장치이다.
- 예열온도이 낮으면 불길이 한쪽으로 치우쳐 그을음, 분진이 일어나도 무화상태가 나빠진다.

75 연소기의 급배기방식

- CF 방식(자연배기식): 자연 통기력에 의해 연소용 공기를 공급하고, 배기가스를 배출하는 방식
- FE 방식(강제배기식): 실내 공기를 유입, 연소 후 배기가스를 배기 팬에 의해 강제 배출시키는 방식
- FF 방식(강제 급 빼기식): 외부 공기의 유입과 배기가스 배출을 팬을 이용 강제로 이루어지는 방식

76 연료의 연소방식

① 기체연료 연소방식
- 예혼합 연소방식: 저압버너, 고압버너, 송풍버너 등
- 확산 연소방식: 버너형, 포트형 등

② 액체연료 연소방식
- 기화 연소방식의 종류는 경질유의 연소방식으로 포트식, 심지식, 증발식 등이 있다.
- 무화 연소방식은 중질유의 연소방식으로 유압분무식, 이류체 분무식, 전분무식 등이 있다.

77 물의 임계점

- 임계점: 액체와 기체의 상태구별이 없는 것으로 액체(물)가 증발현상 없이 기체로 변화는 상태 점
- 임계압력: $225.65kg/cm^2$
- 임계온도: 374.15℃
- 증발점열: 0kcal/kg

78 수질 불량의 영향

- 보일러의 수명과 열효율에 영향을 준다.
- 저압보다 고압일 때 장애가 더 심하다.
- 부식현상이나 증기의 질에 불순하게 된다.
- 수질이 불량하면 관계통에 관석이 발생한다.
- 라이네이션이란 재료불량에 의한 사고로 강판 내부의 기포가 팽창되어 2장의 층으로 분리되는 현상으로 강도저항, 균열, 열전도 저항 등을 초래한다.

① 증유를 예열하여 점도를 낮추어 무화상태를 좋게하고 연소 효율을 높이기 위한 장치

② 종류: 전기식, 증기식, 온수식

③ 예열온도: 80~90℃

- 예열온도가 낮으면
  - 무화상태의 불량
  - 불완전연소
  - 카본이 생성된다.
  - 매연이 발생
- 예열온도가 높으면
  - 기름의 분해
  - 분사각도가 흐트러진다.
  - 맥동연소의 원인이 된다.

저자약력 및 Q&A

최 부 길

[이력] 현) 부천산업설비용접기술학원 원장
　　　　　인천기계공업고등학교 산학협력 교사
　　　전) 수도공업고등학교 산학협력 교사
　　　　　인천해양과학고등학교 산학협력교사
　　　　　국제대학교 고등직업교육거점사업 HIVE Boot Camp 용접이론 및 실기 전문강사
　　　현) 이패스코리아 용접학과 전문강사
　　　　　이패스코리아 에너지, 배관학과 전문강사
[자격사항] 용접기능장, 배관기능장, 에너지관리기능장

PASS 에너지관리기능사 필기 실기

개정증보판 인쇄 | 2026년 1월 5일
개정증보판 발행 | 2026년 1월 12일

지 은 이 | 최 부 길
발 행 인 | 김 길 현
발 행 처 | (주) 골든벨
등　　록 | 제 1987 - 000018호
I S B N | 979-11-5806-016-9
가　　격 | 25,000원

㉾ 04316 서울특별시 용산구 원효로 245[원효로1가 53-1] 골든벨빌딩 6F
● TEL : 도서 주문 및 발송 02-713-4135 / 회계 경리 02-713-4137
　　　기획디자인본부 02-713-7452 / 해외 오퍼 및 광고 02-713-7453
● FAX_ 02-718-5510　　● 홈페이지_ www.gbbook.co.kr　　● E-mail_ 7134135@ naver.com